恒源祥美学文选书系

中國當代美學文選

Chinese Contemporary Aesthetics Theory Anthology

2024

祁志祥 主编

上 海 市 美 学 学 会
上海交通大学人文艺术研究院 编

上海文化出版社

图书在版编目（CIP）数据

中国当代美学文选2024 / 祁志祥主编；上海市美学

学会,上海交通大学人文艺术研究院编. -- 上海：上海

文化出版社, 2024.8. -- ISBN 978-7-5535-3060-4

Ⅰ. B83-53

中国国家版本馆CIP数据核字第2024HL9405号

出 版 人：姜逸青

责任编辑：罗 英 张 彦

书　　名：中国当代美学文选2024

主　　编：祁志祥

出　　版：上海世纪出版集团 上海文化出版社

地　　址：上海市闵行区号景路159弄A座3楼 201101

发　　行：上海文艺出版社发行中心

　　　　　上海市闵行区号景路159弄A座2楼 201101 www.ewen.co

印　　刷：商务印书馆上海印刷有限公司

开　　本：710×1000 1/16

印　　张：31.5

印　　次：2024年9月第一版 2024年9月第一次印刷

书　　号：ISBN 978-7-5535-3060-4/B.030

定　　价：98.00元

告 读 者：如发现本书有质量问题请与印刷厂质量科联系 T：021-56324200

编 委 会

杨燕迪（哈尔滨音乐学院院长、中国音乐家协会副主席）

胡晓明（华东师范大学教授、中国古代文学理论学会会长）

叶舒宪（上海交通大学教授、中国比较文学学会会长）

陈晓明（北京大学教授、中国文艺理论学会副会长）

丁亚平（中国艺术研究院电影电视研究所所长、中国高校影视学会会长）

张　晶（中国传媒大学教授、中国辽金文学研究会会长）

金惠敏（四川大学教授、国际东西方研究学会副会长）

丁国旗（中国社会科学院研究员、中国中外文艺理论学会会长）

李春青（北京师范大学教授、中国文艺理论学会副会长）

欧阳友权（中南大学教授、中国文艺理论学会网络文学研究分会会长）

谢柏梁（中国戏剧学院教授、国际剧评协会中国分会监事长）

宛小平（安徽大学教授、安徽省美学学会会长、全国部分省市美学学会联席会议副主席）

周兴陆（北京大学教授、中国近代文学学会副会长）

周志强（南开大学教授、天津市美学学会会长、全国部分省市美学学会联席会议副主席）

刘悦笛（中国社会科学院研究员、国际美学协会原总执委）

张宝贵（复旦大学教授、上海市美学学会副会长、全国马列文论研究会副会长）

范玉吉（华东政法大学教授、上海市美学学会副会长）

张永禄（上海大学教授、上海市美学学会秘书长）

韩振江（上海交通大学教授、全国部分省市美学学会联席会议秘书长）

英　译　胡　俊（上海社会科学院文学所研究员、上海市美学学会副秘书长）

审　校　尹庆红（上海交通大学人文学院副教授、全国部分省市美学学会联席会议副秘书长）

Editorial Board

President of Chinese and Foreign Literature Theory Society)

Li Chunqing (Professor of Beijing Normal University, Vice President of Chinese Association for Theory of Literary and Art)

Ouyang Youquan (Professor of Central South University, President of Network Literature Research Branch of Chinese Association for Theory of Literary and Art)

Xie Bailiang (Professor of National Academy of Chinese Theatre Arts, Director of the China Branch of the International Association of Drama Critics)

Wan Xiaoping (Professor of Anhui University, President of Anhui Aesthetics Society, Vice-Chairman of the joint meeting of aesthetic societies in some provinces and cities)

Zhou Xinglu (Professor of Peking University, Vice President of Chinese Modern Literature Society)

Zhou Zhiqiang (Professor of Nankai University, President of Tianjin Aesthetics Society, Vice-Chairman of the joint meeting of aesthetic societies of some provinces and cities)

Liu Yuedi (Professor Researcher of Chinese Academy of Social Sciences, Former General Executive of International Association for Aesthetics)

Zhang Baogui (Professor of Fudan University, Vice President of National Society of Marxist-Leninist Literary Theories, Vice President of Shanghai Aesthetics Society)

Fan Yuji (Professor of East China University of Political Science and Law, Vice President of Shanghai Aesthetics Society)

Zhang Yonglu (Professor of Shanghai University, Secretary General of Shanghai Aesthetics Society)

Han Zhenjiang (Professor of Shanghai Jiao Tong University, Secretary General of the Joint Conference of Aesthetics Societies of some provinces and cities of China)

作者：李晓恒，江苏省文联创作中心研究员、国家一级美术师

目　录

作者：李晓恒，江苏省文联创作中心研究员、国家一级美术师

Content

作者：李晓恒，江苏省文联创作中心研究员、国家一级美术师

前　言

本书是"中国当代美学文选"第三辑,"恒源祥美学文选书系"第四辑。由上海市美学学会负责选编。

恒源祥(集团)有限公司是文化兴企拥有着近百年历史积淀的著名民族品牌。2021年与上海市美学学会确立了战略合作关系,并将这种合作落实为中国当代美学文选系列,一年一辑,一辑一题,不定期出版,试图办成向国内外介绍当代中国美学最新成果、反映中国美学研究最新动态的一扇窗口。

上海市美学学会成立于1981年,首任会长是复旦大学蒋孔阳教授。第二任会长是上海社会科学院蒋冰海研究员。第三任会长是复旦大学朱立元教授。本人是第四任会长,也是现任会长。本届副会长有复旦大学陆扬、张宝贵教授,华东政法大学范玉吉教授,上海戏剧学院王云教授,东华大学王梅芳教授,华东师大王峰教授,秘书长为上海大学张永禄教授。学会目前有300多位会员,覆盖上海各大高校。设五个专业委员会,分别是中小学美育专委会、书画艺术专委会、审美时尚专委会、设计美学专委会、舞台艺术专委会。学会在致力美学基础理论研究的同时积极开展美育实践,学术影响日益扩展,社会美誉度不断提升。学会所依托的上海交通大学在最近的世界权威机构排名中综合实力位居全国前三,人文学科综合实力位居全国第八。目前中国语言文学专业拥有一级博士点和博士后流动站。作为会长任职单位,上海交大人文学院和人文艺术研究院可为学会发展提供有力支撑。

"恒源祥"于1927年创立于上海。第一代掌门人叫沈莱舟。他在任时完成了两次壮举,一是1935年之后完成了从毛纺零售到生产制造的转型,成为享誉遐迩的"毛线大王"。二是1956年完成了从私营向国营的转型,表现了一个老字号业主的拳拳爱国之心。第二代掌门人叫刘瑞旗。1987年他接手恒源祥零售店之后,恰逢中国开启了从计划经济向市场经济转轨的历史进程。他完成了三次转型。一是 1991 年完成了从老字号商业零售到商标品牌产销一体化的转型；二是 1998 年完成了从毛线单品向纺织服装多品的转型；三是 2001 年恒源祥改制独立后，完成了从有限策略经营向长远战略经营的转型。2011 年，刘瑞旗将恒源祥集团总经理的位置交给陈忠伟，自己到北京创建擘雅集团，致力于文化和品牌的研究和经营。2020 年，陈忠伟接受恒源祥集团董事长刘瑞旗的嘱托，成为恒源祥的第三代掌门人。陈忠伟任内完成的又一次企业重大转型，是传统线下零售转向现代线上电商销售。自 2012 年恒源祥开始发展电商生态体系至今，已覆盖天猫、京东、拼多多、唯品会等综合类电商平台，近 11 年复合年均增长率为 40%。品牌估值 180 多亿。2008 年以来连续六次成为世界服装纺织领域的奥运会赞助商。支持上海市美学学会主编"恒源祥美学文选书系"是其品牌战略的锦上添花之笔。

本书以选载上海和全国美学工作者近期发表的优秀论文为主。获选文章一般压缩在万字以内，以保证在有限的篇幅内有更多的成果入选。主编对入选文章按照以类相从的原则分章排序，设立章、节、小标题三级目，部分论文题目及小标题适当加以调整或增补，力图体现选文之间的有机联系。每章前加"主编插白"作简要导读，也适当生发评论，希望形成一种对话的张力，增加读者的阅读兴趣。本书分十章，由 30 多位作者的文章构成。

第一章讨论"审美与现代性"问题。

"现代性"是当代美学研究中的一个重要维度。但何为"现代性"，则众说纷纭，莫衷一是。有人感叹：没有哪个词比"现代性"这个词的解释更加纷繁多样。钱中文先生认为，"现代性"是"建设现代社会的经济、政治、社会、文化等方面的思想、价值取向的需求与表现"，是"促进社会进入现代社会发展阶段，使社会不断走向科学、进步的一种理性精神、启蒙精神"。从这个视角切入，他认为梁启超早期的"新民"思想与后期的"美术人"思想是相互贯通的，标志着我国近代文论、美学的"审美现代性"的"发动"。他的《我国文学理论与美学审美现代性的发动》指出：梁启超的"美术人"学说传承了中外人生论哲学思想，把人生内化为人的生存趣味，把生存趣味内化为人的审美趣味，是一种更高意义上的自由的"新民"。"新民"与"美术人"即"审美的人"。这是梁启超文论、美学思想贯穿始终的主题，显示了我国近代文论、美学的强烈审美现代性特征。这种现代性，是一种"转向现代社会、建设现代社会过渡时期的启蒙现代性"。

王一川教授从"现代化"角度理解"现代性",并以此讨论中国电影的历史行程。他著《中国电影现代性的民族性、时段性和当前课题》指出:中国式现代化进程构成中国电影现代性的基本品质。中国电影现代性的时段性表现为三时段,分别展现中华民族"站起来""富起来"和"强起来"的集体姿势。中国电影现代性的第一时段指中国电影自诞生到1978年期间的状况,以影像形式系统再现中国现代生活世界情境,刻画了中华民族"奋起反抗"、"奔走呐喊"、进行"可歌可泣的斗争"直到最终"站起来"的集体实践历程及其英勇姿势。中国电影现代性的第二时段指1979年至2012年间的中国电影状况,集中展示中华民族在改革开放、经济建设和物质文明建设中的自力更生和自富自足姿态。中国电影现代性的第三时段指2012至今中国电影状况,主要再现中华民族寻求自信自强的集体姿势。中国电影现代性的当前课题表现为中国式现代化五项内涵的影像表达。这就是:1. 人口规模巨大的现代化,要求电影全面反映这个拥有巨大人口规模的国度的现代化的艰难曲折性和坚强不屈性。2. 全体人民共同富裕的现代化,呼唤电影再现生活在中国大地56个民族、14亿多人民对于共同富裕、公平正义的热爱和追求轨迹。3. 物质文明与精神文明相协调的现代化,要求电影防止只要物质富裕和幸福而不要精神健康和高尚的极端物质主义偏颇。4. 人与自然和谐共生的现代化,要求中国电影与现代生态环保理念及绿色文明建设相汇通。5. 走和平发展道路的现代化,要求中国电影在全球性生存境遇中透视中国角色和中国贡献的创造性机遇和积极担当。

刘宗超、丰海滨先生以现代性的眼光考察"中西方艺术现代进程中的'丑'",对这个话题作出了独特解读。西方近现代以来,随着感性认识范围的不断扩大,那些古拙的、质朴的,甚至古怪的、荒诞离奇的不和谐题材逐渐成为艺术表现的对象,这些不和谐对象往往被视为"丑"。在中国传统艺术中也有"丑",它在审美上更近于"拙"。中国社会走向现代的进程,是由农业文明走向工业文明。社会结构、生存状态和文化的转变在人们内心形成了深层矛盾。艺术家以独特的艺术形式表达这种矛盾心态,以自然对抗伪善,以不和谐的"丑"对抗传统社会中的和谐的美。中西艺术由于不同的文化传统和价值选择,"丑"在中西艺术中也存在相异之处。作者在历史的维度之中,通过对中西文化和艺术的对比,从美学的角度厘清它的所指、内涵和外延,可以帮助人们更好地理解现代化进程中"丑"的艺术。

青年学者王曦以现代性的眼光审视 20 世纪西方先锋派艺术的"审美政治"问题。20 世纪上半叶西方先锋派艺术的兴衰更迭,不单是艺术家们为时代立言、为艺术塑形的进步史,也是德国表现主义、意大利未来主义与包豪斯艺术被政治僭用的历史。一方面,一批西方先锋派艺术在唯美主义立场下放弃政治伦理判断,以支离破碎的感受经验取代客观社会关切的表达,期待能够重塑未来艺术发展的方向,这导致审美追求与社会关切的绝然二分。另一方面,艺术、美学与政治、意识形态处在复杂的纠葛中,艺术家重塑未来方向的形式发展史不断被扭曲、打断,表现主义艺术的神秘主义与包豪斯的理智主义共同服务于政治意识形态。正是潜藏在西方先锋派艺术中的审美政治陷阱,终结了先锋派艺术的形式革新诉求。

第二章讨论"学科反思与体系建设"。

"美学"的学科名称及其涵义究竟指什么,是美学研究的基本问题。然而 19 世纪以来,这个基本问题被各种美学学说弄得扑朔迷离。时至今日,有人认为美学研究的中心不是"美"而是"审美","美学"应当易名为"审美学"才更合适。李泽厚指出:中文的"美学"是西文 Aesthetics 一词的翻译,"如用更准确的中文翻译,'美学'一词应该是'审美学',指研究人们认识美、感知美的学科"。[1]1987 年山东文艺出版社出版了王世德的《审美学》,1991年陕西人民教育出版社出版了周长鼎、尤西林的《审美学》,2000 年北京大学出版社出版了胡家祥的《审美学》,2007 年复旦大学出版社出版了王建疆的《审美学教程》。2008 年,王建疆发表《是美学还是审美学》一文指出:"美学表面上看起来研究的是美,而非审美,但实际上却研究的是审美。"[2]面对这些新的动态,中华美学学会会长高建平教授还是坚持"美学"的学科名称。他指出:作为一个学科,美学的研究对象和内容处在不断变动之中。在现代"美学"学科成立以前,古代就有"美学思想"。现代"美学"学科正是在此基础上发展起来的。它们之间既有差异性又有连续性。美学学科出现后,一段时间流行以李泽厚为代表的美学以研究"美""美感""艺术"为主的三分法,后来这种区分被打破。美学的当代发展呈现出丰富性和多样性,比如,美学继续追踪艺术的发展,研究当代艺术发展新问题;审美心理学研究重启;自

① 李泽厚:《美学四讲》,李泽厚《美学三书》,合肥:安徽文艺出版社,1999 年,第 443 页。
② 王建疆:《是美学还是审美学?》,《社会科学战线》2008 年第 6 期。

然美的探讨被对自然和社会的改造所取代;现代科技带来人的审美方式的改变;美学在世界各民族之间展开跨文化对话。从总体上说,当代美学发展呈现出"超越"和"回归"两股倾向。一方面美学突破原有的道路,试图建立"超越美学的美学",另一方面又在许多方面呈现出回归传统美学的特点。他的最后结论是:美学是一门关于美和艺术的学问。艺术作为一种主要和突出的美,应该成为美学研究的中心;但美学研究又不能仅限于艺术,而应突破艺术,进行多方面的研究,包括美的本质和范畴研究、审美心理研究、自然和生活的美研究、城市与乡村的美研究、美育研究等。令笔者感到欣慰的是,高先生的这个看法,与笔者大体相近。多年前,笔者曾撰文指出:虽然"美"包含"审美","美学"可同时译为"审美学",但由于在中文中"美"与"审美"是两个概念,"审美"必须以"美"为存在前提,对"美"的追问是美学回避不了的问题,也是美学研究的中心问题,美学实际上是"美的哲学",因此,作为学科名称,"美学"比"审美学"更为合适。美作为"有价值的乐感对象",是离不开"审美"的,"美学"研究不仅应聚焦"美",而且应兼顾"审美",因此,将"美学"的确切内涵界定为"研究现实与艺术中的美及其审美经验的哲学学科"或许更为合适。①

美学学科的中心问题是研究美。对美如何阐释、因何阐释、阐释什么,在高楠教授看来就成为美学研究基本问题,阐释的方法因而被提到首要位置。当下国内美学研究恰恰在方法上存在较为严重的并且是历史延续性的问题。西方二元论思维方法的影响,基于简单化的二元论理解进行西方美学理论的接受,导致中国美学研究的观念化倾向、二元对立倾向以及实用主义倾向。他提出"建构一个有机整体的美学体系",关键是走出二元论,既延续传统,又取鉴西方。高楠教授从美与美感带来的美的问题域谈起,阐释了建构有机整体的美学体系的设想,提出"美是体味着的生存感悟",视角独特,层次丰富,自成一说,值得关注。

在建构美学体系的学科进程中,如何体认马克思主义的美学体系,是一个经典话题。"马克思不是通常意义下的美学家,他并没有写过系统地论述美学问题的专著,但他在不少著作里涉及美学问题时所阐发的一些基本观

---

① 祁志祥:《"美学"是"审美学"吗》,《哲学动态》2012年第9期。

点,却在美学中开始了一场真正的革命。"① 宋伟教授以研究马克思主义美学著称。他的《马克思主义美学的实践品格、范式革命与现代意蕴》提出了系统思考。文章指出:马克思主义哲学的创立与发展是人类历史上一次伟大而深刻的思想革命。与之相应,马克思主义美学的创立与发展,实现了世界美学史或艺术理论史上一次伟大而深刻的理论变革与范式转换。马克思始终关注人的生存境遇和人的存在方式,深刻地分析与批判了人的异化的生存状况,致力于探寻人类自由与解放的道路。如果说,传统本体论美学追问"美的存在如何可能";近代认识论美学追问"美的认识如何可能";马克思主义美学则追问"美的自由如何可能",由此实现并完成了实践生存论意义上的美学范式革命。

在建构美学体系的进程中,金雅是当代人生论美学的倡导者。她的《人生论美学与中国美学的学派建设》系统阐释了自己这方面的思考。文章指出:人生审美情趣中国古已有之。人生论美学的理论建设则孕萌于20世纪上半叶,自觉发展于20世纪末迄今,是民族文化学术和社会时代发展在美学领域逻辑生成的结果。人生论美学不同于生活美学或生命美学。"人生"与"生命""生活"的概念既有一定的交叉,又有不同的内涵。人生论美学也不能简单等同于伦理学的美学,它不仅要研究美与善的关系,也要研究美与真的关系。人生论美学的内涵突出表现为人文性、开放性、实践性、诗意性。人生论美学继承中华民族传统的人文关怀,是对人及其生命、生活、生存的温暖关爱。人生论美学具有突出的开放性,时空维度上向古今中西相关资源开放,学科维度上向哲学、心理学、教育学、伦理学、文化学等相邻学科开放,理论向着实践开放,将对美和艺术的叩问落实到人生之上。人生论美学最富魅力的精神内核,是生命的诗意建构和诗性超拔。人生论美学的中心是让美回归人与人生,是让人在美的人生践行中,创化体味生活的温情和生意,涵成体味生命的诗情与超拔,达成创美和审美的交融。

第三章讨论"美的本质与艺术本体"。"美的本质"是美学研究中最基本的理论问题,也是西方美学史中最根本的一大问题。"美学"作为一门独立科学被正式确立以前,欧洲学者对美的思考主要集中在对"美的本质"的追问中。李圣传的《美的本质问题在欧洲的起源、发展与启示》一文对此作了有

---

① 汝信:《马克思和美学中的革命》,《汝信自选集》,北京:学习出版社,2005年,第134页。

益的梳理和有深度的评析。文章揭示：欧洲传统美学对本质问题的热衷与其对真理规律的逻各斯中心主义求索及追寻本体的"形而上学"思维模式密切相关，直至古典形而上学的终结和美学由传统向现代转型，才渐趋实现对美的本质问题的解构或超越。不过，反本质主义并不意味着对"美的本质"问题的彻底取消，而是试图转换思维模式和言说范式，在多元途径中赋予美学思考的开放性，并重新思考美的本质。作为建立美学理论体系的逻辑基点，"美的本质"问题不仅是当下美学研究避免本质消解后坠入历史虚无主义和理论离心主义的重要保证，还是解决当下人的生存困境、提升其精神信仰的无可回避的途径，因而有着重要的学理价值和实践意义。

在"美的本质"的研究中，"意象"范畴颇为引人注目。有学者提出"美在意象"，又有人提出"美是意象"，"意象"被视为美的本体。某种意义上说，这都是从中国古代文论中获得资源、得到启示，融合朱光潜、宗白华的现代阐释创立的新说。毋宁说，"意象"是中国古代文论的核心范畴或本体性概念。新时期以来，中国古代文论界聚焦"意象"，作了大量理论探讨，论文、专著不计其数。杨合林、张绍时《20世纪80年代以来意象范畴研究》从意象范畴的概念界定、渊源流变、意涵阐释、研究视角等方面对这一时期的研究状况作出翔实的梳理和有分量的总结。从总体上来看，80年代以来学界对意象范畴的研究有突飞猛进的进展，取得了丰硕的成果，不仅提出了问题，而且也部分地解决了问题，但异见与分歧依然不少，有不少方面的问题在短时间内尚难以解决，规范化、高品质的学术研究还有待加强。

"意象"作为中国古代文论的重要概念，越来越受到美学界重视。意象在中国古代美学思想中的地位问题，特别是现代美学中的"美"与中国古代的"意象"概念的关系问题，涉及对美和对意象的看法，学者们的意见有一定的分歧。朱志荣教授从1997年开始提出："审美意象就是我们通常所说的美。"① 最近几年，他一直在论文中持"美是意象"的观点，引发了同行们的讨论和商榷。这些讨论和商榷推动了美与意象关系的思考。朱志荣教授根据这些意见撰文做了回应，进一步阐述了他对"美是意象"命题的理解。

当代解构主义语境之下，艺术界定与艺术本质的问题是亟待重新审视与回答的问题。赵奎英教授认为，这种回答需要通过对不同界定策略及相应立

---

① 朱志荣：《审美理论》，兰州：敦煌文艺出版社，1997年，第126页。

场的分析反思来推进。她的《本质与边界：反思当代的艺术界定问题》一文以当代艺术界定所面临的艺术与生活的边界跨越、艺术与观念的边界跨越、艺术媒介的边界跨越为语境，反思传统艺术定义的含糊性，分析了当代艺术理论应对艺术界定的"否定""限定""约定""开放"四种路径。在评析这四种路径的基础上，将开放路径中的析取性路径视为当下可行的一种折衷策略。她同时指出，海德格尔的存在论路径也提供了一种从艺术本体论的视角来考察艺术本质的有益思路。

西方美学发展到现代、后现代，出现了反本质主义倾向，但反本质主义美学并不意味着彻底取消美的本质，而是以新的方式重新思考和言说美的本质。韩振江教授的《当代西方左翼美学的艺术本体论》一文恰恰给我们提供了这方面的佐证。1960 年代波普艺术、"现成品"艺术等给美学家带来了理论上的困惑，即普通物品与艺术品的区别究竟何在。21 世纪以来，在欧美学界以齐泽克、阿甘本、巴迪欧、朗西埃等为代表，出现了一股宗于经典马克思主义的、全面反思和批判西方哲学美学的、试图在后现代主义终结论的挑战下重新思考艺术本体论问题的激进左翼艺术理论家。他们与丹托一样，震惊于沃霍尔等后现代艺术，但提出了与丹托不同的思路。丹托、海德格尔等人从普通物品／器物／艺术品的相似性的比较入手，得出艺术品＝物品＋X，在物之中多出的部分（指意味）就是艺术蕴含之所在。但这一思路无法圆满阐释普通物品、工业品何以摇身一变就成为艺术品的"秘密"。而齐泽克则认为艺术是普通物或客体对象显现其背后的神圣艺术本体之物。他把在普通物／器物／艺术品中存有多少不同意味来判断艺术本体的横向比较，变换成了客体对象／显现／神圣之物（艺术本体）的纵向表征关系。另一种探索普通物与艺术本体关系的思路是强调艺术的自律性质，认为艺术自身具有独立的真理价值。阿甘本及巴迪欧都认为艺术具有独一性，艺术本体是物象的真理显现。当代西方左翼美学对艺术本体的思考，为今天思考艺术何为提供了新的启发。

第四章讨论"世界文学与东西交流"。

文学是一种以"美"为特征的艺术形态。在当今这个全球化的时代，研究文学和美学，应有世界眼光。欧洲科学院院士王宁教授以对"世界文学"的倡导享誉国际比较文学界。在今天的"世界文学"版图上，伴随着严肃文学日渐式微的，是一种新的文体的异军突起，这就是科幻小说。王宁教授

《作为世界文学的科幻文学》一文及时而敏锐地抓住这一现象做出领风气之先的理论分析。他指出：科幻文学不仅出现在有着悠久传统的西方世界，近十多年来也凸显在中国语境中，成为一道靓丽的文学风景线。它向人们昭示：文学并没有死亡，而是以新的形态获得了新生。中国当代科幻小说一经出现，很快就被国外译者主动译介到世界。作为世界文学的科幻文学不仅用富于幻想的科学想象力和优美的文学笔触使当代读者了解世界，也通过文学描写建构了一个具有特殊审美魅力的虚拟世界。我们从科幻文学的世界性特征和世界性传播及影响可以得出这样一个结论：人类命运共同体的建构是完全可能的。科幻文学作为一种世界文学形态，正以科学与文学联姻所显示出的美学力量推动着人类命运共同体的构建。

在王宁教授倡导"世界文学"研究的同时，欧洲科学与艺术院院士曹顺庆教授也在倡导"东方文论"的研究。他的论文《文明互鉴与西方文论话语的东方元素》立足于文明互鉴的大背景，提出"东方文论"概念。"东方文论"立足于中国文论，包括印度、波斯、日本、朝鲜等东方国度的文论。显然，受语言、文化、历史知识的限制，"东方文论"的研究难度更大，意义也更大。因此，他呼吁"东方文论"的话语、范畴研究，还原"东方文论"的价值，并实现与"西方文论"的对话。文章重点发掘了西方现当代文论中的中国元素、印度元素、阿拉伯及波斯元素，探索西方现当代文论形成与东方文化文论思想的渊源关系，并提出：考察中国、日本、印度、波斯、阿拉伯国家等东方国度的文化、文学与思想对西方现当代文论的影响及其在西方的变异，是东西文论对话研究的新方向、新路径。

2021年，福建教育出版社出版了徐中玉、钱谷融先生主编的《20世纪中国学术大典·文学》卷。该书前言由徐中玉先生的弟子祁志祥、钱谷融先生的弟子殷国明分别执笔。祁志祥教授概述了20世纪中国古代文学研究成果词条的内容。中国古代文学作品汗牛充栋，20世纪百年中研究中国古代文学的成果体量巨大。在150万字的《20世纪中国学术大典·文学》中，叙写这部分成果的词条就占了近60%的篇幅。如何在有限的篇幅内合理地叙述这些成果的内容，是一项极富挑战性的任务。祁志祥教授调动自己从事中国文学批评研究的学术积累，沉潜到该书90万字的词条中，斟酌最佳的叙述门径，最后按照先总后分、断代为经、点面结合、以面为主、详略结合的原则，删繁就简地加以综论。通过本文，读者可以窥见20世纪中国古代文学研究学术成果的整体风貌。

在全球化时代,文化认同问题日益明显。文化是形成群体文化认同的核心,文化的不同表现形式都表达和建构了群体的文化认同。尹庆红副教授的《全球化时代的艺术生产与审美认同》一文通过分析艺术和审美实践在塑造群体文化认同中的重要作用,指出以艺术和审美为基础的审美认同是地方性艺术生产的一个重要特征。群体成员在生产带有明显身份特征的艺术和审美实践的过程中,群体的审美经验是实现审美认同的基础。艺术生产和审美实践只有真实地表达该群体的审美经验,才能真正起到表征该群体文化认同的作用,也才能在全球化的多元文化舞台上发出本群体的声音。

第五章的主题是"经典阐释与礼赞前贤"。

美学研究离不开对经典的阐释、对前贤的继承。在中国当下的语境中,马克思主义是经典。马克思不仅是哲学家、经济学家,而且在美学方面也留下了大量遗产。张宝贵教授以研究马克思美学为专攻之一。他的《马克思生活美育思想刍议》以独特的研究给我们阐释了马克思的生活美育思想。在他看来,近现代以来,中国经历的三次美育思潮是一个逐渐向生活贴近的思想过程。在当下的第三次美育思潮与实践中,由于没理顺美育与生活实践的关系,存在美育与艺术教育不分、教育主体高高在上、职业教育等同于技术教育等现象。按马克思生活美育思想的逻辑,若将美育等同于艺术教育,美育非但只会成为生活的装饰,还会在现代社会滋生出前现代社会的阶层关系,美育要在生活中起到切实作用,就必须走出艺术教育的狭窄圈子,遵循"美的规律"的论述,在广阔的生活领域,特别是在物质生产生活内部确认审美元素的存在。第一个审美元素是物质生产生活的自主性,让生活活动本身成为目的,而不是膜拜审美教育者在生活之外设立的某种审美理想。第二个审美元素是培育生活诸多领域全面发展的人,而不是离开某种职业就无法生存的片面的人。从现代生产生活入手改变人的生存状况,进而改变人的精神境遇,从中体验自主、自由、全面的生活之美,是马克思生活美育思想的基本路径。

王国维是20世纪初我国思想界最早倡言美育的先驱者之一。继1901年蔡元培在《哲学总论》中引入"美育"概念之后,王国维发表于1903年的《论教育之宗旨》对"美育"概念的内涵首次作了详细探讨,指出美育的宗旨是培养"完整之人格",包括"体育"与"心育","心育"又包括"德育""智育""体育"。这为蔡元培 1920 年在《普通教育和职业教育》演讲中提出"健全的人格,内分四育",即"体育""智育""德育""美育"奠定了思想基础。姚文放教授的《王国维的美育四解及其学术意义》一文将王国维一生治学分为三个时期,指出王国维研究美育是在第一时期,有关论著则主要集中在 1903—1907 这五年间。其间王国维分别从教育学、哲学—美学、伦理学、心理学四个角度出发,对于美育作出多方位的诠解,阐发了美育的许多重要学理。视角独到,对全面理解王国维的美育思想颇具参考意义。中国当代美学学者中,朱光潜先生是一位泰斗级的人物。他不仅是伟大的美学翻译家,而且是主客观合一美本质派的创始者。金惠敏认为朱光潜所译黑格尔《美学》1958 年版本的注释还保留着早年"为文艺而文艺"的观点。1979 年版本的注释则完全受到"左"的影响,转而批判"为文艺而文艺"的观点,不可取。朱光潜先生的嫡孙宛小平依据朱光潜自己珍藏的对 1958 年版的"校改本",分析朱先生为什么在 1979 年版本的注释作了重要修改的思想痕迹,指出金惠敏的看法代表了学界对朱光潜思想的误解。他的《从朱光潜译黑格尔〈美学〉注释修改看其后期美学》文章通过两个版本的深入比较,揭示朱光潜所译黑格尔《美学》1958 年版本到 1979 年版本的注释的修改反映了后期美学思想融入了马克思的实践观。

第六章是"文艺理论的历时观照"。

自从黑格尔《美学》中否定自然中有美,提出美只存在于艺术中、美学即艺术学之后,将美学与文艺理论等同起来,成为一种流行观点。其实,美学研究的对象不仅是艺术美,也包括自然美,美学的外延大于文艺理论。不过同时,也不应否认,文艺理论是美学的重要组成部分。本章选取的一组文章,是关于中国现代以来文艺理论批评的历时观照。

美是有价值的乐感对象。文学艺术是有价值的乐感载体。反映客观现实的"真"是文学之美的价值内核之一。在中国文艺批评史上,"真"之美经历了怎样的变化呢? 胡明贵、杨健民两位先生的《"真"的文学观念与中国现代文学批评话语的转变》指出:真,作为批评范畴的话语,在中国古代文学批评系统里一直处于边缘位置。客观现实始终与主观情感捆绑在一起,较少指涉真的客观世界。到了近现代,中国近现代生死存亡危急的现实语境才催生了"真"的客观性内涵,使它急速上升为居主导地位的文学批评话语。它迅速越过抒情文学传统,与现实主义挂钩,其内涵直指"人生""平民"等文学的"普世价值",成为文艺批评中一道主风景线。但是随着政治现实需要的加强,它逐渐被剥离了"人生"内涵,沦落为政治的工具符号。文学之真一旦偏离了人生、平民、人道、人类等普适价值,那么它就失去了文学存在的意义。因此追溯"真"批评话语模式转变的历史,对于我们清楚地认识文学为人生、为平民、为人类的普适价值的永恒意义,扭转当代文学中粉饰、娱乐、游戏、谋利的文学短视潮流,具有重要意义。

当历史来到了1949年新中国成立之后,中国的文艺理论和文学创作又发生了什么新的变化呢?蒋述卓教授的《七十年中国文艺理论建设的四个问题》和陈晓明教授的《中国当代文学70年来的探索道路》给我们提供了两份专业解读。新中国成立之后的头30年,中国文艺理论话语由于受到政治与意识形态的制约,话语的选择较少自主性,也受到理论视野的限制。1978年改革开放后的四十年,中国文艺理论取得了话语选择权,但却因为大量引进西方文艺理论话语而没有很好地消化,又曾一度迷失。20世纪90年代后,中国学者在引进与消化西方文艺理论的话语时,也在与西方话语的对话中进行了本土化的创新尝试,在文艺心理学、文艺美学、叙事学、文学人类学、性别诗学、审美文化学、文化诗学、生态美学、阐释学等诸多领域取得了有中国特色的理论建树和标志性成果。陈晓明《中国当代文学70年来的探索道路》指出:70年中国文学创作历经了风风雨雨,有需要总结的经验教训,也有值得肯定的辉煌成就。70年的中国文学中始终贯穿着一种探索精神,想走自己的道路,想为我们承受的历史、面对的现实表达出中国作家的心声。如果从历史的角度去理解中国文学的探索性,中国当代文学70年就呈现出三个阶段,即20世纪五六十年代关于社会主义文学方向的探索阶段;80年代中后期"回到文学本身"的艺术探索阶段;90年代以来乡土中国叙事阶段。

改革开放之后四十年的中国文学创作和理论批评怎么看?陶东风教授的《新时期文学理论的范式演变与体系建构》指出:20世纪七八十年代之交,文学理论在思想解放和新启蒙运动中起步,通过对他律论的修正和否定,开始自主性文学理论的建构,出现了"向内转"的思潮,包含着比西方形式主义、结构主义文论更为复杂深刻的社会历史内涵。它和主体性思潮一样具有非常浓厚的心理主义特征,和西方形式主义、结构主义的反心理主义立场恰成背反之势。从中国的后现代主义、大众文化研究、文化研究的本土化、文化研究与文艺学的关系、文艺与政治的关系等方面回顾新时期文学理论在90

年代以后的范式嬗变,有助于认识在新的社会历史条件下重建文学理论价值维度的因由与路径。

第七章讨论"文艺评论及其话语更新"问题。

文艺批评是文艺理论在作品评论中的实践应用。艺术作品一旦创作成功,就成为有价值的乐感载体,读者从中总是可以获得有价值的快乐。在艺术作品给读者带来的愉快的背后,有着价值的主导。刘俐俐教授近些年致力于文艺评论的价值体系研究,并在这个视野下重新审视文学批评的标准问题,颇有建设意义。她的《文艺评论价值体系与文学批评标准问题》一文在中国现代以来文学批评标准的提出和表述的历史梳理中,概括出政治家和文学理论工作者两种主体及其两套话语方式。与之相应,新中国以来则存在体现政治家意志的文学评奖与一般文学批评的两种标准。在仔细辨析的基础上,阐释了一般文学批评标准的合理性和意义。

党的二十大以来,"中国式现代化"作为一个时代口号提出来。这会给中国的文艺评论带来什么新的变化呢?周志强教授的《"中国式现代化"与文艺评论的话语更新》给我们奉献了这方面的新思考。"中国式现代化"为当代中国文艺批评的"中国式问题"提供了理论建设的方向和更新批评意识的基础,可指导文艺评论确立价值理想、定位社会角色、创新批评伦理、引进生态批评、重构精神品格。由此,中国文艺评论需要确立面向知识大众的有机性话语、注重全面发展的辩证性话语和体现人类命运共同体诉求的普遍性话语;通过三种话语的相互融合,构建新型文艺评论话语。

在当代中国文艺评论中,诗歌评论是重要一翼。董迎春教授致力于诗歌创作和评论。他抓住"再现"向"表现"的演变,分析当代诗歌写作存在的问题,提出突围设想和解决之道。《从"再现"返回"表现":论当代诗写误区及回归》指出:20世纪80年代中期以来的诗歌叙事把现实再现推向了秩序化、单一化、中心化、复制化的写作趋势,背离了诗意诗性凝聚的审美空间。既重视再现的叙事,也重视诗意的表现,在再现、表现之间取得较好的平衡,方有助于推动当代诗歌的健康发展。

第八章是关于"艺术哲学及其历史回顾"的讨论。

在中国的特定语境中,"文艺学"与"艺术学"虽然同为研究艺术美的理论,但约定俗成的所指并不相同。"文艺学"是指研究文学这门艺术的理论,"艺术学"则指研究书画音乐戏剧的理论。近年来,在艺术学理论研究中,艺术与哲学的互动渐成显学,尤其是艺术学理论学科增列出"艺术哲学"的研究方向,其研究视域极大拓展了艺术学理论学科运用"辩证法"及"辩证逻辑"针对艺术问题的思考。夏燕靖《艺术哲学的理论形态与研究范式》指出:艺术与哲学的关系问题早已存在于关于艺术问题的哲学思考之中。艺术哲学一直致力于回答"艺术是什么"的问题。在学科体系中再次提出"艺术是什么"这一设问,则需要在阐释哲学与艺术基本认知的基础上加以反思,以解答"艺术做什么"的问题。借助相应的研究范式对艺术的形而上问题进行阐释,诸如以艺术的主体性和主体间性来思考并回答"艺术做什么"的问题,则可以形成多元把握艺术哲学的范式理路。这或许是一条解释艺术学理论内外在相互结构问题的有效途径。

如果说夏燕靖教授对"艺术哲学"作出了本体论探索,夏波教授则对戏剧美学提出了本体论思考。他的《"叙述体戏剧"及其戏剧审美构成原则》一文从对戏剧"叙事性"元素的分析比较、"陌生化效果"的辨析等方面,论述了布莱希特"叙述体戏剧"的审美旨向;揭示了"叙述体戏剧"审美的主要构成原则在于:鲜明的戏剧主体意识与哲理意识、矛盾对立的戏剧结构原则、入乎其中出乎其外的戏剧审美体验等。

樊波教授以研究中国绘画美学为主,同时又有西方绘画美学的参照。《明清中西方绘画审美比较论》以广博的视野论述了明清画家和艺术理论家对当时传入中国的西方绘画的反应和认识,他们对西方绘画既有学习和吸收的一面,又根据中国艺术立场作出独立审美判断,有批评和改造的一面。处在当今中外交流的全球化时代,明清画家和艺术理论家对西方绘画美学的态度和认识依然具有重要的现实参照价值。

改革开放使我们进入了从站起来到富起来再到强起来的新时代,追求美好生活已经成为人们的主要目标,美的问题在新时代凸显出来了。随着社会主义市场经济的深入和中国现代化进程的加剧,当前人们的审美观念发生了巨大的变化,也出现了一些偏差。同时,西方各种现代主义、后现代主义思潮席卷中国,而这些思潮以本能、无意识、梦幻、直觉等表现现代技术社会带来的异化,表现人与自我、人与社会、人与他人、人与自然等的疏离和痛苦,具有很强的非理性色彩,在某种程度上助长了自我的放纵。在这种情势下,如何引导人们树立正确的审美价值观,如何发挥中华传统美学精神的引领作用,就显得特别必要与紧迫。寇鹏程教授发表《中国传统美学的三大范式及其在新时代的启示意义》一文,主张从中国传统美学"比德""缘情""畅神"三大范式入手,吸取其中人与世界和谐关系的价值启示,为矫正当前语境下的审美迷失提供一份思想资源。

第九章讨论"生活美学与身体美学"。

改革开放的伟大事业给中国人民的生活带来了翻天覆地的变化。中国人民从站起来到富起来,新时代正向美起来迈进。于是,"生活美学"的概念应运而生。这"生活美学"不是车尔尼雪夫斯基"美在生活"的意思,而是"美好生活"的意思。在中国美学界,仪平策先生是"生活美学"的较早倡导者之一。继本世纪初提出"生活美学"的理论话语之后,最近又发表《生活美学:人类美学的中国形态》,对这个问题作出进一步理论完善。文章指出:"生活美学"是将"美本身"还原给、归置于"生活本身"的美学。在人类的美学系统中,中国本土美学就是一种独特的生活美学形态。中国传统"道不远人"的思想观念,为生活美学在中国的生成发展提供了基础性的华夏智慧、中国思维。这规定了古代中国所理解的"美",与"善""义""吉祥"等日常生活词汇,具有浑融如一的同源性意义。也因此,古代中国没有纯粹的、与世俗生活分离的艺术观念。古代所讲的"艺""六艺""四艺"等,都基本是带有艺术味道的人生素养和生活技能。要之,美和艺术在中国本土话语中,是日常生活本身的内在"品质"和无尽"趣味",是"生活"之美好的一种表征。因此,在他看来,"生活美学"是人类美学的中国形态。

在"生活美学"的基础上,李西建提出"生活论美学"概念,并对此作了系统思考。他在《重构"生活论美学":意义、内涵与方法》一文中指出:重构"生活论美学",既代表了人类审美实践的生活化转向,也体现了消费文化发展对美学阐释理论的新的需要。在 20 世纪美学回归日常生活世界的探索中,后现代主义、实用美学及日常生活哲学等,均提出了富有建设性的主张与方案。而"生活论美学"的提出,旨在解决在实用功利性突出的物质世界中,如何重建具有审美性的人的日常生活世界。"生活论美学"理论的核心是解决生存与审美的内在契合与统一。思考重点是如何培育一种社会感性文化形态,塑造主体的感性心理品质。而重构的方法则表现为通过完善审美文化形态,塑造主体的审美行为,使其获得改变生活的审美素养和能力,以便为物化的世界不断注入丰富的审美价值的因子。当然,什么是"审美",生活论美学所要培育的社会的感性文化形态与主体的感性心理品质有什么特殊规定性,尚待进一步阐明。

与"生活美学"联系密切的是"身体美学"。"身体美学"是改革开放新时期为矫正极"左"年代扼杀人的身体的基本情欲的荒谬倾向提出的概念。王元化、宋耀良等人提出"美在生命",即可视为其主要观点。在这个意义上,"身体美学"与"生命美学"是相通的,甚至可以说是一个概念。当然,无论"身体美学"还是"生命美学",后来发现一味高扬情感、欲望在法制、道德社会行不通,所以又提出"灵""智"加以补充。不过若是这样,"身体美学""生命美学"也就失去了自己的个性和提出的合法性。总之,"身体美学"如同"生命美学"一样,尚在理论建设的路上。在中国学界,王晓华教授以研究"身体美学"著称。这里选取他的《主体论身体美学论纲》以见其"身体美学"思想理路之大概。文章指出:身体美学可以分为客体论身体美学和主体论身体美学。前者将身体定义为审美的对象,把主体的位置留给了精神性存在,但却因此陷入了无解的逻辑困境:假如精神与身体具有同构性,我们有什么理由将之分别定位为主体和客体?倘若精神与身体是完全不同种类的存在,那么,它如何才能驾驭与它不同质的身体呢?从柏拉图到笛卡尔乃至当代美学,对精神主体论的证明总是导致悖论。与此同时,另外一个可能性却凸显出来:人就是身体,身体是生活和审美的主体,而精神不过是身体—主体的功能和活动。由此可以建立一个自洽的美学体系:其一,审美属于身体—主体的生存活动;其二,从身体—主体与世界的关系出发,美学将回到其起点和主体;其三,按照主体论身体美学的研究范式,我们不但可以解释审美的发生学机制,而且能够建构尊重万物的大主体论美学,推动美学走上回家之旅。王晓华的表述,充满了哲学玄思,令人有些费解,存此备参。

第十章是关于"品牌美学"的研究。

品牌既是一个商业问题,也是一个美学问题。真正的品牌在设计生产环节是有"美的规律"的考量的,在消费环节是发自内心感到快乐的。然而何为"品牌美学",理论研究还很不够。而这恰恰是企业界翘首以盼得到理论回应的。民族品牌、双奥赞助商恒源祥集团靠文化兴企、美学兴企、品牌兴企,一直致力于品牌美学的实践和思考。董事长兼总经理陈忠伟的《现代化视域下品牌美学的构建研究》一文立足于这种实践和思考,对品牌美学构建提出了自己的设想。文章认为:品牌是企业乃至国家核心能力的综合体现,是经济社会高质量发展的重要象征,是实现人民对美好生活向往的重要载体。

近年来,随着我国经济和科技实力的不断增强,人们的消费审美观念发生了根本转变,对美好生活的期望值也越来越高。在现代化发展的新征程中,品牌美学对新时代生活样式的重塑是满足和实现人民美好生活理想的重要手段。生活样式的重塑是品牌美学构建的重要组成部分。同时,品牌美学建设对提升品牌的整体价值也具有重要作用。论者在现代化视域下阐述了品牌美学构建的重要意义,提出了基于生活样式重塑品牌美学实践体系的路径构想。

如果说陈忠伟董事长为品牌美学建设提供了来自生产经营一线的企业家的思考,侯冠华教授的《百年品牌的美学传承与当代表达》则表达了来自工科设计学专业的学者对品牌美学的人文关怀。侯教授关注到,中国拥有众多百年老店,如恒源祥、同仁堂、全聚德等等,其品牌美学面临着视觉形象的当代表达与文化内涵的传承发展挑战。他的研究采用横向比较与案例分析的方法,从祁志祥教授提出的"乐感美学"所倡导的愉悦与价值两个维度对中外百年品牌进行美学的比较分析,提出了百年品牌美学的历史传承与当代表达的理论构想,为品牌美学建构提供了一份特殊参考。

廖茹菡副教授美学专业出身。作为年轻的品牌与时尚消费的青年群体之一员,她从时尚的角度探讨品牌的美学意蕴,提出《品牌与时尚的价值共振》命题。文章指出:时尚与品牌都是现代文化的重要组成部分,是影响日常生活审美决策的关键因素。时尚是文化创新的方向指引,却面临更新浅表化的困境。品牌是现代消费的优质航标,却遭遇发展保守化的问题。时尚与品牌的携手则可以使两者共同走出困局。在横向广度方面,时尚的逐新性可以激发品牌的创新能力,并扩大品牌的影响范围。在纵向深度方面,品牌的稳定性能为时尚变化注入理性因素,并提高时尚的文化传承能力。时尚与品牌的互助共振既是生活审美化的推动力,也是社会文化创新发展的引导力。在当今消费社会,探讨品牌与时尚联动的美学路径别有现实意义。

本书封面插图为2024年恒源祥品牌年度主题主视觉画面,恒源祥携手法国新生代全能设计师中法共创。该设计立足于中法建交60周年和法国巴黎奥运会大背景,从东方神韵和西方风情中汲取创意,完成了艺术设计与海派审美的巧妙融合,为本辑恒源祥美学文选留下了独特个性。

本书封底插画作品《炫之境》,作者贺宁,上海市美学学会会员,自由前卫画家,获奖无数,具有国际影响。

本书扉页题字者为现任联合国总部新闻部NGO组织"国际书法联合会"主席的上海交通大学教授周斌先生。

书中插画由江苏大丰籍画家陆天宁、李晓恒、曹凯钵、张重光、彭蔚海、汪铁铭先生提供,特此鸣谢。

上海市美学学会会长

祁志祥

2024 年 7 月 18 日

作者:李晓恒,江苏省文联创作中心研究员、国家一级美术师

第一章　审美与现代性

主编插白：本章讨论"现代性"与人生、艺术的审美。

"现代性"是当代美学研究中的一个重要维度。但何为"现代性"，则众说纷纭，莫衷一是。有人感叹：没有哪个词比"现代性"这个词的解释更加纷繁多样。钱中文先生认为，"现代性"是"建设现代社会的经济、政治、社会、文化等方面的思想、价值取向的需求与表现"，是"促进社会进入现代社会发展阶段，使社会不断走向科学、进步的一种理性精神、启蒙精神"。从这个视角切入，他认为梁启超早期的"新民"思想与后期的"美术人"思想是相互贯通的，标志着我国近代文论、美学的"审美现代性"的"发动"。他的《我国文学理论与美学审美现代性的发动》指出：梁启超的"美术人"学说传承了中外人生论哲学思想，把人生内化为人的生存趣味，把生存趣味内化为人的审美趣味，是一种更高意义上的自由的"新民"。"新民"与"美术人"即"审美的人"。这是梁启超文论、美学思想贯穿始终的主题，显示了我国近代文论、美学的强烈审美现代性特征。这种现代性，是一种"转向现代社会、建设现代社会过渡时期的启蒙现代性"。

王一川教授从"现代化"角度理解"现代性"。他的文章《中国电影现代性的民族性、时段性和当前课题》指出：中国式现代化进程构成中国电影现代性的基本品质。中国电影现代性的时段性表现为三时段，分别展现中华民族"站起来""富起来"和"强起来"的集体姿势。中国电影现代性的第一时段指中国电影自诞生到 1978 年期间的状况，以影像形式系统再现中国现代生活世界情境，刻画了中华民族"奋起反抗"、"奔走呐喊"、进行"可歌可泣的斗争"直到最终"站起来"的集体实践历程及其英勇姿势。中国电影现代性的第二时段指 1979 年至 2012 年间的中国电影状况，集中展示中华民族在改革开放、经济建设和物质文明建设中的自力更生和自富自足姿态。中国电影现代性的第三时段指2012至今中国电影状况，主要再现中华民族寻求自信自强的集体姿势。中国电影现代性的当前课题表现为中国式现代化五项内涵的影像表达。这就是：1. 人口规模巨大的现代化，要求电影全面反映这个拥有巨大人口规模的国度的现代化的艰难曲折性和坚强不屈性。2. 全体人民共同富裕的现代化，呼唤电影再现生活在中国大地56个民族、14亿多人民对于共同富裕、公平正义的热爱和追求轨迹。3. 物质文明与精神文明相协调的现代化，要求电影防止只要物质富裕和幸福而不要精神健康和高尚的极端物质主义偏颇。4. 人与自然和谐共生的现代化，要求中国电影与现代生态环保理念及绿色文明建设相汇通。5. 走和平发展道路的现代化，要求中国电影在全球性生存境遇中透视中国角色和中国贡献的创造性机遇和积极担当。

刘宗超、丰海滨先生以现代性的眼光考察"中西方艺术现代进程中的'丑'"，对这个话题作出了独特阐释。西方近现代以来，随着感性认识范围的不断扩大，那些古拙的、质朴的，甚至古怪的、荒诞离奇的不和谐题材逐渐成为艺术表现的对象，这些不和谐对象往往被视为"丑"。在中国传统艺术中也有"丑"，它在审美上更近于"拙"。中国社会走向现代的进程，是由农业文明走向工业文明。社会结构、生存状态和文化的转变在人们内心形成了深层矛盾。艺术家以独特的艺术形式表达这种矛盾心态，以自然对抗伪善，以不和谐的"丑"对抗传统社会中的和谐的美。中西艺术由于不同的文化传统和价值选择，"丑"在中西艺术中也存在相异之处。作者在历史的维度之中，通过对中西文化和艺术的对比，从美学的角度厘清它的所指、内涵和外延，可以帮助人们更好地理解现代化进程中"丑"的艺术。

青年学者王曦以现代性的眼光审视二十世纪西方先锋派艺术的"审美政治"问题，对这个问题奉上了特别的学术专攻。二十世纪上半叶西方先锋派艺术的兴衰更迭，不单是艺术家们为时代立言、为艺术塑形的进步史，也是德国表现主义、意大利未来主义与包豪斯艺术被政治僭用的历史。一方面，一批西方先锋派艺术在唯美主义立场下放弃政治伦理判断，以支离破碎的感受经验取代客观社会关切的表达，期待能够重塑未来艺术发展的方向,这导致审美追求与社会关切的绝然二分。另一方面,艺术、美学与政治、意识形态处在复杂的纠葛中,艺术家重塑未来方向的形式发展史不断被扭曲、打断,表现主义艺术的神秘主义与包豪斯的理智主义共同服务于政治意识形态。正是潜藏在西方先锋派艺术中的审美政治陷阱,终结了先锋派艺术的形式革新诉求。

第一节　我国文学理论与美学审美现代性的发动 [①]

梁启超早期文论中的一个中心思想是"新民说",它与后期以"趣味"美学为基础的"美术人"说是相互贯通、互为目的的。"美术人"即受艺术趣味熏陶、懂得艺术享受的人,借用席勒所说,或可称之为"审美的人",[②] 是"新民说"的更高发展。"新民说"与"美术人说"是梁启超文论美学思想的整体表现,它们显示了我国近代文论、美学强烈的审美现代性特征。

一、启蒙现代性与"新民说"

对于"现代性"的说法、解释多样,按照我们的社会实践经验来说,现代性就是建设现代社会的经济、政治、社会、文化等方面的思想、价值取向的需求与表现,"是促进社会进入现代社会发展阶段,使社会不断走向科学、进步的一种理性精神、启蒙精神,一种现代意识精神,一种时代的文化精神"。我同意现代性是一种未竟的事业的主张,根据百年来的社会理论、学术中的经验与沉痛教训,要"把现代性本身看作一个矛盾体应当看到它的两面性,以避免使它走向极端",要"把现代性的功能视为一种反思,一种文化批判,一种现代文化的批判力,也即一种思想前进的推力……具有不断清理自身矛盾的能力",同时"主张现代性是在传统基础上建立起来的现代性,又是使传统获

①　作者钱中文,中国社会科学院文学研究所研究员,荣誉学部委员。本文原载《社会科学战线》2008 年第 7 期。原题:《我国文学理论与美学审美现代性的发动——评梁启超的"新民""美术人"思想》。

②　[德]席勒:《美育书简》,徐恒醇译,北京:中国文联出版公司,1984 年,第 116 页。这里我只是说借用。席勒说:"从感觉的受动状态到思维的能动状态的转变,只有通过审美自由的中间状态才能完成……这种状态仍然是我们获得见解和信念的必要条件。总之,要使感性的人变为理性的人,除了首先使他成为审美的人,没有其他途径。"可参阅当代美国学者埃伦·迪萨纳亚克所著《审美的人》,户晓辉译,北京:商务印书馆,2004 年。

得不断发展、创新的现代性"，①应该铸成一种新的文化传统的现代性。梁启超思想学说所表现的现代性，是一种转向现代社会、建设现代社会过渡时期的启蒙现代性。审美现代性说的是其对于感性的精神文化艺术表现的主张和导向，与启蒙现代性相适应并在不适应中发挥"救赎"②的审美诉求。

启蒙现代性所表现的自我反思与文化批判，早在明代中期以后的一百多年间"失落的文艺复兴"时期③与清代社会、学术思想发展的几个时期，针对政治制度的腐朽、文化的颓唐、国运的衰落，已经发动起来并流行开来。随后，针对封建王朝体制所引发的各种弊端，康有为、梁启超等人所做的犀利的揭露与批判和所发动的改良主义运动达到了高潮，这也可以说是启蒙现代性的高度体现。戊戌变法失败后，梁启超在流亡中进行了自我反思与自我批判，并体验了迎面扑来的西方世界各种新思潮和日本明治维新成功新经验的思想激荡，从而接受了日本的各种来自西方的启蒙学说如民权、自由、司法等。他说："历观近世各国之兴，未有不先以破坏时代者。此一定之阶级，无可逃避者也。有所顾恋，有所爱惜，终不能成。"在谈及卢梭的《民约论》时，梁启超情绪激昂，想象着卢梭的民约思想一旦传到东方老大帝国就能变成自由乐土，因而用诗一般的语言祷告："大旗魷魷，大鼓冬冬；大潮涌汹，大风蓬蓬……《民约论》兮，尚其来东！大同大同兮，时汝之功！"④与此同时，梁启超大体上接受了日本启蒙家中村正直的"新民"学说，思想为之一变。中村正直师法西方，认为西方列国的强盛在于人民具有优良的国民素质。他与其同时期的日本启蒙学者一样，认为维新的真正意义在于"人民之一新"，而不是"政体之一新"。梁启超在《自助论》（1899）一文中介绍了这位日本大儒的学说，并在其影响下提出了要从道德教育入手，来改造国民的性质。⑤正是这一目的，引起了梁启超对我国"国民性"的探讨，转入对"新民说"的呼吁。

19世纪末，对国民性的反思，由严复、梁启超等人为发端，成为我国社会启蒙思想现代性发展中的一个极其深刻的论题。国民性不同于民族性，它是

---

① 钱中文：《新理性精神与文学理论研究》，《钱中文文集》，上海：上海辞书出版社，2005年，第328—329页。

② 可参阅周宪：《审美现代性批判》，北京：商务印书馆，2005年。

③ 这里借用卢兴基即将出版的《失落的文艺复兴》书稿中的观点。

④ 梁启超：《破坏主义》，载夏晓虹编：《梁启超文选》上，北京：中国广播电视出版社，1992年，第215—216页。

⑤ 郑匡民：《梁启超启蒙思想的东学背景》，上海：上海书店出版社，2003年，第117页。

正在进入现代社会的中国人,在近代封建极权社会、政治、文化高压影响下形成的相当普遍的习性,奴隶性是其最为突出之点。梁启超就国民性指出:国之存亡并非社稷宗庙之兴废,也非正朔服色之存替,而是涉及国民性之丧失。① 1899 年 12 月,《清议报》刊出梁启超的文章《国民十大元气论》,提出了"国民"问题,认为"人而不能独立,时曰奴隶,于民法上不认为公民;国而不能独立,时曰附庸,于公法上不认为公国"。他说不能独立之人有二,一为希望别人帮助的人这是凡民;二为仰他人之庇护者,这是奴隶。奴隶则具有奴隶根性。他感叹:"吾一语及此,而不禁太息痛恨于我中国奴隶根性之人何其多也。"他甚至把这种"奴隶根性"称之为"畜根奴性",而且"此根性不破,虽有国不得谓之有人,虽有人不得谓之有国"。② 梁启超把长期积累而成的社会风俗视为"奴隶根性"的积弱之根源并对"奴隶根性"的表现作了界说:有奴性、愚昧、为我、好伪、怯懦、无动等。造成中国人身上的上述种种丑陋表现的原因,专制政体自然是其根本的根源。

梁启超认为,实际上中国并没有存在真正意义上的国民。这是因为中国长期视自己国家为天下,"有可以为一人之资格,有可以为一家人之资格,有可以为一乡一族人之资格,有可以为天下人之资格,而独无可以为一国国民之资格",③ 所以只有"部民",而无"国民"。可是在列国并立、弱肉强食的时代,如果国人无国民资格,那么作为一国之民,就绝无可能自立于天下,对于国家也是如此。1903 年梁启超东游美国,在思想上发生了很大的变化,如与革命思想决裂等。这时他所见甚多,如不少华人即使在美国大城市,其丑陋恶习也一如国内游手好闲、秘密结社、挟刀寻仇、聚众滋事等等,这无疑促使他进一步反思国民性及其劣根性一面。于是他提出:(1)中国人有族民资格而无市民资格,有族制,而无市制,发达国家可组成国家,而我们不能。(2)有

① 梁启超:"国民性为何物? 一国之人,千数百年来受诸其祖若宗,而因以自觉其卓然别成一合同而化之团体,以示异于他国民者是已。国民性以何道而嗣续? 何道而传播? 以何道而发扬? 则文学实传其薪火而筦其枢机。明乎此义,然后知古人所谓文章为经国大业、不朽盛事者,殊非夸也。"参见梁启超:《丽韩十家文钞序》,载《饮冰室合集》第 4 册卷 32,北京:商务印书馆,1989 年。
② 梁启超:《国民十大元气论》,见夏晓虹编:《梁启超文选》上,北京:中国广播电视出版社,1992 年,第 60、62、63 页。
③ 梁启超:《释新民之义》,见夏晓虹编:《梁启超文选》上,北京:中国广播电视出版社,1992 年,第 108 页。

村落思想,但无爱省之心、爱市之心,因而也无国家思想。(3)只能受专制不能享以自由。所以他认为立宪、共和在当今中国无法实现,只能以铁腕人物,雷厉风行,以铁以火,陶冶锻炼我国国民几十年,然后方可与之谈卢梭之书、华盛顿之事,即人权、平等、自由等等。(4)最根本的是国人无高尚之目的。梁启超主张应该在衣食、安富尊荣之外,有更大的目的,而日有进步;认为欧美人有好美之心,真善美并论,而在中国,孔、孟虽言善美,但后人甚少谈美,所以与欧美比较而言,"谓中国为不好美之国民可也"。① 同时中国人缺乏社会名誉感、宗教信仰观念,由此使得国家凝滞堕落。梁启超对于"国民性"思想的探讨,影响深远。如果说他主要从政治、社会角度,揭发、批判了中国人的国民性的消极方面,显示了强烈的启蒙性,那么后来的鲁迅,则以小说、杂文的创作,深刻地剖析、鞭挞了中国人国民性中的劣根性而传之不朽。

梁启超理想中的中国国民应是什么样子的呢? 针对外国人称中国为"老大帝国",早在1900年,梁启超说他心中有一个少年中国,并用以比之人之老少。少年人常思将来,心怀希望,勇于进取,常敢破格,常好行乐,气度豪壮,"能灭世界","能造世界";少年人如朝阳,如乳虎,如侠,如春前之草,如长江之初发源。梁启超称,制出将来之少年中国,乃中国少年之责任。所以他满怀希望:"少年智则国智,少年富则国富,少年强则国强,少年独立则国独立,少年自由则国自由,少年进步则国进步……少年雄于地球,则国雄于地球。"② 这和他在前面描述中国人的国民性那种奴隶根性决然对立,其新的特征,即新的中国少年应是自由的人、独立的人、富于进取精神的人,是有智慧的人、奋发的人,是一扫柔弱懦怯、体魄刚健的人。这里所说的自由、独立、进取等特征,正是外国共和政体所标榜的国民基本权利与品格。但是这理想中的中国少年,现在连国民都不是,于是梁启超进一步提出了"新民说"。他认为,急需要把广大的、还没有成为真正意义上的国民的人改造为"新民",并认为这是"今日中国第一急务"。如果前两年他还在宣传破坏,那么现在他与革命党人发生论争,反对革命所必然导致的破坏,认为要使国家安富尊荣,不能不宣传"新民"之道。新民就是使人都成为"国民之文明程度高者",这

① 梁启超:《新大陆游记》,见夏晓虹编:《梁启超文选》上,北京:中国广播电视出版社,1992年,第402页。
② 梁启超:《少年中国说》,见夏晓虹编:《梁启超文选》上,北京:中国广播电视出版社,1992年,第254页。

国民之高度文明水平与他理想中的中国少年的品格是完全一致的。"苟有新民,何患无新制度,无新政府,无新国家! 非尔者,则虽今日变一法,明日易一人,东涂西抹,学步效颦,吾未见其能济也"。①于是新民成了建设新制度、新政府、新国家的根本。梁启超认为数十年来国家虽然不断酝酿新法,但并无效果,主要原因在于不了解新民之道、没造就新民所致。新民说实际上就是梁启超式的启蒙与救亡。

在梁启超那里,新民实际上有好几种含义。"新民云者,非新者一人,而新之者又一人也,则在吾民之各自新而已。孟子曰:'子力行之,亦已新子之国。'自新之谓也,新民之谓也。"②又说:"新民云者,非欲吾民尽弃其旧以从人也。新之义有二:一曰,淬厉其所本有而新之;二曰,采补其所本无而新之。二者缺一,时乃无功。"③这两个思想十分重要。第一个思想是,新民并非新一人,人人都应自新,身体力行,成为新民,那时自然就有了新民之国。第二,在谈到"新"之本义时,梁启超提出的解说实际上涉及两个方面,一是必须淬炼原来的东西,即对旧的东西进行"濯之拭之,发其光晶;煅之炼之,成其体段;培之浚之,厚其本源",④继长增高,日征月迈,使国民之精神,得以保存与发达。这里关于新民的说法,承袭了孟子之说,并加以新的丰富与改造。就是说,国人身上有着好的一面,只不过要不断洗涤擦拭,给以锻炼,保存其原有精粹的一面,并予以发扬。二是这"新"之本义,在于必须学习外国之长处,以补自己的不足,即"博考各国民族所以自立之道,汇择其长者而取之,以补我之未所及"。⑤这不足是什么呢? 即《论公德》一文中所说的外国国民所具有、中国人所缺乏的"公德"。这"自立之道"与被选择的"长者"是什么呢? 照一般人看来就是他国政治、学术、技艺方面的精粹,然而1902年的梁启超已经明确地指出是人文精神因素。他认为,一般人们"不知民智、

---

① 梁启超:《论新民为今日中国第一急务》,见夏晓虹编:《梁启超文选》上,北京:中国广播电视出版社,1992年,第103页。

② 梁启超:《论新民为今日中国第一急务》,见夏晓虹编:《梁启超文选》上,北京:中国广播电视出版社,1992年,第105页。

③ 梁启超:《释新民之义》,见夏晓虹编:《梁启超文选》上,北京:中国广播电视出版社,1992年,第107页。

④ 梁启超:《释新民之义》,见夏晓虹编:《梁启超文选》上,北京:中国广播电视出版社,1992年,第108页。

⑤ 梁启超:《释新民之义》,见夏晓虹编:《梁启超文选》上,北京:中国广播电视出版社,1992年,第109页。

民德、民力,实为政治、学术、技艺之大原",①因此如果不取于此而取于彼,实在是弃其本而摹其末的行为,无补于充实我本来缺乏的方面而难以更新我国民之道。他在这里把民智、民德、民力等人文精神因素,看做是政治、技艺之"大原"(即基础与根本),应该说其思想实在是很锐利与超前的。梁启超关于"新"的解说,不仅适用于国人面貌、精神之更新,实际上也适用于新文化的建设,因为新文化的建设,也正是这样一个过程。这些方面,都显示了其改良主义启蒙思想现代性的深刻特征。

那么如何使得广大国人成为新民?梁启超转向了文学,转向了小说艺术,把新民的任务交给了小说,而且特别钟情于政治小说。早在新民说提出之前,即1898年年底,梁启超在《清议报》第一册发表《译印政治小说序》一文,力推崇、提倡政治小说这种文体,认为欧洲各国包括日本在内的变革,"政治小说为功最高焉"。②其实,当梁启超出逃日本时,在日舰上就阅读了日本东海散士(柴四郎)的政治小说《佳人奇遇》,并把它翻译了出来。日本的政治小说,在明治维新自由民权运动高涨时期特别流行。据我国学者引用日本学者的统计,"从明治13至明治30(1880~1897)年间共出版了571部政治小说(当然这一数字未必精确)","其中明治15—16年是一个高峰,其后有所下降在自由民权运动最兴旺的20—21(1887~1888)两年间'政治小说得到飞跃的增加,据统计平均三日出版一本政治小说'"。③十分明显,日本政治小说的流行,是为了鼓吹自由民权运动的需要,一时的确十分普及显示了其服务于政治运动、启蒙群众的审美现代性之特征。但是政治小说毕竟只能流行于一时其宣传的功利性强,艺术性不高所以当梁启超来到日本时,政治小说的流行高潮已过,但余响犹存,这无疑影响了正在探求改良新路的梁启超,对它发生了强烈的兴趣,以至把政治小说的作用说得如此之高。

1902年,《新小说》刊出《论小说与群治之关系》一文。需要说明的是,这篇论文刊出于梁启超进行其他政治活动失效、又与革命党人决裂之际,他以改良主义的启蒙热情,继续把政治小说誉为改造国家功劳最高的手段,把

---

① 梁启超:《释新民之义》,见夏晓虹编:《梁启超文选》上,北京:中国广播电视出版社,1992年,第109页。
② 梁启超:《译印政治小说序》,见郭绍虞、罗根注主编:《中国近代文论选》上,北京:人民出版社,1959年,第150页。
③ 孟庆枢:《日本近代文艺思潮与中国现代文学》,长春:时代文艺出版社,1992年,第25页。

小说审美救赎的作用发挥到了极致。他说:"欲新一国之民不可不先新一国之小说。故欲新道德必新小说;欲新宗教必新小说;欲新政治,必新小说;欲新风俗,必新小说;欲新学艺,必新小说;乃至欲新人心,欲新人格,必新小说。何以故? 小说有不可思议之力支配人道故","故今日欲改良群治必自小说界革命始,欲新民必自新小说始"。①在这里,把小说当成了启蒙、救亡图存的根本途径。这种说法不能说没有道理,但是对于小说自身来说其负担过于沉重了。重要的是,他在这篇文章里探讨了小说的本质特性提出小说具有"不可思议之力支配人道故"。这"不可思议之力"就是小说的审美感受、体验的特性,这"支配"就是发生影响的力,这"人道"就是情感与人性。审美感受、体验,表现为小说的通俗易懂方面,由此使得小说阅读成为一种赏心乐事,可以将人置于可惊、可悲、可愕、可感的境地。但人仍然不能满足于此,小说可以"导人游于他境界,而变换其常触常受之空气者也",进入理想的境地,同时一般人对于世态万象所引发的喜怒哀乐、怨恋骇忧等心理现象,习焉不察,知其然而不知其所以然,一经作家状物写景,将人物心理和盘托出,则会不禁心醉神往,深为感动。梁启超进而解释了达到上述状态的四种审美感受力,即熏、浸、刺、提,这四种力量,无疑融合了中外文论典籍中的审美学说与精神,这也正是小说有着特有的感染力之处。此处不拟细说。

无疑,梁启超通过对于小说的阐发,提出了一种新型的政教型的文学观。说其是政教型的,在于它与古典文论中的文学"乃经国之大业"这一思想是紧密联系着的;说它是新型的,在于这种文学观念已经自觉不自觉地把普通国民视为它的对象,目的是为了培育"新民""铸成雄鸷沈毅之国民"。具有如此明确的启蒙精神的文学主张,可以说在那时是独树一帜的。一方面,这种文学观即使是改良主义的,仍然表现了审美现代性强有力的方面;另一方面,梁启超又把封建制度及其落后生活所派生出来的思想、陋习,如状元宰相才子佳人思想、江湖盗贼、妖巫狐鬼、迷信堪舆、相命、卜筮、祈禳、迎神赛会,以及国民之羡慕升官发财、奴颜婢膝、寡廉鲜耻、权谋诡诈、轻薄无行、沉溺声色、儿女多情、伤风败俗,等等,甚至把民间会道门、义和拳起事,沦陷京国,致召外戎,都说成是因为小说广为阅读、流传的后果,使得《水浒》《红楼梦》都

① 梁启超:《论小说与群治之关系》,见夏晓虹编:《梁启超文选》下,北京:中国广播电视出版社,1992年,第3、8页。

不免受到株连,小说成了国运衰落、民心败坏的渊薮,"吾中国群治腐败之总根源"。无疑这时的梁启超把物质与精神的关系颠倒了,表现了政治改良主义历史观方面的严重缺陷,凸显了其启蒙现代性的消极面。这种政教型的文学观,把审美救赎当成了最根本的手段,忽视了社会物质条件以及广大国民在文化上的依附处境,因此也可以说表现了其审美现代性的不彻底性。新民在现实生活中是存在的,如一些革命党人的形象;新民作为国民的理想是鼓舞人心的,但对于当时的现实生活来说,却是带有审美乌托邦色彩的。

二、审美现代性与"美术人"

如果说在我们过去的现代文论、美学研究中,包括我自己在内,主要讨论梁启超的前期文学思想,而对其后期十分重要的美学思想有时甚至只是顺便提及,那么现在的情况则已有所改变,一些学者对于梁启超后期美学思想的资源进行了发掘,对梁启超的文论、美学思想在整体上开始有了一个较为完整的认识,这不能不说是对梁启超文化思想认识的深化。

1917 年,梁启超退出政坛,此后他虽然对政治仍有浓厚兴趣,但已比较专心于学术研究,著述更为丰硕。对于不同的个人的探索,历史有时呈现出十分奇特的面貌。19 世纪末、20 世纪初,梁启超曾经像我们在上面描述的那样热衷于国民、国民性的探讨而具有首创精神,但到"五四"前后,如前所说,这一事业却是由鲁迅等人继续下去的。当然,梁启超的探讨并未停息,他又"兴味"十足地研究起"趣味"来,形成了美学中的新的趣味说,并在此基础上提出了"美术人"。如前所说,"美术人"与"新民"一脉相承,而且是更高意义的发展。说它具有更高意义,在于"新民"说是在政治体制上要求国人成为国民,使其享有平等、自由、权利和人格独立以及改造国人身上种种丑陋的积习;"新民"说把这一启蒙任务交给了小说,试图通过小说的审美特性及其审美功能,创造表达国民理想的"文学新民",并使之普及开来,达到"审美救赎"的作用。"美术人"则是传承了中外人生论哲学思想,把人生内化为人的生存趣味,进而把生存趣味内化为人的审美趣味,是一种与生命的内在精神和理想相契合的人,是一种生命的高级本然意义上的自由的新民,进而孕育而为"美术人",这是一种更新了的新民。在这里,审美现代性的趋向发生了变化,并使其内涵变得复杂起来。

1922 年,梁启超在《美术与生活》一文中说:"人类固然不能人人都做供给美术的'美术家',然而不可不个个都做享用的'美术人'"。"'美术人'三个字是我杜撰的……我确信'美'是人类生活一要素,或者还是各种要素中最要者,倘若在生活全内容中把'美'的成分抽去,恐怕便活得不自在甚至活不成!中国向来非不讲美术——而且还有很好的美术,但据多数人见解,总以为美术是一种奢侈品,从不肯和布帛菽粟一样看待,认为生活必需品之一。我觉得中国人生活之不能向上,大半由此。"①梁启超所说极是。美是生活最重要的要素,是组成人的生活的必要条件,去掉了美,人的生活以至生存都会成为问题。艺术是表现美的,人都应懂得表现了美的艺术。他说,"美术人"这一术语是他的"杜撰",但按其对"美术人"的解释来说,这"美术人"明确是指懂得和享受美术的人,是懂得享受包括文学在内的各种艺术形式、具有审美能力的人,"审美的人"。就这点而言,"美术人"是个了不起的"杜撰"。

那么这"美术人"如何实现其自身?在梁启超看来,要做"美术人",先要做一个有趣味的人。1920年,梁启超提出趣味说,先就他个人而论。他说:"我生平是靠兴味作生活源泉。"②稍后,他说他的人生观是以"责任心"和"兴味"为基础的。"'责任心'强迫把大担子放到肩上是很苦的,'兴味'是很有趣的。二者表面上恰恰相反,但我常把他调和起来。""假如有人问我:'你信仰的什么主义?'我便答道:'我信仰的是趣味主义。'有人问我:'你的人生观拿什么做根底?'我便答道:'拿趣味做根底。'"③他说天下万物,都充满趣味,他平时做事,扎根于趣味,做得津津有味,兴会淋漓,没有悲观厌世的念头。做事成功,趣味盎然,即使失败,也感到兴味,他只觉得在各种活动中有无限乐趣,物质上虽有消耗,但精神上快乐无比。接着他把趣味提升到一种人生哲学的本体论的高度。"问人类生活于什么?我便一点不迟疑答道'生活于趣味。'这句话虽然不敢说把生活全内容包举无遗,最少也算把生活根芽道出。人若活得无趣,恐怕不活着还好些,而且勉强活也活不下去。"④

① 梁启超:《美术与生活》,见夏晓虹编:《梁启超文选》下,北京:中国广播电视出版社,1992年,第153页。
② 梁启超:《外交欤?内政欤?》,见夏晓虹编:《梁启超文选》上,北京:中国广播电视出版社,1992年,第199页。
③ 梁启超:《趣味教育与教育趣味》,见夏晓虹编:《梁启超文选》下,北京:中国广播电视出版社,1992年,第469页。
④ 梁启超:《美术与生活》,见夏晓虹编:《梁启超文选》下,北京:中国广播电视出版社,1992年,第153—154页。

这样,趣味实际上成了人类生活、生存的依据,"以为这便是人生最合理的生活",或是说"人类合理的生活本来如此"。① 自然,对于梁启超的这种说法是可以推敲的,不必尽表同意,但把趣味提升到一种生活状态,或进一步说一种生存状态,却是有道理的。而且梁启超在讲"生活于趣味"的时候,明明说的是一种"责任心"下的趣味,这实际上赋予了趣味以价值判断。他认为,趣味是生活的原动力,但不见得都是好的,有不同性质的趣味,它们有高下之别。"青少年的趣味要引导,培养终身受用的趣味","所有学问,所有活动都是目的,不是手段,学生能领会,就有趣味"。②

梁启超学贯中西,他对东方的儒、道、佛,西方的各种哲学、政治文化思想,都有开创性的研究,并使它们融会贯通。在欧洲美学、文论中,有关趣味的论说很多,并且经历了一个复杂演变的历史过程,这里不拟多加引用。③ 梁启超所主张的生活趣味说,与康德的趣味就是审美判断并不相同。康德将趣味分为直接的感性反应的趣味与理性的反思趣味,趣味亦作鉴赏力解,"鉴赏力是作出普遍有效的选择的感性判断力的机能……就是想象力中对于外在对象做出社会性判断的机能"。④ 但是梁启超的趣味说倒是与康德的审美无功利说、游戏说一面,与席勒的游戏说联系得更紧密。从我国的思想资源来说,梁启超的"生活于趣味"主要是以孔子、老子的学说为其基础,这就是孔子的"知不可而为"主义与老子的"为而不有"主义。《论语》中说的"知其不可而为之",意思是天下之事成败得失,难以逆料,但还是要勉力去做。照梁启超的说法"就是做事时候把成功与失败的念头都撇开一边,一味埋头埋脑的去做"。成败是相对的事,无法定形,"可"与"不可"的"不同的根本先自不能存在",难以预设,所以"天下事无绝对的可与不可",也无绝对的成功或是失败,没有东西为我所得,自然也就没有东西为我所失。老子的"为而

---

① 梁启超:《学问之趣味》,见夏晓虹编:《梁启超文选》下,北京:中国广播电视出版社,1992年,第393—395页。

② 梁启超:《趣味教育与教育趣味》,见夏晓虹编:《梁启超文选》下,北京:中国广播电视出版社,1992年,第472—473页。

③ 关于外国学者的"趣味"说,详见朱立元主编《西方美学范畴史》第5章《趣味》(太原:山西教育出版社,2006年),之后该章作者范玉吉在《审美趣味的变迁》一书中作了进一步的丰富和极有价值的历史梳理(北京:北京大学出版社,2006年)。

④ [德]康德:《实用人类学》,《康德美学文集》,曹俊峰译,北京:北京师范大学出版社,2003年,第203页。

不有"，照梁启超的说法，就是不以所有观念作标准，不因为所有观念为劳动，即为劳动而劳动。我以为对于这一思想，要分两个层面来说。

从第一个层面，也即从形而下的方面来说，上述思想显然难以适应现实生活，道理是人人都需要物质生活，并生活在一个社会结构之中，了解对象和自身，了解可能的和不可能的，需要进行物质生产，需要规划，需要科学发展，需要有既定目标，需要达到既定结果，否则就会陷入盲目，陷入相对主义，失去生存的目标感，就会使社会生活走向崩溃与解体。对于这方面的问题"知不可而为"可能不完全适用，或者很不实用。当广大人民处于绝对无权的地位，不得不出卖劳动、承受剥削的时候，当他的劳动被异化、个人被异化，他能生活于趣味吗？能为劳动而劳动吗？能为生活而生活吗？能够出现劳动的艺术化、生活的艺术化吗？看来梁启超自己也意识到了这点。所以，他说："这两种主义或者是中国物质文明之障碍，也未可知。"

从第二个层面，即形而上的层面来说，梁启超说这两种主义"在人类精神生活上却有绝大的价值，我们应该发明他、享用他"，[①]这绝大的价值在哪里？梁启超游历欧洲，看到了欧洲文明的消极面，那里唯科学主义、工具主义、极端的实用主义盛行，科学的发明，在战争中制造了无数灾难，把欧洲社会毁坏得满目疮痍。这使他觉得需要给以理性的调控，反对弥漫于社会生活中一味追求物质享受的功利主义。在精神生活、精神创造中，功利主义自然也是存在明显的主张与目的的，比如在政治、经济、法律等这些领域十分重要，但是在其他人与人、人与自然、人与社会的关系中，孔老的学说对于抑制绝对化了的功利主义是有着积极意义的。梁启超认为，从宇宙、人生的长河来看，无绝对的可与不可，不存在绝对的成功与失败；如果绝对地成功了，那事物的发展就"圆满"，"进化"也就停止了，因为"宇宙和人生永远不会圆满。正因为这永远不圆满的宇宙中才容得我们创造进化"。[②]"知不可而为"在于"破妄返真"，"为而不有"则在于"认真去妄"，而立足于两者则会"使人将做事的自由大大的解放，不要作无为之打算，自己捆住自己"，这时自己将会真正地投入生活与劳动，"为劳动而劳动，为生活而生活，也可以说是劳动

① 梁启超：《"知不可而为"主义与"为而不有"主义》，见夏晓虹编：《梁启超文选》下，北京：中国广播电视出版社，1992年，第459页。

② 梁启超：《为学与做人》，见夏晓虹编：《梁启超文选》下，北京：中国广播电视出版社，1992年，第484页。

的艺术化,生活的艺术化……不为什么,而什么都做了"。这时生活不再是重负,不再是苦难,而是一种乐趣,在"知不可而为"与"为而不有"中实现了生活的自由、劳动的自由,这样反倒是成就了"圆满",使人生成为"最高尚最圆满的人生",进入人生的更高境界。

正是在这一种人生及生活状态之上,人们才能获得趣味,把"生活的艺术化,把人类利害的观念,变为艺术的感情的"。① 应该说,这是人类理想的一种高度演进的人生境界。首先这里的"艺术化"就一般理解来说,可以看作是审美化。梁启超说,"爱美是人的天性",把美融入人生,"生活的艺术化"就是让我们审美地去看待人生,这一理念是十分重要的,可以说也是现代美学的追求。其次,要让人们摆脱相互之间的世俗利害观念,使这种观念具体化、现实化,则就复杂得多,问题又来了。这要通过懂得"生活于趣味"、趣味便是生活、能够享用美术的人不断地给以实现的"美术人"才能做到。美术人要把生活自身看成是有趣味的东西,但是生活中虽然充满趣味,却不会自动到来,而应通过生活的实际途径,即必须通过人的审美活动、审美教育而获得。所以他指出趣味的来源有三:(1)即"对境之赏会与复观",即在观赏自然之美中培养自己的美感。(2)"心态之抽出与印契",即在心理方面去感同身受于他人的苦乐。(3)"他界之冥构与蓦进",即"超越现世界闯入理想界去"、"同往一个超越的自由天地",进入审美的超越。他认为文学、音乐、美术,就是诱发审美感觉、审美情感的三种利器,这些艺术形式,因其上述多种作用而发挥了其"美术的功用",即审美的功能。"审美本能,是我们人人都有的",但感觉器官不用,就会变得麻木。"一个人麻木,那人便成了没趣的人;一个民族麻木,那民族便成了没趣的民族。美术的功用,在把这种麻木状态下恢复过来,令没趣变为有趣……把那渐渐坏掉了的胃口,替他复原,令他常常吸收趣味的营养,以维持增进自己生活的健康。"② 所以文学艺术在社会生活中具有极为重要的作用,它的普及可以培育享用美术的"美术人",也即"审美的人"。这样看来,趣味与审美相辅相成,互为依附,在审美活动、审美教育中,趣味诱发审美,审美又提升趣味。如果说,梁启超在前期,以为通

---

① 梁启超:《"知不可而为"主义与"为而不有"主义》,见夏晓虹编:《梁启超文选》下,北京:中国广播电视出版社,1992年,第464—467页。

② 梁启超:《美术与生活》,见夏晓虹编:《梁启超文选》下,北京:中国广播电视出版社,1992年,第154—156页。

过审美救赎,炼成"新民",就有了"新国",那么现在就转到"美术人"身上去了,可以说这也是一种审美救赎。但是这个"美术人"是一个具有很高情操的人,他不一定懂得孔老学说,但在"责任心"的普遍驱使下,是会大量出现这样的"美术人"的。

三、成为"审美的人"

梁启超的"美术人"即"审美的人"提出时,正值"五四"之后民主、科学思潮高涨,马克思主义开始广泛传播的时期,各种西方哲学,如实用主义、生命哲学等相当流行,启蒙现代性呈现出极为复杂的流向。表现在文学理论、美学中,这个时期是"人的文学"、文学与人生、纯艺术,甚至文学与社会主义等不同文学流派或问题的大讨论时期,而国民性的反思仍然是思想界、文学创作中的重要话题,显示了审美现代性的多种取向与锋芒。这时埋头于学术的梁启超却提出了"文学的本质和作用就是'趣味'""趣味是生活的原动力""生活于趣味""为劳动而劳动,为生活而生活""为学术而学术"等观念,显然与当时流行的社会思潮、文艺思潮所造成的氛围不相合拍。在 1920 年代的社会氛围中,一般读者对上述观念都会产生误解,虽然梁启超提倡趣味的同时有"责任心"为之说明,但影响有限。梁启超对外国的哲学、文艺思想的吸收是多方面的。上世纪 20 年代初,一些人,包括梁启超在内,对柏格森的生命哲学创化论思想相当推崇,移用了其"创造进化"等观念。而 1920 年宗白华提倡过"艺术的人生观","从艺术的观察上推察人生生活是什么,人生行为当怎样",认为"艺术创造的目的是一个优美高尚的艺术品,我们人生的目的是一个优美高尚的艺术品似的人生"。[①] 不过在当时,梁启超、宗白华对美学问题的探讨不像其他社会思潮的争论那样热烈和为人瞩目。

"新民",特别是"美术人"思想的提出,对于当时我国来说可能是超前的,但是就现代文论、美学的整体发展来说,却是适时的重大回应。我们如果把梁启超的美学思想与康德、席勒、黑格尔以及后来的柏格森等人的美学思想稍作比较,则会了解到他们思想上的交叉点。例如,席勒讲到,要"把美的问题放在自由的问题之前……这个题目不仅关系到时代的审美趣味(原译

① 宗白华:《新人生观问题的我见》,《宗白华全集》第 1 卷,合肥:安徽教育出版社,1994 年,第 222—223 页。

为'鉴赏力',朱光潜先生译作'审美趣味',这里行文从朱),而且更关系到这个时代需求,我们为了在经验中解决政治问题,就必须通过审美教育的途径。因为正是通过美,人们才可以达到自由"。①就像朱光潜先生所说的,当席勒提出要使人成为"审美的人"条件时,"按照当时历史情景把这句话翻译为普通话来说,这就是:要把自私自利腐化了的人变成依理性和正义行事的人,要把不合理的社会制度变成合理的社会制度,唯一的途径是通过审美教育;审美自由是政治自由的先决条件"。②这些方面,我们可以在梁启超美学中看到某些光影,而他所阐述的趣味学说、人生艺术化说,是具有丰富的现实哲理意趣的,自然,对于这些问题我们必须鉴别,而采用其合理部分。但是,无论"新民",还是"美术人",作为我国现代美学中的新观念,都显示了中国文学理论与美学审美现代性的发动,和王国维一起,梁启超的美学与文学理论是古典美学与文学理论的终结与现代美学与文学理论的开端。

由于我们过去只从梁启超改良主义的政治主张、革命不革命观点看问题,他的美学思想被遮蔽了很多年,如今一旦"濯之拭之",显然就"发其光晶"了。他的"新民""美术人"和"审美的人",若加以改造,对于我们今天的审美教育来说至为需要。他在《少年中国说》中描述了理想的中国少年:"红日初升,其道大光;河出伏流,一泻汪洋;潜龙腾渊,麟爪飞扬;乳虎啸谷,百兽震惶,鹰隼试翼,风尘吸张;奇花初胎,矞矞皇皇;干将发硎,有作其芒;天戴其苍,地履其黄;纵有千古,横有八荒;前途似海,来日方长。美哉我少年中国,与天不老!壮哉我少年中国,与国无疆!"在我们民族伟大复兴的今天,这种充满爱我中华、激情喷薄的思想,仍然振奋着我们!

我们需要以新时代的价值与精神,来锻铸我们新时代的"新民""美术人"与"审美的人"!

第二节 中国电影现代性的民族性、时段性和当前课题③

中国电影固然有自己的作为独立艺术门类的艺术史,但也同时与整个中

---

① [英]席勒:《美育书简》,徐恒醇译,北京:中国文联出版公司,1984年,第38—39页。
② 朱光潜:《朱光潜美学文集》第4卷,上海:上海文艺出版社,1984年,第478页。
③ 作者王一川,北京师范大学文艺学研究中心教授,中国文艺评论家协会副主席。本文原载《电影艺术》2023年第2期。

国式现代化历史进程相伴随,因而也是中国式现代化历史的一部分。从中国式现代化回看中国电影现代性进程,可以更清晰地认识和把握中国电影现代性的特质和发展规律。中国式现代化,可以视为中国社会实施现代化变革的一种总体进程,而中国电影现代性既是这种社会现代化变革总体进程的一部分,同时又是对于它的一种影像表达方式。以运动影像系统形式去再现中国式现代化进程,构成了中国电影现代性的基本品质。由此,中国电影现代性的民族性、时段性等特质及其当前课题,也都可以得到阐明。

一、中国电影现代性的民族性特质

作为一种前所未有的来自西方的新兴艺术门类,电影的引进和发展给现代中国艺术门类体系提供了一种新的制度化元素:运用摄影机镜头组接成的移动影像形式去真实地和活灵活现地呈现动态化的人类生活世界情境是完全可能的,随后又陆续加入声音、戏剧化手段、音乐、明星制及其他相关元素,使之逐步成长为一种不可替代的拥有巨量普通观众和时尚效应的新兴大众艺术门类。伊朗导演阿巴斯认为:"一部电影能够从寻常现实中创造出极不真实的情境却仍与真实相关。这是艺术的精髓。一部动画片可能永远不是真的,但它仍然可能是真实的。看两分钟古怪的科幻电影,如果在令人信服的情境下充满可信的人物,我们就会忘记那全是幻想。"① 电影确实具有以精心创造的"极不真实的情境"而反映社会生活的"真实"的艺术特长。如今看来,电影的这种拥有巨量普通观众和时尚效应的大众艺术特质,只有电视艺术可以与之相媲美。只不过,电视艺术比起电影来又是更加后起的晚生艺术门类了。如果要考察与中国式现代化进程相伴随的中国艺术现代性进程,电影无疑正是一门合适的艺术门类。

应当注意到,自从在 20 世纪初进入中国以来,电影在中国的现代性进程中显示出一个突出的特质:它从一开始就凸显的,与其说是它的新兴现代性本身,不如说是这种新兴现代性所需要依托其上的中国艺术自身的民族性特质构型。也就是说,这门外来艺术在中国人眼中及其移植到中国本土后,人们首先寻求的不是炫耀它的时髦性新质,而是考虑这种新质如何能够适应中

---

① ［伊朗］阿巴斯·基阿鲁斯达米:《樱桃的滋味——阿巴斯谈电影》,btr 译,北京:中信出版集团,2017 年。

国观众固有的以戏曲或戏剧为中心的鉴赏传统,从而将其缝合到中国自己的民族艺术传统链条构造中。正是这样,中国电影现代性的特质突出地表现为"非西方"的中国民族性特质。而这一点恰与中国式现代化的"非西方"性质以及基于中国国情的民族特色相共振。

中国电影现代性的民族性特质追寻,首先表现为以中国固有的戏曲或戏剧传统去尝试定位电影这一新兴艺术门类,提出"影戏"说。1897 年就有人在上海目睹这样的"电光影戏":"近有美国电光影戏,制同影灯而奇妙幻化皆出人意料之外者。昨夕雨后新凉,偕友人往奇园观焉。座客既集,停灯开演:旋见现一影,两西女作跳舞状,黄发蓬蓬,憨态可掬。又一影,两西人作角抵戏。又一影,为俄国两公主双双对舞,旁有一人奏乐应之。又一影,一女子在盆中洗浴……"这种"电光影戏"构成的"奇观"让中国观众产生了深深的感叹:"天地之间,千变万化,如蜃楼海市,与过影何以异? 自电法既创,开古今未有之奇,泄造物无穷之秘。如影戏者,数万里在咫尺,不必求缩地之方,千百状而纷呈,何殊乎铸鼎之像,乍隐乍现,人生真梦幻泡影耳,皆可作如是观。"① 这位早期论者选择"影戏"一词去形容这种从未见过的新奇艺术形式,显然是在自觉地动用已知的中国本土戏曲传统。由于在电影进入中国之前,宋元明清时期的中国已经形成了自身的戏曲或戏剧传统,因而当电影进入中国市场,人们首先考虑的是让它与固有的戏曲传统实现汇通。此时关注的不是外来电影门类如何先进,而是它如何适应于中国戏曲文化传统的现代传承。侯曜等所进行的"影戏"理论探讨,正构成这方面的一个典型范例。"影戏是戏剧之一种,凡戏剧所有的价值他都具备。他不但具有表现、批评、调和、美化人生的四种功用,而且比其他各种戏剧之影响,更来得大"。② 他随后列数的"影戏"的媒介特质就有"比较的逼真""比较的经济""比较的具有永久性与普遍性""是教育的工具"等四条。③ 正是通过这种这一系列论证,他力图证明电影即"影戏"是一门可以表现、批评、调和、美化人生的艺

---

① 佚名:《观美国影戏记》,见丁亚平主编:《百年中国电影理论文选》上册(最新修订版),北京:文化艺术出版社,2005 年,第 3—4 页。

② 侯曜:《影戏剧本作法》,见丁亚平主编:《百年中国电影理论文选》上册(最新修订版),北京:文化艺术出版社,2005 年,第 57 页。

③ 侯曜:《影戏剧本作法》,见丁亚平主编:《百年中国电影理论文选》上册(最新修订版),北京:文化艺术出版社,2005 年,第 57—59 页。

术品,与中国已有的戏剧或戏曲、文学、美术等本土艺术门类相比而毫不逊色。这种电影合法性论证与电影在西方诞生之初时借助"高雅艺术"去证明的情形,存在着一致性:"为了走出这个有限的狭境,电影就需要'高雅艺术'的支持,以证明自己也能讲述'饶有趣味'的故事,而19世纪和20世纪之交的'高雅艺术'就是戏剧与小说。这并不是因为梅里爱的奇观影片还够不上短小的故事,而是因为它们尚未具有一出舞台剧或一部小说的成熟和复杂的形式。"① 从侯曜等所表述的中国早期"影戏"理论可见,中国电影现代性在其开端时段就凸显出鲜明的民族性特质,力图让电影这个新奇的外来艺术门类与中国固有的戏曲艺术传统嫁接起来,获得本土戏曲沃土的丰厚滋养。这种对于戏剧艺术传统的依赖心理是这样强烈,以致直到改革开放时代初期的1979年,白景晟导演还撰写《丢掉戏剧的拐杖》一文,大声疾呼中国电影必须"丢掉戏剧的拐杖"而寻求更加自由的时空形式和更具灵活性的蒙太奇手法等。这一点正从反面说明中国电影对于戏曲或戏剧传统的高度依赖性。

进一步看,中国电影现代性的民族性特质还表现在如下事实上:中国电影不仅在艺术门类传统上寻求本土戏曲艺术的支撑,而且还在表达对象上注重家族伦理传统和中国式心性智慧传统的传承。这就是说,中国电影在题材上从一开始到现在一直在致力于本民族生活方式中家族伦理传统和古典心性智慧传统的现代传达。《孤儿救祖记》(1923)讲述富翁杨寿昌家族历经冤屈和离散打击而终致祖孙团圆的故事,传达出中国式仁厚、容让、悔过等多重价值理念的现代价值。《天云山传奇》(1980)围绕知识分子干部罗群从蒙冤到平反的过程这个中心事件,重点通过宋薇的人生回忆和道德悔恨,以及通过宋薇、罗群和周瑜贞对于冯晴岚的共同的深情追怀,阐述了忠诚与背叛、容让与坚韧、纯朴、善良等传统理念在当代生活中的意义。《烈日灼心》(2015)聚焦于三名犯罪嫌疑人杨自道、辛小丰和陈比觉的多年自我心灵赎罪之路,形象地阐明了这三个人物的"生不如死"的心灵焦灼状况,也借此反映了"心学"传统的现代生命力。

还应该看到,中国电影现代性的民族性特质还表现为自觉传承唐宋传奇以来的奇异传统,致力于讲述现代中国革命的传奇英雄故事。特别是中华人

---

① [法]雅克·奥蒙、米歇尔·玛利、马克·维尔内、阿兰·贝尔卡拉:《现代电影美学》,崔君衍译,北京:中国电影出版社,2010年,第72页。

民共和国成立以来"十七年"间的中国电影,例如《小兵张嘎》《鸡毛信》《南征北战》《渡江侦察记》《洪湖赤卫队》《平原游击队》《铁道游击队》《地道战》《地雷战》《永不消逝的电波》《红色娘子军》《红旗谱》等,塑造了一大批现代革命战争中的传奇式英雄,满足了社会主义时期观众对于现代中国革命历史的回眸式鉴赏渴望。直到当前中国电影中,这种现代电影传奇叙事传统仍然延续下来,例如《湄公河行动》《红海行动》《战狼 2》《我不是药神》《奇迹·笨小孩》等从不同角度去讲述当代生活中的传奇英雄故事,满足当代观众对于奇异英雄人物的强烈好奇心。

还可以说,中国电影现代性的民族性特质也表现为对于中国古典艺术"余味"或"余意"传统的自觉传承。按照刘勰《文心雕龙·隐秀》有关"深文隐蔚,余味曲包"[①]、宋人范温《潜溪诗眼》有关"有余意之谓韵"[②]等观点,中国古典艺术传统中存在着一种注重"余味"或"余意"的创作与鉴赏传统,要求好作品必须在其艺术系统中留有一定的"空白"或"余地",可以诱使观众自觉发掘其蕴含的深长意味并且回味再三,感觉余兴悠长。中国电影人自觉地在电影这一新兴艺术门类中传承这种独特而久远的民族艺术传统。《神女》(1934)中的阮嫂形象塑造方式,《小城之春》(1948)对戴礼言、玉纹、戴秀、章志忱等之间复杂情感纠葛的刻画,《巴山夜雨》(1980)中的秋石和刘文英等人物性格的呈现路径,《城南旧事》(1983)中的林英子的童年记忆方式,《那山 那人 那狗》(1999)中新乡邮员儿子与老乡邮员父亲之间的关系演变轨迹,《影》(2017)以中国水墨画形式叙述三国时期替身境州对自己真身的狂热追求,等等,均以各自不同的方式传承了中国古典的"余味"或"余意"传统,给现代观众留下了开阔而深邃的延后品味空间。这正使得中国电影展现出与世界上其他国家电影不同的本土民族性品质。有意思的是,由吴永刚执导的《神女》和他担任总导演而吴贻弓担任执行导演的《巴山夜雨》以及吴贻弓后来执导的《城南旧事》,始终贯通着一种以"余味"为中心的中国艺术传统的代际传承线索。吴永刚在《巴山夜雨》上映时坦陈自己三十多年来

---

① [南朝梁]刘勰:《文心雕龙》,见范文澜:《文心雕龙注》,《范文澜全集》第 5 卷,石家庄:河北教育出版社,2002 年,第 553 页。

② [宋]范温:《潜溪诗眼》,见钱锺书:《管锥编》第 4 册,《钱锺书集》,北京:生活·读书·新知三联书店,2011 年,第 2122 页。

一直坚持"素描画的意笔","想在平淡中让人思索、寻味"①，而吴贻弓也确认自觉地追求"思想内容的清新隽永、意境的淡雅、深邃和表现形式的朴素、含蓄"②这一电影艺术风格。

二、中国电影现代性的时段性

同百余年来中国式现代化进程的历时态演变轨迹相应，如果将"大历史观"、"大时代观"与"长时段"概念等相关史学理论加以汇通，中国电影现代性也可以视为一个尚在持续进行的长时段或超长时段的宏阔历史进程，其中还可以进一步细分为若干中时段，而中时段下面还可以再分为若干短时段。正像中国式现代化进程体现为"中华民族迎来了从站起来、富起来到强起来的伟大飞跃"③这个三时段叙事构架一样，中国电影现代性也可以据此而大致分为如下三个中时段：中国电影现代Ⅰ、中国电影现代Ⅱ、中国电影现代Ⅲ。

中国电影现代Ⅰ是指中国电影自诞生到1978年期间的状况，主要体现为以影像形式系统再现中国现代生活世界的情境，刻画了中华民族从"前所未有的劫难"中"奋起反抗"、"奔走呐喊"、进行"可歌可泣的斗争"④，直到最终"站起来"的集体实践历程及其英勇姿势。其中还可以划分出三个短时段。中国电影自20世纪初诞生至20年代为中国电影现代Ⅰ的第一短时段，产生了大约三种影像范式：一是现实家族伦理范式（《孤儿救祖记》），二是仁义范式（《火烧红莲寺》），三是古装片范式（《西厢记》）。30年代至40年代为中国电影现代Ⅰ的第二短时段，出现了三种影像范式：一是现实社会批判及革命范式，相当于是上一时段现实家族伦理范式和仁义范式相结合的产物，有《神女》《渔光曲》《十字街头》《马路天使》《八千里路云和月》《一江春水向东流》等；二是怀旧范式，如《小城之春》；三是古装片范式如《木兰从军》。50年代至60年代为中国电影现代Ⅰ的第三短时段，有两种影像范式引人瞩目：一是现代革命传奇范式，属于新生的中华人民共和国的诞生

① 吴永刚：《我的探索和追求——导演〈巴山夜雨〉的一些体会》，《电影新作》1981年第5期，第86—87页。
② 吴贻弓：《谈谈拍摄〈巴山夜雨〉的体会》，《电影通讯》1981年第1期，第6页。
③ 《中共中央关于党的百年奋斗重大成就和历史经验的决议》，北京：人民出版社，2021年，第62页。
④ 《中共中央关于党的百年奋斗重大成就和历史经验的决议》，北京：人民出版社，2021年，第3页。

历程及其结果的影像正义宣示,有一大批影片,如《新儿女英雄传》《小兵张嘎》《鸡毛信》《南征北战》《智取华山》《渡江侦察记》《洪湖赤卫队》《平原游击队》《铁道游击队》《地道战》《地雷战》《永不消逝的电波》《野火春风斗古城》《红色娘子军》《红旗谱》等;二是现代社会建设范式,如《铁道卫士》《羊城暗哨》《虎穴追踪》《神秘的旅伴》《冰山上的来客》《秘密图纸》《我们村里的年轻人》《老兵新传》《李双双》《女篮五号》《舞台姐妹》《五朵金花》《刘三姐》等。这个时段中国电影着力展示中华民族在现代危机中自主和自立的挺拔英姿。

中国电影现代Ⅱ是指 1979 年至 2012 年间的中国电影状况,主要描绘中华民族大力推进改革开放、经济建设和物质文明建设的集体姿势。它可以划分为两个短时段。1979 年至 90 年代为中国电影现代Ⅱ的第一短时段,出现了三种影像范式:一是诗意现实范式,致力于诗意地反思过去历史,出现《小花》《巴山夜雨》《小街》《城南旧事》《沙鸥》《青春祭》《那山 那人 那狗》等影片;二是现实改革范式,延续现实家族伦理范式、社会批判及革命范式传统,更多地直面当下社会现实问题的解决方式,如《天云山传奇》《邻居》《人生》《野山》《老井》《人到中年》《芙蓉镇》《背靠背,脸对脸》等;三是文化反思范式,以断裂姿态试图反思更加深广的现代历史与文化症候,有《黄土地》《黑炮事件》《红高粱》《孩子王》《边走边唱》《菊豆》《大红灯笼高高挂》《秋菊打官司》《活着》等。2002 至 2012 年为中国电影现代Ⅱ的第二短时段,有三种影像范式成为主导:一是中式大片范式,试图仿效和回应《泰坦尼克号》和《卧虎藏龙》的大片效应,但也同时构成对于现代革命传奇范式在古代和当代的延续和拓展,有《英雄》《十面埋伏》《满城尽带黄金甲》《夜宴》《赤壁》《无极》《赵氏孤儿》《集结号》《梅兰芳》《风声》《十月围城》《南京!南京!》《金陵十三钗》《让子弹飞》《唐山大地震》《建国大业》《建党伟业》《一九四二》等影片;二是现实改革范式,继续延续上一时段现实改革范式,有《盲井》《盲山》《图雅的婚事》《三峡好人》《团圆》《钢的琴》《万箭穿心》等;三是轻喜剧范式,尝试以轻松灵活的喜剧方式去告别过去和处理现实问题,有《疯狂的石头》《疯狂的赛车》《人在囧途》《失恋三十三天》《人再囧途之泰囧》。这个时段中国电影集中展示中华民族在改革开放、经济建设和物质文明建设中的自力更生和自富自足姿态。

中国电影现代Ⅲ是指 2012 至今的中国电影状况,主要再现中华民族寻求自信自强的集体姿势,可以见到如下三种影像范式:一是当代中国传奇范式,可以视为前述现代革命传奇范式的当代延续形态,只是更集中描绘当代中国的传奇英雄故事,如《中国合伙人》《湄公河行动》《红海行动》《我不是药神》《中国机长》《攀登者》《战狼2》《夺冠》《长津湖》《奇迹·笨小孩》《独行月球》《万里归途》等;二是正喜剧交融范式,以正剧与喜剧之间相互转化或交融的方式以及轻喜剧方式,去讲述当代中国的个体命运、家国同构故事,如《港囧》《心花路放》《夏洛特烦恼》《煎饼侠》《滚蛋吧,肿瘤君》《驴得水》《我和我的祖国》《我和我的家乡》《我和我的父辈》等;三是现实改革范式,延续了《孤儿救祖记》以来的现实家族伦理范式传统,有《烈日灼心》《老炮儿》《风中有朵雨做的云》《你好,李焕英》《我的姐姐》《少年的你》《送你一朵小红花》《人生大事》等。

中国电影现代性以如上三时段状况演变至今,相继出现了多种多样的影像范式以及相应的艺术风格,其中比较突出的是两类:一类是现实家族伦理范式,另一类是传奇英雄范式。它们分别代表中国电影现代性的两种民族性特质,一是古典家族伦理传统和心性智慧传统,二是唐宋传奇以来的奇异英雄塑造传统。这表明,中国古代叙事文学中的家族伦理传统以及心性智慧传统获得了现代传承,展现出顽强的生命力;同时,古典奇异英雄传统也展现了广阔的公众前景。

三、中国电影现代性的当前课题

当前,在中国式现代化视域下从事中国电影现代性研究,需要面对两方面的课题:一是中国式现代化的基本内涵有待于新的电影影像以及新的电影史论著述去阐释,二是中国电影现代Ⅲ刚开始10年时间,而今尚在进行中。正是这两方面的课题在交汇成为一个问题结:当前正在开展的中国电影现代Ⅲ需要一面继续深入反映中华民族"强起来"的集体姿势,一面正面刻画百余年来中国式现代化所已经展开和正在继续展开的基本内涵。这意味着,中国电影需要在2012年以来新开拓的基础上继续前行,更加自觉地将中华民族"强起来"的飞跃姿势与中国式现代化的基本内涵融合在一起,予以集中和深入刻画。下面即依托过去10年来中国电影作品的相关经验,从中国式现代化的五项内涵的影像表达需要入手,对中国电影现代性的当前课题作简要分析。

人口规模巨大的现代化，要求电影全面反映这个拥有巨大人口规模的国度的现代化的艰难曲折性和坚强不屈性。与人口规模小的国家实现现代化比较集中和快捷不同，在中国这样的有着巨大人口规模的国家实现现代化，从全部人口解决温饱问题到实现全民"小康"，其任务显然更繁重和更复杂，道路也更曲折，其过程更是漫长。《亲爱的》（2014）叙述大城市中失独夫妻田文军和鲁晓娟的痛苦和坚持不懈的寻子努力，同时也叙述偏僻山村中村妇李红琴对于儿子的极度渴望，这两方面的诉求客观上同时反映了当代中国家庭对于人口及其传宗接代作用的非同寻常的重视传统，以及其中出现的人性扭曲状况。《我不是药神》（2018）把镜头对准当代大都市上海，讲述当前中国城市人口正在遭受的医疗困境以及团结互助寻求改善和治愈的奇迹般努力。当前和未来的中国电影还将尽力再现这个人口规模巨大的国度在追求更高层次和更高质量的人口现代化时的具体生活世界情境，这将不仅涉及巨大规模人口在衣食住行、生老病死等物质存在环境方面的整体改善，而且也涉及其在国民教育、人格、法律、理性、科技、想象力等方面的全面改善。

全体人民共同富裕的现代化，呼唤电影再现生活在中国大地东西南北中等不同地理方位的 56 个民族、14 亿多人民对于共同富裕、公平正义的热爱和追求轨迹。与有些现代化国家其社会群体或阶级之间地位不平等、少数人富裕而多数人贫穷不同，中国式现代化追求全体人民共同富裕，也就是人民不分地域、民族、阶层、群体等，都在整体上实现自由、平等、和睦、友善。《我和我的家乡》（2020）以五个短故事再现了全国不同地域人民共同奔小康的动人景观：《北京好人》中的城郊农民已经像城里人一样享受到医保的福利；《天上掉下个 UFO》讲述西南山区人民在先进科技发明支持下可以促进日常生活条件和爱情生活条件的根本改善；《最后一课》旅欧阿尔兹海默症患者范老师回到浙江家乡目睹现代化巨变而病情好转的过程；《回乡之路》在陕北毛乌素沙漠实现从寸草不生到绿树葱葱的转变背景下，让经销商乔树林在知名电商闫飞燕帮助下实现家乡"沙地苹果"的畅销；《神笔马亮》中生于东北山村的美术教师马亮放弃上重点美术学校而回到家乡扶贫开发，让家乡变美。

物质文明与精神文明相协调的现代化，期待电影高度重视中国人民的物质生活与精神生活之间的协调和平衡，而不能容忍那种只要物质富裕和幸福而不要精神健康和高尚的极端物质主义偏颇。《没有过不去的年》（2021）中王家四兄妹为了挣钱以及享受物质富裕而忽略了关心年老、体衰和病重的母亲宋宝珍。作家王自亮本人被肉体享乐与精神完善、妻子与情人、虚伪与诚信等多种力量撕裂而处在挣扎中，其弟王自建作为拥有权力和财富的官员却挣黑心钱，妹妹王向藜和王向薇分别在屠宰场和剧院的岗位成功中难掩精神孤独及失落。只有他们的慈母一生坚守精神信仰不动摇，以及他的爱徒佟元能沐浴恩师光辉而一生如"复圣"颜回一般安于清贫生活，体现出物质欲流中的精神守护者功能。幸而在母亲召唤下，四兄妹重回徽州老宅，有感于佟元能一家的朴实、真诚和仁厚之心而有所醒悟，共同领会到有灵魂的生活的超乎寻常的重要性。其中的"妈在，家就在，没家就完了"一句话，高度凝练地、寓言地和意味深长地阐发了拥有精神家园的生活才是真正文明的生活的人生哲理。随着中国人口物质文明水平越来越发达，与之相应的国民精神文明水平的持续提升就变得越来越关键了，而这恰是中国电影需要认真处理的紧迫课题之一。

人与自然和谐共生的现代化，对中国电影提出了发扬中国式"天人合一"和"万物一体"智慧传统并与现代生态环保理念及绿色文明建设相汇通的新召唤。《狼图腾》（2015）、《美人鱼》（2016）、《流浪地球》（2019）和《流浪地球2》（2023）等影片，分别在人与狼之间如何和谐相处、人类如何保护大海生态及鱼类生命、人类如何拯救地球和太阳系的毁灭危机等主题领域展开各自独特的描绘，凸显了人与自然和谐共生的当代价值。它们同时也可以唤起人们有关庄子的"乘物以游心"理念、"秋水"精神等道家自然意识以及与其相通的"中国艺术精神"的记忆。这既是一个在中国式现代化进程以来一直在持续的课题，更是一个在新的现代化征程上变得愈益严峻的全球性课题，需要中国电影人以巨大的勇气和卓越的才智予以创造性应对。

走和平发展道路的现代化，给中国电影提出了如何在全球性生存境遇中透视中国角色和中国贡献的创造性机遇和积极担当。《湄公河行动》（2016）、《红海行动》（2018）、《战狼Ⅱ》（2019）、《万里归途》（2022）等影片，相继反映中国人在当代国际交往事务中秉承人类命运共同体理念，以和平发展和和平崛起的理念处理各种问题，在其中向全球各国人民展示了中华民族爱好和平和团结友爱的动人形象。

上面涉及的还只是过去十年间部分影片在中国式现代化领域所做的影像探索，但它们毕竟已经初步展现了中国电影在中国式现代化表达上的开阔前景以及中国电影现代Ⅲ的早期景观。当前和未来的中国电影，应当更加自觉地和自信地回忆、感知或想象中国式现代化的演进景观及其节律，展现中华民族在新的现代化里程中的奋斗印迹及其精神气象。

从中国式现代化考察中国电影现代性问题，也可以视为中国电影学发展的一次新机遇。面对与中国式现代化相伴随的中国电影现代性及其正在进行的现代Ⅲ进程，包括电影理论、电影史和电影批评在内的中国电影学也应当肩负起自身的使命来，也就是加强对于中国电影现代性及其现代Ⅲ进程的来自电影理论、电影史和电影批评的把握。有外国电影学者认识到："电影是一种过去和现在都是多面性的现象，它同时是艺术形式、经济机构、文化产品和技术系统。……无论何时电影都同时是所有上述四个范畴的总和：它是一个系统。理解这一系统是怎样运作的以及它是怎样随时间进程发生变革的，意味着不仅要理解电影中个体成分的运作情况，而且也要理解它们之间的相互作用。"[1]有关电影的这类"系统"特性，或许还存在更丰富多样的不同界说，但毕竟把电影视为"艺术形式、经济机构、文化产品和技术系统"已经可以代表当今时代人们有关电影的最基本的和普遍的看法。这告诉我们，当前中国电影学应当重视对于中国电影现代性的来自上述四方面或四维度的相通性研究，挖掘中国电影中艺术、经济、文化和技术等不同维度之间的相互关系及其缘由。同时，中国电影学还需要将中国电影现代性与世界各国电影现代性进程结合起来把握，因为中国电影现代性从一开始就是无法与世界电影现代性相分离的进程。即便是中国电影现代性的独特的民族性特质，也必然地是在与世界各国电影现代性相联系和相比较的意义上来认识的。还应该看到，中国电影学也需要返身重新审视自身的发展历程。正如前引学者所说："任何一个新学科成熟的标志之一就是对本学科研究的方式方法、成就和缺点的清醒认识。我们相信，电影史研究已经到了应该审视过去提出的电影史问题以及审视过去赖以回答这些问题的方法的时候了。"[2]把中国电影学发

---

① ［美］罗伯特·C·艾伦、道格拉斯·戈梅里：《电影史：理论与实践》最新修订版，李迅译，北京：北京联合出版公司，2016年，第2—3页。
② ［美］罗伯特·C·艾伦、道格拉斯·戈梅里：《电影史：理论与实践》最新修订版，李迅译，北京：北京联合出版公司，2016年，第1页。

展历程纳入中国式现代化道路去重新审视,意味着既与中国电影现代性进程本身紧密相连地通观,同时又与中国艺术现代性进程整体以及其他多种艺术门类的现代性进程紧密相连地通观,以及还需要与世界各国的电影现代性和艺术现代性紧密相连地通观。经过这样的重新审视,中国电影学想必可以激发出新的拓展可能性来。

第三节 中西方艺术现代进程中的"丑"[①]

在西方的现代进程中,"丑"作为一个审美范畴渐渐走进西方美学和艺术学的视野。虽然在中国文化中使用"丑"这一词语的历史也非常悠久,但把"丑"作为一个审美范畴还是受到西方美学思想影响后而出现的。当中国文化和艺术告别传统走向现代之时,一方面,由于社会结构和生存状态的改变,艺术家的审美心态发生了变化;另一方面,艺术理念也不可避免地受到西方美学和艺术思想的影响,出现了与西方相似的"丑"的艺术形式。对于"丑"这一美学范畴,要以历史为本,通过对中西艺术精神的辨析来考察。

一、中西方文化和艺术中的"丑"

中西方艺术现代进程中出现了"丑"的艺术,以及在此基础上形成了"丑"这一审美范畴,需要以历史为本,以历史的维度去考察出现这一文化现象的精神基础及其内涵。

1. 西方文化和艺术中的"丑"

自古希腊时期以来,在西方艺术史上就存在着大量不和谐的作品,如果以传统美学的观点看,它们都理应属于"丑"的作品。卡尔·罗森克兰茨在《丑的美学》中也认为,在古希腊进入人本主义的古风时期就有以丑为题材的作品存在了。但就学术的角度来论,从以"丑"为题材的作品出现到审"丑"则是一个漫长的过程。按照新古典主义的观点,艺术觉醒之后的古希腊是一个"美的王国"。虽然古希腊的世界并不都是美的,但对于"美"的追求则与那个时期追求和谐的哲学思想是一致的。苏格拉底和伊索虽然相貌

---

① 作者简介:刘宗超,河北大学艺术学院教授、博士生导师、河北省美学学会会长;丰海滨,济宁学院马克思主义学院讲师。

丑陋,但却是智慧的,有深刻的内在美。柏拉图认为"丑"是非存在,艺术的出发点应当是效用,应当给人以教益,应当"把真善美的东西写到读者心灵里去"[①],因此,在柏拉图的"理式"论中没有"丑"。古希腊的世界是一个和谐的"美"的世界。

中世纪的审"美"阶段。在基督教的世界中充满了受难、死亡与殉道的场面。最主要的题材是基督受难和一些对世人警醒的宗教题材,古典之美都无法表现这些题材。圣奥古斯丁为"丑"找到了根据,他认为,畸形和邪恶正如自然界中的明与暗一样,是整体秩序的一部分。美是"整一"与"和谐",这些都源于上帝。在神的世界中,丑、邪恶等从本质上来说是"绝对的无",是非存在的。在服务于宗教的雕塑和绘画中虽然有夸张和变形,但人和万物在上帝的统治下,社会从表面上看来还是和谐的,没有对立和冲突,以宗教题材为主的艺术也是"美"的。

18世纪的欧洲开始了轰轰烈烈的大革命。在文学和艺术中开始推崇"崇高"的美。但暴力和杀戮在革命结束之后并没有停止。面对变革给社会带来的福祉和灾难,一些有识之士受到震撼并开始了思考。戈雅的蚀刻画《巨人》像一个可怕的幽灵,把所画人物的虚伪、贪婪和丑陋暴露无遗。艺术逐渐通过"丑"的形式对现实人生和社会进行思考和批判。

从文艺复兴开始,人从统一性的世界中走出,渐渐进入现实的世界。产业革命给社会带来财富的同时,也把一部分人推入了深渊。人们突然发现,不仅这个世界是虚无的,就是连自己的意识也是虚无的,与永恒的上帝相比,人是有限的存在。于是,人们陷入惶恐和不安之中。这种情绪体现在艺术中,就是通过或夸张、变形,或者以新奇、怪诞,以抽象的、"丑"的造型方式表现出来,于是产生了一种新的感性体验。西方丑学也经历了几百年的时间,潘道正总结丑有三副面孔:美的丑、否定美学和反美学,这也是丑的三个阶段。[②] 由在艺术中出现"丑"的事物到审"丑"是感性认识随着社会的现代进程不断深化的一个过程。

---

① 柏拉图:《柏拉图文艺对话集》,朱光潜译,北京:人民文学出版社,1980年,第174页。

② 潘道正:《丑学的三副面孔及其真容——从现代艺术到后现代艺术》,《文艺研究》2020年第12期,第34页。

2. 中国文化和艺术中的"丑"

由于汉语文字意义的丰富性,以及中国人的非逻辑性的诗性思维,对"丑"的内涵与其他审美范畴一样,没有严格的界定。因此,需要根据其使用范围界定其意义。

第一,与"善"相对的"丑"。《史记·殷本纪》有言:"既丑有夏,复归于亳。"①此"丑"指可恶、厌恶。《吕氏春秋·不侵》中说:"秦昭王闻之,而欲丑之以辞,以观公孙弘。"②此"丑"是动词,指侮辱、玷污。这些"丑"是在伦理道德的范畴之内的,它更多地与恶相连,指人伦理道德的丑恶。

第二,在文学作品中,集中论述"丑"的是《庄子》。概括起来有以下情形:

人物形象的"丑"。庄子描写得道之人:"肌肤若冰雪,绰约如处子。"③这种美是一种赏心悦目的美。但是在《庄子》一书中更多的是相貌奇特的得道高人,如卫国的哀骀它、鲁国的兀者王骀、叔山无趾等,与常人相比他们是丑的。其实,在儒家和佛家的经典文献中许多圣人的形象也是如此。《史记·孔子世家》记载孔子:"生而首上圩顶,故因名曰丘云。"④佛家中的金刚、罗汉等也都面目怪异。古人的真实形象虽已不可考,但毫无疑问这些都是经过艺术处理的形象。

假中的"丑"。在《天运》篇中有"丑人效颦"的寓言故事。西施因病而颦是真实自然的,而邻人却无病而颦,这种有心求美失去了自然性,因而是"丑"的。庄子认为自然是美的内在尺度,效颦之"丑"正来自失去了其自然纯真的本性,所以是滑稽可笑的。

有限中的"丑"。在《秋水》篇中,北海若说:"观于大海,乃知尔丑。"⑤起初,河伯认为"天下之美为尽在己",但到达北海的时候才感到自己的可笑,与北海相比,自己太渺小了。但北海若却对他说,如果河伯见到大海,与之相比,那就会感到自己更是渺小得很了("丑")。天地自然是无限的,而人是有限的。人只有"与造物者游",才能在无限的天地之间找到精神的栖息地,进

① [西汉]司马迁:《史记》,北京:中华书局,1995年,第94页。
② 《吕氏春秋》,陆玖译注,北京:中华书局,2011年,第360页。
③ 陈鼓应:《庄子今注今译》,北京:中华书局,1983年,第21页。
④ [西汉]司马迁:《史记》,北京:中华书局,1959年,第1905页。
⑤ 陈鼓应:《庄子今注今译》,北京:中华书局,1983年,第411页。

入"大乐"的超越境界。孙过庭在《书谱》中说："窥井之谈,已闻其丑。"① 也是此义。

第三,传统艺术中的"丑"。在戏剧中有丑角,常扮演诙谐幽默的滑稽角色。在传统绘画理论体系中没有"丑"这一范畴。如果以造型准确、用笔秀丽为"美",那么"丑"主要体现在两个方面。一是造型中的"丑"。如贯休、刘松年、陈洪绶等画家的笔下,人物形象多是异于人之常形的,是"丑"的。二是用笔中的"丑"。点画线条中的"丑"是相对于细腻、柔弱的用笔而言的。中国艺术是文人的艺术,其趣味重在超脱、淡雅,在用笔中以秀美为主。宋元之后开始以书入画,用笔不仅具有勾勒物象的作用,也更寄寓了书者的趣味,绘画的意蕴更加丰富。清代金石学兴起之后,碑版石刻中斑驳陆离、高古浑厚的用笔又对绘画产生了重要的影响。在书法中,傅山提出"四宁四毋"说,即:"宁拙毋巧,宁丑毋媚,宁支离毋轻滑,宁直率毋安排。"② 这被认为是碑学的先声并被作为了碑学的纲领。在传统社会中,除了以"中和"为最高的审美理想,还有以"自然"为旨归,追求"率意",甚至以"丑"为"美"的浪漫主义现象。

第四,走向现代进程中的"丑"。明代,俗文化的兴盛和"心学"的出现,唤起了人的个性意识。人们在文学、戏剧、书画等艺术形式中张扬个性,以一种比较激烈的形式对传统美学体系发起挑战。但在明清易代之后,这一文化思潮主要在"扬州八怪"等民间文化中流传,而主流的文化思潮又渐渐回归儒家思想体系。清末民初,随着西学的进入,国人也开始对传统文化和西学不断反思。在艺术领域出现了强烈的否定传统、变革出新的思想思潮。尤其是在改革开放之后,古典的"和谐"被打破,当艺术家直面由农业社会转向工业社会所出现的各种矛盾之时,他们通过一些怪异的形式来表达心中的矛盾和压抑。一方面,出现了西方现代社会中的一些景观,如行为艺术、实验艺术、装置艺术等形式,艺术思想也受到西方美学和艺术思想的影响;另一方面,现代是与传统相对的,在传统社会中以"中和"美为最高理想,个性隐没于共性,而在现代社会中则更注重个体的体验和表达,艺术家打破"中和"美

---

① [唐]孙过庭:《书谱》,见《历代书法论文选》,上海:上海书画出版社,1979年,第130页。
② [明末清初]傅山:《作字示儿孙》,见崔尔平选编、点校,《明清书法论文选》,上海:上海书店出版社,1994年,第452页。

的规范,出现以怪异、变形等艺术形式来表达自己在当下的感受,于是,在走向现代的进程中也出现了"丑"的艺术。

二、伦理道德中对"丑"的否定

伦理道德关乎一个人或社会组织理想的行为方式。无论是东方还是西方,都非常重视文艺作品对人的教化作用。道德伦理中的"丑"是与"善"相对的范畴,和审美本来是无涉的,但在一定的文化形态之下,道德伦理也成为评价艺术的一个很重要的标准。

古希腊时期,柏拉图对"理想国"的设计是,里面住着的都是要有"正义"的人。要成为"正义"的人,就要重视文艺对人的教育作用。他在分析了荷马和戏剧诗人们的作品之后,认为它们对人的影响都是坏的,好的文艺作品应当对人类社会有用。他这一从"效用"出发的理论对后世有重要的影响。在资产阶级的革命中,面对战争给人们带来的痛苦,席里柯创作了《美杜莎之筏》,德拉克洛瓦创作了《自由引导人民》,他们都用夸张的绘画手法渲染了感情。还有印象派画家梵高用夸张的造型、浓重的色彩来描绘底层人的生活。学院派精细调和的色彩、精巧的线条等理想化的表现已经不能表达他们内心的情感。在他们的作品中无疑有着向"善"的价值倾向,而在一些"现代派"的作品中更用一些激进的形式表达在异化社会中人性的扭曲、价值的错乱等。

我国的传统文化以儒家思想为主,更注重人伦理道德的培养。先秦时期,古人就注意到艺术在唤起、培养人的道德情感中的重要作用。孔子通过对《韶》乐和《武》乐的评论,提出了"尽善尽美"的审美标准。孟子也认为:"充实之谓美,充实而有光辉谓之大。"① "美"在于人内在道德的"充实"。比"美"更崇高的是"大",这是人在拥有了道德之后所彰显的人格力量。荀子说:"乐行而志清,礼修而形成,耳目聪明,血气和平,移风易俗,天下皆宁,美善相乐。"② 乐在有伦理和道德的内涵之后,才会有如此之力量。艺术总是有价值倾向的,脱离社会、生活的纯艺术是不存在的,只是儒家更注重艺术所发挥的社会作用,胜过对其自身的规定性。从宋代开始的理学至今仍然是国民

---

① 杨伯峻:《孟子译注》,北京:中华书局,2010 年,第310页。
② 《荀子》,方勇、李波译注,北京:中华书局,2011 年,第329页。

价值的一部分。而延续理学的新儒学也是在新的历史情形下,探寻人们安身立命的根本。中国的现代,虽有新质的出现,但也不能割断历史,传统的价值观在新的时代仍然存有生命力。因此,艺术在走向现代的进程中,仍然要发挥一定的社会作用,仍然要扬"善"抑"丑"。

三、"丑"中之"美"

无论在西方还是东方的艺术中,"丑"都有着特殊的价值。

1. 圣人形象"丑"中的"真"与"善"

庄子笔下各种奇形怪状之人虽然相貌丑陋,甚至肢体残缺,却是德行完美、精神完全自由的人。庄子认为,这是一个无道的社会,在这样一个社会中,人的德和形是不能两全的,为了彰显德的全,必须忘记或者舍弃形的完,也就是"形有所忘"。"美"与功利社会最为接近,而"丑"则意味着远离世俗,进入自然的、德全的领域。在西方与此类似,如畸形的伊索和象半兽山神似的苏格拉底等,艾柯在《丑的历史》中也列举了许多此类人,他们与庄子笔下的奇人是相似的。这些形象的丑中蕴含着"真"与"善"的美。

2. 艺术作品"丑"中之美

作为审美范畴的"丑"主要出现在艺术中,但在不同的历史时期和不同的文化情境中,"丑"的内涵是不同的,并且,往往是以"丑"见"美"。

第一,中国艺术中的"丑"中之美。中国艺术是文人之雅事,重趣味、重个性,往往以一些"丑"的形式来表达自己独特的审美情趣。

中国画的"丑"中之美。中国画有写实的传统,但并没有沿着写实的路径来发展。"似与不似之间"的造型原则中趣味流动,也留给笔墨更多的空间来营造意境。"不似"正是体现趣味性的方法之一。在绘画题材中,还经常出现枯木、怪石、枯荷等,其与繁茂的树木、盛开的荷花相比是已经失去生命力的,是"丑"的,但这些看似没有生命的题材可以引起欣赏者更多的对生命的哲思,穿越时空,由有限走向无限。

书法艺术的"丑"中之美。明末清初,傅山针对"帖学"的靡弱提出了"宁丑勿媚"之说。"媚"指那些姿态婀娜但乏于骨势的作品。从宋代开始,帖学一枝独秀,在书法学习中取法的范围越来越狭窄,以致气息越来越弱。当这种书体充斥着朝野的时候,便会引起人们的审美疲劳,从而有意无意地去排斥它。"碑学"便是在此背景下兴起的。那些质朴的汉魏六朝碑刻更容易引起人们的兴奋,从而纷纷效仿学习。相对于帖学的精致和十足文人气来说,这些碑刻是"丑"的,是对优美、靡弱帖学的否定。[①] 此"丑"所追求的是"拙"和"质朴",是拒斥精致技法之后向自然天真的回归。对"丑"的赞颂还有道德反叛的价值。傅山的民族气节是备受称颂的,他对奴性深恶痛绝,认为赵孟頫的书法圆润而无骨力,因此,提出"四宁四毋"的书学主张,对"丑"书的推崇就是其反抗的一种形式。康有为更是把变法图强的思想融入了"碑学"之中,写出了《广艺舟双楫》这一巨著,希望通过"魄力雄强"的书风来提振民族士气。

第二,西方艺术的"丑"中之美。在文艺复兴之后,人开始关注生活现实和自身命运。生活中不仅有美好的一面,也有丑陋、阴暗的一面。美好的事物使人心情愉悦,而丑陋、阴暗的事物往往会引起人深刻的省悟,心灵得以净化,境界得以提高。罗丹的《丑之美》虽是以暮年的妇人为题材,但意义已经完全不一样了。他创作的老妇人已经从宗教中走出,不再是以摧残自己的肉体为代价而尽力地去接近神,求取内心的欣慰。拥有永久的青春与美貌都是幻想,这种"丑"的意象会让人产生岁月易逝、人生易老的无限感慨。在一些美学著作中往往把梵高《吃土豆的人》《农鞋》等作品作为"丑"的典型。梵高画作中的农鞋虽然是脏兮兮的、破损的,但在这种意象中却寄予着一种深刻的人道主义精神、一种悲悯的情怀,是温情的、诗意的。海德格尔在《艺术作品的本源》中就曾以诗意的语言对其进行描述过。17 世纪在荷兰出现的以农村、农民为题材的一些画作也是如此。这些作品表现的不再是宏大的宗教主题,或贵族化的奢华生活,而是生活中平民的自然感受。以贵族的视角看这都是丑陋不堪的,但对表现主义画派来说,如果按照理想化的方式作画,那么作品也失去了灵魂和美,是伪善的。艺术不再是仅仅显现美好的一面,或者人们的一种美好祈向,那些直面生活的"丑"的形式更能引起人心灵的震动和思考。

四、作为审美范畴的"丑"

审美范畴是在美学中用来概括审美对象各种审美属性的基本概念,是对

---

① 傅山提出"宁丑勿巧",但在"碑学"中并没有说碑刻属于"丑"书,此处用"丑"只是相对于"帖学"的"巧"而言的。

作品精神特征的概括与总结。"丑"这一范畴出现得比较晚,而且所指范围也小得多。

第一,在"丑"的作品中存有真理。19世纪的西方艺术界,面对现实的苦难,有少数艺术家开始了自觉的、独立的思考,他们不再以取悦公众为目的,而是批判程式、勇于去表达自己真实的感受。资产阶级大革命为资本主义的发展扫清了道路,但大革命中惨无人道的杀戮也极大地震惊了艺术家。戈雅的铜版组画《战争的灾难》、油画《1808年5月3日的处决》等"不动声色地揭露了文明、进步、革命、正义等面纱所掩盖着的野兽行径"[①]。这些作品直面血淋淋的现实,让人警醒。资本主义生产力的快速发展并没有使人获得高度的自由,相反,使人成为物的奴隶和理性的工具。现代派艺术就是在这样的社会背景下产生的。到了19世纪末期,表现主义者对于社会的苦难、暴力、激情等深有感触,他们要表现生活中真实的一面。蒙克、柯勒惠支、科柯施卡等艺术家以惊世骇俗的、"丑"的形式震惊了人们的内心。阿多诺认为艺术不仅体现自律性,还要有真理性。传统艺术对现实善意的美化,把这个令人厌恶的世界变成使人留恋的地方是一种假象,从而失去了真理性,而这些"丑"的作品才是直接呈现人的生存状态,揭露社会种种弊端的具有真理性的作品。

第二,"丑"的艺术有批判社会、拯救社会的作用。在工业化的过程中,人被异化,人与人之间成了"陌路人",既失去了对往昔美好的回忆,又失去了对未来的希望。艺术从社会生活中分离出来而具有了自主性,它独立于这个异化的世界之外,要把人从这个苦难的社会和内心的挣扎中拯救出来。于是,艺术站在社会的对立面,用各种"丑"的形式来对抗社会。现代艺术是对资本主义制度下虚伪、丑陋社会现实的反映,这种"丑"的艺术形式与人受到压制后的心灵也是同构的,其更容易引起心灵的共鸣和震撼。

第三,现代主义对"丑"的崇尚也是对工具理性的反叛。在西方传统哲学中,逻辑中心主义、科学主义盛行,理性至上。在工具理性的社会中,一切都要被纳入"同一性"中,人的自性也被泯灭了,但随着近代科学的发展,相对论、非欧几何、不完全性定理等动摇了规律的绝对性和普适性。原来认为的铁律掩盖了个体的独立性,个体的灵性和创造力也被遮蔽了。现代艺术则是要通过一些极端的形式唤醒人们。

[①] 栾栋:《感性学发微——美学与丑学的合题》,北京:商务印书馆,1999年,第34页。

第四,"丑"需要通过"审"而获得美感。对"美"的欣赏需要主体的参与,同样,对"丑"的欣赏也是如此,即由"丑"到"美"需要一个"审"的过程。"审丑"是一个更为复杂的过程,它需要理性的参与,需要实现从否定到肯定的转换,是一个间接的过程。那些怪诞的、丑陋不堪的形式是否定的,只有经过"审"的过程变为肯定才能成为艺术,因此,"审"是一个必不可少的过程。

五、对西方艺术中"丑"的辨析

根据"丑"在审美范畴中所包含的意义,"丑"的艺术园地极为狭小,许多"丑"的艺术形式是排除在"丑"这一审美范畴之外的。因此,对"丑"的艺术需要有一个辨析的过程。

其一,在古希腊时期关于林神、牧羊神、蛇神之类丑怪形象的描绘,反映的是古人原始的、朴素的观念。在古典时期,人与自然、自身都是和谐的,艺术的内容和形式也是和谐统一的。即使是表现痛苦的《拉奥孔》也不是恐怖与狰狞的。柏拉图认为不存在"丑"的理念,甚至要把有缺陷者赶出理想国。那些"丑"的艺术品不属于审美范畴中的"丑"。

其二,在中世纪的宗教雕塑和壁画中也出现了一些"丑"的形象,如罗丹所做的雕像。"一个全身裸露的女子,丑陋的身体,从头到脚包裹在披散的头发中,这是隐居河汉的圣玛特兰纳,在年老时光,把半生刻苦修行的苦功,献纳上帝,期望能补赎以前的罪愆。"[1] 这种题材是为宗教服务的。人匍匐在异己的上帝脚下,不仅哲学是"宗教的婢女",艺术也成了宗教的婢女。从整体上来看,中世纪的艺术也是和谐的。

其三,在文艺复兴之后,那些对自然、生活温情的描绘也不属于审美范畴中"丑"的范围。史蒂芬·贝利就批评艾柯《丑的历史》,他说:"该书固然引人入胜,但其中详述的内容却只是怪诞滑稽、畸变异形和恐怖邪魔之物的大结集。这跟丑并不完全是一码事。"[2] 也就是说,在生活中存在的大量的"丑"的形式并不能归为审美范畴中的"丑"。

其四,艺术要反映现代人当下的思考和生活,它要创造现代文明应当有的信念和价值,呈现现代文明生活应有的意义。它不仅要表达现代人的焦

---

① [法]奥古斯特·罗丹:《罗丹艺术论》,傅雷译,济南:山东画报出版社,2017年,第13页。
② [英]史蒂芬·贝利:《审丑:万物美学》,杨凌峰译,北京:金城出版社,2014年,第8页。

躁不安,更应当能让人得到审美的愉悦,或者能让现代人的心灵得到净化或升华,给现代人带来启迪。西方的现代艺术一开始是具有强烈的批判精神的。但"一旦反艺术得到官方的支持,便成了大写的艺术,还有什么东西可反呢?"[1]这些以"丑"的形式出现的艺术一旦得到官方的认可,初期那种锐利的批判精神也不见了,也就失去了作为"丑"的艺术的意义。

六、对中国艺术中"丑"的辨析

"丑"在中国的文论、书论、画论中虽然出现得比较早,但并没有成为一个审美范畴,它的内涵与西方美学审美范畴的"丑"有着众多本质上的不同。近现代以来,由于受到西方艺术理念的影响,也出现了一些"丑"的艺术。

第一,根据审美范畴中的"丑"来判断,在传统艺术中不存在"丑"的特征。美学意义上的"丑"并非真正的丑陋,而是通过"丑"的外在形式——不和谐、冲突、夸张、怪诞,表达了感情之"真"或道德之"善",才使"丑书"成为艺术创作的一种特殊形式。[2]经过前文分析可以看出,在中国艺术中,那些被称为"丑"的艺术并不会让欣赏者产生这些感受,即使是徐渭在人格分裂后创作的被认为是离经叛道的书画作品也体现出规矩与变化中的平衡。

第二,在艺术理论中虽然也有"丑"这个词语,但在中国艺术的语境中应当称为"拙",或者"古拙"更合适。如赏石、书画中的"丑",它更多的与"古""朴""质""趣"等相近,这是与庄禅哲学精神相一致的。老庄认为那些"丑"和"拙"的事物最接近自然、本真的状态,是没有人为痕迹和机心的。对"丑"和"拙"的崇尚是去掉人为的痕迹和机心,向"自然"和"道"靠近。相反,在中国传统艺术史上真正"丑"的作品大致有两类:一是媚俗之作;一是那些形式不能表达思想的拙劣作品。但这些作品往往被视为低层次的美,或者被排除在艺术之外,是与艺术相对的非艺术。在中国美学视域下的"拙"是一种积极的、健康的美。

第三,对"丑"和"拙"的崇尚也是破除理性的限制,让艺术出现新质的一条途径。艺术中的法度和程式对于艺术的创作来说是渡河津梁,但也是一种羁绊。艺术的学习是从生到熟再到生的一个不断否定的过程。从生到熟

---

① [英]E.H.贡布里希:《艺术的故事》,范景中译,南宁:广西美术出版社,2015年,第622页。
② 刘宗超:《"丑书"中的"真"与"善"》,《人民论坛》2016年第36期,第139页。

易,从熟到生则是凤凰涅槃的过程。清代"碑学"的兴起则通过"丑""拙"的碑刻弥补精致"帖学"的不足。清末以来对大量民间出土字迹的学习借鉴也是突破惯性书写以寻找自我面目的一种手段。在传统艺术史中,庄禅思想格外受重视的原因,在于艺术家可以通过"心斋"、"坐忘"或者"空"的方式摆脱羁绊,创作出具有新的审美经验的作品。

第四,在中国美学体系的建构中,相关理论、范畴很多受到西方美学的影响。如,叶朗的《美学原理》中的"丑"仍然是西方美学中的范畴。张法的《中国美学史》的明清思想中有关于"丑"的部分,但只有短短的半页内容,其中引用郑板桥《题画·石》的文字又接近一半,并没有提炼出它在中国美学中特有的内涵。① 陈望衡在《中国古典美学史》中认为刘熙载《艺概》中的"丑"并不是真正的"丑",但又把它看成西方美学中的"崇高",这种观点是颇值得商榷的。西方审美范畴中的"崇高"更多倾向于审美客体,指审美客体气势和力量的巨大,这种气势和力量对审美主体造成的是"痛感"和"压抑感"。② 但刘熙载无论是论诗,还是论书法中的"丑",对审美主体而言,都不会产生这种感受。即使是提出"四宁四毋"的傅山自己的书法,如果与清末的康有为、沈曾植等相比也温文尔雅得多。对艺术影响最大的庄禅哲学仍然是以"和"为原则的,追求天人合一和人与人、自然之间的和谐。因此,在中国美学和艺术中虽然尚"丑""拙",但由于哲学基础不同,并没有出现西方现代艺术那些"丑"和"怪诞"的形式。

第五,艺术与社会生活是密切相关的。在漫长的封建社会中,那些悦目悦心的优美风格更能满足文人士大夫的审美需求。中国古典艺术范式的形成是与古代文人所向往的"小桥流水人家"生活方式分不开的,但如今,那种"小桥流水""细雨骑驴"的生活方式早已远去,车水马龙的喧嚣打破了安宁的生活,商业的营销已经遍布地球的每一个角落。从科学技术的角度来说,东方和西方已愈来愈趋近。艺术的创作和欣赏也从文人的高雅旨趣变成人们的日常。知识结构、生活方式的改变也改变了人们的宇宙观和世界观,中国的传统艺术在当代仍然具有抚慰人心的作用,但知识结构和生活方式的改变也改变了人的心性情感,这些改变也需要通过新的艺术形式来表达。近现

---

① 张法:《中国美学史》修订本,成都:四川人民出版社,2020年,第531—532页。
② 陈望衡:《中国古典美学史》下,南京:江苏人民出版社,2019年,第1126—1128页。

代以来,由于多灾多难的国情以及受西方艺术的影响,艺术家也面对现实,表达了民族的苦难、社会的不公、人们的茫然和无助等,也创作出与西方"丑"的"现代艺术"类似的作品。

"丑"这一审美范畴是在西方社会文化背景下产生的,并且出现了一些表现社会现实中丑陋、阴暗一面的"现代艺术""先锋派"艺术等,它们通过一些激进的、骇人的形式呈现出来,用艺术来对抗这个工具理性的社会。传统社会中的中国文人士大夫儒道双修,儒家积极有为,对于维护社会的秩序有着重要作用,而作为修心养性的艺术则受庄禅哲学的影响最为深刻。"丑"是近于"道"和"自然"的,可以让人们去发现和葆有一颗纯真之心。但从传统走向现代的进程中,虽然随着社会生活方式的改变和西方艺术理念的影响,也出现了类似西方"现代派"的"丑"的作品,但由于中国的现代文化是在传统文化和西方文化的相互激荡中形成的,有传统文化的基因,又有西方文化的特征,在此背景下的艺术既不会割裂传统,也不会跟随西方,而是有自己民族特色的艺术。中国艺术中的"丑"也是有民族特色的存在。另外,在反美学中也对"丑"进行了限定:对丑的表现必须降到人能够承受的限度内,与丑保持适当的心理距离以及赋予对象以意义。

第四节　二十世纪西方先锋派艺术的"审美政治"问题①

二十世纪上半叶走马灯似的艺术反叛与形式革新,是西方世界支离破碎的社会现实投影。先锋派艺术家将愤怒焦虑、惶恐不安的集体情绪诉诸艺术语言,为时代摹形状貌。不难想见,当时的欧洲艺术界在立体主义、表现主义、达达主义、超现实主义等一轮接一轮的艺术革命洗礼下的盛景。在西方世界波诡云谲的政治局势下,先锋派艺术家在灾难前夕轮番登台,发表激进的艺术革新宣言;借助色彩、线条与构图的激烈反叛,他们焦灼地为那个已然脱轨的历史时代寻求一种表达形式。当我们将视线从先锋派艺术形式自律的风格史移开,将其置放入历史情境中,考察艺术实践在政治、经济、文化的不同领域的社会联系时,作为历史后来者的我们有机会获得一种区别于单

---

① 作者王曦,复旦大学马克思主义研究院副教授。本文原载《美学与艺术评论》第 24 辑,太原:山西教育出版社,2022 年。

线性艺术风格史的总体考察视野,继而对潜藏在西方先锋派艺术中的"审美政治"问题展开理论分析与辩证考察。这意味着重新审视先锋派艺术审美自律的立场与这一立场下被豁免的政治伦理责任。

本文旨在探讨西方先锋派艺术的形式革新机制在应对审美与政治辩证二元时的失当,围绕德国表现主义和包豪斯艺术近似的历史遭际,就以下三个层面展开讨论:其一,概述欧洲先锋派艺术在两次世界大战前后的发展历程,在一种进步主义的形式驱动机制下,先锋派艺术获得不容置喙的意识形态正当性,其形式自律的审美诉求始终与艺术推进未来发展的社会愿景相伴而生;其二,围绕欧洲表现主义艺术在二战前后为法西斯主义僭用的历史遭际,结合二十世纪三、四十年代马克思主义学者卢卡奇、布莱希特和布洛赫关于表现主义艺术风格的论争,从艺术形式层面探讨一批先锋派艺术陷入"审美政治"陷阱的可能原因。其三,依循艺术史家让·克莱尔与梅丽萨·特里明厄姆(Melissa Trimingham)比照考察表现主义与包豪斯艺术审美政治问题的思路,探讨审美政治问题何以使西方先锋派艺术在进步主义的革新与神秘主义的回退中困顿不前。

一、进步主义的风格演变史

在二十世纪疾风骤雨般的革新实验中,怀揣为欧洲文明重新塑形的信念,一批先锋派艺术家誓志为时代立言。1905 年,"桥社"的青年艺术家们激情澎湃地宣称:"满怀发展的信念,满怀作为新一代的创作者和鉴赏者的信念,我们在此召集所有的青年。作为肩负未来的青年,我们想要尽力获得创作的自由以及生活的自由,反抗那些故步自封的旧势力","桥社宣言"揭开了德国表现主义运动的序幕。

1913 年,俄国艺术家卡西米尔·马列维奇(Kazimir Severinovich Malevich)自信地声明:"绘画唯一有意义的方向就是立体派 – 未来派"。1912 年,瓦西里·康定斯基在的艺术理论著作《论艺术的精神》中,主张与灵魂契合的艺术形式在这个时代能够引领、救赎人们的精神:"它预兆着对受压抑的灵魂和忧郁的心灵的拯救。"[①]康定斯基表达了在当时表现主义艺术圈子中广为流行

---

① [俄]瓦西里·康定斯基:《论艺术的精神》,查立译,北京:中国社会科学出版社,1987 年,第 24、25 页。

的"神智学"（*Theosophie*）观念，这一源自德国哲学家鲁道夫·史坦纳的哲学观念的流行，标志着其时艺术界通过诉诸抽象形式，从而抵达形而上秩序的审美乌托邦理想大行其道。

1937年，荷兰抽象派艺术家皮特·蒙德里安（Piet Cornelies Mondrian）真诚地呼吁："真正的艺术就像真正的生活一样走一条单一的路"。[①] 与此同时，在艺术与城市规划的交汇地带，包豪斯建筑设计代表了先锋派艺术光谱的另一极。在为时代寻求合适表达的过程中，包豪斯成功践行了先锋派联合新形式与新技术的艺术理想。1919年国立包豪斯学校（*Staatliches Bauhaus*）成立，其办学宗旨之一即是让学生们成为"全能的造型艺术家"，学校主张将原本处在社会边缘的艺术革新理念，熔铸在由技术助推的整体性社会发展进程中。包豪斯的建筑理念雄辩地阐明了先锋派艺术家们的信仰：他们手握艺术与社会的形式发展"钥匙"，有责任在满目疮痍的旧欧洲为包括艺术在内的新文明塑形。

即便我们很难确定，那些联系或紧密、或松散的先锋派艺术团体，分享何种相似的美学倾向；但毋庸置疑的是，后续的先锋派艺术家总是力图与先行的先锋派风格抗衡，以在艺术体制中获取一席之地，赢得言说时代的殊荣。正是在此番革故鼎新的时代诉求下，先锋派艺术个性鲜明的诸多流派才能够以集体的身份，进入连续发展的艺术风格史。

到了二十世纪四十年代，饱受战火摧残的欧洲国际影响下降，先锋派艺术的新变体远渡重洋在美国开花结果。美国抽象表现主义接续了先锋派在战前欧洲的发展态势，其时，纽约画派力图在对欧洲先锋派的继承与突破中确立自身，作为美国抽象表现主义的代表蔚成风气。按照美国艺术史研究者迈克尔·莱杰关于先锋派在纽约发展历程的评述：

在纽约和美国，并没有一个强大的学院派让他们（纽约画派——笔者注）去反对，进而定义自己。欧洲先锋派的活动和信仰以其经典的先锋面貌填补了这一空白。换句话说，它对于纽约画派的艺术家来说有着双重身份；纽约画派的艺术家一方面想要归附欧洲的先锋派传统，另一方面却又想独立于它而存在。不过最后，欧洲先锋派的学院地位还是占据了上风，并且，与

---

① ［美］阿瑟·C.丹托：《艺术的终结之后》，王春辰译，南京：江苏人民出版社，2007年版，第29页。

它产生分野将显得至关重要。① 换言之,在先锋派艺术进步主义的风格演替机制中,欧洲先锋派在纽约画派的艺术塑形过程中同时扮演了被承袭的"传统"与被取代的"旧"事物;相应地,纽约画派在风格确立过程中,亦再度确认了欧洲先锋派的"经典"地位。纽约画派戈特列布、罗斯科、波洛克等艺术家,正是在综合现代主义诸种艺术风格的基础上,以本土文化形象与新的绘画技法革新艺术语言,主动接续欧洲先锋派艺术逐新趋异的风格演进。②

抽象表现主义借助大众传媒与资本的助力,日渐成为国际艺术风潮的引领者之一。诚如美国艺术评论家格林伯格以坚定的语气对二十世纪的艺术趋势作出的"总判读":艺术的唯一道路是"抽象"。格林伯格关涉艺术革新趋势的总判读,似乎在1955年欧洲第一届"卡塞尔文献展"中得到佐证。展览的主题即为"抽象艺术是自由世界特有的语言",它既标志曾在战火中毁灭的西德城市卡塞尔重获生机,又预示先锋派艺术在二战后经美国抽象表现主义的中介,以新的姿态在二十世纪下半叶的欧洲复苏。

饶有意味的是,正是在此种进步主义的风格演替机制的影响下,即便历经两次世界大战的硝烟,诸多乌托邦规划皆在极权阴霾下被"污名化",先锋派却依然被视作一种"自由""进步""革新"的形式象征。难道说,我们应该毫无顾虑地归还先锋派艺术纯然中立的意识形态身份?难道说,先锋派艺术的意识形态"飞地"身份,使其有资格在一种唯美主义的内部研究视野下豁免艺术的政治与历史责任?倘若仅仅将艺术史的主流发展趋势作一单线性的解读,以进步主义的风格演替机制来考量先锋派艺术,基于先锋派艺术在战前和战后前后相续的发展历程,我们兴许会赞同此番解读。

然而,当我们把视线从艺术形式自律的风格史移开,将先锋派艺术置放入历史情境中,我们将察觉到,艺术形式革故鼎新的风格史之外,另存在一则艺术的"堕落"谱系。历史先锋派艺术在战前欧洲的发展历程,与战后经美国抽象表现主义中介继而复苏的历史,并非单纯作为一种承袭与变革的艺术风格发展史存在;先锋派艺术家期待中能够重塑未来方向的形式发展史,实则不断为极权意识形态扭曲、中断。先锋派艺术的发展历程,在进步主义的

① [美]迈克尔·莱杰:《重构抽象表现主义:20世纪40年代的主体性与绘画》,毛秋月译,南京:江苏凤凰美术出版社,2014年,第6—7页。
② [美]迈克尔·莱杰:《重构抽象表现主义:20世纪40年代的主体性与绘画》,毛秋月译,南京:江苏凤凰美术出版社,2014年,第21—24页。

形式革新与神秘主义的不断回退这两极之间摆动。

二、进步主义与神秘主义：表现主义论争

通过重新梳理二十世纪先锋派艺术的多重历史线索，我们得以再审视艺术与政治、美学与意识形态的复杂关联，把握二十世纪艺术在进步主义与神秘主义的两极之间左冲右突的表征困境。不可否认的是，先锋派求新求变的形式驱动机制对现代艺术的审美价值贡献良多，这一进步主义的驱动机制，开拓性地关联起自律的艺术风格演变与社会的未来发展；但就另一角度而论，这一驱动机制亦使艺术的唯美主义立场获得不容置喙的意识形态正当性，先锋派艺术被免除政治与伦理判断的义务，一批艺术作品侧重表达主观情绪与直觉经验，却摒弃了客观的社会媒介，转向对时代幽深心灵的内在探索。① 这一特征在表现主义艺术那里尤为明显，按照美国艺术史泰斗詹森（H.W.Janson）对表现主义流派的评述，其艺术特点被归纳为："痛苦焦虑、残酷原始，或者充满激情与精神性，折射出基本的宇宙能量"。② 正由于一批先锋派艺术以神秘主义的世界观为内核，艺术的政治伦理责任与审美体验相互脱节，这牵引出二十世纪上半叶关涉表现主义风格的论争。

论及先锋派艺术为极权意识形态扭曲的"堕落"历史，需要承认的是，直接以极权政府鼓吹者身份出场的先锋派艺术家屈指可数，其中臭名昭著者如意大利未来主义艺术家马里内蒂，他本人即是法西斯帝国主义战争的鼓吹者和参加者。③ 区别于马里内蒂这般直接为法西斯主义摇旗呐喊的艺术家，大部分为法西斯文化宣传服务的艺术家是法西斯主义审美政治策略的间接牺牲者，他们见证了极权意识形态对先锋派艺术的歪曲与僭用。

① ［俄］瓦西里·康定斯基：《论艺术的精神》，查立译，北京：中国社会科学出版社，1987 年，第 24、25 页。

② ［美］H.W. 詹森：《詹森艺术史》，戴维斯等修订，艺术史组合翻译实验小组译，北京：世界图书出版公司，2012 年，第 954 页。

③ 我们不难从马里内蒂激情澎湃的艺术宣言，窥见意大利未来主义如何为法西斯的意识形态动员工作添砖加瓦。马里内蒂曾在"关于埃塞俄比亚殖民战争的宣言"中作如是呼吁："战争是美的，因为它把机关枪火力、火炮轰鸣、停火、芳香与腐尸的恶臭一同汇成了一部交响曲。战争是美的，因为它创造出一种新的建筑风格，比如巨大的坦克，飞行编队的几何构图，燃烧的村庄冒出的盘旋上升的浓烟，还有许多其他的东西。"参见汉娜·阿伦特：《启迪：本雅明文选》，张旭东、王斑译，北京：生活·读书·新知三联书店，2012 年版，第 263—264 页。

正如我们未曾料想的那样，在 1895 年即以敏锐的时代感知，创作出表现主义名作《尖叫》的爱德华·蒙克，其艺术观念竟会如此轻易地被第三帝国的意识形态宣传收编，他作品中如时代警报一般痛苦、不安的情绪，被迅速吸纳进法西斯主义的文化综合体中。1932 年纳粹上台前夕，在时任第三帝国党部书记戈培尔的扶植下，蒙克接受了兴登堡总统授予的"歌德艺术和科学银质奖章"，他自身亦对这一象征"真正日耳曼人"的荣誉颇为自得。[①] 而在第三帝国标榜表现主义风格的早期文化宣传中，蒙克等表现主义艺术家未曾察觉的政治风险正潜滋暗长，这意味着：发掘表现主义艺术中的原始性要素，抬高表现主义艺术中北方风格的文化位置，成为第三帝国鼓吹种族优劣论、塑造日耳曼神话的必要步骤。这一文化策略在戈培尔对蒙克的评价中昭然若揭，他如是赞许蒙克："这个严谨而独特超群的人——北方天性的继承者——彻底摆脱了自然主义，回到了 völkisch（民族的）永恒不变的根基之中"[②] 表现主义已不可逆地打上了"北方艺术"的民族主义烙印，服务于蛊惑性的神话塑造工程。在纳粹党执政早期的文化拉拢政策下，一批表现主义作品由于未明确表达其社会政治立场，缺乏客观化的艺术媒介，被并入纳粹的神话塑造机制之中，尴尬地沦为极权意识形态的跑马场。

　　先锋派艺术中审美经验与政治伦理责任之间的脱节现象，早在二十世纪三四十年代的马克思主义学者中就引发过激烈讨论。卢卡奇曾在他颇具争议的文章《表现主义的伟大和堕落》（1934）中，从艺术形式的角度剖析表现主义何以沦为纳粹同盟。卢卡奇指出，表现主义对神秘主义与原始主义风格的偏好，与纳粹种族神话对"起源"的神秘回归完美兼容，且迎合了重塑德意志民族"健康的萌芽"这一煽动性说辞。[③] 卢卡奇如是指摘表现主义朝向神秘主义意识形态的回退："表现主义作为发达的帝国主义的创作表达形式是建立在非理性主义和神秘论的基础上的"。与此同时，卢卡奇又对这篇表现主义的批判之作加以补充，指出表现主义实际上"只是作为从属的因素被并

① ［法］让·克莱尔：《艺术家的责任：恐怖与理性之间的先锋派》，赵苓岑、曹丹红译，上海：华东师范大学出版社，2015 年版，第 32 页。
② ［法］让·克莱尔：《艺术家的责任：恐怖与理性之间的先锋派》，赵苓岑、曹丹红译，上海：华东师范大学出版社，2015 年，第 33 页
③ ［德］格奥尔格·卢卡契、贝托特·布莱希特等著：《表现主义论争》，张黎编选，上海：华东师范大学出版社，1992 年，第 24 页。

入到法西斯主义的'综合体'中去的"。①尽管如此,在 1937—1938 年德国马克思主义文艺理论界的"表现主义之争"中,这篇文章却成为至关重要的理论导火索,②引发恩斯特·布洛赫、贝尔托·布莱希特等学者与卢卡奇针锋相对的立场对峙。

布洛赫认为,这场先锋派艺术之争事关保守与革新的立场之争,他指摘卢卡奇为代表的批判者们将"莫须有"之罪加在新兴艺术实验之上,判定卢卡奇是以保守主义的立场贬低先锋派艺术的革新价值。③布莱希特一系列反驳卢卡奇的笔记发表在其流亡途中。与布洛赫立场相似,他判定卢卡奇的表现主义批判犯了形式主义错误与修正主义错误,这些笔记直到 1967 年《布莱希特文集》首次在当时的联邦德国出版之时才公开发表,由于布莱希特在当时欧洲激进左翼中不可比拟的巨大声誉,表现主义艺术之争在六十年代的欧美知识界二度发酵。饶有意味的是,在这场艺术之争中"扬布抑卢"的倾向甚为明显,由于当时卢卡奇在苏联党内的政治遭际,在二十世纪六十年代激进主义思潮席卷欧洲知识界的背景下,卢卡奇对表现主义的意识形态批判未受到公允对待,而被视作保守主义理论的活靶子,引发一众激进左翼的猛烈批判;与之相对,先锋派艺术被视作革新与进步的代表,获得绝对的意识形态正当性,欧美知识界未能对其展开进一步的意识形态审视与理论批判。这场表现主义艺术之争影响深远,它实则预示了纠缠整个二十世纪文艺实践的表征困境,并对重建审美 – 艺术与政治 – 伦理之间的积极关联提出要求。

在近一个世纪的历史之后,我们或能以更公允的立场考察包括表现主义在内的先锋派艺术之得失。在一种区别于单线性艺术风格史的总体性考察视野下,我们既应当客观评价表现主义等先锋派艺术在革故鼎新的艺术风格史中的价值,亦不可忽视先锋派艺术家为纳粹迫害,其艺术遗产为纳粹的意

---

① [德]格奥尔格·卢卡契、贝托特·布莱希特等著:《表现主义论争》,张黎编选,上海:华东师范大学出版社,1992 年,第 138 页。

② 这场表现主义之争的直接导火索是表现主义诗人高特弗里德·贝恩投靠法西斯。针对这一"贝恩现象",1937—1938 年间,以贝恩哈德·齐格勒为首的德国知识分子以流亡在莫斯科的德国杂志《发言》为平台,对表现主义形式风格展开激烈讨论。卢卡奇那篇《表现主义的伟大和堕落》虽然早于这场论争 3 年发表,却成为加剧这场论战的理论靶子。参见卢卡契等著:《表现主义论争》,第 1—9 页。

③ [德]格奥尔格·卢卡契、贝托特·布莱希特等著:《表现主义论争》,张黎编选,上海:华东师范大学出版社,1992 年,第 142 页。

识形态宣传讹为己用的史实。在短暂的文化拉拢政策之后，纳粹政府很快转向对表现主义艺术家的迫害。1937 年，法西斯当局在慕尼黑举办"堕落"艺术展，把对表现主义的文化打压推向顶峰，包括米德内尔和蒙克在内的一批表现主义艺术家被归入"堕落"之流，希特勒亦专门发表反对表现主义的演说。在此时的纳粹宣传中，表现主义已被视作衬托魏玛古典艺术"健康"风格的文化反例。一众表现主义艺术家原本意图借助抽象形式与社会现实保持疏离关系，其后不仅未获得他们期待中的艺术自由，反倒被卷入政治斗争的漩涡。

在对表现主义艺术的历史遭际唏嘘之余，值得重估卢卡奇被长期忽视的表现主义批判的理论价值。概言之，表现主义艺术遭受的意义歪曲并非偶然，借助对表现主义艺术的意识形态批判工作，不难揭示表现主义为极权意识形态僭用的客观原因。一方面，就外部社会环境而论，表现主义艺术在德国大起大落的历史遭际，自然与纳粹党内的政治博弈脱不开干系。由于希特勒力图以罗森堡的势力牵制戈培尔，曾受戈培尔大力扶植的表现主义艺术在纳粹德国的地位一落千丈，不复被纳粹政府视作可资调用的文化战略资源。①另一方面，就艺术的形式风格而言，表现主义多关注传达主观经验与直觉情绪，并不重视对感受经验与不同社会领域之间客观联系的艺术提炼。一批艺术作品彻底摒弃了表达社会现实的客观化媒介，成为卢卡奇指摘的"抽掉现实的抽象"："它或多或少地有意识地排斥和否认客观媒介，不是在思想上加以升华，而是把模糊的、支离破碎的、看来是混乱的、未加理解的、只是直接经历的'表面'加以确认"。②换言之，表现主义艺术纯然抽象的形式与未明确声明的政治立场，使作品内部裂变出无限的解释空间，更易为霸权意识形态征用。

总体而言，当一批先锋派艺术家诉诸抽象的艺术形式，言说忧郁、恐怖、悲哀、愤怒、焦虑等反抗性情绪之时，并未明确声明其社会立场，这致使抽象的艺术语言容易遁入封闭的艺术飞地，脱离与客观社会生活的关联。诚如阿多诺对抽象艺术的评价所言："艺术中的抽象性表示退出客观世界；此时，除

---

① ［法］让·克莱尔：《艺术家的责任：恐怖与理性之间的先锋派》，赵岑岑、曹丹红译，上海：华东师范大学出版社，2015 年版，第 37 页。

② ［德］格奥尔格·卢卡契、贝托特·布莱希特等著：《表现主义论争》，张黎编选，上海：华东师范大学出版社，1992 年，第 162 页。

了自身的骷髅（caput mortuum）之外，该世界没有任何遗物。"①在一种"为艺术而艺术"的审美自律立场下，与社会生活失去客观联系的抽象艺术形式，行将堕入阿多诺批判的意识形态神话；而一众先锋派艺术家则从自由的艺术斗士，沦为极权政治的受害者乃至间接的帮凶。

三、"总体艺术品"：包豪斯艺术的历史遭际

在包豪斯艺术运动中，极权主义对意义的僭用，以一种酷似表现主义历史遭际的方式上演。置身先锋派艺术光谱的另一极，包豪斯运动演绎了联合新形式与新技术的艺术理想。一众包豪斯设计师们深信自己手握社会发展的形式"钥匙"，他们踌躇满志地期待艺术与技术的时代联姻，以实践现代性的进步理想。自1919年格罗皮乌斯（Walter Gropius）在德国魏玛创办包豪斯国立学校，到1933年在纳粹政治迫害下包豪斯学校关闭，包豪斯成为建筑与设计行业的传奇。且不论包豪斯运动内部的诸多纷争，毋庸置疑的是，它对设计与建筑的现代化与国际化发挥了不可取代的作用，然而由史料佐证的下述事实同样不容辩驳：包豪斯的现代性设想实则与极权主义的意识形态神话并行无碍。当包豪斯艺术家们声张一种纯然中立的政治立场时，亦无法避免技术滥用引发的政治风险。

法国艺术史理论家、法兰西学院院士让·克莱尔借助史料索引，还原了包豪斯屈从于极权政治的隐秘历史面相。他指出，纳粹上台前后，鉴于包豪斯功能主义的理念契合工业化和标准化的需求，其艺术理念沦为单纯的造物工具。克莱尔同时指出，一大批包豪斯师生们渴望自身的设计才能有用武之地，即便其用途在于为新帝国的未来蓝图添砖加瓦；尤其在包豪斯学校被迫关闭后，为极权意识形态蛊惑的包豪斯师生们不在少数。这其中包括直接加入奥斯维辛建设部门的弗里茨·埃特尔（Fritz Ertl），②埃特尔曾参与奥斯维辛集中营战俘棚的设计工作，并于1943年集中营事态恶化后选择离开。克莱尔指出，即便是就职于包豪斯的大师级人物，如奥斯卡·施莱默（Oskar Schlemmer）以及密斯·凡·德罗（Mies van der Rohe），都曾经刻意迎合纳粹

① ［德］阿多诺：《美学理论》，王柯平译，上海：上海人民出版社，2020年，第46页。
② ［法］让·克莱尔：《艺术家的责任：恐怖与理性之间的先锋派》，赵岑岑、曹丹红译，上海：华东师范大学出版社，2015年，第47页。

帝国的意识形态宣传,以期实现自身的事业愿景。按克莱尔的文献索引,包豪斯的第三任校长密斯·凡·德罗曾在 1934 年签署了支持希特勒的声明,而施莱默则是参加过纳粹宣传部组织的设计竞标,他认定自己的设计最好地呈现了纳粹所珍视的世界观,且对这次竞标中自己的败北大失所望。①

施莱默的妻子图特·施莱默(Tut Schlemmer)为他编选的书信日记集,为理解极权政府统辖下包豪斯师生的历史遭际提供了另一则视角。我们既能从中看到包豪斯艺术家们对理想艺术的热忱与社会良知,亦能从中窥见其审美理想为纳粹操纵的隐患。施莱默在 1932 年前后写给朋友的书信中,曾多次谈及对纳粹加入政府的忧虑。在 1932 年 5 月 7 日施莱默致朋友奥托·迈耶的信中,施莱默诚恳表达自己对纳粹搅动民族主义情绪的隐忧:"政治争端愈演愈烈,令人非常失望,只能暂时冰冻起情感。德意志人为什么非要在他们的民族性问题上这么强迫呢,以至于如此扭曲⋯⋯历史已经给我们留下太多的教训,民族主义失控会多么可怕。以此名义造的孽已经超过善行"。② 这封信的字里行间皆流露出对纳粹文化政策的警惕。1933 年 4 月 25 日施莱默曾致信纳粹宣传部长戈培尔,呼吁纳粹政府善待那些"对他们身边的政治事件并不留意,也不感兴趣"却无辜受牵连的艺术家们。③ 这封抗议信原本尝试以政治中立的名义,为先锋派艺术家争取容身之地,然而,这一徒劳的举动甚至未能使施莱默自身的艺术获得认可。1937 年,施莱默与一众表现主义艺术家的作品皆被纳粹政府归入堕落艺术的行列,施莱默对此异常苦闷与绝望,他为家庭生计辗转奔波,不久后因压力过度,郁郁成疾,于 1943 年去世。

施莱默的人生遭际不过是其时一批艺术家多舛命运的缩影,他们在纳粹执政早期或被迫或自愿地迎合纳粹意识形态,期待自身的才能获得相应的社会声誉;然而,先锋派艺术家们无涉政治的中立姿态,却并未使他们在狭窄的艺术飞地独善其身,纳粹政府在早期的文化拉拢政策之后,很快便转向对

① [法]克莱尔:《艺术家的责任:恐怖与理性之间的先锋派》,赵岑岑、曹丹红译,上海:华东师范大学出版社,2015 年,第 48—49 页。

② [德]奥斯卡·施莱默:《奥斯卡·施莱默的书信与日记》,图特·施莱默选编,周诗岩译,武汉:华中科技大学出版社,2019 年,第 373 页。

③ [德]奥斯卡·施莱默:《奥斯卡·施莱默的书信与日记》,图特·施莱默选编,周诗岩译,武汉:华中科技大学出版社,2019 年,第 391 页。

先锋派艺术家的迫害。先锋派艺术家苦心经营的审美自律的艺术理想,反倒为纳粹的意识形态宣传工作提供了绝佳范本。在英国学者梅丽萨·特里明厄姆为施莱默的书信日记集所作的序言中,她指出包豪斯与表现主义等先锋派艺术的意识形态复杂性:

> 包豪斯的教师们尤其是施莱默,并没有从一个完全崭新的开端出发,事实上他们折回了根植于德国哲学中的更为古旧的价值,这显然是来自十八世纪晚期到十九世纪早期浪漫主义时期的歌德及其同道中人。特别是早些年在魏玛,包豪斯学院试图从这些浪漫主义的美学与哲学中得到启示,找到可用来指导他们的新法则。过往德国的关于构型的概念重生了。在所有可见的世界之下的理念是一种永恒的真理,艺术家应尽其所责地洞见症结,并将这统一的现实揭示出来:它是一种透过物质世界显现的形而上的绝对现实,除了去看到它,去感受它,别无他法。这就是德国二十世纪早期表现主义的本质,并主导了包豪斯的魏玛时期。①

特里明厄姆揭示出包豪斯运动和德国表现主义共享的本质,她尤为强调下述事实:包豪斯的师生们殚精竭虑地在一战后重塑人文意义,寻觅"描绘那个时代的哲学",遗憾的是,他们并未从当下的现实出发塑造时代的开端,而是回到德国形而上的哲学传统中寻觅起源。事实上,这直接呼应了卢卡奇等马克思主义者对表现主义的指摘,由于缺乏把握社会现实的客观化媒介,表现主义艺术从形而上传统中汲取美学资源之时,同时面临堕入意识形态神话的风险。特里明厄姆同时指出,艺术史研究者朱丽叶·科斯(Juliet Koss)及卡捷琳娜·鲁埃迪已然从现代艺术共享的浪漫主义理念中看到政治风险,②但她本人持更温和的立场,认为我们应更多关注包豪斯对那个时代的新规则与世界意义的探索。

在包豪斯运动的历史遭际中,进步主义的革新与神秘主义的倒退产生的意识形态裂隙,与表现主义艺术如出一辙。包豪斯艺术家们殚思极虑地营造一种纯然中立的美学理想,实则无从避免为极权政府操纵的政治风险。

---

① [德]奥斯卡·施莱默:《奥斯卡·施莱默的书信与日记》,图特·施莱默选编,周诗岩译,武汉:华中科技大学出版社,2019年,第5—6页。

② Cf. *Juliet Koss: Modernism after Wagner*. Minneapolis: University of Minnesota Press. 2009.

让·克莱尔指出,在纳粹的神话塑造机制中,表现主义艺术原始主义的面相与包豪斯运动的理智主义完美融合,他剖析道:

> 如果说表现主义打造的舞台布景经常极好地满足了催眠理智、蛊惑感官之需,那么它被需要知识为了使改变发生。迷狂与"移情"被用来掩饰、遮盖技术统领世界这一主要企图。在表现主义的后浪漫主义华丽外表下,在对人类及宇宙古老、原始、*Einfühlung*(移情作用)的崇拜下,第三帝国的规划首先是而且绝对是现代的。[①]

试想一下希特勒对"世界之都日耳曼尼亚"的惊人规划:这是一座结合起未来与过去的完美之城,它将汇集起新古典主义的历史感、德国乡村风格的质朴与包豪斯功能主义的现代感,这座最终未能竣工的完美之城,相比建筑规划倒更接近艺术理想。设想中的日耳曼尼亚,既以其北方乡村风格印证"日耳曼土地之根"的蛊惑性说辞,又体现了希腊罗马式的"高贵的单纯与静穆的伟大",同时兼备包豪斯功能主义的未来感与进步主义理想,是一件表征纳粹政治理想的总体艺术品:"这不单单意味着艺术品(悲剧、音乐、戏剧)展示了城邦(polis)或国家的庐山真貌,而且意味着政治本身是在艺术品之中并像艺术品一样被建立,被构筑。"[②]

"政治是国家的造型艺术"是第三帝国进行文化宣传时惯用的蛊惑性说辞,在这一意识形态修辞术中,第三帝国被煽动性地提升为完美的艺术品。法国哲学家菲利普·拉古－拉巴特在探讨纳粹的政治宣传策略时,亦论及艺术与政治的意识形态纠葛,他直截了当地将纳粹的文化霸权模式归纳为审美政治问题,[③]认为放弃政治伦理判断的抽象艺术,成为纳粹预寻的政治神话形式。中立的艺术被绑架在法西斯主义的战车上为强权征用,其重要原因在于,艺术家错误地认为审美自律的唯美主义立场可以豁免艺术的政治伦理判断。

① [法]让·克莱尔:《艺术家的责任:恐怖与理性之间的先锋派》,赵岑岑、曹丹红译,上海:华东师范大学出版社,2015年,第46页。
② [法]菲利普·拉古－拉巴特:《海德格尔、艺术与政治》,刘汉全译,桂林:漓江出版社,2014年,第77页。
③ [法]菲利普·拉古－拉巴特:《海德格尔、艺术与政治》,刘汉全译,桂林:漓江出版社,2014年,第73页。"aestheticize politics"在此书中译作"政治唯美化",笔者采用更常用的译法"审美政治",以与马克思主义意识形态批判视野下的政治美学重建工程相比照。

先锋派艺术模棱两可的社会政治立场与抽象的美学形式之间存在巨大的解释裂隙，使其在艺术表征之时不免徘徊在进步主义的形式革新与神秘主义的意识形态回退之间。当我们在多重历史线索下考察先锋派艺术被征用的历史时，不难分辨下述事实：法西斯主义政治神话更易僭用那些以神秘主义的世界观为内核，且抽空了客观社会内容的艺术样式，这也是为何一批德国表现主义作品避不开与纳粹意识形态的复杂纠葛。相反地，在当时曾发挥社会动员作用的反战艺术，往往能够妥帖平衡艺术的抽象形式与客观媒介的辩证关联，使社会现实有机会透过抽象艺术形式表达①。正是潜藏在西方先锋派艺术中的审美政治陷阱，使一批艺术进步的形式革新诉求最终以意识形态神话收尾，乃至服务于二十世纪欧洲最晦暗的政治事业。

作者：陆天宁，中国艺术研究院研究员，首都博物馆画院副院长

---

　　① 譬如，乔治·格罗斯与凯特·珂勒惠支风格强烈的反战版画，以及柏林达达艺术家针砭时弊的摄影蒙太奇拼贴，在艺术形式层面，都极为强调社会内容诉诸表达的客观媒介，以抵御抽象形式对作品现实感的消解。

第二章 学科反思与体系建设

　　主编插白:"美学"的学科名称及其涵义究竟指什么,是美学研究的基本问题。然而 19 世纪以来,这个基本问题被各种美学学说弄得令人扑朔迷离。时至今日,有人认为美学研究的中心不是"美"而是"审美","美学"应当易名为"审美学"才更合适。李泽厚指出:中文的"美学"是西文 Aesthetics 一词的翻译,"如用更准确的中文翻译,'美学'一词应该是'审美学',指研究人们认识美、感知美的学科。"[①]1987 年山东文艺出版社出版王世德的《审美学》,1991 年陕西人民教育出版社出版了周长鼎、尤西林的《审美学》,2000 年北京大学出版社出版了胡家祥的《审美学》,2007 年,复旦大学出版社出版了王建疆的《审美学教程》。2008 年,王建疆发表《是美学还是审美学?》一文指出:"美学表面上看起来研究的是美,而非审美,但实际上却研究的是审美。"[②]面对这些新的动态,中华美学学会会长高建平教授还是坚持"美学"的学科名称。他指出:作为一个学科,美学的研究对象和内容处在不断变动之中。在现代"美学"学科成立以前,古代就有"美学思想"。现代"美学"学科正是在此基础上发展起来的。它们之间既有差异性又有连续性。美学学科出现后,一段时间流行以李泽厚为代表的美学以研究"美""美感""艺术"为主的三分法,后来这种区分被打破。美学的当代发展呈现出丰富性和多样性,比如,美学继续追踪艺术的发展,研究当代艺术发展新问题;审美心理学研究重启;自然美的探讨被对自然和社会的改造所取代;现代科技带来人的审美方式的改变;美学在世界各民族之

---

① 李泽厚:《美学四讲》,李泽厚《美学三书》,合肥:安徽文艺出版社,1999 年,第 443 页。
② 王建疆:《是美学还是审美学?》,《社会科学战线》2008 年第 6 期。

间展开跨文化对话。从总体上说,当代美学发展呈现出"超越"和"回归"两股倾向。一方面美学突破原有的道路,试图建立"超越美学的美学",另一方面又在许多方面呈现出回归传统美学的特点。他的最后结论是:美学是一门关于美和艺术的学问。艺术作为一种主要和突出的美,应该成为美学研究的中心;但美学研究又不能仅限于艺术,而应突破艺术,进行多方面的研究,包括美的本质和范畴研究、审美心理研究、自然和生活的美研究、城市与乡村的美研究、美育研究等。令笔者感到欣慰的是,高先生的这个看法,与笔者大体相近。多年前,笔者曾撰文指出:虽然"美"包含"审美","美学"可同时译为"审美学",但由于在中文中"美"与"审美"是两个概念,"审美"必须以"美"为存在前提,对"美"的追问是美学回避不了的问题,也是美学研究的中心问题,美学实际上是"美的哲学",因此,作为学科名称,"美学"比"审美学"更为合适。美作为"有价值的乐感对象",是离不开"审美"的,"美学"研究不仅应聚焦"美",而且应兼顾"审美",因此,将"美学"的确切内涵界定为"研究现实与艺术中的美及其审美经验的哲学学科"或许更为合适。①

美学学科的中心问题是研究美。对美如何阐释、因何阐释、阐释什么,在高楠教授看来就成为美学研究的基本问题,阐释的方法因而被提到首要位置。当下国内美学研究恰恰在方法上存在较为严重的并且是历史延续性的问题。西方二元论思维方法的影响,基于简单化的二元论理解进行西方美学理论的接受,导致中国美学研究的观念化倾向、二元对立倾向以及实用主义倾向。建构一个有机整体的美学体系,关键是走出二元论,既延续传统,又取鉴西方。高楠教授从美与美感带来的美的问题域谈起,阐释了建构有机整体的美学体系的设想,提出"美是体味着的生存感悟",视角独特,层次丰富,自成一说,值得关注。

在建构美学体系的学科进程中,如何体认马克思主义的美学体系,是一个经典话题。"马克思不是通常意义下的美学家,他并没有写过系统地论述美学问题的专著,但他在不少著作里涉及美学问题时所阐发的

---

① 祁志祥:《"美学"是"审美学"吗》,《哲学动态》2012年第9期。

一些基本观点,却在美学中开始了一场真正的革命。"①宋伟教授以研究马克思主义美学著称。他的《马克思主义美学的实践品格、范式革命与现代意蕴》对此提出了系统思考。文章指出:马克思主义哲学的创立与发展是人类历史上一次伟大而深刻的思想革命。与之相应,马克思主义美学的创立与发展,实现了世界美学史或艺术理论史上一次伟大而深刻的理论变革与范式转换。马克思始终关注人的生存境遇和人的存在方式,深刻地分析与批判了人的异化的生存状况,致力于探寻人类自由与解放的道路。如果说,传统本体论美学追问"美的存在如何可能",近代认识论美学追问"美的认识如何可能",马克思主义美学则追问"美的自由如何可能",由此实现并完成了实践生存论意义上的美学范式革命。

在建构美学体系的进程中,金雅是当代人生论美学的倡导者。她的《人生论美学与中国美学的学派建设》系统阐释了自己这方面的思考。文章指出:人生审美情趣中国古已有之。人生论美学的理论建设则孕萌于20世纪上半叶,自觉发展于20世纪末迄今,是民族文化学术和社会时代发展在美学领域逻辑生成的结果。人生论美学不同于生活美学或生命美学。"人生"与"生命""生活"的概念既有一定的交叉,又有不同的内涵。人生论美学也不能简单等同于伦理学的美学,它不仅要研究美与善的关系,也要研究美与真的关系。人生论美学的内涵突出表现为人文性、开放性、实践性、诗意性。人生论美学继承中华民族传统的人文关怀,是对人及其生命、生活、生存的温暖关爱。人生论美学具有突出的开放性,时空维度上向古今中西相关资源开放,学科维度上向哲学、心理学、教育学、伦理学、文化学等相邻学科开放,理论向着实践开放,将对美和艺术的叩问落实到人生之上。人生论美学最富魅力的精神内核,是生命的诗意建构和诗性超拔。人生论美学的中心是让美回归人与人生,是让人在美的人生践行中,创化体味生活的温情和生意,涵成体味生命的诗情与超拔,达成创美和审美的交融。

---

① 汝信:《马克思和美学中的革命》,《汝信自选集》,北京:学习出版社,2005年,第134页。

第一节　美学学科内涵的扩展与新变 [①]

什么是美学？关于这个问题的回答，已经多种多样了。美学不是一个固定的物，可以对它作纯客观的分析。这是一个随历史的发展而形成和变化的学科，从事这个学科的研究者们在研究过程中拓展了这个学科，丰富了这个学科的内涵。

一、关于美学的对象和性质

关于美学学科对象，一些美学通论和教材都习惯用三分的方式来论述。作者将美学分为美的哲学、审美心理学、艺术哲学。例如，李泽厚的《美学四讲》，就分为"美学""美""美感""艺术"这四讲，除了第一讲是引论以外，其他三讲就分别讲述了这三个部分。[②] 对美学这种"三分法"的理解，在后来流传很广。王朝闻主编的《美学概论》除了"绪论"讲述美学研究的对象、任务和方法以外，共分六章。第一章讲"审美对象"，分别论述美的本质与形态。第二章讲"审美意识"，讲审美意识的本质和审美心理。从第三章到第六章都讲艺术，分别讲"艺术家""艺术创作活动""艺术作品"和"艺术的欣赏和批评"。这实际上还是"三分法"，只是由于王朝闻作为一位艺术家来编书，扩充了第三部分中的"艺术"的内容。[③] 与王朝闻主编的这本美学教材相反，杨辛和甘霖编的《美学原理》，则把更多的篇幅放在美的本质、范畴、起源、类型之上，将"艺术美"放在诸种美的类型之中，并把悲剧和喜剧放在美学的范畴之中来讨论，形成了一种以"美"为中心，兼谈艺术和美感的教材体系。但是，从根本上讲，这两位作者对美学的理解，仍是当时流行的"三分法"，只是他们给"艺术"留的篇幅少一些而已。[④] 此后，国内有多种教材问世，这三方面内容，都是必不可少的。

以美、美感、艺术这三个方面的内容来建构美学的做法是历史地形成的。

---

① 作者高建平，深圳大学文学院教授，中华美学学会会长。本文原载《艺术评论》2020年第11期。

② 参见李泽厚：《美学四讲》，北京：生活·读书·新知三联书店，1989年。

③ 参见王朝闻主编：《美学概论》，北京：人民出版社，1981年。

④ 参见杨辛、甘霖：《美学原理》，北京：北京大学出版社，1983年。

美学首先被许多学者认为是哲学的一个分支。至今在学科划分中,美学仍属于哲学。在历史上,不少哲学家常常在建立了他们的哲学体系以后,作为体系的补充或延续,写出美学著作。例如,康德继发表了《纯粹理性批判》和《实践理性批判》这两大批判之后,在66岁时写出了《判断力批判》这部书综合了当时的各种美学的核心概念,形成了一个美学体系的著作;黑格尔在发表《精神现象学》《逻辑学》《哲学全书》《法哲学原理》等代表性著作以后,不幸早逝,但他也留下讲稿《美学讲演录》,在死后被整理出版;杜威也是在他的教育学、哲学和伦理学著作发表以后,才开始发展他的美学研究,并在75岁高龄时出版了《艺术即经验》这部重要的美学著作;维特根斯坦逝世早,没有活到他的“美学时期”,但后来,他的学术上的追随者在他的哲学基础上,发展出了蔚为大观的分析美学学派。

哲学史家们围绕着美学在哲学中的地位,产生了许多争论。有人认为,康德通过《判断力批判》一书,完成了他的哲学体系。美学是哲学的延伸,是哲学原理的运用。还有人认为,美学是第一哲学,处于哲学大厦的顶端。总之,美学与哲学有着千丝万缕的联系。

美学与心理学有关。早在19世纪,德国心理学家费希纳(Gustav Theodor Fechner,1801—1887)就提出“自下而上的美学”。费希纳著有《实验美学论》(1871)和《美学导论》(1876),讨论各种美学的原理和方法,奠定了实验心理学美学的基础。

在19世纪末和20世纪初,美学上出现了“心理学转向”,表现为以下四种情况:第一,一些哲学家具有强烈的心理学倾向,尽管他们不认为自己是心理学家。例如克罗齐(Benedetto Croce,1866—1952)提出“直觉”即“表现”,即“艺术”的观点,乔治·桑塔耶那(George Santayana,1863—1952)提出,美的对象是客观化的快感。第二,一些心理学研究者在“审美态度”这一内省的方法的基础上,提出了一些审美心理规律。例如立普斯(Theodor Lipps,1851—1914)提出了“移情说”,爱德华·布洛(Edward Bullough,1880—1934)提出了“心理距离说”。第三,像弗洛伊德(Sigmund Freud,1856—1939)这样的出身于精神病医生的学者提出了“无意识”的理论,依据这一理论,形成了重要的“心理分析学派”。弗洛伊德还积极从事对艺术家和艺术作品的心理分析,他的做法影响了他的学生和追随者们。他们提出的心理模式和研究方法后来渗透到20世纪各派的美学研究之中。第四,格式塔心理学作为一种新的心理学流派对美学产生重要的影响,出现了以鲁道夫·阿恩海姆(Rudolf Arnheim,1904—2007)为代表的运用格式塔心理学进行视觉分析的流派。

美学与艺术的研究有着密切的关系。关于艺术,可以有多种多样的,多层次多方面的研究。艺术可分为多个门类,对各类艺术的起源、性质、功能和作用,作出具体的研究。但是,随着时代的发展,人们开始关注各门类艺术之间关系,如诗、乐、舞之间关系,绘画、雕塑之间的关系,诗与画之间,绘画、音乐和建筑间的关系,等等。这种研究最终促使人们把各门艺术统一成一个体系,对艺术进行总体研究。由此出发区分艺术与非艺术、艺术与工艺、艺术与自然物,并在艺术之中进一步分类。

艺术研究还具有层次性。对文学从主题、题材、情节到叙事手法的研究,对绘画从色彩、线条、构图方面的研究,对音乐从节奏、旋律、调式方面的研究,是一个层次。向上到艺术普遍特征,如艺术的形象性、有机整体性,具有某种审美范畴,例如优美、崇高、幽默、滑稽等等。因此,再向上抽象,进行艺术的本质、艺术的边界和艺术定义的探讨。

艺术研究还具有历时性的特点。艺术本身就有一个形成和发展的过程,与艺术相关的概念和范畴也是如此。如何将艺术放进历史中进行考察,这本身也是一个哲学问题。历史上,一物何时是艺术,这是工艺史与概念史结合的产物。

早在18世纪,法国学者夏尔·巴托就提出"美的艺术"概念,并由此形成现代艺术体系。[①] 黑格尔认为,"美学"的正确名称应该是"艺术哲学",以艺术为中心来进行美学研究。[②] 在20世纪初年,马克斯·德索提出"一般艺术学"的研究,推动艺术研究的发展。[③] 分析美学认为美学的任务是对艺术批评的概念进行分析,从而将美学定义为"元批评",即批评的批评。[④]

美学研究的这三分法,在近年来就被打破了。美学的范围得到了拓宽,容纳进了新的研究对象,例如,对自然、环境和生态美的研究,对神经美学的

---

① [法]夏尔·巴托:《归结为同一原理的美的艺术》,高冀译,北京:商务印书馆,2022年。

② [德]黑格尔:《美学》,朱光潜译,北京:商务印书馆,1982年。

③ [德]马克斯·德索:《美学与一般艺术学》,朱霏霏译,北京:中国文联出版社,2019年。

④ [美]门罗·比厄斯利:《美学史:从古希腊到当代》,高建平译,北京:高等教育出版社,2018年。

研究,对乡村和城市美的研究,对新媒体和信息革命所带来的审美对象的新样态的研究,以及对美育的研究等等。

二、美学学科的形成

从历史上讲,美学是一个现代的学科,有它的形成过程。"美学"这个词是从 aesthetics 是翻译而成。因此,有几个起源可以分别叙述。

第一,"美学"(aesthetics)这个词从哪里来的?

这个词是从亚历山大·戈特利布·鲍姆加登(Alexander Gottlieb Baumgarten,1714—1762)开始的。1735 年,当时只有 21 岁的鲍姆加登在他的博士论文《对诗的哲学沉思》一书中,根据希腊语词根造出"美学"(Aesthetica)一词。他指出,事物可分为"可理解的"和"可感知的"两种,前者是本体论研究的对象,后者是"美学"("感性学")所研究的对象。一段话或一首诗可以完善(perfectio)或不完善地表现其意义,这是一种"完善";也可以在其声音、韵律、隐喻、象征等方面获得完善或不完善的表现,这是另一种"完善"。前者是理性的,后者是感性的。研究这后一种感性表现的完善的科学,就是"美学"。鲍姆加登对他的这一发明很重视,1750 年,以这个词为书名,发表了他的巨著《美学》(Aesthetica)第一卷。在这本书中,美学的定义有了扩大,前一本书主要涉及诗的艺术,而这一本书则将讨论的范围扩大到"诸自由艺术之理论,低级认知学说,美的思维之艺术,类理性之艺术"。[①]

第二,这个学科的其他重要概念被提出和逐渐成熟的过程。

鲍姆加登确定对"美学"这个学科的诞生作出了重要的贡献。他对这个学科的命名,重视和强调"感性",并形成一种独立的关于"感性"的"完善"的观念,这些对该学科的形成都极其重要。然而,这个学科的诞生,还需要有其他众多重要的概念,并在这些概念的基础上形成了一些体系。

在这些概念中,首先要提到的,是意大利人维柯(Giovanni Battista Vico,1668—1744)。克罗齐认为,维柯"可谓是发明了美学科学的真正革命者"。[②]维柯认为,在其他各种智慧之前,有一种"诗性智慧",人的智慧由此而派生出

① ［德］亚历山大·戈特利布·鲍姆加通著《美学》§1,贾红雨译,《外国美学》第28辑,南京:江苏凤凰教育出版社,2018年第4页。

② 见贝尼季托·克罗齐:《作为表现的科学和一般语言学的美学的历史》,王天清译,北京:中国社会科学出版社,1984年,第64页。

来。这构成了对哲学上的理性主义的批判,对现代艺术哲学的形成,具有奠基性的意义。[1]

然而,许多英美学者更倾向于认为,这个学科是夏夫茨伯里(1671—1713)所创立的。夏夫茨伯里提出了两个重要概念:第一是"审美无利害"。当时处在资本主义上升时期,哲学界也弥漫着强烈的功利主义倾向。针对这种倾向,夏夫茨伯里提出,人可以欣赏大海的美,但不必有像海军元帅那样占有大海的感觉。对美的欣赏,所需要的是无功利的静观。第二是"内在的眼睛"或"道德感官"。人具有一种内在,但却是直接的感官,凭借它来产生美感。由此,对美的感受不是一种理性活动,而是一种直接的感性活动。

在英国,趣味的观念得到许多哲学家的关注,有很多的论述。特别是休谟(David Hume,1711—1776)的论述,具有重要影响。休谟立足于经验主义的立场来讨论趣味,即认为趣味依赖于主体的感受,从而趣味具有相对性。但是,趣味仍是有标准的,它依赖于排除一切偏见的"有资格的观察者"。这种对趣味的强调,认为审美与趣味有关,对美学发展具有重要意义。

另一个休谟同时代的人埃德蒙·伯克(Edmund Burke,1729—1797)在1757年出版了《关于崇高与美的观念的哲学探讨》一书。"崇高"是一个古老的概念。在古罗马时,就有一篇被假托为朗吉弩斯所作的《论崇高》问世。此后,"崇高"的观念被很多人提起,有了很大的发展。但是,这些论述都是将"崇高"视为美的一种类型。只有到了伯克时,"崇高"才与"美"对立起来,被认为两者在感性性质上正好相反:崇高是"力量、匮乏与空虚,以及尺度的巨大"[2];与此相反,美是"小、光滑、逐渐的变化、精巧"[3]。他还试图从心理学的角度对"崇高"和"美"所提供的不同感受作出分析。

在与鲍姆加登提出 aesthetics 这个概念大致同一时间,法国人夏尔·巴托(Charles Batteux,1713—1780)出版了《归结为同一原理的美的艺术》(1746)一书,提出了"美的艺术"的体系和概念。[4]

---

[1] 维柯:《新科学》,朱光潜译,北京:人民文学出版社,1986 年,第 151—247 页。

[2] [美]门罗·C. 比厄斯利:《美学史:从古希腊到当代》,高建平译,北京:高等教育出版社,2018 年,第 323 页。

[3] [美]门罗·C. 比厄斯利:《美学史:从古希腊到当代》,高建平译,北京:高等教育出版社,2018 年,第 323 页。

[4] 参见[法]夏尔·巴托:《归结为同一原理的美的艺术》,高冀译,北京:商务印书馆,2022 年。

以上的这一系列的概念的形成和逐渐成熟,为美学这个学科的诞生准备了条件,终于到了18世纪末,康德写出了《判断力批判》,将这些概念容纳进去,并进行深刻的分析。康德从一个独特的哲学角度,论述了无功利,没有概念而具有普遍性和必然性,没有目的而又有合目的性的美,论述了数学性质和力学性质的崇高,论述了"美的艺术""天才""趣味"等重要概念,将它们结合成一个成体系的整体。①

美学成为一个学科,也与大学教育制度在欧洲的发展有着密切的关系。欧洲近代大学在经历了几百年发展后,从17世纪开始,迎来一个繁荣的时期,出现了众多的自然科学、人文科学和社会科学方面的新学科。作为一个学科,它的形成,需要有明确的名称、完整的概念体系。大学制度催生学科的形成,而学科也在大学制度下得到确立。

18世纪形成的美学学科,经过19世纪的一系列的发展,逐渐走向成熟。并且作为现代文化的一部分,向一些非西方国家传播,推动这个学科在世界各国的建立。

第三,这个学科的名称和学科的基本理论传到中国的过程。

美学这个学科是在20世纪初年传到中国的。在1900年以后的几年中,王国维和蔡元培对这门学科有了专门的著述,并逐渐确定了"美学"这两个字作为aesthetics的译名。此后,有更多的人翻译和介绍这一学科的内容。但是,直到20世纪30年代,当朱自清为朱光潜的《文艺心理学》一书写序言时,还认为,"美学大约还得算是年轻的学问,给一般读者说法的书几乎没有;……像是西洋人说中国话,总不能够让我们十二分听进去。"②这句话典型地代表了20世纪30年代的学者们对美学这门学科的感受。

20世纪是美学这个学科在中国逐渐发展,并走向兴盛的过程。这基本上可以归结为两条线索:第一条线索,是从王国维、蔡元培,再到宗白华、朱光潜的对西方美学的引入和研究,这一线索遵循的是"审美无利害"的"静观"的线索;第二条是梁启超的文艺"新民"和鲁迅的改造"国民性"的线索。这条"文艺为人生"线索,后来就与致力于社会改造的马克思主义的美学结合起来,随着社会革命形势的发展占据了主导地位。在20世纪50年代,出

---

① 参见[德]康德:《判断力批判》,邓晓芒译,北京:人民出版社,2002年。
② 朱光潜:《朱光潜美学文集》第一卷,上海:上海文艺出版社,1982年,第326页。

现了"美学大讨论",使美学这个学科在中国成为显学。到了 70 年代末和 80 年代,在"改革开放"的大环境下,关于美学的讨论重启,出现了"美学热"。

中国的美学,经历了一个从"美学在中国"到"中国美学"的过程。美学引入后,经过消化和吸收,再反思中国的传统的美学思想因素和艺术的观念,结合当下的中国审美和艺术实践,逐渐形成中国自己的美学体系和具有中国特色的美学观念。

第四,现代的美学与古典的美学。

朱光潜提出,鲍姆加登提出了 aesthetics 这个词,从他开始,美学这个学科才像新生儿一样"呱呱落地"了。然而,朱光潜的《西方美学史》的写法,仍是从古希腊的毕达哥拉斯写起,经柏拉图、亚里士多德,到希腊化和罗马时期,到中世纪和文艺复兴,再到近代和现代。不仅是朱光潜的《西方美学史》,我们所熟悉的几乎所有的西方美学史著作,都是采用了这种写法。例如,鲍桑葵的《美学史》、基尔伯特和库恩的《美学史》、克罗齐的《作为表现的科学和一般语言学的美学的历史》、门罗·比厄斯利的《美学史:从古希腊到当代》等等,都是如此。

如何解决这一概念上的矛盾呢?朱光潜晚年在《美学拾穗集》中提出了一个构想,即区分"美学"和"美学思想"。他写道:"美学成为一门独立的科学虽不过两百多年,美学思想却与人类历史一样的古老。"[1] "美学"这个学科是从鲍姆加登开始的,而此前所存在的,是"美学思想"。当然,朱光潜在这里的表述,也不够准确。美学并不是"与人类历史一样的古老",许多的美学史著作,包括朱光潜的《西方美学史》,都有一个开端,即从希腊人写起。对此,鲍桑葵在写作《美学史》时,曾作了这样的解释,只是到了希腊哲学中,人类才到达了"一个人们可能要开始从严格的哲学角度来考虑审美现象的时刻了。"[2] 显然,这种反思,开始于人们的抽象思维的能力提高。这时,人们开始对美和艺术的现象进行概括,并形成了一些关于美和艺术的概念。

综合以上这两个阶段,我们可以大致形成这样的理解:从古希腊时期开始,西方人有了"美学思想",而到了 18 世纪,开始了"美学"这个学科的建设。

---

① 朱光潜:《谈美书简·美学拾穗集》,《朱光潜全集》新编增订本,北京:中华书局,2013 年,第 121 页。

② 鲍桑葵:《美学史》,张今译,北京:商务印书馆,1985 年,第 22 页。

第五，中国的美学思想与中国美学。

在中国也存在同样的情况。1900年以后，美学这个学科在中国形成，并出现了第一批专门研究者，并在中国的大学里开始设立相应的课程。但是，这并不等于说，此前没有"美学思想"。一部中国美学的历史，还是要从中国的先秦时期写起。在《周易》《左传》等古书的记载中，在《论语》所记录的孔夫子的言论中，在《老子》《庄子》等书中，在《吕氏春秋》这样一些保留大量古代材料的古书中，有着大量精彩而有价值的美学观点。

中国古代美学思想极为丰富，是建构当代中国美学的丰富的宝库。从中可吸收丰富的营养。这些思想也是我们在今天建立中国特色的美学的宝贵资源和理论工具。但是，当代中国美学的建立，并不能看成是古代中国美学思想的自然生长。当代中国美学有一个引入、适应、发展的过程。直至今日，仍需要我们立足当下，面向当下的审美和艺术的现实，从古代和外国吸取营养，进行独立自主的理论创造。

三、美学与艺术学的关系

前面曾说到，美学是由三大块组成的，即美、美感、艺术。关于艺术的研究是美学的重要组成部分，这三者的内容是联系在一起，相互作用的。从现代美学形成之时起，艺术就对美学的发展起着推动的作用。艺术就仿佛是制作美的实验室，在这里通过实验生产出美的事物和观念，再将之推广到一般事物的制作之中。能写诗和美文的人，在日常应用性文字写作中就会写得更好，写作者在诗文写作中练就了写作的能力，这种将艺术生活化的过程，最终促成了生活的艺术化。其他门类的艺术也是如此。书法家提高了一个时代的书法水平，而画家和雕塑家和建筑师等等，原本就是工匠，是众多工匠中的佼佼者。从另一方面看，艺术的创作和欣赏活动，形成了人的审美观念，陶冶了人的性情，培养了人的审美能力。因此，艺术这个美的实验室，不仅产生美的产品，在实验室外的广大世界中得以推广，使生活艺术化，使世界美化；同时，艺术还造就制作和欣赏艺术的人，使他们获得审美的眼光，从而改变对世界的观看方式。

现代美学正是在艺术的推动下形成的。欧洲美学史上重要美学家们，实际上都把主要注意力放在艺术上。原因在于，艺术是制作和欣赏的美的活动，而审美只是直观，行动永远要比直观更能吸引理论家的注意力。艺术创造美,人要为这种活动作出解释,并根据这种解释的需要形成理论,从而进一步推动和改进实践。

康德的美学从对自然的讨论开始,却以对艺术的解释为旨归。对他来说,对自然的审美相对比较简单,从对自然的审美,包括对美的四契机的分析,和对两种崇高的分析,可以成为进一步进入复杂的艺术审美的钥匙。黑格尔的美学就是艺术哲学。对他来说,对自然的审美不过是"灌注生气"的结果,而这种"生气",是人在与艺术相关的活动中形成的。

20世纪的美学家们都与艺术学有千丝万缕的联系。罗杰·弗莱(Roger Fry,1866—1934)和克莱夫·贝尔(Clive Bell,1881—1964)与"后印象主义"兴起,以及艺术中的新形式主义的发展有着密切联系。他们的思想渗透到现代主义艺术的各种流派之中,对艺术形式在20世纪的更新起了重要作用。

阿瑟·丹托与乔治·迪基等人发起的关于"艺术界"的讨论,试图为以杜尚的《泉》为代表的超越感性的概念艺术作辩护,说明它们可成为艺术的理由。他们的讨论意味着艺术与美,或者说艺术与一切原本艺术所依赖的感性特征的分离。阿瑟·丹托等人所做的,是一种面对艺术发展的新变建立起来美学理论。丹托的美学是黑格尔的《美学》影响的结果。黑格尔认为,美是"理念的感性显现",在历史的进化过程中,理念终将超越它的外在显现,而概念艺术正是如此。一种被称为后现代的艺术,更需要理论,这种艺术寻求在作为艺术哲学的美学支撑下存在。

四、当代美学学科的发展

美学的当代发展,呈现丰富和多样性。从总体上说,有着两股倾向,这就是"超越"和"回归"。美学并不是沿着原有的道路向前发展,而是一方面建立"超越美学的美学",另一方面又在许多方面呈现出早期美学的特点。具体说来,这体现在以下几点:

第一,美学在继续追踪艺术的发展,研究新的当代艺术问题。艺术的概念化趋向,曾在阿瑟·丹托的带领下,被描绘成黑格尔式的理念超越了它的感性显现阶段,向其自身回归,由此而出现了"艺术的终结"。然而,艺术并不能永久地脱离"感性"。在特定的时期,一些特别的艺术流派,以对感性的超越相号召,构成对既有艺术制度和传统的破坏和挑战。但是,破坏了还需建设,脱离了还需复归。这时,建立新感性的任务就提了出来。当代艺术在语言、声音、光与色等方面所提供的新效果,激发美学对这些艺术上的新发展作出描述和回应,以此来思考美学的新的发展可能性。从这个意义上讲,只要艺术存在,就有面向艺术的美学,只要艺术在发展,就有追踪艺术发展而出现的美学的发展。

第二,审美心理学研究重启的可能性。在20世纪初年,曾经有过一个审美和艺术研究的心理学热潮。依托当时的实验心理学和心理分析的发展,出现了众多的心理学美学的流派。但是,这种发展后来就呈现两极的现象。从实验心理学那里借用一些模式,走出实验室,作理论发挥的做法,得到了极大的流行。分析美学曾努力克服美学中的心理学倾向,更偏重语言分析。然而,只要人的审美现象存在,从心理角度对这种现象作美学研究的潮流就是不可阻挡的。当然,美学研究者主要是一些人文学者,他们对科学实验的手段,对自然科学的统计和分析的方法不熟悉,在这方面的研究进展缓慢。然而,当代科技进步的强大力量,最终会对美感研究产生推动,这种力量也是不可阻挡的。划定界限,对人的审美现象进行具体而定量分析,已经有人在作这方面的努力。这种方面的研究成果必将渗透到美学研究中来,使这个学科的面貌得到改变。

第三,关于自然美的探讨被对自然和社会的改造的努力所取代。自然之美,是由于它本来就美,是由于人的情感情绪的投射,还是由于自然被"人化"了,人在自然中欣赏到自己的力量? 这是曾经争论过的古老问题。美学的研究后来就实现了问题的转移。自然美研究就转化为生态环境美的研究。这种转移背后,有一种主客体关系的变化。将自然作为认知对象、情感寄托对象、物质性改造的对象,这些都是在哲学上将自然对象化的产物。人是从动物进化而来,自然界原本是动物的生存环境,同样,对原始人来说,自然界也是生存环境。日月星辰、风雨雷电、寒暑轮替、草木枯荣,这些都是他们要面对的,也是他们生活在其中的大自然。美感在这个过程中产生,与他们的生命活动联系在一起。因此,对自然美的研究,要探这个源,从人与自然一体,把对象还原为环境,还原到整体的生态观说起。

自然之美,有其光与色的形式主义因素,但是,这源于它们是人的生活环境以及基于对环境直觉的生态意识。由此引申到对乡村和城市的美的建设的思考。在这些思考之中,家园的意识,应是最根本的。从人的生活、实践的观点出发,寻求对自然之美的解释,应是一个有价值、有意义的理论方向。

第四，现代科技带来的人的审美方式的变化。现代科技术的发展，对于艺术来说，既是挑战，也是机遇。这种挑战是多方面的。新媒体出现了，网络文学在挑战纸媒文学，视觉艺术，包括电影、电视和网络视频，有了新的制作和传播形式。一些古老的艺术门类被边缘化，一些新的、借助新媒介的艺术进入主流。对这些变化，美学应如何应对？或者说，在众多的人面对这种新变，或是沉湎其中，或是不知所措之时，美学是否能从历史与现实的角度，对如何应对提供建议？

不仅新的媒介对艺术的内容和形式产生多种影响，人工智能所生产的产品对艺术概念也带来更直接的挑战。AI艺术的来临，对人的作用的问题提出更深刻思考。AI艺术是不是艺术？机器人写的诗、画的画是不是艺术？美学家们该怎么回答？这些都留下了研究的空间。

还有，文化创意产业，能否取代艺术？文化创意产业很重要，这是艺术向产业的移植，也许这是艺术向社会所作的贡献。正如前面所说，艺术成为美的实验室，实验出来的美在社会中推广。但是，当产业的力量造成廉价的美充斥我们的生活之时，艺术应是怎样的存在？怎样才能维持一种实验、批判和创新的立场？

第五，美学与文化间的对话，在世界上，存在着各种民族和文化。它们各自独立发展，也相互影响。

当我们说，各美其美，美人之美，美美与共之时，这包含着一种对未来的乐观理想。现实的情况却是，民族间有利益之争，文化间有认同之争。美既具有民族性和文化性，也具有普世性。文明间可能会冲突，也可能会相互理解，相互吸收入，取长补短。这都是事在人为。在这方面，美和艺术的欣赏和交流，能起重要的作用。

五、结语：美学是一门关于美和艺术的学问

当我们讨论"什么是美学"之时，要克服一种共时的、平面的、教科书式的列举的做法，从而进入到共时与历时相结合的、立体而相互联系的，有发展眼光的研究之中。

美学的"三分"理论是历史形成的，有重要意义。"美学"与"美学史"之间的关系，是一种"双向互动"的关系。美学史发展到一定水平，产生了成体系的美学，而这种成体系的美学又形成一种历史观，构成对历史进行审视的

基础,投射到对历史的书写之中。

现代美学体系和美学观念的形成具有重要意义,但历史不可隔断,人类对美和艺术的反思,有其久远的历史,是文明的重要成果。

对艺术的哲学研究,是美学的核心。从这个意义上讲,艺术离不开美学,美学也离不开艺术。不仅在过去,而且在现代和将来,都是如此。然而,美学也有对其他方面的关注。美的本质和范畴、审美心理、自然和生活的美、城市与乡村的美、美育等,都日益成为美学的关注对象。正像艺术对生活有着多种用途一样,美学如果能起各种重要作用,对人类有益的话,为什么不朝这些方面发展呢?

第二节　建构一个有机整体的美学体系 [①]

当我们思考一个问题时,比如美,我们已经预先地知道这是个什么问题了,这便是理解的先在,用阐释学的话说,即理解总是所能理解。这篇对于美的体系建构的思考,其实就是对于我的先在思考的思考,把它写出来,就是使之获得语言形态。

一、从美与美感带来的美的问题域谈起

美是一种极为寻常的现象,但细思起来,这又是一种很反常的现象。不知而识的东西很少,但美就是;不据而享的东西更少,可美就是;不辨而同的东西少之又少,又非美莫属。也许正因为这样的寻常却又反常,使美成为千古谜题,就有了各种各样的美的学说。

1. 被忽略了的西方美学研究的整体性问题

美学是哲学分支。在西方形而上学传统中,它借助鲍姆嘉通而以其感性研究独立成为哲学的又一支脉,鲍姆嘉通便因此获有"美学之父"的称号。但问题也就由此而来,按照西方传统形而上学的两分法,不仅主体与客体是两分的,而且主体本身也是两分的,即主体总是理性与感性两分着的主体。既然是两分的,主体的现实状况又是统一的,分而又统以及这分而又统本身

---

① 高楠,本名高凯征,辽宁大学文学院教授,中国中外文论学会副会长。本文原载《哲学探索》2021 年第 2 辑。

何以理解、何以论证，就成为西方本体论与主体论的恒长课题。对西方的这个课题的总体研究被划域为西方美学史。几十年来国内对西方美学史的研究存在着简单化与片面化倾向，而且至今仍然进行于这样的问题层面上。对于美，作为西方智慧之源的古希腊哲学的解释，体现出巨大的感性与理性相融通的阐释空间。这最先便体现为那两句斯芬克斯之谜式的神庙箴言，即"认识你自己"与"关心你自己"。尽管"认识自己"与"关心自己"涉及认识论与道德论两个不同的生存体认领域，但就"自己"而言，则概括地表述了古希腊哲学对于人的本源性理解，即人是自然生存的、有机一体的、无可取代的现实实在。柏拉图在《智者篇》提到的"通神论"的三个本原性问题，即人的生存与世界的动与静对立且又结合分有的问题，这样的对立与分有如何彼此相通的问题，以及彼此相通在多大程度上可能的问题，这三个问题都奠基于人"自己"的现实实在的基础上。至于亚里士多德，众所周知，他是由人"自己"的生存本体转为人的非生存的思维本体的关键人物，西方人所承领并延续发展的形而上学，正是在亚里士多德这里获得范形的。而即便是亚里士多德，也仍然把感性个体事物的存在本身作为思考的本体，把这样的本体存在列入他所说的十大范畴的中心位置，进而把体现着这样的本体存在的个体事物列为"第一性实体"①。

使西方主体哲学步入意识哲学从而走出人的整体性的关键人物是笛卡尔。影响深远的"笛卡尔式怀疑"引发了他的"我思故我在"的哲学命题。在"我思故我在"中，思维主体之"我"，成为惟一的无可怀疑的思想存在，在"我思"的绝对化中，精神世界与物质世界才被截然分开。笛卡尔关于精神世界与物质世界的截然的二元论，在笛卡尔当时便引发一些人责难，其中哲学家伽森狄是代表人物，他被马克思称为"唯物主义通过伽森狄（他恢复了伊壁鸠鲁的唯物主义）来反对笛卡尔"②。由此可见，后来在德国古典哲学中系统化与深化地把感性与理性相对立的意识哲学，在西方其实也一直多有争议。但无论如何，笛卡尔的二元论的"我思"命题使西方形而上学步入了观念化的主导地位，并在经历了一段显赫之后，开启了西方后现代主义的批判。

---

① ［古希腊］亚里士多德：《范畴篇　解释篇》，方书希译，北京：商务印书馆，2013年，第13—15页。
② 引自［法］伽森狄《对笛卡尔〈沉思〉的诘难》译著序，译者龙景仁，北京：商务印书馆，2011年，序第2页。

2. 以己之偏纠彼之偏的美学倾向

一个经常遇到的问题，也是美学研究中经常使研究者陷入迷惘的问题，即用自己确信但其实已然是偏颇的理解，去理解此前的美学研究与美学理解。比如西方后现代主义的一些学者对他们的前代研究，便设定了一个二元论的、观念化的、历史延续的模式，然后便批判这一模式，并基于批判，构建一套新的、之相异甚至相对立的模式。如历史延续中的考古学式的"断层"研究，与延续力量相对立的非延续的"域外之力"的研究或"块茎"式研究，这类研究如果是作为既有研究的合于既有研究实际的补充性研究，当然是难得的；但当对既有研究进行一种绝对化误判并基于这种误判，再进一步对自己的看法进行绝对化雄辩，从而求得独树一帜的效果时，问题就严重了。这就导致一种刻意造成的拐点路径，即不断地从这一拐点突转为下一拐点，然后再拐回为新的拐点。这种靠两极间对立的推力而展开的学术研究，在西方20世纪的理论研究中，已近乎蔚然成风。以至于德里达、福柯这些后现代主义的教父级的人物，也不得不不断地站出来进行自我补救，也引导他们的追随者进行补救。国内的研究，尤其是对西方理论流派的研究，也常常受西方这种风气的影响，在一种并不合于实际情况的简单化的主观臆断中展开。当下还经常见到的如简单地确认中国传统的研究是有机生成研究，而西方则是割裂的、静观的研究；中国传统是浑融一体的研究，而西方则是二元对立的研究，等等。作为趋向，这种强化的、判然分明的比较性描述，尚有其可以通达理解的空间，但将之作为思维形式或思维运作模式进行如此截然划分，就难免偏离对象实在，进而在主观虚设的实在中对自己的虚设行使自己的批判。就拿西方解构主义对西方结构主义的理论表述来说，其中确然有这种拐点趋向，但透过他们极端的阐发论证形式，也能看到在其意识深处，其实仍是保持着一种深层延续性的。德勒兹就是这样谈论福柯，说他被双重困境所缠绕，而这双重不过就是"重复、里层、复归，难以察觉的差异、分成两份和注定的撕裂"[1]，在撕裂的地方，又恰恰保留着深层的联贯。为此，德勒兹非常赞赏福柯的那个"皱褶"的象征：表层并不与深层相对立[2]。可是，在简单化的理

---

① ［法］吉尔·德勒兹：《哲学与权力的谈判——德勒兹访谈录》，刘汉全译，北京：商务印书馆，2001年，第98页。

② ［法］吉尔·德勒兹：《哲学与权力的谈判——德勒兹访谈录》，刘汉全译，北京：商务印书馆，2001年，第101页。

解中,结构与解构却是针锋相对的。哈贝马斯的公共理性研究与后形而上学研究,就体现出这种"剪不断理还乱"的深层延续性。多年来的国内美学研究,在涉及西方美学与用及西方美学时,常常就能见到这种简单化的自己虚设又自己批判的情况。

二、美是体味着的生存感悟

这里简要地谈三个问题:一是美在何处?二是美为何故?三是美取何时?都是老问题,但求新解,目的则是要理出一个纠正二元论简单化的整体论美学体系。

1. 美在判认对象为美者

① 颠覆性的反题模式

美学研究中通用着一个反题模式。所谓反题,即按照美的命题进行反向质疑,由此使正题陷入困境。而且按照这一反题质疑的思维方式,可以必然地使反向质疑获得质疑的成功。蔡仪先生说,美是典型,反向质疑则追问:典型的就都是美的吗?如典型的苍蝇、蛆虫之类。李泽厚说,美是合规律且又合目的的形式,反题质疑则是:泼粪便,它合于粪便产生的规律又合于通过排便使身体健康的目的,它若是美,那么何物不美?又有学者提出美是愉悦,反题质疑随之而来:对于所有吸毒者来说,吸毒是愉悦的,吸毒美吗?这样的反题质疑,使美的命题者自我应辩不遐,难以自圆其说。其实,这类反题质疑的屡试屡爽,在于它是应二元思维而来的二元论质疑,即以二元论反题反制二元论正题。由此,二元论自身的偏颇便显露出来,这是以子之矛攻子之盾。这类正题的美是什么,确立于美的本质、美的普遍性、美的一般性基础上;而它的反题则是从二元论的另一元立论,这另一元与此一元是对立的。本质的对立元是形式,普遍的对立元是具体,一般的对立元是个别。就二元论的实际情况来说,它是不排斥中介的。在这个中介区域,二元得以互融。这用亚里士多德的三段论形式得以表述,即A—AB—B,在A中,所有的A都是A,在B中所有的B都是B,但在A与B的中介地带,则既有A又有B,是AB的综合,经由这样的中介地带即中介项,A中有些成为B,B中有些成为A,即A—AB,B—BA,A与B通过AB中介,成为A中有些是B,B中有些是A。这样的三段论表述形式运用于美的命题,即在美的命题中,存有非美,在非美的命题中又存有美。比如典型,在典型的事物中有美,也有非美,在非美的事物中有非美,也有美。于是,典型的星空是美的,但星空中典型的雾霾又是不美的;典型的事物是美的,但典型事物中的苍蝇是不美的;而典型不美的苍蝇中,其透明的羽翅、光亮的色彩又是美的。亚里士多德用换位的方法证明了这样的逻辑,即"如果 R 属于所有 S 并且 P 属于有些 S,那么 R 属于有些 P"[①]。提及亚里士多德三段论,是要证明二元论在古希腊也并不是绝对化的思维方式,正项与反项、常项与变项均可以彼此构成。也许正是从这重意义上,恩格斯说古希腊的哲学家都是天生的自发的辩证论者[②]。由此反观国内的一些美学研究者,他们经常用的二元论反题追问方式,却通过取消中介项及换位方法把问题简单化与绝对化了。于是,合于本质的判断,便必不尽合于本质形式的判断,合于普遍的判断也便必不尽合于普遍得以概括的具体的判断,同理,合于一般的判断也便必不尽合于一般得以生成的个别的判断。本质与形式、普通与具体、一般与个别,这便有了二元论反论命题对于正论命题的必然颠覆。任何具体与个别,都必然地大于或多于本质与普遍。形象大于本质说法的真理性即在于此。破解这一颠覆的通道,是走出二元论对立模式,在中介论或"换位法"中求得二元融通。

②美是美的对象与美的感悟者的中项

美是处于审美者与审美对象间的一个中项。根据对于中项的一般理解,它在它的前项与后项中,前项与后项又在它之中。这是前面提到的一种中介性理解,即它是前后项的关联,而被形式逻辑所探问的逻辑与逻辑关联,又不过是从人的各种社会生活中提炼出来的,尽管它常常一经被得出,便被确定化为一种须予遵循的东西。这里指出美的中项属性并进行思考,只是逻辑地提出问题,而所进行的求解则是审美实践的。

毋须赘言,美这个中项对于审美者与审美对象而言总要有所着落,这就又回到了那个老问题。即美在物还是在心,或者在审美对象还是在审美者。这里可以从整体论角度而不是从物我分立的角度肯定地说,美在审美关系中的审美主体,即美在审美者,谁面对一个对象觉得它美,那美就属于谁。作出这个判断的道理,既有实践根据,又有理论根据。其实践根据在于唯有审

①　[波兰]卢卡西维茨:《亚里士多德的三段论》,李真、李先焜译,北京:商务印书馆,1995 年,第 70 页。

②　《马克思恩格斯选集》第三卷,北京:人民出版社,1972 年,第 417 页。

美者在对象那里感觉到了美，那美为审美者所属，美才成为对于审美者的存在。如是说时，绕不开两个经常被提到的问题：一是对象自身没有美，审美者如何会感到美？一是如果对象没有自身的、可以众人面对的美，何以对同一个对象往往大家都会感到美？这其实又是前面提到的二元论的反论，即先把审美活动分为审美者与审美对象两方，然后择其一方以求结论。只要变换一个角度，不是分立地而是综合地思考这个问题，就会发现，这是我们天天都会谈到的效果或者效应的问题。不管审美者是何等文化，何等身份，只要他感受到对象的美，他就必然与对象建立并实现了一种关系。马克思在《〈政治经济学〉导言》中曾提出一个深刻的命题，即一切被称之为关系的关系，或者一切实际发生的关系，都是人的关系，都是因人而在的关系，人是关系的主体。在审美活动中，审美者通过对于对象的美的评价，实现了这种人与对象的关系。

2. 美是本真的生存感悟的体味

① 回味不都是本真，但本真才回味

确然，我们会经常被一些对象的形式的东西所吸引，并因此而激动，但如果没有本真地面对，或者无法在进一步交流中使之本真化，再或者，当我们的本真付出被证明是无真回报时，我们可以没有失落什么，没有怨恨什么，但我们却难以进行人生回味，因此也不会生出美的愉悦。这是一个由被动而主动，由不经意于美而获得美的过程。这里有两个心理活动的要点，一是本真，一是本真的感悟由被动而主动。本真，来于生存初始的心性的本原之是，整个感官处于本视、本听、本味、本唤、本能状态。后来，它逐渐地由本然而人化，即人的社会化，当然也包括种种异化。

动心才能有心的回味，动情才能有情的感动。在机场，在车站，在人流熙攘的路上，很多美女会擦肩而过，庞德曾仿照唐诗的比兴手法写过这种地铁车站与美女擦肩而过的感受，"那些美丽脸庞的闪过，湿漉漉黑幽幽树枝上的花瓣"，清新、快适，却一闪而过，永不留存。心理学家用实验证明，止于形式的快感，很难留下形式的记忆。

② 本真回味的形态是情感表象

表象是感官的心理映象，当一个人看到了什么的时候，那个看到的东西而不是被看的东西便是那个被看的东西的表象。对象在本真投入中成为投入者的某种情感表象及表现着某种情感的表象。情感作为可以不断重复体验的感受,连同与它相关的那类表象,便形成进行进一步心理加工的信息,从而获得表现性心理形态。对此,格式塔心理学称为"力的图式",结构主义心理学称为"心理结构",反射神经学则称为"暂时神经联系"。总之,无论是心理学还是神经学都承认确有这类可以复现为长时记忆的心理现象或神经现象的存在。而且,大家又都承认这类复现具有模态性,所谓模态性即模拟、模式、近似、相仿形式的再现属性,如由杨柳而及于春天而及于新绿而及于柔情,由月而及于家而及于亲友而及于悲欢离合等。由此,渗透着情感的形式记忆,便成为模态性的情感形式,这就关联着美了。苏珊·朗格称这类形式为"生命形式"①。

③ 本真的生存感悟是一个被动向主动的转化过程

生存感悟回味的由被动而为主动的过程,这种转化的根据是心理性的。当人们在本真的生存交往中获得相互交往的各种信息时,包括与自然界的基于知觉的情感对话,通常都是无意的,越是真到忘彼忘己的程度,便愈是无意,但它却可以以感悟的形态进入记忆,并进入人生感悟的长时记忆编码。这是一个酝酿的过程。李泽厚称此为积淀——当然,他更强调的是历史积淀。因此它初始留下记忆时总是无意的、被予的,所以是被动的。但随之而来,当它成为人们的本真生存感悟的构成时,它便主体化了,被主体支配了,主体便可以不断地调用它,享用它,因为它是极可珍贵的取之以真的生存感悟。

3. 生存感悟图式是即时的对象性体味

接下来的问题是:对象是何等样态而被美的寻觅者所寻觅,如此的样态又何以就是本真的生存感悟?

① 本真的生存感悟图式是对象性地体悟美的心理构造

在对象中体味到生存感悟,就需要有进行这种体味的心理构造,根据格式塔心理学派的心理图式说,此处将这种心理构造概括为生存感悟图式。

这样的生存感悟图式是生存的历史形式与类形式,又是人的现实具体形式。心理学家、艺术理论家及艺术家们,不断地思考与探索它。人们通常说的在远方、在无垠、在虚无,但同时又在此在、在日常、在凡尘、在天性,就正

---

① [美]苏珊·朗格:《情感与形式》,刘大基、傅志强、周发祥译,北京:中国社会科学出版社,1986年,"译者前言",第30页。

是在说它的这种无所在又无所不在的体验属性。康德称之为"主观的合目的性""共同的感觉力",并从认识论角度肯定地说:"我们都假定一种共同的感觉力作为知识的普遍可传达性的一个必然条件,这是一切逻辑和一切认识论都要假定的前提"[1]。康德当时的这种"假定的前提",至今也并没有走出假定。其实,人文科学与自然科学的一个重要区别就在于前者的很多推论都是假定的,正是人文科学的假定性,为自然科学不断地照亮科学探究的路径。就此说,人文科学普遍接受的假定性,就正是它的正当性与合理性。

② 三路并行格局成为生存体悟图式的围障

对人生感悟图式的主体传唤的主动性,可以说,国内美学界探究前行得并不远。这是西方现象学的领域。而受西方现象学启迪的西方存在主义、符号学、结构主义及语言学,几经各自的打拼厮杀,又难免不落入它们初始反叛的形而上学窠臼,在各自的封闭中失去各自的显赫。这种情况对国内美学研究的影响是显著的,因为美学大讨论延续下来的二元论倾向,使国内美学研究往往循着三条路前行,一是西方理论的走向封闭的体系之路,二是大众文化的实用之路,三是绕开体系与实用而去转述传统之路。这三条路径共同拉起一道维护既有研究的历史合理性的围障。

20世纪的大部分时间,是西方自古希腊以降传统形而上学被自己的哲学后继们争相消解的时间。主导哲学碎片化,各类后起学说竞相登台。其中首先是历史原因,即前面提到的意识哲学在意识运作的封闭中自陷困境,难以自圆其说;二是对历史延续的理性的质疑与失望,这与两次世界大战密切相关;三是历史变化的原因,即随着西方后工业时代的到来,先前的社会有序性被打破,社会价值体系被振荡与扭曲,新的社会矛盾不断激化,以及苏联解体带来的世界格局的改变。这一方面强化着西方中心的假像,一方面又促使西方的国家地域意识在自我膨胀中走向扩张。这类意识在美国学者丹尼尔·贝尔的《意识形态的终结》中获得集中表述。恰恰是这段时间的零散破碎的西方理论,以其各自的体系严密性,在中国学术界布开了以西律中的乱局,在跨世纪的一段时间里冲击着中国的理论研究,导致国内美学研究二元论倾向的三路并行格局。

---

① [德]康德:《判断力的批判》上册,宗白华译,北京:商务印书馆,1964年,第21页。

72

③图式整体性及图式整体性运作

美是感性的、美是情感的、美是回味的,这本身就是创造的。美被人一体化地创造出来,作为创造者,他首先在对象那里发现了可以唤起生存感悟的东西,这东西可以是对象的完整形式,如苍山如海残阳如血,可以是一片知秋的落叶,可以是一只渐飞渐远的离群孤雁,可以是一支乐曲,可以是一幅图画,也可以是一位走来或走去的女人。美没有确定的形态,没有确定的样式,这是因为使美成为美的先在意识中的生存感悟图式,虽然是本真的,因此是人生感悟的留迹,但它本身也不确定。心理图式是众多的,并非生存感悟图式这一种。各种各样的人际交往图式、职业行为图式、思维运作图式、公共活动图式、语言交流图式等,构成多种多样的心理图式。人的接受教育及自我习养,就是各种心理图式形成、运用与强化的过程。而且,人的有机整体性的生存,又规定着多种多样的心理图式是有机关联的,大脑的奥秘就在于它提供着这种有机整体性关联及有机整体性运作的生理根据。所以,当我们专门进行美的研究时,绝非是面对单一的生存感悟图式,其实也没有单一的生存感悟图式,它存在于其他图式中,其他图式也存在于它之中。

三、美的即时形态的身体操作

美的历时性与即时性感悟体味,又是通过身体实现的。身体以其有机整体性发挥着使美得以综合体认的功能。

1. 生存体验图式的身体形态

身体是每个人的现实生存的物质形态,也是他现实生存的生命根据。因此,身体既是个人生命持存的现实形态,也是这种持存的现实根据。感悟着美的人的思维尽管是历史敞开的,但就现实而言它又是封闭的,它被封闭在现时所能思、能想、能言说之中。人们不能言说他现实所不能言说的东西,尽管对不能言说者人们也总是要试图言说,并假借各种推测或预言去言说,但在他言说所止的地方,他总是不得不承认他所言说的便是他所能言说的。他的言说界限就来于他的身体,他的身体以其皮囊所裹的绝对有限性,规定着他的思维与言说的绝对界限。当然,随着科技发展,万物皆媒,身体界限被不断延伸,麦克·卢汉把一切工具性科技都称为身体的延伸。数字技术带来的各种信息,也早已使信息全球化、万业化。但尽管如此,身体的界限仍然是身体的,因为身体不仅是接受信息,而且更是使生命贯注信息,只有被生命贯注的信息才是有机生存的信息,这就是身体的绝对界限。

2. 背离身体的观念化的视觉主义

几十年来国内美学研究有一个总体趋向,这就是观念化的视觉主义。这种提法来于对海洛－庞蒂《知觉现象学》的阅读与思考。这里的观念化,是指研究者太习惯于把美、把美感、把趣味、把体验等归结于某些概念。概念作为语言,是人思考自己、建构意义、把握世界的专有方式,而且这方式不是人之外的可以被人拿出来使用、拿出来解决问题的方法、手段或者工具之类的东西,它就是人的融含与构造,人在语言中语言也在人中。语言是人的生存,海德格尔把存在置于语言,确有他的深刻处。这里的问题在于语言在概念的滥用中已不堪重负,它不仅不断被推到存在本身的位置上,作为存在本身被颠来倒去地拷问;并且,它又时常被赋予存在的整体性与全部性,于是,语言所言说的就是应予言说的,而它未予言说的就是它无可言说也不必言说的,语言所不予言说的地方那便是空洞无物的地方。

语言被用于概念,它所面临的难题是无法求解的,这就是被命名物的具体性与概念的普遍性。概念永远是类的标签,而具体事物可以分类却不是类。观念化的要点在化,即使对象变成观念、化为观念,研究者则执着地认为他煞费苦心所研究的观念就是那个他要研究的对象。多年来的美学研究,就是在观念化中,把概念的美当作实在的美去研究,讲了几十年是在讲并不存在的东西。

3. 找回身体的有机整体性

身体是空间的被置者、置入者及组构者。而且,身体的这种状况又是图式化的,它被身体结构所限定,并被身体的知觉意识及进一步的经验意识、理性意识所支配。梅洛－庞蒂从现象学角度谈到身体的这种有根据有条件的置与被置并直接组构的状况,并称之为"身体图式"。"身体图式"既是接受的统一性也是表达的统一性,这是一种可以传给感性世界的结构。他说,身体图式的理论不言自明地是一种知觉理论,它使"我们重新学会了感知我们的身体,我们在客观的和与身体相去甚远的知识中重新发现了另一种我们关于身体的知识,因为身体始终和我们在一起,因为我们就是身体"①。身体是人的自我的重新发现,梅洛－庞蒂的这一宣告,对于观念化的视觉主义是有力的颠覆。

---

① [法]莫里斯·梅洛－庞蒂:《知觉现象学》,姜志辉译,北京:商务印书馆,2001年,第265页。

四、对于美学争论的几个问题的有机整体性辨思

最后，还应对美的有机整体性再言说几句实践辨思的话。它关涉美的超越属性，也关涉与此相关的当下美学研究中一些有所争议的问题。美来于感悟、来于回味、来于表象的身体整体性，那么，通常讨论的美的功利性、美的目的性、美的认知性、美的理想性，这类问题是否可以顺理成章地在其中得到解释？回答是肯定的，这里的关键就是见诸各种生存关系与发展关系的身体整体性。如前所述，有机整体性地思考问题、体味世界、修身虑国，乃是中国民族传统思维的精要所在。多年来，在由传统向现代转型的过程中，在民族救亡祛病的传统批判中，出现了福柯所说的文化皱褶之类的情况。福柯和德勒兹用熨烫的衣褶，用皮肤的皱纹来比喻这种情况。正是在历史批判的文化皱褶之处，传统思维的有机整体性被西方的观念理性所熨烫。所以，多年来，愈是本应有机整体地思考问题的地方，却愈是出现观念思辨的倾向，这种倾向如前所述，不断地造成活生生的现实对象被观念取代，并因此实际地失去。

如美的功利性问题。美的功利说在跨世纪前后大众文化的助推下，把自己化作批判的锋芒。它的锋芒所向是美的超功利说，超功利说被康德论及，他是就美的形式而言，即当形式是为自己而在，而不是依附于他物时，它就是美，但他接着就陷入自相矛盾，因为被他列入纯粹美的，即为自身而美的却是观念的图案，而这种图案当然总是以装饰见长，当它成为某物的装饰时，它又是最典型的依附形式。人们经常谈论康德的二律背反、审美悖论，其实，这里有康德的一个重要思考，他在对立物中不是看到断裂，而是看到转化；他的转化的辩证理解滋养了黑格尔的辩证法，又进而影响了马克思辩证唯物论的实践论。需要指出的是，康德的美的实践理性阐发，并没有从根本上否定美的功利作用。其实，功利与非功利无法截然断开，不仅它们自身就是转化的，而且，它们在不同条件的作用下也不断地转化。从有机整体性思考，这便是功利与非功利的相互包融的整体，功利中有非功利，非功利中有功利。

如美的目的性问题。它来于康德的"没有目的的合目的"，后者是康德对于目的与非目的"二律背反"的自我缝合，于其中可以看到康德辩证综合的智慧。但它留给国内审美目的论的却不是综合而只是目的与合目的。合目的中有目的，目的中也有合目的甚或非目的。美的创造便是美的实践，美的实践和任何人类实践一样都是有目的的，一定要把目的从美中割裂出来，或

者一定说某种目的就是美的目的,这同样不合于美的有机整体性。把美的目的性问题与美的功利性问题结合起来,美的超功利目的就被指认为背离大众文化的不合时宜的精英意识,而美的功利目的也就因此沦为随顺大众文化的媚俗意识。但问题在于在现实生活中并没有纯然的美的目的乃至纯然的美的非目的或合目的。

第三节　马克思主义美学的实践品格、范式革命与现代意蕴[①]

马克思主义哲学的创立与发展是人类思想史上一次伟大而深刻的思想革命。与之相应,马克思主义美学的创立与发展,实现了世界美学史或艺术理论史上一次伟大而深刻的理论变革与范式转换。正如汝信所说,"马克思不是通常意义下的美学家,他并没有写过系统地论述美学问题的专著,但他在不少著作里涉及美学问题时所阐发的一些基本观点,却在美学中开始了一场真正的革命。"[②]然而,我们应该从何种层面或从何种意义上理解和阐释马克思主义及其美学"革命性转变"的历史意义和理论价值? 依然是一个需要进一步探寻的重大理论问题。马克思始终关注人的生存境遇和人的存在方式,深刻地分析与批判了人的异化的生存状况,致力于探寻人类自由与解放的道路。如果说,传统本体论美学追问"美的存在如何可能",近代认识论美学追问"美的认识如何可能",马克思主义美学则追问"美的自由如何可能",由此实现并完成了实践生存论意义上的美学范式革命。

一、从解释世界到改造世界:马克思主义美学的实践品格

习近平总书记指出:"马克思主义具有鲜明的实践品格,不仅致力于科学'解释世界',而且致力于积极'改变世界'。"[③]这一关于"马克思主义实践品格"的理论判断和理论定位,是一个具有丰富理论内涵的重大哲学理论命题。在我们看来,只有从"范式革命"的视域来理解和把握从"解释世界"到"改造世界"的哲学革命意义,才能够深刻领会马克思主义"实践品格"的哲

① 作者宋伟,上海交通大学人文艺术研究院教授;本文原载《美学与艺术评论》2023 年第26 辑。
② 汝信:《马克思和美学中的革命》,《汝信自选集》,北京:学习出版社,2005 年,第 134 页。
③ 习近平:《在哲学社会科学工作座谈会上的讲话》,北京:人民出版社,2016 年,第 9 页。

学内涵和理论意义。

长期以来，如何解决"解释世界与改造世界"即"认识与实践"的关系，始终成为摆在西方传统哲学家面前的一大难题。因此，只有把马克思主义哲学置于整个西方传统哲学演进发展的历史语境中，才有可能真正理解和把握马克思"哲学革命"的真实内涵和理论品格。大致上说，西方传统形而上学哲学总是割裂认识与实践的关系，将"认识世界"与"解释世界"的问题局限封闭在抽象的思辨领域，无法辩证地理解认识与实践的关系，因而导致"认识与实践"的脱节、分离与对峙。实践的观点是马克思主义哲学中具有"前提性理论意义"的首要的和基本的观点，正是通过实践唯物主义哲学的确立，马克思开创性的解决了"解释世界"与"改造世界"——即认识与实践的关系问题。与传统形而上学理论家不同，马克思对人类生存境遇及其命运发展的思考，始终建立在现实的、感性的、实践的基础之上；传统形而上学将人理解为抽象的、理念的、精神性的存在，而马克思则从现实的、感性的、实践的——人类生产劳动出发，来理解人的本质及生存境况，揭示人类存在及其社会历史发展之本源性秘密。

青年马克思曾将自己的哲学表述为"实践的人本主义"、"实践的唯物主义"与"实践活动的唯物主义"等，其革命开创性意义在于，马克思以感性实践哲学终结了传统哲学范式，开启了反近代理性形而上学的理论变革。纵观马克思哲学革命的演进历程，批判德国观念论哲学、颠覆理性形而上学，正是青年马克思哲学的理论起点，是马克思当年已经开始进行并基本完成的理论任务。1845 年，马克思在被恩格斯称之为"包含新世界观天才萌芽的第一个文件"《关于费尔巴哈的提纲》中，简捷而凝练地表述了这一崭新哲学观或世界观的精神实质与理论旨趣："哲学家们只是用不同的方式解释世界，而问题在于改变世界。"[①]这一表述宣告了"解释世界"的近代形而上学哲学的终结，同时开启了"改造世界"的实践唯物主义哲学，确立了以实践为基本论域和首要观点的全新哲学范式，由此塑造了马克思主义哲学的实践品格。

在此，需要我们辨析的是：马克思"哲学终结"与"哲学革命"的真实内涵和理论实质究竟是什么？按照马克思的精炼概括就是："解释世界"的哲学之终结和"改造世界"的哲学之创立。然而，尚需进一步辨析的是，何为

---

① 《马克思恩格斯选集》第 1 卷，北京：人民出版社，1995 年，第 54 页。

"解释世界"的哲学？何为"改造世界"的哲学？如何理解从"解释世界"到"改造世界"这一"哲学革命"的重大理论意义？大致上说，"解释世界"的哲学主要是指以认识论哲学为"理论范式"的西方近代理性形而上学哲学，其主要代表为康德、黑格尔和费尔巴哈的德国观念论哲学；而"改造世界"的哲学则是指马克思所开创的以实践论哲学为"理论范式"的实践唯物主义哲学。以"解释世界"为"理论范式"的认识论哲学亦即近代形而上学哲学，这是一种建立在"主客二分认识论"基础上的概念抽象的"理性形而上学"。显然，这种"理性形而上学"构成马克思青年时代的哲学语境，同时也成为马克思"哲学革命"所批判颠覆的理论对象。简要地说，"理性形而上学"建立在自我封闭的思想体系之上，只能观念的、理性的、抽象的"解释世界"或"认识世界"，"而问题在于改变世界"。

在马克思看来，以往的西方传统形而上学关于离开实践的思维是否具有现实性的争论，是一个纯粹经院哲学的问题。"人的思维是否具有客观的真理性，这不是一个理论的问题，而是一个实践的问题。人应该在实践中证明自己思维的真理性，即自己思维的现实性和力量，自己思维的此岸性。关于思维——离开实践的思维——的现实性或非现实性的争论，是一个纯粹经院哲学的问题。"① 为扭转和颠覆这种"纯粹经院哲学"的形而上学倾向，马克思将认识论难题置于人类生产实践活动的历史过程中来解决，超越了西方的"内在意识形而上学"，宣告了唯心主义和旧唯物主义认识论的终结。在马克思看来，"理论的对立本身的解决，只有通过实践方式，只有借助于人的实践的力量，才是可能的。"② 这就是说，只有真正地理解人类生产实践对于人类生存境遇的存在论意蕴，才能实现"内在意识形而上学"的超越。

在马克思创立实践唯物主义之前，无论是唯心主义还是旧唯物主义，都把精神和物质、思维和存在、主体和客体、感性和理性等划分为"两元分立"结构。从康德到黑格尔再到费尔巴哈，都试图找到弥合两元分裂对立的理论方法或思维方式。然而，传统西方哲学无法摆脱"主客分立"的形而上学思维方式，难以理解人类生产实践活动的"改造世界"的历史意义。针对德国古典哲学陷入的两元危机状况，马克思将哲学的思考建立在真正的、现实的、

① 《马克思恩格斯选集》第 1 卷，北京：人民出版社，2012 年，第 134 页。
② 《马克思恩格斯全集》第 3 卷，北京：人民出版社，2002 年，第 306 页。

感性的人类实践活动的基础上,确立了有别于传统形而上学的实践哲学思维方式,解决了"主客两元分立"的近代理性形而上学的难题,实现了世界观、思维观与审美观的辩证有机统一。

二、从形而上学到生存实践:马克思主义美学的范式革命

从马克思的理论传统来看,二十世纪以来当代哲学及美学所不断宣称的"哲学的终结""形而上学的终结""形而上学美学的终结"等重大理论变革和转向,依然并未超出马克思的理论视域。"纵观整个哲学史,柏拉图的思想以有所变化的形态始终起着决定性作用。形而上学就是柏拉图主义。尼采把他自己的哲学标示为颠倒了的柏拉图主义。随着这一已经由卡尔·马克思完成了的对形而上学的颠倒,哲学达到了最极端的可能性。哲学进入其终结阶段了。"① 在马克思实践唯物主义哲学的创立过程中,西方传统形而上学哲学和美学已经开始进入到"终结阶段"。正是在此意义上,海德格尔认为,经由马克思的"哲学革命",传统形而上学进入到终结阶段。传统形而上学将世界理解为抽象的"精神"或抽象的"物质"存在,而马克思则从现实的感性的对象性活动即生产实践活动出发来理解世界及其人的存在,从而描述人的生存境况,揭示人的存在方式的本源性秘密。马克思开启了以实践存在论颠覆瓦解西方传统实体本体论哲学的崭新路向,强调人的生命存在对存在的优先性原则,强调存在总是属人的存在,强调存在对于人的意义,反对将存在仅仅理解为与人无关的客体之物,从而扭转了传统哲学"存在的遗忘或遮蔽"的弊端,扭转了机械唯物主义"见物不见人"的实体本体论哲学的物性化倾向。如此看来,马克思所要消灭的哲学不仅仅是近代以来的理性形而上学,而是以近代形而上学为代表的一切形而上学,否则,哲学之消灭、哲学之终结的意义,就不能真正地实现。

从生存存在论出发,哲学或美学的问题视域发生了根本性的范式转换,它不再是"无人身的理性"的抽象本质或超验本体的追问,而是关于存在的生存论追问,即关于存在之意义的追问,关于"人生在世"——生命的意义与价值的追问。传统美学受制于形而上学的实体本体论和主客二分认识论的影响,始终执著于寻找绝对的美的本质或美的本体,从而忽视和遗忘了艺术

---

① 孙周兴选编:《海德格尔选集》(下),上海:上海三联书店,1996 年,第 1244 页。

审美作为人之感性的实践的创造活动,作为人的生存境遇之感性超越的生存论美学意蕴。从生存本体论视域看,美和艺术是人的生存境域的感性呈现与超越,因而,并不存在一个与人无关的美的实体或美的本体,也并不存在一个超然于人之世界之上的"美的本质或美的本体"。

马克思在《1844 年经济学哲学手稿》中指出:"一个种的全部特性,种的类特性就在于生命活动的性质,而人的类特性恰恰就是自由自觉的活动。……有意识的生命活动把人同动物的生命活动直接区别开来。正是由于这一点,人才是类存在物。……仅仅由于这一点,他的活动才是自由的活动。"[①]在此,马克思阐明了人类生命存在活动的独特性,强调自由自觉的生命活动是人类的特性,并进而阐明生产劳动实践与艺术审美创造的内在有机关联。马克思曾引用意大利学者维科的观点,来论述人类社会史与自然演化史的区别:"如维科所说的那样,人类史同自然史的区别在于,人类史是我们自己创造的,而自然史不是我们自己创造的。工艺学揭示出人对自然的能动关系,人的生活的直接生产过程,从而人的社会生活关系和由此产生的精神观念的直接生产过程。"[②]我们看到,正是在自然史与人类史的比照分析的辩证思考方式中,马克思通过对动物生命活动与人类生命活动的比照分析,阐明了人的本质及其特征,由此奠定了马克思主义实践哲学和美学的理论基础。具体而言,动物的活动具有自然性、自发性、本能性、被动性、片面性、狭隘性、粗陋性、直接性等特征,而人的活动则具有社会性、自觉性、能动性、超前性、创造性、对象性、全面性、自由性等特征。人的类特性恰恰就是自由自觉的活动,因而,人也"按照美的规律来建造"。因此,从实践生存论视域出发,才可能真正理解马克思哲学革命的精神实质,进而理解马克思实践美学的生存论意蕴。正是通过对生产实践活动的生存论把握,我们才可能真实地描述人的生存境遇,探询人的存在方式,解答人的存在之谜,解答艺术审美之谜。

相较而言,对于唯心主义的理性抽象设定,比较容易理解,因而可以直接将其称之为"概念哲学""抽象哲学""理性哲学""意识哲学""精神哲学"等,而对于唯物主义的理性抽象设定,则往往容易忽视或难以把握。也正是在此意义上,马克思所创立的实践唯物主义哲学,既批判了唯心主义,又批判

---

① 《马克思恩格斯全集》第 42 卷,北京:人民出版社,1979 年,第 96 页。

② 《马克思恩格斯文集》第 5 卷,北京:人民出版社,2009 年,第 429 页。

了唯物主义。在马克思看来,近代形而上学所设定的理性逻辑抽象,"本来就是一种虚幻的共同体的形式","所以形而上学者也就有理由说,世界上的事物是逻辑范畴这块底布上绣成的花卉;他们在进行这些抽象时,自以为在进行分析,他们越来越远离物体,而自以为越来越接近,以至于深入物体。"①为此,马克思揭穿了理性逻辑抽象的"虚幻的共同体"的假象,指出事物一旦经由理性逻辑的抽象,便会丧失掉鲜活绚丽的生机活力,变成"逻辑范畴这块底布上绣成的花卉"。

马克思实践哲学的革命性变革意义正在于,它是一种哲学思维方式的彻底革命。1844年,马克思在《黑格尔法哲学批判》中,开启了对"无人身的理性"的抽象形而上学的批判:"抽象唯灵论是抽象唯物主义;抽象唯物主义是物质的抽象唯灵论。……唯灵论变成了粗陋的唯物主义,变成了消极服从的唯物主义,变成了信仰权威的唯物主义,变成了某种例行公事、成规、成见和传统的机械论的唯物主义。"②在马克思看来,离开人及其现实社会生活去抽象的设定物质概念的机械唯物主义不过是粗陋的"抽象唯物主义",它与离开人及其现实生活去抽象的设定精神概念的粗陋的"抽象唯灵论"——唯心主义,不过是近代认识论理论范式的同体两面。在《1844年经济学——哲学手稿》中,马克思更为明确地表述了实践唯物主义哲学的崭新方向:"主观主义和客观主义,唯灵主义和唯物主义,活动和受动,只是在社会状态中才失去它们彼此间的对立,从而失去它们作为这样的对立面的存在;我们看到,理论的对立本身的解决,只有通过实践方式,只有借助于人的实践力量,才是可能的;因此,这种对立的解决绝对不只是认识的任务,而是现实生活的任务,而哲学未能解决这个任务,正是因为哲学把这仅仅看作理论的任务。"③之后,在《关于费尔巴哈的提纲》中,马克思更加明确地表达了对唯物主义和唯心主义的双重批判立场:"从前的一切唯物主义(包括费尔巴哈的唯物主义)的主要缺点是:对对象、现实、感性,只是从客体的或者直观的形式去理解,而不是把它们当作感性的人的活动,当作实践去理解,不是从主体方面去理解。因此,和唯物主义相反,能动的方面却被唯心主义抽象地发展了,当然,

---

① 《马克思恩格斯文集》第1卷,北京:人民出版社,2009年,第60页。
② 《马克思恩格斯全集》第3卷,北京:人民出版社,2002年,第60、111页。
③ 《马克思恩格斯全集》第3卷,北京:人民出版社,2002年,第306页。

唯心主义是不知道现实的、感性的活动本身的。"①从马克思实践唯物主义哲学视域看,如果说唯心主义抽象地发展了精神的话,那么,唯物主义则抽象地发展了物质。两者表面上看似两分对立,但其"理性形而上学"的哲学范式和理论实质却同体相连。在马克思看来,"整个所谓世界历史不外是人通过人的劳动而诞生的过程,是自然界对人来说的生成过程。"②劳动创造了世界,劳动创造了人类社会历史,劳动创造了人,劳动创造了美。人类通过生产劳动的实践,创造了物质文明世界与精神文明世界,创造了属人的世界——即"自然的人化"和"人化的自然"的世界。因此,离开人类生存的感性实践活动就无法理解艺术生产的美学意义。无论是物质生产、精神生产还是艺术生产,都是人及其属人世界的生产实践劳动创造的结果,都是人的生存境遇、存在方式的感性实现和表达,其中,艺术审美的对象化创造活动亦凝聚于生产实践过程中。

三、从认知美学到解放美学:马克思主义美学的现代意蕴

马克思主义哲学革命的范式转换,势必要带来马克思主义美学的范式转换。大致上说,我们可以将这一范式转换概括为从认知美学到批判美学和解放美学的革命性转换。马克思始终关注人的生存境遇和人的存在方式,深刻地分析与批判了人的异化的生存状况,致力于探寻人类自由与解放的道路。从此意义上说,正是围绕"人的解放何以可能"这一核心命题,马克思开辟出实践唯物主义的哲学范式与思想道路,由此凸显出人类解放的理论旨趣:"马克思把传统哲学本体论对'人的存在何以可能'的追问,变革为对'人和人的关系'的理论求索,并把自己的本体论定位为对'人的解放何以可能'的寻求。……作为无产阶级革命理论的马克思哲学,则要求把人从'抽象'的统治、从'物'的普遍统治、从'资本'的普遍统治中解放出来,把'资本'的独立性和个性变为人的独立性和个性。'人的解放'是马克思的哲学旗帜;'解放'的'根据',则是马克思哲学的本体论问题。这表明,马克思的本体论既是从思维方式上与传统本体论的断裂,又在从'人的解放何以可能'的求索

---

① 《马克思恩格斯选集》第 1 卷,北京:人民出版社,1995 年,第 54 页。
② 《马克思恩格斯全集》第 42 卷,北京:人民出版社,1979 年,第 131 页。

中开辟了本体论的现代道路。"① 如果说,传统本体论美学追问"美的存在如何可能",近代认识论美学追问"美的认识如何可能",那么,马克思主义实践美学则追问"美的自由如何可能",由此实现并完成了实践生存论意义上的美学范式革命。

马克思颠覆形而上学后主张"哲学的世界化"或"哲学的现实化",摒弃传统哲学远离现实世界的抽象性命题,而资本主义现代社会就是哲学革命变革后所必须面对的具体现实。从现代性视域出发来理解马克思,是伴随现代性问题的当代凸显而逐渐展开的,它拓展了理解马克思的崭新视域。我们看到,由于缺少现代性理论视域,以往的马克思主义解读始终囿于理性哲学或意识哲学的框架之中,从而遮蔽了马克思现代性批判的历史语境,进而弱化了马克思学说阐释当代问题的理论活力。因此,从现代性视域出发重新阐释马克思的理论学说,对于彰显现代社会的批判维度,激活马克思主义介入当代议题的理论活力,具有十分重要的意义。

纵观马克思思想的发展历程,怀疑批判一直是贯穿其学说的主旋律,并构成其内在的精神旨趣。马克思以"怀疑一切"作为自己的座右铭,以质疑批判的思维方式和理论诉求,终结了"非批判的"传统形而上学,实现了哲学思维方式的革命性变革。正如柯尔施在《马克思主义和哲学》中所概括的那样:"马克思思想的发展可以被总结如下:首先,他通过哲学批判了宗教;然后,他通过政治批判了宗教和哲学;最后,他通过经济学批判了宗教、哲学、政治和所有其他意识形态。"② 马克思的一系列著作都醒目地标示出批判的主题,显露其强烈的质疑批判精神:从宗教神学批判,到黑格尔法哲学批判;从形而上学批判,到意识形态批判;从政治经济学批判,到资本主义拜物教的批判,等等,马克思的批判锋芒直指现代资本主义世界,探寻人类自由解放的道路,扬弃资本时代的异化现实,展望艺术审美的乌托邦想象,凸显出思想精神的批判性、革命性和实践性。正是基于对现存世界的批判与改造,马克思提出了哲学自我否定的辩证法——哲学的自我否定恰恰也就是哲学的现实实现。这一思想后来发展为从解释世界到改变世界、从理论批判到实践革

---

① 孙正聿:《解放何以可能——马克思的本体论革命》,《学术月刊》2020 年第 9 期。
② [德]卡尔·柯尔施:《马克思主义和哲学》,王南湜、荣新海译,重庆:重庆出版社,1989 年,第 44 页。

命的实践哲学思维方式的革命性变革。从此意义上说，马克思哲学革命与美学变革生成为一种"批判与解放"的思维方式或理论范式。

从批判的理论视域看，在全面清算黑格尔的理论工作中，马克思已经初步建立起批判哲学的理论立场、思想方式及运作方法，并将其运用到哲学批判之中。早在1843年，马克思在确定《德法年鉴》办刊方针时就已明确表达自己的理论任务，即"对当代的斗争和愿望作出当代的自我阐明（批判的哲学）。"[①] 他旗帜鲜明的将"批判的哲学"作为自己的理论追求，并十分明确地指出："新思潮的优点又恰恰在于我们不想教条式地预期未来，而只是想通过批判旧世界发现新世界。……就是要对现存的一切进行无情的批判。……什么也阻碍不了我们把政治的批判，把明确的政治立场，因而把实际斗争作为我们的批判的出发点，并把批判和实际斗争看作同一件事情。"[②] 正是为了实施"批判的哲学"的理论任务，马克思以黑格尔为批判对象，展开了一系列的理论批判工作，奠定了"批判的哲学"的基本理论立场和方法，宣告了批判哲学的诞生及其理论任务："真理的彼岸世界消逝以后，历史的任务就是确立此岸世界的真理。人的自我异化的神圣形象被揭穿以后，揭露具有非神圣形象的自我异化，就成了为历史服务的哲学的迫切任务。于是对天国的批判变成对尘世的批判，对宗教的批判变成对法的批判，对神学的批判变成对政治的批判。"[③] 从此意义上说，对黑格尔哲学的批判是马克思批判哲学理论的真正诞生地。在此，马克思通过哲学的批判完成了批判的哲学，以"批判的哲学"为理论武器，将哲学的批判与现实的批判紧密结合为一体，全面地展开了对资本主义现存制度的批判。基于此，马克思在《〈黑格尔法哲学批判〉导言》特别提出了"非批判性"的概念，并将其作为黑格尔法哲学批判的一个基本尺度。马克思指出："把主观的东西颠倒为客观的东西，把客观的东西颠倒为主观的东西的做法，必然产生这样的结果：把某种经验存在非批判地当作观念的现实真理性。……这样也就造成了一种印象：神秘和深奥。……这还是那一套非批判性的、神秘主义的做法。……这种非批判性，这种神秘主义，既构成了现代国家制度（主要是等级制度）的一个谜，也构成了黑格尔

---

① 《马克思恩格斯文集》第10卷，北京：人民出版社，2009年，第10页。
② 《马克思恩格斯文集》第10卷，北京：人民出版社，2009年，第8—9页。
③ 《马克思恩格斯全集》第3卷，北京：人民出版社，2002年，第200页。

哲学、主要是他的法哲学和宗教哲学的奥秘。"① 在《1844 年经济学——哲学手稿》中,马克思继续运用"非批判性"的概念批判黑格尔:"黑格尔晚期著作的那种非批判的实证主义和同样非批判的唯心主义——现有经验在哲学上的分解和恢复——已经以一种潜在的方式,作为萌芽、潜能和秘密存在着了。"② 值得注意的是,马克思在使用"非批判性"概念时,总是将其与秘密、深奥、奥秘、神秘等概念联系在一起,以突出"非批判性"的神秘主义特征。从此意义上来理解,批判的过程就是解密揭秘、揭露拆穿、驱魔祛魅、颠覆解构的过程。与其说这种批判与宗教神学的批判不同,不如说它是宗教神学批判的另一种展开形式,是宗教神学批判转向现实社会批判的一个变体,正如黑格尔哲学是宗教神学的一种变体一样。所不同的是,宗教神学的神秘主义特征直接地呈现在人们的面前——人的自我异化的神圣形象,而传统形而上学或意识形态则以理性思辨的方式遮蔽了神秘性——具有非神圣形象的自我异化,使其神秘主义特征更具有隐蔽性。而揭穿这种貌似"神秘"的形而上学的神秘性,则正是马克思在《〈黑格尔法哲学批判〉导言》开篇所言,"对宗教的批判是其他一切批判的前提"的真正内涵。

经济创造了一个物欲化的世界,人的欲求异化为物的欲求,人的万能异化为资本的万能,最后物质欲望和资本逻辑全面支配了整个世界和人自身,人成为人所创造的商品的奴隶。只有艺术的生产和消费,只有美的创造和欣赏,不仅标志着人与动物不同,还标志着人在何种程度上达到了自由完满的境界。因而,艺术生产能力或审美创造能力是衡量或象征人类自由生成的一个尺度。因此,艺术审美关乎人的文化心理结构建构,其实质是建立真正幸福美好的现代社会,实现人的自由全面发展。恩格斯说过:"黑格尔的思维方式不同于所有其他哲学家的地方,就是他的思维方式有巨大的历史感做基础。……在《现象学》、《美学》、《哲学史》中,到处贯穿着这种宏伟的历史观。"③ 正是继承德国古典美学传统,马克思的资本主义批判以及共产主义展望,始终凸显"审美乌托邦"的追求,由此规定和指明了与资本主义现代化完全不同的社会主义现代化或共产主义现代化的发展道路。

---

① 《马克思恩格斯全集》第 3 卷,北京:人民出版社,2002 年,第 51、104 页。
② 《马克思恩格斯全集》第 3 卷,北京:人民出版社,2002 年,第 318 页。
③ 《马克思恩格斯文集》第 2 卷,北京:人民出版社,2009 年,第 602 页。

众所周知,马克思对资本主义现代社会进行了深入透彻的分析批判。从形而上学批判到资本现代性批判,马克思完成了哲学思维方式的革命性转换,以此揭开现代资本主义社会的秘密,开启了一种独特的现代性批判理论范式。在马克思看来,现时代的秘密根植于资本现代性的秘密之中,与之相关,现代人的命运亦深藏于资本现代性的座架之中。因此,马克思对现代社会资本逻辑的指证,意在揭示人的全面异化的现实,并积极展望异化之克服的人类历史发展愿景。马克思建立于资本主义经济制度基础之上的分析,其方法与目的并不限于单纯的经济学维度,而始终具有探寻人类如何获得自由与解放的生存论路向。也就是说,马克思关于现代性的理论学说,既具有历史唯物主义的政治经济学视野,又具有存在论意义上的人类价值关怀,由此凸显出具有独特意义与价值的对于资本现代性的辩证批判精神。

　　现代性批判的实质关乎到“现代命运下人的自由如何可能”的追问,不能缺少审美现代性的维度。现代性的复杂历史过程表明,现代性是一个在政治、经济、社会、文化及其日常生活等不同层面的历史变革,其内里充满诸多的矛盾冲突、悖论对抗。正是面对和解决现代性的矛盾悖论,马克思的现代性批判采取了双重性或多重性的辩证批判策略。如果说“资本现代性”问题直接关涉的是物质生产层面的社会现代化问题,那么,“审美现代性”问题则更多关涉到的是精神生产层面的文化现代化问题。“资本现代性”表现为马克思现代性批判的显性结构,而“审美现代性”则体现为马克思现代性批判的隐性结构。这两个结构之间构成了一种既对抗悖反又互动互补的辩证。作为物质经济层面的现代化,“资本现代性”以利益最大化为基本原则,以不断改善人类生存物质生活条件为动力和目标,主要诉诸于物性的欲求;作为精神文化层面的现代化,“审美现代性”则以生存自由化为基本原则,以不断促进人的自由全面发展为动力和目标,主要诉诸于心性的塑造。资本主义社会单一发展“资本现代性”,导致现代社会越来越成为“单向度”的牢笼,物质的丰裕不仅没有改变人的异化现象,反而使人的价值追寻进入“虚无主义”的历史旷野之中,现代人成为无家可归的飘零人。

　　当今时代依然是马克思理论所表达和把握的时代,当代思想并未超出马克思的理论视域。马克思以“批判与解放”为全新的理论视域与思想旨趣,终结了传统形而上学,实现了西方哲学史和西方美学史上真正的思想变革与范式革命,开启了后形而上学的哲学美学境域。也正是在此意义上,我们说马克思主义至今依然是难以超越的理论视域与哲学范式。

第四节　人生论美学与中国美学的学派建设 ①

一、20世纪以来中国美学的学派自觉与人生论美学的初萌

中国有没有自己的美学,这是长期以来困扰中国美学界的难题之一。肯定派认为,中国自先秦以来,就有关于"美"的思想和文字,所以中国是有自己的美学的。否定派认为,美学是20世纪初从域外引入的现代理论学科,中国没有自己学科意义上的美学。这种争议的实质,不仅是中国有没有自己的美学的问题,还隐含着中国美学有没有自己的学派的问题。如果说中国有自己的美学,那么我们的美学区别于西方美学的理论内涵和学理体系是什么?我们的美学学派,区别于西方美学学派的话语特征和理论特质又是什么?上述问题的提出,不管答案何时能够令人满意,都呈示出一个事实,那就是中国美学自我意识的觉醒。这种觉醒,其意义不只在美学的民族学术话语的层面,还意味着对美学的民族学派的呼唤。如何通过美学的话语建构和学派建设,推动中国美学对于世界美学的原创性贡献,推动世界美学大家庭的多元对话、互学互鉴、精神共融,成为今天中国美学发展不容回避的基本课题。

中国美学发展的历程,既是一部古今文化交替和中西文化交融的历史,也是一部民族美学淬火涅槃的历史。中国美学学派的自觉建设,始自20世纪初启幕的现代美学,初呈于20世纪后期迄今,影响较大的,主要有认识论美学、实践论美学、生命美学、生态美学等。此外,现象学、本体论、存在论、形式论、主体论等西方思潮,在中国当代美学中也开枝散叶,产生了诸多影响。这些学派或思潮,具体的观点、立场各异,但它们有一个共同的特点,就是其哲学基础,主要来自西方。其中,认识论美学、实践论美学、生命美学、生态美学等,都不同程度地在西学基础上,融入了本土文化,取得了较为丰硕且具一定特点的理论成果。

值得注意的是,20世纪以来中国美学的一些重要理论家,应该说很难将

① 作者金雅,浙江理工大学中国美学与艺术理论研究中心教授。本文原载《社会科学战线》2017年第10期。

他们锢于某一派，只能说他们主要归于哪一派，或某个阶段主要归于哪一派。像朱光潜，谈认识论美学要提到他，谈实践美学也要提到他，他无可争议也是人生论美学的代表人物之一。这既是中国现当代美学家思想本身的开放性，也体现了美学问题本身的复杂性和活力。对美的研究和体认，其生成演进的过程，就是人类思想、精神、韵致的多元而精彩的绽放。于个体，于学派，莫不如此。

20世纪迄今，中国美学发展的历史图谱中，较具民族渊源且影响较大的，首推叶朗先生力主的意象美学。"意象"的范畴，中西均涉。"意象"一词在中国典籍中，很早就有运用，真正作为美学和艺术范畴，则主要始于唐代。作为对中国艺术非常重要的一种形象形态、思维特征、表现方式的概括，在中国古典文论中并没有出现系统专门的研究论著，这与中国古典文论偏于品评赏鉴的形态特点密切相关。同时，在中国古典文论中，"意象""意境""境界"三个概念，也一直交叉并用，未定一尊。20世纪80年代以来，经过叶朗先生的倡导，"意象"研究日渐活跃，但成果主要散见于单篇论文和一些著作的章节，大量的是结合作品的品鉴评析。这种状况使得意象美学作为对中国美学重要特点的一种理论概括，虽有一定的共识和较为广泛的影响，但总体上缺失相匹配的系统阐释和专门建构。而"意象"范畴本身，其主要侧重于对艺术特别是中国古典艺术形象特征的一种概括，在客观上也限制了意象美学在当代理论创造和实践应用上的拓展空间。

中国当代美学思潮中，近年兴起的生活美学，可能是最接近于人生论美学的一种理论表述。在英文中，单词life有着生命、生活、生存、人生等多种含义。生活美学的表述，从其思想源头说，应溯自19世纪末西方现代美学与艺术思想的先驱——"唯美主义"思潮。进入20世纪以来，西方哲学"出现了明显的'生活论'转向"，[①]西方现代、后现代诸多美学和艺术思潮也相继出现了种种生活论的转向，实用主义美学、身体美学、生存美学，行为艺术、大地艺术、装置艺术，都在呈现一种"重新进入生活"和"回归'生活世界'"的倾向。[②]但生活和审美，不可能完全同一或直接相互取代。生活美学和人生论美学，也不能直接等同。两者的对象、方法、立场等非截然对立，但在研究

---

① 张轶：《生活美学十五讲》，北京：北京师范大学出版社，2011年，第2页。

② 刘悦笛：《生活美学与艺术经验》，南京：南京出版社，2007年，第105页。

视野的广度、研究方法的综合、研究立场的取向上,是有区别的。从理论意识言,"生活美学"的命名主要突出了研究对象的前置,以对象来导引方法和立场;"人生论美学"则以方法前置,以方法来导引对象和立场,从而使得后者更具理论意识和价值态度,也拓展了更为广阔的研究视野。国内生活美学的重要倡导者刘悦笛主张把"生活美学"这个概念英译成"Performing Live Aesthetics",显然这个"Performing"的限定增加,可以更好地体现理论的立场,应该说是一种智慧的选择。

　　人生论美学的理论基础,直接源自中华文化的人生情韵和诗性内核。中华文化的根基,既非认识论,也非实践论,而是人生论。中华文化在始源上,是温情于生。这个"生"既是最具体的人的生命、生存、生活,也是最鸿渺的天地万物。中华文化即大即小,即实即虚,即入即出,既倡扬爱生、护生、惜生,又倡扬大我、无我、化我,在物我、有无、出入中自在、自得、自由。由此,人生论美学既不同于认识论美学对真的倚重,也不同于实践美学对善的思辨,而聚焦于审美艺术人生动态统一、真善美张力贯通所创化的大美情韵和美情意趣。人生论美学也有别于生命美学的非理性维度、生态美学的自然维度,而强调知情意和谐统一、物我有无出入诗性交融所开掘的美境创化。人生论美学由纯审美和纯艺术的品鉴向着创美审美相谐的诗性美境的创化,既是对中国古典美学尽善尽美论的一种扬弃,也是对西方经典美学审美独立论的一种超越。我以为,简单套用一种现成的西方美学学说,是难以框范和裁剪人生论美学的理论内涵和学理特质的。①

　　20 世纪初年,西方美学东渐,直接推动了中国美学的理论自觉和视野重构。中国现代第一代重要美学家,几乎都将中国古典美学尽善尽美的核心理念与西方美学以真证美的现代精神相结合,开始重新阐释富有时代和民族气息的真善美关系论,审美成为基于真善而高于真善的一种富有人生价值旨向的精神追求。20 世纪上半叶,中国现代美学呈现出人生论意识的初步孕萌,在基本精神、理论视野、范畴命题等主要领域,都取得了令人瞩目的成果。中国现代人生论美学家可以列出梁启超、王国维、朱光潜、宗白华、丰子恺、吕澂、邓以蛰、王显诏、李安宅、方东美等长长的一串名单,他们所呈现的思想情怀和理论创造力,迄今都是中国美学与文化发展的一种高度和标识。梁启超

---

① 金雅:《人生论美学传统与中国美学的学理创新》,《社会科学战线》2015 年第 2 期。

的"趣味"、王国维的"境界"、朱光潜的"情趣"、宗白华的"情调"、丰子恺的"真率"、方东美的"生生"等,构筑了中国现代人生论美学思想的绚烂世界,它们共同指向了审美艺术人生、真善美、物我有无出入、审美创美诸关系的张力统一和诗性内核,从而为人生论美学民族学说的创构奠定了核心精神品格和基本理论立场。①

20世纪下半叶以来,在西学几乎一统天下的中国美学语境中,人生论美学未绝其缕,有所承化。如实践美学的代表人物之一蒋孔阳,审美教育和生态美学的代表人物之一曾繁仁,审美反映论的代表人物之一王元骧等,均体现出人生论的某些思想、立场、方法或转化,这使得他们的美学思想,在整体上呈现出一种既复杂又开放的样态。如1999年,蒋孔阳逝世当年,他的弟子郑元者即在《复旦学报》刊文《蒋孔阳人生论美学思想述评》,将蒋氏的美学思想总结为"以人生相为本,以创造相为动力,以美的规律和生活的最高原理为归旨的人生论美学思想体系"。②曾繁仁倡导"生活的艺术家"的培育。他认为,美育理论的产生本身就是"美学领域由认识论美学到人生论美学"的反映。③2014年,王元骧弟子苏宏斌发表《试论王元骧文艺思想的人生论转向》,认为21世纪初"王先生文艺思想的人生论转向是其原有理论在社会现实推动之下发生蜕变的结果"。④

二、当代中国人生论美学学派建设的承化与推进

与20世纪上半叶人生论美学思想所取得的丰硕成果相比,20世纪下半叶我国人生论美学的发展,从整体上看有着一定的泥滞状态。这种状况,进入21世纪后,渐呈回暖之势。21世纪以来,尤其是21世纪的第二个10年以来,随着民族优秀文化资源的价值日益得到重视,富有民族精神内质的人生论美学也重回人们的视野。人生论美学的理论自觉与相关建设,逐渐引起关注,在一定程度上形成了某些共识。

---

① 郑元者:《蒋孔阳人生论美学思想述评》,《复旦学报》1999年第4期。
② 曾繁仁《马克思主义人学理论与当代美育建设》,《天津社会科学》2007年第2期。
③ 苏宏斌:《试论王元骧文艺思想的人生论转向》,载《文艺学的守正与创新——王元骧教授八十寿辰暨从教五十五周年纪念文集》,浙江大学文艺学研究所编,杭州:浙江大学出版社,2014年。
④ 《学术月刊》2010年第4期。

2010年第4期《学术月刊》,以"人生论美学初探"为题,率先发表了一组专题讨论,共3篇文章,分别为王元骧《美:让人快乐、幸福》、王建疆《建立在审美形态学基础上的人生美学》以及金雅《人生论美学的价值维度与实践向度》。刊物专门为这组稿加了编者按:"从人生论的观点来看待美是中国传统美学思想的特点。20世纪,西方美学由王国维介绍到中国以来,也被许多研究者把它与解决社会人生的问题联系起来思考。只是到了50年代,受苏联美学的影响,才转向认识论视界,把它等同于艺术哲学,导致美学研究日趋高蹈和狭隘。今天回顾和总结百年来中国美学研究走过的道路和经验,在当代意义上重新探讨人生论美学的价值、形态和意义,对发扬中国现代美学的优良传统,建设符合我们时代所需的美学学科,具有重要的意义"。[1]作为"初探",这组稿在观点和论证上,并非无懈可击,甚至各篇文章在标题上也未统一亮出"人生论美学"的概念,但整组稿子以"人生论美学"为总题,明确凸显了一种引领性的学理探索。其中金雅的《人生论美学的价值维度与实践向度》,可能是第一篇在原理维度上正式亮明"人生论美学"术语的公开发表的学术论文。[2]

　　2011年第1期《社会科学辑刊》,在"美学与人生建设"的总题下,推出了包括聂振斌《艺术与人生的现代美学阐释》、金雅《梁启超趣味人生思想与人生美学精神》、郑玉明《人生苦难与审美拯救》、朱鹏飞《美学伦理化与"人生论美学"的两个路向》在内的一组4篇论文。聂振斌的论文提出"咏叹人生是中国艺术的根本主题","礼乐的艺术——审美形式成为中华民族爱美心理形成的根源之地",并探讨了中国现代文化在理论上对这一传统的弘扬。郑玉明的文章强调了从日常生活实践出发,关注苦难与超越的永恒人生美学命题。朱鹏飞的文章比较了西方美学的尼采之路和柏格森之路,倡导美学走向与伦理结合的高扬超越性人文价值的积极人生论美学。金雅的文章以梁启超为个案,认为梁启超的趣味人生学说是一种将审美、艺术、人生相统一的大美学观,对中国现代人生美学精神的建构和演化产生了深远影响。这组文稿未明确以"人生论美学"命名,但其问题和精神都是属于"人生论美学"的。其中金雅是梁启超美学研究的重要专家,她于2005年出版的《梁启超

　　① 金雅:《人生论美学传统与中国美学的学理创新》,《社会科学辑刊》2011年第1期。
　　② 金雅:《梁启超美学思想研究》,北京:商务印书馆,2005年,第63页。

美学思想研究》是该领域第一部出版的拓荒性专著,在该著中,她明确亮出了"人生论美学"的理论术语,认为"梁启超前后期美学思想共同构筑了一个以趣味为核心、以情感为基石、以力为中介、以移人为目标的人生论美学思想体系"。①

2014 年 11 月 19 日,《光明日报》刊发潘玲妮、郝赫撰写的《人生论美学和中华美学传统》,对当年 11 月 2 日在杭州召开的"'人生论美学与中华美学传统'全国高层论坛"的情况予以了报道总结。论坛的主要学术成果:一是"明确人生论美学的理论概念,提出和进行基本学理建构";二是"发掘中国现代美学名家的人生论思想学说,梳理人生论美学的现代民族资源";三是"整理中国和西方的人生论美学思想资源,发掘其对当下人生论美学建构的启示"。该文引述了金雅教授的观点,强调人生论美学"是中国美学自己的民族化学说,是中国美学最具特色和价值的部分之一";应加强系统的学理建设,应从理论上辨析"人生论美学"和"人生美学"的概念,"后者重在研究对象的性质,前者则突出了理论意识,具有方法论的意义。'人生论美学'可以用自己的学理原则来全面研究审美中的各种现象与问题,包括对自然、人、艺术、生活中的各种审美活动、审美现象、审美规律的研究。"② 这是第一次以"人生论美学"为主题的全国性学术论坛,学术氛围浓郁,取得了较为丰硕的探索性成果。

2015 年 10 月,中国言实出版社出版了金雅和聂振斌共同主编的《人生论美学与中华美学传统——"人生论美学与中华美学传统"全国高层论坛论文选集》,集子遴选收入论坛论文 38 篇。其中部分论文在文集出版前为各期刊先行刊用,以及为《新华文摘》《复印报刊资料》等全文转载。金雅的《人生论美学传统与中国美学的学理创新》首刊于《社会科学战线》2015 年第 2 期,论文首次尝试对中华人生论美学的民族特质予以系统的理论概括。文章认为审美艺术人生动态统一的大美观、真善美张力贯通的美情观、物我有无出入诗性交融的美境观,既是人生论美学的民族精神特质,也是当下中国美

---

① 继 2014 年 11 月在杭州召开的"人生论美学与中华美学传统"全国高层论坛之后,2017 年 6 月、2022 年 10 月、2023 年 11 月,又先后在杭州召开了"人生论美学与当代实践"全国高层论坛、"人生论美学与新时代中国文论话语的创新"全国高层论坛、"人生论美学:对话与建构"全国学术研讨会。

② 潘玲妮、郝赫:《人生论美学和中华美学传统》,《光明日报》2014 年 11 月 19 日。

学学理创新的重要路径。聂振斌的《人生论美学释义》首刊于《湖州师范学院学报》2015 年第 5 期，文章认为"人生论美学"的提出，是中国现代美学研究的创新之点，也是与中国古代美学密切相连的传承之点，其研究内容包括涵盖审美、艺术、人生关系的四个方面，即人的生命活动和艺术的生命精神、生活与生活的艺术化、生存环境和生态环境美、文化理想与艺术——审美境界。马建辉的《人生论美学与审美教育》首刊于《社会科学战线》2015 年第 2 期，该文认为人生论美学的关键之一就是参与人生或建构人生的取向，审美教育是人生论美学的题中之义。整部文集涉及了人生论美学的概念、渊源、精神特质、理论特征、价值取向、实践意义、与审美教育的关系、与当代艺术的关系等多方面问题，也具体讨论了梁启超、王国维、朱光潜、宗白华、老庄、朱熹、罗斯金等的相关思想学说。此文集是迄今第一部公开出版的以"人生论美学"命名的专题文集。

2010 年迄今，人生论美学的建设伴随着对中华美学精神传统的再发掘，出现了令人欣喜的新面貌。20 世纪上半叶我国人生论美学的成果，主要表现为人生论美学精神的初步孕萌，以及相关学说、范畴的初步创构。此后，经历了 20 世纪下半叶以来的相对沉寂后，2010 年以来，人生论美学迎来了学科意义上的学理自觉。以金雅教授为代表的学术团队，将人生论美学自觉作为中华美学渊源流长的精神传统与民族话语之一，开始系统而有步骤的资源梳理、理论阐释、学理建构、实践探研。当然，这个工作，现在来看，还仅仅只是开始。但我们有理由期待，人生论美学的独特资源，因为深扎于民族哲学文化的沃土，深融于民族精神心理的内核，深切于社会人类发展的期许，是可以在当代传承创化中，开出璀璨的思想花朵，结出丰硕的理论果实的。

三、人生论美学的理论辨析和维度拓展

任何创新都不是无源之水。中国现代美学是人生论美学的思想沃土，也是当代人生论美学建构的直接资源，但是中国当代人生论美学的建设，不能机械地"照着讲"，而要在扬弃中"接着讲"。我们可以传承前人的精神、方法、立场，包括概念、范畴、命题、学说等一切可以为今天所用的东西，但我们需要直面今天的语境，面对当下的现实，创造性地弘扬发展，从而使理论真正具有面对实践发言、引领实践发展的生命力。

人生论美学理论意识的自觉、民族资源的整理、话语体系的建构、精神意

趣的淬炼,在今天仍有许多基础工作要做。甚至可以说,真正从理论上自觉和系统地建设,还仅是启幕。

人生论美学不能简单等同于生活美学或生命美学。"人生"与"生命""生活"等概念,既有一定的交叉,又有不同的内涵。"生命"的概念,人和动物共用,其基础是生理的肉体维度。"生活"的概念,个体和群体共用,其基础是生存的日常维度。"人生"的概念,专门指涉人,但又扬弃了人的个体限度,而全面呈现了人的个体生命及与自我、与他人、与自然等关联所产生的丰富意义及其具体性。人生论美学视野中的人,是扬弃了感性与理性、生理和精神、个体和社会的分裂的活生生的完整的人。与"生命"和"生活"的概念相比,"人生"的概念不否弃生理的肉体维度,不否弃生存的日常维度,但又将自己的理论规定探入了人与动物生存的差别性,探入了人与世界关联的超越性。作为一个理论概念,以"人生论"来界定一种中国美学的理论创构,来阐发一种中华美学的理论精神和理论传统,可能是比"生活""生命"的界定更贴近中华文化统合的、人文的、诗性化的内质的一种表述,也是比仅用"人生"的表述更具理论意识、方法论立场、价值论意向的一种表述。

人生论美学也不能简单等同于伦理学的美学,它不仅要研究美与善的关系,也要研究美与真的关系。准确地说,它是要超越一切孤立地对待真美关系或善美关系的美学研究方法,而将真善美的立体张力关系纳入自己的视野。由此,它必然不是单纯地研究美与艺术的关联,而是要将审美艺术人生的动态关联纳入自己的视野。它要解决的问题,不仅仅是审美一维的问题,也是创美与审美的关系,是要在审美艺术人生的动态统一的大美境界中解决物我有无出入的诗性创化的问题。所以,人生论美学的理论建构,不仅仅是人生伦理的课题,也不仅仅是审美标准的问题,而是一种人的美学情怀与风韵气象的建设。这种情怀和气象,不仅能够涵育人升华人,也能通过人作用于实践,影响于社会,是人创化世界和美化自我的重要心灵之源和精神动力。

人生论美学呈现出极强的理论成长空间和现实针对性,它对于当代中国美学建设的意义,突出表现为人文性、开放性、实践性、诗意性等可拓展的维度。

其一,人生论美学具有内在的人文性维度。人生论美学凸显了中华文化之民族特性。与西方文化突出的科学精神相映衬,中华文化最具特色的是浓郁深沉的人文情怀。科学精神追根究底,是探寻宇宙和自然的奥秘,终以神学为信仰之依托。人文情怀穷极其奥，是对人及其生命、生活、生存的关爱与温情，终以艺术为心灵之依托。科学精神以认识论为主要方法，追求真善美各自独立的逻辑体系。人文情怀关注人在天地宇宙中的和谐，憧憬真善美贯通相成的诗性心灵。中华文化这种泛审美、泛艺术的诗性特质，自先秦孔庄以降，绵延流长，是中国心灵最恰切最深刻的写照。它自然而直接地孕育了中华美学不泥小美、崇尚大美的精神情怀和关爱生命、关怀生活、关注生存的人文情韵。这种民族特质，奠定了中华美学不是纯理论的冷美学，而是关切人生的热美学。人生论美学的人文性维度，鲜明深刻地昭示了中华文化的民族精神传统和民族美学旨趣，具有传承开拓的深厚根基和大有作为的广阔天地。

其二，人生论美学具有突出的开放性维度。这种开放性，一是时空维度上向古今中西相关资源的开放，二是学科维度上向哲学、心理学、教育学、伦理学、文化学等相邻学科的开放，三是理论打开自我封闭之门，向着实践的开放。其以真善美贯通为基石的美论品格，使其不将视野局限于小美，而是将审美艺术人生、创美审美的统一都纳入自己的视野，不仅突破了西方经典美学偏于哲学思辩或艺术观审的视野，也拓展了中国古典美学偏于伦理考量或艺术品鉴的视野，建构了审美主体与自然、社会、他人、自我关联的立体图景，从而为自身的理论建设与实践应用开掘出广阔的天地。这种开放包容的理论智慧，使得人生论美学与生命美学侧重关注人自身、生态美学侧重关注自然、文艺美学侧重关注艺术等相比，呈现出更强的理论涵摄力，不仅构成与其他美学思潮学派的区别与互益，也凸显了自己包容、整合、统驭的理论特征。20 世纪下半叶以来，中西文化和哲学都出现了人生论的转向。中国当代美学的一些重要学派和代表思想家，也相继出现了人生论的转向，包括实践美学、生态美学、认识论美学、意象美学等重要学派和蒋孔阳、曾繁仁、王元骧、叶朗等重要学者。这种趋势，也进一步推动了人生论美学的开放维度。需要注意的是，开放不等于放弃自己的边界，消解自己的对象、方法、特质等，而是要在包容开放中实现理论的整合、概括、深化、统驭的能力。

其三，人生论美学具有鲜明的实践性维度。人生论美学勾连了审美艺术人生的关系。它对美和艺术的叩问，必然要落实到人生之上，这就使得人生论美学把创美审美的实践问题及其人生关联，自然而必然地纳入了自己的视域，作为自身的目标指向。人生论美学的视野不限于艺术，也不限于生活，而是与文化、哲学、伦理、心理、生态、教育等交揉,直接探入了人的生活、生命、心灵的建设、涵育、提升的广阔、丰富、多样的领域,将知情意统一的美学理论命题落实于行,以"践行"来"移人"。如果说西方美学中的"移情"范畴以"情"为关注焦点,重在把握知情意中情之要素的美感心理特点;那么中华美学中的"移人"范畴则以"人"为关注焦点,将整体的人纳入自己的视野而必然触及知情意三要素在美的实践中的汇融;前者体现了心理美学的科学主义方法,后者则与诗性美学的人文精神相呼应;前者以美学研究的科学结论为旨归,后者由关怀人关爱人走向人的自身涵育与建构。由此,美育必然成为人生论美学的题中之义,使得人生论美学突出呈现出中华文化以人为本、知行合一的民族气韵和实践路径,凸显了其创造性、理想性、诗意性等价值向度。由此,人生论美学的实践维度,对于引导美学理论切入当代实践具有鲜明的针对性,同时对于当下传统文化的传承创新、大众文化的批判引领、国民素养的美学提升、民族精神的涵育建设等,亦大有可为。

其四,人生论美学具有深蕴的诗意性维度。生命的诗意建构和诗性超拔,是人生论美学最富魅力的精神内核之一。应该说,只要是美学,应该都是人的生命实现现世超拔的一种精神向路,这应该就是美学的使命和宿命。美赋予人生以超拔的张力,使人的生命不致在生活中沉沦。人生论美学的起点和终点,就是这种生命的出入、有无、物我的对峙和超越,是诗意地交融和创化,由此去建构和观审生命的自在、自得、自由。这种现世超越的生命诗性,是中华文化的信仰标识和精神标识,即以大美为核的心灵超越和内在超越,它不像西方文化的神性超越,它不从彼岸世界求寄托,而在此岸世界求自由。人生论美学创化了"境""趣""格""韵"等一系列富有人生指向和人生韵味的理论范畴,导引作为实践主体的人,切入与自然、艺术、生活的多维交融,探入自我生命和心灵的丰盈世界,创化并体味生命的诗意和超拔。这种生命的自在、自得、自由之境,既不可能在抽象的思辨中实现,也不可能将艺术和人生互相抽离而实现,而是需要融入审美艺术人生统一的艺术实践和生命践行中来涵成。

上述四个维度及其交融,呈现了人生论美学独特的民族话语特质和理论特征。这种特点不是简单固守民族资源形成的,而是广纳中西古今之滋养,直面民族现实实践的需要,逐步探索、创化、发展的。同时,上述四个维度的弘扬,并不排斥科学性、概括性、理论性、现实性等相辅相成的维度,而是在呼应互融中逐步生成自身的特质,逐步凸显自身与世界美学对话的独特性和相洽性。如人文性这个维度,其核心是"情",但并不排斥"真"和"善",而是追求以"情"来贯通"真""善",努力将中国古典美学重美善两维和西方经典美学重美真两维拓展为真善美的三维立体构架,但其核心和基点则始终为"情"。再如开放性这个维度,不等于说人生论美学就没有了自己的边界,有人把生命美学、伦理美学、生态美学、实践美学等都归于人生论美学,这就是对开放性的某种误解,模糊了人生论美学方法立场、价值意趣等的规定性。

人生论美学是中华民族文化学术和社会时代发展在美学领域的一种逻辑生成。其在当下,是生成态,而非成熟态,更非完成态。人生论美学的中心是人,是让美回归人与人生,是让人在美的人生践行中,创化体味生活的温情和生意,涵成体味生命的诗情与超拔,达成创美和审美的交融。人生论美学视野中的美,是温暖的,但不媚俗;是圣洁的,但不神秘;是接地气的,但也是超拔的。人生论美学的神髓,是向着人生开放的入世情致和生命生存的超拔情韵的相洽相融。它不仅是对美学学理问题的科学求索,更是由知到行,是知情意的贯通在人的生命的美的践行中圆成。唯此,美才成为我们生命中永不可分的部分,实实在在地融入我们人生的旅程,陪伴之涵育之导引之。也唯此,人生论美学才能实现美学理论和人生创化之相洽,涵成自身的理论品格和精神韵致。

作者:陆天宁,中国艺术研究院研究员、首都博物馆画院副院长

第三章 美的本质与艺术本体

　　主编插白："美的本质"是美学研究中最基本的理论问题,也是西方美学史中最根本的一大问题。"美学"作为一门独立科学被正式确立以前,欧洲学者对美的思考主要集中在对"美的本质"的追问中。李圣传的《美的本质问题在欧洲的起源、发展与启示》一文对此作了有益的梳理和有深度的评析。文章揭示:欧洲传统美学对本质问题的热衷与其对真理规律的逻各斯中心主义求索及追寻本体的"形而上学"思维模式密切相关,直至古典形而上学的终结和美学由传统向现代转型,才渐趋实现对美的本质问题的解构或超越。不过,反本质主义并不意味着对"美的本质"问题的彻底取消,而是试图转换思维模式和言说范式,在多元途径中赋予美学思考的开放性,并重新思考美的本质。作为建立美学理论体系的逻辑基点,"美的本质"问题不仅是当下美学研究避免本质消解后坠入历史虚无主义和理论离心主义的重要保证,还是解决当下人的生存困境、提升其精神信仰的无可回避的途径,因而有着重要的学理价值和实践意义。

　　在"美的本质"的研究中,"意象"范畴颇为引人注目。有叶朗提出"美在意象",朱志荣提出"美是意象","意象"被视为美的本体。某种意义上说,这都是从中国古代文论中获得资源、得到启示,融合朱光潜、宗白华的现代阐释创立的新说。毋宁说,"意象"是中国古代文论的核心范畴或本体性概念。新时期以来,中国古代文论界聚焦"意象",作了大量理论探讨,论文、专著不计其数。杨合林、张绍时《20世纪80年代以来意象范畴研究》从意象范畴的概念界定、渊源流变、意涵阐释、研究视角等方面对这一时期的研究状况作出翔实的梳理和有分量的总结。从总体上来看,80年代以来学界对意象范畴的研究有突飞猛进的进展,取得了丰硕的成果,不仅提出了问题,而且也部分地解决了问题,但异见与分歧依然不少,有不少方面的问题在短时间内尚难以解决,规范化、高品质的学术研究还有待加强。

"意象"作为中国古代文论的重要概念,越来越受到美学界重视。意象在中国古代美学思想中的地位问题,特别是现代美学中的"美"与中国古代的"意象"概念的关系问题,涉及到对美和对意象的看法,学者们的意见有一定的分歧。朱志荣教授从1997年开始提出:"审美意象就是我们通常所说的美。"①最近几年,他一直在论文中持"美是意象"的观点,引发了同行们的讨论和商榷。这些讨论和商榷推动了美与意象关系的思考。朱志荣教授根据这些意见撰文做了回应,进一步阐述了他对"美是意象"命题的理解。

当代解构主义语境之下,艺术界定与艺术本质的问题是亟待重新审视与回答的问题。赵奎英教授认为,这种回答需要通过对不同界定策略及相应立场的分析反思来推进。她的《本质与边界:反思当代的艺术界定问题》一文以当代艺术界定所面临的艺术与生活的边界跨越、艺术与观念的边界跨越、艺术媒介的边界跨越为语境,反思传统艺术定义的含糊性,分析了当代艺术理论应对艺术界定的"否定""限定""约定""开放"四种路径。在评析这四种路径的基础上,将开放路径中的析取性路径视为当下可行的一种折衷策略。她同时指出,海德格尔的存在论路径也提供了一种从艺术本体论的视角来考察艺术本质的有益思路。

西方美学发展到现代、后现代,出现了反本质主义倾向,但反本质主义美学并不意味着彻底取消美的本质,而是以新的方式重新思考和言说美的本质。韩振江教授的《当代西方左翼美学的艺术本体论》一文恰恰给我们提供了这方面的佐证。1960年代波普艺术、"现成品"艺术等给美学家带来了理论上的困惑,即普通物品与艺术品的区别究竟何在。21世纪以来,在欧美学界以齐泽克、阿甘本、巴迪欧、朗西埃等为代表,出现了一股宗于经典马克思主义的、全面反思和批判西方哲学美学的、试图在后现代主义终结论的挑战下重新思考艺术本体论问题的激进左翼艺术理论家。他们与丹托一样,震惊于沃霍尔等后现代艺术,但提出了与

①　朱志荣:《审美理论》,兰州:敦煌文艺出版社,1997年,第126页。

丹托不同的思路。丹托、海德格尔等人从普通物品／器物／艺术品的相似性的比较入手，得出艺术品＝物品＋X，在物之中多出的部分（指意味）就是艺术蕴含之所在。但这一思路无法圆满阐释普通物品、工业品何以摇身一变就成为艺术品的"秘密"。而齐泽克则认为艺术是普通物或客体对象显现其背后的神圣艺术本体之物。他把在普通物／器物／艺术品中存有多少不同意味来判断艺术本体的横向比较，变换成了客体对象／显现／神圣之物（艺术本体）的纵向表征关系。另一种探索普通物与艺术本体关系的思路是强调艺术的自律性质，认为艺术自身具有独立的真理价值。阿甘本及巴迪欧都认为艺术具有独一性，艺术本体是物象的真理显现。当代西方左翼美学对艺术本体的思考，为今天思考艺术何为提供了新的启发。

第一节 美的本质问题在欧洲的起源、发展与启示 [①]

美的本质问题是西方美学史中最根本的问题，尤其是在鲍姆嘉通正式将"美学"确立为一门独立科学之前，西方学者对美的思索主要集中在对"美的本质"问题的探讨中。历经漫长的论争和发展，尽管美的本质问题在欧洲并没有得到有效解决，却在不同意见碰撞中催生诸多哲学新潮和思想流派，更在本质规律的追问与科学探寻中极大推动了西方社会的文明进步。直至现代美学重心向审美经验转移以及"反本质主义"哲学观念的兴起，西方学者对美的本质问题的探讨才在多元视野转向中逐渐降温，并在摆脱思辨性哲学依附之后的视阈解结、问题转换和艺术转轨中日渐实现对美的本质模式的超越。

一、本体论与古希腊罗马时期到文艺复兴对美的本质探寻

西方哲学起源于古希腊人对宇宙自然的探索冲动，正是在对宇宙自然"本原"的追问中，不仅形成了"希腊哲学的早期形态" [②]，还开启了对宇宙自然本质的思考。米利都学派、毕达哥拉斯学派以及赫拉克利特、德谟克里特、

① 李圣传，首都师范大学文学院副教授。本文原载《学术月刊》2022 年第 11 期。

② 张志伟：《西方哲学十五讲》，北京：北京大学出版社，2004 年，第 33 页。

智者、苏格拉底、柏拉图、亚里士多德等众多古希腊著名哲学家都对宇宙自然世界的本原进行过思考,并逐渐过渡到美学领域进而正式开启了对"美的本质"的探索和界定。米利都学派的哲学创始人泰利士(Thales)被公认为西方"第一个自然哲学家",他宣称"地球是浮在水上的",因而"水"是一切事物的基质和根源①。毕达哥拉斯学派创始人毕泰戈拉(Pythagoras)则将"数"视作本原,并"拿来描写存在物的性质和状态"②。赫拉克利特(Herakleitos)将"火⇄气⇄水⇄土"四元素的往复循环看作世界的本源,较早地提出了美的标准的相对性。爱利亚学派的巴门尼德(Parmennides)则从"感觉与思维的方法"对"真理"的本质,上升到思想领域进行了探讨③。

尔后,德谟克利特(Democritus)认为"一切事物的本原是原子和虚空",前者"作为存在者而存在",后者"作为不存在者而存在",并由此将目光从"宇宙自然"的探索转向到"灵魂和心"所构成的"视觉、听觉、嗅觉、味觉和触觉"等"暗昧的认识"中④。在此基础上,智者派进一步强调"自己发现自己"的"绝对力量",主张"存在的东西,只是相对于意识而存在"⑤。这种对"人"的意识、精神的认识和关注,对苏格拉底尤其是柏拉图美学思想的形成起到重要影响。苏格拉底便从"美与善的统一"这一功用角度出发提出美与善的一致性⑥。

在欧洲美学史上,真正对"美的本质"问题最早进行明确思考的哲学家是柏拉图。在《大希庇阿斯篇》中,当苏格拉底与希庇阿斯探寻美之所以"成其为美的那个品质"时,在否认从"善""效用"及"快感"论美的本质后,柏

① [德]黑格尔:《哲学史讲演录》第一卷,贺麟、王太庆译,北京:商务印书馆,1959年,第182页。
② 北京大学哲学系外国哲学史教研室编译:《西方哲学原著选读》上卷,北京:商务印书馆,2004年,第19页。
③ [德]黑格尔:《哲学史讲演录》第一卷,贺麟、王太庆译,北京:商务印书馆,1959年,第269页。
④ 北京大学哲学系外国哲学史教研室编译:《西方哲学原著选读》上卷,北京:商务印书馆,2004年,第47—48页、51页。
⑤ [德]黑格尔:《哲学史讲演录》第二卷,贺麟、王太庆译,北京:商务印书馆,1960年,第32页。
⑥ 北京大学哲学系美学教研室编:《西方美学家论美和美感》,北京:商务印书馆,1980年,第18—19页。

拉图不得不承认"美是难的"①，较早地在西方美学史上开启了"美是什么"的本质探询方式，还清醒意识到对"美的本质"下定义的困难。亚里士多德是古希腊美学思想的集大成者，他从对柏拉图"理念论"的批判入手，认为"美的主要形式是秩序、匀称和明确"②，并从"四因素论"出发阐明美的事物就在于其"整一性"③，由此不难看出其美取决于客观事物属性的观点。古罗马时期，"新柏拉图主义"代表人物普罗提诺主张美在于"灵魂"，在美论中引入"神"的维度进一步发展了柏拉图美学，对中世纪美学形成重要影响。作为中世纪基督教美学的奠基人，奥古斯汀则在亚里士多德哲学基础上，从美与适宜区分入手由"神圣秩序"论美的本质，认为只有"恰当排列"的秩序及其和谐适宜才是美的本源④。中世纪最重要的经院哲学家托马斯·阿奎那同样沿着亚里士多德的传统界定"美的本质"，并从整一、比例和明晰三个要素论美⑤。当然，这两位中世纪神学家关于美的研究，在继承古希腊美在物质属性基础上，也将美的本质置于形而上学的神学框架中阐释。

在"人性"的发现中，文艺复兴开启了一个新的伟大时代。在人性与身体的讴歌和赞美中，一大批人文主义者展开了对美的思索。他们一方面反对中世纪的神学美论，另一方面试图恢复古希腊罗马时代的美学传统，因而在诗歌、绘画、雕塑等人文艺术领域的理论与实践中完成了由"神性"到"人性"的美学冲突与交融。著名艺术家阿尔伯蒂认为艺术的目标就是美，而艺术中的美是"一个事物内部的各个部分之间按照一个确定的数量、外观和位置"即"和谐所规定的一致与协调的形式"⑥，强调美是形式与内容的协调相适性。达·芬奇则主张艺术的真实性，要求艺术"像一面镜子"真实地再现自然之物，并提出"欣赏——这就是为着一件事物本身而爱好它，不为旁的理由"⑦，由此形成美学中的"镜子说"。意大利诗人塔索（Tasso）也认为"美

---

① ［古希腊］柏拉图：《大希庇阿斯篇——论美》，见《文艺对话集》，朱光潜译，北京：人民文学出版社1963年，第210页。

② ［古希腊］亚里士多德：《形而上学》，吴寿彭译，北京：商务印书馆，1959年，第265—266页。

③ ［古希腊］亚里士多德：《诗学》，罗念生译，北京：人民文学出版社，1962年，第26页。

④ ［古罗马］奥古斯丁：《忏悔录》，周士良译，北京：商务印书馆，1991年，第64页。

⑤ Thomas Aquinas, Summa Theologica, Grand Rapids: Christion Classica Ethereal Library, 1947, p.229.

⑥ ［意大利］阿尔伯蒂：《建筑论》，王贵祥译，北京：中国建筑工业出版社，2010年，第291页。

⑦ 北京大学哲学系美学教研室编：《西方美学家论美和美感》，北京：商务印书馆，1980年，第69页。

是自然的一种作品，因为美在于四肢五官具有一定的比例，加上适当的身材和美好悦目的色泽，这些条件本身原来就是美的，也就会永远是美的"①。

由上可见，文艺复兴的人文主义者大多将"美的本质"与自然事物的和谐、比例、光泽等事物本身的属性联系在一起。这种美在比例、和谐的流行观点体现了对古希腊罗马美学思想的恢复继承，当然也从"神性"到"人性"的发现中为美学在下一阶段的发展起到重要过渡作用。

二、认识论转向与十七八世纪和启蒙运动对美的本质探讨

十七世纪以来，随着哲学中理性主义和经验主义两股思潮的兴起，不仅哲学研究的重心日渐由形而上学的玄思转向到人类自身认识能力的研究，美学也由本体论过渡到认识论的方法探究中。把认识论的研究作为一切哲学问题解决的基础和入手口，是近代西方哲学的一个明显倾向，在西方哲学史中也常被称为近代西方哲学主题的"认识论转向"②。

1637年，笛卡尔《论方法》的出版，不仅在"我思故我在"的人类理性活动中"动摇了繁琐哲学的思辨方法和对教会权威的信仰"③确立了物质世界与精神世界并存的要求对事物进行科学分析的理性主义方法，也在由"思"看待"在"的视野转向中使"认识论问题"成为哲学关注的中心，从此对"美的本质"问题也"从本体论范围被移到认识论范围内来加以考察"④。作为笛卡尔的思想拥护者，布瓦罗以"理性"为准则，在《诗简》中提出"只有真才美，只有真才可爱"，主张"美的东西必然是符合理性的"⑤，因而要求"真"与"美"的统一，这种统一便是"自然"，也即理性的普遍规律性。在新古典主义理性原则的高涨声中，十八世纪哲学家在"美的本质"观上形成了两条线索：一条以英国经验主义哲学家为代表，主张通过鉴赏力去感受美，强调审美经验的重要性；另一条以法国、德国、意大利等大陆理性主义哲学家为代表，强调先验的理性认识的重要性。由此，不仅形成了美学中经验派与理性派的

① 北京大学哲学系美学教研室编：《西方美学家论美和美感》，北京：商务印书馆，1980年，第73页。
② 周晓亮主编：《近代：理性主义和经验主义，英国哲学》，见叶秀山、王树人总主编：《西方哲学史》（学术版）第四卷，南京：凤凰出版社、江苏人民出版社，2004年，第315页。
③ 朱光潜：《西方美学史》，北京：人民文学出版社，1979年，第179页。
④ 张玉能：《西方传统美学关于美的本质探讨的发展概括》，《高师函授学刊》1994年第3期。
⑤ 朱光潜：《西方美学史》，北京：人民文学出版社，1979年，第183—184页。

对垒及其对"美的本质"的不同看法,还使得"美学"逐渐分化成一门独立的学科。

英国经验主义美学由培根发其端,霍布斯与洛克承其继,再经由夏夫兹博里、哈奇生、休谟和博克等人的系统化发展,不仅形成了一股由审美经验探寻美和美的本质的重要路向,还开辟出从人的心理情感、内在感官和审美意识思考哲学问题的思想方法,进而将美学由形而上的玄学思辨转向到对审美现象进行心理分析的领域中,对西方后世美学的发展形成巨大影响。洛克是"英国经验论者中首先明确主张将认识论放在哲学的中心位置"的哲学家[①],主张人类一切知识"都是建立在经验上的,而且最后是导源于经验的"[②]。休谟被认为是英国经验主义的集大成者,其思想据说将康德"从哲学的酣睡中唤醒过来"[③]。在《论人性》及《论审美趣味的标准》等论著中,休谟提出:"美并不是事物本身里的一种性质。它只存在于观赏者的心里,每一个人心见出一种不同的美"[④]。在"人心"基点上,休谟又在"效用"和"同情"的基础上将美与审美者的快感、趣味、鉴赏力联系,论证了事物之所以美的根源在于"对象"与"人心"之间的"一种同情或协调"。休谟这一"美的本质"观也被学者视之为西方美学史上"最早出现的主客观关系论"[⑤]。伯克是另一位影响巨大的经验主义美学家,主张美和崇高是属于事物本身的某些客观属性,由此形成对美的定义:"我所说的美是指物体中的那种性质或那些性质,用其产生爱或某种类似爱的情感。"[⑥]

在笛卡尔理性主义哲学影响和新古典主义浪潮的冲击下,启蒙运动率先在法国掀起开来。伏尔泰被视为法国启蒙运动的创始人,主张事物之所以美是因为这件东西"引起你的惊赞和快乐",正是这两种情感才引发"美"[⑦]。美学

---

① 周晓亮主编:《近代:理性主义和经验主义,英国哲学》,见叶秀山、王树人总主编:《西方哲学史》(学术版)第四卷,南京:凤凰出版社、江苏人民出版社,2004年,第315页。

② [英]洛克:《人类理解论》上册,关文运译,北京:商务印书馆,2011年,第73—74页。

③ 朱光潜:《西方美学史》,北京:人民文学出版社,1979年,第219页。

④ 北京大学哲学系美学教研室编:《西方美学家论美和美感》,北京:商务印书馆,1980年,第108页。

⑤ 朱狄:《当代西方美学》,北京:人民出版社,1984年,第160页。

⑥ [英]伯克:《崇高与美——伯克美学论文选》,李善庆译,上海:上海三联书店,1990年,第101页。

⑦ 北京大学哲学系美学教研室编:《西方美学家论美和美感》,北京:商务印书馆,1980年,第124页。

在这一时期的法国,最具代表性的还是狄德罗,他不仅批判了唯心主义的经验论,还提出"美是关系"的观点①。在此,"美"作为"关系",属于感官知觉和认识的范围,因而其"美是关系"的美的本质观也是在认识论层面进行思考。

在法国新古典主义"古今之争"的辩论中,德国启蒙运动也相继展开并构成欧洲大陆理性主义美学最重要的部分,其代表是被称为"美学之父"的鲍姆嘉通。受莱布尼茨和伍尔夫理性哲学的影响,鲍姆嘉通在人类心理活动"知情意"三分的基础上提出应在"知"(逻辑学)和"意"(伦理学)外的"情"上,设立一门新科学,以研究作为感性认识的情感,并在1750年正式用Aesthetic来称呼他所研究感性认识的一部专著。该书中,鲍姆嘉通提出:"美学的目的是感性认识本身的完善(完善感性认识)。而这完善就是美。据此,感性认识的不完善就是丑,这是应当避免的。"②在此,鲍姆嘉通将莱布尼茨"混乱的认识"与伍尔夫"美在于完善"结合了起来,并将与"理性认识的完善"所对应的"感性认识的完善"视为美学研究的"美",这种感性认识的能力即"感性的审辨力"便是"鉴赏力"③。自此,鲍姆嘉通不仅在感性认识–理性认识、美学–逻辑学相互对立的基础上将"美学"圈定在理性主义哲学的认识论范围内,还规定了美是感性认识的完善,对德国古典美学乃至西方美学思想的发展形成奠基性影响。

三、人本学本体论与德国古典美学对美的本质探寻

德国古典美学自康德始,就努力调和理性主义与经验主义美学观点之间的对立,以寻求调和统一。在沃尔夫、鲍姆嘉通理性主义基础上,康德吸收了休谟、伯克等经验主义美学思想写作出《判断力批判》。值得注意的是,正如张政文所指出:"西方古典美学大多在探索宇宙之本源的本质论研究中把握美的本源,而康德则在解释人与世界的关系时与美的本源相遇,这决定了康德对美的本源的理解完全突破了西方古典美学将美的本源归于人之外的传统,提出了主体审美判断力是美的本源的思想"④,这也为康德从主体性角度

① [法]狄德罗:《美之根源及性质的哲学研究》,《文艺理论译丛》1958年第1期。
② [德]鲍姆嘉滕:《美学》,简明、王旭晓译,北京:文化艺术出版社,1987年,第18页。
③ 朱光潜:《西方美学史》,北京:人民文学出版社,1979年,第290页。
④ 张政文:《美的本质:从美的本源转向艺术——康德对美的本质的二重解构》,《求是学刊》2001年第3期。

揭示"美的本质"提供方法前提,更为创立西方近现代美学人的生存和主体自由的主题以及西方近现代美学的人本主义重构提供了理论基础。康德将美视为一种情感领域的"不带任何利害"的愉悦的对象①,是"不凭借概念而普遍令人愉快"的无目的性的合目的性。这也为席勒和黑格尔思考"美的本质"提供了方向。作为德国古典美学从康德到黑格尔的桥梁,席勒充分继承并发展了康德思想,认为审美活动是一种不带任何功利目的的自由活动,正是在这种"游戏"的审美自由活动中,人才是自由的"感性的人",也正是在这种状态下,对象才能成为"'游戏冲动'的对象"即"活的形象",这便是美的本质,因此"人同美只应是游戏,人只应同美游戏"②。

受此影响,黑格尔在席勒理性、自由与心灵以及谢林"绝对同一性"哲学的结合中,提出了"美就是理念的感性显现"③这一美的定义。在历史哲学的演绎以及对席勒、温克尔曼及谢林等美学艺术观念的考察与批判中,黑格尔建构起庞大的绝对唯心主义的美学体系,不仅明确提出美是理念的感性显现这一美的本质观,还在艺术类型的历史演进分析中将主观与客观、自然与心灵、形式与内容、感性与理性结合起来,在辩证统一中实现了对理性主义和经验主义哲学的综合。当然,黑格尔作为德国古典美学的总结者,毕竟是基于理念、精神、心灵层面的客观唯心主义思想体系,属于精神现象领域的实践。直到马克思和恩格斯,才将黑格尔建筑在心灵层面的"美学辩证法"倒转过来,在历史唯物主义的改造中将美学问题植根于历史唯物主义的社会生活实践土壤中,并在"人的本质力量的对象化""美的规律""内在尺度"等一系列命题的建构阐发中真正完成了对欧洲传统美学的根本性变革。

黑格尔之后的美学在 19 世纪的俄国得到进一步发展。别林斯基批判地继承了黑格尔的美学思想,不仅奠定了现实主义文艺的美学理论基础,还明确提出:"一切美的事物只能包括在活生生的现实里"④。当然,受黑格尔美学的影响,别林斯基的美学观点仍在"理念"与"生活"之间游移。与别林斯基不同,车尔尼雪夫斯基则做出更为明确地定义:"任何事物,我们在那里面看

---

① [德]康德:《判断力批判》,邓晓芒译,北京:人民出版社,2002 年,第 48 页。
② [德]席勒:《审美教育书简》第十五封信,冯至、范大灿译,上海:上海人民出版社,2003 年,第 120—121 页、123 页。
③ [德]黑格尔:《美学》第一卷,朱光潜译,北京:商务印书馆,2010 年,第 142 页。
④ [俄]别林斯基:《别林斯基论文学》,梁真译,上海:新文艺出版社,1958 年,第 7 页。

得见依照我们的理解应当如此的生活,那就是美的;任何东西,凡是显示出生活或使我们想起生活的,那就是美的"①。车尔尼雪夫斯基"美是生活"的美的本质观,不仅在费尔巴哈哲学基础上对黑格尔"美是理念的感性显现"这一美学观进行了尖锐批判,还扭转了过去从"理念""概念"探讨美学问题的路径转而从艺术与现实生活的角度赋予美学一种深刻的社会生活内容,将"长期以来由德国唯心主义统治着的美学转移到唯物主义的基础上"②,极大促进了现实主义文艺的发展。当然,也因人本主义哲学的局限,车尔尼雪夫斯基尽管抓住社会生活去探究美的本质,却在艺术与现实关系上片面强调现实美而贬低艺术美且未能对"生活"和"美"做出合理阐释,因而也镌刻着时代的理论缺陷。

四、美的本质问题在欧洲的现代转换和当代发展

"美的本质"问题是欧洲传统美学长期思考和研究的焦点,但现代人本主义美学对传统理性主义哲学的反动,尤其是以叔本华、尼采为代表的唯意志主义美学在"非理性""反理性"的个性张扬中不仅开辟了西方现代美学的序幕,更在思想观念和思维方式上撼动了传统思辨性美学的根基。受此影响,20世纪之后的欧洲及整个西方美学,均体现出鲜明的反传统、去中心、反理性色彩,并在"自下而上"的方法变革中代替传统的"自上而下"的形而上学的美学方法,由此也开启了反本质主义以及探寻破解"本质主义"难题的新的美学路径。

在反"本质主义"的美学路径上,以维特根斯坦为代表的分析哲学对传统哲学的批判尤为有力。在《哲学研究》中便对传统哲学中"定义"式的思维模式进行了批判:"能够指着不是红色的东西为'红'这个词下定义吗? ……任何定义都可以被误解。"③在维特根斯坦看来,正因西方语言在"是"(to be)这一"定义"的语言表述上,造成美学问题的混淆。美的本质追求恰恰建立在"美是什么"的基础上,而"美"作为主体面对客体时的审美感受,并不能像"玫瑰是什么"一样进行追问,因为美并非"实体"因而不能像

---

① [俄]车尔尼雪夫斯基:《生活与美学》,周扬译,北京:人民文学出版社,1957年,第6—7页。
② 朱光潜:《西方美学史》,北京:人民文学出版社,1979年,第660页。
③ [英]路德维希·维特根斯坦:《哲学研究》,陈嘉映译,上海:上海人民出版社,2005年,第18页。

具体事物一样做出确切的回答和定义①。此外,"美"既没有固定的本质,也不能下一个一劳永逸的定义,因为它属于维特根斯坦所称谓的"家族相似",正是在"多样性的亲缘关系"及其"开放概念"中②,其内涵外延才不断扩大和变化。从图像、语言及其词性、句型以及家族相似等分析出发,维特根斯坦不仅有力地论证了"美的本质"问题是一个虚幻性的、没有意义的形而上学的伪命题,还在美和艺术的"反本质主义"路径上引发关于"艺术定义"问题的激辩,拓展了美学研究的视野。

由胡塞尔开启,继而由海德格尔、梅洛·庞蒂和杜夫海纳等人继承的现象学出现于 20 世纪初的德国,但在 40 年代到 60 年代的法国达到高潮。与英美分析美学不同,现象学美学并不否定"美的本质",还在西方传统哲学"理解本质,抓住本质"的路径上把"本质"与"直观"结合起来进而强调"本质直观"的方法③,只不过将这种肯定"美的本质"的方式转换到"纯粹直观"的现象学领域内思考,即"朝向事情本身"④。通过本质直观的纯粹现象学还原,现象学美学不但在"意向性"的建构中突破了传统哲学主客观模式的二元对立方式,还将下定义式的"美的本质"思维模式切换到人的生活和生存方式这一主体与对象世界之间的构成"存在"关系之中。据此,无论是胡塞尔的"意向性的构成结构"之意象对象在意象活动中的激活与呈现,还是海德格尔人在世界之中的"实际生活经验本身的形式显示"⑤,或是梅洛·庞蒂坚持"身体"对意义的原发构成性和场域性进而在"整体把握中的世界本身中"重新发现身体⑥,均将传统形而上学的"本质主义"美学模式转换到"在世界中存在"(being-in-the-world)这一现象体验中。恰如杜夫海纳所言:"美不是一个观念,也不是一种模式,而是存在于某些让我们感知的对象中的一种性质,这些对象永远是特殊的",因而对象的美"真正地存在"于"按照适

---

① 张法:《西方当代美学史——现代、后现代、全球化的交响演进(1900 年至今)》,北京:北京师范大学出版社,2020 年,第 19 页。

② 刘悦迪:《分析美学史》,北京:北京大学出版社,2009 年,第 65、69 页。

③ 张祥龙:《现象学学导论七讲:从原著阐发原意》,北京:中国人民大学出版社,2010 年,第 4 页。

④ [德]胡塞尔:《纯粹现象学通论》第一卷,李幼蒸译,北京:商务印书馆,1992 年,第 75 页。

⑤ 张祥龙:《现象学学导论七讲:从原著阐发原意》,北京:中国人民大学出版社,2010 年,第 233、288 页。

⑥ [法]莫里斯·梅洛-庞蒂:《知觉现象学》,姜志辉译,北京:商务印书馆,2001 年,第 512 页。

合于一个感性的、有意义的对象的存在样式存在着"①。

面对传统形而上学哲学对本质、真理和"同一性"的追求,西方马克思主义理论家也进行了激烈批判,尤其是将自我观点标示为"批判理论"的法兰克福学派,更对西方古往今来哲学上追求本源、秩序及对本质真理的企图予以了抨击。在《启蒙辩证法》中,霍克海默和阿多诺便从"否定性"视角将历史视为"可以建构"的"同一性理论的相关物"进而对"理性"概念发起了挑战②。到《否定的辩证法》中,阿多诺从批判哲学视角集中对西方哲学所寻求的不变性秩序予以了否定,并明确提出"对一者来说是本质的东西,对另一者来说可以是非本质的"③,继而在赋予世界以"同一性"和"实证性"企图的彻底否定中提出"星丛"概念,主张"差异"和"矛盾",由此形成了独特的反体系的"否定的辩证法"。

在后结构主义思想脉络中,尤其是以德里达、福柯等人为代表的"解构"理论及其策略,更在批判传统与寻求现代文化重建的出路上将"反本质主义"的哲学思维方式进行的尤为彻底。作为结构的解构,解构主义哲学家的矛头所指便是传统知识论中位居典范的"真理性"体系和本体论,尤其是"揭露西方传统文化的语音中心主义二元对立模式"④进而摆脱西方传统文化的中心主义、本质主义约束。在胡塞尔、海德格尔和列维纳斯等哲学家的思想评述中,德里达通过对"延异"的阐发,试图阐明不受控于"内—外"及"内在性—外在性"结构的无"结构""中心"之"超越本质"的"存在之光"或"现象之光"⑤。在解构的路径上,福柯也在"自我关注"和"自我技术"关系领域对"主体性和真理"问题的思考⑥,摆脱了柏拉图以来对本质的单一性求解,还在自我、他者与社会的"治理术"中形成其多元变化的"主体系谱学"阐释策略。

---

① 〔法〕米盖尔·杜夫海纳:《美学与哲学》,孙非译,北京:中国社会科学出版社,1985年,第19、21页。
② 〔德〕霍克海默、〔德〕阿道尔诺:《启蒙辩证法:哲学断片》,渠敬东、曹卫东译,上海:上海人民出版社,2003年,第255页。
③ 〔德〕阿多诺:《否定的辩证法》,张峰译,上海:上海人民出版社,2020年,第145页。
④ 高宣扬:《后现代论》,北京:中国人民大学出版社,2016年,第242—243页。
⑤ 〔法〕雅克·德里达:《书写与差异》,张宁译,北京:生活·读书·新知三联书店,2001年,第148、164页。
⑥ 〔法〕米歇尔·福柯:《福柯读本》,汪民安主编,北京:北京大学出版社,2010年,第230页。

随着后现代文化政治的转向,利奥塔、鲍德里亚和以保罗·德曼为代表的"耶鲁学派"均在后现代文化转向和解构中消解中心、主流和本质,体现出一种反结构、反主流、去中心的"反本质主义"美学特质。这些后现代主义哲学家或"理论之后"的理论家们在对传统美学模式的理论反驳或视域转换中,在多层次多维度视野上对单一固定的审美本质论的消解,均可视为"美的本质"问题研究上的转轨和超越,也体现了西方当下美学在"美与艺术的重新结合"以及"意义的回归"和"生活的回归"①路径上的发展新方向。

五、美的本质从传统到当代的反思及现实启示

正因现代以来西方美学转型中对欧洲传统美学的批判,尤其是分析美学的影响,当代中国学界也不断质疑和挑战传统美学中"美的本质"思维模式,并在"反本质主义"呼声中主张摆脱甚至否定对"美的本质"问题的探讨。客观说来,西方现代美学视野中对美的本质问题的反思和批判,对摆脱思辨哲学的形而上学思维模式、拓展美学研究空间有着十分积极的意义。与此同时,在当下讨论中,对"美的本质"的批判也存在矫枉过正之嫌,忽视其价值和合理性,因而存在一些理论上的偏执和误读。

欧洲传统美学之所以沉溺于对"美的本质"问题的探讨,其背后隐匿的逻辑是自古希腊以来对本质规律和真理的追求及其长期追寻本体的形而上学思维模式。正是这种对"美是什么"的不断追问,尽管未能在学理上得到统一答案,却使得欧洲率先形成科学的精神与求真的态度,更在宇宙自然世界的真理性认知探索中推动着社会文明与进步。美学从苏格拉底、柏拉图起,便在"美与善的统一"中负载着一定的政治功能。此后的神学美学、文艺复兴人文主义者的美学、英国经验主义和启蒙运动者的美学,也无一不是在美与秩序、美与自然、美与善、美与效用等层面彰显着"美的本质"思考背后的时代吁求。从学术层面看,美的本质问题可谓是美学理论建构的原点与基石,也是中西美学理论形态得以形成、建构和发展的基础。大凡具有"标识性"理论形态的美学建构,无论是柏拉图、亚里士多德,还是康德、黑格尔,乃至20世纪本土语境中以李泽厚"实践美学"为代表的理论形态,无一不是建立在对"美的本质"问题的探寻之上。无怪乎有学者直言:"美的本质问题乃

---

① 高建平:《20世纪西方美学的新变与回归》,《社会科学战线》2020年第10期。

是真正美学基石,舍此没有理论上的完整性,也没有理论形态的美学。"①这种声音的呼应者在中国大有人在,除近年来以张玉能为代表的"新实践美学"在"反本质主义"回击中对"美的本质"问题的肯定和重视外②,长期致力于中国美学史研究的祁志祥也特别强调"研究中国美学史,不能回避对'美'的本质、含义的考量",并认为"一个美本质缺席的美学理论体系是残缺不全的,那种对美的本质毫无己见的美学研究是不能令人信服的"③。可以说,作为建立美学理论体系的逻辑基点,美的本质及其规律从古至今都有着不容忽视且不可回避的合理性。问题在于,既然对"美的本质"的探寻合理且必要,那么该如何看待现代西方美学的"反本质主义"浪潮,又当如何克服传统美学在本质主义思维模式上存在的缺陷呢?

其一,合理区分作为"形而上学"的美的本质和作为"理论问题"的美的本质是必要和可行的。在"反本质主义"论争中,为维护美的本质的合法性,部分论者也发现,以分析美学为代表的对西方传统美学"美的本质"的批判,其实质是对作为"形而上学"思维模式的美的本质的批判,而非否定这一理论问题本身。换句话说,因传统哲学美学执着于对绝对真理的追寻,这使得对"美的本质"的探讨也陷入到对终极永恒的思辨性形而上学的抽象把握中,由此导致美学研究滑向对绝对真理的徒劳无益的深渊中。因思辨形而上学将"哲学问题"混淆为"科学问题"的真理性言说模式"既不能证实又不能证伪"因而无法言说,正是在这一层面上学者们才将"美的本质"视为"一个伪命题"④。客观说来,这种评判和理解颇为合理,因为将"美是什么"视为"伪命题"并非是要反对作为理论问题的"美的本质"及其思考,而是反对这种实证型的作为"形而上学"的美的本质之言说范式和思维路径。这种对美的本质之"形而上学"模式的批判,并不等同于对"美的本质"这一理论问题本身

① 邓晓芒、易中天:《黄与蓝的交响——中西美学比较论》,武汉:武汉大学出版社,2007年,第5页。
② 张玉能先生及其弟子在系列讨论文章中均主张"美的本质"是不可回避的,因为正是"美的本质"的基本确定"规定了一种美学研究的基本性质、基本导向、基本原则,美的本质问题恰恰是美学研究的灵魂。美的本质的基本观点是任何一种美学体系的理论前提和理论悬设"。参见张玉能:《后现代实践转向与美的本质》,《河南社会科学》2014年第1期。
③ 祁志祥:《中国美学史研究的观念更新及路径创新》,《学术月刊》2009年第7期。
④ 参见张法:《为什么美的本质是一个伪命题——从分析哲学的观点看美学基本问题》,《东吴学术》2012年第4期。

的否定,而是试图转换路径与方法,以便更好地进行重新思考。即便是以分析美学为代表的现代西方美学,在"美的本质"的反思批判中,也只是否定作为思辨的古典"形而上学"模式而非否定作为理论问题的"美的本质"的合理意义。

其二,欧洲传统美学在美的本质问题上因深陷形而上学泥淖而被现代美学所摒弃,其最大的症结在于将美视为一个绝对的、终极永恒的实体来考察,不仅使得对美学问题的学术性思考在真理性思维以及对本质和定义的追问中发生意义遮蔽,还在抽象的演绎中陷入封闭的阈限。这种重在思辨的形而上学观念,使得古典美学重在抽象地从客观事物属性或感官精神中探究美的本质,并在主体 / 客体、内容 / 形式、美 / 丑、思维 / 存在等二元对立思维模式中进行逻辑演绎[1],导致美的本质问题日渐封闭。然而,"美的本质"并非固定不拘和封闭不变的,"美"亦非一种客观存在的永恒实体,因而不能采用一种"下定义"的科学方式进行解答,而应转换思维模式,将这一问题的思考"从'美是什么'转化为'因为什么而美'"[2],这便避免了传统形而上学美学追寻本源以及非此即彼的"二元对立"思维模式并将美的本质的思考转移到"以人的活动为中心"[3]的审美活动中,既赋予了美的本质和美学问题思考的开放性,又避免了学者们所担忧的去本质主义思维可能给美学研究带来的不良后果[4]。

其三,美学中"反本质主义"的意义在于扭转传统形而上学美学思维模式,将美的本质问题的思考从古典模式转换到现代美学的多元视野内,进而在多元互动和开放的语境中进行美的本质问题的思考和美学体系的理论建设。这其中,以维特根斯坦为代表的分析美学最具代表性,其"家族相似"原理正是要反对"定义型"的科学式追问,反对将"美"实体化及"主客模式"的二元对立方式,从而对美的本质在开放性的"家族"结构中作出重新阐释,实现对思辨哲学依附性的摆脱。通过对传统形而上学实体性怪圈的抽离,美

---

① 周来祥:《论哲学、美学中主客二元对立思维模式的产生、发展及其辩证解决》,《文艺研究》2005 年第 4 期。
② 徐碧辉:《自然的人化、自由的形式与情感的境像——后现代语境下美的本质的再探索》,《学术月刊》2019 年第 11 期。
③ 高建平:《论审美活动:主客二分的美与美感及其超越》,《学术研究》2021 年第 2 期。
④ 参见张玉能、张弓:《为什么"美的本质"不是伪命题?》,《吉林大学社会科学学报》2013 年第 5 期。

学问题的思考转换到审美活动以及具体的审美艺术现象中采用"不同的角度、不同的途径、不同的问题、不同的要求"[1]进行多层次多角度的话语言说，从而在视阈解结和话语转场中撬开"美的本质"问题的传统枷锁并赋予美学问题无限开放性，最终在美学类型和形态的"多元化"体系建构中不断拓展美学研究的新空间。

由上观之，面对西方自古希腊以来长期占据主导且对20世纪中国美学造成重要影响的"美的本质"问题，我们应该充分汲取传统形而上学美学的合理性，充分重视"美的本质"的重要意义与其对建构体系性美学的作用，并在"反本质主义"的解构弊端中见出事物本质以及美的本质规律的合理性和永恒性，从而避免美学研究在一味追求"反本质主义"的"后理论"语境中坠入一种本质弥散后话语离心的危机中，以解决当下人的生存困境并提升其精神理想。与此同时，也应合理借鉴"反本质主义"的历史经验，避免重蹈古典"形而上学"的模式覆辙，使美学研究走出传统美学封闭狭隘的本质主义思维模式并转向到多元现代的美学路径中以不断开拓美学的新境界。

第二节　20世纪80年代以来意象范畴研究[2]

意象范畴是中国古代文论的核心范畴之一。20世纪80代以来，学术界出现了很多探讨意象范畴的文章，对意象范畴进行了广泛而深入的研究。总体说来，意象研究成绩显著，取得了不少新的突破，但分歧依然存在，进一步探究的空间仍然很大。本文拟对20世纪80年代以来的意象范畴研究状况作一回顾和总结，对一些较有代表性的观点和比较突出的问题加以提出、梳理，希望对新一轮的意象范畴研究有所推助。

一、意象范畴研究状况概述

古典意象范畴研究的兴起，是在对古代文论诸多范畴进行系统研究的大背景下展开的。明确提出全面开展古代文论范畴研究并开拓了研究的新局

---

[1] 李泽厚：《美学四讲》，见《美学三书》，天津：天津社会科学院出版社，2003年，第402页。

[2] 作者杨合林，湖南师范大学文学院教授，湖南省美学学会会长；张绍时，长沙学院副教授。原载《中国文学研究》2014年第3期。

面,是在 20 世纪 80 年代以后。总体说来,意象范畴研究主要表现为三个阶段,每一阶段有不同的特色,情况大致如下:

第一阶段(1980 年至 1989 年)为意象范畴研究的奠基阶段。据初步统计,这一阶段共发表了 72 篇关于古典意象范畴的文章。意象研究的文章虽不多,但是这些研究涉及到意象范畴的概念界定、探源溯流、分类,与形象、兴象、意境的比较研究等方面,奠定了之后意象范畴研究的基本内容和框架。

第二阶段(1990 年至 1999 年)为意象范畴研究的发展阶段。此阶段拓宽了意象研究的领域,视角趋向多样化,重视考察意象范畴与形象、意境、西方意象等范畴的比较研究,并从美学、心理学、文化学等多学科角度对意象范畴的内涵进行了阐释。除了大量探讨意象范畴的文章,此时期还出现了陈植锷的《诗歌意象论》和汪裕雄的《意象探源》两部研究意象的专著。① 前者从意象的溯源、界说,意象与符号,意象的组合、分类、艺术特征,意象统计、意象解诗例说等方面进行了比较全面的探讨。后者分"原起论""基型论""审美论"三编,将意象作为符号性范畴,对它从一般文化领域和哲学领域向审美领域的转换过程作了历史性考察。

第三阶段(2000 年至今)为意象范畴研究的深化阶段。此一时期学界对古典意象范畴的研究有了更为新锐与扎实的拓展。此阶段对意象基本问题的研究也更为深细,如杨明《古籍中"意象"语例之观察》一文较为全面地考察了古籍中意象的使用情况,对古人使用的意象语例,从称说人物、称说山水风景或环境、论画、论书法、论诗文五个方面作了深入分析。② 研究专著有胡雪冈的《意象范畴的流变》,全书分为三编,上编从文论史的角度探讨了"意象"从发生到成熟的过程,中编从文体分类的角度探讨了诗歌意象、词意象、戏曲意象、文章意象、书法意象、绘画意象、音乐意象,下编从横向比较的角度辨析了意象与物象、兴象、形象、意境、气象、境象、景象等相关范畴的异同。③

上述是 20 世纪 80 年代以来意象范畴研究的大致过程,为更全面、深入地把握研究的状况,我们选择几个有代表性的问题,从意象范畴的概念界定、

---

① 参见陈植锷:《诗歌意象论》,北京:社会科学出版社,1990 年;汪裕雄:《意象探源》,合肥:安徽教育出版社,1996 年。

② 杨明:《古籍中"意象"语例之观察》,载章培恒主编:《中国中世文学研究论集》上册,上海:上海古籍出版社,2006 年,第 189—227 页。

③ 参见胡雪冈:《意象范畴的流变》,南昌:百花洲文艺出版社,2002 年。

意象范畴的渊源流变、意象范畴的意涵阐释、意象范畴的研究视角几个方面，对 80 年代以来的意象范畴研究再加审视和解析。

二、意象范畴的概念界定

研究意象范畴，首先碰到的问题就是它的概念界定问题。意象范畴经历了较长的发展演变过程，古人在不同时期对意象概念的使用并不一致，而且古人也几乎没有以定义的方式对意象范畴进行过明确界定，因而学界对意象范畴的理解和界定从一开始就是充满争议的。

80 年代学界对意象范畴的界定多强调意象是意与象的结合。袁行霈认为："意象是融入了主观情意的客观物象，或者是借助客观物象表现出来的主观情意。"[①]他更强调意象是主观与客观内在融合的一个整体，这种界定在学界产生了广泛的影响。在美学领域，叶朗将意象范畴界定为："意象就是形象和情趣的契合。"[②]郁沅《中国古典美学初编》在强调意与象融合的基础上，更突出"意"的作用："所谓'意象'，它不是事物表象的简单再现和综合，它已经融入了作家的思想感情、创作意图等主观因素。它是作家根据事物的特征和自己的情感倾向，对生活表象进行提炼、加工、综合而重新创造的艺术形象。"[③]此时期钱锺书对意象的界定比较独特，他认为"窥意象而运斤"之"意象"即"意"，是"意"的偶词，明代以前所用的意象都是"意"，明人才以"意象"为"意"加"象"。[④]

90 年代学界对意象范畴的界定在 80 年代的基础上有所发展与深入，界定方式也趋向多样化。刘敬瑞、张遂对意象范畴界定为："意象是表现意境的材料，是诗人通过创造性想象，将客观物象感情化后，重新改造变形而组成的具有整体性、象征性特征的诗的形象。"[⑤]刘伟林、徐军强认为意象即"意中之象"。[⑥]

① 袁行霈：《中国古典诗歌的意象》，《文学遗产》1983 年第 4 期。
② 叶朗：《中国美学史大纲》，上海：上海人民出版社，1985 年，第 265 页。
③ 郁沅：《中国古典美学初编》，武汉：长江文艺出版社，1986 年，第 198 页。
④ 详见敏泽：《钱锺书先生谈"意象"》，《文学遗产》2000 年第 2 期。根据此文得知，敏泽于 1983 在《文艺研究》第 3 期发表的《中国古典意象论》一文经过钱锺书先生的详细批改。2000 年，敏泽将钱先生的批改意见整体成《钱锺书先生谈"意象"》一文公开发表，这些修改意见体现了钱先生对意象的独特看法。
⑤ 刘敬瑞、张遂：《意象界说》，《中国韵文学刊》1996 年第 6 期。
⑥ 分别见于刘伟林《意象论》，《华南师范大学学报（社会科学版）》1996 年第 1 期；徐军强《论审美意象的基本特征》，《浙江师大学报（社会科学版）》1997 年第 4 期。

黄展人主编的《文学理论》从多角度界定意象范畴:"意象的概念,从构思和创作过程的角度,可以解释为'意中之象',即在构思中存在于创作主体头脑中的经过审美意识加工的客观事物的表象。……从作品形象整体构成的角度来看,意象是构成某些作品(主要是诗歌)整个形象体系的基本单位,从情意与物象关系的角度来看,意象是创作主体的主观情意与客观物象的相互交融和有机统一。"① 此一界定既指出了意中之象与文本意象两种存在形态,又指出了意与象相互交融的特征。

进入 21 世纪,学界对意象范畴的界定,大致指向两个基本的方面:一是侧重从文本的角度界定意象,即已经物化的、呈现给读者的意象。如李孝佺认为意象是诗人在创作过程中为表达一定的审美理想或思想感情而精心营构的融入了主体的情感、意绪和思想的主客统一的符号化表象。② 陈伯海更为明白地将其表述为,意象即表意之象。③ 一是侧重于创作构思或读者头脑中的意象,即意中之象。如刘惠文、刘浏、朱志荣等都持此种观点。④ 甚至有学者指出意象只存在于艺术家头脑中,而不存在于文本中,如杨善利认为:"意象只是意识中的形象,只存在于诗人的头脑中,除了诗人自己意识到它的存在之外,任何第二者都听不到、看不到、感觉不到它。"⑤ 意象是创作者之情意与物象交融为一的表意之象,它包括构思活动中的"意中之象"与物化为文本的艺术意象两种存在形态。王朝元还指出了意象范畴从"意中之象"到"文本意象"的发展过程:魏晋至宋,意象主要指构思中的形象;宋至明清,意象多指创造出来的艺术形象。⑥ 只不过相比较而言,学界更偏重于意中之象的界定,正如韩经太、陶文鹏所说:"意象之义可以简洁地阐释为'意中之象',这样的阐释是'意象'阐释史本身所积淀而成的最基础性的阐释意向,尽管它似乎显得太简单,但它的存在却是不争的事实。"⑦

---

① 黄展人、贾益民:《文学理论》,广州:暨南大学出版社,1990 年,第 204 页。
② 李孝佺:《中西诗学意象范畴比较论》,《青岛大学师范学院学报》2004 年第 2 期。
③ 陈伯海:《为"意象"正名——古典诗歌意象艺术札记之一》,《江海学刊》2012 年第 2 期。
④ 分别见于刘惠文、刘浏:《论"意象"即"意中之象"》,《鄂州大学学报》2003 年第 2 期;朱志荣:《中国审美理论》,北京:北京大学出版社,2005 年,第 155 页。
⑤ 杨善利:《论中国古典诗歌艺术形象中意象与物象的统一》,《连云港职业技术学院学报》2004 年第 1 期。
⑥ 王朝元:《"意象"诠析》,《广西师范大学学报(哲学社会科学版)》2005 年第 4 期。
⑦ 韩经太、陶文鹏:《也论中国诗学的"意象"与"意境"说——兼与蒋寅先生商榷》,《文学评论》2003 年第 2 期。

三、意象范畴的渊源流变

对意象范畴的探讨，最初是从"意"与"象"的原始义涵及其相互关系着手的。较早探讨意象源头的学者当数敏泽，他认为《周易》关于"意"与"象"关系的论述对后世的"意象论"产生了深远影响，《庄子》舍"象"求"意"被引申为艺术应该含蓄、韵味无穷的思想，从重"意"方面对意象论的产生有重要影响。①

90年代开始，学界对意象范畴源头的考察渐趋深入。杨匡汉从文化角度探讨意象范畴的发生，他认为《周易》重"立象"和《庄子》重"得意"形成互补，是中国意象理论的源头。②孙耀煜认为古典审美意象论的渊源可以追溯至中国汉文字的创造，象形、会意字都是以象表意，用简单、抽象的符号来比喻、象征物象，对意象论的发生具有启发意义。③黄霖认为《尚书·说命上》中提到的三种传说与美学中的"象"颇有关系，尤其是殷高宗武丁自述立傅说为相一事，与意象论的美学思想有相通之处。④

21世纪以来，意象范畴的源头在探索中更显清晰。胡雪冈从中国文化背景出发，指出春秋之前已萌发了"意象"的审美观念，除了《周易》和《庄子》之外，还表现在两个方面：一是在"铸鼎象物"中已形成了"意"与"象"随意应对，用来表示人们的精神意向，这是原始的意象性艺术，二是老子的"象""大象"是主观因素与客观因素相互作用的结合，实际上是意中之象。⑤陈伯海认为《周易》《老子》《庄子》之"象"属于玄理"象"，它构成了诗歌审美意象的一个源头；先秦两汉之间出现的"乐象"说，以乐音效法天地四时而具象征意义，"乐象"作为表意之"象"，它是人文之"象"，构成了意象范畴的另一源头。⑥陈先生比较全面地概括了意象范畴的源头。

关于意象范畴的发展演变也是研究的一个重要方面，一些学者从文论史角度对意象的发展演变进行了梳理和归纳。曾俊伟较早对意象范畴的发展

① 敏泽：《中国古典意象论》，《文艺研究》1983年第3期。
② 杨匡汉：《诗学心裁》，西安：陕西人民出版社，1995年，第144页。
③ 孙耀煜：《中国古代文学原理》，南京：江苏教育出版社，1996年，第188页。
④ 黄霖：《意象系统论》，《学术月刊》1995年第1期。
⑤ 胡雪冈：《意象范畴的流变》，南昌：百花洲文艺出版社，2002年，第3—40页。
⑥ 陈伯海：《释"意象"——中国诗学的生命形态论》，《中国诗学之现代观》，上海：上海古籍出版社，2006年，第146页。

流变进行专门探讨,他指出先秦是意象说的孕育阶段,魏晋南北朝是意象说的形成阶段,唐代是意象说的成熟阶段,宋元明清是意象说的完善阶段。[①] 吴风认为先秦两汉是审美意象的萌芽时期,魏晋南北朝是审美意象的创立时期,唐宋元明是审美意象的展开时期,清代是审美意象的成熟和总结时期。[②] 赵天一《中国古典意象史论》一文将"意象史"分为五个时期:东汉之前为"前意象时期",东汉至唐为"意象的诞生和发展期",宋元为"意象的自觉期",明清是"意象的成熟期",民国至今是"意象的总结期"。[③] 此文探讨了前四个时期即先秦到明清的意象范畴发展历程,这相较之前的研究更为系统、全面,对意象理论的建构及意象研究很有意义。

也有学者不以历史朝代为分期探讨意象史,而是从意象范畴本身的发展流变探讨意象史。王向峰认为意象经过象征意象、想象意象、艺术意象内涵不断扩延的三个阶段,指出《周易》为意"立象",这种象是心理学层面上的象征意象;到了刘勰的"窥意象而运斤"之说,意象具有了审美想象中的形象的意义;到了唐代,意象成为艺术创作主体审美情思形象对象化的一个通用术语。[④] 张利群认为意象的发生过程呈现出三个阶段:一是"意"与"象"分述的孕育期,二是刘勰"意象"论的萌发期,三是历代文论家阐发"意象"并使其理论化的发展期。[⑤] 辛衍君认为中国古典审美意象的发展可分为"易象""意象"和"审美意象"三个发展阶段。[⑥]

四、意象范畴的意涵阐释

意象是一个内涵丰富的文论范畴,对意象范畴意涵的阐释是学界研究意象的一个重要方面。具体说来,学界主要从以下一些方面对意象范畴进行阐发。

---

① 曾俊伟:《"意象"说源流》,《中南民族学院学报》1984 年第 2 期。
② 吴风:《试论中国古典审美意象论的历史嬗变》,《社会科学战线》1996 年第 6 期。
③ 赵天一:《中国古典意象史论》,西南大学博士论文,2012 年。
④ 王向峰:《从〈周易〉到宗白华的意象论——中国意象范畴的历史分析》,《辽宁大学学报(哲学社会科学版)》2003 年第 1 期。
⑤ 张利群:《中国古代意象的发生和表现及其理论构成意义》,《惠州学院学报(社会科学版)》2004 年第 5 期。
⑥ 辛衍君:《从"易象"到"审美意象"——中国古典审美意象的历史嬗变》,《辽宁大学学报(哲学社会科学版)》2005 年第 4 期。

从本质规定角度所作的阐释。顾祖钊认为中国古代意象论可以概括为几个要点：一是意象是"表意之象"；二是意象创造的目的是为了表达"至理"；三是意象的生成方式是"象生于意"；四是意象大多有"奇辟荒诞"的外部特征，是一种"人心营构之象"；五是意象有惊人的表现力和巨大的感召力。[①] 贺天忠认为意象的本质就是物象与主体情、意、理、趣、味相契合而形成的一种意识形态，审美意象的本质就是用语言或其它物质材料塑造艺术形象时显现于人脑中或物化为作品中的含蓄蕴藉性的特殊的意识形态。[②] 屈光认为作家的主观情志（即"意"）与客观对象（即"象"）互感而创造出的具有双重意义即字面意义和隐意的艺术形象称为意象。意象的艺术本质是寄托隐含，字面意义称为外意，隐意称为内意，在古代文论中，有时把意象称为隐。[③]

从哲学底蕴角度所作的阐释。意象范畴的发生与《周易》《老子》《庄子》等哲学著作有着密切关系，它是一个充满哲学底蕴的范畴。王万昌认为古典意象论以"道"为本体，其构成形态是"天人合一"，认知基础是"言不尽意"与"立象以尽意"，审美心理与观照方式是"玄鉴""神思"。[④] 孙振玉认为老子哲学、美学是一种立象观道的人生态度，老子哲学与中国古典意象说之间的关系是一种价值关联而不是理性对应，意象活动中的非理性因素根源于老子哲学价值祈求的影响。[⑤] 郭外岑认为魏晋玄学在人们思维方式和认识方法、社会生活和心理意识、文学创作和语言形式等方面所引起的时代性变革都为"意象"概念的形成和产生提供了根据。[⑥]

从生命形态角度所作的阐释。朱志荣认为审美意象是审美活动中物我双向交流的产物，反映了个体的生命节奏与对象的感性生命的贯通，其核心乃在于情景合一。[⑦] 陈伯海认为意象是诗人生命体验和审美体验的具体显现，而且这一生命活动根溯于宇宙生命的本原，它导向超越性的"道"的境界。[⑧]

① 顾祖钊：《论意象五种》，《中国社会科学》1993 年第 6 期。
② 贺天忠：《"意象"说：中国古代第一个系统的诗学理论》，《襄樊学院学报》2000 年第 6 期。
③ 屈光：《中国古典诗歌意象论》，《中国社会科学》2002 年第 3 期。
④ 王万昌：《"意象"论的哲学底蕴》，《复旦学报（哲学社会科学版）》1993 年第 4 期。
⑤ 孙振玉：《老子哲学与中国古典意象说》，《中国文化研究》2006 年第 2 期。
⑥ 郭外岑：《魏晋玄学与"意象"形成的关系》，《西北师大学报（社会科学版）》1987 年第 2 期。
⑦ 朱志荣：《论审美意象的创构过程》，《苏州大学学报（哲学社会科学版）》2005 年第 3 期。
⑧ 陈伯海：《释"意象"——中国诗学的生命形态论》，见陈伯海《中国诗学之现代观》，上海：上海古籍出版社，2006 年。

郑德聘认为意象之"意"是创作者从自己的生命活动中得到的人生体验、审美体验，是活生生的感性经验，"象"有其多姿多彩、生命鲜活的物象特征，展现了作者的生命情趣和因直感或积淀而得到的生命体验。意象以情性为本，传达的是作者的生命体验，以引起读者的共鸣，达到生命的对话与交流，意象之创作与欣赏就是对自我生命的超越。①

从生成过程角度所作的阐释。关于意象的生成过程，大多数学者认为意象的生成首先是诗人观物之后激发出某种情意，在诗人的头脑中形成呼之欲出的意象，然后通过立象使诗人头脑中的意象物态化，在作品中呈现为审美意象。如杨善利认为中国古典抒情诗审美意象生成的心灵轨迹，实际上是诗人在"实象"的触发下引发的虚幻的想象或联想，由实入虚进而造成虚实相生的"象外之象""象外之意"，再通过对意象的经营组合衍生出的新的意象，构成"象""意"生发无穷的艺术作品的过程。② 这是从创作者的角度来探析意象的生成过程，也有学者把读者接受中的意象也纳入研究范围。如黄霖把意象系统的创作过程与读者接受过程分为五个层面：一是在创作构思过程中"神与物游"所形成的意中之象称"主体性意象"，二是语言文学化过程中的意象称"迹化性意象"，三是表现于作品本体中的意象称"本体性意象"，四是作品本体与读者接受相联系中具有的一种意象称"兴象性意象"，五是读者心中再创造的审美意象称"味外性意象"。③

从基本特征角度所作的阐释。李黎认为意象具有表现性、象征性、创造性、多义性的基本特征。④ 辛刚果认为意象具有想象的真实性、直觉感受性、美感的丰富性的特征。⑤ 吕崇龄认为诗歌意象的审美特征主要是整体性、符号性、象征性、多义性。⑥ 赵国乾认为意象具有主体性、象征性、多义性、承袭性的审美特征，意象蕴涵了含蓄美、朦胧美、自然美、新奇美等审美形态。⑦张

① 郑德聘《从"兴""味""意象"看中国诗学的生命美学精神》，《沈阳教育学院学报》2008年第5期。
② 杨善利：《论中国古典抒情诗审美意象生成的心灵轨迹》，《河北师范大学学报（哲学社会科学版）》2004年第3期。
③ 黄霖：《意象系统论》，《学术月刊》1995年第7期。
④ 李黎：《审美意象初探》，《上海文学》1984年第7期。
⑤ 辛刚果：《"意象"辨析》，《聊城师范学院学报（哲学社会科学版）》1996年第2期。
⑥ 吕崇龄：《诗歌意象的审美心理内涵及审美特征》，《昭通师专学报（社会科学）》1997年第4期。
⑦ 赵国乾：《论中国古典意象的美学意蕴》，《东岳论丛》2005年第6期。

绍时认为意象源自易象,与道密切相关,具有神秘性、象征性、形上性、直观性等特点。[①]学界也出现了一些专门阐释审美意象的某一特征的文章,如胡雪冈《"意象"与"比兴"的关系及其多义性》、许燕《论诗歌意象的模糊性》等。[②]

学界对意象范畴的阐释并不止这些,不同时代、不同研究者因立场、角度的不同,对意象范畴意涵的阐释自也不同。看来这种多元化的阐释格局还将不断持续下去。

五、意象范畴的研究视角

学界研究意象范畴的视角渐趋多样化,概而言之,主要集中在意象的比较研究、从不同学科角度的研究、从文学创作实践角度的研究三个方面。

先谈一谈意象范畴的比较研究。20世纪80年代学术界掀起了"比较文学热",用比较的方法研究意象的文章出现了不少。具体说来,主要集中在以下几方面的比较。

其一,与形象的比较研究。中国古代文论重视意象而较少言及形象,它们两者比较容易区分。陈良运认为从外观之相来看,形象是以客观物象(人物、景物、环境)为蓝本创造出来的,它不应该给读者造成错觉或幻觉的艺术效果,意象则是努力追求一种错觉或幻觉的艺术效果。从内观之性来看,意象相比形象更为含蓄不尽,并具有多义性。[③]

其二,与意境的比较研究。敏泽认为意象与意境相同之处在于两者都包含了主观之意和客观之景、象两个方面,并且都是意与境浑,心与物共,两者都要求意余象外、咫尺万里。两者不同之处在于意象理论直接从《周易》和《庄子》两个源头演化而来,意境理论则是佛教哲学、塑像、绘画等所影响的结果;意象主要指文学作品中"意"与"象"两个不可缺少的方面,意境则是通过形象化的、情景交融的艺术描写,把读者引入充分想象空间的艺术化

① 张绍时:《论"意象"的"形而上质"——从意象与易象的关系说起》,《上饶师范学院学报》2013年第4期。
② 分别见胡雪冈:《"意象"与"比兴"的关系及其多义性》,《温州师院学报(哲学社会科学版)》1989年第2期;许燕:《论诗歌意象的模糊性》,《宁夏大学学报(社会科学版)》1994年第4期。
③ 陈良运:《意象、形象比较说》,《文学遗产》1986年第4期。

境。①陈良运认为意象必有"象",无"象"即是意境;多个意象可成"境",一个意象也可成"境",有变形的、象征性的意象,却无此类意境。②叶朗从美学角度区分了意象与意境,他认为意境除了蕴含意象的规定性之外,还有"象外之象所蕴涵的人生感、历史感、宇宙感的意蕴"的特殊规定性,意境是意象中最富有形而上意味的一种类型,它超越具体的事物和事件揭示了整个人生的意味。③袁行霈《中国古典诗歌的意象》一文认为"意境的范围比较大,通常指整首诗,几句诗,或一句诗所造成的境界;而意象只不过是构成诗歌意境的一些具体的、细小的单位。"④陶文鹏对袁先生的观点提出质疑,他认为两者的关系具有多重性、多变性及双向运动性,并指出:"意象有小于意境的,也有等于意境或大于意境的,它既可以组合成意境,也可以不构成意境。……而作为美学理论范畴来看,二者有不同的性质、内涵、价值和地位,不可轩轾,难分高低。"⑤蒋寅对此提出商榷,他认为:"意象是经作者情感和意识加工的由一个或多个语象组成、具有某种意义自足性的语象结构,是构成诗歌本文的组成部分。意境是一个完整自足的呼唤性的本文。"⑥之后,韩经太、陶文鹏将蒋寅对意象的界定修正为:"意象是由作者依循主、客观感动的原理和个性化的原则艺术加工出来的相对独立的语象结构,它可以由一个或多个语象构成,它具有鲜明的整体形象性和意义自足性。"⑦后来,韩经太、陶文鹏提出意境与意象是"丛生关系",两个范畴有重叠,或者说意象与意境是两个孪生的诗学概念。⑧蒋寅和韩经太、陶文鹏对意象与意境的讨论提出一些新的观点,在学界产生了一定的影响;他们运用西方的话语来阐释中国古代文论,又结合了古代文论和文学创作与发展的实际,对于沟通中西诗学及促进古代文论走向世界"通用"有着重要意义。

其三,中西意象范畴的比较研究。肖君和从中西意象论产生的原因、内

---

① 敏泽:《中国古典意象论》,《文艺研究》1983 年第 3 期。
② 陈良运:《意境、意象异同论》,《学术月刊》1987 年第 8 期。
③ 叶朗:《说意境》,《文艺研究》1998 年第 1 期。
④ 袁行霈:《中国古典诗歌的意象》,《文学遗产》1983 年第 4 期。
⑤ 陶文鹏:《意象与意境关系之我见》,《文学评论》1991 年第 5 期。
⑥ 蒋寅:《语象·物象·意象·意境》,《文学评论》2002 年第 3 期。
⑦ 韩经太、陶文鹏:《也论中国诗学的"意象"与"意境"说——兼与蒋寅先生商榷》,《文学评论》2003 年第 2 期。
⑧ 韩经太、陶文鹏:《中国诗学"意境"阐释的若干问题——与蒋寅先生再讨论》,《北京大学学报(哲学社会科学版)》2007 年第 6 期。

涵、延续时间和适用范围、与今天的文艺实践的关系这四方面论述了两者的不同。[①] 成立分析了中西意象理论经历的不同的演变道路,中国古典意象理论同道、佛、儒哲学思想紧密结合,与中国艺术的抒情写意传统和独特的艺术媒介材料密切相关;它所强调的是审美意象内部的情与理、趣与意、虚与实的统一,并由"意象"说自然而然地发展为"意境"说,追求"象外之象""味外之味""韵外之致"的更高层次的审美意象空间的开拓。西方意象理论因康德关于审美主体性的阐发而兴起,与现代审美心理学同步发展,它所强调的是审美意象的主体性、超越性和非理性方面。[②] 中西意象范畴也存在一些共同特性,阳晓儒认为中西审美意象都具有虚幻性的性质,都是情与景、形式与情感的有机交触。[③] 李孝佺认为中西意象范畴具有表象符号化、比兴象征性、模糊多义性和复现传承性等共同特征。[④]

第二个视角是从不同的学科角度来研究意象范畴。叶朗、薛富兴等从美学角度研究意象。叶朗在《中国美学史大纲》一书中指出"意象是一个标志艺术本体的美学范畴。"[⑤] 后来更提出了"美在意象"的著名论题。薛富兴把意象作为美感三阶段(即感兴、意象、意境)中的第二阶段,他认为意象是美感的具体化,是内在对象化形态的美感,它最能体现人类审美活动的精神特征与内在结构。[⑥] 吴晓、张福荣等从语言符号学角度研究意象。吴晓认为意象作为符号具有自足性、模糊性、非独立性的基本性质,意象符号自身具有生命活力。[⑦] 张福荣认为意象是艺术语言的基本符号,它的能指是"意的象",所指是"象的意",两者共同化合成有意味的形式即意象,意象是主观之意和客观之象的符号统一体。[⑧] 胡伟希从文化学的角度研究意象,他将意象理论及中国思维方式的研究置身于传统文化背景之下,认为先秦时期思维方式是建立在比兴原则上的隐喻意象,魏晋时代思维方式是具有象征意义的提喻意

---

① 肖君和:《论中国古典意象论与西方"意象派"的区别》,《贵州社会科学》1987年第10期。

② 成立:《审美意象范畴论——中西意象理论的历史比较》,《杭州师范学院学报》1990年第1期。

③ 阳晓儒:《中西审美意象比较研究》,《辽宁大学学报(哲学社会科学版)》1995年第3期。

④ 李孝佺:《中西诗学意象范畴比较论》,《青岛大学师范学院学报》2004年第2期。

⑤ 叶朗:《中国美学史大纲》,上海:上海人民出版社,1985年,第265页。

⑥ 薛富兴:《感兴·意象·境界——试论美感的三阶段、三次第》,《烟台大学学报(哲学社会科学版)》2005年第1期。

⑦ 吴晓:《诗歌意象的符号学分析》,《浙江学刊》1989年第4期。

⑧ 张福荣:《意象:艺术语言的基本符号》,《上海大学学报(社会科学版)》2006年第5期。

象,禅宗时期思维方式是讽喻意象,宋明理学思维方式是历史意象。①马明奎从心理学角度研究意象,他从意象的生成和表现两个角度进行探究,对意象运动的心理过程及其与题材结合的叙述关系进行了探讨。②当然,学者并不都是单一从某一学科角度对意象进行研究,不少学者对意象的研究往往涉及到多个学科,如汪裕雄的《意象探源》一书立足于中国古代思维和文化背景的角度来研究意象,借鉴西方符号学、结构学、解释学、心理学、接受美学等理论,探讨了一条中西融合、相互渗透的方法,使意象范畴的研究达到了一个新的高度。

第三个视角是从文学创作实践即作品的角度研究意象。詹福瑞指出:"近些年的中国古代文学理论研究多比较重视文学理论范畴的哲学渊源,然而却忽视了影响文学理论范畴的另一个重要因素,即文学创作的现实基础。"③有部分学者就是结合文学作品来研究意象。吴晟的《中国意象诗探索》一书从中国意象诗的历史发展、中西意象诗的比照、中国意象诗的哲学探究、心理机制、内在构造、禅宗悟性、生命探索、表现手法、价值取向、审美接受、美学意义诸方面对意象诗进行深入研究。④此书针对学界意象理论上的研究与评论上的具体操作脱节的现象,从中国大量文学作品实际——意象诗的角度研究意象范畴,阐发了一些新的理论观点。杨合林《玄言诗研究》一书通过对玄言诗的深入考察,认为玄言诗由体玄悟道向立象尽意的转变使思的言说与诗的言说得到统一,尤其是陶渊明、谢灵运以田园、山水之象写"意",创作了大量意、象圆融的诗篇。玄言诗以立象尽意的方式从实践的层面为意象概念的提出提供了充分的依据。⑤这些探讨对意象范畴的研究无疑是有意义的,因为在文学史上文学理论和文学创作从来就不是泾渭分明的。

实际上,对意象类型和结构的研究,大都也是从文学作品的实际出发进行的。关于意象的分类,袁行霈《中国古典诗歌的意象》一文把意象分为自然界的、社会生活的、人类自身的、人的创造物、人的虚构物五大类。⑥陈植锷

---

① 胡伟希:《意象理论与中国思维方式之变迁》,《复旦学报(社会科学版)》1986年第3期。
② 马明奎:《意象新论》,《中州学刊》2010年第4期。
③ 詹福瑞:《中古文学理论范畴的形成及其特点》,《文学评论》2000年第1期。
④ 吴晟:《中国意象诗探索》,广州:中山大学出版社,2000年。
⑤ 杨合林:《玄言诗研究》,上海:上海古籍出版社,2011年,第249—251页。
⑥ 袁行霈:《中国古典诗歌的意象》,《文学遗产》1983年第4期。

《诗歌意象论》一书从五个方面划分意象：从语言角度分为静态意象和动态意象，从心理学角度分为视觉的、听觉的、触觉的、嗅觉的、味觉的、动觉的、错觉的、联觉的共八种，从内容上分为自然的、人生的、神话的三种，从题材上分为赠别、相思等十四种，从表现功能方面分为比喻性、象征性、描述性三类。[①] 关于意象结构的组合方式，董小玉将意象组合分为递进式、并列式、对比式、辐射式。[②] 吴晟将意象组合分为并列式、对比式、通感式、荒诞式、交替式、辐辏式、叠映式。[③] 他们的研究都是以一定的文学作品作为"实证"材料展开的。

六、意象研究的几点建议

前修未密，后出转精。纵观 20 世纪 80 年代以来的意象范畴研究，从开疆拓土到规模初具，并形成浩荡之势，其间新见不断，成果喜人，特别是在意象范畴的概念界定、渊源流变、意涵阐释、研究视角等方面取得了很大的进展。随着角度的转换、方法的更新、视野的开阔，有关意象范畴一些模糊不清的东西不断变得清晰明白起来。这也标志着中国古代文论研究在不断走向深化，中国古代文论在当下文艺理论发展和文化建设中的地位日显突出。但研究中的不足也是明显的，许多问题上歧见互出，各执一端，问题并未很好解决。这就要求我们：规格化、高品质的学术探讨不仅不能松懈，还应进一步加强。为此，在总结和反思已有研究之得与失的基础上，我们提出以下几点意见，供学者、方家参考，并请予以批评指正。

1. 对历史上的"意象"材料要进行系统考察，既要溯其根源，关注主干，又要扫视其枝叶，但不能以枝叶遮蔽根源和主干。这就要求我们突出重点，抓取主线。如意象在先秦的展开，《周易》不能不是一个首要关注的焦点，从《易经》到《易传》《乐记》，意味着意象从巫术—宗教之象开始转向了哲学、艺术的领域。魏晋六朝是中国文论发展的一个高潮，正是在这个时期，意象作为一个重要的文论术语和范畴开始出现。在这个过程中，王弼和刘勰无疑又是焦点所在，二者之间的联系和分别也是很值得思考和探索的。考察历史上的意象，我们也不能光看材料上是否有"意象"二字，不能为名相所误。其

---

① 陈植锷：《诗歌意象论》，北京：中国社会科学出版社，1990 年，第 127—146 页。
② 董小玉：《诗歌意象结构的审美组合》，《甘肃社会科学》1995 年第 1 期。
③ 吴晟：《诗歌意象组合的几种主要方式》，《文艺理论研究》1997 年第 6 期。

名为意象,其实未必是意象,或者说,与我们所要探讨的意象之间可能关涉并不大。而相反的情况是,虽无意象之名,却有意象之实,如唐宋人标举的"兴象",很显然就代表了意象发展的一个重要阶段。

2. 要深入结合文学作品的实际。文学理论和文学作品的结合不应是简单的拉扯或比附,也就是说,古代文学作品和文学现象不应是作为先入为主的观念和概念的印证之物,而应是导引、推导出观点和见解的原始而基础的材料。在实际的文学活动中,理论、批评与创作从来就是浑然一体的。文学活动构成了文学理论和批评的基础语境。刘勰《文心雕龙·神思》提出"窥意象而运斤",这和他所敏锐地观察到"宋初文咏,体有因革。庄老告退,而山水方滋"①这一文学运动的大势是分不开的。

3. 要将意象范畴研究放到中国古代文论研究的整体之中去,在整体推进中深化对意象范畴的研究,同时让意象范畴的研究助力古代文论的整体推进。因为意象作为中国古代文论体系中的一个核心范畴,它的存在本身就不是孤立的。譬如说,意象范畴和意境范畴就很难分割开来进行研究。而实际上,意象不止是和意境有联系,它与其它文论范畴、命题的关系也是显而易见的。这就要求我们要具有能入能出、宏微并观的研究眼光和视野。

第三节　论美与意象的关系②

一、美的含义界说

我们阐释美与意象的关系,首先涉及到的是"美"和"意象"的含义问题。我们先讨论"美"的含义。无论是"美"还是"意象",都涉及到古代的含义和现代的含义、中国的含义和西方的含义、日常用语和学术用语等问题。但是,它们既有区别,也有相通的地方,否则就无法继承和发展,无法交流和对话。

从不同的角度看,美学中"美"的含义是丰富复杂的。当我们判断物象

---

① 刘勰著、范文澜注:《文心雕龙注》,北京:人民文学出版社,1958年,第67页。
② 作者朱志荣,华东师范大学中文系教授,中华美学学会副会长。原载《社会科学》2022年第2期。

是美的时候,是在判断它具有潜在的审美价值;当我们以意象表述美的感性形态的时候,实际上是以美表述意象的质的规定性;当我们从学理上讨论美的时候,我们是把美作为一种观念来讨论的。美的内涵的这种差异,引发了一定的争议。

现代美学中的"美"的概念,用的是西方美学中的"美"的含义,与中国古代的"美"的含义有一些区别。中国古代的美起源于装饰所带来的视觉效果,体现了审美活动的成果,是人借鉴牛羊角所扎的辫子或羽饰①,在拟象中表达情趣,目的是为了愉悦身心。而后来"美"字的使用,含义是非常广泛的,包括生理快感的"美味"和道德层面的"美德"等,虽然与审美意义上的"美"有着直接、间接的关系,但是中国古代"美"的含义与现代美学中"美"的含义并不相同。尽管如此,古今中外"美"的含义依然有着相通之处。我们在现代美学中讨论"美"的概念,主要以西方美学中常用的"美"的概念为基础,侧重于理念、形而上的意义,指的是审美活动成果中美之为美的特质,其中包含着物象、事象及其背景让主体所获得的身心愉悦,包含着主体的创造,体现着具有普遍意义的审美价值。

同时,我们需要把日常用语中的"美"与美学研究中的"美"区分开来。"美"作为日常口语中的形容词,以及古汉语中的"美"字的含义,与现代美学学科中作为本体的"美"是有区别的。现代美学中的"美""审美"和"美学"等词译自西方。德国来华传教士罗存德1866年出版的《英华词典》把Aesthetics翻译成"佳美之理,审美之理",1873年德国另一位传教士花之安在中文版的《大德国学校论略》里用到了"美学"一词。日本学者西周、中江兆民、小幡甚三郎等人曾经先后用"佳趣论""美妙学""审美学""美学"等词翻译Aesthetics。②从中可见,美学中的美,与日常生活中的美有一定的关联,其中"美""佳""妙"等词都曾经被用来斟酌翻译美。在美学探讨中,学界有人把指称具有潜在审美价值的对象的"美"字,与作为美学本体意义的"美"混为一谈。与日常生活中所用的"美"和"美的"不同,美学中的"美"作为名词,是抽象的概念,是指美之为美的特质。美不是现成物的称谓,物的概念

---

① 参见朱志荣:《商代审美意识研究》,北京:人民出版社,2002年,第52—55页。
② 参见王宏超:《中国现代辞书中的"美学"——"美学"术语的译介与传播》,《学术月刊》2010年第7期。

不是美。我们日常说花是美的，但花与美是截然不同的概念。花是认知判断的结果，美是审美判断的结果。这种判断与感悟和创造在审美活动中是统一的，甚至错觉也包含在美之中。美所指称的对象是在审美活动中物我交融的创造物。而日常生活中的"美的"作为形容词，则是对具体的物象、事象（世相）及其背景的描述。

所谓"美"，从学理上可以分为具体的"形而下"的含义和抽象的"形而上"的含义。从形而下的层面讲，"美"在日常意义上，主要指主体生理的快感，包括味、色、声等方面，虽然常常是身心愉悦、精神享受的基础，但还不能算是严格的审美意义上的美。而形而上的"美"，是本体意义上的美。我从中国古代美学思想出发来界定美的本体，认为美不是一个普通的形容词所描述的日常生活中美的物象或事象，而是指主体在审美活动中通过物我交融，即外在物象或事象及其背景与主体情意融合为一，并且借助于想象力所创构出来的。美的观念与美的形态是统一的。

美是在主客体关系中生成的。在美学界，有学者用"美"来指称具有潜在审美价值的物象或事象及其背景，偏于指对象。但是美并不等于具有潜在审美价值的物象或事象及其背景，也不等于未经主体欣赏活动的艺术品。美之为美的特质存在于人与对象的关系之中。美不是纯然自在的物象或事象及其背景的属性，也不是艺象等审美对象，更不是物质实体。审美对象具有审美价值的潜能，但只是审美活动的基础和前提。物色必须对主体具有吸引力，才能在脑海里孕育美。离开全人类感悟之外的审美对象，其价值没有得到实现。柳宗元说："美不自美，因人而彰。"[①]强调对象的独立存在还不是美，美只有通过主体才能呈现。王阳明说："你未看此花时，此花与汝同归于寂；你来看此花时，则此花颜色一时明白起来。"[②]正是说主体从花获得了感动，感动中包含着审美理想作为中介，其审美价值在人的心中得到了实现。

审美对象的形式与形式感只具有美的潜在价值。审美对象的形式，以其合规律性的特征被主体所认同，超越于实用功利的审美关系。其中的形式规律和秩序感，是审美对象的基础，主要是奠定在生理感受的基础上的。动物

①　《柳宗元全集》，曹明纲标点，上海：上海古籍出版社，1997年，第226页。
②　[明]王阳明：《传习录》下，吴光、钱明、董平、姚延福编：《王阳明全集》，上海：上海古籍出版社，1992年，第107—108页。

也可以有形式规律和秩序感，如蜘蛛结网等。一些物种自身是完善的，但是人的判断就包含着主体同情的心态和情趣，如对癞蛤蟆的美丑判断。癞蛤蟆的形状是造化的产物，是物种正常的生物样态，但是人从自己的眼光判断，把它看成是丑的。物象或事象及其背景，虽然有潜在的审美价值，但正因为有主体的感悟才变得生趣盎然。可见，美基于物象或事象及其背景，又超越于物象或事象及其背景。

美的观念之中包含着审美理想，以及主体在审美活动中对审美理想的运用，即审美尺度。这种审美尺度中包含着情理统一，意识与潜意识的统一。审美价值判断之中既包含着主体基于生理基础判断的合规律性，更包含着主体的人文价值的尺度，两者统一于不同于认知尺度和道德尺度的审美尺度。由于主体是历史生成的，个体是通过文化形态的中介由社会所成就的，因此，审美主体就不是自然生命的个体，而是由文化造就起来的，其中包含着人类文明的积淀。

客观的物象或事象及其背景，即对象具有潜在的审美价值，符合于主体的审美理想。美是主体通过自身在长期的审美实践中所形成的审美理想为尺度，对物象或事象及其背景进行感悟，以自身独特的情思回应客观的物象或事象，"情往似赠，兴来如答"[①]，并伴随着想象力使物我融合为一，在审美活动中创构而成的。这种趣味不仅仅是对象的形式规律及其对主体的感染力，更在于主体的体验和创造。客观的物象与眼中之象之间是有区别的，眼中之象是经过选择的。

在审美活动中，美和美感是统一的。主体通过审美活动进行审美判断，获得所谓美感。这种美感以感官愉悦为基础，同时升华到精神领域。美感中体现了感官快适和精神愉悦的统一。美感是主体对美的判断，是主体的一种身心的愉悦与满足，同时也是主体创造力的一种确证。美中体现着主体的精神价值，而不只是快感。主体在审美体验中获得快感的同时，就包含着审美判断。

在判断美之为美的瞬间，主体也获得了审美的愉悦，即通常所说的美感。我们消解了传统意义上的"美感"这个词，因为"美感"这个词是传统反映论

---

① ［南北朝］刘勰：《文心雕龙·物色》，周振甫译：《文心雕龙今译》，北京：中华书局，1986年，第418页。

的产物，即美是预成的，先有一个固定不变的美，主体心灵对美的反映就是美感。这是主客二元对立思维的产物，尤其不适合表述通过审美活动所生成的美。在审美活动中，物我之间是一种亲和关系。

美是审美判断的结论，主体通过审美体验和创造对物象、事象及其背景进行判断，同时也是对主体情意和创造力的一种体现。美是在审美活动的过程中生成的，必然依赖于主体而存在，既具有普遍性，又是主体通过个体感悟、创造而判断的成果。美是主体通过情感进行感知体验和创造的产物，即主体通过情感的动力进行感悟、借助想象力进行创造，同时作出审美判断。美的本体的特殊性在于它始终不脱离感性形态。美的概念的各种资源无论出自古今，还是出自中外，都可以继承发展，都可以被我们用来进行美学理论建构，这正是它们在当下的价值所在。

作为美学范畴，形而上的美与形而下的美，美之为美的特质与感性形态是统一的，现象与本质是统一的。美是在审美活动中由审美判断得出的结论。审美判断既判断了客观的物象、事象及其背景给我们带来的愉悦感，也判断了我们自身由物象、事象及其背景所引发的情思，还判断了想象力的创造精神。在审美活动中，主体对物象、事象及其背景的感悟（情感体验、情理交融等）、创造和判断在瞬间是浑然一体的。

二、意象含义界说

在中国古代，"意象"一词被专门用作文学艺术评论之后，它的含义大体是固定的。有学者提出要把意象和审美意象区别开来，因为审美意象之外还存在着非审美的意象，那是指从望文生义的角度讲是有意有象的感性形态。从逻辑层面上说，非审美的意象的意，不是审美意象的情意，而是一种意义，比如解剖图，比如通过语言或图像进行道德说教等。如果一定要说有非审美的意象，一是指在审美的历史生成过程中，从原始思维到审美思维的历史进程中，审美意象还没有成熟的形态；二是指认知、道德、宗教领域里的意象，虽然是非审美的意象，常常也借鉴了一定的审美意象的元素。而审美意象的核心是情景交融，通过主体的情意妙悟物象或事象及其背景，并且调动自己的想象力去能动地创构意象。当然，这里的情意之中也包括情理合一等。我们这里所讨论的意象是指狭义的意象，即"审美意象"，其他领域中的意象都是对审美元素的借鉴和利用。

纯然外在的物象,是由"眼中之竹"进入"胸中之竹"所呈现出来的意象,从而满足了人们的精神需要。在意象中,不仅包含着客观的自然物态,而且包含着主观的人格和人文价值,它们在审美的思维方式中是相通的。生活中的具体物象或事象及其背景只是具有潜在价值的审美对象,只有通过主体能动的审美活动,才能动态地生成意象。主体在审美活动中,以物象或事象及其背景为基础,在动情的愉悦中能动创造的产物,这个产物就是意象。主体在感悟和创造中进行判断,并在感悟对象和满足创造欲的同时,生成了被判断为美的意象形态。审美对象只有经过了主体瞬间的感悟、判断和创造三位一体的活动,物我交融为一,创构而成意象。

　　意象中的意,体现了主体在审美活动中的能动性与主导性。意象是主体能动造就的。审美活动既是一种感悟和创造,也是一种审美判断。主体的社会性影响着意象的创构,在作为美的形态的意象中打上了民族和时代的烙印。因此,作为主体通过审美活动在心中所创构的意象,常常具有民族性和时代性。如中国古代的以玉比德,松、竹、梅、兰的审美意味等,都打上了民族的烙印。同时,意象是主体在生命的自由创造中生成的,审美判断包含着对创造的判断。审美活动的感悟与创造,既包含着主体对物象的判断,也是对自身情意和创造的体认。由于审美活动主体的个体气质修养等方面的差异,和特定时刻心境的差异,以及想象能力等创造力的差异,使得主体所创构的意象呈现出大同小异的特点。

　　意象不是意与象的简单叠加,而是物我交融经由想象力创构而成的,是主体能动创造的成果。象包括客观存在的物象、事象及其背景和艺术家所创造的艺术品,意则包括主体以情理交融为核心并且伴随着想象创造的主体心理活动的内容。意象的生成,不只是由物象或事象及其背景所决定,而是在悦目、赏心的审美感悟的基础上,通过审美价值的判断和想象力的创造共同决定的。面对感性生动的物象或事象及其背景,主体则通过审美理想和审美尺度进行回应,由此引发审美判断和创造。从另一个角度讲,审美活动中不只是判断,主体在审美判断过程中创造性地完善了意象。尽管物象或事象及其背景相对明确固定,主体的身心机制具有一定的共同性,但是主体个体的性情气质的差异,主体作为个体能力(包括创造力)的差异,使得瞬间的审美判断呈现出一定的差异,这就使得意象呈现出普遍性和独特性的统一,认同性与创造性的统一。

在意象创构的过程中,意与象不仅仅是物我交融,不仅仅是物象对主体的感动,同时还通过物象或事象映衬出自己的心境,呈现出自己的创造力。主体创构意象,乃以心为镜,映照外物,又返观自身,在跃身大化中,在物我合一中成就自我。审美活动通过心镜对物象的映照,主体的情意融汇于其中。因此,意象既不是纯粹的客观对象,又不是单纯的主观感受,而是主体在客观物象或事象及其背景的基础上,体验、判断、创造的产物。物象或事象及其背景犹如豆浆,情意犹如石膏或盐卤,情意对物象或事象的点化生成意象,犹如石膏或盐卤将豆浆点化生成豆腐。

意象是主体在审美活动中动态生成的,客观的物象或事象及其背景,与主体瞬间的感悟、判断和创造是统一的。这种物我统一的意象,既有其不变的、普遍有效的特征,同时由于意象是主体在每一次审美活动中动态生成的,包含着具体审美个体的独特性,也包含着主体在特定环境、特定时空、特定情境中的独特体验。每一次审美体验都是不可重复的,因此每一次审美活动所创构的意象都具有独特性。具体的形而下的美是由每一次审美活动生成的、体现共性与个性统一的意象。其具体形态是丰富、复杂、多变的。因此,美体现了确定性与不确定性的统一。

与认知所不同的是,认知是透过现象看本质,而审美则始终不脱离感性形态本身。意象中包含着意与象的融合。物象或事象及其背景中包含着美的潜质,这是具有一定的精神价值的潜质。物象或事象及其背景被人所见,其价值或意义便通过主体的审美活动所创构的意象得以呈现。物象或事象及其背景的感性价值,必须通过主体的感悟和想象创构成意象,然后成就其美。《周易》云:"形而上者谓之道,形而下者谓之器。"[①]形而上与形而下,器与道,本质与现象,本体与形态都是统一的。在工艺创造中,意象依托于器而得以呈现,在器中体现意象。

物象或事象及其背景经过主体的感悟判断和创造所创构的意象,最终是体道的。道是美之为美的最后依据,处于物我关系之中。《老子》称其:"迎之不见其首,随之不见其后。"[②]这个道,与感性形态,即"象",是统一的。其本

---

① 周振甫:《周易译注》,北京:中华书局,2013 年,第 265 页。
② 《老子》,[汉]河上公、[三国]王弼注,[汉]严遵指归,刘思禾校点,上海:上海古籍出版社,2013 年,第 30 页。

体结构则具体表现为一气相贯的象、神、道的统一。如中国古代的书法,通过抽象的线条语言传达意味,生成意象,在主体的审美体悟中同样以象体道。美是主体对物象或事象及其背景体验后在心中所创构的意象,意象在感性显现中体道。

三、美是意象

美体现了物我的契合,而物我的契合,就生成呈现为意象的形态。意象作为美的具体形态,其形而上的意义是静态的、单一的,而其形而下的意义则是动态的、多变的。形而下的美是由物我交融所生成的感性形态,这种感性形态中国古代称之为"意象"。形而上的美则呈现为具体的感性意象。具体的美通过感性形态得以表现,意象之中体现着动态生成的过程。审美意义上的美,必须是经过感悟、判断和想象力创造过的物象或事象及其背景,包括主体动情的愉悦,动态生成了物我交融的"意象"。美不是预成的,不是现成品,而是主体在感悟物象或事象及其背景和艺术品的过程中,在特定情境中动态生成的意象。

美不是审美对象,也不是主体的审美感受,而是主体审美活动的成果,这个成果就是主体在审美感悟和判断中所创构的意象。美既基于客观物象或事象及其背景,又需要透过主观的感受或评价,乃至主体通过想象才能获得确证。这种客观物象或事象及其背景同主观感受、判断和创造统一的形态,是主客交融的特殊形态,它就是意象。意象创构的过程,是物我交流的过程,通过主体的能动感悟、判断和创造,生成了感性物态与心灵交融的成果,物我是浑融为一的。这就是意象,就是美。

我认为美是意象,是主体在审美活动中动态创构而成的。意象是主客观统一、物我交融的产物,也就是意与象统一的产物。审美对象不是美,不是意象。审美判断的过程同时是意象生成的过程。主体的审美心理在审美活动中与客观物象统一成为意象,体现着美,是审美活动的成果。在审美活动中,外在的物象或事象及其背景,乃至艺象,以其感性形态,吸引着主体的耳目等感官,让主体产生动情的愉悦,并激发想象力创造出象外之象,使情景交融,从而在心中创构出意象。可见,在中国古代的审美思想中,主客是统一的,意象的感性形态是物与我、情与景交融而成就的心象。因此,美不是物质实体,也不是精神实体,而是主体由感悟物象或事象及其背景所生成的物我交融的意象。意象作为感性形态,既不只是外物,也不只是精神,而是外物与精神的统一。

因此,美的本体寓于具体的意象之中。意象一本万殊,美乃应物现形。具体意象的"万殊"之中体现着美的"一本"。一本,即美之为美的特质,万殊,即在每一次审美活动中所形成的丰富多彩的意象形态。其本质始终不脱离感性形象,是现象与本质的统一,所谓美的现象与"大美"是统一的。主体由感知的身心基础的统一性而带来的审美愉悦,使得意象具有普遍性,而个性差异,特定心境的独特性,则是特殊性的具体表现。意象中体现了主体理想的个性特征。刘勰所谓"求异,唯知音耳"①,这种知音求异的观点,正是对审美活动特殊性的肯定。物象常常符合对称、均衡等客观的形式规律,事象常常符合常规的人伦规范,以此作为身心愉悦的基础,虽然无利害感,但其本身却是无害于主体的身心的,并激发丰富的联想,从而满足主体的创造欲,从中体现了普遍性与个性的统一。美是意象的共相,是抽象的,意象是美的具体呈现。

美的形态不是一个抽象的概念,而是感性具体的意象,这个意象是主体在审美活动中动态生成的,体现了主体的创造精神,具有本体的意义。我们把"美"分为具体的美和抽象的美。美以意象的形态呈现,有其不变的一面,必须符合美之为美的质的规定性。感性物象或事象及其背景,乃至艺象及其价值是大体固定的,主体的生理机制有着共同的特征,其心理功能也是人同此心,心同此理。而美的本体作为特殊的本体,始终不能脱离感性形态而存在。

美是审美活动的成果,是物我交融的产物,美即意象。意象是在物我关系中动态生成的,离象则无美。美是主体通过审美活动在心中所创构的意象。因此,美的本体与意象的本体是统一的,美与意象的概念是对等的,只是称谓的角度不同而已。审美活动创构了意象,也即生成了美。当我们称它是意象的时候,是偏于指称它的感性形态,这种感性形态中体现着审美价值;当我们称它为"美"的时候,我们侧重于说它的审美价值,这是审美判断所得出的结论,而审美价值寓于意象之中。而意象作为美,其存在不但取决于主

---

① ［南北朝］刘勰:《文心雕龙·知音》,周振甫译:《文心雕龙今译》,北京:中华书局,1986年,第439页。

体的价值判断,更在于主体从中映照自我和创造欲的满足。

审美活动只有通过意象才能呈现美。按佛教的"体性"来说,意象的称谓是指其体,美的称谓是指其性,体不离性,性不离体,体、性是统一的,性寓于体之中。意象称谓与美的称谓的关系,犹如醋与酸的关系,醋是体的称谓,酸是性的称谓。美既不只是在物象或事象及其背景,也不只是主体动情的体验,而在主体对物象或事象的体验中,通过想象力所创造的意象。客观的物象或事象及其背景之中包含着美的元素,但本身不是美。美既不独立存在于对象,也不独立存在于主体的情意之中,而是物我交融的创造物的意象。

美始终不脱离感性形态,故以意象的形态呈现。意象作为美的本体形态,是主体感悟体验物象或事象及其背景,通过想象力与精神融为一体的创造物。美所指称的是意象的精神特质。当我们说意象是美的时候,是指在意象创构活动中对意象审美价值判断的结果。妙趣、和谐、充实等,是意象的具体特征,当然也是美的具体特征。当我们形容姑娘像花一样的时候,是在形容姑娘的美,是姑娘跃入眼帘所生成的意象,并且从中伴随着花的想象。

美的特质存在于物我统一的意象之中。美作为物我交融的产物,具体表现为意象。美在现象上表现为主体由审美活动中物我交融所生成的感性形态,这种感性形态在中国古代就被称作"意象"。抽象的美与具体的意象之间是统一的。西方美学中所说的形而上的"美",通过形而下的意象得以呈现。审美活动在意象的生成中成就美。审美活动从审美体验和创造中进行判断,意象创构的过程,就是审美判断的过程。美在意象的生成过程中得以判断。我们以形而下的意象阐释形而上的美,凸显了其中的共相和共同规律。我们把意象界定为美,超越了客体论,超越了主客二元对立的思维方式。如夕阳映照万物,打动人的心灵,于是生成意象,这个意象就是美。意象作为美,不但使物象或事象及其背景在心中生动感人,而且使心灵也变得敞亮起来。

作为一种特殊的美的形态,艺术意象是意象的物化形态,经由构思和语言传达统一。艺术意象作为意象是其所是的存在,通过拟象表达主体的情意,陆机《文赋》有"期穷形而尽相"[①]说。从研究的角度,我们可以把艺术美分为具体的美和抽象的美,意象既包括具体的美,也包括抽象的美。所谓抽象的美,如史前陶器的鱼纹、火纹等各种几何纹,实际上也是基于感性形态的

---

① [晋]陆机著,张少康编:《文赋集释》,北京:人民文学出版社,2002年,第99页。

抽象,虽然其中不直接描摹现实的物象或事象,但依然表征着感性形象,通过调动主体的想象力激活主体的感性体验,因而依然可以创构意象。

我们所讨论的"意象"概念,源自中国古代美学思想,侧重于美的感性形态的含义。我们用中国古代的意象思想来界说美的本体,在研究中可以也必须把美和意象这两个词放到当下美学研究的语境中来,关键是要对它们进行严密的界定。中国古代的意象思想从先秦时代开始萌芽,绵延发展了两千多年,被用来指称中国古代文学艺术中的美,同时适用于一切审美活动中所生成的美。意象作为审美活动的成果,是在审美活动中动态生成的,是主体在物我交融中能动创构的,包含着感悟、判断和创造的统一。审美判断寓于意象的生成过程中,寓于感悟和创造之中。意象的生成过程同时就是审美判断的过程,主体通过想象力使心物交融。这种想象力的作用,使得物象或事象及其背景中包含着主体精神所赋予的象征意味。

总而言之,我们将中国古代的意象概念引入到现代美学理论之中,具体阐释现代美学中的美与中国古代的意象的关系问题。美就是意象,意象就是美,美与意象是一体的。当我们称其为美的时候,就是指称它的特质,当我们称其为意象的时候,我们指称的是它由物我交融所生成的形态。审美活动的过程,就是意象创构的过程。美体现在审美感受中动态生成的意象之中,意象超越了美和美感的简单二分。在审美活动中创构了意象,意象中体现了美与美感的统一性,但是美不能简单等同于快感。美在主体从审美活动中获得美感的同时被判断,其中包括物象、事象及其背景的形式感,也包括与物象、事象及其背景浑然为一的主体情意状态和主体创造的成分。通过主体的审美活动,意与象、物与我统一在一个本体之中。审美活动在欣赏审美对象的同时,审美活动通过创构意象对主体的审美心理进行自我确证。"美是意象"体现着一本万殊的本质。

第四节　本质与边界:反思当代的艺术界定问题 [①]

当下,艺术不断推陈出新,而各种文化语境下人们理解世界的方式也持续变化,在此境况下,艺术理论试图严谨而完善地回应新情况总是困难重重,

---

① 作者赵奎英,南京大学艺术学院教授。本文原载《南京社会科学》2023 年第 6 期。

这典型地体现在回答"艺术是什么"这类问题上。因为前者总是饱含开放与打破自身界限的野心，而后者却始终想通过自我规范来寻求一定的稳定性。这种自我规范的要求最初以"艺术是什么"的问题得到呈现。但在现代艺术体系确立之后，这种较宽泛的提问方式则演化为更明确的形式：即寻求艺术本质与艺术定义。晚近，这一问题又被明确为一种"分类性"的工作，服务于区分艺术与非艺术的目的。纵观理论家们的艺术本质观，我们可以看到，在传统艺术本质论中，我们如果用此目标来审视各类方案，总会发现各自有不足之处。而如果站在现代这种"分类"意识更为明确的语境下，也会觉察到各家方案同样遭遇着种种困难。甚至于，我们会设想是否需要执着于严格的"分类"目标，是否需要重新建构探寻艺术本质这一工作的基本目标？不过反而言之，艺术界定的研究价值也正在于此。它不断向我们抛出疑问，引导我们发现问题，反思问题本身的历史合法性，并思考其未来的理论合理性。这种追问本身也给当代美学重建带来了新的可能性。这也是我们讨论的起点。

一、当代艺术实践边界的新现象

"艺术是什么"现在是以与传统相当不同的方式回归的，它兴盛于一种非常明显的艺术"越界"现象。本文在此则聚焦于三个最典型的现象，即：艺术与生活边界的跨越、艺术与观念的边界跨越、艺术媒介的边界跨越。

第一个现象是艺术与生活的边界跨越。艺术与日常生活的边界困惑在当代语境中已是我们相当熟悉的问题，这也是首先令我们困惑"这是艺术吗"的文化情境。这带来了三个迫切需要面对的问题：一是，传统审美风格乃至现代艺术风格往往会迅速地被日常文化生产所吸纳。这不仅带来了雅俗边界的消失，而且还让"美"是否能作为判断"艺术"的标准这个问题充满了疑问。二是，历史先锋派的艺术策略是试图将艺术经验推广至日常生活，并通过广泛挪用消费文化风格及其制造复制技术，来反讽精英艺术与高雅艺术，这同样冲击了艺术与非艺术的边界，并在评判艺术价值上造成了很大的困难。三是，当代艺术风格的一种极端现象是波普艺术、装置艺术、观念艺术等创作中可感要素的消退，比如作品的形象外观，等等。这也为回答"艺术是什么"带来了困难。因为，从艺术史的一般发展来看，尽管心灵、情感、观念越来越具有重要性，但感官形式上的可辨识和可评价其实一直是艺术品得以辨别的关键而基础性的因素。

第二个现象是艺术与观念的边界跨越。艺术与观念的边界问题自柏拉图、亚里士多德时期开始便是一个核心问题，并且它的重要性在黑格尔的艺术史观中到达了顶峰。在当代重提该问题，这是因为从艺术现象上来说，一直以来的艺术感性因素与概念因素之间的张力最终消失了。按照丹托的说法即"对象接近于零，而其理论却接近于无限"①。艺术与观念的边界争议在许多方面挑战了我们对于"艺术是什么"的思考。它首先提醒我们思考：究竟艺术本质与什么有关？是艺术创造的意图及过程，还是艺术品这种在多数情况下更具"物质性"的可辨实体？它同时提醒我们注意到"艺术是什么"这个问题究竟是在追问"艺术是什么"，还是"艺术品是什么"？并且，它从另一个角度让我们思考，"美"和"审美"的标准在回答"艺术是什么"时是否还具有效性？"美"与"审美"又应如何去理解？或许，当回答艺术本质变得越来越不确定之时，我们并不需要重新思考什么是"美"与"审美"？

第三个现象是艺术媒介的边界跨越。思考艺术媒介的边界跨越问题对艺术界定之所以重要，不仅是因为格林伯格所追求的艺术纯粹性。更重要的是，它让我们反思当初艺术理论得以划分艺术门类的媒介基础，这种划分其实是基于不同感知的。而从不同艺术史时期所出现的视觉主导性或听觉主导性来看，这种基于感知的媒介划分也是回答"艺术是什么"重要途径之一。但在当下情境中，这种媒介区分也遭遇了重大挑战。

所谓的跨媒介有两种基本情况，一种是艺术内部的跨媒介现象，一种是艺术与广义文化环境之间发生的跨媒介现象。艺术与广义文化环境之间发生的跨媒介现象则困难得多，尤其值得关注的是数字技术介入后的媒介语境，即全息影像、数据可视化、地理空间可视化、空间多媒体、实验影像等这些新形式的出现。这种新媒介语境对我们的感知方式和艺术存在的可能形式都构成了极大的冲击，无论是艺术创作、还是艺术欣赏都面对着一种陌生的环境。它们对艺术边界问题至少构成了如下四方面的冲击。

第一，数字介质的出现及其符号的生产方式与存储方式与一般艺术媒介有着根本差异。如果我们考虑到机器学习"创作"出一幅伦勃朗风格画作的现象，如果我们准备迎接一个 AI 策展的未来，那么，这种底层数据结构化方

---

① ［美］丹托：《艺术的终结》，欧阳英译，南京：江苏人民出版社，2001 年，第 126 页。

式会不会对我们思考基于这种技术的艺术作品带来变化？

第二，即使我们认为，具体的艺术创作只需掌握一系列如图像软件、AI建模软件等这类技术操作，而不必了解数据底层的运作逻辑，但仍不能避免这些底层逻辑对于艺术作品的影响。因为这根本上影响了艺术品实体的稳定性。若是如声谱可视化等技术那样，数字所记录的内容可以选择不同模拟媒介来呈现，表现为可视、可听、可触的信息，那么欣赏者最终所接触的"作品"其实是可选而易变的。这是人们一般所赞赏的数字艺术交互性，但它同样为我们思考"艺术是什么"带来了前所未有的困难。至少，在这种新的跨媒介艺术实践中，"艺术"过程的稳定性与"艺术品"的稳定性都变得难以实现。

第三，尽管跨媒介形式下的艺术品仍然可能包含一种可感形式，但这种"可感性"本身是否会发生根本的变化？对于当代仍在考虑是否能以某种审美功能论来探寻艺术本质的理论来说，这会不会根本上影响我们进入思考的角度？

第四，当我们综合来考虑艺术与观念之间的边界跨越，以及因跨媒介而产生的艺术边界问题时，我们会发现现代艺术发展中有着两种截然相反的走势：前者的发展带来了去可感性的发展，而后者则将带来可感性的重构。并且在数据可视化等这些具体实践下，我们还能观察到这两种走势是可能并行发展，甚至是共生的。

第五，当施特凡纳的数字艺术这类创作出现时，我们会更深切地意识到传统中"艺术是什么"问题实则存在着对传统"艺术家创作"与"艺术品"观念的依赖。在不同场合回答"艺术是什么"时，人们总是心照不宣地选择了其中的一个视角。而且，在当代跨媒介艺术案例面前，这两个依据却都以变体的形式出现，这也让人们对"艺术是什么"的判断标准变得更加似是而非。

"艺术是什么"的回答能否解释这种新处境？

综合来看，在当代艺术实践语境下，无论是艺术与生活、艺术与观念、还是跨媒介情境都为艺术发展提供了一系列的机遇，同时也向艺术本质观展示了一系列问题。在很大程度上，我们可以认为这些问题是传统艺术本质观所遭遇的基本问题的变体，这些问题包括：（1）所谓的艺术本质应着眼于"艺术"、艺术过程，还是艺术品？（2）如何在新的形势下看待审美功能对于艺术本质的价值？（3）我们如何看待艺术本质讨论中一直试图解决的连续性与统一性问题？

二、传统艺术本质观及其反思

传统的艺术本质观往往习惯于根据艺术品某些统一的本质属性来界定艺术。受到理论家各自艺术本体观的影响，他们往往或是聚焦于艺术品实体，或是聚焦于艺术家创作，从艺术品的再现属性、表现属性与形式属性来判断艺术是什么。

以再现属性为标准的代表理论是柏拉图及其后各种版本的模仿说与再现说。这种观点主张艺术是现实的模仿或再现。尽管按照塔塔尔凯维奇的梳理，那时的"艺术"还只是指"技艺"，但当18世纪艺术体系确立时，这种传统沿袭的标准却是各门艺术统一于"艺术"之下的依据，成为"艺术是什么"的一个答案。但模仿说与再现说在不同的语境下也存在着解释上的差异。以表现属性为标准的代表理论包括了克罗齐的"艺术即直觉""直觉即表现"说，科林伍德的"艺术即表现""艺术即想象"说，托尔斯泰的艺术情感说，等等。这种艺术定义都将视线聚焦在于艺术创作与艺术欣赏时主体的情感与心灵状态上，从而艺术家在艺术本质判定中扮演了比"艺术品"更重要的角色。以形式属性为标准的理论包括诸多形式主义的说法，有弗莱和克莱夫·贝尔的"有意味的形式"说法，苏珊·朗格的"情感的符号形式"的说法。值得注意的是，这种形式主义的路径尽管都以艺术品的纯形式为其本质属性，但他们对形式属性的推崇背后都不约而同的包含了审美情感与观念的评判。

我们大致可以根据上述这些方案来考察艺术本质，但深究来看，这些单一属性的标准显然是不够充分的，上述的简略概括便已体现出了本质论思路下艺术界定的含糊性。

首先，传统艺术本质观已不同程度地涉及了心理学、认识论、形式主义及本体论方面的内容，往往是兼具了几种属性。其二，传统艺术本质观的另一含糊之处体现在，"定义"究竟是在界定"艺术"，还是在界定"艺术"过程或是"艺术品"？理论家们其实一直没有充分自觉。其三，不同艺术本质观中所包含的价值评判与去价值评判也是冲突的。因为传统的艺术本质观一直有从评价性角度来使用"艺术"一词的现象，这种情况在今天也仍然是存在的。因此，艺术本质问题是否要牵涉价值评判，仍然值得思考。

传统艺术本质方案的含糊性其实源于早期艺术本质论提出者对其理论目标的不甚明确,高建平教授将这种情况归结于艺术定义的描述性与规范性共存的情况。这也是我们现在通常会将艺术界定的问题意识视为一个现代现象的原因。同时,上述这些含糊性其实反映了在对艺术本体的不同理解下,艺术本质规划、艺术理论与艺术实践之间的某种处境。这三者的矛盾与冲突,及其随语境变化的冲突而形成的张力,它们所暴露的根本问题,其实可视为艺术本质探寻一直以来拥有生命力并具有理论重要性的内在动力。

三、当今艺术理论应对界定的四种路径

基于上文中所考察的艺术界定面临的新语境,以及传统艺术本质观所面临的理论困难,我们可以从以下四个角度来看待当代理论家讨论艺术界定时所采取的不同策略:否定、限定、约定、开放。这其中,除了学界一般已经熟悉的阿瑟·丹托、乔治·迪基、诺埃尔·卡罗尔、列文森、比尔兹列等为代表的艺术界定方案外,开启了艺术界定否定立场的观点可能需要投入更多的关注,因为在一定程度上,正是他们的理论从不同角度揭示了艺术界定这一理论追求本身的限制。

(一)对艺术界定的"否定"

一般认为,20 世纪反思艺术界定方案的标志性理论是魏兹(Morris Weitz)和肯尼克(Willian Kennick)从语言分析方法着眼提出的艺术不可定义说。不过按照晚近托马斯·阿达吉安(Thomas Adajian)的概括,当代对艺术界定的质疑是在更开阔的视角下进行的。他介绍了八种视角:第一种是艺术哲学领域内以魏兹为代表的看法。第二种是蒂尔曼的看法,他认为表现、形式等这些概念在传统中被视为是艺术的本质属性,但这其实只关涉这些概念作为语词在哲学传统中是如何被使用的。第三种是指克里斯特勒从概念史出发对"艺术"的研究。第四种是杰弗里·迪安(Jeffery Dean)基于认知心理学、语言学和心灵哲学的视野,指出艺术界定本身受到了充分必要条件要求的误导。一种"艺术"的概念框架会引导我们把分类和评价判断作为共识。第五种观点以马格-维德希尔和马格努斯(Mag Uidhir and Magnus)为代表,他们从"艺术"概念所服务的功能着眼,指出"艺术"概念总是用于不同的目的,此也不存在统一的"艺术"概念。第六种是马克思主义视角下伊格尔顿对审美意识形态的分析。他质疑了以审美功能为依据的

艺术本质论,进而揭示出艺术本质规划忽视了社会条件本身在其中的作用。第七种是对艺术界定方案的女性主义批判,这包括了一系列质疑。第八种是洛佩斯(Dominic McIver Lopes)所质疑的传统以艺术品为中心寻找其本质属性的思路。从各种定义来看,以艺术品为中心的艺术定义其实各有偏好。因此,没有统一的"艺术"(art),只有门类艺术(arts)。[①]

阿达吉安所例举的这些质疑较全面地展现了否定艺术界定立场所持的种种理由,当然这一梳理也揭示了当代艺术界定问题背后的理论语境。毕竟,随着20世纪下半叶反本质主义、怀疑主义的兴起,文化领域早已开始整体批判总体性意识,质疑将世界复杂性还原至某些基础现象或基本原理的习惯思维。在此背景下,否定艺术界定的立场也是其中的一个必然结果。不过,从艺术界定的问题意识本身如何确立,以及当代的种种质疑如何影响了艺术界定的重构思路等来看,本文以为还可就上述视角稍作提炼。因此,本文以为还需聚焦到冲击艺术界定方案的几种问题意识的转向上来。

第一个方向是克里斯特勒在《现代艺术体系》中从艺术史角度所做的分析。第二个值得重视的是维斯根斯坦语言分析方法影响下的反本质主义艺术界定观。具体而言,魏兹和肯尼克在文章中指出的几个问题,都对之后艺术界定方案的重构有引领思路的作用。就此而言,学界往往在谈到艺术界定时就会提到这一主张,这显然是有理由的。

其一,魏兹认为艺术界定方案是在寻找一个本质属性,但艺术品并没有共同的本质属性,这只是一种假设。其二,他们所批评的艺术定义有着特殊的结构,即通过提供某些充分必要条件来给出一个艺术定义。其三,正是在魏兹、肯尼克等人的讨论中,艺术界定的提问方式和分析对象发生了改变。"艺术"提问的方式改变了:"艺术"概念的逻辑从要回答"艺术是什么",转到了回答艺术"是哪种类型的概念"。相应的,魏兹等人的批评对象也转向了作为概念被使用的"艺术"这一语词。它不是针对纷繁的艺术现象并试图寻找出它们的某些一致属性,而是要应对艺术哲学家或批评家在使用"艺术"这个概念时遭遇的困难,以及正确使用"艺术"概念所需的条件。其四,

---

① See Thomas Adajian, "The Definition of Art", Edward N. Zalta ed., The Stanford Encyclopedia of Philosophy(Spring 2022 Edition), https://plato.stanford.edu/archives/spr2022/ entries/art-definition/, Oct23rd, 2007.

在魏兹谈到艺术的本质属性时,他多多少少意识到了这些本质属性的作用是让艺术区别于其他事物,但在他对以往各种定义的评述中,并未明确意识到这一点。[①] 上述这些思路大体暗示了后期艺术界定的各种可能方向。

第三个值得注意的,是使用"艺术"概念时的分类意识。这一意识在克里斯特勒、魏兹、肯尼克、塔塔尔凯维奇的研究中就已有所显现。又在迪基、迪安、卡罗尔等人的研究中日益明确。迪基在根据艺术制度理论来界定艺术品时,反复强调这是从分类意义,而不是从评价意义上来界定的。诺埃尔·卡罗尔将这种界定艺术的意图总结为"辨识艺术"的需要。这一认识直接质疑了二十世纪下半叶以来,艺术哲学的诸种艺术本质规划的根本立论点,将问题转向于借助"艺术"概念来引导分类的问题。

第四个需要注意的是从一元论到多元论的意识。众多理论家都意识到为"艺术"寻找统一的本质属性是不可能的。他们主张艺术概念的多元论。也就是说,可以有多个"艺术"概念,这些概念适用于不同的范围,但在多数情况下,评论家们又可以直接使用"艺术"一词进行讨论,而无需特地指明那是哪一种"艺术"概念。[②]

上述这四个方向彰显了从艺术史、语言学、认知论出发所发现的"艺术是什么"这一疑问遮蔽下的种种预设,并提示了考察当代的艺术界定方案所需应对的新情境。可以说,正是艺术界定的否定立场对原初"艺术是什么"问题的多方位澄清,启发了艺术界定者可能采取的解决思路。

(二) 对艺术界定的"限定"

鉴于上述质疑,尤其是一种应对多元论的要求,重构艺术本质的一种思路是通过提供限定性条件来探寻本质。我们在纳尔逊·古德曼的"何时为艺术"观和比尔兹列的"审美价值"观中都能看到这一策略。所谓"限定"指的是,对于艺术界定时所遭遇的因不同评判标准、案例情境、"艺术"术语所服务的功能等因素会带来混乱,理论家并不否认会因此而会面临的困境,但他们会在策略上把问题聚焦到某个因素,即强调讨论者所重点关注的某个方面,以此来介入艺术界定的探讨。

---

① 本段魏茨观点的相关内容均见 Morris Weitz, "The Role of Theory in Aesthetics", *The Journal of Aesthetics and Art Criticism*, Vol. 15, No. 1, 1956, pp.27–35。

② See Christy Mag Uidhir and P. D. Magnus, "Art Concept Pluralism", *Metaphilosophy*, 2011, Vol. 42, No. 1, pp.83–97。

纳尔逊·古德曼在《何时是艺术》一文中从艺术符号论的视域出发,转换了艺术本质的问题,提出"何时为艺术"的思考。①这是指一个事物在某些情况下承担了作为艺术符号的功能,但在别的情况下,它们可能只是事物,承担着其他的功能。比如一块陈列在博物馆的石头是艺术,而它出现在路边便只是一块石头。这时,对于什么是艺术品的判断,其实就只是那事物何时是艺术的问题。通过这种方式,古德曼把艺术界定的讨论锁定在了某个艺术品作为符号的可控范围内。门罗·比尔兹列(Monroe C. Beardsley)是另一位用"限定"的策略来处理艺术界定难题的人。他根据艺术品所服务的审美功能来界定艺术。

(三)对艺术界定的"约定"

重构艺术本质的另一思路是在一定社会文化语境下来暂时地约定"艺术是什么"。我们可以追溯到两位学者的观点。

阿瑟·丹托用艺术理论、艺术史知识系统来约定特定历史条件下"艺术是什么",这是一种更强调知识系统约定性地赋予某件作品以"意义"的结果。②乔治·迪基则从特定的艺术制度系统——其实是文化惯例的角度来约定艺术品能够获得其被欣赏资格的社会条件。③对于"约定"的约束性条件,迪基与其他论争者之间存有争议。对于学界来说,艺术制度理论横空出世,它给"艺术"带来的最震撼之处便是我们把判断艺术品之所以是艺术品的理由放在了外在于艺术品本身的外部环境上。这种立场在丹托、卡罗尔、斯蒂芬·戴维斯等人的观点中都有所体现。不过,迪基本人所主张的是更为持重的观点。他的"艺术是什么"回答的是在一定的文化体系及其实践下,"艺术"身份如何被艺术界行动者在创造某种人工制品过程中获得的。他后期艺术制度理论所提供的则是一个内部自指涉、自约束的五定义体系。

可见,在艺术界定中采取的约定策略主要还是一种文化上的约定性。这种策略很大程度上回应了否定性主张中所揭示出的"艺术"只是一种分类概

---

① [美]古德曼:《何时为艺术》,载古德曼:《艺术语言》,褚朔维译,北京:光明日报出版社1990年,第244页。

② 参见[美]阿瑟·丹托:《艺术世界》,王春辰译,载钟永诚主编《艺术家茶座》(第3辑),济南:山东人民出版社,2005年。

③ See George Dickie, *Aesthetics: An Introduction,* Indianapolis: Pegasus, 1971. George Dickie, *Art and the Aesthetic,* Ithaca, NY: Cornell University Press, 1974. And George Dickie, *The Art Circle*, New York: Haven, 1984.

念的意识。实际上,从迪基率先在其艺术定义中选择其分类意义而搁置"艺术"概念亦可用于评价性意义的作法,到丹托指出一个作品所处的理由话语体系是让沃霍尔的作品有别于货架上的布里奥盒子,再至诺埃尔·卡罗尔所指出的艺术界定其实是在追求辨识艺术的看法,及至洛佩斯在《无人需要一个艺术理论》中所指出的"艺术"其实有一个分类的目标的看法,都表明"艺术"身份意识正随着深入讨论艺术界定问题而兴起。也就是说,艺术品作为一类人工制品,它并不同于其他人类文化产品。

(四)对艺术界定的"开放"

在很大程度上,以上对艺术本质的"限定"或"约定"都是通过把讨论的对象限定于艺术品来实现的,但即使这样做,"艺术品"身份依然并不稳定。因此,艺术界定思考的另一思路则是通过方案的足够开放来容纳面临着各种挑战的艺术品身份。鉴于上述反思艺术定义的不同思路,"开放"可以从各个角度开展。

首先是开放概念的策略,这包括了家族相似概念和析取性定义。魏茨的家族相似论和贝伊斯·高特(Berys Gaut)的"簇概念"方案都比较有代表性。魏茨从使用"艺术"概念的角度追问如何能把这个概念应用于不同的情况? 因此,他受到维特根斯坦的影响,提出了有关艺术本质的家族相似策略。简单地说,"艺术"一词可以应用于传统艺术、前卫艺术等各种不同类型的艺术。之所以如此,是由于"艺术"名下的不同作品之间总有些彼此交错的相似之处,从而这些艺术品可以交互联系在一起。但这并不是说艺术品都共享了某一种相似、或者说分享了共同的本质。持相似看法的还有曼德尔鲍姆(Maurice Mandelbaum)。

第二种策略可以概括为是历史的开放性,代表人物是杰罗尔德·列文森和诺埃尔·卡罗尔。这在斯蒂芬·戴维斯等人的研究里又被称作历史主义的艺术定义。列文森和卡罗尔都强调艺术史传统为当下艺术所提供的合法性。列文森的意图 - 历史论认为,一件作品之所以是艺术品,是因为它被"正确地"看待为艺术品。也就是说,一个人按照艺术史中已被认可的看待艺术品的方式去对待当下的作品。[①]这种方案试图在艺术家创作艺术品的意图与

---

① Jerrold Levinson, "Refining Art Historically", *The Journal of Aesthetics and Art Criticism*, 1989, Vol. 47, No. 1, pp.21–33, 24.

之前艺术品被对看待的关系间建立一种连续性。卡罗尔则是从艺术实践与艺术过程的角度重新思考了"艺术是什么"这个问题。其目的是指出当前作品与艺术史中的艺术品之间存在着一些关联，从而把新作品置于艺术传统的序列中去。[①] 在一定程度上，该策略是通过淡化新旧艺术品之间创作路径上的骤然差别，建立起彼此的宽松联系而实现的。

第三种策略可称之为审美经验的开放性。这种策略一定程度上是对传统艺术定义中审美功能论的新发展。当杜威称"艺术即经验"时，他通过打破传统纯审美经验的限制，开放了一直以来被视为艺术本质标准的审美经验。这种开放性一方面体现在杜威不再是以艺术品为核心来界定艺术。另一方面，通过把审美经验拓展到"一个经验"和生活经验，一种审美地知觉世界的方式，杜威其实是把整体的艺术活动过程、甚至各种审美性的文化活动都纳入到"艺术"关照的范围。[②]

从上述列举的种种方案来看，围绕否定立场对艺术界定方案的各方位驳斥，理论家们或是通过放宽"艺术"概念使用的条件，或是通过限制"艺术是什么"问题所要回应的问题域及其语境，试图在当下的复杂语境中给出一个可以相对有效地使用"艺术"的条件。这在一定程度上是成功的。在面临数字艺术、跨媒介艺术、亚文化艺术等各种特异现象时，理论家总是可以找到某个适用的答案，并回避艺术本质探寻中可能会遭遇的问题。不过，这些方案也是存在着一些问题。比如：它们都回避了最初的"艺术是什么"这个问题；这些方案尽管能够在一定程度上解答跨文化语境下"什么是艺术"的问题，但却有可能掩饰跨文化、跨媒介语境本身对"艺术是什么"带来的潜在而根本的变化；将追问艺术本质问题限定为一个文化分类的工作，这符合人类介入世界、理解世界的最初心理需求，但它又是易于被简化的方案，从而也是片面的。

就此而言，我们或许需要从根本上转变现代艺术本质争论以来为之提出的理论目标，即从分类意义上思考艺术品本质的做法。当代艺术的发展，打破了艺术图像与一般图像、艺术物品与日常物品、艺术与手工艺、艺术与文献等等间的界限，使艺术本质的规定成为紧迫的问题。而如果我们意识到艺术

① 参见［美］卡罗尔：《艺术、历史与叙事》《超越美学》，李媛媛译，北京：商务印书馆，2006年。
② ［美］杜威：《艺术即经验》，高建平译，北京：商务印书馆，2005年。

本体观在一开始便对本质思考所带来的影响,那么对这种艺术本质的思考或许也回到艺术本体论与艺术本质论的最初关系,把当下已限定了的"艺术定义"再次拓展到艺术本体的考察下才能获得新的出发点。

这一点在新的跨媒介语境下会更加具有问题性。因为,我们此时会再次遭遇人类试图回答"艺术是什么"时碰到的困难。如上所述,某种程度上,我们所身处的世界正在发生根本的变化,而这会从根本上改变我们与这个世界接触的底层逻辑,也会改变我们感知这个世界的方式。或许,我们需要重新回到追问"艺术是什么"的初始方式,立足艺术作品的存在实情,以一种持续体验和描述的途径,把艺术呈现给我们的东西呈于笔端,而不是在语言分析的链条上持续艺术界定知识的生产。这些知识在逻辑上看起来也许是严密的,但纵观来言,艺术的开放性路径,尤其现象学存在论路径或许能提供更多的启发之处。开放路径中的析取式定义总体上可以诉诸一种艺术界共识的方式,为辨识艺术与非艺术提供一些相对稳定但又具有灵活性的标准。而存在论的路径则提供了一种通过重新确立艺术本体论立场,对艺术本质的判断。这方面,我们所熟悉的海德格尔便是一个代表。海德格尔对艺术本质的思考早于艺术哲学领域对该问题的全面清理。当然,他对艺术本质的思考也不能限定在艺术定义的框架之下。在《艺术作品的本源》中,他的思路不同于关注严格界定艺术的艺术本质观,而是从其艺术本体论的思考来考察艺术的本质。这基于一种艺术本体论的理解而进行的艺术本质探询对于我们开阔视域显然是极有启迪性的。

第五节　当代西方左翼美学的艺术本体论 [1]

1917年马塞尔·杜尚把一个小便池放在了艺术展览会上,这个小便池就成了艺术品。这件事件宣告了艺术新时代的来临,即普通物品与艺术品的分界已经模糊了。此后数年,达达主义、超现实主义、极简主义等各种新潮艺术纷纷登上艺术殿堂。1964年美国艺术家安迪·沃霍尔(Andy Warhol)展出了自己的作品《布里洛盒子》(*Brillo Boxes*)——工业生产的布里洛肥皂

---

[1] 作者韩振江,上海交通大学人文学院教授。原载《外语与外语教学》2021年第1期。原题:《物与艺术本体——当代激进左翼美学对艺术本体论的探索》。

盒。安迪·沃霍尔的波普艺术习惯把明星画、包装纸、动漫人物、工业产品等直接用作艺术品的对象。那么,后现代主义抛给大家的问题是:当日常用品与艺术品没有区别了,那么艺术与非艺术的界限何在？如果你家的铁锹、雪铲、自行车、手电筒、小便盆、广告画都可以成为熠熠闪光的艺术品,那我家的这些日常用品是否也是艺术呢？更进一步说,艺术还有没有所谓的本质？艺术定义是什么？虽然丹托较早地对这一问题进行了系统的思考,而且我们对丹托的艺术终结论和美学观点比较熟悉,但是我们还忽视了丹托的同时代的艺术理论家和美学家的思考。当代激进左翼文论家们阿甘本、齐泽克、朗西埃等几乎也是在 20 世纪 70 年代就思考了这个问题,并提出了与丹托不同的重构艺术本体论的路径。

一、艺术品：物的摹仿与意味

众所周知,丹托所谓的"艺术终结"也不是艺术不再发展了,而是指古希腊罗马以来的优美之艺术被挑战和解构了,登上新艺术舞台的是一般物品和商品,譬如可乐瓶子、汤罐头、恶搞蒙娜丽莎的画像、颜料的随意涂抹,甚至是动物的尸体内脏、垃圾等的直接展示。这种俗不可耐的日常物品涌入神圣的艺术殿堂和金碧辉煌的展厅,让艺术理论家、美学家甚至哲学家都感到了眩晕和震惊。20 世纪 70 年代,后现代艺术向诗歌、文学、绘画、雕塑、舞蹈、建筑等各个领域的全面浸染,迫使美学家必须对这一现象做出解释。在这语境下,丹托认为原来艺术的定义已经不适用了,艺术重新定义焦点在于形式上毫无差别的普通物品(或纯然之物、自然物、商品等)与艺术品(艺术之物)的区别在哪里？

丹托认为艺术品等于物品加上一个 X,"一个行为就是一个身体运动再加上一个 X。由此可推出一个结构上对应的公式:一件艺术品就是一个物质客体再加上一个 Y。在这两个领域中,需要依次以哲学的方式加以求解的是 X 和 Y。"[1] 换言之,丹托所谓艺术本质是求解添加在物品之上的 X 难题。就物质形式而言,艺术中的"物品"与现实之物没有差别,但雪铲、小便盆等成为艺术品是因为在普通物中有某种意味存在,这种意味可能来自于艺术共同体和艺术惯例,也可能是作者和读者的某种视域和理解,但丹托并没有明

---

① [美]阿瑟·丹托:《寻常物的嬗变》,陈岸瑛译,南京:江苏人民出版社,2012 年,第 7 页。

确挖出这个加诸普通物品之上即为艺术品的东西是什么。

从摹仿论角度来看,艺术品与物品之间存在"象与不象"、"似与不似"(resemblance)的关系。普通物品要转化为艺术品有两个条件:首先,艺术家模仿物品要逼真,如果摹仿某物不像,则失去真实性;其次,艺术品摹仿物品也不能太像,如果与真实存在物品一模一样,或者就是真实之物本身,那就是失去了艺术存在的意义。就像照相机洗的相片与人物肖像画一样,肖像画可以是艺术,而照片则不能称之为艺术,因为照片"太像",而肖像画在"似与不似"之间,得到了人物之灵魂或精神。真实性并不是如实之物,而是加入了艺术家对某人某物的精神向度的理解和把握,不过让艺术品更觉得比某人某物更具真实性。法国美学家丹纳就持类似观点,他认为艺术品比普通人或物要多出来的部分是"特征"。艺术家要根据自己对物品或人的理解,把自己的理解与原物的精神气度融合在一起,通过改变普通物或人的外在形式而集中表现他们某一突出特征,该总特征表现越明显、越突出、越鲜明,那么这一艺术品就让人感觉甚至比原物、原人更像,更逼真,更有意味。所以,在丹纳看来,艺术品不一定非要摹仿自然之物,更重要的是根据原物的精神改变表现对象的外在形式。或者说,艺术定义是艺术家对自然之物或人的基本特征的把握和理解,并改变其形式而突出该事物的总特征。换言之,丹托的"X"在丹纳这里就是艺术对象(自然之物)的突出特征及其艺术家加诸的理解和意义。不过,普通物和人改变外在形式而成为艺术品这一模式,在丹托看来还是属于传统美学范畴,不能说明波普艺术等后现代语境中在物品不变的情况下艺术之本质。

既然物品与艺术品之间还隔着一种东西,海德格尔认为这种东西是器具(即人造的器物),器具是从普通物转化为艺术品的中介或中间形态。他把物分为三种:自然之物是指石头、木头、湖水等自然存在的事物,器物是人类制作、制造出来的有用的事物,而艺术作品则是事物道出真理的艺术之物。自然之物是物性的聚集,有形式的质料,不能直接作为艺术品。器具或器物的特性在于人们在上手中具有的有用性,但与艺术品比较,具有可耗损性。无论是人类手工制作之物,还是工业生产的商品都是在使用其有用性中不断磨损的。而艺术之物在在于克服了这种耗损性质,而把人类的生活世界带入到艺术品之中并予以保存,同时物性在艺术中绽放并持续存在。换言之,器物与艺术之物不同之处在于前者耗损有用性,后者保存物性并向人敞开。以此观点来看,波普艺术中的那些雪铲、小便器不可能是艺术,因为它们与器物本质没有区别。器物所以进入艺术之中,梵高的《农鞋》所以是艺术品,是因为农妇的世界在上手农鞋的过程中凝聚了世界和大地,比崭新的农鞋增加了雪地里的泥土和生命的辛劳。"借助于这种可靠性,农妇通过这个器具而被置入大地的无声召唤之中;借助于器具的可靠性,农妇才对自己的世界有了把握。……要是没有可靠性就没有无用性。具体的器具会用旧用废;而与此同时,使用本身也变成无用,逐渐损耗,变得寻常无殊。于是器具之存在进入萎缩过程中,沦为纯然的器具。"[①]在海德格尔看来,艺术作品减去器具的可靠性就变成了自然物品,也就不再是艺术了。因此他说:"与此相反,只要我们仅仅一般地想象一双鞋,或者甚至在图像中观看到这双只是摆在那里的空空的无人使用的鞋,那我们将决不会经验到器具的器具存在实际上是什么。"[②]这一空空的摆拍的鞋不就是沃霍尔的复制高跟鞋的《钻石灰尘鞋》和210个可乐瓶子吗?无怪乎詹姆逊写道:"沃霍尔作品中的鞋与各种各样商品广告画上的鞋一样,除了鞋子的符码(能指)之外,我们读不出任何一种符意(所指)。"[③]

看来,从艺术摹仿论的角度来辨析自然物(普通物)、器具(器物、生产用品)与艺术作品(艺术之物)的区别,从而得出艺术定义或艺术本质,其结果就是物品必然有加诸其上的东西,即 X,不解读出 X,则既使普通物放在画框或艺术展馆中也依然是普通物,而不能称之为艺术作品。但这个 X 的难题到底是什么,丹托等后现代艺术家并没有更好地答案。从物品与艺术品的相似性来判断,艺术品中到底存在何种"剩余物"而称之为艺术,这一丹托思考艺术本体的路径是艰难的,也是无解的。而当代激左翼美学家齐泽克、阿甘本、巴迪欧等几乎与丹托同时关注到了后现代主义之后的艺术本质论问题,他们在前人的启发下开启了不同于摹仿论探究艺术本体的路径。

二、艺术:普通物背后有"神圣之物"

21 世纪以来,在欧美学界以齐泽克、阿甘本、巴迪欧、朗西埃等为代表出

---

① [德]马丁·海德格尔:《林中路》,孙周兴译,上海:上海译文出版社,2008 年,第 17 页。
② [德]马丁·海德格尔:《林中路》,孙周兴译,上海:上海译文出版社,2008 年,第 16 页。
③ [美]詹明信:《晚期资本主义的文化逻辑》,陈清侨译,北京:生活·读书·新知三联书店,2013 年,第 439—440 页。

现一众宗旨于经典马克思主义的、全面反思和批判西方哲学美学的、试图在后现代主义终结论的挑战下重新思考艺术本体论问题的激进左翼艺术理论家。他们与丹托一样，震惊于沃霍尔等后现代艺术，并延续着柏拉图、康德和黑格尔等艺术观念，提出了与丹托不同的运思路径。丹托、丹纳、海德格尔等从普通物品／器物／艺术品的相似性的比较入手，得出艺术品＝物品＋X，在物之中多出的部分就是艺术蕴含之所在，这一思路好像无法更好地阐释普通物品、工业品摇身一变为艺术品的"秘密"。而齐泽克在继承拉康精神分析学和黑格尔美学的基础上另辟蹊径，认为艺术是普通物或客体对象显现其背后的神圣艺术本体之物。他把在普通物品／器物／艺术品中比较存有多少意味来判断艺术本体的横向比较维度，变换成了客体对象／显现／神圣之物（艺术本体）的纵向表征关系。

这一艺术本体论还得追溯到柏拉图美学，柏拉图把世界分成真实的理式世界与变动的现实世界，现实中诸多事物都是分有了真理世界的理式。客观事物反映或显现了理式，分有美的理式则为美之事物，美的事物都是美的理式的表现。柏拉图认为譬如绘画、雕塑、诗歌等艺术并不能完善地表现美的理式，因为艺术所反映的世界与理式的世界还隔着一个现实世界，所以艺术与理式隔着两层。他的理式论为后世美学家探索本体论提供了基本逻辑，即艺术品背后有个神圣本体，这个本体称之为"美本身"。奥古斯丁神学美学认为艺术所以夺目耀眼让人喜爱，主要原因在于艺术品蕴藏了和体现了上帝之光芒，上帝才是大全、大美之本体。近代以来，叔本华和尼采则认为普遍存在的美和艺术品其背后是生命意志，凡是分有和体现生命力量之处都显得美。康德和黑格尔则更明确地把物自体、绝对精神等看作是艺术和美背后的神圣本体。黑格尔认为，艺术是绝对精神在感性对象中的呈现，也就是作为普遍性的绝对心灵通过不同形式在感性对象中表现出来，因而不同的心灵内容用不同的感性对象表现就形成了不同的艺术类型。他按照作为抽象存在的理念之物与作为感性存在的艺术对象的相互契合程度和呈现方式来划分了艺术类型和不同阶段。

当代左翼美学家齐泽克把拉康化的康德美学作为其艺术理论的基础。他认为康德之崇高美背后隐藏着超越现实维度的神秘之物，就是抽象的物自体。"因为真正的崇高不能包含在任何感性的形式中，而只针对理性的理念：这些理念虽然不可能有与之相适合的任何表现，却正是通过这种可以在感性上表现出来的不适合性而被激发起来、并召唤到内心中来的。"① 所以,康德之崇高感产生的原因是:数量大和力量强的事物试图表现无限的理性理念而产生的不适应和不愉快。齐泽克认为,崇高美指向了现实世界的经验、感性对象与超现象的、感官无法企及的自在之物的关系,康德的观点关键在于感性对象与自在之物之间的分裂和鸿沟无法弥合。换言之,任何感性对象都无法再现"自在之物"(理性理念),不过某一客体非要充当可以代言"自在之物"的对象,即为崇高客体。在精神分析学视域中,崇高客体就是被抬高到不可能的物(Thing)层面上的对象。也就是说,康德的崇高美就是某个经验对象强行呈现不可能性的自在之物时,主体体验到的二者的不合适感和不愉快感,从而显示了自在之物的在场和威力。由此看出,齐泽克对艺术和美学的思考是在何种感性对象能否表现或呈现不可能的自在之物的维度展开的。齐泽克把康德的物自体、黑格尔的绝对理念等都称之为不可能之物,即拉康哲学中的 Thing(翻译为物或原质)。

齐泽克认为,黑格尔美学中的神圣的绝对理念不可能被再现出来,因为通过经验对象根本无法通达本质领域,更何况绝对理念或神圣物本身就是否定性。这样看来,崇高就不再是康德意义上对不可能之物不恰当再现,而是体验否定性的空无之物的方式。所以,齐泽克指出:"崇高不再是这样的(经验性)客体,它以自身的不足,指明了超验的自在之物(理念)的维度;而是这样的客体,它占据了原质的位置,替代、填补了原质的空位,而原质则是空隙,是绝对否定性这种一无所有。"② 在此,齐泽克进一步界定了不可能之物,它是来自实在界的纯然的否定性,也就是他所谓的德国古典哲学中不可知的存在,比如康德的物自体、黑格尔的绝对理念、谢林的世界黑夜、弗洛伊德的死亡驱力等。尽管这一不可能物实际上是一种世界的虚空或空无,但它支撑了现实世界的存在感。在齐泽克看来,不可能之物是现实存在的哲学基础。艺术何为的问题也由此生发出来。

齐泽克认为,艺术本体就是艺术的不可能之物,即神圣,但是这个本体是空无的、不可知的、无法呈现或再现的。在当代世界中,艺术品与日常物

① [德]康德:《判断力批判》,邓晓芒译,北京:人民出版社,2002 年,第 83 页。
② [斯洛文尼亚]齐泽克:《意识形态的崇高客体》,季广茂译,北京:中央编译出版社,2014 年,第 263 页。

品、高雅的崇高美的空间与低俗的垃圾粪便空间达到了荒谬的同一,后现代艺术完全拥抱市场,他感觉这不是后现代艺术出了问题,而是艺术世界本身出了问题。在齐泽克看来,艺术是升华(或崇高化),"升华的基本母体、中心的空无这一母体被排除在日常经济循环之外的物的空白(神圣)位置,然后它被一个实证对象所填补,这个对象因此被'提升到物的高度(拉康对升华的定义)——似乎正在愈益处于威胁之下,受威胁的正是虚空位置与填补其间的(实证的)因素之间的差距'。"① 所以,齐泽克的艺术公式是:艺术 = 经验对象/(呈现)不可能之神圣物。换言之,艺术就是某些经验对象或感性客体对神圣之物的再现,不同艺术类型的区别就在于它们再现不可能之物的方式不同。

齐泽克指出,没有所谓的艺术的本体这种东西,有的只是标识出这种神圣本体的位置,因为不可能之物本身就是虚空和空白。经验对象与神圣之物的位置的关系就构成了不同的艺术形式,即现实主义、现代主义和后现代主义艺术的不同本质。

传统的现实主义者相信有一个完美的艺术本体存在,同时神圣物的位置必须用一个近乎完美的经验对象来填充或再现,从而这一感性对象就被提升到神圣之物的高度,转化成了艺术品。例如,中世纪和文艺复兴时期很多画家都描绘圣母的形象,圣母是充满爱的神圣之物,不可知也不可能呈现出来,不过画家用各种完美的人体模特来再现和呈现圣母。这些绘画所以称为艺术,就在于它们用优美的人体模特来占据了神圣的圣母这一不可能之物的位置。换言之,肉身之模特经过画家之手升华为了圣母之摹仿品,成了崇高客体。现代主义艺术则与之相反,现代艺术的焦虑在于无法确认是否存在这一神圣之物,因此需要不停地用各种丑怪或分裂的对象来占据这一位置,以便确认不可能之本体依然存在。在齐泽克看来,最具代表性的现代主义艺术文本是贝克特(Samuel Beckett)的《等待戈多》。戈多就是一个本体的空无的符号,代表着永远不会在场的缺席核心,也就是不可能性之物,整个剧作就是围绕着是否存在戈多而展开。也就是说,现代主义艺术在用各种方式确认是否存在不可能之物,通过这一位置的存在来维系现实感。

---

① [斯洛文尼亚]齐泽克:《易碎的绝对》,蒋桂琴、胡大平译,南京:江苏人民出版社,2004年,第24页。

那么,后现代主义艺术的本质呢? 齐泽克认为,如果把《等待戈多》改写成后现代主义,那么戈多就是你身边的某个普通人,他出现在舞台上了。也就是说,后现代主义否认了神圣之物的存在,直接把普通物品放在了不可能之物的位置上,替换掉了这个位置。在当代,我们会在神圣的艺术位置上发现一堆垃圾或粪便,而在后现代主义看来,这垃圾或粪便就是艺术品,究其原因并不在于该物品的物质属性,而在于它是否占据了神圣之物的位置,也就是艺术的位置。所以,齐泽克说,后现代主义艺术的本质是普通物替代了神圣之物,并占据了神圣物的位置,成了直接的在场。因此,后现代艺术到处堆砌、摹仿和拼贴各种日常物品和商品,作为资本主义生产的物品直接在艺术位置上在场了。

齐泽克在再现和呈现的维度来思考艺术本体,他指出艺术就在于神圣的不可能之物的位置与经验对象之间的差距,并以此来阐释了现代主义与后现代主义艺术的差异。但他并没有说明传统之优美的艺术与后现代主义的丑怪艺术之间到底存在什么问题。换言之,实际上他是站在后现代主义艺术的立场上扩容了艺术的定义,但是对艺术本体问题的解答并不是十分令人信服。

三、艺术:物与真理之道出

第三种探索普通物与艺术本体论关系的思路是强调艺术的自律性质,认为艺术自身具有独立的真理价值,不必依凭哲学给予其合法性。正如当代激进左翼理论的领军人物阿兰·巴迪欧所指出的:"非美学,我理解为哲学与艺术的关系,艺术本身就是真理的生产者,完全没必要将艺术转化为哲学的对象。"[①] 在当代艺术理论家中,丹托、巴迪欧和阿甘本都把认为艺术具有独一性,艺术自身可以绽放出真理。

阿甘本美学受到了亚里士多德和海德格尔的双重启发,他把艺术本体视为物象的真理道出。亚里士多德在《诗学》中指出,虽然艺术来自于摹仿,但诗歌和戏剧等语言艺术也能够像历史一样表达某些真实的东西,也能像哲学一样揭示某些必然律。悲剧艺术正是在必然律或可然律的指导下塑造悲剧

---

① 转引自[法]雅克·朗西埃:《美学中的不满》,蓝江、李三达译,南京:南京大学出版社,2019 年,第 72 页。

人物,通过悲剧人物的过失揭示人生真相和真理,从而警醒世人。海德格尔在探讨人造器物的可靠性中揭示了艺术本体存放的空间,即艺术是真理道出的所在。无论自然物、器物,还是日常物品,通过艺术手段予以表现,其核心作用在于这些物能够展示出一种人存在的世界和保存大地。换言之,物自身在艺术作品中显现、绽放出来,这就是真理的"解蔽",也即艺术的存在方式。"艺术让真理脱颖而出。作为创建着的保存,艺术是使存在者之真理在作品中一跃而出的源泉。……艺术作品的本源,同时也就是创作者和保存者的本源,也就是一个民族的历史性此在的本源,乃是艺术。之所以如此,是因为艺术在其本质中就是一个本源:是真理进入存在的突出方式,亦即真理历史性地生成的突出方式。"① 在海德格尔的理解中,真理是存在者自在地绽放和无蔽,艺术是存在者进入真理的道路或者是真理道出的方式,因此艺术的本质与哲学、美学的分析关系并不大。

作为海德格尔的释读者,阿甘本(Giorgio Agamben)也是从存在、真理和艺术的关系角度来辨析当代艺术本体论问题的。他在60年代参加了海德格尔的研讨班,在七十年代集中研究艺术、诗歌、美学等问题,发表了《没有内容的人》《诗的终结》《诗节》等著作。沃霍尔等把现成的商品引入艺术殿堂之中,工业品与艺术品混淆了,这一现象也同样引起了阿甘本的重视和深思。"众所周知,杜尚把普通产品从它原来环境里抽离出来,继而把这种任何人都可以从百货公司随便买到的商品硬塞进艺术领域。……波普艺术和现成物也一样,依据的依然是对制作活动双重性的颠倒……。如果说'现成物'是从技术产品领域进入艺术领域,波普艺术恰恰相反是从美学状态返回工业品状态。"② 所以,阿甘本认为现成物与波普艺术是距离古希腊艺术本义最为异化的现代形式,背离了诗的含义。工业品与艺术品分裂的根本原因在于"充分暴露了人类制作活动内部的分裂。"

工业品的生产活动与艺术作品的独创活动在古希腊文化中都属于"人类制作活动",具有同样的性质。在柏拉图的《会饮篇》中,制作与诗(ποίησις)是一个词,其本义是指使某物从不存在到存在的原因。换言之,制作与现代意义上的"制作"相差甚远,不仅指赋予某种质料或基质以形式的

---

① [德]马丁·海德格尔:《林中路》,孙周兴译,上海:上海译文出版社,2008年,第56—57页。

② Giorgio Agamben. *The Man without Content*. Stanford: Stanford University Press. 1994. p39.

生产,也指自然物从隐蔽的或不存在的状态走入存在的光亮之处。在亚里士多德看来,制作是宽泛意义上的技艺,工匠制作花瓶、木匠制作床等手工制品以及后来工业革命的商品生产需要一定的技艺制作,诗人写作诗歌、画家绘制图画、雕塑家雕刻雕塑这些艺术活动也都是凭借"技艺"而制作。实用品与艺术品的生产都属于制作(诗)的技艺,都是对存在的生产。阿甘本指出:"根据亚里士多德的说法,制作的生产总是具有赋予形式的特征——从非存在到存在的转变意味着形成一种形式或者形状——因为被生产之物进入存在状态正是从形式出发,并在形式中完成。"[①] 也就是说,使不存在的事物存在就是制作(生产)的本质。在此,阿甘本通过解读亚里士多德,指出了制作与实践具有的不同含义。虽然制作和实践在当代有着相似的含义,但是在古希腊哲学中意义却不尽相同。实践的含义强调的是行动的意志,而"制作的核心在于使某物从不存在变为存在,从被遮蔽的黑暗进入完全的光明这一事实。制作的本质特征不在于其实践性或体现意识的一面,而在于它被理解为一种揭开面纱的过程,从而是真理的一种形态。"[②] 所以,阿甘本在辨析艺术品与工业品的过程中,强调了艺术品在于道出真理,而工业品则无存在的显现无关。

在古希腊时期,制作生产品与制作艺术品的本源都在于使某物从遮蔽中走入无蔽,从不存在进入存在,从黑暗走入光明之中,这是二者作为人造产物的存在统一性。但工业革命以来,劳动分工、科技进步、大批量生产等因素已经打破了这种统一性,艺术品与工业品严重分裂了。一方面美学属性进入了彰显存在的制作之物,即艺术品;另一方面可复制性进入了凭借技术手段得以存在的工业产品。这样一来,艺术品具有独创性、审美性,而工业品具有可复制性。但是后现代主义艺术的出现,更进一步地混淆了艺术品与工业品的分化:工业生产追求原创性的设计和审美属性,而艺术创作则走向机械复制。最典型的艺术例子就是沃霍尔的可乐瓶子和汤罐,汤罐本身也是一个落魄艺术家设计出来的,而沃霍尔只不过无限制地、原封不动地复制了它。因此阿甘本说:"观众在现成物上看到的是顺应技术而存在的物品,但令人费解地带上了某种审美真实性的潜能,而在波普艺术中,他们看到的是被剥去了

①　Giorgio Agamben. *The Man without Content*. Stanford: Stanford University Press. 1994. p37.

②　Giorgio Agamben. *The Man without Content*. Stanford: Stanford University Press. 1994. p42.

审美潜质的艺术品,而矛盾地获得了工业产品的属性。"① 这种异化的颠倒完全背离了诗(制作)的本质,即在现成物和波普艺术中,没有任何东西进入实存,也就是说它们不存在真理的维度——"制作(诗)本质是真理的生产及随后为人类存在和行动打开一个世界。"②

阿甘本再次援引亚里士多德关于制作生产的两种"存在状态":现实态(actual reality)与可能态(potentiality),或现实性与潜能来说明诗(艺术)与存在的关系。现实态是指某事物聚集自我充足、自我完成的最终形式,亦即赋予质料的形式实存并使得自身保持存在的状态。现实态的制作之物(诗)就是在自身的目的中存在。所以阿甘本指出艺术作品就是现实态,是将自身凝聚为自身的目的和形式,从而进入存在并持续存在之物。反之,可能态是指用于某个目的的样态存在,就像木头通过生产变成了桌子或床的过程。阿甘本认为工业品是可能态的存在样式,具有可复制性和完成性,但它在使用过程中被耗损掉了,其最终目的性和可用性不复存在。而艺术品则是在形式中保存了其自身的目的,在反复观看中保存存在并不断更新,存在在其中保存。在这一解读中,我们可以看出海德格尔对于器具与艺术品的比较思想,器物在于其有用性,但在耗损中失去了物性,而艺术品则借助使用物而保留物性,并在其中保存世界和大地。艺术作品的本源就在于使存在物更加以无蔽的形式存在,真理在其中道出。换言之,阿甘本也认为艺术是要让人不断地参与到自身历史和时间的本源性存在中。所以,阿甘本指出:"艺术的最高使命是使人居留于真理之中,为人在大地上的栖居提供了本源性的存在位置。在对艺术作品的体验里,人站立于真理,即通过诗(制作)行为向人自身显露原初的维度。在这个使命里,在这种被抛入节奏的休止中去的经验里,艺术家与观众重新获得了他们本质上的团结和共同基础"。③

总之,身处后现代艺术经验之中,丹托极力地想要为艺术找到一个合理的定义,但是难以超脱后现代,同时也没有说清楚物品与艺术品的区别到底在哪里。虽然齐泽克用经验对象与不可能之神圣物之间的关系有效地解读了后现代主义艺术,但他依然未脱离后现代主义哲学藩篱,这种艺术定义依

① Giorgio Agamben. *The Man without Content*. Stanford: Stanford University Press. 1994. p39.
② Giorgio Agamben. *The Man without Content*. Stanford: Stanford University Press. 1994. p44.
③ Giorgio Agamben. *The Man without Content*. Stanford: Stanford University Press. 1994. p63.

然是取消艺术的本质属性。唯有阿甘本无论从艺术体验来讲,还是从艺术哲学的逻辑上来说,都对后现代主义持一种批判和反思的态度。阿甘本在古希腊艺术哲学和海德格尔的美学思想中找到了艺术之为艺术的根本,那就是艺术与人的存在联系在一起。换言之,艺术永远不能只是物的世界,而是人的世界,是人对存在的真理性探索。

作者:张重光,原盐城市书法家协会副主席

第四章　世界文学与东西交流

主编插白：文学是一种以"美"为特征的艺术形态。在当今这个全球化的时代,研究文学和美学,应有世界眼光。欧洲科学院院士王宁教授以对"世界文学"的倡导享誉国际比较文学界。在今天的"世界文学"版图上,伴随着严肃文学日渐式微的,是一种新的文体的异军突起,这就是科幻小说。王宁教授《作为世界文学的科幻文学》一文及时而敏锐地抓住这一现象做出领风气之先的理论分析。他指出:科幻文学不仅出现在有着悠久传统的西方世界,近十多年来也凸显在中国语境中,成为一道靓丽的文学风景线。它向人们昭示:文学并没有死亡,而是以新的形态获得了新生。中国当代科幻小说一经出现,很快就被国外译者主动译介到世界。作为世界文学的科幻文学不仅用富于幻想的科学想象力和优美的文学笔触使当代读者了解世界,也通过文学描写建构了一个具有特殊审美魅力的虚拟世界。我们从科幻文学的世界性特征和世界性传播及影响可以得出这样一个结论:人类命运共同体的建构是完全可能的。科幻文学作为一种世界文学形态,正以科学与文学联姻所显示出的美学力量推动着人类命运共同体的构建。

在王宁教授倡导"世界文学"研究的同时,欧洲科学与艺术院院士曹顺庆教授也在倡导"东方文论"的研究。他的宏文《文明互鉴与西方文论话语的东方元素》立足于文明互鉴的大背景,提出"东方文论"概念。"东方文论"立足于中国文论,包括印度、阿拉伯、波斯、日本、朝鲜等东方国度的文论。显然,受语言、文化、历史知识的限制,"东方文论"的研究难度更大,意义也更大。因此,他呼吁"东方文论"的话语、范畴研究,还原"东方文论"的价值,并实现与"西方文论"的对话。文章重点发掘了西方现当代文论中的中国元素、印度元素、阿拉伯及波斯元素,探索西方现当代文论形成与东方文化文论思想的渊源关系，并提出：考察中国、日本、印度、波斯、阿拉伯国家等东方国度的文化、文学与思想对西方现当代文论的影响及其在西方的变异，是东西文论对话研究的新方向、新路径。

2021 年，福建教育出版社出版了徐中玉、钱谷融先生主编的《20 世纪中国学术大典·文学》卷。该书前言由徐中玉、钱谷融先生的弟子祁志祥、殷国明分别执笔。祁志祥教授概述了 20 世纪中国古代文学研究成果词条的内容。中国古代文学作品汗牛充栋，20 世纪百年中研究中国古代文学的成果体量巨大。在 150 万字的《20 世纪中国学术大典·文学》中，叙写这部分成果的词条就占了近 60% 的篇幅。如何在有限的篇幅内合理地叙述这些成果的内容，是一项极富挑战性的任务。祁志祥教授调动自己从事中国文学批评研究的学术积累，沉潜到该书 90 万字的词条中，斟酌最佳的叙述门径，最后按照先总后分、断代为经、点面结合、以面为主、详略结合的原则，删繁就简地加以综论。通过本文，读者可以窥见 20 世纪中国古代文学研究学术成果的整体风貌。

在全球化时代，文化认同问题日益明显。文化是形成群体文化认同的核心，文化的不同表现形式都表达和建构了群体的文化认同。尹庆红副教授的《全球化时代的艺术生产与审美认同》一文通过分析艺术和审美实践在塑造群体文化认同中的重要作用，指出以艺术和审美为基础的审美认同是地方性艺术生产的一个重要特征。群体成员在生产带有明显身份特征的艺术和审美实践的过程中，群体的审美经验是实现审美认同的基础。艺术生产和审美实践只有真实地表达该群体的审美经验，才能真正起到表征该群体文化认同的作用，也才能在全球化的多元文化舞台上发出本群体的声音。

第一节　作为世界文学的科幻文学 ①

在当今这个全球化的时代，各种文化传播媒介不断地彰显自己的功能，

---

① 王宁，上海交通大学文科资深教授，教育部长江学者特聘教授，欧洲科学院外籍院士。本文原载《中国比较文学研究》2023 年第 4 期。

给历来强调经典性的严肃文学带来了严峻的挑战。伴随着经典文学在西方和中国的日渐式微,一种新的具有时代特征和众多读者的文体崛起,并且迅速地进入从事比较文学和世界文学研究的学者们的视野。这就是当代科幻文学,或者更确切地说,当代科幻小说,因为科幻文学目前主要在小说界比较盛行,而当代科学主义思潮在全球化时代的主导地位则更是为科幻小说的崛起提供了有力的科学技术支撑。中国作为一个科学技术和文学大国,自然在这方面不甘落后。事实上,中国当代科幻文学走向世界的速度大大超过经典文学走向世界的步伐,而且一经"走出"国门就能"走进"广大读者世界。一些科幻文学作品不仅被国外译者主动地译成世界多国语言,而且获得各种国际性的科幻文学大奖,从而产生了广泛的世界性影响。正如在这方面一直起着推进作用的主流媒体《人民日报》编者所总结的,科幻文学在中国的崛起日益令人瞩目,它已产生了世界性的影响:"从《三体》小说风靡全球,到《流浪地球》《独行月球》等影视制作日臻精良,中国科幻文艺蓬勃发展、生机涌动,海外影响力不断扩大,成为备受瞩目的文艺现象。"[①]因此,本文认为,科幻文学也是一种世界文学文类,通过阅读科幻文学,我们可以了解一个不同于现实世界的虚拟的富于想象的世界。既然现实社会变得越来越实在,我们便无法在现实生活中觅见这样一个虚拟的想象世界,那么用文学作品建构一个想象的世界至少能够满足当代人追求新奇的愿望。

一、超越民族/国别界限的想象

我自本世纪初开始世界文学研究以来,便日益关注科学技术之于文学研究的作用和意义。我在讨论美国学者佛朗哥·莫瑞提(Franco Moretti)利用大数据研究世界文学并提出"远读"(distant reading)策略和方法时曾指出,文学与科学有时也呈一种对立的状态,但也不乏这二者之间的共融和对话,具体表现在这样一点,也即之于文学研究,"那些依靠数字化进行研究的人文学者也不应该就此而不去阅读优秀的人文学术著作,或者过分地依赖技术手段来代替自己的阅读和研究。毕竟是人类发明了世界上的各种奇迹和先进的科学技术。因此无论科技多么先进,拥有这些科学技术手段的人,仍然

---

① 《中国科幻可贺可期(坚持"两创"书写史诗·新征程新辉煌)》编辑按,《人民日报》,2023年2月28日。

应该具有以研究人为主的人文情怀。"当然,我说这话时主要针对的是文学研究者,既然研究文学尚且如此,更遑论文学创作了,因为后者更加诉诸想象力,缺乏起码的想象力是无法写好文学作品的。从事文学创作的人也许来自不同的国家和民族,但是他们的想象力大都是相通的。对于这一点,歌德早在提出世界文学的理念时就已经认识到了。在歌德看来,中国人的写作方式与世界其他国家的人没什么不同,"人们的思想、行为和情感几乎跟我们一个样,我们很快会觉得自己跟他们是同类,只不过在他们那里一切都更加明朗,更加纯净,更加符合道德。"[①]我们过去经常说的一句名言是"科学无国界",其实我们仔细考虑一下文学的特征便能得出另一个结论:文学也是没有国界的。优秀的文学艺术作品必将超越民族/国别的界限,为全世界人民所分享。一些优秀的文学作品之所以被称为世界文学,在很大程度上正是因为它们拥有世界性的影响和世界多国和多语种的读者。既然文学作为一种"世界性的语言",那么它们在一定程度上也就是无国界的,外国的文学固然启迪了中国的广大读者,中国的优秀文学也应该通过翻译的中介为全世界各国的读者所分享,这与构建人类命运共同体的愿望是一致的。

但是,当今时代的高科技迅猛发展确实给文学艺术带来了严峻的挑战,致使我们经常听到这样一些耸人听闻的呼声:"文学已死","文学研究已死",甚至以文学艺术为研究对象的人文学术研究也陷入了危机。另一方面,喜爱文学的广大读者又感到,当代社会已经变得越来越实在,不仅文学创作打上了商品经济的印记,因而缺乏艺术想象力,科学研究也变得十分功利,越来越以技术含量更高的项目为导向,而缺乏两百年前的科学家牛顿的那种无功利和不求短期效果的纯粹科学探索和研究。由此可见,造成这种现象的两个直接原因都与这两个关键词的缺失相关:想象和理想主义。确实,一部优秀的文学作品怎么可能压抑作家的想象力呢? 同样,一部优秀的文学作品怎么可能缺乏理想主义的倾向呢? 我在讨论后现代主义文学时曾指出,后现代主义文学是对现代主义文学的反叛和超越,同时它在一定程度上也是一种怀旧的文学。这些特征也都体现在当代科幻小说中,只是科幻小说更多的是指向未来。因此,将科幻小说当作一种后现代文类是十分正确的,在这方面,西方后现代主义理论家弗雷德里克·詹姆逊的后现代主义研究堪称典范。

---

① [德]艾克曼编:《歌德谈话录》,杨武能译,成都:四川文艺出版社,2018年。

（Jameson 2005）

近几年来,中国当代文坛也兴起了科幻小说,这显然与科学技术在近年来的中国飞速发展不无关系。一批兼有科学知识和文学才华的作家步入了文学创作的前沿,成为读者大众的宠儿。刘慈欣推出了《超新星纪元》《球状闪电》《三体》三部曲等多部长篇和中短篇科幻小说,并以《三体》一举获得第 73 届雨果奖最佳长篇故事奖,从而为中国当代科幻小说走向世界迈出了扎实的一步。不可否认,在 80 年代改革开放的初始时期,现实主义文学再度复兴,紧接着现代主义文学从西方的引进催生了中国当代现代主义文学的发展。这时,科幻文学曾一度被当作"伪科学"受到批判,它成了讲求"实证"和数据的科学的对立面,因此文学上的科幻倾向也被冠以"反现实主义"的罪名而受到批判,因为科幻作家的想象超越了现实的状况,具有更多的"幻想"和理想色彩。

而与此相对照的是,科幻小说却在 90 年代的西方世界大行其道。被认为是元宇宙时代的开山之作《雪崩》(*Snow Crash*,1992)的作者尼尔·斯蒂文森(Neal Stephenson)正是在这一时期推出了他的这部科幻小说,并产生了广泛的世界性影响。他的小说的出版甚至开启了一个"元宇宙"的时代,一时谈论"元宇宙"现象也成了一种时髦,至少在当下的中国是如此。人们甚至提出这样的问题:在一个"元宇宙"的时代,既然一切都可以由人们虚拟构想出来,文学艺术还能发挥何种功能? 关于这一点,笔者已作过回答,此处毋庸赘言。[1] 我这里只想指出,《雪崩》之所以获得成功,主要就在于作者的非凡想象力和小说的科幻成分。作者大胆地构想出一个庞大的虚拟世界,或曰"元宇宙"世界,在这样一个虚拟的世界里,人们用数字化身来控制和掌握自己的生活和工作。小说的空间硕大无垠,为各类人物的跨界活动铺平了道路:一会儿某个人物驰骋在广阔的天空,一会他又在美国的洛杉矶从事不法活动,一会他又来到了中国的香港,干起金融和投机事业。连男女之间的寻欢作乐都显得十分随意,根本不考虑基本的伦理道德,因为毕竟这是一个虚拟的世界。显然,在作者建构的这个元宇宙空间,幻想和想象融为一体,成了该小说的"非现实性"和"反现实性"特色。但尽管如此,人世间已习以为

---

[1] 关于元宇宙时代的科学与文学的关系以及其他问题,参阅拙作,《元宇宙时代的科学与文学:对时代之问的回答》,《天津社会科学》2023 年第 2 期。

常的物欲横流和尔虞我诈现象也比比皆是。这就说明，后现代主义文学使作家的文学想象力得到空前的释放，它与同样诉诸想象的科学相结合，成为一种幻想的科学和富于文学意义的建构。因此，科幻小说作为后现代主义文学的一支得到长足的发展至少说明，现实生活中的素材已经无法满足追求创新意识的作家的需求，于是作家们便试图在一个虚拟的太空中寻觅文学创作的灵感，而元宇宙现象的出现以及元宇宙概念的建构则为作家的创作提供了广阔的空间。但是这些科幻小说中的故事情节实际上又与当下的现实生活有着密切的关系。在这样一个元宇宙空间，如果人类依然有情感的表达和艺术创作的欲望和冲动的话，那么也会通过一些虚拟的手段来实现，这样就解构了自文艺复兴以来文学作品对人的作用的大力弘扬，曾经在人文主义者那里备受推崇的大写的人（Man）在当今的后人文主义者那里便被描绘成某种形式的"后人"（post-Man），人类也成了"后人类"（post-human），我们在文学作品中大力倡导的人文主义也自然而然演变成了一种"后人文主义"。在这样一个人类中心主义解体的时代，从事文学艺术创作和批评的人还有什么作用？这是摆在我们面前需要我们认真对待并回答的一个问题。可以说，科幻小说的崛起在一定程度上通过艺术的手段部分地回答了这个问题。

二、中国当代科幻小说的世界性

我们说，科幻小说是一种世界性的文类，其特征还表现在这一点上：科幻小说描写的场景不仅不受时间和空间的限制，而且也不受幻想和现实的束缚。许多在现实世界不可能发生的事件都可以出现在幻想的世界里，这样，作家的想象力便被发挥到了极致。这在早年科幻小说刚刚兴起于西方世界时就露出了端倪。

科幻小说之所以在当下的中国兴起并迅速地吸引了读者的眼球和学者的关注，其中的一个重要方面就在于，当今时代的商品经济大潮使得人们变得越来越现实，只注意眼前的利益，而缺乏远大的抱负。文学作品也仅仅描写眼下的"一地鸡毛"式的琐事，而缺乏非凡的艺术虚构和想象力。而科幻小说则弥补了这一缺憾，科幻小说的特色早就体现于最初问世的作品中。19世纪英国女作家玛丽·雪莱（Mary Shelley，1979—1851）的《弗兰根斯坦》（*Frankenstein*，1818）就是这样一部富有非凡想象力的科幻小说，而雪莱也因此被誉为"科幻小说之母"。该小说问世两百多年来畅销不衰，不断为文学研究者所热议和讨论。此外,《弗兰肯斯坦》还被认为是诸多同类作品(包括影视)的灵感源头,因此,毫无疑问是有史以来最早的科学幻想小说之一。它在今天甚至促使人们就人工智能的伦理和哲学问题而争论不休。

尤其值得一提的是,就在《雪崩》问世两年后,《弗兰根斯坦》这部小说被著名导演肯尼思·布拉纳(Kenneth Branagh)搬上了银幕,获得了巨大的票房价值。该电影翻译成中文后又以《科学怪人之再生情狂》为片名在中国观众中饱受热议。这不能不对那些喜爱科学幻想的中国作家有所启迪。例如郝景芳描写当代社会的科幻小说《北京折叠》就以帝都来影射国际化大都市北京的一些社会问题,描述了这座大都市中的不同空间,实际上也就是按照贫富等级划分的不同区段:第一空间、第二空间和第三空间。这三个空间分别代表了当下现实社会中的上流社会、中产阶级和底层社会三个阶层。作者发挥了非凡的艺术想象力,紧扣当下的现实社会中的种种问题,以虚构和夸张的手法将帝都的三个空间的人口作了层级分布:第一空间的上层社会有500万人;第二空间的中产阶级队伍相对庞大,有2500万人;而生活在社会底层的第三空间则人口众多,达到了5000万。虽然这样的划分不无主观臆断,但也使读者看出这其中的现实基础。它源于现实,却又不受现实的束缚,揉进了幻想和想象的成分。

小说的主人公老刀是一个生活在第三空间的清洁工,他自己在事业上和生活上已经没有什么前途,但为了使自己的下一代的生活得到改善,为了使自己的养女接受良好的教育,不惜冒险在第二空间和第一空间中游走,甚至为了挣得20万块钱而为情侣送信。作者无疑对这些生活在社会底层的人寄予了深切的同情。在小说的结尾,老刀从衣服的内衬里掏出"一张一万块的钞票,虚弱地递给老太太。老太太目瞪口呆,阿贝、澜澜看得傻了"。尽管他可以挣到这么多的钱,但却不知道自己的女儿"糖糖什么时候才能学会唱歌跳舞,成为一个淑女"。[①]这就以极度夸张虚幻的手法说明了即使是社会底层的人通过自己的努力奋斗可以挣到很多钱,但却难以改变出身这一事实,因为这是基因所决定了的。由此可见,即使是科幻文学作品也准确地把握了当代的时代精神并提出作者的批判性看法。

出生在80年代的学院派作家陈楸帆在大学读书期间就表现出文学创作

---

① 郝景芳:《北京折叠》《孤独深处》,南京:江苏凤凰文艺出版社,2016年,第1—40页。

的才华,他以其长篇科幻小说蜚声文坛,并引起了瑞典汉学家和翻译家陈安娜的关注。小说以"硅屿"这样一个虚构的用垃圾填海造出的城市的快速发展,隐晦地批判了资本的大规模入侵对生态环境的破坏,并预示了人机融合、族群冲突等现象的出现。在这样一个虚构的世界上,人类和机器合谋,共同创造出一个光怪陆离的类似于元宇宙的世界,从而描写了一曲邪恶与希望并存的人类发展史诗。应该承认,这些科幻小说作者在诉诸科学想象的同时依然流露出对人类社会的深切人文关怀。

由于这些科幻小说所描写的是普通人所面对的生存问题,因而很容易引起不同民族/国别的读者的共鸣。再加之翻译的中介,很快就赢得了更为广大的国际读者,并受到比较文学学者的瞩目。① 正如科幻作家韩松所言,"科幻是很好的国际语言,它能超越很多东西,让东方人和西方人聚集在一起。其实中国的科幻没有宣传过自己,也无须别人去推动科幻走向世界,基本上都是外国人找过来翻译了向外输出的。现在每年都有几百篇科幻小说被翻译到国外,基本上都是外国人主动找过来的,我们的任务就是把自己的科幻写好。"② 他的这番陈述倒是向我们揭示了这样一个事实:当代中国人所面临的问题在很大程度上也是世界上其他国家的人民所共同面临的问题,因为我们今天就生活这样一个"地球村"里,彼此依附,你中有我,我中有你。共同利益和命运使我们结合成一个命运共同体。而作家的任务就是面对人类共同面对的这些问题表明自己的看法。

当然,并非中国当代所有的科幻小说都堪称杰作,大部分作品只是在网络上发表后很快就成了过眼云烟,但这其中也确实不乏一些精品。正如作家王晋康所坦陈的:"中国科幻现在确实已经发展到相当程度了。相对来说,中国科幻长篇还是比较弱一点。因为长篇需要有比较深的生活积淀,包括知识

---

① 在国际学界大力推介中国当代科幻小说的当推中国旅美比较文学学者宋明炜(Mingwei Song)。尤其可参见他的英文论文:"After 1989: The New Wave of Chinese Science Fiction," *China Perspectives*, no.1, 2015, pp.7–13; "Variations on Utopia in Contemporary Chinese Science Fiction," *Science-Fiction Studies*, vol. 40, no. 1, 2013, pp.86–102; "Liu Cixin's Three-Body Trilogy: Between the Sublime Cosmos and the Micro Era," *Lingua Cosmica: Science Fiction from around the World*, edited by Dale Knickerbrocker, Urbana: University of Illinois Press, 2018.
② 李艺敏、张媛:《科技两岐与异想世界——韩松访谈》,江玉琴主编:《中国当代科幻作家访谈录》,南京:南京大学出版社,2023 年,第 38—57 页。

的积累,包括看世界的眼光,甚至作者心态。当然国内有很好的长篇作品,比如《三体》。不过总的来说短篇小说更接近于世界水平。"[①]同样,正如学者型科幻小说家夏笳所概括的:"人们在面临危机时,因传统的知识或者方案都已经不起作用,就会有一种强烈的无力感,从而每天都抱之以对命运听而任之的心态。"[②]作为作家,显然不能停留在这样一个层次上,他/她需要从这样一些碎片化的生活琐事中提取具有普遍意义的东西,加以艺术的概括和表现。总之,这些科幻小说家的一个共同特点就是兼具科学知识和人文情怀,他们擅长于将深奥的科学知识用大众能够读懂的文学语言加以表述:关注现实但又不拘泥于现实生活中的琐事,他们的作品中所揭示的问题大多具有普遍性,因而不仅能够引起国内读者的共鸣,也能够吸引相当数量的国际读者。因此,毫不奇怪,这些作品一经在中文语境中发表或甚至在网上发布,就立刻被国外的译者主动译介成外国语言,并引起文学研究者的关注。这无疑加速了中国文学的走向世界。

我们说,科幻小说是一种世界性的文学,具体也体现于中国当代科幻小说的世界性影响和在全世界的翻译和广泛传播。也许人们会提出这样一个问题:近十多年来,在中国政府的大力支持下,中国文学和人文学术乘着全球化的东风确实走出了国门,并在走向世界各地。但是,中国文学和人文学术是否已经走进世界各国了呢?答案显然是不确定的。我认为,衡量中国文学和人文学术是否已经走进了世界各国,至少得有下面三方面的数据来支撑:

首先,中国的文学和人文学术著作在国外出版后是否进入了著名大学的图书馆?由于当今时代图书市场的不景气,指望个人购书,尤其是购买文学作品和人文学术著作,显然是不太现实的。大多数学者都会充分利用自己所在大学的图书馆的丰富馆藏图书来从事学术研究和著述。一些社区的图书馆也会购买数量众多的文学作品供读者借阅。当然,科幻小说的故事情节动人,也许会吸引一些热爱文学的读者去购买。但首先,大学图书馆订购可以确保这部小说的基本印数。因此,走进世界首先就得走进这些著名大学的图

---

① 任然:《世界永远都是由悖论组成的——王晋康访谈》,江玉琴主编:《中国当代科幻作家访谈录》,南京:南京大学出版社,2023年,第38—57页。

② 何振东、谢琪琪:《科幻是人类反抗绝望的一种方式——夏笳访谈》,江玉琴主编:《中国当代科幻作家访谈录》,南京:南京大学出版社,2023年,第126—149页。

书馆。假如我们开列一个著名大学的名单，那么"500"所应该是最起码的数字，也即我们经常所说的世界"500强"。如果500所大学图书馆每家订购一册也就有了500本，作为一部人文学术专著，这就能确保该书的出版已经不赔本了。当然，对于文学作品而言，图书馆常常不会只订购一本，这样一来就有可能达到1000本以上。如果这对一部翻译过去的文学作品并不算多的话，那么对于人文学术著作来说已经是一个不小的数字了。

其次，中国的文学作品和人文学术著作能否进入大学的书店？这应该衡量一部作品是否有市场的一个标准。应该承认，文科的教师和大学生的阅读量是很大的。就我自己在国外多年的访学经历而言，我每到一所大学访问讲学或从事学术研究，除了与学术同行交流或到图书馆查阅资料外，一个必去的地方就是书店，因为那里的书籍基本上都是最新出版的学术著作，有时我也购买一些堪称经典的世界文学名著。因此我每次去大学书店，总免不了要购买一批书，有时自己无法随身带回就委托当地的同事或朋友邮寄回国。尽管学术著作价格大大高于文学作品，但对于我的学术研究和著述来说却是必不可少的参考资料。假如每个大学书店有几百个像我这样的购书狂，那些文学作品和人文学术著作的印数就会上去。假如每个大学书店上架两册以上的同一种图书，该书的印数至少又突破了1000册或者更多。

最后，中国的文学作品和人文学术著作能否进入学者的书斋？这一点也是衡量中国文化和文学是否真正走进世界的一个标志。我们都知道，在世界一流大学任教的教授一般都有自己的科研经费，这部分经费主要用于购买图书资料和学术差旅。但即使如此，如何利用有限的科研经费购买最需要的图书资料就成了每一位文科学者的考虑和选择。就我自己的经验而言，我一般认为自己的科研和著述最需要的前沿理论学术著作才值得购买，当然少量经常需要翻阅的经典文学作品我也会购买，这样我就可以做到经常查阅和引证这些书籍。而一般的图书资料则在图书馆借阅或从网上下载。这样看来，如果一本文学作品或人文学术著作能进入1000个学者的书斋，那么这本书一定是在社会效益和经济效益两方面都大获成功的著作。

当然，对于一部人文学术著作而言，要达到上述三个方面的效益是十分不易的。一般能进入大学的图书馆就很不错了。而科幻小说的效益则远远高于人文学术著作，一部成功的科幻小说应该达到上述三个方面的效益，并拥有众多的普通读者。因此我们可以说，中国的少数优秀的科幻小说确实在"走向世界"后又"走进了世界"。而对于绝大多数人文学术著作来说，达到上述三个效应确实是很难的。大多数学术著作如果得不到中华学术外译项目的资助是不可能被国外著名的学术出版社出版的。即使有幸获得政府资助和著名出版社的出版，但订数也寥寥无几，能够被大学图书馆订购三百本就已经很不错了，有些学术著作的图书馆订数甚至不足100本。我们再回过头来考察中国当代科幻小说在国外的译介和传播就会惊异地发现，它们的读者大都是青年学生和受过中等以上文化教育的读者，因此由国外译者主动发起翻译这些作品就不足为奇了，因为这些作品有较大的市场和众多的读者。而大部分读者则选择网上在线阅读，但即使如此也依然需要付费阅读，这就保证了翻译成外文的科幻小说有基本的市场效益和众多的读者。

三、作为一种世界性文类的科幻小说

如上所述，无论是作为世界上诸多语言中都存在的一种文学文类，还是就其本身所产生的世界性影响和所拥有的全世界的读者而言，科幻小说都可算作是世界文学，或者更确切地说，它是一种全世界通行的文学文类，而不是像有些具有鲜明民族特色的文学文类那样，仅存在于某个特定的语言或文化传统，而不能通过翻译走向世界。这就需要我们从文类学的角度来论证科幻小说的世界性。

我们都知道，文类学属于文学研究的范畴，尤其为比较文学研究者所擅长。它是专门研究文学类型的一个学科领域。文类学研究的范围和对象大致可分以下五方面：文学的分类、文学体裁研究、文类理论批评、文类实用批评、文学风格研究。我们若从文类学的角度来考察科幻小说，就可以发现，它至少与上述五个方面的第二和第五个密切相关。也即科幻小说既是一种文学体裁，同时又是一种文学风格，因此它具有一定的普世性，同时也具有可译性。这也正是为什么中国当代科幻小说很快就能走向世界并走进另一语境并得到接受和传播的原因所在。正是有了这两方面的特色，它才可以被看作是世界文学。美国的世界文学研究者戴维·戴姆拉什（David Damrosch）曾对世界文学在当代的形态和意义作过全新的界定和描述，这就是经常为各国的世界文学研究者频繁引证和讨论的"解构式"三重定义：

1. 世界文学是民族文学的椭圆形折射。

2. 世界文学是在翻译中有所获的作品。

3. 世界文学并非一套固定的经典,而是一种阅读模式:是超然地去接触我们的时空之外的不同世界的一种模式。[①]

戴姆拉什的世界文学定义之所以广为学者们引证和讨论甚至争论,其核心观点就在于其解构了世界文学的"经典性",特别是他的后两段描述也许最适合我们描述科幻小说的世界性特征:其一是"在翻译中有所获的作品",这一点尤其适用于中国当代科幻小说。这些作品一经在中文语境中出版,或在网上发布,就被国外译者主动译介出去,并产生巨大的市场效应和社会效益,有些作品,如刘慈欣的小说,还率先获得了国际科幻文学大奖,然后又引起国内读者的欢迎和学者的重视,这一点也是当代科幻小说所独有的。[②]其次便是"超然地去接触我们的时空之外的不同世界的一种模式"。也即科幻小说作家通过虚构的小说形式建构了一个想象的世界,同时也通过小说世界来隐喻这个现实世界。

我本人参照戴姆拉什对世界文学下的"解构式"定义,在强调世界文学所应具有的"经典性"和可读性以外,还应是"通过不同语言的文学的生产、流通、翻译以及批评性选择的一种文学历史演化。"也即一部文学作品要想成为世界文学,除了必须被翻译成多种语言从而拥有众多的国际读者外,还须得到批评界的重视。有些纯粹以曲折离奇的情节取胜的作品也许会有很大是市场,但是批评界却对之没有任何反应,这样的作品即使被译成了外语也许会风靡一时,但很快就会成为过眼云烟,更谈不上进入学者的书斋了。如前所述,大多数网上发布的中国当代科幻小说也许很快就被读着忘却,也不会引起批评界的批评性讨论,但是少数精品则不仅被译成了多种外语,而且还得到批评界的青睐。因此可以预言,它们将和那些描写现实生活、把握了时代精神的严肃文学作品一起成为世界文学,并载入未来的文学史册。

---

① David Damrosch, *What is World Literature?* Princeton and Oxford: Princeton University Press, 2003.

② 就在我修改本文时,我参加了我在上海交通大学指导的博士后赵思琪的博士论文答辩,她的博士学位论文题为《刘慈欣与克拉克科幻小说中的技术反思》,可见刘慈欣的科幻小说创作已经受到学者的关注。

第二节　文明互鉴与西方文论话语的东方元素 ①

一、被遗忘和被歪曲的文明互鉴史实

东方是世界文明的发祥地，即便是被西方奉为轴心文明的西方古希腊文明也是在东方文明的基础上生长起来的，是东方文明孕育出了古希腊文明。遗憾的是，这一个重要的文明互鉴史实，在当下基本上被遮蔽、被遗忘，甚至被歪曲。长期以来，不仅西方人言必称希腊，而且连东方人也将古希腊文化奉若神明，仰望崇拜，觉得自古希腊以来的西方文化从来就是人类文化的楷模，文明的巅峰，高山仰止，顶礼膜拜。这严重影响了东方学者的文化自信。例如，我们的世界文学史，大多数是从古希腊文学讲起，给人的感觉是西方文明自古以来就是领先世界的。而事实完全不是如此。

众所周知，全世界有古苏美尔 / 巴比伦、古埃及、古代中国、古印度等四个人类文明最早诞生的地区，孕育了古苏美尔 / 巴比伦、古埃及、古代中国、古印度四大古国的辉煌文明。人类今天所拥有的哲学、科学、文字、文学艺术等方面的知识，都可以追溯到这些古老文明的贡献。四大文明古国都是文明独立产生地，有着清楚的文明产生、文字产生以及延续的脉络。然而，四大文明中没有古希腊文明！为什么古希腊不属于四大文明古国？根据学术界的研究证明，因为古希腊文明不是原生性文明，不是原创文明，而是在吸收古苏美尔 / 巴比伦、古埃及文明而形成的次生文明。四大文明古国都有自己原创的文字，例如古埃及的象形文字、美索不达米亚的楔形文字、古代中国的甲骨文、古印度的达罗毗荼文。然而古希腊文字并非原创，而是来源于亚洲腓尼基字母，而腓尼基字母又是腓尼基人在苏美尔楔形字基础上将原来的几十个简单的象形字字母化形成，时间约在公元前 1500 年左右。现在的字母文字，几乎都可追溯到腓尼基字母。大约公元前 8 世纪，古希腊人在学习腓尼基字母的基础上，加上元音发展成古希腊字母，在古希腊字母的基础上，形成了拉丁字母。古希腊字母和拉丁字母后来成为西方国家字母的基础。显然，古希

---

① 作者曹顺庆，四川大学文科杰出教授，欧洲科学与艺术院院士。本文原载《文学评论》2023年第 1 期。

腊文明是在古苏美尔／巴比伦、古埃及文明两大古原生文明影响下的一个次生文明，是一个文明交流与文明互鉴的成果。后来古希腊文明西移到古罗马，成就古罗马文明，最终成为整个西方文明的源头。从这些事实来看，西方文明本身就是向东方文明学习而形成的，是文明互鉴的结果。这个史实充分昭示：不同的文明常常是相互借鉴、相互学习、相互促进的结果，文明互鉴是人类文明发展和进步的基本规律。

从文学来看，古希腊文学也是向东方学习，受到东方文学影响的，是文明互鉴的成果。各东方古国都有自己的神话传说，都有伟大的文学作品。比如，古苏美尔／古巴比伦文明有着人类最古老的史诗《吉尔伽美什》；古埃及文明有其拉神及奥西里斯的传说，有宗教性诗文集《亡灵书》；古印度文明孕育出卷帙浩繁的两大史诗《罗摩衍那》《摩诃婆罗多》以及吠陀文学；中华文明有着传唱千年的《诗经》。东方各国都有着长期探索文艺理论的历史以及丰硕的古代文艺理论资源，如中国和印度在公元前数百年，就已经有关于文艺理论的记载，在其漫长的发展历程中也涌现出诸多文艺理论家。东方其他国家也在文明互鉴基础上发展出了各具特色的文艺理论，如波斯、阿拉伯、日本、朝鲜文论等。东方文艺理论不但历史悠久，而且灿若繁星、庞大深邃，在世界文艺理论发展历程中熠熠生辉。

然而，近现代以来，西方人在对于西方文明的自我确证与认同过程中，常常带着傲慢与偏见，不断贬低甚至否认东方文明的价值。比如，黑格尔认为东方无"思辨"、无"哲学"，[①]他对东方哲学包括印度哲学和中国哲学基本上不予认可，认为真正的哲学是自西方开始。斯宾格勒则继续强化对"西方"文明的认同，其书虽名为《西方的没落》，其"文明观相"的结果却是断言非西方的文明形态早已衰朽死亡，东方各国都没有文化更新或再生的能力，唯有"西方文明"将迟至公元23世纪时才进入没落阶段，[②]暗含"西方的没落"也许就是西方文化的再造或再生的逻辑。上述西方学者研究东方，更多是为了确证西方文明相较于东方文明的"高人一等"，为了西方某些国家入侵东方、殖民东方，为东方带去"先进"制度、"先进"文化提供文明的合法性，其中所

① ［德］黑格尔：《哲学演讲录》第一卷，贺麟、王太庆译，北京：商务印书馆，2017年，第106、125页。
② ［德］奥斯瓦尔德·斯宾格勒：《西方的没落》（全译本）第一卷，吴琼译，上海：上海三联书店，2006年，第17页。

蕴含的文明观本质上是一种以西方为中心的文明优越论,他们的系列论述为西方文明在近现代一家独霸搭建了理论基础。

这种西方中心主义倾向也蔓延至近现代世界文学、文艺理论的发展过程与研究中来。东方不但有自己的卓越文学经典,东方的史诗甚至比古希腊的史诗《荷马史诗》要更早出现。古巴比伦史诗《吉尔伽美什》的雏形在苏美尔时期已形成,公元前 18 世纪编订成书,比古希腊荷马史诗早约一千年。此外,《吉尔伽美什》史诗还影响了古希腊史诗的形成。例如:史诗中比较著名的一段内容是水神伊亚要用洪水毁灭人类的故事,被后人称作诺亚方舟的美索不达米亚版本。希腊学者约阿尼斯·柯达特斯认为,有大量的章节内容都显示了《吉尔伽美什》与《奥德赛》之间的微妙联系。也有一些观点认为《吉尔伽美什》史诗中大洪水章节与《圣经》中的诺亚方舟的故事以及其他古文明关于洪水的记载有关,认为《圣经》中关于大洪水的部分是从《吉尔伽美什》的记载演变而来。《吉尔伽美什》有很多与希伯莱《圣经》相对应的地方,可以视为《圣经》的先驱,希伯莱《圣经》中几个关键主题都是来自于《吉尔伽美什》。早在《圣经》撰写之前的 1000 年,这些内容就已在美索不达米亚流行了。[①] 印度与中国早期的文学,基本上与古希腊文学同时产生。古印度两大史诗《罗摩衍那》《摩诃婆罗多》的基本内容在公元前 10 世纪已经形成;中国的《诗经》是中国最早的诗歌总集,产生于公元前 11 到前 6 世纪;《荷马史诗》的基本情节则形成于公元前 9 世纪,并在公元前 6 世纪用文字记录下来。[②] 由此可见,古希腊文学仅仅是西方文学的源头,却远远称不上是世界文学的源头。然而,近现代以来,在西方文明优越论主导下,东方文学经典似乎被大多数西方学者选择性无视和忽略,作为世界文学的重要组成部分,东方文学的价值地位无法得到应有的还原和呈现。

文艺理论方面,近现代西方各种文艺理论流派风起云涌、层出不穷,主宰着世界文艺理论的走向。包括中国在内的东方各国学者,在近现代东方国家被迫打开国门、西学涌入且占据主导地位的历史语境下,难免潜移默化受西方中心主义的渗透和影响。东方人形成了对西方文论崇拜痴迷,甚至和西方人一样,相信西方文论的普适性,认为西方文论可以放之四海而皆

---

① 参见曹顺庆主编:《中外文学跨文化比较》,北京:北京师范大学出版社,2000 年,第 98 页。

② 参见刘劲予:《东西方史诗比较论》,《学术研究》1998 年第 8 期。

准,可以套用到世界各国文学的研究中。事实上,东方三大文明圈(东亚、南亚、西亚北非)早已形成丰富、多元而深邃的文艺理论范畴,如印度诗学的"味""韵""庄严""曲语",中国古代文论的"风骨""文气""神韵""意境""滋味",阿拉伯诗学的"技""品级",波斯诗学的"味""律动",日本诗学的"物哀""幽玄""寂"等。但这些丰富的东方古代文论资源,却被遗弃在现当代主流的西方文论背后。西方学者站在西方的立场,认为西方文论是世界文论的主宰。而我们东方学者,也"在无形中形成了一种崇洋媚西的气氛"①,逐渐忘记我们自身的文论话语言说方式,变得"知西而不知东"②,对待我们自己的文学,首先想到的是用是西方的理论来研究。自然,我们需要借鉴和吸收西方文论的菁华,却不能把西方文论当作放之四海而皆准的万能公式,机械套用至我们的文学研究中,而不考虑我们东方自身的文化语境和话语特征。中国文论乃至整个"东方"的文论都面临着"失语"困境,而这种"失语"很大程度上是西方话语权占据主导地位的结果,在这种话语权之下,东方文明失落了自己的话语言说方式,长期以来被西方话语所言说,并且被视作西方"先进"文明的反衬,作为世界文学与文论组成部分的东方文学与文论,其价值与内涵也逐渐被遮蔽。随着近现代历史发展,"西方中心主义"甚至潜移默化影响了东方人的思想:东方的文化与文学、东方自身的话语,逐渐被东方人自己所贬低、所否定、所遗忘。

然而,当我们开始意识到西方文论的局限性和东方文论的价值之时,当我们试图冲破"西方中心主义"话语霸权、走出这种"失语"藩篱之时,却又迎来了新的困境:我们凭借"什么"走出"失语"?东方文论出现"失语"并不只是因为西方文论过于"一家独大",当回过头来重新审视东方文论时,我们发现东方文论在当代面临着一个共同窘境:东方三大文化圈都有丰富的古代文论资源,但都缺乏具有创新性的、世界影响力的现当代文论,相较于西方现当代文论在西方古代文论基础上的创新发展和日新月异,现当代东方文论的发展与东方古代文论是相割裂的,东方古代文论资源未能像西方那样,被继承并且实现当代语境中的转换与创新。一旦离开西方文论话语,我们似乎就无法解释那些与当代境况密切联系的文学和文化现象。怎样摆脱东方

---

① 季羡林:《东方文论选》,序言,成都:四川人民出版社,1996年,第2页。

② 季羡林:《东方文论选》,序言,成都:四川人民出版社,1996年,第2页。

文论失语的困境,需要当今学者深入研究和潜心实践。通过研究,我们发现一条展示东方文论话语现代性的路径:西方文论话语的东方元素。这或许是我们重新认识东方文论话语的现代性品格和现代性意义的一个突破口。

二、西方文论中的中国元素、印度元素、阿拉伯元素

人类文明的发展离不开文明互鉴,离不开各种文化的交流碰撞、互学互鉴。回顾人类近现代文化与文论思想发展历程,我们会发现,即便在近现代,即便在西方文明一家独大、西方文论引领世界文化的现当代,东西方的文明互鉴,仍然一如既往地顽强存在,不会因为西方的文明偏见而消失,也不会因为东方人的文明自卑而停止。例如,东方文化与东方古代文论是西方现当代文论的渊源之一,研究这种渊源关系,考察近现代西方文论中的东方元素,探讨东方文化、文论元素在近现代西方文论中的变异现象,不仅有助于纠正此前西方中心主义的文化偏见,重新认识文明互鉴的重大意义和东方文化与文论的现代性价值,也是进一步拓展东西诗学比较与对话,推动比较诗学影响关系研究,开阔比较文学研究视野和丰富比较文学研究资源的一条新路径。

长期以来,中国的中西比较诗学模式基本上是平行研究模式。这种研究模式不涉及实际影响关系的实证性研究,而且中西比较大都从宏观角度来比较,从王国维的《人间词话》到章炳麟的《文学例说》、鲁迅的《摩罗诗力说》,这些作为那个起点时代的标志性文献,都显示了中西比较诗学平行研究的开端。在其后的大半个世纪,朱光潜的《诗论》(1942),钱锺书的《谈艺录》(1948)、《管锥编》(1979),王元化的《文心雕龙创作论》(1983),宗白华的《美学散步》(1981)等,都是中西比较诗学思想史演进途中的标志性文献,也都是平行研究的范例。到了 80 年代,比较文学在中国兴起,比较诗学也开始昌盛:《中西比较诗学》(曹顺庆,1988)、《中西比较诗学体系》(黄药眠、童庆炳主编,1991)、《世界诗学大词典》(乐黛云、叶朗、倪培耕主编,1993)、《比较诗学》(饶芃子,2000)、《比较诗学与他者视阈》(杨乃乔,2002)、《道与逻各斯》(张隆溪,英文版 1992 年,中译本 2006 年)纷纷出版,但是,这些没有一部是从影响研究的角度切入的,海外的比较诗学研究同样如此。本文探讨的西方文论的东方元素研究,是从文明互鉴和诗学实证影响关系进行比较诗学研究的,因而是实证性比较诗学影响变异研究的新路径。

1. 西方文论中的中国元素

透过文明互鉴与思想和诗学的实证性考证，我们会发现海德格尔、福柯、德里达等西方文论大家的思想之与中国文化、文论确实存在若干相通之处，这些相通之处并非偶然，因为他们都或多或少受到传入西方的中国文化与文论思想的影响，并自觉将中国元素吸纳进来。

德国哲学家马丁·海德格尔是 20 世纪存在主义哲学和现象学流派的代表人物，其思想对近现代西方文艺理论发展产生了重要影响。据相关史料，海德格尔曾与华裔学者萧师毅合作翻译过《老子》，对道家思想怀有浓厚兴趣，并从《老子》《庄子》中汲取营养，丰富他对"存在"问题及现象学的理论思索，这也是为何学者们在研究海德格尔和现象学时，会不自觉地将其与中国的老庄思想结合在一起。例如，海德格尔自豪地认为，自己首先重新开启了存在问题，是西方形而上学的最终克服者。然而，是什么东西导致了海德格尔首先重新开启了存在问题？实际上是东方思想。2000 年出版的《海德格尔全集》第 75 卷中有一篇写于 1943 年的文章，探讨荷尔德林诗作的思想意义，文中引用了《老子》论"有无相生"思想的第 11 章全文："三十辐共一毂，当其无，有车之用。埏埴以为器，当其无，有器之用。凿户牖以为室，当其无，有室之用。故有之以为利，无之以为用。"什么是存在？海德格尔认为，存在者自身的存在不"是"一存在者，"无"也是存在的特征，更明确地说："存在：虚无：同一。"因此，"存在的意义"问题同时也是对"无"的意义的探寻。但此种"无"既非绝对的空无，亦非无意义的无。在海德格尔那里，"存在：虚无：同一"之无是"存在之无"，无从属于存在。换句话说，存在是"有"和"无"的统一。这就是海德格尔首先重新开启存在问题的根本路径。众所周知，有与无共同构成"道"，是《老子》的基本思想："天下万物生于有，有生于无。"显然，海德格尔的学术创新，与《老子》思想密切相关。海德格尔曾多次在各种学术研讨会上和个人著作中公开引用《老子》《庄子》的原文来佐证或是阐发自己的观点，据文献记载及学者统计，海德格尔至少在 13 个地方引用了《老子》《庄子》德文译本中的一些段落，[①]在其相关论述中，不乏对"老庄思想"的借鉴，在"老庄思想"的影响下，海德格尔不仅重新开启了存

---

① 参见 Jaap Van Brakel. "Heidegger on Zhuangzi and Uselessness: Illustrating Preconditions of Comparative Philosophy," *in Journal of Chinese Philosophy*, 2015, p.1.

在问题,而且渐渐形成一套独具创新性的存在主义哲学与现象学理论。

米歇尔·福柯是法国当代杰出的思想家、哲学家和社会考古学家,其思想影响了西方文论流派的后结构主义转向,《词与物——人文科学考古学》是其解构主义思想的代表性著作。福柯在《词与物》前言中提及,他之所以想要写这么一本书,彻底清算西方知识史,是受到作家博尔赫斯曾引述的"某种中国百科全书"中对动物之分类的启发,在这部百科全书中,动物可以划分为:"(a)属于皇帝的,(b)散发香气的,(c)驯服的,(d)乳猪,(e)美人鱼,(f)神话中的,(g)自由走动的狗,(h)包括在目前分类中的,(i)疯狂的,(j)数不清的,(k)用非常精细的骆驼毛刷绘制的,(l)等等,(m)刚刚打破水罐的,(n)远看像苍蝇的"①。福柯认为这种中国式的动物分类打破了西方原有的、习以为常的分类秩序,并启发福柯追问"我们"和"他者"的区别在哪里,启发福柯追问:为什么西方人不会像中国人那样思考?为什么中国人会如此思考问题?福柯在《词与物》中进一步为"中国分类法"寻找合理性及其依据,在此基础上又颠覆了一切分类的合理性,解构了此前被西方人所认为的一成不变的事物分类的合理性,并认为分类之所以"合理",是因为确立这一分类及事物秩序的"人"给它贴上了种种合理化的标签。中国文化的传入,促使福柯在东西文化及逻辑思维模式差异的比较中,展开对西方传统知识结构的怀疑与反思。

雅克·德里达是法国著名哲学家、符号学家、文艺理论家,也是西方解构主义的领军人物。德里达受到他的朋友——法国著名汉学家毕仰高的影响,开始了解中国文化和汉语。德里达在《论文字学》中谈及汉字的"音-义"关系之时,常常回想起他和友人毕仰高的关于中国与汉字的讨论。②德里达在《论文字学》一书中指出,在"语音中心主义"影响下,西方人长期以来存在着"中国偏见"和"象形文字偏见"。③德里达在书中通过颠覆传统的"言语/文字"的二元对立,向以"语音中心主义"为代表的逻各斯中心主义提出

---

① Michel Foucault, *The Order of Things: An Archaeology of the Human Sciences*, Routledge, 2002, Preface, p.xvi.

② Benoît Peeters, *Derrida: A Biography*, Translated by Andrew Brown, Cambridge: Polity Press, 2013, pp.66–67.

③ 参见 Jacques Derrida. *Of Grammatology.* Translated by Gayatri Chakravorty Spivak. Baltimore and London: The Johns Hopkins University Press, 1997, p.80.

质疑和批判，打破了此前言语的权威地位。在德里达看来，一方面，言语和书写文字同属于表达意义的"工具"，二者在符号层面上相平等；另一方面，书写文字与言语相比不仅没有劣势，反而具有一些言语所没有的优势，比如书写文字具有"可重复性"，可以不考虑讲话者的意图等。通过接触中国文化和汉字，德里达开启了言语和文字的比较研究，在对西方中心主义的反思中逐步建构起自己的解构理论。

2. 西方文论中的印度元素

南亚和印度是世界文明的起源地之一，印度的宗教哲学是世界上历史最悠久的宗教哲学之一，在印度诞生了哲理深奥的《吠陀》《奥义书》，以及佛教、印度教等，印度思想不仅在印度，还在世界上具有广泛且深刻的影响力。回顾近现代西方文论的形成与发展，我们会发现叔本华等对西方文论产生着重要影响的哲学大家的思想，以及艾略特、美国超验主义等诗人与流派的文学思想及其创作，都受到了印度文化，特别是印度宗教的影响。

叔本华是德国著名哲学家，也是唯意志论的创始人和主要代表。叔本华在他的代表作《作为意志和表象的世界》中谈及他的哲学思想有三个影响来源，分别是柏拉图、康德和《奥义书》，[①] 而叔本华哲学的几个重要命题，其来源都可以追溯到《奥义书》的思想。在本体论方面，叔本华有两个重要观点：一是世界是我的表象，二是世界是我的意志。"世界是我的表象"这一观点与《奥义书》中所阐述的有关摩耶之幕的主要教义一致，"摩耶"意为"欺骗""骗局"，转义为外表世界的创造者，而"摩耶之幕"则指遮蔽真实世界的帷幕，叔本华认为表象世界就是世界本身所表现出来的摩耶世界，而世界的一切表象都由主体自我产生。[②] 叔本华认为作为我的表象的那个世界是变换的，并非世界的本质，这个世界还有一个真正内在的本质的东西，那就是"世界是我的意志"，"身体的感受"则被叔本华当作走向意志世界的出发点，当这一感受与意志相契合时，则为欢乐，与意志相违背时，则为痛苦，大自然中的万事万物也是如此，都是人身体意欲的客体化，叔本华在此将主体与客体世界相连接、相统一了起来。[③] "世界是我的意志"这一观点与《奥义书》所

---

① Arthur Schopenhauer, *The World as Will and Representation, Vol. I*, trans. by E.F.J. Payne, New York: Dover Publications, Inc., Preface to the First Edition, 1969, p.xv.

② 参见赵伟民、蔡函甫：《〈奥义书〉对叔本华哲学的影响》，《中国文化研究》1996年第4期。

③ 参见赵伟民、蔡函甫：《〈奥义书〉对叔本华哲学的影响》，《中国文化研究》1996年第4期。

表达的"我即世界,世界即我"核心观点不谋而合,《奥义书》中有言:"大梵者,此全世界皆是也"①,"其人也,尽弃一切法,无'我所'亦无我慢,皈依大梵主,'汝为彼''我为大梵','凡此皆大梵也夫'。世间无有任何异多者"②,印度哲学的"梵我同一"思想深深影响和启发了叔本华对世界和人生本体论的探索,并促使他克服传统西方哲学切断主客体联系的局限性。

　　T.S. 艾略特是西方现代派诗人的先驱人物,在 20 世纪的英美文学中占有重要地位,同时也是英美新批评派的奠基人之一,被称为"现代文学批评大师"。长诗《荒原》是艾略特最负盛名的作品,也是艾略特诗学思想在诗歌创作上的实践与呈现。艾略特在《荒原》中运用了大量典故意象,其中不仅有传说、神话中的典故,还涉及但丁、莎士比亚等古典文学典故,另外还纳入了佛教、基督教等宗教意象。受到哈佛大学的白璧德、兰曼、伍兹、桑塔耶那等学者以及东方文化研究热潮的影响,艾略特在大学时期对东方哲学逐渐产生兴趣,系统学习梵文和巴利语,同时,他还选修了一位日本教授开设的佛教课程,接触到包括《吠陀经》《奥义书》《瑜伽经》《薄迦梵歌》在内的古印度经典,③ 这些都影响了艾略特的创作,为艾略特在《荒原》中纳入印度意象和元素打下了基础,艾略特本人也在《基督教和文化》一书中写道,他自己的诗歌显示了印度思想和情感的影响。④ 在《荒原》中,艾略特运用了"轮子"这一印度佛教意象。在佛教中,"轮子"常常用来隐喻"轮回",在"轮回"中,生命在天、人、阿修罗、饿鬼、畜生、地狱等六道迷界中生死相续,犹如车轮没有止息地旋转,生命只有中断这种轮回,才能抵达"涅"彼岸。艾略特在"死者葬仪"一章中,借助梭斯脱里斯夫之口说道,"这是带着三根杖的人,这是转轮","我看到一群人,绕着圈子走","轮子""转轮"这一意象,象征了伦敦人单调循环的生活和虽死犹生的绝境。⑤

---

① 徐梵澄译:《弥勒奥义书》,《徐梵澄文集》,上海:上海三联书店 & 华东师范大学出版社,2006 年,第 404 页。

② 徐梵澄译:《离所缘奥义书》,《徐梵澄文集》,上海:上海三联书店 & 华东师范大学出版社,2006 年,第 33 页。

③ 参见乔艳丽:《T.S. 艾略特的东方宗教情愫》,《北京第二外国语学院学报》2012 年第 2 期。

④ Thomas Stearns Eliot, *Christianity and Culture*, New York: Houghton Mifflin Harcourt, 1948, pp.190–191.

⑤ 参见乔艳丽:《T.S. 艾略特的东方宗教情愫》,《北京第二外国语学院学报》2012 年第 2 期。

3. 西方文论中的阿拉伯、波斯元素

阿拉伯地区不仅是东西交流的桥梁与中介,诞生于这片地域的阿拉伯文学与伊斯兰文化还广泛传播到世界各地并产生重要影响。波斯则是诗歌的国度,在这里涌现出菲尔多西、鲁米、萨迪、哈菲兹等众多闻名世界的大诗人,群星璀璨;古波斯帝国国教琐罗亚斯德教是世界上最古老的宗教之一,在基督教和伊斯兰教出现之前盛行一时。西方诸如歌德、尼采等大学者,纷纷从近东地区汲取思想与文化的养分。

德国著名思想家、文学家歌德一生著述浩瀚,歌德《西东合集》的创作及其晚年所持有的"世界文学"的视野与观点,离不开他一直以来对东方文化深入的研究。其中,近东阿拉伯、波斯地区的文学与宗教对歌德产生了主要的影响。早在青年时期,歌德就通晓伊斯兰教的《古兰经》,阅读阿拉伯、波斯的文学作品,歌德对波斯诗人哈菲兹尤其偏爱,哈菲兹的《诗歌集》也给予歌德新的创作灵感和精神动力。歌德从哈菲兹的诗歌中了解到了东方的炽热、真挚与浪漫,他为之感动并由衷地敬仰哈菲兹这位大诗人,他还希望能和这位哈菲兹比肩同行,模仿哈菲兹创作,并达到东西方艺术与精神的高度结合。1814 至 1815 年,歌德都沉浸于对东方文化的研究与发现中,这一时期他创作的大量诗歌,并将所有的诗歌编排成组诗,使之形成一个整体。《西东合集》中的诗歌均以波斯、阿拉伯等东方诗人为楷模,融入了近东地区的伦理、民俗、宗教、哲理以及社会生活等许多领域的题材。[①]《西东合集》是歌德研究阿拉伯、波斯等近东地区文学文化,并将东方元素融入诗歌创作的一次集中的成果展现,这部诗集最初的书名为《西东合集,或者联结东方的德意志诗集》,其中也体现了歌德希望联结东方与西方的世界胸怀与文学理想。对东方文化认识的日渐加深,也促使歌德逐渐形成"走向世界文学"的愿景与追求。

德国著名哲学家、思想家、文化评论家尼采对东方文化亦有广泛涉猎,其思想对西方近现代的诸多文学家和文论家都产生过重要影响。尼采 24 岁时成为瑞士巴塞尔大学的德语区古典语文学教授,专攻古希腊语、拉丁文文献,他对希腊和拉丁等古典语言文学的深入研究也让他开始接触波斯的古代历

---

① 参见聂军:《神游东方的精神之旅——歌德的抒情组诗〈东西合集〉的产生背景》,《国外文学》2000 年第 1 期。

史及其文化,在他的作品集中,包括他笔记中都留下了不少关于古代波斯人及其文化的书写与记录。① 尼采对波斯人抱有一种较高的崇敬态度,他对波斯人最深切的兴趣和钦佩在他讨论波斯人循环的历史和时间观念时表现出来,尼采在谈及波斯人的历史观、时间观时说道,"我必须向波斯的查拉图斯特拉致敬,因为波斯人是第一个全面思考历史的人"。② 波斯的历史时间概念在某种程度上类似于尼采自己的"永恒轮回"思想,或者说波斯人的观念促使尼采的"永恒轮回"思想得以进一步发展。在波斯文化的影响下,尼采选择古波斯帝国宗教琐罗亚斯德教的创始人"查拉图斯特拉"作为其哲学的"先知",创作了《查拉图斯特拉如是说》这一部里程碑式的作品,尼采通过查拉图斯特拉之口表达自己的思想,宣讲未来世界的启示。

综上可见,发掘西方文论的东方元素,能给东西诗学对话和比较文学研究带来诸多素材与案例,形成比较诗学影响研究新路径,丰富比较文学的研究。探索西方现当代文论之形成与东方文化和文论思想的渊源关系,也有助于我们考察东西文明如何互动交流并走向创新,帮助我们重新发现东方文化和文论思想在当代语境中的价值。限于篇幅,笔者仅仅是将东方文化元素对西方近现代文论产生实证影响一些代表性案例罗列出来,尚未在东西文明的异质性基础上,深入考察西方学者对这些东方元素的接受与变异,并分析东方元素在西方的变异和创新现象,这些都是东西诗学对话实证变异研究的重点。本文仅仅是个开始,今后会在个案研究中进一步丰富和完善。

第三节　20 世纪中国古代文学研究综论 ③

福建教育出版社出版的《20 世纪中国学术大典》,旨在简要总结、概述 20 世纪中国人文各学科研究的学术史成果。徐中玉、钱谷融先生主编的文学研

---

① 参见 Daryonsh Ashouri, "Nietzsche and Persia", *Encyclopaedia Iranica*, https://www.iranicaonline.org/articles/nietzsche–and–persia.

② Friedrich Nietzsche. Sämtliche Werke, Kritische Studienausgabe, ed. Giorgio Colli and Mazzino Montinari, 15 vols., Munich, 1999, p.53. 参见 Daryonsh Ashouri, "Nietzsche and Persia", *Encyclopaedia Iranica*, https://www.iranicaonline.org/articles/nietzsche–and–persia.

③ 作者祁志祥,上海交通大学人文艺术研究院教授,上海市美学学会会长。本文为徐中玉、钱谷融主编的《20 世纪中国学术大典·文学》(福建教育出版社,2021 年)前言中的一部分。原载《艺术广角》2022 年第 4 期。

究卷是其中的一个重要组成部分,2021年年底出版①。该书编写于上个世纪末。作为徐先生硕士弟子,我当时曾参写过其中一些词条的撰写。由于一些意外的原因,此书出版一再延期。大约五、六年前,因徐先生年事已高,华东师范大学中文系托人请我执笔,代写前言中概述本书20世纪中国古代文学研究成果词条的部分。前言中概述20世纪中国文艺理论、现代文学、少数民族文学研究成果词条的部分,由钱谷融先生弟子殷国明教授执笔。中国古代文学作品汗牛充栋,20世纪百年中研究中国古代文学的成果体量巨大。在150万字的《20世纪中国学术大典·文学》中,叙写这部分成果的词条就占了近60%的篇幅。如何在前言有限的篇幅内合理地概述这些成果的内容,可以说是我一生中遇到的最困难的写作任务。我只好把当时正在研究的项目搁下来,全心全意地沉潜到该书约90万字的词条中,玩味、甄别、筛选、提纯,寻找最佳的叙述门径,最后确定,按照先总后分、断代为经、点面结合、以面为主、详略结合的原则,删繁就简加以综论,力图让读者在有限的篇幅内能够窥见20世纪中国古代文学研究学术成果的全貌。

关于中国古代文学的整体研究主要是由《中国文学史》的编写来体现的。20世纪是中国文学史学科从诞生到繁盛的时期,出现了若干部同类著作。新中国成立前多为个人撰著,新中国成立后多为集体工程。其中可圈可点、发生较大影响的有黄人的《中国文学史》(1905)、胡适的《白话文学史》(1928)、郑振铎的《插图本中国文学史》(1932)、刘大杰《中国文学发展史》(1941),60年代上半叶出版的中国科学院文学研究所集体编写的三卷本《中国文学史》和游国恩等主编的四卷本《中国文学史》、90年代中后期出版的章培恒和骆玉明主编的三卷本《中国文学史》,袁行霈主编的《中国文学史》等。

中国古代文学源远流长,体量庞大,相关的具体研究可分断代来把握。

一、20世纪先秦文学研究

先秦文学分诗歌与散文。散文主要分诸子散文与历史散文。诸子散文不是纯文学,它们与哲学结合得很紧,成为文学界和哲学界共同关注的对象,研究专著很多,但它们并不能仅仅作为先秦散文研究专著去看待。历史散文也一样,它们与历史结合得很紧,成为文学界和史学界共同研究的对象,研究

---

① 徐中玉、钱谷融主编:《20世纪中国学术大典·文学》,福州:福建教育出版社,2021年12月。

专著也不能完全作为先秦散文研究专著去看待。而诗歌与美文学结合得最紧密,其研究成果值得关注。在先秦诗歌中,《诗经》与《楚辞》是现实主义与浪漫主义诗歌两大源头。关于《诗经》与《楚辞》的研究,可视为先秦文学研究的风向标。《诗经》原来一直被当作儒家五经之一加以对待,"五四"时期,人们从经学的禁锢中解放出来,《诗经》从经学典籍一变而被视为中国最早的一部诗歌总集。人们以文学的眼光去打量《诗经》,获得了许多令人耳目一新的新发现。俞平伯的《读诗札记》就是这方面的代表作。在《楚辞》研究方面,王国维的《屈子文学之精神》(1906)、梁启超的《屈原研究》(1922)是五四前后的重要论著。三四十年代,围绕《诗经》《楚辞》的研究形成了专门的群体,出现了 20 世纪先秦文学研究的第一个高潮。郭沫若用社会学的方法写的《由周代农事诗论到周代社会》、闻一多用文化学的方法写的《说鱼》、《〈九歌〉古歌舞悬解》,是研究《诗经》《楚辞》的重要成果。新中国建立初期,社会学的研究方法占主导地位。余冠英的《诗经选》(1956)、马茂元的《楚辞选》(1958)是这个时期《诗经》《楚辞》研究领域影响深远的读本。"文革"结束之后的新时期中,思想与方法大为解放,李山《诗经的文化精神》和姜书阁的《先秦辞赋原论》、过常宝的《楚辞与原始宗教》是这种解放中涌现的新成果。以诗歌研究、散文研究和上古神话研究为抓手的先秦文学整体研究在个案研究获得突破后逐渐取得进展。30 年代到 40 年代期间杨荫深的《先秦文学大纲》、游国恩的《先秦文学》和蒋伯潜的《先秦文学选》,新中国建国之后北京大学中文系编的《先秦文学史研究参考资料》(1962),新时期出版的徐北文的《先秦文学史》(1981)、张志岳的《先秦文学简史》(1986)、赵敏俐的《先秦大文学史》(1993)、储斌杰和谭家健主编的《先秦文学史》(1998)等,就是这方面的重要成果。

二、20 世纪汉代文学研究

徐嘉瑞的《中古文学概论》(1924)、鲁迅的《汉文学史纲要》(1926)拉开了汉代文学研究的历史序幕。汉代文学主要体现为以司马迁为代表的历史散文、以司马相如为代表的辞赋、以乐府为代表的诗歌诸方面。"五四"前后,王国维的《太史公系年考略》(1916)和汪定的《司马迁传》(1930)、游国恩的《司马相如评传》(1923)是研究司马迁、司马相如的代表作。相对于汉代文、赋研究,"五四"之后至新中国成立前,以乐府为代表的汉诗研究蔚为大观,诞生了陆侃如的《乐府古辞考》(1926)、古直的《汉诗研究》(1928)、罗根泽的《乐府文学史》(1931)、闻一多的《乐府诗笺》(1941)、王易的《乐府通论》(1946)等诸多专著。新中国成立后的五六十年代,北京大学中国文学教研室编的《两汉文学史参考资料》和逯钦立编选的《先秦两汉魏晋南北朝诗》收集了最为完备的汉代诗文作品,为人们研究汉代文学提供了坚实的资料依据。1979后,伴随着思想解放,汉代文学研究迎来了高潮。关于汉代文学整体研究的代表成果,有曹蔚文的《两汉文学作品选》(1980)、聂石樵的《先秦两汉文学史》(两汉卷,1994)、许结的《汉代文学思想史》(1998)、赵明主编的《两汉大文学史》(1998)。关于汉诗研究的专著,有郑文的《汉诗选笺》(1986)、《汉诗研究》(1994)、赵敏俐的《汉代诗歌史论》(1998)。关于汉赋研究的专著,有马克高的《赋史》(1987)、龚克昌的《汉赋研究》(1990)。关于汉文研究的专著,有韩兆琦、吕伯涛的《汉代散文史纲》(1986)。关于汉代文论研究的专著,有曹顺庆的《两汉文论译注》(1988)和顾易生、蒋凡合撰的《先秦两汉文学批评史》(1990)。此外,这个时期还出现了研究汉代小说的大量论文,如陈铁镔的《汉代小说发展轨迹与特质的探索》、李建国的《论汉代志怪小说》、刘应奎的《论两汉的历史小说》、张庆利的《汉代小说观念的转变及其理论意义》等。

三、20 世纪魏晋南北朝文学研究

魏晋南北朝是中国美文学的繁荣时代,这种繁荣突出反映在五言诗的成熟、格律诗的诞生、乐府诗的兴盛、骈赋的流行、志人志怪小说的出现诸方面。同时,这个时期也是中国文学的审美自觉时代,出现了陆机、刘勰、钟嵘等人的一系列杰出的文学批评和理论专著。魏晋南北朝的文学研究,就集中表现在诗文、小说、文论方面。其成果既有作家作品的个案研究,也有某一时段某一文类的专门研究,还有各类文学的综合研究。这个时期的作家作品太多,个案研究成果难言其详。在诗歌分类研究方面,20 世纪的主要成果有:陈家庆的《汉魏六朝诗研究》(1934)、萧涤非的《汉魏六朝乐府文学史》(1944)、香港学者邓仕梁的《两晋诗论》(1972)、台湾学者洪顺隆的《六朝诗论》(1978)、王次橙的《南朝诗研究》(1984)、王钟陵《中国中古诗歌史》(1988)。在散文分类研究方面,主要成果有罗常培的《汉魏六朝专家文研究》(1945)、程章灿的《魏晋南北朝赋史》(1992)。在小说研究方面,主要成果有侯忠义的《汉魏六朝小说史》（1989）。在文论研究方面，主要成果有王运熙、杨明的《魏晋南北朝文学批评史》（1989）。在各类文学的综合研究方面，新中国成立前主要成果有刘师培的《中国中古文学史讲义》（1917）、鲁迅的《魏晋风度及文章与药及酒之关系》（1927）、陈钟凡的《汉魏六朝文学》（1931）；新中国成立后的主要成果有王瑶的《中古文人生活》（1950）、《中古文人思想》（1950）、《中古文人风貌》（1950）；80年代以后新时期的主要成果有胡国瑞的《魏晋南北朝文学史》（1980）、骆玉明和张宗原的《南北朝文学》（1991）、曹道衡和沈玉成的《南北朝文学史》（1991）、周建江《北朝文学史》（1997）、徐公持《魏晋文学史》（1999）、曹道衡和刘跃进的《南北朝文学编年史》（2000）。

四、20世纪隋唐五代文学研究

隋朝是一个短暂的时代，一般把隋代文学视为北朝文学的尾声或唐代文学的铺垫。五代的时间比隋代稍长，但五代文学也缺少独立性，一般把它视为唐代文学的余波。因此，隋唐五代文学在中国古代文学研究中一般作为一个相互联系的整体加以对待。这个时期，诗歌从六朝的五言发展为七言，达到中国诗歌史上的极盛时期，涌现了以李白、杜甫为代表的许多伟大、杰出的诗人。作为一种新兴诗体，曲子词也开始出现，并在唐末五代取得了相当的成就。在散文领域，韩愈、柳宗元以散句单行的创作实践取代六朝以来的骈文，形成了唐代散文的时代特色。在小说创作方面，唐代出现了以写人为主的传奇，为唐代文学增添了新的景观。关于这个时期著名作家、作品的研究成果不计其数，这里不能一一列举，仅以较为宏观的专论、综合研究成果来看。关于这个时期的诗歌研究专题，值得注意的成果有金启华的《唐宋词集序跋汇编》（1990）、陈尚君的《全唐诗补编》（1992）、陈伯海等的《唐诗论评类编》（1993）和《唐诗汇评》（1995）、史双元的《唐五代词纪事会评》（1995）、张伯伟的《全唐五代诗格校考》（1996）、林大椿编的《唐五代词》（1931）、何金兰的《五代诗人及其诗》（1977）、张璋等编的《全唐五代词》（1986）、陈顺烈和许佃玺合编的《五代诗选》（1988）、张兴武《五代作家的人格与诗格》（2000）。关于这个时期的散文研究专题，值得注意的成果有吴纲的《全唐文补遗》（1995）、于景祥的《唐宋骈文史》（1991）、俞纪东的《汉唐赋浅说》（1999）。关于这个时期的小说研究专题，值得注意的成果有刘开荣的《唐代小说研究》(1947)、王梦鸥的《唐人小说校释》(1983—1985)、方积云等的《唐五代五十二种笔记小说人名索引》(1992)、王汝涛编校的《全唐小说》(1993)、李时人编的《全唐五代小说》(1998)、李剑国的《唐五代志怪传奇叙录》(1998);此外,20世纪下半叶,唐五代小说研究专书还有20种左右。关于这个时期的文论研究,主要成果有罗宗强的《隋唐五代文学思想史》(1986)、王运熙等的《隋唐五代文学批评史》(1994)。关于这个时期各体文学的综合研究,既有资料性的,也有分析阐发性的。前者如傅璇宗琮等编的《唐五代人物传记资料综合索引史》(1982)、傅璇宗琮主编的《唐才子传校笺》五册本(1987—1995)和《唐五代文学编年史》四卷本(1998)、周绍良的《唐代墓志汇编》(1992)、罗联添的《隋唐五代文学研究论著集目正续篇》(1996)。后者如朱炳煦的《唐代文学概论》(1929)胡朴安、胡怀琛的《唐代文学》(1931)、陈子展的《唐代文学史》(1944)、周祖譔的《隋唐五代文学史》(1958)、王士菁的《唐代文学史略》(1992)、罗宗强的《隋唐五代文学史》上中卷(1992、1994)、李从军的《唐代文学演变史》(1993)、吴庚顺和董乃斌主编的《唐代文学史》(1995)、乔象钟等编的《唐代文学史》(1997)等。

五、20世纪宋代文学研究

关于宋代文学研究的成果,杭州大学古籍所宋史研究室集体编纂的《宋辽夏金史研究论著索引(1900—1982)》(1985)为我们提供了相当全面的指南。与唐代文学相比,宋代文学的最高成就体现在宋词方面。关于宋词研究,王国维《人间词话》(连载于1908—1909)对宋词的解读及其反映的词学观念影响深远。朱孝臧编的《彊村丛书》(1917)中,宋词的总集和别集占了很大比例;赵万里的《校辑宋金元人词》(1931)是新中国成立前宋词辑佚的一大成果;唐圭璋汇编、王仲闻补订的《全宋词》(1979)及孔凡礼的《全宋词补辑》(1981),使宋词的文献大备于世。唐圭璋的《词话丛编》(1935年初编、1986年增订本,全5册),收录宋人词话著作最为详赡。这几部著作是关于宋词的资料研究著作。在宋词的阐释研究方面,胡云翼的《宋词研究》(1926)开宋词史著作之先河;薛砺若的《宋词通论》(1937)是首部内容丰富、论述全面的断代宋词史;夏承焘的《唐宋词论丛》(1956)对宋词解读多有自家心得;杨海明的《唐宋词史》(1987)是新中国成立后第一部断代词史;陶尔夫、刘敬圻的《南宋词史》(1992)标志着词轻南宋的研究格局的改变。

宋人以学问为诗、以义理为诗、以议论为诗,诗不仅写得多,也写得有特色。关于宋诗的选本,高步瀛的《唐宋诗举要》(1927)、钱锺书的《宋诗选注》(1958 初版、1989 年再版)都是影响较大的本子,陈衍的《宋诗精华录》(1937)、程千帆的《宋诗精选》(1992)也值得一提。北京大学古文献研究所主持编辑的《全宋诗》正编 72 册(1999 年出齐),是最齐备的宋诗文献。郭绍虞的《宋诗话考》(1979)、《宋诗话辑佚》(1980)是宋代诗歌评论著作的考辨收罗。在宋诗的阐释研究方面,梁昆的《宋诗派别论》(1938)、莫砺锋的《江西诗派研究》(1986)、张宏生的《江湖诗派研究》(1995)是分论具体宋诗流派的代表作。张白山的《宋诗散论》(1984)、许总的《宋诗史》(1992)、赵仁珪的《宋诗纵横》(1994)、韩经太的《宋代诗歌史论》(1995)是纵论宋诗整体发展演变的代表作。

宋代的散文步韩、柳之后尘,继续往散句单行方向发展,阐释儒家义理,作品相当繁富。曾枣庄、刘琳主编的《全宋文》共 360 册(1988—2006年陆续出版),达一亿字,规模空前。选本方面,高步瀛编的《唐宋文举要》(1927)、四川大学中文编的《宋文选》(1980)堪称经典。宋文纵向贯通研究方面,吴庆鹏的《唐宋散文史》(1945)开其先声,郭预衡的《中国散文史》第五编(1993)实可视为完整的宋代散文史,祝尚书的《北宋古文运动发展史》(1995)也颇具特色。

宋代小说在唐五代传奇的基础上出现了说书人的话本。在这方面值得注意的资料和研究成果,有鲁迅的《唐宋传奇集》(1927)、程毅中的《宋元话本》(1980)、胡士莹的《话本小说概论》(1980)、谭正璧著和谭寻补正的《话本与古剧》(1985)、李剑国的《宋代志怪传奇叙录》(1997)。全面描述宋代小说的代表性成果有萧相恺的《宋元小说史》(1997)、程毅中的《宋元小说研究》(1998)。将各种文体联系起来进行综合研究的断代文学史著作,有吕思勉的《宋代文学》(1931)、柯敦伯的《宋文学史》(1934)、陈子展的《宋代文学史》(1945)、程千帆和吴新雷的《两宋文学史》(1991)、孙望和常国武主编的《宋代文学史》(1996)以及张毅的《宋代文学思想史》(1995)。

六、20 世纪辽金文学研究

公元 9 世纪初到 12 世纪前期的 300 余年中,与南方的五代、两宋相对峙,在北方建立了契丹族统治的辽朝(916—1125)和女真族统治的金朝(1115—

1234），形成了中国历史上又一次南北朝局面。20世纪的辽金文学研究，始于苏雪林的《辽金元文学》（1934）和吴梅的《辽金元文学研究》（1934）。陈衍的《辽诗纪事》（1936）和《金诗纪事》（1936）也留下了研究辽金诗歌的珍贵资料。新中国成立后，章荑荪的《辽金元诗选》（1958）、周惠泉、米国治的《辽金文学作品选》（1986）、张晶的《辽金诗史》（1994）是研究辽金文学的重要成果。薛瑞兆、郭明志编的《全金诗》（1995）、詹杭伦的《金代文学思想史》（1990）、周惠泉的《金代文学学发凡》（1994）、胡传志的《金代文学研究》（2000）则是集中研究金代文学作品和思想理论的专著。

七、20世纪元代文学研究

元朝从1279年灭南宋完成统一，到1368年被明朝取代，实际统治中国的时间不足百年，但它的北曲杂剧和散曲却取得了杰出的成就，成为一代文学的标志，与唐诗、宋词并驾齐驱。20世纪的元代文学研究，集中体现在杂剧和散曲方面。"五四"前后，王国维的《宋元戏曲史》、吴梅的《元曲研究》奠定了元杂剧研究的基础。三四十年代，贺昌群的《元曲概论》有对元杂剧的重点介绍；赵景深的《元人杂剧辑佚》在搜集元杂剧佚文佚曲方面颇多贡献；孙楷第的《元曲家考略》、傅惜华的《元代曲家传略》、邵曾祺的《元杂剧前后期作家传略》在元杂剧家的生平考订方面颇见功力；蔡莹的《元剧联套述例》、王玉章的《元词斠律》、徐嘉瑞的《金元戏曲方言考》对元曲音律、语言的研究意义非凡。新中国成立后至"文革"时期，尽管元代文学的其他方面研究相当萧条，但杂剧研究取得了不少成就。顾学颉的《元人杂剧选》、隋树森的《元曲选外编》、傅惜华的《元人杂剧全目》、徐调孚的《现存元人杂剧书目》、朱居易的《元剧俗方言例释》是元杂剧作品整理的重要成果。一些重点杂剧作家如关汉卿、重要作品如《西厢记》《赵氏孤儿》的研究取得可喜进展。元杂剧知识通过阿英发表的《元人杂剧史》、周贻白的《中国戏曲史讲座》、顾学颉的通俗读本《元人杂剧》得到普及。70年代末开始的改革开放新时期堪称元杂剧研究极为辉煌的时期。王季思主编的《全元戏曲》12卷校勘本（1998出齐），作品收集至为齐备。王学奇主编的《元曲选校注》（1994）弥补了数百年来《元曲选》无人全面校勘注释的缺憾。宁宗一等人的《元杂剧研究概述》、徐扶明的《元代杂剧艺术》、黄士吉的《元杂剧作法》、商韬的《论元代杂剧》、许金榜的《元杂剧艺术论》、幺书仪的《元代杂剧与元代社会》、郭英德的《元代杂剧与元代社会》、韩登庸的《元杂剧肇论》、李春祥的《元杂剧史稿》、刘荫伯的《元代杂剧史》、李修生的《元杂剧史》、门岿的《元曲管窥》《元曲百家纵论》《元杂剧鉴赏集》等是对元杂剧进行横向研究与纵向探讨的专门成果。元代散曲的研究成果主要集中在 80 年代以后的新时期。隋树森编的《全元散曲》增补版（1981）和徐征等主编的《全元曲》12 册（1998）散曲部分，收罗了元代几乎全部的散曲资料。王季思等人的《元散曲选注》、羊春秋的《元人散曲选》和《散曲通论》、王毅的《元散曲艺术论》、赵义山的《元散曲通论》、吕薇芬的《金元散曲典故辞典》是对散曲作品进行注疏、分析、阐释的重要成果。与北曲杂剧相对，元代在温州永嘉地区用南曲演唱的杂剧叫"南戏"。南戏研究方面，三十年代有赵景深的《宋元戏文本事》、钱南杨的《宋元南戏百一录》、陆侃如冯沅君的《南戏拾遗》；1981年钱南杨出版的《戏文概论》是第一部全面系统论述南戏的理论专著。关于元代其他文体的研究，主要集中在 80 年代以后的新时期。元诗研究方面，有邓绍基编选的《元诗三百首》、李梦生的论文《元代诗歌概论》；元词研究方面，有唐圭璋主编的《全金元词》（1979）、幺书仪的论文《元词试论》；元文研究方面，有李修生主编的《全元文》（1999）以及郭预衡的《金元散文简论》、漆邦绪的《元文概论》、张梦新的《元代散文简论》、王琦珍的《金元散文平议》等论文。在 20 世纪对元代各体文学有了专门研究的基础上，诞生了邓绍基主编的《元代文学史》（1991）。这是一部反映元代文学全貌的综合研究成果。

八、20 世纪明代文学研究

明代文学的成就集中体现在小说方面。经过宋元话本的铺垫，明代白话小说在长篇与短篇、历史与市井、写实与神魔诸方面都取得了划时代的成果，成为又一个时代的文学标志。"五四"时期崇尚白话文运动，作为白话文学的明代小说倍受重视。胡适的《水浒传考证》（1920）、《西游记考证》（1923），使《水浒传》《西游记》成为明代文学研究的热点。20 末至 30 年代初，《三国演义》《金瓶梅》《封神演义》和反映市井生活的短篇小说集"三言二拍"也引起人们的重视，成为研究热点，郑振铎、孙楷第、陈寅恪、吴晗等人发表了许多高质量的论文。新中国成立后至"文革"时期，《水浒传》、《三国演义》、《西游记》、"三言二拍"作为民间文学继续受到研究者重视，但"左"的阶级分析方法使这种研究日益背离作品本义,古为今用、借古喻今、穿凿附会的倾向日益明显,特别是"文革"中对《水浒传》的批判性研究已毫无学术价值可言。与此形成鲜明对照的是,《金瓶梅》因有色情描写,研究界一直噤若寒蝉。到了改革开放的新时期,小说研究才回到实事求是的正常轨道,并迎来了学术繁荣。一方面,小说研究的资料整理已相当全面,出版了朱一玄等编的《水浒传资料汇编》(1981)、《三国演义资料汇编》(1983)、《西游记资料汇编》(1983)和《金瓶梅资料汇编》(1981),马蹄疾的《水浒资料汇编》(1983)和《水浒书录》(1986),刘荫伯的《西游记研究资料汇编》(1985),侯忠义的《金瓶梅资料汇编》(1985),胡文彬的《金瓶梅书录》(1985),黄霖的《金瓶梅资料汇编》(1987),周钧韬的《金瓶梅研究资料续编》(1991),谭正璧的《三言两拍资料》(1980)。另一方面,在小说的分析阐释方面,诞生了齐裕焜的《明代小说史》(1997)、陈大康《明代小说史》(2000)及方正耀的《明清人情小说研究》(1986)、王增斌的《明清世态人情小说研究史》(1998)等专著。戏剧发展到明代,出现了杂剧与由南戏演变而来的传奇并行的局面。20世纪的明代戏剧研究成果,吴梅《明清戏曲史》(1935)发其先声,然后一分为二。传奇研究成果有朱承朴和曾庆全的《明清传奇概说》(1988)、郭英德的《明清传奇史》(1999)、许建中的《明清传奇结构研究》(1999)。杂剧研究成果有傅惜华的《明代杂剧全目》(1958)、戚世隽的《明代杂剧研究》(2001)。20世纪的明代诗文研究,体现在资料收罗上,如章培恒和倪其心等主编的《全明诗》(90年代)、谢伯阳编纂的《全明散曲》(1994)、钱伯城等的《全明文》(90年代)、章培恒主编的《新编明人年谱丛刊》(1993),都是贡献巨大的业绩。体现在文学流派、思潮、历史走向等研究方面,如廖可斌的《明代文学复古运动研究》(1994)、郑利华的《明代中期文学演进与城市形态》(1995)、饶龙隼的《明代隆庆万历间文学思想转变研究》(1995)、黄毅的《唐宋派新论》(1994)、吴承学的《晚明小品研究》(1989)、马积高的《宋明理学与文学》(1989)、左东岭的《王学与晚明士人心态》(2000)、夏咸淳的《晚明士风与文风》(1994)、陈书录的《明代诗文的演变》(1996)等等,都可圈可点。关于明代文学整体风貌的研究,早先有钱基博的《明代文学》(1934)、宋佩韦的《明文学史》(1934)开其端,晚期有陈大康的《明代文学史》(2000)殿其后。至于袁振宇、刘明今所合写的《明代文学批评史》(1991),则对明代各种文体的批评理论作了全面的总结评述。

九、20 世纪清代文学研究

首先集中在小说方面。清代小说研究以《红楼梦》研究最为繁荣。民国初年以前的《红楼梦》研究被称为"旧红学",研究方法以评点和索引为主。有关旧红学的研究资料,大多反映在一粟编选的《古典文学研究资料·红楼梦卷》中。不过,王国维发表于1904年的《红楼梦评论》则不能归入"旧红学",它是用西方哲学、美学观点来分析《红楼梦》的振聋发聩之作。"五四"之后,西方各种学术观点和方法大量介绍进来,在此影响下,胡适的《红楼梦考证》和俞平伯的《红楼梦辨》分别于1921年、1922年相继问世,标志着"新红学"的确立。新中国成立后,因最高领导人的重视,"红学"成为显学。1953年,俞平伯将《红楼梦辨》增删后改名为《红楼梦研究》出版。不久,俞平伯连同胡适的"红学"观受到政治批判。"文革"期间,"红学"异化为政治斗争的工具。进入改革开放的新时期,"红学"研究迎来春天。80年代初期出版的朱一玄的《红楼梦资料汇编》、胡文彬的《红楼梦叙录》、刘梦溪的《红学三十年论文选编》,为新时期红学研究提供了极大便利。新时期中除了对红楼梦本身的研究取得大量成果外,还出现了对这种研究的研究,这方面的标志性成果是郭豫适的《红楼梦研究小史稿》和《续稿》。《聊斋志异》《儒林外史》是清代小说研究的另两个热点,也取得了不俗的成果。20世纪的清代文学研究,其次体现在戏曲方面。除了围绕《长生殿》《桃花扇》的诸多个案研究外,周妙中的《清代戏曲史》、王政的《清代戏曲审美理想发展大势》、傅惜华的《清代传奇与子弟书》、曾永义的《清代杂剧概论》等,是关于清代戏剧的理论和历史研究的代表成果。相对而言,20世纪的清代诗文研究在清代文学研究中略显薄弱。50年代以前主要限于文献整理。徐世昌主编的《晚晴簃诗汇》200卷(1929)是规模最大的清代诗歌总集。沈粹芬、黄人等人编选的《国朝文汇》200卷(1908)是规模最大的清代文章总集。这个阶段概论性的研究成果,有王礼培的《论清代诗派》、钱仲联的《清代江浙诗派概论》、徐珂的《清代词学概论》、李崇元的《清代古文述传》等。新中国成立后到"文革"期间,清代诗文研究陷入沉寂,乏善可陈。进入改革开放的新时期中,这方面研究取得爆发式发展。1978至1979年,上海古籍出版社出版《清人别集丛刊》,收录近20种流传稀少的清人别集,对清代诗文研究甚为重要。1987年,钱仲联主编的《清诗纪事》22册出版,这是大型清代诗歌纪事文献,收录 7000 多位诗人的作品,具有里程碑意义。叶恭绰所辑《全清词钞》（1982）、程千帆主编《全清词》（2002 出齐）的陆续出版,为清词研究提供了原始材料上的保障。此外,郭绍虞编选的《清诗话续编》、袁行云编著的《清人诗集叙录》也相继出版。这个时期诗词方面的综合研究成果,有严昌迪的《清诗史》《清词史》,朱则杰的《清诗史》、霍有明的《清代诗歌发展史》、张健的《清代诗学研究》、艾治平《清词论说》等。该时期清代散文的综合性研究成果主要体现在流派研究方面,以吴孟复的《桐城文派述论》、曹红的《阳湖文派研究》为代表。

十、20 世纪近代文学研究

这实际上是从新中国成立后才开始的。所谓“中国近代文学”的“近代”概念,是这个时期才确立的。新中国成立后,按照占主导地位的马克思主义的唯物史观和社会发展史观,1840 年至 1918 年为中国近代期,1919 年至 1949 年为中国现代期,前者属于旧民主主义革命时期,后者属于新民主主义革命时期。这种历史分期成为学界的共识,中国近代文学的起、迄年限得到固定。中国近代文学研究作为文学史的一个学科分支,得到学界普遍认可。50 年代到 70 年代可视为近代文学研究的奠基阶段。游国恩等主编的《中国文学史》开始把近代文学列为专章加以论述,高校的文学专业开始把近代文学列入教学计划。阿英编辑的《中国近代反侵略文学集》（1959）、舒芜等人选辑的《中国近代文论选》（1962）、北京大学中文系编辑的《近代诗选》（1963）等资料类编相继问世。重要诗文作家如龚自珍、魏源、黄遵宪等人的全集、选集及注本整理出版。晚清谴责小说和清末小说理论成为研究热点。这个时期,近代文学研究取得初步成果。不过由于简单机械的唯物史观和阶级分析的方法,这个时期的近代文学研究打上了明显的非学术的政治烙印,到“文革”中更趋登峰造极。20 世纪的后 20 年是近代文学研究的发展、突破阶段。伴随着思想观念、研究方法的巨大变革,近代文学研究取得了一系列重要成果。中国社科院文学所近代组编选的七卷本《中国近代文学研究论文集》（1983）精选了 1919 至 1979 年间的相关论文。华东师大出版社出版了《中国近代文学丛书》十余种。上海书店出版了《中国近代文学大系》。章培恒主编出版了《中国近代小说大系》。孙文光主编出版了《近代文学大辞典》。《中国近代文学史》出现了任访秋主编和陈则光撰写的两个版本,《中国近代文学发展史》则诞生了郭延礼与管林、钟贤培合写的两个版本,其中尤以篇幅巨大、视角独到的郭著三卷本成就为高。

第四节　全球化时代的艺术生产与审美认同 [①]

一、全球化与文化认同

在全球化时代,不同国家、民族与地区之间的文化交流日益频繁,在本土文化与外来文化相互交流的过程中,原有的生活方式、价值观念、社会结构等必然与外来文化发生碰撞和冲突。"只要不同文化的碰撞中存在着冲突和不对称,文化认同的问题就会出现。在相对孤立、繁荣和稳定的环境里,通常不会产生文化认同问题。认同要成为问题,需要有个动荡和危机的时期,既有的方式受到威胁。这种动荡影响和危机的产生源于其他文化的形成,或与其他文化有关时,更加如此。" [②] 外来文化的影响不仅表现在物质文化层面,也表现在思想观念、意识形态、审美观念和艺术生产等精神文化层面。近年来,各种文化艺术产品如电影电视、绘画、歌曲、装饰艺术等由于资本和技术的介入都表现出某种"国际风格",在一定程度上导致民族身份、地方身份的削弱。这一方面反映了全球化对本土文化艺术的深刻影响,另一方面也反映了人们对文化认同的焦虑。

全球化一方面带来了文化认同的危机,另一方面也刺激了本土文化、亚群体文化、少数民族文化和艺术的再生产。正如美国学者弗里德曼所说:"在国内,寻找已失去的东西,在边陲,寻求被中心在以前压制的文化自决,甚至是民族自决。文化认同从族群到生活方式,都是以牺牲体系为代价繁荣起来的。" [③] 全球化冲击了某种单一的中心文化,为各种被压抑的文化提供了共同参与的机会。同时,后现代主义、后殖民主义等理论以及文化相对主义、文化多样性、民主政治等意识形态也激活了本土群众、少数民族和亚群体追求政

① 尹庆红,上海交通大学人文学院副教授。本文原载《江西社会科学》2013 年第 2 期。
② [英]Jorge Larrain:《意识形态与文化身份》,戴从容译,上海:上海教育出版社,2005 年,第 194 页。
③ [美]乔纳森. 弗里德曼:《文化认同与全球性进程》,郭建如译,北京:商务印书馆,2003 年,第 135 页。

治、经济、文化权利以及身份意识。"各团体、各阶层、各宗教和种族组织就开始寻找构成他们的认同和自尊的源泉的新的焦点"。①而回归地方文化、族群文化、群体文化是其重要的选择。在这种多元文化的交流和冲突中,亚文化、边缘群体的文化、地方文化的身份意识开始觉醒,身份认同问题更加明显。全球范围内的传播媒介和艺术生产手段,使得曾经被压抑群体的审美经验和艺术创造有机会得到表达和传播,不同群体的审美价值和艺术表达都可以在全球范围内传播。如非洲的黑人音乐和印度的舞蹈、非洲的面具、中国的少数民族艺术等都可以在世界范围内迅速传播、买卖和欣赏。文化艺术的多元化是全球化时代文化艺术的重要特征。

　　文化认同是靠文化来维系的,而文化的不同形态和表现形式,如文学、艺术、审美实践等各种审美形式也都有助于群体的文化认同的形成。安德森在《想象的共同体》中考察了现代民族国家的兴起,指出小说和报纸是形成民族国家共同体的重要条件,民众通过阅读小说和报纸,借助想象的作用与自己未曾谋面的无数同胞兄弟形成共同体意识。②霍米·巴巴也延续了这种文化认同建构的分析方法,他主编的《民族与叙事》一书考察了小说的出现与民族认同感的增强之间的联系。③一些学者在研究日本民族共同体的形成过程中,分析了文学和日语所起的重要作用。④随着传播媒介的变化,建构群体的文化认同的方式也有了其他的选择。费瑟斯通分析了电影在建构民族认同中的重要作用,"二战期间,英国的电影业扮演了重要的角色,它通过反映共同敌人的电影来调动了民族的认同。"⑤中国抗战时期以及解放后的很多战争题材的影片也是起到了塑造民族认同感的重要作用。英国学者达拉·阿诺德(Dana Arnold)等人把这种分析模式运用于视觉艺术与民族认同形成的研究,他们分别从建筑、风景、绘画、雕刻等不同的艺术和审美形式研究了大英

---

① ［英］C. W. 沃特森:《多元文化主义》,叶兴艺译,长春:吉林人民出版社,2005 年,第 1—2 页。

② 参见［美］本尼迪克特·安德森:《想象的共同体:民族主义的起源与散布》,吴叡人译,上海:上海人民出版社,2005 年。

③ 参见 Homi K. Bhabha, ed., *Nation and Narration*, London and New York: Routgledge, 1990.

④ 参见［日］小森阳一:《日本近代国语批判》,陈多友译,长春:吉林人民出版社,2003 年;［日］柄谷行人:《日本现代文学的起源》,赵京华译,北京:生活·读书·新知三联书店,2003 年。

⑤ ［英］迈克·费瑟斯通:《消解文化——全球化、后现代主义与认同》,杨渝东译,北京:北京大学出版社,2009 年,第 157 页。

帝国的形象是如何在这些审美形式中表现出来的,认为"英国性"是通过视觉审美而表征出来的。[①] 从这些研究可以看出,"在文化的很多方面,尤其是各种类型的审美形式——舞蹈、音乐、歌曲、视觉艺术、文学、戏剧和说故事——在群体认同形成中起到了重要的作用。有些审美形式是传统的,也有一些是当代的,但所有这些文化表现形式都有助于本土认同的形成。因为每一种文化表现形式都可以说是表达和建构了本土认同。"[②] 每一种文化表现形式与宗教、政治等其他文化形态一样共同形成了群体的文化认同。民族国家或社会群体通过对这些审美形式的占有、挪用和重新使用,审美的文化强化了主流政治文化和社会意识形态,它重新表征和建构了民族文化认同。这些研究启发我们,在不同的民族、地区、群体和不同的时期,建构群体文化认同的途径是多种多样的,而艺术和审美在塑造群体文化认同中具有十分重要的作用。

二、艺术风格与审美认同

在文化社会学视野内,"'风格'既是一个美学范畴,同时也是一个社会学范畴。风格不仅指的是一种在具有同一种倾向的许多艺术作品之中反复出现的、形式方面的构图成分。还具有一种次要的规范性意义。它包含着某种选择原理——根据这种原理,人们就可以把各种不相关的特点与相关的特点区别开来。同时,它也是目的论的原理,并且为感知确定取向。它虽然不是超越时间的美学原理,但是,它在一个时期内就像审美形式这个概念本身一样具有规范性。"[③] 这说明,艺术风格和审美形式反映和构成了社会群体之间的边界,审美类型之间的边界与群体之间的社会边界是相对应的。反过来,这些不同的审美类型也通常有助于构成群体之间的边界。高雅艺术和低级艺术就是个很好的例子,布尔迪厄认为不仅古典音乐更容易受到上层阶级听众的喜爱,而且对这种显示了上层阶级身份的文化消费,在上层和下层阶级之间产生了一个社会边界。不同的听众喜欢不同的艺术和音乐类型,艺术

① 参见 Dana Arnold, ed., *Cultural identities and the aesthetics of Britishness*, Manchester and New York: Manchester University Press, 2004.

② Steven Leuthold, *Indigenous Aesthetics: Native Art, Media, and Identity*, Austin: University of Texas Press, 1998, p5.

③ [德]卡尔·曼海姆:《文化社会学论要》,刘继同、左芙蓉译,北京:中国城市出版社,2001年,第83页。

风格在种族、性别、年龄、民族、性取向和其他群体之间产生了边界。因此,当个体在欣赏某一艺术作品时,会对艺术作品表现出来的形式特征进行区分,从而产生一种自我的文化归属意识。"审美认同是艺术类型对社会群体的文化结盟,通过审美认同,群体就意识到某种艺术类型是代表了'我们的'或者'他们的'艺术、音乐和文学。于是,艺术类型的边界就变成了社会的边界。"① 这样,在跨文化语境的审美交流中,审美认同不仅是体现在审美主体对审美对象产生审美愉悦,而且在审美反思中把审美对象与其他艺术类型进行区分,从而产生身份意识和群体归属感。例如,当一位英国人在欣赏《茉莉花》时,他同时也意识到这是一首中国的民歌;当一位江苏人听到《刘三姐》的歌曲时,他的审美判断会告诉他,这是一首广西的民歌。这样,他的地域身份意识便在审美交流中得以产生。"通过音乐创造和表现出来的地域感总是涉及差异和社会边界的概念。"② 一般人认为,音乐能超越具体的时空限制,但事实显然并非如此。那些"世界音乐",如莫扎特的交响乐,虽然对受过良好教育的日本人有吸引力,因为他们把音乐当作一种文化资本,但却不能引起许多别的听众的兴趣,原因在于这些听众没法和音乐中所体现的地域感联系起来。声称音乐的世界性,但却否认了文化经验的特殊性。③ 当然,需要强调的是,"审美认同并不意味着某一群体中的每一个成员都认可该群体的审美标准,而是意味着这不是一个非常精确而一成不变的形式。并不是所有的白人比所有的黑人都喜欢心灵音乐一样更喜欢乡村和西部音乐。但是人们认识到他们是该群体中的一个成员,是与特殊的审美类型相联系的。某些黑人可能并不喜欢爵士乐,但是他们经常以此而骄傲。个别的芬兰人或许以西贝柳斯(Sibelius)为荣,即使他们从来不听它的歌,因为他们认同芬兰。"④ 群体成员或多或少的认同属于"他们的"特定的音乐类型。认同总是产生于差异,审美活动中的身份意识一定是在跨文化的语境中,在"他者"文化的观

---

① William G. Roy, "Aesthetic Identity, Race, and American Folk Music", *Qualitative Sociology*, Vol. 25, No. 3, Fall 2002.

② Martin Stokes, ed., *Ethnicity, Identity and Music: The Musical Construction of Place*, Oxford and New York: Berg, 1994, P3.

③ [美]迈克尔·赫茨菲尔德:《人类学:文化和社会领域中的理论实践》,刘珩、石毅、李昌银译,北京:华夏出版社,2009 年,第 313 页。

④ William G. Roy, "Aesthetic Identity, Race, and American Folk Music", *Qualitative Sociology*, Vol. 25, No. 3, Fall 2002.

照下,不管主体是对审美对象是认同还是排斥,主体的身份意识都会激发出来。同样,"群体也可以采用一种审美认同,占有文化边界来巩固群体的边界。他们声称某种艺术类型是属于他们的,并且将他们的群体认同与'他们的'艺术类型的审美标准结合在一起,这样坚持某种审美标准就成了他与群体认同的衡量标准。"①在跨文化的审美活动中,审美主体在认同某种审美类型、艺术风格时,也就把它与另一种审美类型和艺术风格相区别开来,审美认同起到了群体的认同和区分的功能。

文化身份不是一成不变的,而是一个建构的过程,群体成员可以通过"特殊的表征策略"来建构该群体的审美认同,"审美认同通常是在自我意识的文化计划中被构建出来的。"②在一定的社会关系结构中,在外来文化的激发下,群体成员通过审美认同的表征策略"有意地巩固或侵蚀审美类型之间的边界来联合和推翻社会边界"。③这说明群体的审美认同也不是固定不变的,不同的艺术风格和审美类型对群体的审美趣味的塑造具有重要的作用。"审美认同的发展不是个体趣味的事情而是社会建构的结果。而且,类型的建构通常涉及到群体之间边界的建立。黑人音乐和白人音乐相互竞争并相互对立。"④个体和群体可以通过控制审美经验的表达来创造某种艺术形式和审美实践来建构他们的群体身份,这就牵涉到如何表达群体的审美经验问题。尤其是在全球化的多元文化语境中,相对于主流文化而言,处于边缘地位的文化、少数民族文化、亚文化等群体所面对传统的审美价值和艺术风格受到强烈冲击,他们的审美认同问题更加突出。

近年来,许多人类学家研究了当地人们通过本地的艺术生产和审美实践来抵制殖民主义和种族主义、改善自己或群体的社会地位、重新发明自己的身份等等。控制对本地审美经验的表达就成了群体表达政治诉求的重要方式。某种程度上,艺术风格和审美实践就成了表达群体认同的重要方式。"审美的

① William G. Roy, "Aesthetic Identity, Race, and American Folk Music", *Qualitative Sociology*, Vol. 25, No. 3, Fall 2002.

② William G. Roy, "Aesthetic Identity, Race, and American Folk Music", *Qualitative Sociology*, Vol. 25, No. 3, Fall 2002.

③ William G. Roy, "Aesthetic Identity, Race, and American Folk Music", *Qualitative Sociology*, Vol. 25, No. 3, Fall 2002.

④ William G. Roy, "Aesthetic Identity, Race, and American Folk Music", *Qualitative Sociology*, Vol. 25, No. 3, Fall 2002.

生活方式成为群体通过审美实践来参与竞争和作出反映的一个因素。争取群体认同的斗争常常涉及到通过风格和审美实践所表达意义的斗争。例如音乐、艺术、着装中的反抗风格在青年文化和非裔美国人文化中随处可见。"[1] 这些具有鲜明的身份特征的艺术和审美实践往往成了少数族裔、边缘群体成员表达自己的声音、争取政治和经济权利的主要形式。如南非约翰内斯堡的黑人音乐与舞蹈运动就很好的证明了审美实践和群体认同、政治目标之间的有意联系。"在约翰内斯堡,南非黑人把音乐和舞蹈作为一个积极手段,其目的是都市化,通过获得上流社会身份的重要标志而提升自己的地位、抗议压制行为、拒绝被划入下等社会阶层,以多种方式改变自己的社会意识和社会存在"。[2] 在那里,音乐和舞蹈是黑人表达身份、反抗霸权、争取权利的重要方式。"我们可以说,表演精彩节目就是参与社会行为,而参与社会行为就是致力于个人价值政治学——可转化为更高层次的权力语言"。[3] 这个例子还说明了"早期的审美认同的场所是在宗教仪式语境中,最近的审美认同是在政治和经济目的的语境中。"[4] 在反对主流政治、经济、文化压迫时,少数族群的审美认同不仅是以艺术和审美形式表达族群身份的重要方式,也是与他们争取自己的政治、经济、文化权利密切相连的。在全球化的多元文化时代,艺术生产不仅是文化交流的重要形式,也是政治、经济、文化竞争的重要场所。

三、审美经验与艺术生产

从前面的论述我们可以看到,艺术生产和审美实践在群体的文化认同的建构和表征过程中,起着十分重要的作用。在某些情况下,以艺术和审美为基础的审美认同是构建群体文化认同的主要途径。群体成员通过对传统文化进行重新"发明"和再生产,将之转化成艺术产品和审美实践。传统的文化符号和艺术风格保留了下来,但符号背后的意义却发生了变化。艺术风格

---

① Steven Leuthold, *Indigenous Aesthetics: Native Art, Media, and Identity*, Austin: University of Texas Press, 1998, P18.

② ［美］迈克尔·赫茨菲尔德:《人类学:文化和社会领域中的理论实践》,刘珩、石毅、李昌银译,北京:华夏出版社,2009 年,第 310 页。

③ ［美］迈克尔·赫茨菲尔德:《人类学:文化和社会领域中的理论实践》,刘珩、石毅、李昌银译,北京:华夏出版社,2009 年,第 311 页。

④ Steven Leuthold, *Indigenous Aesthetics: Native Art, Media, and Identity*, Austin: University of Texas Press, 1998, P18.

和文化符号成为某一地区和民族传统文化的标志,它是维系该群体成员的文化纽带。这种带有明显身份特征的文化符号和艺术风格是塑造群体文化认同的重要资源。"一般而言,群体表征的实现是来源于某一集中的、有机的观念和信仰体系。在用审美来表征群体认同时,统一的艺术风格成了审美认同的重要来源。因为风格是有共同的形式的图案、样式、特征,是这些使我们能认识和区分它们。风格被认为是作为群体表征的艺术表现的基础。"①这种文化符号和艺术风格是该群体成员在长期的生活中形成的,凝聚了群体成员的情感和记忆、传说和神话等。现代艺术的生产方式运用这些文化符号和艺术风格来唤起人们的群体记忆,实现文化认同的功能。例如苏格兰的格子裙、苗族服饰、黑衣壮服饰,《刘三姐》的山歌等文化符号,它们仍然是维系其群体成员的情感纽带。"文化身份总是在可能的实践、关系及现有的符号和观念中被塑造和重新塑造着。有些符号和观念一再被用来确定文化身份,这并不意味着他们的含义总是一样的,或者它们在新的实践中没有变化。"②在不同的时期,人们通过对文化符号的再生产来赋予其新的意义。比如在南宁民歌艺术节上,艺术生产者通过对《刘三姐》歌曲的重新演绎,赋予其新的意义,以满足现代人的审美需要,使这种文化现象具有了象征的意义,以象征的方式唤起群体成员的心理归属感。康纳顿说:"有关过去的意象和有关过去的记忆知识,是通过仪式性的操演来传达和维持的。"③也就是说,群体记忆并非只存在于大脑中,也存在于表演、仪式、故事、活动等社会行动中,只要人们对那些传统的文化符号进行操演、运用、书写和再生产,那么它们就能唤起群体的集体记忆和归属感,从而起到维持群体文化认同的作用。

　　某一民族或地方的文化艺术生产总是与该民族和地方的文化身份的表达与建构密切相关。该民族和地方的成员通过艺术生产与审美实践不仅表征其群体的文化身份,而且用来争取其群体的政治、经济和文化权利。在近年各地的文化"复兴"热潮中,文化生产者通过把本地方的传统文化转化成

① Steven Leuthold, *Indigenous Aesthetics: Native Art, Media, and Identity*, Austin: University of Texas Press, 1998, P19.
② [英]Jorge Larrain:《意识形态与文化身份》,戴从容译,上海:上海教育出版社,2005年,第221页。
③ [英]保罗·康纳顿:《社会如何记忆》,纳日碧力戈译,上海:上海人民出版社,2000年,第40页。

一种可以开发利用的文化资源和艺术产品,将该地区塑造成带有浓厚的民族风情和地方特色,吸引外来人去旅游和体验不同文化的奇风异俗。于是我们看到了各式各样的文化表演,如民歌、民族舞蹈、神奇的仪式,带有传说色彩的工艺品等等,这些文化形式和艺术产品已经成为当地重要的旅游资源。地方文化的"复兴"正变成一种地方性的艺术生产,不仅是因为艺术能成为一个地方文化的象征和符号,而且还因为其能转化成文化商品,是现代文化产业的最终产品。① 在地方性的艺术生产过程中,艺术生产的主体是本群体的成员还是外部人员,是有意识的主动的表征本群体的身份还是其群体身份被他者所表征,采取何种表征策略等,这些问题都会影响群体的身份形象。一般而言,本群体成员是其文化艺术的生产者,他们拥有表征自己文化身份的权利。但在通常情况下,处于弱势地位的群体很难有权力和能力去表征本群体的身份,其身份形象往往是被"他者"所表征。不同的艺术生产主体处于不同的身份立场,在生产本群体的艺术时,由于采取不同的策略,从而使本群体呈现出不同的身份形象。最为常见的一种身份表征机制是"他者"眼中的"民族情调"。在对"他者"进行表征时,"审美和意识形态是相互交错的"。② 在群体之间的关系语境中,一个群体把某种明显的群体特征作为"他者"的标签贴在另一群体之上,从而让群体成员产生归属感。这种"他者化"的机制总是伴随某种意识形态和简化论的特点,其本身是成问题的。因此,"这种僵化的倾向是建立在一个机械的、二元对立的理解群体间关系基础上的。这种对他群体的机械化表征通常是通过审美和媒体实践而出现。"③ 在主流民族与少数民族二者之间不平等的格局中,少数民族自己是没有能力表征其群体身份的。如广西的黑衣壮在过去被其他族群视为丑、脏、穷的形象,黑衣壮族群虽然感到羞辱、愤怒,但也感到无奈和自卑,因为他们既没有文化自觉,也没有能力去表征本族群的身份。只有当他们意识到自己的身份时,他们才会寻求自己的身份认同,并努力改变"他者"眼中的形象。正如斯蒂文所说:"当意识到主流文化的否定态度的意识增强时,亚文化的成员就努力去声称

---

① 方李莉:《遗产:实践与经验》,昆明:云南教育出版社,2008年,第162页。
② Steven Leuthold, *Indigenous Aesthetics: Native Art, Media, and Identity*, Austin: University of Texas Press, 1998, P25.
③ Steven Leuthold, *Indigenous Aesthetics: Native Art, Media, and Identity*, Austin: University of Texas Press, 1998, P25.

他们自己的文化认同"。①

在全球化时代,各地区和民族之间的文化差异越来越小,传统文化和地方性文化正在流失。从审美经验的角度来看,真正的民族艺术要表现当地人的审美经验。地方性的传统文化可能正在消失,但当地人有新的生活经验和情感体验,他们对周围环境、对物质消费的态度和生活感悟是不一样的,他们的生活体验和审美经验是不同的。这既是有个体的生理、心理方面的不同,也由于每个人所处的社会位置、环境、地位等不同而决定的。因此,在民族艺术生产中,只有表达民族群体的审美经验,才能激起群体成员的共鸣,唤起他们的群体记忆,起到强化群体身份认同的作用。那种未能表达本群体审美经验的"他者化"的艺术生产机制和身份表征模式是建立在对该民族固有的刻板形象和对少数民族"本质化"的想象基础之上,是与该民族群体的现实生活经验相脱离的。正如费瑟斯通说:"如我们前面提到的那样,这些文化先驱的实验除非是以地方的生活与实践形式为基础,否则它们也无法取得成功。"② 社会在变迁,人们的生活方式在改变,生活经验也在变化,艺术生产只有把握本族群成员在活生生的现实中的审美经验和情感,才能抵制刻板的民族形象。王杰教授曾经指出:"从理论上说,只有现实的具体经验,以及这种经验的审美转化,才能将被大众文化和主流媒体'挪用'和整合的'民族文化'重新激活,成为对当下现实生活经验的审美表达。以此为媒介的文化认同,才真正具有审美抵抗的意义,并唤醒和激发出文化自我意识的觉醒与重建。"③ 因此,群体的审美经验是实现群体审美认同的情感基础和文化纽带。在艺术生产和审美实践中,艺术生产者的主体立场和文化自觉意识是很重要的,如果是以"他者化"的模式来进行艺术生产,则难以表达该群体的审美经验,从而使该群体的身份形象被错误的表征。艺术生产和审美实践只有表达该群体的审美经验,才能唤起他们的身份意识和表征他们的身份认同,也才能在全球化的多元文化舞台上发出本群体的声音。

① Steven Leuthold, *Indigenous Aesthetics: Native Art, Media, and Identity*, Austin: University of Texas Press, 1998, P23.

② [英]迈克·费瑟斯通:《消解文化——全球化、后现代主义与认同》,杨渝东译,北京:北京大学出版社,2009年,第163页。

③ 王杰:《民歌与当代大众文化——全球化语境中民族文化认同的危机及其重构》,《广西民族大学学报》2006年第6期。

第五章　经典阐释与礼赞前贤

　　主编插白：美学研究离不开对经典的阐释、对前贤的继承。在中国当下的语境中，马克思主义是经典。马克思不仅是哲学家、经济学家，而且在美学方面也留下了大量遗产。张宝贵教授以研究马克思美学为专攻之一。他的《马克思生活美育思想刍议》以独特的研究给我们阐释了马克思的生活美育思想。在他看来，近现代以来，中国经历的三次美育思潮是一个逐渐向生活贴近的思想过程。在当下的第三次美育思潮与实践中，由于没理顺美育与生活实践的关系，存在美育与艺术教育不分、教育主体高高在上、职业教育等同于技术教育等现象。按马克思生活美育思想的逻辑，若将美育等同于艺术教育，美育非但只会成为生活的装饰，还会在现代社会滋生出前现代社会的阶层关系，因此，美育要在生活中起到切实作用，就必须走出艺术教育的狭窄圈子，遵循"美的规律"的论述，在广阔的生活领域，特别是在物质生产生活内部确认审美元素的存在。第一个审美元素是物质生产生活的自主性，让生活活动本身成为目的，而不是膜拜审美教育者在生活之外设立的某种审美理想。第二个审美元素是培育生活诸多领域全面发展的人，而不是离开某种职业就无法生存的片面的人。从现代生产生活入手改变人的生存状况，进而改变人的精神境遇，从中体验自主、自由、全面的生活之美，是马克思生活美育思想的基本路径。王国维是 20 世纪初我国思想界最早倡言美育的先驱者之一。继 1901 年蔡元培在《哲学总论》中引入"美育"概念之后，王国维发表于 1903 年的《论教育之宗旨》对"美育"概念的内涵首次作了详细探讨，指出美育的宗旨是培养"完整之人格"，包括"体育"与"心育"，"心育"又包括"德育""智育""体育"。这为蔡元培 1920 年在《普通教育和职业教育》演讲中提出"健全的人格，内分四育"，即"体育""德育""智育""体育"奠定了思想基础。姚文放教授的《王国维的美育四解及其学术意义》一文将王国维一生治学分为三个时期,指出王国维研究美育是在第一时期,有关论著则主要集中在 1903—1907 这五年间。其间王国维分别从教育学、哲学—美学、伦理学、心理学等四个角度出发,对于美育作出多方位的诠解,阐发了美育的许多重要学理。视角独到,对全面理解王国维的美育思想颇具参考意义。中国当代美学学者中,朱光潜先生是一位泰斗级的人物。他不仅是伟大的美学翻译家,而且是主客观合一美本质派的创始者。金惠敏认为朱光潜所译黑格尔《美学》1958 年版本的注释还保留着早年"为文艺而文艺"的观点。1979 年版本的注释则完全受到"左"的影响,转而批判"为文艺而文艺"的观点,不可取。朱光潜先生的嫡孙宛小平依据朱光潜自己珍藏的对1958 年版的"校改本",分析朱先生为什么在 1979 年版本的注释作了重要修改的思想痕迹,指出金惠敏的看法代表了学界对朱光潜思想的误解。他的《从朱光潜译黑格尔〈美学〉注释修改看其后期美学》文章通过两个版本的深入比较,揭示朱光潜所译黑格尔《美学》1958 年版本到1979 年版本的注释的修改反映了后期美学思想融入了马克思的实践观。

第一节　马克思生活美育思想刍议 [①]

一、美育的历史与问题

今天人们谈美育,总会提及王国维,提及蔡元培的"以美育代宗教"。其实提这些只有学术史价值,并没有现实意义。蔡元培后来自己也讲,"我以前曾经很费了些心血去写过些文章;提倡人民对于美育的注意。当时很有许多人加入讨论,结果无非是纸上空谈。" [②] 为什么成了空谈? 恐怕最主要的缘故,是他们介绍进来的康德、叔本华,特别是席勒的美育思想,应对的是西方现代社会中人的境遇,表达的是现代科学"知性"把人分解成一架"钟表机

---

① 作者张宝贵,复旦大学中文系教授。本文原载《社会科学辑刊》2022 年第 6 期。原题:《拒绝装饰:以马克思生活美育思想为视角》。

② 蔡元培:《与时代画报记者谈话》,《蔡元培美学文选》,北京:北京大学出版社,1983 年,第214 页。

构"中的"小碎片"后,对自由而完整人的诉求。①可是当时的中国,别说自由完整的人,在民族危亡的动乱年代,即便做个活人都是问题,更遑论现代社会的基础,知性的传统等,这些当时都没有。把西方的美育理论拿过来,药不对症;说它们没有现实意义,不是说王国维、蔡元培没有首倡之功,更不是说康德席勒的思想本身没价值,只是当时的中国尚不具备这些思想滋长的土壤。

到了 20 世纪 80 年代,情况有了不同。这时候,中国不但早就告别纷乱的战争年代,自 1978 年十一届三中全会召开后,还史无前例地举国向现代性经济社会迈进;支撑现代经济车轮运转的科学技术被尊为第一生产力,前现代"小生产的习惯势力"被抛弃;②而且与这种经济基础的巨大转型相适应,还"要求多方面地改变同生产力发展不适应的生产关系和上层建筑,改变一切不适应的管理方式、活动方式和思想方式。"③这就为中国现代时期以来的第二次美育热潮,即 1981 年由九家单位发起的"五讲四美"运动,提供了丰厚土壤。

今天回过头去看,这场旷日持久的运动的确影响深远,比如 1986 年后,国家教育部将美育纳入教育方针,明显有它的贡献。更重要的是,这次肇始于 1980 年无锡三十四中的"三美"(思想美、仪表美、行为美)审美教育活动,是就学校和社会中存在的实际问题而发,诸如逃课、打架,"男生留长发,女生烫发,甚至戴首饰,许多人喜欢穿奇装异服",④"自私自利、唯利是图"等等,⑤无论是最初的自发,还是后来的自觉,这次美育运动至少目的是要解决实际问题。最后一点,是走出艺术篱笆,力图将美育深入到各个层次的生活行为当中,机关、厂矿、学校乃至寺院等都承受过惠泽。以上这些,特别是后两点,都是第一次热潮所不具备的,而且在抵制金钱至上等现代性经济社会负面效应上,也有触及。

不过,其中也有两个值得反思,却一直缺乏反思的问题。第一个问题是,对巨大的社会转型,对现代性经济社会的特点和问题,尚缺少充分、自觉的意

① [德]席勒:《审美教育书简》,张玉能译,南京:译林出版社,2012 年,第 14 页。
② 邓小平:《解放思想,实事求是,团结一致向前看》,《邓小平文选》第二卷,北京:人民出版社,1994 年,第 142 页。
③ 《中国共产党第十一届中央委员会第三次全体会议公告》,《十一届三中全会以来重要文献选编》,北京:中共中央党校出版社,1981 年,第 4 页。
④ 《"五讲四美"源自无锡青山高中》,《江南晚报》2012 年 3 月 23 日。
⑤ 《五讲、四美漫谈》,《社会科学研究》丛刊第五期,成都:四川省新华书店,1981 年,第 12 页。

识。比如当时有人感慨,还是五六十年代初的"道德风尚是相当良好";① 因怀疑有"强调资产阶级生活方式"之嫌,把仪表美从"五美"中拿掉,结果剩下"四美"(心灵美、语言美、行为美、环境美)。② 后来有人反思说这是"左"的思想残留,这样讲自然也可以,但更深层的原因在于,这时候人们并未意识到,这场前所未有的社会转型对美育在内的上层建筑,会提出全新的要求,以往的观念、规范已经不再适用了。第二个问题是理论空位。针对现实问题而发,向各生活层面铺展,诚然都是这次美育热潮让人欣喜的地方,但令人遗憾的是,几乎没有美学理论介入其中,事实上也不可能有深度介入,当时的美学自己也对新的社会转型缺乏足够的应对,大多沉浸在创伤反思和人本主义主体性的抽象建构当中。即便像李泽厚这样的美学家,1978 年 12 月就已适时意识到孔子仁学原型"始终是中国走向工业化、现代化的严重障碍",意识到"物质文明"、"科技力量"会给人带来异化效应,③ 但别说当时,即便一直到今天,他也没充分关注过具体的美育问题,也没有人从他的理论中引出过美育实践策略。考虑到理论对生活发展的滞后,这些问题的出现也并非不可理解,更何况社会转型初期,新的生活问题大多在萌芽状态,让人们充分意识到,还要拿出办法来,毕竟有些强人所难。

但是进入新世纪后,中国现代性社会发展已经较为充分,人们物质生活大为改善,甚至有进入消费社会迹象和提法,一些逐利、失德等现代性问题也逐渐暴露出来,这就为近几年兴起的第三次美育热潮提供了现实条件。于是我们看到,传统理论美学开始大规模向生活靠近,出现了日常生活美学、生态美学、生活美学、环境美学等向生活内核切近美学思潮,在理论上推动着美育向"美好生活"的目标迈进;在实践上,美育也逐渐进入乡村、城镇、时尚、企业等,两方面的成就前所未有,热度让人兴奋。但这并不是说目前这股热潮就没有需要进一步深思的地方,比如目前还存在美育与艺术教育不分、职业教育等同于技术教育等现象,严重阻碍着美育在生活中的渗透和展开,甚至有将生活导向歧路之嫌。面对这些现象或者问题,我们有必要反思一些现代思想家特别是马克思的生活美育思想,权作他山之石。

---

① 《五讲、四美漫谈》,《社会科学研究》丛刊第五期,成都:四川省新华书店,1981 年,第 11 页。

② 董文华编:《春风化雨:全国广泛开展五讲四美三热爱活动》,长春:吉林出版集团有限责任公司,2009 年,第 5 页。

③ 李泽厚:《李泽厚哲学美学文选》,长沙:湖南人民出版社,1985 年,第 28、31 页。

二、美育不等于艺术教育

美育与艺术教育纠缠不清，一直是个大问题。早在第一次美育热潮时，蔡元培就三番两次讲过："我向来主张以美育代宗教，而引者或改美育为美术，误也。"[①] 还说除了音乐、绘画、雕塑等"美术"（fine art）外，都市、乡村、"个人的举动（例如六朝人的尚清谈），社会的组织，学术团体，山水的利用，以及其他种种的社会现状，都是美化"。[②] 可耐人寻味的是，明知道理如此，在理解美育的时候，他还是用"普及美术教育"或"美术家的意匠"，[③] 来替代范围更为广阔的美育。当时他还没办法搞清楚，艺术教育与美育的分别在哪里，最后也只能用艺术的规则来权衡所有生活领域的审美教育。由于艺术教育所遵循的审美规则取自于观念领域的"美术"即"自由艺术"，和充斥功利性的物质生活领域即便谈不上对立，但也绝非投契，将艺术规则挪用到美育上来，必不可免会产生一系列问题。这些问题在第二次美育热潮中没有解决，到如今暴露的反而更为明显，结果除了为社会多培养出一些艺术家外，更严重的后果是令美育沦为艺术对生活的装饰，根本触及不到生活的内在肌理。正是在这个问题上，马克思"美的规律"等论述中所蕴含的生活美育思想，为理顺美育与艺术教育的关系提供了重要的逻辑路径。

美育沦为艺术对生活的装饰，至少有两个后果令人担忧。第一个后果是，艺术表面上是介入生活了，实质上却浮游于实践之外；它们不是由生活内在肌理中生长出来的花朵，而是从外面涂抹上的粉饰。就像有的建筑材料，外墙看起来是纹理硬气的花岗岩，稍用力一戳，里面很可能是稀松的泡沫。我们现在的美育实践，有没有这种迹象和做法？我想是有的，而且还不少，比如艺术家进入乡村，进入城镇，在居民楼外墙涂上大幅的农民画或现代画，请一些诗人吟诵一些赞美诗，请些歌手唱几首流行曲，结果就成了美学乡村美学小镇。乡村小镇的往世今生、忧戚喜乐、个性生态，总之它们的独特生命状态是看不到的，它们被浓妆丽彩、软语轻声厚厚隐藏，美育只是美在表层。这就是出自装饰美学的美育，是用艺术美学或理论美学嫁接美育的必然

---

① 蔡元培：《以美育代宗教》，《蔡元培美学文选》，北京：北京大学出版社，1983年，第179页。

② 蔡元培：《美育代宗教》，《蔡元培美学文选》，北京：北京大学出版社，1983年，第160页。

③ 蔡元培：《文化运动不要忘了美育》，《蔡元培美学文选》，北京：北京大学出版社，1983年，第83—84页。

结果。

这种嫁接的问题在哪里？在所有的思想家中，马克思给出的答案恐怕是最发人深省的。在他那里，错开时代、错开现实的艺术，无论是浪漫主义、唯美主义、职业文人还是美文学家的，都相当于他和恩格斯在《德意志意识形态》中讲的"虚假观念"，[①]或批评夏多布里昂时说的"谎言的大杂烩"，[②]它们非但没有"直接实践的意义"，[③]反倒会"不断制造'理论上的'灾难"。[④]由此可知，以艺术教育代替美育，可能的后果之一就是遮蔽乃至扭曲生活的真相，让人沉湎于马克思所讲的"臆想"而远离生活实践。

但这还不是最严重的后果，更令人担忧的是，以艺术教育代替美育，对生活的粉饰很可能继续加剧社会阶层的撕裂与时代变乱。在写作剩余价值理论期间，马克思为亚当·斯密辩护时曾分析过包括艺术家在内"非生产劳动者"的社会角色，说他们会在现代社会再生产出前现代的生产关系。

> 资产阶级社会把它曾经反对过的一切具有封建形式或专制形式的东西，以它自己所特有的形式再生产出来。因此，对这个社会阿谀奉承的人，尤其是对这个社会的上层阶级阿谀奉承的人，他们的首要业务就是，在理论上甚至为这些"非生产劳动者"中纯粹寄生的部分恢复地位，或者为其中不可缺少的部分的过分要求提供根据。事实上这就宣告了意识形态阶级等等是依附于资本家的。[⑤]

马克思这里说的"非生产劳动者"，指的是不能带来剩余价值的精神生产者，他们的生产只是来供资本消费，而不是创造更多的财富。就像一个有钱人，喜欢听越剧，就请越剧演员到家里或公司来表演，他付给费用，不是从中赚钱，只是为了享受。在这种情形下，按马克思的意思，艺术必然要揣摩雇主的

---

① 马克思、恩格斯：《德意志意识形态》，《马克思恩格斯文集》第一卷，北京：人民出版社，2009年，第509页。

② 《马克思致恩格斯》，《马克思恩格斯全集》第三十三卷，北京：人民出版社，1973年，第102页。

③ 马克思、恩格斯：《共产党宣言》，《马克思恩格斯文集》第二卷，北京：人民出版社，2009年，第57—58页。

④ 《马克思致弗里德里希·阿道夫·左尔格》，《马克思恩格斯全集》第三十四卷，北京：人民出版社，1972年，第281页。

⑤ 马克思：《经济学手稿（1861—1863年）》，《马克思恩格斯全集》地三十三卷，北京：人民出版社，2004年，第162页。

喜好,投合资本的趣味,成为事实上的"寄生"和态度上的"阿谀奉承";其目的不只是生存,更为了升入上层阶级,当然是依附于资本,或依附于权力的阶级。由阶层观念导引社会,这就是马克思所讲的"封建形式",一种前现代的社会意识。严重的是这种意识的后果,它会造成不事"生产劳动"的"非生产劳动"人口扩张,与现代性经济社会的发展趋向背道而驰,所以马克思才不无嘲讽地说,"无所事事的人也好,他们的寄生者也好,都应当在这个最美好的世界秩序中找到自己的地位。"① 如果艺术教育不进入现代社会的生活肌理,以装饰的形式自觉不自觉成为权力和资本的奉承品,所要承担的,很可能就是马克思指出的这种后果。

若想避免上述后果,让美真正深入生活的肌理,美育恐怕要走出艺术教育的藩篱,介入更深层次的生活结构,从生活内部唤醒审美元素。按照马克思的意思,这个生活结构最基础的层面就是现代物质生产,看美育能否进驻生活,其实也就是看物质生产能否可以成为一种审美活动。马克思的答案自然是肯定的。《1844年经济学哲学手稿》中他说"人也按照美的规律来构造"时,针对的不仅仅是艺术,而主要是"人的生产";② 只要生产劳动符合美的规律,其性质就是美的。这里马克思讲的美的规律,实际上也就是人之为人的基本特性,所谓"自由的有意识的活动恰恰就是人的类特性"。③ 其中"人懂得按照任何一个种的尺度来生产",说的是智力认知方面的"有意识",马克思在本部手稿和《资本论》时期反复申述的"完整的人",或"全面发展的个人",指的就是这种"有意识";"并且懂得处处都把内在的尺度运用于对象",④ 说的则是意志方面的"自由"。马克思在本部手稿中讲的劳动本身成为目的而不是生活的手段,包括后来也一直强调的自愿、自主、自由的劳动,特别是在《哥达纲领批判》中谈的劳动本身成为"生活的第一需要",⑤ 等等,指的都是这种"自由"。这些均为"美的规律"在生产劳动中的体现。但凡见到马克思这样的表述,他都是在肯定这种生产的审美性质,说的都是生产生

① 马克思:《经济学手稿(1861—1863年)》,《马克思恩格斯全集》地三十三卷,北京:人民出版社,2004年,第163页。
② 马克思:《1844年经济学哲学手稿》,北京:人民出版社,2000年,第58页。
③ 马克思:《1844年经济学哲学手稿》,北京:人民出版社,2000年,第57页。
④ 马克思:《1844年经济学哲学手稿》,北京:人民出版社,2000年,第58页。
⑤ 马克思:《哥达纲领批判》,《马克思恩格斯全集》第二十五卷,北京:人民出版社,2001年,第20页。

活审美元素的特殊表现形式，就像节奏、韵律、和谐、对称等之于美术一样。

自主的生产劳动，全面发展的人，正是马克思生活美育思想的两大指导性原则，也可以看作为两大教育目标。这就是说，实施美育，需要从生活本身特有的审美元素和话语形式出发，更要考虑它们的目标特点，不好简单用艺术的规则和标准取代美育。相反，艺术教育若想避免装饰效果，真正起到美育作用，有益于生活，就必然要在生活的介入与改造上下足功夫，这也是马克思赞赏莎士比亚反对唯美主义的原因。

三、职业美育不等于技术教育

既然是美育，不可能不覆盖广阔生活领域中的职业生产活动。马克思甚至在《手稿》里说"生产生活就是类生活"，[①]次年更是说它"是一切历史的基本条件"。[②]说到底，谈精神谈文化等等，首先得保证肉体上活着，这是由物质生产生活来决定的，所以现代思想大家诸如马克思、杜威等都不同意亚里士多德。杜威说，自由教育与职业技术教育的分层就是从古希腊开始的，"一种从事奴性的活动，一种从事自由的活动（或'艺术'）"。岂不知，"一个人为了过有价值的生活，他首先必须活着。"[③]他坚持职业劳动具有审美性质，和马克思一样，针对的也是长期以来的社会分层，想让职业活动恢复美的尊严。他们的这种想法，特别是马克思的想法，对中国目前的职业教育同样有启发价值，因为我们的美育理论在逻辑上尚未真正理顺审美与生活特别是与生产生活的逻辑思路，在实践中同样存在一些问题。

职业教育的最大问题，是简单等同于技术教育，把人向专业化、片面化方面培养。这个结果主要是由现代社会分工造成的，每个人都是资本生产总机器的一个局部零件，你负责开发，我负责生产，他负责市场，如此等等。马克思认为这种分工有利于生产率的提高、社会财富的积累，更为人的全面交往提供了物质条件，这些当然要肯定。然而正如李泽厚所讲"历史与伦理的二

①　马克思：《1844 年经济学哲学手稿》，北京：人民出版社，2000 年，第 57 页。
②　马克思、恩格斯：《德意志意识形态》，《马克思恩格斯文集》第一卷，北京：人民出版社，2009 年，第 531 页。
③　[美]约翰·杜威：《民主主义与教育》，王承绪译，北京：人民教育出版社，1990 年，第 267—268 页。

律背反",① 基于分工的技术教育所带来的后果,同时也给人的身心带来重大挫伤。马克思说,"现代社会内部分工的特点,在于它产生了特长和专业,同时也产生职业的痴呆。"② 还说它"加速了劳动者的片面技巧的发展,牺牲了生产者的全部素质和本能,从而使劳动者畸形化,把他变成某种怪物。"③ 更可怕的是它还"极度地损害了神经系统,同时它又压抑肌肉的多方面运动,剥夺身体上和精神上的一切自由活动……使工人的劳动毫无趣味。"④ 为此,马克思还引用了大量资料,用触目惊心的数据说明这种职业劳动如何造成妇女和少年儿童的"无知、粗野、体力衰退和精神堕落",⑤ 从而使职业劳动丧失了自由、趣味等生活或审美特性。到了现在,分工和科学技术发展对人肉体和精神的直接伤害表面上没有马克思那个时代直接、严重,社会财富也的确得以迅速增长,但职业劳动造成的片面性,实际上却加深了。大教育家和美学家杜威就讲,一个人也许是某个领域的权威,"可能善长专门的哲学、语言学、数学、工程学或财政学,而在他专业以外的行动和判断中却愚蠢妄为。"这些都是职业教育方面的问题,"任何教育如果只是为了传授技能,这种教育就是不自由的、不道德的,"当然也不是美的,因为它追求实际利益,"以实利为目的的教学牺牲想象的发展、审美能力的改进和理智见识的加深"。⑥ 李泽厚在和詹姆逊对话时也讲,"教育不能狭义地理解为职业或技能方面的训练或获得,教育的主要目的是培养人如何在他们的日常生活、相互对待和社会交往活动中发展一种积极健康之心理。"⑦ 这些话都是在说技术教育对人、对生活之美的伤害。

---

① 李泽厚、陈明:《浮生论学:李泽厚、陈明 2001 年对谈录》,北京:华夏出版社,2002 年,第300 页。

② 马克思、恩格斯:《德意志意识形态》,《马克思恩格斯文集》第一卷,北京:人民出版社,2009 年,第 629 页。

③ 马克思:《资本论》第一卷,《马克思恩格斯全集》第四十三卷,北京:人民出版社,2016 年,第 376 页。

④ 马克思:《资本论》第一卷,《马克思恩格斯全集》第四十三卷,北京:人民出版社,2016 年,第 442 页。

⑤ 马克思:《资本论》第一卷,《马克思恩格斯全集》第四十三卷,北京:人民出版社,2016 年,第 512 页。

⑥ [美]约翰·杜威:《民主主义与教育》,王承绪译,北京:人民教育出版社,1990 年,第 72,275,273 页。

⑦ 李泽厚:《关于人文教育》,载于《告别革命》,香港:天地图书有限公司,2004 年,第 343—344 页。

当然，马克思没有否定分工，也就不会像李泽厚那样矫枉过正，全然否定技术教育。1866 年他谈及职业教育时就说，"这种教育要使儿童和少年了解生产各个过程的基本原理，同时使他们获得运用各种生产的最简单的工具的技能。"技术教育毕竟也是在培养人的"本质力量"元素，不但能让人获取生存的本事，也是人全面发展的重要保证。但要全面发展，仅仅是技术教育自然不行，所以马克思接着讲到，"把有报酬的生产劳动、智育、体育和综合技术教育结合起来，就会把工人阶级提高到比贵族和资产阶级高得多的水平。"[①] 后来在《资本论》中他更是明确地说，这种结合"不仅是提高社会生产的一种方法，而且是造就全面发展的人的唯一方法。"[②] 表面上马克思从没有提美育，但联系他所讲的"美的规律"，培养这种"全面发展的人"，实际上也就是在职业劳动中培养创造审美生活的人，是自主性外，美育与生活契合的第二个要点。

什么是全面发展的人？其实也就是日常人们讲的"全才"，干什么都出色。但这样讲又嫌笼统。按马克思在《手稿》和其他地方的解释，"全"，至少有懂得要多、身心结合、全神贯注三方面的意思。懂得要多，就是前面讲的，人"懂得按照任何一个种的尺度来进行生产"，是指人掌握对象或自然界的全面性，既可以把房子造成蜜蜂巢穴的样式，也可以把悉尼歌剧院造成贝壳式的风帆，甚至可以将自己当作对象开发人工智能。从职业角度讲，这就是指人对多种职业的认知和执行能力，就像达·芬奇，绘画、音乐、建筑、解剖、地理、天文、工程等等诸多职业领域可以自由切换，各个都出色当行。这即是马克思在《资本论》中讲的劳动"变换"能力。

> 大工业所产生的灾难本身必然要求承认劳动的变换，从而承认劳动者尽可能多方面发展能力是现代生产的普遍规律，并且必须不惜一切代价地使各种情况适应于这个规律的正常作用。这是生死攸关的问题。大工业迫使社会在死亡的威胁下用全面发展的个人来代替局部的个人，也就是用能够适应极其不同的劳动需求并且在交替变换的职能中只是

① 马克思：《临时中央委员会就若干问题给代表的指示》，《马克思恩格斯全集》第十六卷，北京：人民出版社，1964 年，第 218 页。
② 马克思：《资本论》第一卷，《马克思恩格斯全集》第四十三卷，北京：人民出版社，2016 年，第 510 页。

使自己先天的和后天的各种能力得到自由发展的个人来代替局部生产职能的痛苦的承担者。①

在马克思看来,现代生产的技术基础像宿命一样,肯定是不断变革的,社会分工必然也会随之而动。这时候,人们没有专门能力,或只有一项或有限的能力,就应付不了这个社会。尽可能从多方面培养人的专业能力,在不同职业间做到自由"变换",是对综合技术教育的必然要求。所以在马克思期待的社会里,"没有单纯的画家,只有把绘画作为自己多种活动中的一项活动的人们。"②所谓全才就是具备这种变换能力,由于懂的多,不会再受职业的束缚,不会"离开他们原来的劳动范围就不值钱了"。③比如 2021 年东京奥运会的跳高冠军坦贝里,离开跳高,他还可以做乐队鼓手,当演员、模特等,全凭个人心意。

所谓身心结合,说的是人"本质力量"的全面性。这种全面性指"人对世界的任何一种人的关系——视觉、听觉、嗅觉、味觉、触觉、思维、直观、情感、愿望、活动、爱"等等,简言之,人的感觉能力和思维能力,不能片面发展,智者不仅能"乐水",还要能"乐山",就像鲜为人知的现代大师顾毓琇,不但在交流电机、自动控制等科学领域贡献卓绝,诗词曲赋也样样在行。这样的人才是"作为一个完整的人,占有自己的全面的本质。"④然而在现代资本社会,杜威讲的"实利",马克思讲的"实际需要"却分裂了这种全面性,结果忧心忡忡的穷人看到再美的风景也没感觉,商人也"只看到矿物的商业价值,而看不到矿物的美和独特性。"所以马克思很重视身心结合,讲教育的时候,强调把智育、职业技术教育和体育结合起来,培养出具有"全面而深刻的感觉的人",⑤其实也就是把思维、心灵因素注入到肉身感觉当中,因为离开肉身反应,心灵也就成了虚妄,就像开车,懂得再多汽车的知识,毕竟要化为驾驶的自发反应,才算是老司机。马克思说:"个人的全面性不是想象的或设想的

① 马克思:《资本论》第一卷,《马克思恩格斯全集》第四十三卷,北京:人民出版社,2016 年,第 515 页。
② 马克思、恩格斯:《德意志意识形态》,《马克思恩格斯全集》第三卷,北京:人民出版社,1960 年,第 460 页。
③ 马克思:《资本论》第一卷,北京:人民出版社,2018 年,第 507 页。
④ 马克思:《1844 年经济学哲学手稿》,《马克思恩格斯文集》第一卷,北京:人民出版社,2009 年,第 189 页。
⑤ 马克思:《1844 年经济学哲学手稿》,北京:人民出版社,2000 年,第 87、88 页。

全面性，而是他的现实联系和观念联系的全面性，"①讲的就是这个道理。这是杜威说"感官是直接思想的前哨"的原因，②也是职业劳动成为审美活动的条件。

全面发展是件很现实的事情，懂的多、身心结合，终归要体现在职业活动的态度上来，看能否做到全神贯注。自己有兴趣的职业，做到全神贯注并不难，难的是从事自己不喜欢的职业，这时就需要意志力的出现。

> 劳动过程结束时得到的结果，在劳动者的想象中已经观念地存在着……这个目的是他所知道的，是作为规律决定着他的活动的方式的，他必须使他的意志服从这个目的。而且这种服从不是暂时的。除了从事劳动的那些器官紧张之外，在整个劳动时间内还需要有持久的注意力，这种注意力只能从持续紧张的意志中产生。而且，劳动的目的和方式越是不能吸引劳动者，劳动者越是不能感觉到劳动是他自己体力和智力的自由活动，总之，劳动越是不吸引人，就越需要这种注意力。③

现代社会条件下，毕竟很多职业不能尽如人意。这时候，人要靠意志力的训练让自己的心神投入其中，让劳动本身的目的成为意志的目标。这样才能保证劳动的自由性质，使自己的"本质力量"得以全面展开。想想庖丁解牛的过程，经过三年训练，庖丁眼睛里已不见"全牛"，各种知识与技艺均已化作身体自动行为，所谓"以神遇而不以目视"，游刃有余之下，牛"謋然已解，如土委地。提刀而立，为之四顾，为之踌躇满志。"④一项简单的解牛工作，在庖丁那里却成为自我享受、自我肯定的自由审美过程，若非心神专注其中，是不会产生如此审美效果的。

不是每个人都想、都能成为艺术家；高头讲章或许能让人暂时遗忘，却不能从根本上改变艰难的生存境况；美好的生活更不能单单依赖一技之长。这些实际问题来自于历史，目前也依然存在。若想解决这些问题，或许方式

---

① 马克思：《政治经济学批判》，《马克思恩格斯全集》第三十卷，北京：人民出版社，1995年，第541页。

② John Dewey, *Art as Experience*, New York: Minton Balch & Company, 1934. p.19.

③ 马克思：《资本论》第一卷，《马克思恩格斯全集》第四十三卷，北京：人民出版社，2016年，第180页。

④ 庄子：《养生主》，[清]郭庆藩撰：《庄子集释》，王孝鱼点校，北京：中华书局，2013年，第111—112页。

有多种,但实际生存的视角应该尤为重要。仓廪足而知礼节,从现代生产生活入手改变人的生存状况,进而改变人的精神境遇,从中体验自主、自由、全面的生活之美,是马克思生活美育思想的基本路径,当然也是他在改造与装饰之间做出的选择,更是当今美育实际需要反复深思的问题。

第二节　王国维的美育四解及其学术意义 [1]

王国维是 20 世纪初我国思想界最早倡言美育的先驱者之一,他写于1903 年的《论教育之宗旨》一文是我国最早使用"美育"概念并对其加以界定的论文之一。依佛雏先生之见,王国维一生治学大约可分三期,其中二期又分两个时期,而每个时期的学术研究都各有侧重,即:

> 早期(1897 年以前),习举业、旧学;
> 前期第一时期(1898—1907),治哲学兼及诗学;
> 前期第二时期(1808—1911),治诗学(词曲)浸及史学;
> 后期(1912—1927),改治经史小学。 [2]

王国维研究美育是在前期第一时期,有关论著则主要集中在 1903—1907年这五年间。期间王国维分别从教育学、哲学—美学、伦理学、心理学等四个角度出发,对于美育作出多方位的诠解,阐发了美育的许多重要学理。

一、从教育学诠解美育

王国维倡导美育,正值晚清风云变幻之际,19 世纪中叶以来,西方列强的侵略和凌辱,激起我国志士仁人变法维新、救亡图存的自强意识,而取得普遍共识的重要一条就是视教育为自强之道,视育人为自强之机。梁启超的说法具有代表性:"故言自强于今日,以开民智为第一义","亡而存之,废而举之,愚而智之,弱而强之,条理万端,皆归本于学校。" [3] "一国之有公教育也,所以

---

① 作者姚文放,扬州大学文学院教授。原载《文艺理论研究》2010 年第 6 期。
② 佛雏编:《王国维学术文化随笔》,"综论篇小引"及"王国维年谱简编",北京:中国青年出版社,1996 年,第 3 页,第 293—312 页。
③ 梁启超:《变法通议·学校总论》(1896),《梁启超全集》第 1 册,北京:北京出版社,1999年,第 17、19 页。

养成一种特色之国民,使之结为团体,以自立竞存于优胜劣败之场也……故有志于教育之业者,先不可不认清教育二字之界说,知其为制造国民之具"。[1] 王国维在前期第一时期恰与教育结下不解之缘,这既受到教育强国思潮的推荡,也与其个人经历有关。

王国维在《论教育之宗旨》一文中开宗明义指出,教育包括身体能力的教育与精神能力的教育两块:身体能力的教育是为体育;精神能力的教育根据知力、意志、感情与真、善、美之间的"三大关系"而分为智育、德育、美育三个部分,它们各司其职:智育即知力的教育,德育即意志的教育,也称"意育",美育即情感的教育,也称"情育"。

在王国维看来,尽管在理论分析中智育、德育、美育各有分工,但"人心之知情意三者,非各自独立,而互相交错者",因此在实施教育的具体过程中,它们实际上是无法截然分开的,最终共同实现教育的宗旨。他说:"(智育、德育、美育)三者并行而渐达真善美之理想,又加以身体之训练,斯得为完全之人物,而教育之能事毕矣。"[2]

总之,《论教育之宗旨》一文在教育学意义上对于美育的宗旨、性质、地位、功能以及分工分析得颇为简明详切,具有较强的可操作性。凡此种种,今天看来稀松平常,而在当年则是发聩提聩的开山之论。同期王国维论述美育的文章还有《孔子之美育主义》《叔本华之哲学及其教育学说》等篇,其旨大致相同,可与该文相互映发。

二、从哲学—美学诠解美育

从王国维的论述不难发现,他对于美育的认识和理解明显受到德国哲学、美学的浸染。这一点在其学术背景上也是有迹可寻的,王国维集中讨论美育、倡导美育的时期也正是他从初步接触到酷嗜德国哲学、美学的时期。为此王国维对于美育的诠解往往富于哲学色彩、美学意味,显出较高的层次和立意,这就使得我国美育理论在创建伊始就奠定了较高的起点。王国维吸收西方哲学、美学的普遍观念,提出了若干与美育有关的重要理论问题,例如

① 梁启超:《论教育之当定宗旨》(1902),《梁启超全集》第 2 册,北京:北京出版社,1999 年,第 911—912 页。
② 王国维:《论教育之宗旨》,佛雏编:《王国维学术文化随笔》,北京:中国青年出版社,1996 年,第 146—148 页。

"无用之用"说,"游戏"说,"三大关系"说等。

就说"无用之用"说,王国维就是从哲学、美学的角度对其进行诠解的。所谓"无用",是指美育的非功利、非物欲性质。自从康德首次提出"审美无功利"论之后,此论成为近代西方美学的流行观点,也成为王国维深入探讨和阐发的重要话题。王国维认同康德等人的观点,对于美育的非功利性问题多有论述:"独美之为物,使人忘一己之利害而入高尚纯洁之域,此最纯粹之快乐也。"①"美之性质,一言以蔽之曰:可爱玩而不可利用者是已。虽物之美者,有时亦足供吾人之利用,但人之视为美时,决不计及其可利用之点。"②

但是王国维并非只看到美育的非功利性,还看到美育具有巨大的社会功利性。他借用席勒《美育书简》的论述来说明美与善、美育与德育的密切关系:"最高之理想存于美丽之心(Beautiful Soul),其为性质也,高尚纯洁,不知有内界之争斗,而唯乐于守道德之法则,此性质唯可由美育得之。"同时,王国维也指出中国古人非常重视美与善、美育与德育的合一,如孔子之教"始于美育,终于美育"就是典范,孔子提出"兴观群怨",主张"兴于诗,立于礼,成于乐",以及孔子言志,独与曾点等,其以美启德、以美扬善的方法与席勒、叔本华等人有异曲同工之妙。王国维认为,这种需要平日"涵养"的"审美之情"恰恰体现了美育的特点和社会功效,他说:"审美之情……叔本华所谓'无欲之我',希尔列尔(席勒)所谓'美丽之心'者非欤? 此时之境界:无希望,无恐怖,无内界之争斗,无利无害,无人无我,不随绳墨而自合于道德之法则。一人如此,则优入圣域;社会如此,则成华胥之国。"③总之,美育使人纯全精粹,使人无私无欲,从而成为从物质之境界到达道德之境界的津梁,有力地促进人格的提升,而人格的提升乃是社会发展、历史进步、文明昌盛的根柢。因此美育极富建设性意义,其社会功效比起政治、实业、科学来可以说毫无逊色。

由此可见,美育并非"无用",相反地恰恰是有"大用"。将这两个方面合在一起,便是所谓"无用之用",这是美育之用的最高境界、最佳状态,远胜过

① 王国维:《论教育之宗旨》,佛雏编:《王国维学术文化随笔》,北京:中国青年出版社,1996年,第147页。
② 王国维:《古雅之在美学上之位置》,干春松,孟彦弘编:《王国维学术经典集》上卷,南昌:江西人民出版社,1997年,第137页。
③ 王国维:《孔子之美育主义》,佛雏编:《王国维学术文化随笔》,北京:中国青年出版社,1996年,第152—153页。

那种一己利害之用、生活欲望之用、物质享受之用。所以王国维说："庸讵知无用之用,有胜于有用之用者乎?"①

"无用之用"之说出典于《庄子·人间世》,原文是:"山木自寇也,膏火自煎也。桂可食,故伐之;漆可用,故割之。人皆知有用之用,而莫知无用之用也。"讲的是天下万物往往有用者反遭毁损夭折,无用者却能避害保生。《庄子》以众多事物为喻说明这一道理,譬如神社的栎树,正因为它是无用之木,所以才能长寿;如果它有用的话,也许早就被砍伐而夭折了。②可见"无用"恰恰能够起到"大用",而"有用"却往往只是"无用"的代名词。这就是辩证法。

王国维拿《庄子》"无用之用"、"无用之大用"之说来佐证康德、席勒和叔本华等人的"审美无功利"说,其实并不完全确切,《庄子》是以"无用"与"有用"的辩证法来建构一种生存策略,而康德、席勒和叔本华则是以"无用"与"有用"的辩证法来构想人格提升的途径,二者道理相通但宗旨各异。不过王国维超越了《庄子》的生存策略层面,上升到哲学、美学的一般层面来阐发"无用之用""无用之大用"的道理,从而揭晓美育提升国人道德境界、人性水准及审美趣味的重要作用,不能不说是对于西方美育思想进行移植的一次有益尝试。

三、从伦理学诠释美育

尽管王国维对于西方哲学抱有浓厚兴趣,甚至一度到了酷嗜的地步,但他始终守持批判立场,从而得以不断更新观念、与时俱进。王国维在此期对于西方哲学的热衷凡数变,划出了一个清晰的首尾相接的圆圈。首先是1898 年入东文学社求学期间,从日本教员田冈佐代治的文集引文中始知康德、叔本华之哲学,对西洋哲学开始产生研究兴趣。此后数年攻读西洋哲学十分勤勉。其次是在 1903 年到 1904 年,阅读兴趣从康德转向叔本华。王国维曾自陈:"余之研究哲学,始于辛、壬(1901、1902)之间。癸卯(1903)春,始读汗德(康德)之《纯理批评》,苦其不可解,读几半而辍。嗣读叔本华之书

---

① 王国维:《孔子之美育主义》,佛雏编:《王国维学术文化随笔》,北京:中国青年出版社,1996年,第 154 页。

② 《庄子·人间世》:"散木也。以为舟则沉,以为棺椁则速腐,以为器则速毁,以为门户则液橘,以为柱则蠹。是不材之木也,无所可用,故能若是之寿。"

而大好之。自癸卯之夏，以至甲辰（1904）之冬，皆与叔本华之书为伴侣之时代也。其所惬心者，则在叔本华之《知识论》，汗德之说得因之以上窥。"第三是 1904 年间，开始发现叔本华学说的矛盾之处，在《红楼梦评论》中初次质疑，在嗣后的《叔本华与尼采》一文中作了较为充分的论述。他说："后渐觉其（叔本华）有矛盾之处，去夏所作《红楼梦评论》，其立论虽全在叔氏之立脚地，然于第四章内已提出绝大之疑问。……此意于《叔本华与尼采》一文中始畅发之。"①最后是 1905 至 1907 年，重新攻读康德，从康德哲学扩展到其伦理学和美学，先后多次研读，发现康德学说存在的不足之处。他在写于 1907 年的《自序》中自称："至 29 岁（1905），更返而读汗德之书，则非复前日之窒碍矣。嗣是于汗德之《纯理批评》外，兼及其伦理学及美学。至今年从事第四次之研究，则窒碍更少，而觉其窒碍之处大抵其说之不可持处而已。"②王国维重返康德，乃是经过螺旋式路径在更高层次上回到起点，至此对于德国哲学的重新认识，对其个人来说具有总结性质。

在王国维对西方哲学兴趣的数次变迁中，最值得注意的是第三次，即从叔本华转向了尼采。导致这一变化的原由在于，王国维发现在叔本华的美学与伦理学之间存在着巨大的矛盾。

在《红楼梦评论》中，王国维试图借用叔本华的理论来解读《红楼梦》这部中国文学史上的"绝大著作"。③王国维先从叔本华的"生命意志"说出发，对于人生的本质进行解释："生活的本质何？欲而已矣。""欲"驱使人生有如钟摆往复于痛苦与厌倦之间，"故欲与生活，与苦痛，三者一而已矣。"按王国维的相关论述基本出于对叔本华有关论述的译述和概括④，他所说的"欲"即叔本华所说的"生命意志"。由此观之，人生无往而不与欲与痛苦相联系，而对于欲与痛苦的救赎之道在于解脱，此解脱之物，非美术无以当之。王国维说："美术之务，在描写人生之苦痛与其解脱之道，而使吾侪冯生之徒，于此桎梏之世界中，离此生活之欲之争斗，而得其暂时之平和，此一切美术之目的

---

① 王国维：《静安文集自序》，干春松，孟彦弘编：《王国维学术经典集》上卷，南昌：江西人民出版社，1997 年，第 1 页。按：王国维该序写于 1905 年。

② 王国维：《自序》，干春松，孟彦弘编：《王国维学术经典集》上卷，南昌：江西人民出版社，1997 年，第 4 页。

③ 王国维：《红楼梦评论》，干春松，孟彦弘编：《王国维学术经典集》上卷，南昌：江西人民出版社，1997 年。本节引自该文者不再注明。

④ 叔本华：《作为意志和表象的世界》，石冲白译，北京：商务印书馆，1982 年，第 427 页。

也。"此处所说"美术"为文学艺术的统称。在王国维看来，在我国之文学中，具有厌世解脱精神者，仅有《桃花扇》与《红楼梦》。但《桃花扇》"借侯、李之事，以写故国之戚，而非以描写人生为事"，故非真解脱；而《红楼梦》因人生固有之痛苦而求解脱，才是真解脱。因此王国维说："《红楼梦》一书，彻头彻尾的悲剧也。"

正是在"解脱"的问题上，王国维发现了叔本华的自相矛盾之处，并在《红楼梦评论》第四章"《红楼梦》之伦理学上之价值"中提出了质疑。王国维指出，叔本华的最高理想在于解脱，但依叔本华之见，人类与万物的生命意志在根本上是同一的，因此，如果不是一切人类与万物都拒绝生命意志，那么一人的生命意志也无法拒绝；如果不是一切人类与万物全部解脱，那么一人也无法得到解脱。但叔本华只谈一人之解脱，而不谈整个世界的解脱，与其生命意志同一之说相互矛盾，不能两立。因此对于叔本华来说，"解脱之足以为伦理学上最高之理想与否，实存于解脱之可能与否"，"今使解脱之事，终不可能。然一切伦理学上之理想，果皆可能也欤？"虽然在该章结尾王国维仍然认为，《红楼梦》以解脱为理想未可菲薄，该书能够给予人们以实行与美术两方面之救济，但真正解脱是否可能，却是留下了一个问号。

王国维《红楼梦评论》一文于《教育世界》1904 年第 76、77、78、80、81 号连载，而《叔本华与尼采》一文则在该刊同年第 84、85 号分两期发表，也就是说，在包括撰写《红楼梦评论》在内不到半年时间里，王国维对叔本华的认识发生了根本性的转变。期间王国维对于尼采的研读，以及疑似翻译了桑木严翼的《尼采氏之学说》(刊于《教育世界》1904 年第 78、79 号)，翻译了尼采的《灵魂三变》(刊于《教育世界》1904 年第 84、85 号)，[1] 对于这一转变应产生重要影响。

王国维对于叔本华学说的疑问，在《叔本华与尼采》一文中"始畅发之"。[2] 王国维对于叔本华与尼采二者的异同进行了多方面的比较，其核心在于衡量二者"意志说"的异同。王国维写道："二人者，……就其学说言之，则其以意志为人性之根本也同。然一则以意志之灭绝，为其伦理学上之理想；

① 详见佛雏：《王国维哲学译稿研究》，北京：社会科学文献出版社，2006 年。

② 王国维：《叔本华与尼采》，干春松，孟彦弘编：《王国维学术经典集》上卷，南昌：江西人民出版社，1997 年。本节引自该文者不再注明。

一则反是。一则以意志同一之假说,而唱绝对之博爱主义;一则唱绝对之个人主义。"按说尼采学说出于叔本华,对叔本华以师事之,为何二者存在如此明显的龃龉呢?王国维又说:"尼采之学说全本于叔氏","(尼采)与其视为叔氏之反对者,宁视为叔本华之者也"。他认为,尼采的"超人说",不外是传承了叔本华,将其美学上的"天才论"应用于伦理学而已。问题在于,尼采不仅传承了叔本华,而且超越了叔本华。王国维指出,叔本华学说存在着一个巨大矛盾,那就是其"意志说"在本体论与伦理学上相互悖反,一方面"证吾人之本质为意志",另一方面"其伦理学上之理想,则又在意志之寂灭",本体论上的肯定态度与伦理学上的否定态度相互背离。(此处所说"寂灭"即《红楼梦评论》一文所说"解脱",《红楼梦评论》多用"解脱"而不用"寂灭",而《叔本华与尼采》一文反之。)但是说到底,"意志之寂灭之可能与否,一不可解之疑问也",因为正如尼采所说,"欲寂灭此意志者,亦一意志也。"尼采也确认意志为人之本质,但他所说"意志"并非叔本华的"生命意志",而是一种"权力意志"。尼采的"权力意志"生发于叔本华的伦理学而又不满足于叔本华的伦理学,却又在叔本华的美学见解中发现了可仿效之点,进而将叔本华的"天才论"改造发展为"超人说"。总之,"尼采之说,乃彻头彻尾发展其美学上之见解,而应用之于伦理学"。

尼采标举的"权力意志",是指人在强大生命力的勃发和振奋之中追求自我扩张、自我超越的意志,它的本性不是寂灭,而是自强不息、奋发有为;不是在痛苦的轮回中备受煎熬,而是在抗争中享受人生的欢乐,领略酒神式的陶醉。在尼采看来,生命的实质就是权力意志,生命与权力意志是两个可以互换的概念,他说:"只是生命所在的地方,即有意志;但是这意志不是求生之意志,……而是权力意志!"从权力意志出发,尼采提出了自己的人格理想,即生命力强劲、权力意志旺盛、富于酒神精神并时时享受着生之欢快的"超人",尼采认为,"超人"应取代上帝的位置而成为新的理想、新的目标,他欢呼:"上帝已死:现在我们热望着——超人生存!"①这样,尼采一方面肯定权力意志为人的本质,另一方面大力崇尚权力意志,在本体论与伦理学两方面对权力意志都抱有积极态度,变叔本华本体论与伦理学的相互背离为本体论与伦理学的相互一致。正是在这个意义上,尼采对叔本华实行了超越,而

---

① 尼采:《查拉图斯特拉如是说》,尹溟译,北京:文化艺术出版社,1987 年,第 138,344 页。

王国维也是在这一点上,对于尼采予以格外的激赏。

尼采学说给了王国维的悲剧观以新的眼光。如果说在《红楼梦评论》中这种新见还只是崭露头角的话,那么到1912年他写《宋元戏曲史》时就大不一样了,他发现在元杂剧中原本不乏印证这一新见的显例。他写道:

> 明以后,传奇无非喜剧,而元则有悲剧在其中。就其存者言之:如《汉宫秋》《梧桐雨》《西蜀梦》《火烧介子推》《张千替杀妻》等,初无所谓先离后合,始困终亨之事也。其最有悲剧之性质者,则如关汉卿之《窦娥冤》,纪君祥之《赵氏孤儿》。剧中虽有恶人交构其间,而其蹈汤赴火者,仍出于其主人翁之意志,即列于世界大悲剧中,亦无愧色也。①

在王国维看来,元杂剧中最有代表性的悲剧如《窦娥冤》《赵氏孤儿》,其悲剧性不在命运、不在个人性格,而在主人翁的意志。进而言之,其主人翁的意志,并非食色之类的"生命意志",而是类似于"超人"的"权力意志"了,他们并非因"生活之欲"而陷于痛苦毁灭,而是为了某种伦理信念、道德准则和人格理想而慷慨赴死,不是悲悲切切、凄凄惨惨,而是充满了英雄主义和乐观主义的光辉。例如窦娥挺身而出,替婆母承受酷刑,程婴舍弃亲子,韩厥和公孙杵臼的自我牺牲,都在舍生取义、杀身成仁的理性选择中表现出强大的人格力量、明确的生活目标感和反抗邪恶势力的巨大勇气,这与那种因"生活之欲"而遭到惩罚的悲剧绝不可相提并论,从而足以自立于世界艺术之林。

王国维在《红楼梦评论》中曾引述古希腊亚里士多德的"卡塔西斯"(Katharsis)说,对于悲剧的美育作用进行了阐发,指出美学终究通往伦理学,美育终究需要得到伦理学的支撑。他说:

> 昔雅里大德勒(亚里斯多德)于《诗论》中谓:悲剧者,所以感发人之情绪而高上之,殊如恐惧与悲悯之二者,为悲剧中固有之物,由此感发,而人之精神于焉洗涤,故其目的,伦理学上之目的也。……故美学上最终之目的,与伦理学上最终之目的合。由是《红楼梦》之美学上之价值,亦与其伦理学上之价值相联络也。
>
> 《红楼梦》者,悲剧中之悲剧也。其美学上之价值,即存乎此。然使

① 王国维:《宋元戏曲史》,干春松,孟彦弘编:《王国维学术经典集》上卷,南昌:江西人民出版社,1997年,第281—282页。

无伦理学上之价值以继之,则其于美术上之价值,尚未可知也。

这里以《红楼梦》为例,分析了悲剧的效果"卡塔西斯"亦即悲悯与恐惧既具有丰富的美学价值,又使人的心灵得到净化,精神得到升华,具有重要的伦理学价值,揭示了悲剧感发人心的功效是美学与伦理学的结合,从而肯定了美育的伦理学内涵。随着哲学兴趣的迁移,王国维在后来的元杂剧研究中借助尼采的"权力意志说""超人说",解读悲剧主人翁在人生紧要关头敢于担当、勇于牺牲的英雄主义和崇高精神,在更高层次上诠释了"卡塔西斯"的伦理内涵,在美学与伦理学的相互融通、相互映发中给人以巨大的精神感召和灵魂洗礼!

四、从心理学诠释美育

王国维不仅从教育学、哲学—美学、伦理学等角度对于美育予以审视,还从心理学的视角作出进一步的诠解。

王国维对于美育的功能作出了重要的界定,提出了一个"慰"字,亦即他在此期文章中频繁使用的"慰藉"的概念。所谓"慰空虚之痛苦而与人心以活动",即通过心灵的抚慰、心理的调适,医治和解除人的内心空虚之苦痛,促进人心的活动。

"慰藉"一词,中国古代典籍中所用颇多,如《后汉书·隗嚣传》:"光武素闻其风声,报以殊礼,言称字,用敌国之仪,所以慰藉之良厚。"另外在古代诗词中也有使用,如范成大《次韵耿时举苦热》:"荷风拂簟昭苏我,竹月筛窗慰藉君。"但笔者阅览所至,似未见于中国古典美学和古代文论。不过就该词安慰人心、抚慰心灵的意思而言,它进入美学和文论的可能性很大,因为美学、文论与心理学关系密切。王国维便成为开先河者,他将该词提炼为重要的美学、文论范畴,从心理学入手大大丰富了美育的内涵。

首先,美育借助文学艺术而慰藉人的情感,标志着人性区别于动物性的神圣和高贵:"夫人之所以异于禽兽者,岂不以其有纯粹之知识与微妙之感情哉。至于生活之欲,人与禽兽无以或异。后者政治家及实业家之所供给,前者之慰藉满足非求诸哲学及美术不可。"[1] 尽管人高出于动物,但人本身也有

---

[1] 王国维:《论哲学家及美术家之天职》,干春松,孟彦弘编:《王国维学术经典集》上卷,南昌:江西人民出版社,1997 年,第 105 页。

一个不断提升的问题,而人性的提升也以美育为必由之路。

其次,文学艺术的情感慰藉作用类似于宗教,王国维在《去毒篇》一文中有一著名论断:"美术者,上流社会之宗教也。"在他看来,对于感情的疾病,必须以感情治之,能够为此道者莫过于宗教与美术。但这二者又有区别:"前者适于下流社会,后者适于上等社会;前者所以鼓国民之希望,后者所以供国民之慰藉。"进而言之,美术较之宗教更实际也更有效,因为"慰藉彼者,世固无以过之。何则?吾人对宗教之兴味,存于未来,而对美术之兴味,存于现在。故宗教之慰藉,理想的;非同时美术之慰藉,现实的也。"①文学艺术不是将希望托付给遥不可及的来世和天国,而是将未来构筑在现世和人间,其情感慰藉作用更具积极性、现实性,其美育功能更加切实可行。王国维此文写于1906年,其中所阐述的美育思想,与后来蔡元培主张的"以美育代宗教说"恰成桴鼓相应之势。

再次,王国维曾不止一次拿哲学家美术家之功绩与政治家实业家相比,而肯定前者更胜于后者。他认为,哲学家美术家都以追求真理为职志,区别在于哲学家彰明真理,美术家表现真理,他们追求的是天下万世之真理,而不是一时之真理,因此哲学家美术家建树的是天下万世之功绩,而非一时之功绩,他们慰藉人心的事业是永恒的、历久弥新的:"虽千载之下,四海之外,苟其所发明之真理,与其所表之之记号之尚存,则人类之知识感情由此而得其满足慰藉者,曾无以异于昔。"②王国维还列数荷马、但丁、莎士比亚、歌德等文学大师,称颂其"皆其国人人之所尸而祝之、社而稷之",其原盖在于他们"诚与国民以精神上之慰藉,而国民之所恃以为生命者"。于此可以见出,美育的长期性和艰巨性远超于物质文明的构建,十年树木,百年树人,决不能目光短浅、掉以轻心:"夫物质的文明,取诸他国,不数十年而具矣,独至精神上之趣味,非千百年之培养与一二天才之出不及此。而言教育者,不为之谋,此又愚所大惑不解也。"③此种大声疾呼,至今仍未可言不合时宜。

① 王国维:《去毒篇(雅片烟之根本治疗法及将来教育上之注意)》,干春松,孟彦弘编:《王国维学术经典集》上卷,南昌:江西人民出版社,1997年,第163,165页。
② 王国维:《论哲学家及美术家之天职》,干春松,孟彦弘编:《王国维学术经典集》上卷,南昌:江西人民出版社,1997年,第106页。
③ 王国维:《教育小言·文学与教育》,干春松,孟彦弘编:《王国维学术经典集》上卷,南昌:江西人民出版社,1997年,第112—113页。

最后，王国维十分重视美育的普及化问题，大力倡导美育向大众的推广普及。王国维有一篇重要的美学论文《古雅之在美学上之位置》，其论深受康德美学的影响，首创"古雅"这一美学范畴。要说清楚该范畴甚为烦细，限于本题所及，不如用王国维自己所论证之。他说："于是艺术中古雅之部分，不必尽俟天才，而亦得以人力致之。苟其人格诚高，学问诚博，则虽无艺术上之天才者，其制作亦不失为古雅。"可知王国维所说"古雅"，就是那种不凭天才而凭人力创造出来的美的艺术，它说不上灵气飞动，也说不上若有神助，但却闪耀着一种人格修养和学问功力的光华，呈现出一种经过磨炼淘洗而铸成的典雅气象。艺术创作是本乎天才，还是本乎人力？历来对此存在两种对立意见，王国维在这里更强调后天的修养历练在创作中的重要意义。他认为，虽然在文艺创作中仅靠人力也许达不到天才们兴会神到的境界，但也能表现出古雅之创造力，或从中获得直接的慰藉。这种情况可能不适用于高踞于宝塔尖上的天才们，但更适合于面广量大的一般大众，使庶众受到熏陶，得到提高，而这正是普及美育的要义所在。他说："至论其实践之方面，则以古雅之能力，能由修养得之，故可为美育普及之津梁。虽中智以下之人，不能创造优美及宏壮之物者，亦得由修养而有古雅之创造力；又虽不能喻优美及宏壮之价值者，亦得于优美宏壮中之古雅之原质，或于古雅之制作物中得其直接之慰藉。故古雅之价值，自美学上观之诚不能及优美及宏壮，然自其教育众庶之效言之，则虽谓其范围较大成效较著可也。"[1] 王国维将学校美育也视为普及美育的重要途径，他多次推重文学的慰藉功能，认为文学具有其他艺术不及的种种长处，这使之成为推行美育的重要方式，他主张对此应在课程设置、教学计划等方面得到保证："而美术之慰藉中，尤以文学为大。……故此后中等校以上宜大用力于古典一科，虽美术上之天才不能由此养成之，然使有解文学之能力，爱文学之嗜好，则其所以慰空虚之苦痛而防卑劣之嗜好者，其益固已多矣。"[2] 耐人寻味的是，王国维提倡"古雅"、普及美育之时正是受尼采学说启发而复返康德之际，期间他崇奉的是叔本华的"天才说"及尼采的"超人说"，但其"古雅说"恰恰背离天才而趋从庶众。这种转变，可以理解为其

---

① 王国维：《古雅之在美学上之位置》，《王国维学术经典集》上卷，干春松，孟彦弘编，南昌：江西人民出版社 1997 年版，第 141 页。

② 王国维：《去毒篇（雅片烟之根本治疗法及将来教育上之注意）》，《王国维学术经典集》上卷，干春松，孟彦弘编，南昌：江西人民出版社 1997 年版，第 165 页。

普及美育的宗旨对于他信奉的"天才说""超人说"的修正。

第三节　从朱光潜译黑格尔《美学》注释修改看其后期美学①

朱光潜翻译黑格尔《美学》(第3卷下册)里有个"译后记",说明译注分三种情况注释:(1)较难章节的释义和提要,(2)点明从马克思主义观点看值得注意的一些问题,(3)词汇和典故的简介。②前两种注释角度涉及本题讨论,故为议题范围。即便在此范围内,1958年版和1979年版未加变动的注释也略去,只讨论1979年版对1958年版修改和增加注释与本题相关内容,同时参校朱光潜在1958年版手写校改本,梳理出与本议题相关的变动17处。③

---

①　作者宛小平,安徽大学哲学系教授,安徽省美学学会会长。本文原载《清华大学学报(哲学社会科学版)》2020年第6期。

②　黑格尔:《美学》第3卷(下册),朱光潜译,北京:商务印书馆,1981年。

③　本文比较的两版为:黑格尔:《美学》第一卷,朱光潜译,北京:人民文学出版社,1958年;黑格尔:《美学》第1卷,朱光潜译,北京:商务印书馆,1979年。按:后文分别简称58年版和79年版。1.79年版第17页注①"外化"(Entäusserung)一词是对58年"异化"斟酌的修改,不过也加了一句"过去也有译为'异化'的"。2.79年版第31页注②。3.79年版第67页注②对58年版相同位置"在和解里存在"注②添加了许多内容。4.79年版第69页注①对58年版注①作了修改,加了一句"这是'为艺术而艺术'论"。5.79年版第99页注③对原58年版同注"主观"改成了"主体"。6.第1卷开始,58年版有四个注在79年版里被删掉了:第114页注①②,第115页注①②。7.79年版第121页注②就58年版注②③作了修改。8.58年版第134页注①在79年版里被删掉了。9.79年版第144页对"知解力"的注①改成与该版67页注②同。10.79年版第148页注③有个总结,这在58年版里没有。11.79年版第152页注①,就黑格尔"特殊显现一般"的进一步解释与58年版同注相比,主要还是将"主观"改成"主体"。12.79年版第155页就黑格尔"生命的唯心主义"一词的注释比较58年版有较大修改。13.79年版第156页就"自为存在"注②和58年版同内容注①比较,将"主观"改成"主体"。14.79年版就黑格尔"自为存在的主体性"(旧版作"自为存在的主观性")的注和58年版相比,也还是将"主观"改为"主体"。15.79年版第250页就"一般世界情况"这一小节有个总结性的注①是58年版所没有的。16.79年版就黑格尔艺术主客体统一有个注②,这与58年版同内容注①相比,除了将"主观"改成"主体","客观"改成"客体"之外,还删掉英译注:"在这第三部分各节里,黑格尔证明了艺术为主体与客体的统一,即人的内在世界与外在世界的统一。"17.79年版第326页和58年版第318页相同注"由人的活动而产生的统一"这一段话,其内容完全相同,而且是朱光潜就马克思《经济学—哲学手稿》第三手稿立义的注。在58年版朱光潜一般都译"主观""客观",独独在这一注里译的是"主体"和"客体"。这说明朱光潜已经开始从马克思实践观来思考这一译法的准确性。

一、朱光潜早期美学是"为艺术而艺术"观念的代表吗?

金惠敏先生说朱光潜79年版黑格尔《美学》有几处批判黑格尔"为艺术而艺术"观点,而在58年版里却没有。认为朱光潜是受"左"的思想影响,放弃了他1949年前"人生艺术化"和"为艺术而艺术"的观点,殊为可惜!

金先生提出朱光潜黑格尔《美学》两个版本疑窦,其论证的基础是朱光潜早期美学是"为艺术而艺术"观念的代表。如果能够说清楚和证明这个看法是对朱光潜早期美学的一个大误解,那么,金惠敏先生这个所谓1949年后朱光潜美学向"左"转向而放弃了"为艺术而艺术"观点的这个看法就不成立了。

诚然,在美学界,对朱光潜早期美学的总体看法流行着一种所谓"为艺术而艺术"的论调。这个误读从20世纪30年代"左"翼批判朱光潜《文艺心理学》《论美》时就已经开始了。"左"翼作家皆把朱光潜看作是"为文艺而文艺"的代表,认为这和正兴起的"革命文学""普罗文学"是对立的。然而,事实上我们读朱光潜《文艺心理学》《论美》似乎并不能得出朱光潜是"为文艺而文艺"的代表的结论。朱光潜早期是有追随形式派美学的倾向,但他很快就意识到康德、克罗齐形式派美学有纰漏,在1936年版《文艺心理学》"作者自白"里说得很清楚:"我对于美学的意见和四年前写初稿时的相比,经过一个很重要的变迁。从前,我受从康德到克罗齐一线相传的形式派美学的束缚,以为美感经验纯粹的是形象的直觉,在聚精会神中我们观赏一个孤立绝缘的意象,不旁迁他涉,所以抽象的思考、联想、道德观念等等都是美感范围以外的事。现在,我觉察人生是有机体;科学的、伦理的和美感的种种活动在理论上虽可分辨。在事实上却不可分割开来,使彼此互相绝缘。因此,我根本反对克罗齐派形式美学所根据的机械观,和所用的抽象的分析法。"[1] 这里所说的康德、克罗齐形式派美学所主张的就是将文艺和道德分开,把文艺看作与道德无关,是孤立绝缘的美感经验。

可是,朱光潜的郑重声明并未受到读者的足够重视,当时左翼作家张天翼就发问:"您反对从道德观点来谈文艺,谈美。您又相信善就是一种美,恶

---

① 朱光潜:《朱光潜美学文集》第1卷,上海:上海文艺出版社,1982年,第3—4页。

就是一种丑。我们谈文艺谈美的时候,到底应该用哪一种办法呢?"①

　　事实上,朱光潜从来没有反对用道德观点去谈文艺,他只是反对利用文艺做道德宣传鼓动的所谓"有道德目的者"。他自己主张的是一种"有道德影响而非道德目的"的观点。他说:"有道德影响是指读者读过一种文艺作品之后在气质或思想方面生较好的变化……有道德目的的作品不一定就生道德影响,很少有人因为读善书、阴骘文而变成真正的君子。有时狭隘的道德目的反而产生不道德的影响,《水浒》的作品何尝不说要教人忠孝节义,但是许多强盗流氓都是要模仿梁山泊的好汉。最可注意的是没有道德目的作品往往可以发生最高的道德影响……凡是第一流艺术作品大半都是没有道德目的而有道德影响,《荷马史诗》、希腊悲剧以及中国第一流的抒情诗都可以为证。"②

　　不仅张天翼误解了朱光潜。鲁迅先生也不例外。鲁迅先生在《"题未定"草(七)》里批判朱光潜"为艺术而艺术"的观点的虚假性讽刺说:"凡是文艺,虚悬了一个'极境'的,是要陷入'绝境'的,在艺术,会迷惘于土花,在文学,则被拘迫而'摘句'。"③

　　诚如朱光潜和康德、克罗齐形式派美学的分歧,这种分歧的核心就在于文艺和道德的关系是否像形式派美学主张的那样决然对立。朱光潜改造和批判克罗齐形式派美学的做法是将"美感经验"和"艺术活动"看作在内涵和外延上并非一致的等同概念(在克罗齐那里,两个概念是相等的,艺术就是直觉,就是美感经验,就是非道德、非功利等等),而认为艺术活动范围要更大,它包括美感经验"前"的长久酝酿和准备——这当然包括"做学问,过实际生活,储蓄经验,观察人情世故,思量道德、宗教、政治、文艺种种问题。这些活动都不是形象的直觉,但是在无形中指定他的直觉所走的方向"。④ 也包括美感经验之"后"的名理思考。故而,朱光潜说:"但是直觉之后,思考判断自然就是跟着来。作者得到一个意象不一定就用它,须斟酌它是否恰到好处,假如不好,他还须把它丢开另寻较满意的意象。这种反省与修改虽不

　　① 张天翼:《士林秘笈·一个青年上某导师书——关于美学的几个问题》,《中流》第2卷,1937年第5期,第267页。
　　② 朱光潜:《朱光潜全集》(新编增订本)第3卷,北京:中华书局,2012年,第224—225页。
　　③ 鲁迅:《鲁迅全集》第6卷,北京:人民文学出版社,1953年,第343页。
　　④ 朱光潜:《文艺心理学》,合肥:安徽教育出版社,1996年,第122页。

是美感经验,却仍不失其为艺术活动。美感经验只能有直觉而不能有意志和思考。"[1]

朱光潜是将孤立于文艺与道德分离的基础上的"美感经验"和"艺术活动"画等号的观点调整成"美感经验只是艺术活动全体的一小部分"。[2]也就是说,克罗齐主张文艺不是"功利",不是"道德",不是"名理",只是朱光潜整个"艺术活动"链上的那"一刹那"(美感经验)上是成立的,至于这"美感经验"之"前"与之"后",则同属于"艺术活动",当然就很难用"为文艺而文艺"的自律原则来框定和限制。以这样的观点来衡量,说朱光潜那时只是主张"为文艺而文艺"的看法是不成立的。

至此,我们从朱光潜文本分析出发似乎已经可以证明他早期美学不是"为文艺而文艺"观念的代表了。但是为什么美学界那样深的误解这一事呢?倘若说1949年前左翼作家误解或许有某种政治意识形态的作用,或许还情有可原,那么在1949年后,为什么商金林在《朱光潜与中国现代文学》、夏中义在《朱光潜美学十辨》里几乎都也接受朱光潜是"为文艺而文艺"的观点呢?这难道没有更深层次的原因吗?

如果仅仅从朱光潜《我的文艺思想的反动性》这篇自我批判文章看,承认自己是"为文艺而文艺"的信奉者似乎确定无疑。但是,考虑到朱光潜这篇文章的背景,他的承认是值得仔细推敲的。

其一,这篇文章之前已有郭沫若将朱光潜定调为国民党"蓝色代表"的反动文人。朱光潜要竭力淡化他1949年前的美学思想和国民党政治(道德)的关联。说自己只是一个"有颓废情绪的年轻人"想借"为文艺而文艺"观摆脱现实可恶的社会,这当然比"有道德影响而无道德目的"的信奉者要好得多。因为这毕竟摆脱了像郭沫若所说的那样成为国民党政府反动统治推波助澜的文艺思想者。

其二,把自己说成是"为学术而学术"的立场,这还是可以肯定自己为"学术自由"而在言论上与国民党政府的独裁教育唱反调。关于这一点,朱光潜在1951年11月26日《人民日报》发表的《最近学习中几点检讨》就有这样一段话:"我一向存着'为学术而学术'的幻想,站在'学术自由'的地

---

① 朱光潜:《文艺心理学》,合肥:安徽教育出版社,1996年,第117页。
② 朱光潜:《文艺心理学》,合肥:安徽教育出版社,1996年,第116页。

位,在言论上和行动上都一度反对过国民党。"又说:"现在分析我的错误根源从洋教育那里得来的那一套'为学术而学术'的虚伪超政治的观念。"

总之,在文艺与道德关系上,朱光潜既非"文以载道",也非"为文艺而文艺"者,他实际上是信奉"有道德影响而无道德目的"者!这种美学思想和形式派美学是有距离的,从某种意义上说,它和马克思主义功利主义("社会批判")美学倾向有一致之处。恰恰是因为这一点,朱光潜由批判克罗齐转向马克思主义实践的美学观在学理上有其内在的逻辑发展线索。

二、后期基于马克思主义的实践美学观的形成和完善

朱光潜对黑格尔《美学》两个版本注释的修改体现了他基于马克思主义的实践美学观的形成和完善。

朱光潜在答香港中文大学英文系博士郑树森提问时谈到他晚年学习马列的诱因及动机,我认为是非常中肯的。先生是这样说的:

> 当时攻击我的都说我反对马克思主义,因此我晚年认真研究了马克思主义,仔细按马克思经典著作原文,发现译文有严重的错误,加上受到斯大林时代在日丹诺夫影响之下对马克思主义的歪曲,因而单纯的客观反映论取得了唯物独尊的地位,我根据《费尔巴哈论纲》、《资本论》和《巴黎手稿》以及恩格斯的《从猿到人》等马克思主义经典著作,证明了马克思主义不但不否定人的主观因素,而且以人道主义为最高理想,自然科学和社会科学终于要统一成为"人学",因此我力阐片面反映论,强调实践论,高呼要冲破人性论、人道主义、人情味、共同美感之类禁区。[①]

上述朱光潜提到学习过的马克思著作,其中多涉及马克思批判继承沿袭黑格尔的一些术语。所以,从这一意义上讲,朱光潜学习马克思主义原著和他翻译黑格尔《美学》是同步的。其中的注释修改也一定程度上反映了他学习马列原著认识上的提高。当然,《美学》注释的确有一个从马克思主义视角批判吸收改造黑格尔美学合理思想的倾向问题。因此,我们对朱光潜翻译黑格尔《美学》里加的注释的变化,就不能单纯看作是对黑格尔美学本身理解的变化,事实上还包含从马克思主义批判改造视角修改的变化。甚至说,

---

① 朱光潜:《朱光潜全集》第 10 卷,合肥:安徽教育出版社,1993 年,第 648—649 页。

也反映了朱光潜个人美学思想的一个深刻的变化过程。

我们在《西方美学史》(下卷,1964 年版)里可以找到先生谈马克思对黑格尔实践观的批判改造:

例如一个男孩把石头抛在河水里,以惊奇的神色去看水中所现的圆圈,觉得这是个作品,在这作品中他看出他自己活动的结果。这种需要(把内在理念转化为外在现实,从而实现自己——引者)贯串在各种各样的现象里,一直到艺术作品里的那种样式的在外在事物中进行自我创造。(黑格尔)

很显然,黑格尔在这里把艺术和人的改造世界从而改造自己的劳动实践过程联系在一起。在这里,我们可以看到美学的实践观的萌芽。这是黑格尔美学思想的最基本的合理内核。马克思在《为神圣家族写的准备论文》里就特别指出这一点:"黑格尔把人的自我产生(即'自我实现','自我创造'或'自肯定'——引者)看作一种过程……这就是说,他看出了劳动的本质,他把对象性的人,真正现实的人,看作他自己劳动的产品。"

应该看到,朱光潜的《西方美学史》是在美学大讨论背景下形成的,他虽谦虚称为"急就章",事实是已经反映出他美学思想的一个深刻变化,即从直观的反映论(认识论)向历史的实践论的转变。即使受意识形态的环境作用下不能畅所欲言;不过这和学术界某些学者称此时的朱光潜还持"为文艺而文艺"观并把 58 年翻译的《美学》注释也说成大致是这种倾向的观点相去是何等之远!

我们可以从同一时期写作的《西方美学史》里见到朱光潜引用黑格尔一段话并作这样的表述:

黑格尔说:"遇到一件艺术作品,我们首先见到的是它直接呈现给我们的东西,然后再追究它的意蕴或内容。前一个因素——即外在的因素——对于我们之所以有价值,并非由于它所直接呈现的;我们假定它里面还有一种内在的东西,即一种意蕴,一种灌注生气于外在形状的意蕴。那外在形状的用处就在指引到这意蕴。——第二二页"

这段话可以看作对康德的形式主义的批判。依康德的观点,"纯粹的美"只是"直接呈现"的外在因素,即艺术的外在形式。美的东西最好不带意蕴,如带意蕴,美就不是"纯粹的"而是"依赖的"。这种学说其实就是"为艺术而艺术"的文艺观的哲学基础。欧洲美学一直是由康德思想中的形式主义一方面统治着,黑格尔是孤立的,尽管他费尽力气阐明理念内容在艺术中的首要地位,而在资产阶级的美学和艺术实践中,他的学说没有发生多大影响,感性主义和形式主义一直在泛滥着。①

基于此,朱光潜甚至用"黑格尔可以说是一个中流砥柱,他把理性提到艺术的首要地位"。②这样的话来说明黑格尔和"为艺术而艺术"的观点的对立。不难看出,说朱光潜在 58 年版黑格尔《美学》还持"为艺术而艺术"而到 79 年版则反过来批评此观点是缺乏证据的。

那么,朱光潜在对黑格尔《美学》1958 年版的注释到 1979 年版修改了些什么最值得标明呢? 我想,我们不妨把 1979 年出版的黑格尔《美学》中的《译后记》和 1964 年版的《西方美学史》关于黑格尔论述的部分作一个比较,通过比较我们就会发现:从马克思主义批判他继承和改造黑格尔的实践观出发,主张精神生产活动和物质生产活动是统一的,主客体是(代替 1958 年翻译黑格尔《美学》注释中多用主客观)统一的。这才是关键与核心所在!

朱光潜在《译后记》里称:

> 无论是文艺创作还是物质生产都可以产生美感。即"从劳动中感到自己运用身体和精神两方面的各种力量的乐趣"(这话是出现在马克思《资本论》第 1 卷第 3 编第 5 章谈"劳动"的一段话中的一句。朱光潜在《译后记》里把这一整段引出并期望读者将之和黑格尔谈实践的观点做比较,因太长故略去)。因此,审美活动绝不限于康德所说的不涉及目的和利益计较,也不涉及理性概念的那种抽象的光秃秃的对于形式的感性观照。如果研究美学的人都懂透了这个道理,便会认识到这种实践观点必然要导致美学领域里的彻底革命,也就会对黑格尔的实践观点的萌芽作出正确估价和批判。③

这里,"实践观点必然是要导致美学领域的彻底革命"这句话为何在朱光潜那里说的如此坚决? 其逻辑结论的学理前提何在?

梳理黑格尔《美学》1958 年版注释到 1979 年版的注释增加和修改,可以

---

① 朱光潜:《朱光潜美学文集》第 4 卷,上海:上海文艺出版社,1984 年,第 507 页。
② 朱光潜:《朱光潜美学文集》第 4 卷,上海:上海文艺出版社,1984 年,第 506 页。
③ 黑格尔:《美学》第 3 卷(下册),朱光潜译,北京:商务印书馆,1981 年,第 362 页。

更加深入地从朱光潜美学思想发展两个层面加以论证：一是朱光潜1949年后学习马列思想逐步使其美学思想发生变化的过程；二是1949年前他的美学观和1949年后美学观都是围绕人性论展开的，马克思主义彻底的自然主义和彻底的人道主义相统一观是这一人性论内在学理发展的出路。

关于第一方面的问题：学习马列不断充实深化自己的美学思想体系的过程。这个过程的始点应该是1950年朱光潜翻译路易·哈拉普（Louis Harap）的《艺术的社会根源》。先生对该书评价甚高，认为："这部书是从马列主义观点出发，把文艺上一些活的问题提出，根据艺术史与社会发展史的具体事实，详加剖析，然后得出结论。他对马列主义掌握的很稳，对于各种艺术的历史发展又有很渊博的学识，所以能把理论和实际结合的很好。"又说："译者译这本书，觉得这是一个愉快的工作，不但从此对马列主义的文艺理论，有较深一点的了解，而且拿作者的问题和看法，来对照我们自己的当前的一些文艺问题，也随时得到许多启发。"[1]

哈拉普的"结论"是什么？朱光潜的"启发"又是什么？这从后来展开的美学大讨论中朱光潜对马克思主义美学"原则"的归纳可以清楚地见出"艺术是一种意识形态"以及"艺术也还是一种生产劳动"。而这些结论显然是受哈拉普的"启发"。并且这一思想一直是后来朱光潜阐述马克思主义实践美学观的核心思想。

一般学界都认为马克思主义实践观首先由苏联学者讨论《1844年经济学哲学手稿》形成，后被引进中国，但随后这一在苏联不占主流的观点渐渐成为由批判朱光潜美学引发的美学大讨论而发展成国内美学的主导学派（特别是"文革"结束后，重新再检讨五六十年代美学大讨论加入的学者，像蒋孔阳、刘纲纪等等）。有人说李泽厚最早在中国讨论《1844年经济学哲学手稿》。[2]其实朱光潜在1957年8月第四期《哲学研究》数万字的长文《论美是客观与主观的统一》就明确地指出："在《1844年经济学哲学手稿》里，马克思把客观（物）绝对化叫做'抽象唯物'；把主观（心）绝对化叫做'抽象唯心'。"[3]并以此将自己认为"美是客观与主观的统一"观点和其他观点相区

① 朱光潜：《朱光潜全集》第11卷，合肥：安徽教育出版社，1989年，第513—514页。
② 赵士林：《当代中国美学研究概述》，天津：天津教育出版社，1988年，第256页。
③ 朱光潜：《朱光潜美学文集》第3卷，上海：上海文艺出版社，1983年，第66页。

分开来,指出蔡仪、李泽厚等美学观实质是"抽象唯物"的机械唯物论美学,是见物不见人的美学！随后又在1958年1月16日《人民日报》发表《美就是美的观念吗?》对吕荧的主观唯心(实质是"抽象唯心")作了批判。

朱光潜的美学研究有一个特色,即翻译和写作相互交错,他广阔的世界视野和扎实的学说功底就是这样渐渐养成的。1958年,他翻译了英国马克思主义者考德威尔《论美》,并写了《关于考德威尔的〈论美〉》长文,欣喜地发现考德威尔的美学出发点就是马克思关于人在劳动实践中如何体现人(主体)与环境(客体)之间的矛盾,且要"在环境中掀起变化"！朱光潜用的不是"主观"和"客观",而是"主体"和"客体"。其所说道德"环境中掀起变化"实乃是《1844年经济学哲学手稿》中"人的本质对象化"的另一个说法。朱光潜称赞考德威尔说:"他很清楚地指出了,人的一切反应(包括科学和艺术在内)都是要解决人(主体)与环境(客体)之间的矛盾,要在环境中掀起变化,使它更符合人的情感和愿望,所以应看成主体与客体的辩证统一。这种反应是在劳动过程中产生的,是与社会分不开的。"①

接着朱光潜在1960年3月至4月先后写下了《美学研究些什么? 怎样研究美学》和《生产劳动与人对世界的艺术掌握——马克思主义美学的实践观点》发表在《新建设》1960年的第3期和第4期上,系统阐述马克思主义的实践美学观。尤其值得注意的是:(一)朱光潜明确指出要摆脱西方传统的"为艺术而艺术"的观点,只有从艺术实践入手才可进一步探寻美的本质。指出:"这种美学观点(指只从主观不从实践——引者)是资产阶级末期的形式主义、唯美主义。'为艺术而艺术'的颓废主义的艺术实践在理论上的反映。资产阶级的美学书籍几乎毫无例外地从分析审美的主观心理活动去寻求美的本质,结果是言人人殊,把美的概念愈弄愈糊涂。这是理所当然的,因为美的本质只有在弄清艺术的本质之后才能弄清,脱离艺术实践而去抽象地寻求美,美是永远寻不到的。历史已经证明这是美学的死胡同。我们要建立马克思列宁主义的美学,没有任何理由再去走这条死胡同。"(二)从实践观给"美感"下了初步的定义,指出:"从马克思主义的实践观点看,'美感'起于劳动生产中的喜悦,起于人从自己的产品中看出自己的本质力量的那种喜悦。劳动生产是人对世界的实践精神的掌握,同时也就是人对世界的艺术的

① 朱光潜:《朱光潜美学文集》第3卷,上海:上海文艺出版社,1983年,第225页。

掌握。在劳动生产中人对世界建立了实践的关系,同时也就建立了人对世界的审美的关系。一切创造性的劳动(包括物质生产与艺术创造)都可以使人起美感。人对世界的艺术掌握是从生产劳动开始的。"①

毫无疑问,朱光潜真正确立马克思主义实践美学观应该在 1960 年前后,这当然稍晚于他翻译的黑格尔《美学》第 1 卷(1958 年),因此怎样从马克思主义观点"看值得注意的一些问题"只能在 1979 年版重新校改注释中体现。

然而,我们还须看到,虽然朱光潜在 1960 年前后就初步确立了马克思主义的实践美学观,但当在"文革"结束并重新反思 20 世纪五六十年代美学大讨论议题以及对《1844 年经济学哲学手稿》探索时,朱光潜出版了《谈美书简》和《美学拾穗集》。这些著作显示了朱光潜对马克思主义的实践美学观理解更加宏阔,更加深刻。说宏阔,是因为朱光潜晚年的美学更加具有广阔的政治、文化、历史的视野,他倾注晚年心血翻译维柯的《新科学》,也是因为维柯是历史学派的祖师爷,他深深地影响了后来的歌德、黑格尔、马克思、克罗齐等人。更重要的是,美的本质必须从艺术的生成探索出发,而艺术又深深扎根于各民族文化历史的土壤中,学美学要懂历史,不能只作玩弄抽象概念的把戏。基于这种认识,朱光潜将他在 1936 年《文艺心理学》里奉劝读者的话:"我现在相信:研究文学、艺术、心理学和哲学的人们如果忽略美学,那是一个很大的欠缺。"这句话作了一个调整:

事隔四五十年,现在翻看这段自白,觉得大体上是符合事实的,只是最后一句话还只顾到一面,没有顾到另一面。我现在(四五十年后的今天)相信:研究美学的人如果不学一点文学、艺术、心理学、历史和哲学(着重号引者注),那会是一个更大的欠缺。②

说深刻,朱光潜对于"美感""美的规律"这些问题更强调从马克思"整体的人"出发,来对人的本质"对象化"作更加完整的说明。朱光潜这样论证道:

整体的人的全面本质究竟是些什么呢? 马克思所举的例是:"视、听、嗅、触、思维、观照、情感、意志、活动、爱,总之,他的个体所有的全部器官,以及在形式上直接属于社会器官一类的那些器官,都是在它们的

---

① 朱光潜:《朱光潜美学文集》第 3 卷,上海:上海文艺出版社,1983 年,第 307、274、290 页。
② 朱光潜:《谈美书简》,上海:上海文艺出版社,1980 年,第 6 页。

对对象关系或它们对待对象关系上去占有或掌管那对象,去占有或掌管人的现实界,它们对待对象的关系就是人的现实界的活动。"

过去一般心理学只把视、听、嗅、味、触叫做"五官",每一器官管(这就是"官"的原义)一种感觉。马克思把器官扩大到人的肉体和精神两方面全部本质力量的功能。他提到思维、意志和情感,这就是要涉及生理方面的各种系统,特别是神经系统了。①

关于第二方面的问题:朱光潜前后期美学思想的深化都是围绕"人性论"展开的。

这要从1942年朱光潜写《谈修养》里一篇题为《谈美感教育》的文章讨论起。

这篇文章开头就从人性出发说明美之产生源于人的天性,他说:

> 世间事物有真善美三种不同的价值,人类心理有知情意三种不同的活动。这三种心理活动恰和三种事物价值相当:真关于知,善关于意,美关于情。人能知,就有好奇心,就要求知,就要辨别真伪,寻求真理。人能发意志,就要想好,就要趋善避恶,造就人生幸福。人能动情感,就爱美,就欢喜创造艺术,欣赏人生自然中的美妙境界。求知、想好、爱美,三者都是人类天性:人生来就有真善美的需要,真善美具备,人生才完美。②

时隔近半世纪,朱光潜在《谈美书简》里仍然肯定人性三分法,说:"哲学和心理学一向把这整个运动分为知(认识)情(情感)和意(意志)这三种活动,大体上是正确的。"③

不过,这里没有说成是"天性"。但仔细研究《西方美学史》里对休谟在先天观念和先天功能上的分别叙述,可以见出朱光潜一向反对的是形上学的"先天的观念";但并不反对"先天的功能"(天性)。他这样谈休谟:"像一般经验主义者一样,休谟否认先天的观念,但不否认先天的功能,审美趣味和理

---

① 朱光潜:《朱光潜美学文集》第3卷,上海:上海文艺出版社,1983年,第475页。
② 朱光潜:《朱光潜全集》(新编增订本)第1卷,北京:中华书局,2012年,第226页。
③ 朱光潜:《谈美书简》,上海:上海文艺出版社,1980年,第26页。

智都是先天的功能。"① 从这个意义上说，朱光潜是有限度的肯定形上学（天性），反对的是形上学的观念（实体化思维）。他在 1942 年《谈修养》"自序"里就说："我大体上欢喜冷静、沉着、稳重、刚毅，以出世的精神做入世的事业，遵从理性和意志，却也不菲薄情感和想象。我的思想就抱着这个中心旋转，我不另找玄学或形而上学的基础。我信赖我的四十余年的积蓄，不向主义铸造者举债。"② 这里的形上学义指先天的观念出发的哲学学说。这是朱光潜一直以来所反对的。所以，在五六十年代美学大讨论中，他对蔡仪、李泽厚片面强调"物"的"独立意识之外"的特性，他尖锐地提出这是"绝对"观念的借尸还魂！是形上学的僵化的、静止的观念。和"先天的观念"毫无区别。

尽管我们认为朱光潜在 1960 年前后已经转向马克思主义的实践美学以代替他早先倾向于直观形态的（认识论）美学。但是，真正从人性论出发，并以马克思主义实践观为指导来统合早先的人性论，那还要从"文革"结束到80 年代开始。朱光潜深入研究了马克思的《1844 年经济学哲学手稿》，接受了马克思关于"异化的劳动"和"美的规律"的看法。马克思把"异化"放在人类历史发展的大架局上。贯串《1844 年经济学哲学手稿》的红线据朱光潜看就是试图实现人道主义与自然主义的统一，也是人性的彻底回归与解放。他引用马克思《1844 年经济学哲学手稿》中一段话并作说明：

> 自然中所含的人性的本质只有对于社会的人才存在，因为只有在社会里，自然对于人才作为人和人的联系纽带而存在，——他为旁人而存在——这是人类世界的生活要素（"要素"即基本原则——引者）。只有在社会里，对人原是自然的（原始的——译者）存在才变成他的人性的存在，自然对于他就成了人。因此，社会就是人和自然的完善化的本质的统一体——自然的真正复活——人的彻底的自然主义和自然的彻底的人道主义。③

显然，这里朱光潜把马克思讲的彻底的人道主义和彻底的自然主义相统一当作人性的复归，是人的本质的全面发展，也是美的真正实现。这种依托

---

① 朱光潜：《朱光潜美学文集》第 4 卷，上海：上海文艺出版社，1984 年，第 243 页。
② 朱光潜：《朱光潜全集》（新增修订本）第 1 卷，北京：中华书局，2012 年，第 91 页。
③ 朱光潜：《朱光潜美学文集》第 3 卷，上海：上海文艺出版社，1983 年，第 473—474 页。

实践的审美欣赏与创造就不仅限于认识论范围,可以称之为在历史文化人类学或历史社会学意义上,原来主观与客观的统一说现在可以称作主体与客体的统一说。

从上述两方面可以说明朱光潜美学前后两期发展的不断完善和深化,同时也可以间接说明他对黑格尔《美学》注释的修改也体现了这一方面。朱光潜对于黑格尔美学的评述系统性、完整性当属《西方美学史》里的相关章节。我们注意到"文章"结束再版时,先生在该章结末下面有段小注,认为"本章述评显然有许多欠缺,读者如果要深入研究,就必须读《美学》全书,其中《译后记》亦可参看"。①

这实际是提示他对马克思主义的学习已使得自己美学思想有了发展,我们前面已经就《译后记》和《西方美学史》相比较,证明了朱光潜此时更加注重的是马克思主义的实践论给美学领域掀起的"彻底革命";也更强调要从这一实践观出发来"对黑格尔的实践观点的萌芽作出正确的估价和批判"。

作者:陆天宁,中国艺术研究院研究员,首都博物馆画院副院长

---

① 朱光潜:《朱光潜美学文集》第 4 卷,上海:上海文艺出版社,1984 年,第 542 页。

第六章　文艺理论的历时观照

　　主编插白：自从黑格尔《美学》中否定自然中有美、提出美只存在于艺术中、美学即艺术学之后，将美学与文艺理论等同起来、成为一种流行观点。其实，美学研究的对象不仅是艺术美，也包括自然美，美学的外延大于文艺理论。不过同时，也不应否认，文艺理论是美学的重要组成部分。本章选取的一组文章，是关于中国现代以来文艺理论的历时观照。美是有价值的乐感对象。文学艺术是有价值的乐感载体。反映客观现实的"真"是文学之美的价值内核之一。在中国文艺批评史上，"真"之美经历了怎样的变化呢？胡明贵、杨健民两位先生的《"真"的文学观念与中国现代文学批评话语的转变》指出：真，作为批评范畴的话语，在中国古代文学批评系统里一直处于边缘位置。客观现实始终与主观情感捆绑在一起，较少指涉真的客观世界。到了近现代，中国近现代生死存亡危急的现实语境才催生了"真"的客观性内涵，使它急速上升为居主导地位的文学批评话语。它迅速越过抒情文学传统，与现实主义挂钩，其内涵直指"人生"、"平民"等文学的"普世价值"，成为文艺批评中一道主风景线。但是随着政治现实需要的加强，它逐渐被剥离了"人生"内涵，沦落为政治的工具符号。文学之真一旦偏离了人生、平民、人道、人类等普适价值，那么它就失去了文学存在的意义。因此追溯"真"批评话语模式转变的历史，对于我们清楚地认识文学为人生、为平民、为人类的普适价值的永恒意义，扭转当代文学中粉饰、娱乐、游戏、谋利的文学短视潮流，具有重要意义。当历史来到了1949年新中国成立之后，中国的文艺理论和文学创作又发生了什么新的变化呢？蒋述卓教授的《70年中国文艺理论建设的四个问题》和陈晓明教授的《中国当代文学70年来的探索道路》给我们提供了两份专业解读。新中国成立之后的头30年，中国文艺理论话语由于受到政治与意识形态的制约，话语的选择较少自主性,也受到理论视野的限制。1978年改革开放后的40年,中国文艺理论取得了话语选择权,但却因为大量引进西方文艺理论话语而没有很好地消化,又曾一度迷失。20世纪90年代后,中国学者在引进与消化西方文艺理论的话语时,也在与西方话语的对话中进行了本土化的创新尝试,在文艺心理学、文艺美学、叙事学、文学人类学、性别诗学、审美文化学、文化诗学、生态美学、阐释学等诸多领域取得了有中国特色的理论建树和标志性成果。陈晓明《中国当代文学70年来的探索道路》指出:70年中国文学创作历经了风风雨雨,有需要总结的经验教训,也有值得肯定的辉煌成就。70年的中国文学中始终贯穿着一种探索精神,想走自己的道路,想为我们承受的历史、面对的现实表达出中国作家的心声。如果从历史的角度去理解中国文学的探索性,中国当代文学70年就呈现出三个阶段,即20世纪五六十年代关于社会主义文学方向的探索阶段;80年代中后期"回到文学本身"的艺术探索阶段;90年代以来乡土中国叙事阶段。改革开放之后四十年的中国文学创作和理论批评怎么看?陶东风教授的《新时期文学理论的范式演变与体系建构》指出:20世纪七八十年代之交,文学理论在思想解放和新启蒙运动中起步,通过对他律论的修正和否定,开始自主性文学理论的建构,出现了"向内转"的思潮,包含着比西方形式主义、结构主义文论更为复杂深刻的社会历史内涵。它和主体性思潮一样具有非常浓厚的心理主义特征,和西方形式主义、结构主义的反心理主义立场恰成背反之势。从中国的后现代主义、大众文化研究、文化研究的本土化、文化研究与文艺学的关系、文艺与政治的关系等方面回顾新时期文学理论在90年代以后的范式嬗变,有助于认识在新的社会历史条件下重建文学理论价值维度的因由与路径。

第一节 "真"的文学观念与中国现代文学批评话语的转变[①]

一、"真"的历史性含义

"真"作为一种批评标准,很早就有了,但起初是用来品评人物的,偏重

---

① 胡明贵,闽南师范大学文学院教授。杨健民,厦门大学文科期刊中心总编辑。本文原载《福建论坛》2009年第10期。

于情感方面的"诚",如《庄子·渔父》:"孔子愀然,曰:'请问何谓真?'客曰:'真者,精诚之至也。不精不诚,不能动人。故强哭者虽悲不哀,强怒者虽严不威,强亲者虽笑不和。真悲无声而哀,真怒未发而威;真亲未笑而和。真在内者,神动于外,是所以贵真也。……礼者,世俗之所为也,真者,所以受于天也,自然不可易也。故圣人法天贵真,不拘于俗。'"① 可见,在道家的著作中,"真"是用来品评人物的一个重要指标,与诚、淳、信、精联系在一起,是一种道德修养诉求,主要用来衡量人情感诚信的程度或人的本真状态,如老子"其精甚真,其中有信",庄子"真者,精诚之至也。不精不诚,不能动人",文子"夫抱真效诚者,感天地,神踰方外,令行禁止,诚通其道而达其意,虽无一言,天下万民、禽兽、鬼神与之变化。"② 很显然,"真"作为批评话语,起初是用来品评人物的,指涉"本原、本真、本性"以及人达到"真"的途径——"精诚、诚心"。也就是说,它起初是用来评论人的,而不是文学批评术语。

真,进入文学批评范畴,成为文学批评话语大约在汉代。王充在《论衡》里曾多次运用"真"作为标准批评当时文坛言过其实"深覆典雅,指意难睹"的文风,提倡文章"尚用":"为世用者,百篇无害;不为世用者,一章无补。"他指责当时的文风"著文垂辞,辞出溢其真,称美过其善,进恶没其罪",与古代简朴尚用的文风相反——"古人之于物也,贵真而贱美;后世之于物也,贵美而贱真"。③ 这两种不同的文风导致不同审美取向——"贵真者近于征实,贵美者近于饰观。"很明显,王充的"真"已不同与他之前诸子的"真":道家的"真"指人顺其自然、率性而为的"率真",儒家的真指道德上的"真诚",而王充的真则是针对著作而言的,要求著作者真实描述事实,真诚抒写情感。所以王充多次提到与"真"意思相近的一个词"实",如"人贤所著,宜如其实""增过其实""失其实""陈其效实""犹过其实""失实离本"。总而言之,他强调著作文章要忠于客观现实。从此,"真"概念进入文学批评范畴,成为古代文学批评的术语曾多次出现在古代文论中,如《文心雕龙·夸饰》"形器易写,壮辞可得喻其真",陈曾绛《诗谱》评汉乐府"真情自然,但不能中节尔",赞陶渊明诗"心存忠义,心处闲逸,情真景真,事真意真,几

① 方勇:《庄子讲读》,上海:华东师范大学出版社,2005年,第42页。
② 方勇:《庄子讲读》,上海:华东师范大学出版社,2005年,第47页。
③ 郭绍虞,王文生编:《历代文论》第1卷,上海:上海古籍出版社,2001年,第127页。

于《十九首》矣"。陈曾绎还指出了文学创作中"真"概念的外延范围——情、景、事、意,但他继承的仍是诗话囫囵感悟式的评点,只简单地指出了陶诗"情真景真,事真意真"特点,至于什么是真、怎样才能达到真并未展开进一步论述,因而未能阐明情、景、事、意这几方面的具体情况。所以"真"在《诗谱》里仍是浮光掠影感悟式评语,比较笼统含糊,并未有实质的具体所指内涵。

后来明、清一些批评家在评点像《水浒传》《三国演义》等作品叙事技巧时也偶尔谈到摹写之"真",但作为文学批评话语,它指向外部客观事物的力量一直很弱。因为作为一个抒情诗歌特别发达而叙事文学相对较弱的国度,中国文学的许多批评话语始终与诗歌缠绕在一起,"言志""缘情""妙悟""味""神韵""意象""境界"等等都有着因袭的承继关系,像一张具有巨大吸附力的吸盘,把批评话语都吸纳在它周围,变成它们的子系统。小说、戏剧等叙事文学历来又被指称为小道,一直处在边缘与民间的位置,所以作为叙事文学批评话语的"真"从一开始就处在文学批评话语系统的边缘位置,注定不可能成为文学批评的中心话语。而它又被吸附在偏重印象、感悟、抒情的诗话批评系统里,所以更多体现的是诗人主体的态度和情感的"真"——如沈德潜说"情真,语不雕琢而自工"——而较少指涉客体——客观世界,这就注定了它在诗品、诗话、词话等批评话语系统里边缘身分。也就是说"真"的观念虽然进入了中国文学的批评话语系统,但它所包含的主客体关系并没有引起批评家太多的注意或太大的兴趣。它主要是向内的(指向诗人内心)而不是向外的(与主体相关的外部世界)批评话语,它的现实主义光芒遮蔽在"言志""缘情""意象""意境""神韵"等的光辉里,其所指"与客观事物相符合"意义显得空洞无物,正如南帆指出的那样:"古代批评家并未将摹写之'真'当成文学的首要原则","'真'的理论范畴所包含的主客体关系并没有引起他们的很大兴趣。"[①]

二、"真"的现代性语境

只有到了近现代,在救亡图存紧张焦虑的语境下,文学被推向改革与革命的前台成为改良思想与社会的武器时,"真"的观念与"写实主义"结缘

---

① 南帆:《个案与历史氛围》,《上海文学》,1995 年第 11 期,第 63 页。

后,它的客观现实内涵才迅速浮出历史地表。关于新文学的救世语境,新文学运动参与者们都有较详细的论述,傅斯年说:"改革的作用是散布'人的'思想,改革的武器是优越的文学。文学的功效不可思议;动人心速,入人心深,住人心久,一经被他感化了,登时现于行事。用手段高强的文学,包括着'人的'思想,促动大家对于人生的自觉心,是我们的使命。"① 沈雁冰也特别强调文学唤起民众的重大责任:"我们相信文学不仅是供给烦闷的人们去解闷,逃避现实的人们去陶醉;文学是有激励人心的积极性的。尤其在我们这时代,我们希望文学能够担当唤醒民众而给他们力量的重大责任。"② 因此只有到了近现代,动荡形势的迫切诉求——社会改良与文化变革现实需要,要求文学充当变革武器的冲动,才推动了文学批评范畴的"真"观念的前行,使它放射出现实主义光辉,一跃成为文学批评的中心话语,正如傅斯年指出的那样,这完全是时代使然,因为"刚刚过去的20世纪,是中国历史上变动最激烈、最起伏动荡的岁月③。"辛亥革命、二次革命、袁世凯复辟、张勋复辟⋯⋯动荡的岁月不断地磨砺着中国知识分子的心灵,也使文学和文学批评在不经意中肩负了本来不该由它来承担的重负。"中国文学的现代性转化,以及中国文学批评的现代历程,伴随着社会的现代化梦想,在这样的历史背景下开始了。"④ 正是这种焦虑紧张的语境和知识分子急切的言说冲动才给了批评话语"真"突变的历史空间与时间,催生了"真"的现代性转变。刘勰在《文心雕龙·时序》指出文学变化的原因时曾说过:"文变染乎世情,兴废系乎时序","歌谣文理,与世推移,风动于上而波震于下"。在那样一个时代,一切都在变,一切都求新,一切都求实用。文学当然也不例外,桐城派古文、八股文等旧的文学形式已不能胜任社会变革的要求,其被淘汰是历史的必然选择。文学必然会"别求新声于异邦"发生变革。诗界革命、小说界革命、文界革命就是对社会变革思潮的回应。对这种变化与回应,周作人深有体会,"自甲午战后不但中国的政治上发生了极大的变动,即在文学方面,也正在时

① 傅斯年:《白话与文学心理的改革》,赵家璧主编:《中国新文学大系》第1卷《建设理论集》,上海:上海良友图书印刷公司,1935年,第208页。
② 沈雁冰:《大转变时期何时来呢》,赵家璧主编:《中国新文学大系》第2卷《文学论争集》,上海:上海良友图书印刷公司,1935年,第164页。
③ 许纪霖:《20世纪中国知识分子史论》,北京:新星出版社,2005年,第1页。
④ 周海波:《中国现代文学批评论》,上海:上海人民出版社,2002年,第19页。

时动摇,处处变化,正好像是上个时代的结尾,下一个时代的开端。新的时代所以还不能即时产生者,则如《三国演义》上所说的'万事俱备,只欠东风'。所谓'东风'在这里却正改作'西风',即是西洋的科学,哲学,和文学各方面的思想。到民国初年,那些东西都已渐渐输入得很多,于是文学革命的主张便正式的提出来了。"①变革政治的冲动,使陈独秀直截了当地把文学革命上升到政治革命的高度,"今欲革新政治,势不得不革新盘踞于运用此政治者精神界之文学,使吾人不张目以观世界社会文学之趋势及时代之精神,日夜埋头故纸堆中,所目注心营者,不越帝王,权贵,鬼怪,神仙与夫个人之穷通利达,以此而求革新文学,革新政治,是缚手足而敌孟贲也。"②

三、对传统文学观念的批判

文学成为"借思想文化,解决现实问题"的切入口,首当其冲成为改良派和革命派的清算与重新建构的对象。革新者们企图通过清算旧文学建构新文学,从而达到建构思想话语与改革话语,掌握革新思想与社会话语权的目的,并借此实现改良社会的政治企图。对以往文学的清算是从形式和内容二个方面展开的,形式上是反对文言文,提倡白话文,内容上是反对模古的载道的阿谀的陈腐的无现实意义的古典文学,建设"赤裸裸的抒情写世"的"新鲜的立诚的写实文学",使文学成为改革思想与变革社会的利器。胡适宣告中国大部分文学是"死文学""假文学"。陈独秀认为中国文学是"雕琢的阿谀的贵族文学""陈腐的铺张的古典文学""迂晦的艰涩的山林文学",毫无存在的价值。③他说:"吾国文艺术,犹在古典主义理想主义时代,今后当趋向写实主义,文章以纪事为重,绘画以写生为重,庶足挽今日浮华颓败之恶风。"④鲁迅直斥中国文学为瞒与骗的文学,它"令中国人更深地陷入瞒和骗的大泽中。"⑤他焦急地追问:"今索诸中国,为精神界之战士者安在?有作至诚之声,致吾人于善美刚健者乎?有作温煦之声,援吾人出于荒寒者乎?"⑥大声

① 周作人:《中国新文学的源流》,上海:上海书店,1988 年,第 99 页。
② 陈独秀:《文学革命论》,《独秀文存》,合肥:安徽教育出版社,1987 年,第 98 页。
③ 陈独秀:《文学革命论》,《独秀文存》,合肥:安徽教育出版社,1987 年,第 98 页。
④ 陈独秀:《答张记言的信》,《新青年》1 卷 4 期。
⑤ 鲁迅:《论论睁了眼看》,《鲁迅全集》第 1 卷,北京:人民文学出版社,2005 年,第 254 页。
⑥ 鲁迅:《摩罗诗力说》,《鲁迅全集》第 1 卷,北京:人民文学出版社,2005 年,第 102 页。

疾呼:"世界日日改变,我们的作家取下假面,真诚地,深入地,大胆地看取人生并且写出他的血和肉来的时候早到了;早就应该有一片崭新文场,早就应该有几个凶猛的闯将!"① 要看取现实人生,首先就要从旧文学瞒和骗的大泽中挣脱出来,而挣脱的前提是必须看清旧文学浇铸的各种偶像——假道学,立志做偶像的破坏者。周作人希望大家都做偶像的破坏者,破坏形形色色的旧宗教,尤其是所谓礼教,祭祖与孝道等传统观念。"许多重大问题,经了近代的科学的大洗礼,理论上都能得到了解决。如种族国家这此区别,从前当作天经地义的,现在知道都不过是一种偶像。"② 陈独秀更直言不讳地宣告:"只因为拥护那德莫克拉西(Democracy)和赛因斯(Science)两位先生"所以要"破坏孔教,破坏礼法,破坏国粹,破坏贞节,破坏旧伦理(忠孝节),破坏旧艺术(中国戏),破坏旧(鬼神),破坏旧政治(特权人治)"。胡适的文学改良"八事"去掉"须言之有物"外,其他七事皆为否定句,否定和破坏意思相近。陈独秀"三大主义"皆以"推倒"开头,也是否定句。

如果我们检点一下新文学运动发韧之初的文学主张,就会很清晰地看到,新文学倡导者们对旧文学的批判始终是围绕文学是否"真"展开的。他们的批评中充斥着破坏、推倒、掀翻等后现代颠覆与解构话语,无思想、无精神的载道,拟古,娱乐,游戏,谋利是他们攻击旧文学的几个主要目标。陈独秀认为"古典文学铺张堆砌,失抒情写实之旨也","胸中又无物其伎俩惟在仿古欺人";胡适认为"吾国近世文学之大病,在于言之无物"③。"真",成为新文学批评者刺向旧文学的一把致命的利剑。"真"成为评判文学价值的一条重要标准。在新文学运动中,"真文学""活文学""真白话文学"和与之相对应的"假文学""死文学"一时间成为出现频率非常高的话语。胡适说:"一时代有一时代之文学。此时代与彼时代之间,虽皆有承前启后之关系,而决不容完全抄袭;其完全抄袭者,决不成为真文学。"④

① 鲁迅:《论论睁了眼看》,《鲁迅全集》第1卷,北京:人民文学出版社,2005年,第254页。
② 周作人:《新文学的要求》,赵家璧主编:《中国新文学大系》第2卷《文学论争集》,上海:上海良友图书印刷公司,1935年。
③ 胡适:《文学改良刍议》,赵家璧主编:《中国新文学大系》第1卷《建设理论集》,上海:上海良友图书印刷公司,1935年。
④ 胡适:《历史的文学观念论》,赵家璧主编:《中国新文学大系》第1卷《建设理论集》,上海:上海良友图书印刷公司,1935年,第57页。

四、"真文学"观念的建立

新的文学观的建立直接关系到新文学的创作方向。"现在的旧派文学实在不值得一驳。什么桐城派古文哪,《文选》派的文学哪,江西派的诗哪,梦窗派的词哪,《聊斋志异》派的小说哪,都没有破坏的价值。他们所以还能存在国中,正因为现在还没有一种真有价值、真有生气,真可算作文学的新文学起来代他的位置。有了这种'真文学'和'活文学',那些'假文学'和'死文学',自然会消灭了。所以我望我们提倡文学革命的人,对于那些腐败文学,个个都该存一个'彼可取而代也'的心理,个个都该从建设一方面用力,要在三五十年内替中国创造出一派新中国的活文学。"① 由此可见,要彻底颠覆以往的"假文学",当务之急必须创造"真文学"。但什么是"真文学"呢? 新文学怎样建构才算"真文学"? 新文学、真文学外延与内涵的界定成为关键问题,胡适、周作人、沈雁冰、郑振铎、郭沫若、成仿吾等几乎所有的新文学运动者都参与了这个问题的讨论。胡适作了《什么是文学》《建设的文学革命论》《新文学问题之讨论》,周作人著有《人的文学》《思想革命》《平民的文学》、《新文学的要求》,沈雁冰写了《什么是文学》《文学与人生》《新文学研究者的责任与努力》,郑振铎撰有《新文学之建设与国故之新研究》《新文学建设》,郭沫若论新文学有《我们的新文学运动》,成仿吾有《新文学之使命》。胡适认为"达意达得好,表情表得妙,便是文学"②,真正的文学须具备三个条件:"第一要明白清楚,第二要有力能动人,第三要美。"③ 傅斯年主张"所谓真白话文学,必须包含三种质素:第一,用白话做材料;第二,有精工的技术;第三,有公正的主义:三者缺一不可。美术派的主张,早经失败了,现代文学上的正宗是为人生的缘故的文学。"④ 周作人认为真正的文学作品要"记真挚的思想与事实",在他看来"真"是判别文学作品是否具有审判价值的首要标

---

① 胡适:《建设的文学革命论》,严云受编:《胡适学术代表作》上卷,合肥:安徽教育出版社,2007年。

② 胡适:《建设的文学革命论》,严云受编:《胡适学术代表作》上卷,合肥:安徽教育出版社,2007年,第24页。

③ 胡适:《什么是文学》,赵家璧主编:《中国新文学大系》第1卷《建设理论集》,上海:上海良友图书印刷公司,1935年,第214页。

④ 傅斯年:《白话与文学心理的改革》,赵家璧主编:《中国新文学大系》第1卷《建设理论集》,上海:上海良友图书印刷公司,1935年,第205页。

准，"既是文学作品，自然应有艺术的美，衹须以真为主，美即其中。"①他提出了创作"个性的文学"的口号，他指出："假的、模仿的、不自然的著作，无论是旧是新，都是一样的无价值，这便是因为他没有真实的个性。"沈雁冰推崇自然主义："自然主义者最大的目标是'真'；在他们看来，不真的就不会美，不算善。"②要达到真善美，新文学应是进化的文学，要符合三个要求："一是普遍的性质；二是有表现人生指导人生的能力；三是为平民的非为一般特殊阶级的人的。"③

可以看出，改造中国现实迫切需要，使新文学倡导与建设者们在文学审美性上表现出趋同性，即真就是美，美在真中。在"真的文学""真的白话文学""真的小说""真的艺术"等关于真的命名中，"真"的外延逐渐指向了人，内涵与人生的关系被建构起来——如周作人所说的"现在我们认定白话是文学的正宗：正是要用质朴的文章，去铲除阶级制度里的野蛮款式；正是要用老实的文章，去表明文章是人人会做的，做文章是直写自己脑筋里的思想，或直叙外面的事物，并没有什么一定的格式。"④

五、超越抒情文学传统

中国新文学是在救亡图存紧张焦虑的语境中被催生的，它所担负的不仅仅是文学的新生，更多的民族与国家的新生重任。在立新的问题上，新文学运动在抒写现实改造社会等文学外部因素的影响下向叙事文学倾斜，也就导致了诗学批评话语"真"的内涵向客观现实靠拢。现实需求的急迫性，使新文学倡导者、建设者们站文化批判的立场上，把"趋向写实主义"作为新文学的首要原则，迅速越过中国文学抒情传统，毫不犹豫对直逼现实的叙事文学情有独钟。曾经被认为小道的叙事文学门类小说戏剧被提高到文学的正宗地位。新文学之所以要摒弃几千年以来诗歌的抒情传统而钟情于叙事文学，一方面固然是格律束缚了思想的表达，另一方面是急迫的现实危机不允许人

① 周作人：《平民的文学》，赵家璧主编：《中国新文学大系》第 1 卷《建设理论集》，上海：上海良友图书印刷公司，1935 年。
② 沈雁冰：《自然主义与中国现代小说》，赵家璧主编：《中国新文学大系》第 2 卷《文学论争集》，上海：上海良友图书印刷公司，1935 年。
③ 沈雁冰：《新旧文学评议之评议》，《小说月报》第 11 卷第 1 号，1920 年 1 月 5 日。
④ 胡适：《尝试集序》，赵家璧主编：《中国新文学大系》第 1 卷《建设理论集》，上海：上海良友图书印刷公司，1935 年，第 109 页。

们留恋于山水田园之间低头浅吟，而必须迅速投入到亡国灭种现实危机的自救中。挽大厦于将倾的现实急迫处境使人们十万火急地投身于急救之中，而无暇低吟浅唱，因此作为文学批评范畴的"真"很快因为"世情""时序"的波动振荡而"与世推移"，其所指意义迅速被填塞进现代性社会变革信息代码和意识形态需求期待，由主体转向了客体指涉现实世界，迅速成为现代文学批评的焦点。南帆在对"真"与现实的关系进行考察后指出："经过一系列剧烈波动，'真'逐渐成国文学批评的一个轴心。一批理论命题和阐释代码围绕着这个范畴颁布就绪。从'自然主义''现实主义'这样一些重要概念到环境描写、动作描写的具体技巧，'真'成为一切方面的最终依据。"[1] "'真'拥有了超常的光芒之后，'神韵''境界''气''风骨''气象'这一套术语不得不退到批评家的理论视域之外，偃旗息鼓。"[2] 文人学士的悠闲、散淡、抒情的内心平衡被外在紧张、焦虑、迫切的现实击穿，随之，古代抒情诗式的诗话、词话批评传统被形势的紧急危机拦腰折断。诗人气质让位于现实焦虑，这就使得文学批评范畴的"真"很快与现实主义，尤其批判现实主义联姻，成为评判文学价值的利器。

无论是胡适、陈独秀，还是周作人、傅斯年、沈雁冰等，都主张学习西方的写实或自然主义方法，以扭转中国文学虚浮奢华不切实际的作风，使文学与社会人生息息相关。写实主义、自然主义为中国文学提供了可供借鉴的细致观察社会、描写社会、反映现实生活的方法与经验。当现实救世期待与人生相关联，并通过写实主义文学表现方法进行如实反映之后，文学批评之"真"获得了文学批评话语霸权。

六、批评模式的转变

伴随着文学批评话语"真"外延与内涵的变化，中国现代文学的批评模式也悄然发生了转变。

首先是文学批评的思维方式发生了极大的变化，由原来的囫囵感悟一变而为细致精确的科学推理。中国文学批评表现出来的是一种诗性品格，更多强调的是非逻辑的"悟"，而西方文学批评所表现出来的是一种理性思辨精

---

① 南帆：《个案与历史氛围》，《上海文学》1995年第11期，第63页。

② 南帆：《个案与历史氛围》，《上海文学》1995年第11期，第63页。

神,更多强调的是严密的科学推理的"真","西洋人之特质,思辨的也,科学的也,长于抽象而精于分类,对世界一切有形之事物,无往而不用综括及分析之二法。"① 非逻辑性的诗性批评作风,使得中国文学批评带有极大的含混性和不确定性。它不像西方文学批评那样,讲究庞大严谨、科学的逻辑概念体系,讲究理论建构与条理化,使批评具有高度的明晰性和明确性,让人理解合乎规律和合乎目的的"真"。相对于西方文学批评,中国古代文学批评更注重通过一种妙悟来达到对客观事物的认识,注重"只可意会,不可言传",注重"言有尽而意无穷",注重"得意而忘言",讲究一种"空中之音、相中之色、水中之月、镜中之像""言有尽而意无穷""空灵玄远"的艺术体悟境界。至中国近现代,随着"真"的文学观念向客观人生现实的倾斜,中国新文学作家与批评家在向西方自然主义、写实主义、现实主义模仿学习过程中自然而然地受到西方文学与批评重视实地观察、客观描写、严密推理的科学逻辑思维的影响,其文学批评方法和文体结构也必然会受到西方科学逻辑思维的影响,这种影响表现在:改变了中国以往不重学理、含糊其词、语焉不详的感悟式和浮光掠影、写意性的评点式的文学批评作风,放逐了以往文学批评抒写直觉阅读感受、缺少严密逻辑推导和理性思考特点的诗话词话评点等文体结构特征,开始注重理论建构与严密的科学推理,开始注重理性思辨,使批评文体更具条理化、明晰化,从而实现了批评思维的现代性转变。

其次是大量西方文学及非文学批评话语开始渗入中国文学批评话语系统内部,成为当时文学批评的重要尺度,尤其是从文学外部从事文学研究与批评的现象非常突出。古代文学批评大都注重文本阅读感受,在阅读感受的基础上进行点评,如"风骨""滋味""神韵""气象""境界""意象"等立足于文本内部,较少在文学文本的外部做文章。但现代文学批评在现实需求的推动下,文学之"真"主要指向了客观现实世界,"写真""写实""逼真""革命""现实""人生"等逐渐取代了"风骨""神韵""气象""境界"等话语的地位,尤其是政治权力话语与意识形态话语逐渐渗入了文学批评,而文学批评语言退到了批评者的理论视域之外。它加强了从文学外部非文学因素研究文学的作用,具有纯文本研究所不具备的特别的穿透文,能更好地把握作品

---

① 王国维:《论新学语之输入》,《王国维先生全集》初编第 5 卷,台北:台北大通书局有限公司,1976 年,第 1830 页。

的社会价值,但非文学批评的政治话语对文学评介的介入与干涉也是令人头痛的。像苏雪林在《关于当前文化动态的讨论》里的一段话,政治化的毛病非常明显:"鲁迅的心理完全病态、人格的卑污,尤出人意料之外,简直连起码的'人'的资格还够不着。但他的羽党史和左派文人竟将他夸张成为空前绝后的圣人,好像孔子、释迦、基督都比他不上。"这完全缺少理性的态度,把文学批评变成了政治运动的大批判和人身攻击。再来看冯雪峰《关于新的小说的诞生》中关于丁玲小说《水》的评论:"小说的开始,就是大众英勇的和洪水抗斗的一幕,这是和天灾——其实,如作者所示,并非天灾,是军阀混战和地主官僚的剥削的结果——斗争,大众用原始的巨力和自然斗争;小说结末的时候,则是灾民和饥饿斗争,开始向有组织的力量和剥削者及其机关枪斗争。每一个地方,都显出灾民的农民大众的自己的伟大力量,只有这个力量将能够救他们自己!"这是游离作品,从政治意识形态出发图解作品的典型个案。批评中充斥着"大众""英勇""地主""官僚""斗争""伟大""组织""剥削"这样的话语,批评者简单地从政治需要角度出发阐释作品,忽略了从文本内部从文学内部研究文学的审美性,导致了批评的政治化等非文学倾向流毒的散布。这使我们想到,任何背离文学文本基础,忽略文学审美价值,任意发挥的批评都不是文学批评。

但另一方面,"真"的批评对现实社会与人生的关注,也使新文学批评者的视野更为广阔,自然科学、心理学、社会学、文化学、哲学等多种学科的理论与术语尤其是西方话语不断进入文学批评者视域之内,从而大大丰富了中国现代文学批评的话语语汇。我们举欧阳予倩一例加以说明。他曾要求戏剧批评者要有多方面的知识储备,他认为一个"剧评家必有社会心理学,伦理学,美学,剧本学之智识。剧评有监督剧场及俳优,启人猛省,促进改良之责;决不容率尔操觚,卤莽从事也。"[1]

第三是悲剧观念的深入。中国文学的大团圆结局曾是新文学建设者们所病诟攻击的重要目标,原因在于它使中国人不敢睁眼看现实,躲在想象的精神愉悦的象牙塔里,生出许多精神胜利法及瞒与编的文学来。中国新文学就是要发一声喊,震醒铁屋子里做着麻醉之梦熟睡的人们,让他们睁眼看世

---

① 欧阳予倩:《予之改良观》,赵家璧主编:《中国新文学大系》第 1 卷《建设理论集》,上海:上海良友图书印刷公司,1935 年,第 388 页。

界,寻找生存与希望之路。要唤醒沉睡麻木的人们,其叫喊必是凄惨凌厉的,只有血和泪的惨痛的经验教训才能震撼心灵,发人深醒。"悲剧将人生的有价值的东西毁灭给人看"①,有一种发人深省催人自新力量。因为这一缘故,所以胡适等人对译介西方的批判现实主义作品十分热心,意在引导中国新文学也像十九世纪西方的批判现实主义作家那样"取材多采自病态社会的不幸的人们中"以"揭出病苦,以引起疗救的注意"②。新文学作家与批评家都积极主张要把文学当作人生社会一面镜子,要用写实主义、自然主义写真手法去写人生悲剧,去写社会悲剧,去反映中国人"非人"的生活。但"中国文学最缺乏是悲剧的观念。无论是小说,是戏剧,总是一个美满的团圆。"③"这种'团圆的迷信'乃是中国人思想薄弱的铁证。做人明知世上的真事都是不如意的居大部分,他明知世上的事不是颠倒是非,便是生离死别,他却偏要使'天下有情人都成了眷属',偏要说善恶分明,报应昭彰。他闭着眼睛不肯看天下的悲剧惨剧,不肯老老实实写天工的颠倒惨酷,他只图说一个纸上的大快人心。这便是说谎的文学。"他还进一步指出这种大团圆迷信的深层危害在于使中国人"思力薄弱",耽于想象的逃路。因此要医治使中国"思力薄弱""说谎的文学"的病,就要引进西方悲剧观念的圣药,"有这种悲剧的观念,故能发生各种思力深沉,意味深长,感人最力,发人猛省的文学。这种观念乃是医治我们中国那种说谎作伪思想浅薄的文学绝妙圣药。"

第四是文学"普适价值"的建立。中国主流文学向来重视明经宗圣载道,而缺少人文关怀精神和平民意识。这遭到了新文学建设者的极力反对。陈独秀十分尖锐地批判载道的古文家为十八妖魔:"文学本非为载道而设,而自昌黎以讫曾国藩所谓载道之文,不过钞袭孔孟以来极肤浅空泛之门面语而已。"④文学的真正价值在于抒写人,倡导有关"人"的或"人类"的普遍价值,而不仅仅是贵族的、英雄的、才子的、佳人的价值。所以胡适说:"吾以为文学在今日不当为少数文人之私产,而当以能普及最大多数之国人为一大能事。

① 鲁迅:《再论雷锋塔的倒掉》,《鲁迅全集》第1卷,北京:人民文学出版社,1981年,第192页
② 鲁迅:《我是怎么做起小说来》,《鲁迅全集》第4卷,北京:人民文学出版社,1981年,第512页。
③ 胡适:《文学进化观念与戏剧改良》,严云受编:《胡适学术代表作》上卷,合肥:安徽教育出版社,2007年。
④ 陈独秀:《文学革命论》,赵家璧主编:《中国新文学大系》第1卷《建设理论集》,上海:上海良友图书印刷公司,1935年,第77页。

吾又以为文学不当与人事全无关系；凡世界有永久价值之文学，皆尝有大影响于世道人心者也。"① 何为文学的世道人心呢？ 就是对"'人'的发现"，对具有普遍意义的人的价值的肯定，对人道主义精神的发扬。鲁迅坚持人道主义信念："大约将来人道主义终当胜利"②，"无论什么黑暗来防范思潮，什么悲惨来袭击社会，什么罪恶来亵渎人道，人类的渴仰完全的潜力，总是踏了这些铁蒺藜向前进。"③ 周作人本着人道主义和人本主义思想，积极主张以人为本、肯定人的价值、维护人的权利的"人的文学"，他说："我们希望从文学上起首，提倡一点人道主义思想。"这人道主义思想的文学，首先要把人当"人"看，必须满足他的生活本能，"人的一切生活本能都是美的善的，应得完全满足。凡违反人性不自然的习惯制度，都应排斥改正。"他主张以人道主义为思想指导，观察、研究、分析社会人生诸问题，用形象的文学反映"非人的生活"，描写当时黑暗社会里不幸人们的生活与命运，表现那些被侮辱、被损害者的遭遇，作者要抱着认真严肃的现实主义态度，怀着"悲哀或愤怒"的感情，以改造不合理的人生社会的态度去从事创作，反映"非人的生活"的真实情形，"革除一切人道以下或人力以上的因袭的礼法，使人人能享自由真实的幸福生活"，以提升人的内面的精神生活使之达到理想生活地境地。要达到人类高上和平的境地，要实现人类和平共处"'人'的理想生活"，就要改良人类的关系，文艺的责任在于阐明"人在人类中""爱邻如己""己亦在人中""个人爱人类，就只为人类中有了我，与我相关的缘故"等道理，让人们明白自己是"人类中的一个单体，浑在人类中间，人类的事，便也是我的事"，"利己而又利他，利他即是利己"，以便达到改善人类之间关系的目的。沈雁冰从世界文学的发展趋势来认定新文学的使命：世界"新文学运动都是向着这倾向，对全世界的人类要求公道的同情。我们中国的新文学运动也不能不是这性质了。"④

追溯"真"的文学观念及批评话语模式转变的历史，我们更清楚地看到文学为人生、为平民、为人类等基于"人性""普世价值"抒写的永恒价值与

① 胡适：《逼上梁山》，赵家璧主编：《中国新文学大系》第 1 卷《建设理论集》，上海：上海良友图书印刷公司，1935 年，第 14 页。
② 鲁迅：《致许寿裳》，《鲁迅全集》第 11 卷，北京：人民文学出版社，1981 年，第 354 页。
③ 鲁迅：《随感录·六十六生命的路》，《鲁迅全集》第 1 卷，北京：人民文学出版社，1981 年，第 368 页。
④ 沈雁冰：《新文学研究者的责任与努力》，赵家璧主编：《中国新文学大系》第 1 卷《建设理论集》，上海：上海良友图书印刷公司，1935 年，第 145 页。

意义。这对于我们认清革命现实主义及社会主义现实主义的流变历史具有十分重要的价值,同时对于扭转当代文学中粉饰、娱乐、游戏、谋利的文学短视潮流也具有十分重要的指导意义——任何脱离"人""人性""人类"等"普世价值"的文学不论它以何种形态出现,注定只会昙花一现,毫无历史意义。文学的价值在于提升人类灵与肉统一的理想生活,在于"人性"与"人道主义"。我们应该以易卜生的格言来自省:"我无论作什么诗,编什么戏,我的目的只要我自己精神上的舒服清净。因为我们对于社会的罪恶,都脱不了干系的。"① 我们的作家也应记住"我们对于社会的罪恶,都脱不了干系。"

第二节 七十年中国文艺理论建设的四个问题 ②

1949 年以来的中国文艺理论已走过了一段非同寻常的道路,70 年来风雨坎坷,起伏跌宕,其间提出不少理论命题,也经历不少争议。在马克思主义的指导下,在引进与消化西方文艺理论的过程中,本土化理论建设也取得了不俗的成绩。本文将对 70 年来中国文艺理论在理论话语的选择与建构、思维与方法、学科边界的扩容、学科史书写等四个方面进行总结性研究与反思,并对它们在中国文艺理论史上的贡献与不足进行分析与评价,力图从中寻找出可资借鉴的经验与教训,以期对新时代中国文艺理论建设提供某些启示。

一、理论话语的选择与建构

总体而观,1949 年新中国成立之后的头 30 年,中国文艺理论话语的选择由于受到政治与意识形态的制约,话语的选择较少自主性,也受到理论视野的限制。1978 年改革开放后的 40 年,有了话语选择的自由度了。但却因为大量引进西方文艺理论话语而没有很好地消化,又曾一度迷失。随着消费社会的到来,虽然也有 20 世纪 90 年代初的"人文精神大讨论"与 90 年代后期的"新理性精神"的提倡,也没能完全从陷入迷失的状态中跳出来。自然,在引进与消化西方文艺理论的话语时,中国学者也在与西方话语的对话中进

---

① 胡适:《易卜生主义》,赵家璧主编:《中国新文学大系》第 1 卷《建设理论集》,上海:上海良友图书印刷公司,1935 年,第 180 页。
② 蒋述卓,暨南大学文学院教授,这中国中外文艺理论学会副会长。原载《学习与探索》2019 年第 8 期。

行了本土化的尝试,在文艺心理学、文艺美学、中国叙事学、文学人类学、性别诗学、审美文化学、文化诗学、生态美学、中国阐释学等诸多领域,也取得了有标志性和中国特色的理论建树。70年的理论成果尤其是后40年的理论成果为中国特色社会主义的建设做出了应有的贡献,为将来中国特色社会主义文艺理论建设打下了良好的基础。

理性地审视,70年中国文艺理论话语的选择过程其实也是一个建构过程,它受制于时代与环境、制度与文化,也得益于时代与环境、制度与文化。

以著名的"两结合"(革命现实主义与革命浪漫主义相结合)的创作方法为例,就是一种理论话语的选择与建构。"两结合"虽然是在1958年由毛泽东在成都工作会议上提出来的,但追溯其理论渊源则可以上溯至1930年的革命文艺理论家周扬的提法。当时周扬从苏联的文艺理论中推导出革命浪漫主义与革命现实主义不相对立,革命浪漫主义可以被社会主义现实主义所包容[1]。1933年,周扬又再度论述了这两者的关系,但重心已偏向社会主义现实主义[2]。中华人民共和国成立后,1953年9月举行了全国第二次文代会,在政治报告中也还是这种提法:"我们的理想主义,应该是现实主义的理想主义;我们的现实主义,是理想的现实主义。革命的现实主义和革命的理想主义结合起来,就是社会主义现实主义。"[3]当时的政治环境是一边倒向苏联,选择社会主义现实主义就是不二话语。但三年之后,因为中国与苏联的关系不睦,社会主义现实主义就不再提了。又过了两年,随着社会主义大跃进环境的出现,于是就出现了"两结合",并一直持续到1979年。

"两结合"的选择应该说路向是对的,只是因为环境不当(1958年之后没两年就闹自然灾害,经济上对革命浪漫主义不给力)、阐释不当(没有理论家给出具有说服力的理论根据,创作上也没有重要的文学作品支撑,只有民歌创作上的支持),因而使此理论话语的建构陷入了困境,更不利于接受与普及。现在回过头去看,如果当时没中苏关系破裂这一层因素,就有可能选择社会主义现实主义并且会一以贯之,因为即使到了后40年,理论界依然是

---

①　蒋承勇:《"浪漫"之钩沉——西方浪漫主义中国百年传播与研究反思》,《中国比较文学》2019年第2期。

②　周扬:《关于社会主义的现实主义与革命浪漫主义》,《现代》1933年第4卷第1期。

③　蒋承勇:《"浪漫"之钩沉——西方浪漫主义中国百年传播与研究反思》,《中国比较文学》2019年第2期。

社会主义现实主义占主导,从"伤痕文学""反思文学""改革文学"到"寻根文学",再到"新写实"和魔幻现实主义,无不是现实主义占重要地位,当时的理论界甚至还介绍过西方的"无边现实主义"。但是,按毛泽东的性格,他需要重新选择,舍弃社会主义现实主义,也舍弃社会主义现实主义与革命浪漫主义相结合,而提出"革命现实主义与革命浪漫主义相结合",就不仅仅是政治问题,也是伟人的气魄所致。于是,理论话语的选择过程也便是一个理论话语的建构过程,它有其理论的来源,也有着时代的印迹,当然也有着历史的必然性。

关于典型与形象思维的话语,讨论甚多,持续时间也长,从 20 世纪 60 年代到 80 年代一直都在讨论。典型话语,代表着马克思主义文论的经典话语,选择它来讨论意味着马克思主义文艺理论中国化的问题。在文学创作中,典型人物的创造代表着阶级的立场,正面典型与反面典型的塑造是无产阶级文学的关掫。因此,写典型人物也就区分为革命与反革命、进步与落后两极,"中间人物论"是要受到批判而且是必须舍弃的。形象思维的讨论也是如此。1955 年,在冯雪峰、周扬等文艺界领导人的文章中,就已出现形象思维这一概念,他们均正面肯定过形象思维的作用[①]。以后 10 年间,先后有 20 余篇文章论及形象思维,形成了赞同与反对的两派意见[②]。在一些有代表性的文艺学教科书中如以群主编的《文学基本原理》中也对形象思维有重点表述。但因为当时在意识形态领域提倡反映论,提倡阶级斗争,否定派中的郑季翘在 1966 年 5 月发表了一篇题为《文艺领域里必须坚持马克思主义的认识论》的文章,将讨论上升到阶级斗争,认为形象思维是一个反马克思主义的认识论体系,是现代修正主义文艺思潮的表现,讨论遂戛然而止。这一停就停了10 年,直到 1977 年 12 月 31 日《人民日报》发表毛泽东给陈毅谈诗的一封信时,形象思维的讨论才被再度唤醒。因为有了毛泽东的意见,否定派几乎没有再争辩的余地,形象思维的正确性与合理性不证自明[③]。

---

① 《冯雪峰文集》(下卷),北京:人民文学出版社,1981 年,第 285—286 页;《周扬文集》(第 2卷),北京:人民文学出版社,1985 年,第 336 页。
② 复旦大学中文系文艺理论教研组编:《形象思维问题参考资料》(第 1 辑),上海:上海文艺出版社,1978 年。
③ 孟繁华:《中国 20 世纪文艺学学术史》(第 3 册),上海:上海文艺出版社,2001 年,第 259—268 页。

上述这两种理论话语的讨论过程说明,选择什么理论话语进行讨论,实际上是在试图进行一种理论建构,而这种建构又与党派立场、政治制度、时代环境、文化语境紧紧联系在一起。这种讨论因为缺乏学理性的支持,且又受到政治的困扰,是很难充分展开而且深入下去的。

进入新时期以后,文艺理论界提出的"性格组合论"其实也是在典型话语讨论的基础上延续的话题,但这时已经有了文学与政治脱钩的环境,也预示着一种新方法与新视野的到来。再之后,文艺理论界选择西方形式主义文论的话语来展开对叙事学、文学人类学、文体学等等的讨论并做一种结合中国文学实际来阐释的工作,其实也是一种建构本土文艺理论的试验,也可以视为是一种本土化理论话语的建构。

然而,70年来由于学术范式的不完善,也缺乏本土哲学与思想的支撑,文艺理论话语的选择与建构基本上还是处于"照着说"的状态,即照搬苏联文艺理论模式或者是移植欧美文艺理论话语。虽然自20世纪50年代起,文艺理论界就一直在提倡建立有中国特色的马克思主义文艺理论,但更多地陷在各种带有政治色彩的话语权争议与争夺之中,并没有在学理上取得更有实效与显著的成果,乃至到了20世纪90年代理论界还在讨论"失语"问题以及"古代文论的现代转换"问题,处于一种理论的焦虑状态。面对新时代,中国文艺理论界要有所突破有所建树,关键还在于建立一种新的学术范式和学术机制,并在研究中国经验的基础上提出具有中国特色、中国风格、中国气派的理论话语。这或许是我们应该从反思中汲取的经验与教训。

二、思维与方法问题

总体上看,70年文艺理论是从一元走向多元,从封闭走向开放,尤其是在改革开放大潮的推动下,文艺理论界在1985年和1986年经历了"方法论年""文体年",西方文论被大量引进到国内,形成了开放多元的局面。中国文艺理论经历过"开放—引进—消化—反思—创建"的道路[①],思维与方法的改变已成了文艺理论话语创建的重要基础。

但是,我们回顾所走过的道路,又不能不为我们曾经囿于单一的思维方式而有所警醒,以避免重走老路。很长一段时间,我们在主体与客体、传统与

① 蒋述卓:《重视新时期,面向新时代》,《文艺报》2019年5月22日。

现代、东方与西方的问题上陷入一种二元对立的模式,总会产生出以此代彼或者一边倒的现象,就是到现在,单一的思维方式即二元对立的思维方式不时还在作怪。

就浪漫主义这一理论话语来说,我们几乎不怎么研究它。本来浪漫主义在西方是与启蒙联系在一起的,中国在引进介绍浪漫主义时,也多重视其反抗现实与追求自由的精神。鲁迅1908年发表的《摩罗诗力说》就推崇西方诗人拜伦等浪漫主义作家,崇尚其"立意在反抗,指归在动作"的思想核心。1932年,郭沫若也认为浪漫主义本质是反抗,艺术是自我表现。茅盾也曾发表文章,侧重阐发西方浪漫主义对现实的反抗性、深刻的批判性和坚定的革命性。但由于受到苏联拉普派以及高尔基说法的影响,当时成立的"左联"将浪漫主义分为了积极浪漫主义和消极浪漫主义两派,并将消极浪漫主义等同于唯心主义。[①] 我们虽然接受了浪漫主义的概念,并以此去评价屈原、李白等古典作家,但对浪漫主义的研究却一直是搁置的,这种状况延续到1979年的新时期之后也没有多少改变,其原因就在于二元对立的思维方式限制了我们对其内涵与精神做进一步的阐释和接受。同时一些理论家又用一种以此代彼的方式认为浪漫主义可以被现实主义所包含,或者认为它只是一种创作方法,将其等同于创作想象和表现手法,而它真正的精神内核却被弃置一边了。

新时期以后声噪一时的"主体性理论",在理论的推进与创造上应该是有成绩的,但其思维的缺陷也是明显的,那就是以主体性理论完全否定反映论,强调文学与作家内部的关系多,否定文学与外部的关系,体现出一种二元对立以此代彼的思维方式。而此后文艺理论界向形式主义文论的转向和向后现代主义文论的转向也体现出一种"一边倒"现象。针对这种现象,王一川提出了"修辞论美学",力图融合认识论美学、感兴论美学、语言论美学而成为一种综合性美学,指出任何艺术都可以视为话语,而话语与文化语境具有互相依赖关系,这种关系又受制于更根本的历史[②]。王一川的这种融合思维路向是对的,他强调了文化语境与历史,这同时通向了童庆炳后来提倡的"文

---

① 蒋承勇:《"浪漫"之钩沉——西方浪漫主义中国百年传播与研究反思》,《中国比较文学》2019年第2期。
② 王一川:《修辞论美学》,长春:东北师范大学出版社,1997年。

化诗学"。但由于这种话语的命名又建立在形式主义文论的基础上,在当时缺乏文化环境的支持,很快被裹挟在形式主义文论中被冲淡了。在如何对待"现代性"的问题上,张法、张颐武、王一川等曾主张用"中华性"来取代西化和对"现代性"的追求,试图采用一种超构的思维方式,即超越西方思维与中国思维的对立、超越西方思维中结构与解构的对立,用中国思维中的整体功能性思维、阴阳互补思维去弥补理论界思维的迷失和盲点,建立起一种"真正适合于未来实践"的新的话语框架①。但此时的文化语境恰好是"国学热"兴起之时,"中华性"的提倡被人视为新保守主义,这种"中华性"的呼声也被淹没在非此即彼的激进主义的非理性思潮中。

20世纪的90年代继承着80年代的风气,理论的论争风气甚浓,有1992—1993年间的"人文精神大讨论",有1994—1998年的"新保守主义"和"新理性主义"之争,应该说在提倡人文价值和人文关怀、在反思"西学热"的基础上倡导回归传统的文化立场方面,这些都是有价值的理论探寻和话语建构,但因为理论界还多持一种二元对立的思维方式,整个文化语境没有根本改变,所以使得一些路向正确的理论探索没有继续下去,实属遗憾。这段历程启示我们:在新时代,在思维方法上我们还得坚持"一体多元",即以马克思主义为主体为指导,建立多元思维、多元视野和多元方法来建构中国文艺理论。

三、文艺学学科边界问题

自20世纪50年代以来,我们就接受了前苏联的学科概念,将文艺理论称之为"文艺学"。然而,这个学科的内涵在很大程度上就是有关文学的理论,或可称为"文学学"。所以,在20世纪60年代这门学科的教材就又命名为"文学原理",而许多艺术院校也用这样的教材。鉴于这种状况,后来就改称为"文艺理论"或"文艺学"了。当前在教育部的学科分类中,"文艺学"仍是一级学科"中国语言文学"下的二级学科。不过"艺术学"已独立出去成为与"中国语言文学"比肩的一级学科了。

改革开放之后,文艺学中又派生出了文艺美学,它是文艺学与美学的联

---

① 张法、张颐武、王一川:《从"现代性"到"中华性"——新知识型的探寻》,《文艺争鸣》1994年第2期。

姻所产生出来的新的学科分支。从 1995 年开始，文艺学受文化研究尤其是大众文化理论的影响，开始出现了文化批评以及审美文化学等新的文学批评现象。以周宪、陶东风、王岳川、肖鹰、姚文放、王德胜等为代表的一批学者不仅仅关注文学创作的发展，同时也关注电影、电视、广告、流行歌曲、网络文学、短信、春节联欢晚会等综艺节目，并对其进行文化阐释。陶东风最早从介绍西方的"日常生活审美化"的理论话题切入到对文艺学的变革与出路的讨论，并主张文艺学学科需要扩容①。随后，《文艺争鸣》《文艺研究》杂志分别于 2003—2004 年开展了以"日常生活审美化"为专题的讨论，引起了学界的关注。以童庆炳、赵勇为代表的否定派的意见，则直接反对文艺学学科边界的扩容，并提出应该确立文学研究的边界②。童庆炳虽然提倡"文化诗学"，也看到了文学理论从 1978 年到 20 世纪末的四大转变，即存在着"审美论转向""主体性转向""语言论转向"及"文化论转向"③，但他对动摇文艺学学科边界的文化批评是心存警戒的。他主张文艺学不要去研究大众文化现象，如广告、广场等等。

这一场争论最后虽然没有明确的结论，但却推进了文学的文化批评，运用文化批评方法对中国大众文化现象进行阐释与分析最终成了文艺学研究和文艺批评的重要内容。没过几年，则产生了一批专门的教材和研究专著，如陶东风、徐艳蕊的《当代中国的文化批评》（北京大学出版社 2006 年）、曾军主编的《文化批评教程》（上海大学出版社 2008 年）、姚文放主编的《审美文化学》（社会科学文献出版社 2011 年）等。从事文学研究的学者正逐步靠近文化研究，一批研究新闻媒介的学者以及外语翻译界的学者如何道宽、许钧等也加入进来，使文学研究与文化研究初步融合起来，这给文艺学学科注入了新活力，打开了文艺学研究工作者的学术视野，也激发了他们以理论贴近实践、阐释实践的理论创造欲望。这不能不说是一种具有里程碑意义的转向。

文学的文化批评是 20 世纪后期以来西方文学批评的重要标识，它在理

---

① 陶东风：《日常生活审美化：一个讨论——兼及当前文艺学的变革与出路》，《浙江社会科学》2002 年第 2 期。
② 童庆炳：《文艺学边界三题》，《文学评论》2004 年第 6 期；赵勇：《谁的"日常生活审美化"？怎样做"文化研究"？——与陶东风教授商榷》，《河北学刊》2004 年第 5 期。
③ 童庆炳：《植根于现实土壤的"文化诗学"》，《文学评论》2001 年第 6 期。

论上属于文化表征理论,是一种表征型阐释,它与细读法批评以及结构主义批评最大的区别在于,它认为文本与文化产品是一定时代的社会结构和文化的表征,其间存在着复杂的联系。以"文化表征"去阐释和批评社会文化现象包括文学就成为西方文学批评的热潮,而我国学者几乎在同步的时空里,介绍并实际运用于本土的文化批评,这充分说明中国文艺理论已经汇入国际理论思想潮流,所关注的问题与世界同步而行,体现出理论的实践品格和先锋性质。

文艺学边界的扩容是随着时代与文化环境的变化而提出来的,有其历史的必然性,也有学科发展的合理性。文艺学拓宽研究领域,表现出文艺学对中国问题研究的到场,从而很好地弥补了面对社会现实理论缺位与失语。实际上,随着视觉文化时代的到来,融媒体技术为文学艺术提供了更多的跨界创造,音乐、电影、动漫、美术设计等与文学创作融为一体,将来可能会出现"融艺术学"的现象。在学科分类上虽然"艺术学"已经独立成为一级学科,似乎可以与"文学学"或"文艺学"门户相当了,但它们之间绝不是分庭抗礼的关系,随着文化环境的变化,其关系反而更为融洽。到时,"融艺术学"会将"文艺学"与"艺术学"取而代之也未可知。像一些传统的命题如"文学是艺术之母"一类可能会受到挑战,文学的地位与重要性或许不会像现在那么显著,尤其是在一些文化创意产品那里,本身就是一种综合艺术的成果,其生产过程和形成的生产链都带有"融艺术学"的特征。

四、学科史的书写问题

学科史的书写也是文艺理论建设中的重要内容,它既是对学科发展的回顾与总结,也是评价与研究学科发展中重要问题的历史梳理。一部优秀的学科史对于学科的发展有着极为重要的推动作用。

就目前所见,涉及 1949 年以后至 2000 年的中国文艺理论学科发展史的有两套书:一套是杜书瀛、钱竞主编的《中国 20 世纪文艺学学术史》,该书共四部五卷,其中第二部分上下卷,第三与第四部为 1949—1999 年 50 年的文艺学学术史。此书体例是根据问题为纲展开史的描述,可能写作时赶得比较急,许多问题并没有涉及,如港澳台的文艺理论没有论述,20 世纪末的"文化诗学"的建设也没关注到,倒是主编之一的杜书瀛所做的全书绪论,达 60 页之长,近 5 万字,就 20 世纪文艺学学术史的研究意义、20 世纪文艺学的运行轨迹、总体印象和主要启示作了很有见地的思考和阐述,给我们留下颇有启发的意见。自然,它作为首部 20 世纪中国文艺学学术史,其首创之功是极其重要的。另一套是黄曼君所著的《中国 20 世纪文学理论批评史》①,全书分上下卷,以中国文学理论批评的现代转型作为线索,着力在探寻文论的现代话语和现代品格的确立。它力图把大陆与台港澳的文学理论批评融合在一起来写,有较开阔、综合的学术视野。但因为全书涉及的人物与著作及其观点较多,对它们的评价与论述难免也有不周全之处。

与此相关,还有两本书很值得关注。2007 年,杨春忠出版了《二十世纪中国文学理论史论》②,此书带有 "研究之研究" 的性质。作为史论,它讨论了 20 世纪中国文学理论的基本形态、历史图景与视界的基本问题以及 "现代性历史叙事框架" 等问题,还专门讨论了 20 世纪中国文学理论教科书以及当代中国马克思主义文学理论的重建问题,在对中国 20 世纪文艺学学科的性质、形态与诸多重要问题上有一定的学术思辨意义,也是很有参考价值的。2018 年 8 月,浙江文艺出版社出版了鲁枢元、刘锋杰等著的《新时期 40 年文学理论与批评发展史》,它将新时期 40 年分为三个阶段:1978 至 1989 年为崛起期,20 世纪 90 年代为转型期,21 世纪头十年为综合期。全书 8 章,63 万余字,结构上很有特点,既以史为线索,又以问题为纲,也就是书中所提到的 "三纲五常",即崛起期对应的理论形态是 "政治范式",思维方式是 "本质主义";转型期对应的理论形态是 "审美范式",思维方式是 "关系主义";综合期对应的是 "文化研究范式",思维方式是 "文化历史主义"。这为 "三纲"。"五常" 则指五个领域,也是五大问题,即马克思主义文论中国化、中国古代文论之现代转换、文学的跨学科研究、文学批评实践、大众文化的兴起与文学批评的危机。此书面对 40 年复杂多变的文学理论与批评现象,用这种方式去提炼和概括是有智慧和亮点的。全书文献资料较为翔实,逻辑清晰,评述公允,有较高的学术价值,是中国当代文艺学学科建设上有标志性的重要史著。自然,它对 "新时期" 的概念没有严格界定,是一个遗憾,如果它在 2018 年出版之时,将其界定为 2012 年,即党的十八大召开就步入新时代,那就圆满了。

而纯粹为新中国成立之后文学理论与批评而做的书,要算吴俊出版的

---

① 黄曼君:《中国 20 世纪文学理论批评史》,北京:中国文联出版社,2002 年。
② 杨春忠:《二十世纪中国文学理论史论》,济南:齐鲁书社,2007 年。

《中国当代文学批评史料编年》(12卷)[①]了。但此书还只是史料编年,史论部分还在写作之中。此书着重在当代文学批评上,理论这一块被淹没在大量的批评文章的清单之中,有意对文艺理论做进一步研究的还需要在此书中去做爬梳工作。但它毕竟花了巨大功夫,在60年的报刊杂志和出版的书籍中拉出这宏大的清单,实属不易,功不可没。自然,我更期待吴俊的史论著作的出版,为当代文艺理论与批评史的建构增添力作。陈晓明2010年主持的教育部哲学社会科学研究重大委托项目《中国当代文学批评史》目前已经结项,其中有孟繁华、贺绍俊、张清华等学者参与,全书68万字,内容涵括1949年至2016年60余年的中国当代文学批评发展变化情况。此书不仅更新了中国当代文学批评史的史料与叙述,也加重了理论方面的探讨,有不少突破性观点。值得注意的是,它重点在探讨现实主义文学批评范式的确立、内在建构和深化过程,还专列了女性批评、当代台港文学批评以及美国的华人学者中国当代文学批评的内容。此书虽标明为"当代文学批评史",但多数情况下也写作"文学理论与批评",因此,在中国当代文艺学学科史的书写史上将是一本很有分量的著作。高建平2018年开始主编一本"70年中国文艺理论史",它集中了国内一些著名学者为其撰稿,也是值得期待的一件大事。

在写作文艺学学科史的同时,笔者认为还应该做一些文献资料的整理工作,吴俊主编的编年史料是拉网式的出清单,自然是好,但为了方便研究者和步入文艺理论研究领域的研究生,还应该有人去编一本70年的中国文艺理论文选,通过选本的方式将70年中所讨论过的重要话题、重要文章、重要著作的章节汇编起来,既能体现出一种史的演进,又能表现出一种批评与评价。选本批评也是一种批评,也是学科史建设中不可或缺的重要环节。

第三节　中国当代文学70年来的探索道路[②]

70年中国文学历经了风风雨雨,道路曲折、风云变幻,我们有需要总结的经验教训,无疑也有值得重视甚至自豪的辉煌成就。我想有一点是值得深入探讨的,那就是70年的中国文学中,始终贯穿着一种探索的精神,中国文

① 吴俊:《中国当代文学批评史料编年》(共12卷),上海:华东师范大学出版社,2017年。
② 作者陈晓明,北京大学中文系教授。本文原发表于《文艺报》2019年9月27日2版。

学一直想走自己的道路,想为我们承受的历史、面对的现实表达出中国作家的心声。正是这种探索精神,表现出中国文学顽强的历史渴望,就是在历史给定的境遇中,依然执著地探索中国文学的道路。

关于文学的探索性,我们过去主要关注在艺术形式上有突出探索的那些创作行为,或者说我们把探索性等同于先锋性行为,从理论上来看亦然。从词义上来看,探索当然也就是置身于前卫地位,就要突破和创新,就是探寻新的路径。如果我们要在更广义的意义上,尤其是从历史的角度去理解中国文学的探索性的话,就要在一个更高的历史维度上,赋予它一种历史变革的背景。我理解的中国当代文学 70 年的探索性,应该看到三个阶段的变化性,这三个阶段可以做如下归纳:

一、20 世纪五六十年代展开关于社会主义文学方向的探索

关于社会主义文学的探索,深受苏俄文学的影响,特别是后来苏联关于社会主义现实主义文学的理论倡导的影响。列宁曾说:"无产阶级文化并不是从天上掉下来的","无产阶级文化应当是人类在资本主义社会、地主社会和官僚社会压迫下创造出来的全部知识合乎规律的发展"。由于中国现代的文化创造形成一个反帝反封建的传统,到了上世纪 50 年代,反帝反封建的态度更加彻底,现代的传统也被悬置起来,中国文学主要受到苏联的影响。即使如此,中国文学也一直在探寻自己的道路。其源起可追溯到 1942 年毛泽东发表《在延安文艺座谈会上的讲话》,这篇《讲话》奠定了中国当代文艺的思想理论基础,从根本上确立了中国新文学为工农大众服务的方向,明确了文学是无产阶级革命事业的有机组成部分,同时阐明了人民群众喜闻乐见的具有民族风格的文艺表现形式。很显然,在《讲话》指引下,中国新文艺的方向显著不同于苏联的"拉普"所倡导的主张,尽管左翼文艺有一段时期曾受到"拉普"的影响。但是,对于解放区文艺出现的新经验,中国的文艺家们深入斗争第一线,更加直接地反映工农兵火热的斗争生活。特别是赵树理的出现,带来了解放区文艺的面貌一新,对工农兵喜闻乐见的文艺作品产生了广泛影响,标示着人民文艺已经显露端倪。当然,毋庸讳言,上世纪五六十年代中国的社会主义文艺运动不断激进化,一系列斗争也对中国文艺造成了十分严重的后果,特别是批判"胡风集团"和"反右"扩大化运动,使得中国作家遭受到沉重的冲击。我们理解历史,特别是在历史经历过剧烈变革的时期,

依然要看到在剧烈冲突的历史时期,还有一种创造历史的愿望包含于其中。五六十年代的文学值得我们去肯定和深刻认识到其历史意义的方面,在于文学家们始终怀着一种理念和历史要求去开创一种能够为工农兵、也就是为广大的普通民众所理解和接受的文学。人民的文艺能够表达一种理想主义、英雄主义精神,能够在正面、积极、肯定的意义上去展开的文学,能够对人民群众起到一种感染、教育和召唤作用的文学,在中华民族从帝国主义的欺凌中刚刚站立起来的历史时期,无疑具有伟大的积极意义。

在我们过去的理论表述当中,总是把革命看成是一种强制性的力量,或者说革命文艺是一种规训的产物,它反过来也在行使着规训的责任。但我们同时也要看到,革命有一种启蒙意义,在这一意义上,五六十年代的文学未尝不是现代文学启蒙表达的激进形式,其根本上是现代性的激进化形式。这个激进性就在于我们的文学和文化怀有一种理念,这种理念就是在民族国家的意识形态建构意义上,使文学成为无产阶级革命事业的一个组成部分。我们也可能会说这样的文学和政治靠得太紧,成了政治的工具。但我们依然要看到,这也是现代历史中一段特殊时期的召唤和探索。文学艺术成为教育人民、团结人民的某种武器。尽管这个探索显得非常激进和激烈,我们依然要看到这种探索所具有的历史必要性和必然性。

回顾历史,我们当然要看到这种文学存在的问题和局限性,但也要看到它怀有那么宏大的历史理念,它要创建一种新型文学和文化的历史要求。今天我们回过头看看"三红一创""保山青林",这些作品在当时的历史情势下所做出的探索和尝试,也在相当程度上体现了"意识到的历史深度与细节的生动性和丰富性的统一"。例如柳青的《创业史》,它想回答一个问题,即在当时社会的形势下,农村开始新的贫富分化,新的两极分化开始露出端倪。分到田地的农民,有一部分人通过勤劳和头脑开始致富,另一部分人却受多种条件所限变得贫困。那么,土改"打土豪、分田地"的意义又何在呢?在思想政治上,这种现象被上升到两条路线斗争的高度。合作化运动试图走集体化的道路,有多部作品都表现了这一主题,如赵树理的《三里湾》、柳青的《创业史》等。

在当时的文学作品中,尤其是在《创业史》中,农村初露端倪的农民致富现象被说成是走资本主义道路还是走社会主义道路的两条路线的斗争,这无疑有很大的虚构成分,或许是需要去另行讨论的难题。但是我们会看到在这样一种历史理念下,小说塑造了梁生宝这个理想化的人物。既然具有理想性,就会有某种概念化的倾向。因为在文学作品当中,我们一直认为这种从概念、理想理念出发的人物会与现实生活的实际存在距离。但是我们要看到在五六十年代的那种历史情势中,中国社会确实需要能够带领普通民众去奋斗的人物,需要能够跟上共和国脚步的一种正面、积极、肯定的文学形象。所以在这个意义上,我们会看到这种形象有它的历史依据。柳青在做一种努力,也是一种探索,他努力去理解时代和政治的要求。今天我们也要看到文学适应那个时期的政治需要所具有的历史必要性。

但是,柳青也在做另一种努力,那就是在这种历史理念之下寻找一种生活的真实。柳青能把农民的生活表现得那么生动和到位,把西北的风土民情表现得真切而充沛,写出了一种丰富细致的乡村生活过程。历史的理念与真切的生活结合,我们固然可以看到二者的分离,但是,只要我们有可能理解那种理念的必然性,也不妨辩证地把二者的分离看成是一种探索性的结合。我以为《创业史》的意义在于它有一种积极和肯定性的人物形象,另一方面也写出了乡土生活的多样性。此前赵树理的作品也是如此,他能够把乡村中国的生活和当时社会的积极、进步的需要结合起来,例如《小二黑结婚》《登记》《三里湾》等作品。

上世纪五六十年代文学作品中对英雄主义的表达,例如《红日》《红旗谱》《野火春风斗古城》《铁道游击队》《平原烈火》等,也有一种新的探索。这种探索就在于它把中国传统文学尤其是古典戏曲的传奇性方法,与当时所需要的革命英雄主义结合起来,将传统的、民族性的特质与现代进步理念结合起来。《青春之歌》则是把上世纪三四十年代还不太成熟的"革命加恋爱"主题做了改变和新的发挥。这部小说更加明确地阐明了一种理念:即知识分子只有在党的教育下才能够成长,只有走和工农兵相结合的道路,生命才有意义。小说塑造了一个革命年代生动的知识女青年形象,她经历过动摇,最终走上生活的弯路,想躲进平静的港湾。但是在卢嘉川和江华这样积极热情的革命者的引导下,走向了革命的道路。她和年轻革命者接触的过程中饱含着情感,卢嘉川和江华当然是以革命道理来打动林道静,但是我们会注意到小说中林道静对革命道理的领会与对卢嘉川和江华的感情是同步进行的。卢嘉川和江华的相貌、讲话的姿态、手势、语调等等,他们的青年男子气质很明显地吸引着林道静。林道静曾经把卢嘉川和余永泽放在一起比较,余永泽是那么的瘦小,未老先衰,散发着陈腐之气,而卢嘉川却浑身散发着青春的热情和力量。革命道理的感悟与身体情感的体验微妙地结合在一起,也可以说是一种非常有趣的探索。把革命的理念和生活的丰富性、具体性结合在一起,表明在革命如此激烈的年代,文学中的革命理念并未全然压垮生活内容,而是有一种崭新的结合,使得这部小说打动了千千万万红色年代的青年。《野火春风斗古城》《林海雪原》也同样如此。

二、80年代中后期"回到文学本身"的艺术探索

"文革"后,以"拨乱反正"为导向的思想解放运动,使得新时期的文学经历了一个繁荣昌盛的发展时期。新时期重新提起五六十年代的现实主义命题,由此更深入扎实地展开现实主义的中国道路的探索,并注入新时期的内容。例如关于文学和政治的关系的讨论、现实主义广阔道路的讨论、关于人道主义人性论的讨论、关于形象思维的争论,以及关于美学的大讨论等等,这些讨论深化了五六十年代不能触及的问题,把中国现实主义的内涵夯实。正是在此基础上,新时期文学才真正开启了现实主义的中国道路,不管是"伤痕文学"对"文革"的反思批判,还是改革文学站在时代前列,为实现四个现代化鼓呼,或是"朦胧诗"重建自我和时代的关系,都显示了中国文学风起云涌的壮阔格局。

80年代上半期的新时期文学解决了几个重要问题:其一,通过反思"文革"完成了拨乱反正的思想定位,确立了新时期文学与五六十年代的文学联系的方式,以重新讨论的方式,赋予了五六十年代的文学以某种合理性的内涵,建立起两个时代的内在联系。也正因此,建立起与五四文学的联系,那就是以启蒙和人道主义为价值底蕴的文学信念;其二,广泛介绍了世界优秀文学成果,极大开拓了中国作家的视野,丰富了中国文学的艺术表现力;其三,文学表现的领域更宽广,由"人性论"引发的"大写的人""人的文学",拓展到关于人的命运意识,必然深入到人的内心世界,转而投射到人的身体。

这里尤其需要强调的是,80年代上半期,改革开放将世界文学的优秀成果展示在中国作家面前,那种震撼前所未有。正如莫言所言,他第一次读到马尔克斯的《百年孤独》时感觉浑身燥热,这才意识到原来小说可以这么写,他赶紧从那间狭小的书店一路小跑到军艺那间宿舍奋笔疾书。80年代,在短短的七八年内我们几乎把世界文学中的优秀成果,从现实主义到现代主义

都匆匆浏览了一遍。那个时候中国作家如饥似渴地学习世界文学的经验，如托尔斯泰、屠格涅夫、肖洛霍夫、普希金、司汤达、卡夫卡、普鲁斯特、川端康成，特别是拉美魔幻现实主义，马尔克斯、博尔赫斯、略萨等，甚至现代派、后现代主义，如法国的荒诞派戏剧、美国的黑色幽默等。袁可嘉编选的《外国现代派作品选》几乎是当时中国作家案头的必备读物。此外还有新马克思主义、弗洛伊德的精神分析学、萨特和海德格尔的存在主义、荣格的集体无意识理论、女权主义，以及关于现代化和反思传统的论争等等。所有这些汇集在一起，对中国作家、批评家都产生了非常大的影响。因此，80年代中期出现了以"寻根派"和"现代派"为表征的"85新潮"，在文学上直接回应了拉美魔幻现实主义和欧美现代派，后者主要是针对荒诞派和黑色幽默。

欧美现代派的经验在徐星和刘索拉的小说中昙花一现，落地生根转化为中国文学经验的，还是拉美魔幻现实主义。拉美魔幻现实主义给中国作家一个很大的启示，这个启示就在于书写乡村、传统、历史，书写民族古老绵延的生活，这种文学可以是先进的、进步的，乃至于是最优秀的。这就在于加西亚·马尔克斯1982年获得诺贝尔文学奖，给中国作家一个很大的震动。所以，以"85新潮"为又一次探索标志，出现了莫言、马原，回到中国本土最为朴实甚至最为原初的生活，去寻求中国文学坚实的大地。莫言把握的生活是从"我爷爷""我奶奶"亲历生活开始，进而去把握民族的现代史。马原则是试图把异域的藏地生活作为更为原初的生活来处理（例如《冈底斯的诱惑》《虚构》）。他们都以不同的方式来把握中国人生命的质朴性和本真性，把文学和生命原初的激情直接呈现出来。莫言甚至激活了"红色经典"，他让文学可以面对我们民族历史的方方面面，他让现代主义的文学经验从民族生活的内里迸发出来。马原则把原初的陌生的异域生活拆分到变化不定的现代派方法里去，他试图用外在的方法来包裹那种原初的生命经验。

在莫言和马原的背后出现了一批先锋派作家，他们在艺术形式上有更深入的探索，或者说更纯粹的探索。苏童、余华、格非、孙甘露、北村、吕新等作家，他们把文学的叙述、语言、感觉和个人的独特体验推到了极致，去表现生活世界中那些陌生化的、不确定的、多变的经验，他们以全新的语言建立起小说世界，那是精细、微妙、迷幻般的语言，其蓄势待发的迟疑状态完全是为了寻求切入事相的准确通道，这使他们的小说叙述产生了语言的飘忽性和弥漫性，倾向于建立一种"元小说"的体系。他们甚至经常用抒情性来掩饰悲剧性以及关于生命正义的错位,这一点的始作俑者当推莫言在《红高粱家族》里处理的经验。当然,90年代之后,先锋派逐渐转向了生活现实,进而回到了生活的事实性,他们的语言经验和叙述经验也在当代文学中获得了更为广泛的传播和接受。

先锋派的探索是值得重视的,他们把莫言和马原的经验推到一个新的阶段,就是文学凭借叙述本身、凭借语言就能成为一部作品,它并不取决于表现对象、表现内容是否重大,它把"我的叙述"放到了首要的位置,这在汉语文学中是从来没有的,现代以来的中国文学也是没有的。它标志着文学回到文学本体,回到文学中的语言本身,它表明文学有可能成为一个自足的世界。

苏童的《罂粟之家》把历史包裹在典雅精致的语言里,阶级矛盾与生命的欲求被混淆在一起难解难分,总有那么多的抒情性意味从不可直视的悲剧场面里流露出来。余华的叙述则把人的感觉推到了极致,他极耐心地捕捉在那么一种瞬间,人对这个世界的奇特的感知方式,外部世界存在的微妙变化在人的心里产生的陌生感,令人不可思议。格非总能把握住生命经验中关键事实性的可疑处,它们既不可辨认,又无法面对。这些关键的环节都是致命的,都能导致生活崩溃,他的《迷舟》《褐色鸟群》《风琴》就是如此。孙甘露的语言源源不断地涌溢而出,它像是一种宣告,又像是一种断言,汉语小说在艺术形式上从此获得了最大可能的解放。

当然,我们今天梳理历史,尤其需要看到70年代后期萌动起来的"朦胧诗",它在诗的思想方式和语言方式、诗与时代的关系、重新认识抒情主体的自我等一系列问题上,是新时期文学最初的探索者。它一直站在时代的前列,后来则站到了时代的边缘。但"先锋派"小说得益于"朦胧诗"开辟的前提和打下的基础,它们殊途同归,后来又分道扬镳,则是不争的事实。

很显然,在新诗领域,形式变革的探索同样激烈。所谓"朦胧诗"实际上是中国新诗始终具有的历史感与现代主义诗歌表现力的结合。例如80年代的芒克、多多、北岛、杨炼等人,90年代的海子、西川、欧阳江河、韩东、张枣、臧棣、于坚、翟永明等人。当然,同时期在现实主义的艺术规范下创作的作家,也在拓展现实主义的道路。虽然不一定充满了艺术形式变革的冲击力,但在文学常规性的展开方面,也是在以个性风格的形式,探索文学表现手法的更多可能性,如王蒙、汪曾祺、贾平凹、王安忆、铁凝等作家。个人风格的独异性探索,实则是文学最有价值的积极探索。它无关乎"主义"、潮流和流派,却拓宽了文学的道路,提升了文学的艺术水准,成就了优秀的作家和作品。

三、90 年代以来乡土中国叙事融合的多样性的艺术经验

90 年代以来,中国的乡土叙事经历了长足的发展,展现出很高的成就。放在现代以来的世界文学格局中,没有任何一个民族、国家的文学,这么有力地去表现一个伟大的农业文明最后的时光,即中国农业文明进入现代的激烈、惨痛、顽强的剧变历史。例如陈忠实的《白鹿原》、莫言的《檀香刑》《丰乳肥臀》《生死疲劳》、贾平凹的《古炉》《老生》、张炜的《古船》《家族》、阿来的《尘埃落定》《机村史诗》、铁凝的《笨花》、王安忆的《天香》、刘震云的《一句顶一万句》、格非的《望春风》等作品。很显然,90 年代以来有分量的讲述乡村或传统中国进入现代历史变迁的作品何止上百部!

当然,像《白鹿原》这种作品,还是在现实主义的开放体系里拓宽掘深的。陈忠实不只是把意识到的历史内容与情节和细节的丰富性结合,在人物的塑造、性格及心理的刻画等方面都标志着中国现实主义小说所达到的高度。他对 20 世纪中国历史的反思和富有力度的表现,对中国传统文化的明确肯定,对乡村自然人伦风习的展现以及对乡村自然史的体悟,都使《白鹿原》有一种沉着大气的魅力。很显然,在陈忠实这里,来自欧洲 19 世纪现实主义的创作方法已经自然而然地融进了中国本土经验,使乡土中国叙事具有本色和原色的意味。

又有另一番景象的乡土叙事在贾平凹的作品里呈现出多样化并富有变化的形态。少有人能像贾平凹这样富有旺盛的创造力,他迄今为止创作了 18 部长篇小说,并力求每部作品都有变化和新的主题。一方面是持续地书写他的西北乡村,另一方面又寻求主题、语言和叙述的变化。每一次写作对于他来说都是一次痛楚的脱胎换骨,虽然未必真的能七十二变,但他越写到后来,下笔仿佛越困难,每次都要立誓,或伏案而泣,或到祖坟上点灯磕拜。他的语言从明清到唐宋,由先秦到汉魏。贾平凹也越写越土、越写越狠,也越发古拙本色,这是地道的中国原色了,但是又分明可以与俄苏文学和拉美的某些作家等量齐观。贾平凹同时在现实与历史两条道上拓进,前者越拓越利,后者越拓越深。前者从《浮躁》到《废都》《高兴》,再到《带灯》《极花》。贾平凹写现实,注重人与现实的矛盾,开始他相信人能改变环境,80 年代的金狗是乐观自信的,虽然他失败了,但还是一个自我奋斗的农村有为青年。新世

纪的带灯怀着改变农村的理想奉献于基层工作,美丽的她如萤火虫一样发着微光,但还是无能为力。小说在轻灵中透着痛楚,如何改变乡村?乡村如何走向现代?《极花》则是更加无望地承认了现实,贫困和缺乏教育是乡村的痼疾。虽然小说的悲观力透纸背,但留下的现实问题却是清楚锐利的。我想"精准扶贫"无疑让贾平凹看到了希望。贾平凹的历史之书从《古炉》到《老生》再到《山本》,大有起底历史之势,而这个"起底"却也是不断退到历史深处去。《古炉》想着中国现代性源起的那些命题,想和鲁迅对话,那个夜霸槽与阿Q截然不同,却又殊途同归,这正是鲁迅现代性方案的另一种提问,或许更为复杂和尖锐。现代的方案解决不了历史沉积的深度问题,贾平凹却转而求解自然之道,虽然归于虚空,但却是中国传统由来已久的解答。天道人心,道法自然,或许中国文学对社会历史的解释,终究归于古老的"一"。固然,作家一思考,上帝就要发笑,即使托尔斯泰思考,上帝也要笑。但列宁就没有笑托尔斯泰,他重视了托尔斯泰的想法,并且将其视为历史的一面镜子。

汉语文学有如此本土本色的作品把现实主义拓宽,秦兆阳当年期待的"现实主义的广阔道路",可以说是在相当程度上实现了。汉语文学在乡土叙事这一脉上脚踏实地,握住了中华民族的命脉,写出了深度和力道。莫言和刘震云的创作同样是本土本色的乡村叙事,何以又有那么丰富的世界文学经验?甚至还包含现代主义的经验?理论的较真命题不是说乡土中国叙事不可能包含现代主义经验,越是乡土本色的作品,越可能蕴含有张力的现代主义要素。

莫言早年的作品《红高粱家族》写成于现代主义氛围浓烈的80年代中期,那时莫言受到马尔克斯和卡夫卡的影响,他原本立足的现实主义加进了丰富的现代主义元素,例如,强调"我"的叙述、绚丽的感官体验、叙述时间的自由折叠、抒情性的修辞替代悲剧感……所有这些,当然也不是纯正的现代主义,相反却是异类的被中国现实主义的开放性所修改的混杂的新型叙事。到了《酒国》,莫言的叙事更加自由,自然中却有一种放任的奇异。因而莫言会称它为"我的刁蛮的小情人",《酒国》预示着莫言的小说脚踏中国的土地而能出神入化。随后的"现代三部曲"《檀香刑》《丰乳肥臀》《生死疲劳》,把出版时间顺序调整一下,就可以看成是对20世纪中国历史的长时段的表现。《檀香刑》视角独特,清王朝最后一个刽子手赵甲放下屠刀告老还乡又被逼迫重操旧业,要向领头闹事的他的亲家孙丙动用"檀香刑",故事的结果是孙丙的女儿眉娘手刃了她的公爹赵甲。这是什么样的故事？小说开篇就把故事结局告诉读者，这是何等自信的叙述？因为内里隐藏着现代中国源起的诸多矛盾：清王朝的腐朽、封建司法制度的荒谬、传统文官体系的崩溃、戊戌变法的失败、袁世凯现代军阀的崛起、帝国主义列强的欺凌、人民的英勇奋起与失败等等，一部哀怨激愤的现代戏曲徐徐拉开大幕，一页一页翻过去，无不是步步惊心、山崩地裂。小说真正的奇观性不是那些令人眼花缭乱的刑法，而是现代中国从封建帝国中走出来要历经千辛万苦，也仿佛是要历经一次"檀香刑"。

至于《丰乳肥臀》这部莫言多次表白要题献给天下母亲的书，其对20世纪苦难的书写，一点也不亚于《檀香刑》。莫言要写出女性/母亲如何担当起生存的重任，在乡村中国进入现代的历史进程中，传统的困境、帝国主义的压迫蹂躏，如此多的灾难的重负堆放在乡村女人的肩膀上。小说的开篇显示出莫言下手狠重的一贯特点，在开篇30多页的篇幅里容纳了相当丰富的内容。在焦灼不安的氛围里，一个家庭、一个村庄、一个民族的命运徐徐展开，突然间灾难降临。上官福禄家的母驴难产，全家人都围着这头驴团团转。与此同时，上官家的媳妇上官鲁氏要生产，这个已经生了7个女孩的母亲，不再有人相信她能生出男孩，家里没有人管这个在炕上难产的产妇。直至母驴的难产解决了，上官吕氏才腾出手来解决上官鲁氏的难产问题。而且荒唐的是，他们居然就让给母驴接生的樊三去为上官鲁氏接生。樊三实在不行，只好去请来她的仇人孙三姑。在这个关头，日本鬼子打进村庄，生与死在这样的时刻一起出场。

上官鲁氏最终生有8个女儿1个儿子，这一群女儿们个个泼辣，多半继承了母亲敢作敢为的性格，她们与丈夫共同进退。在兵荒马乱、灾难频仍的20世纪，这些女儿们无不成为战争灾难的牺牲品。上官鲁氏惟一的儿子取名上官金童，他在这个世界上仿佛是外来者。但是，他却孝顺，惟有他给95岁的老母亲送终，亲手安葬了上官鲁氏。在那个谬误的年代，上官金童表达了他人生惟一一次不甘屈服的反抗，维护了他和老母亲的尊严。

在乡村大地遭受侵略者烧杀的年月里，一个母亲带着8个女儿和1个儿子要生存下去，这是何等艰苦卓绝的事情。莫言的构思堪称大气，不只是母亲的坚强博大，8个女儿展开了广阔的生活画卷，把社会的方方面面压缩到这个家庭，让动乱不安的20世纪上半叶通过这个家庭的命运得到更加全面的展示。年轻的女儿们率性而行,在灾难深重的历史背景下呈现出一道道令人炫目的亮丽风景。莫言描写历史灾难却能举重若轻,这是他匠心独运的结果。在这个意义上,莫言书写的主题,可以说是一部中国现代史诗。小说的深刻之处在于,把个体生命置入沉重的历史之中,个体生命被历史的大小事件所瓦解,而生命和活下去的勇气又是何其可贵。生长于20世纪的中国人,个人的命运和民族的命运紧紧地捆绑在一起,也正因此,莫言有相当长一段时期,总是要在强大的历史冲突中表现人物命运,从而写出中国民族倔强的生存史。

莫言讲的是历史大故事,他总能建立起独特的叙述视角和叙述语感,即使是写人们熟知的20世纪的往事,莫言也要找到进入历史的独特方式,特别是人物和历史博弈的独特语言形式。莫言小说在艺术上最突出的特点就是在叙述中贯穿游戏精神:它在饱满的热情中包含着恶作剧的快感,在荒诞中尽享戏谑与幽默的狂欢,在虚无里透示着无尽的悲剧忧思。

2006年莫言出版《生死疲劳》,全部叙事通过一个地主投胎变为动物来表现20世纪中叶的当代历史。小说戏仿历史编年的叙事,采取了动物变形记的形式,不能不说是一次颇有探索意味的构思。西门闹的投胎总是一错再错,这是他的命运。但他作为动物总是十分倔强,甚至昂扬雄健,摆脱了他做人的悲剧,他仿佛在动物中活过来了。莫言尝试用象征和拟人的手法去书写历史中人的关系,人的关系在人与动物的关系中获得重塑的机会。例如蓝脸与西门闹的关系,他(它)们要作为人与动物重建一种友爱,重建感恩的逻辑。传统在时代的斗争中以某种可能性在延续,莫言反而写出了人其实有可能在任何重负下都保持善良和忠厚。

不管莫言如何戏谑,如何热衷于以玩闹的形式来处理历史,他的世界观和历史观始终是清醒的,始终把握着历史正义与人性正义这根主线。或许也正是因为莫言意识到这种坚持的困难,他需要以戏谑、反讽以及语言的洪流来包裹他的隐喻意义。他既抓住历史中的痛楚,又以他独有的话语形式加以表现,甚至不惜把自己变得怪模怪样。而历史只是在话语中闪现它的身影,那个身影是被话语的风格重新刻画过的幽灵般的存在。

莫言小说叙事的表现手法最突出的特征体现在魔幻现实主义方面。他的魔幻现实主义固然受到拉美魔幻现实主义的影响,但是同时也受到生长其中的齐鲁文化、民间戏曲,特别是蒲松龄的《聊斋志异》的影响。2012年,瑞典文学院在诺贝尔文学奖的颁奖词中这样评价莫言："将魔幻现实主义与民间故事、历史与当代社会融合在一起。"而早在 2006 年莫言《生死疲劳》新书发布会上,我就做出了相似的判断:"过去,我们写魔幻,一直是在西方的荫蔽下,并没有把魔幻真正融进我们中国的文化、中国的本土,并没有融进我们的世界观。莫言在这部小说中,把魔幻和中国本土观念和文化、中国历史本身、老百姓的日常生活态度和我们的世界观融在一起,把这些全部融入了我们历史本身。"

莫言的魔幻之所以发挥得自然而恰当,与他的小说经常采取孩子和傻子的视点有关,这一点最早是受到福克纳的影响。威廉·福克纳的小说不只是有傻子的视点,还有南方小说特有的乖戾、荒诞和阴郁。但是哥特式的神秘被莫言转化为率真和荒诞,去除了宗教的圣灵之说和形而上的玄奥恐怖,增添了现实的反讽力量。孩子有一种无知的天真,傻子则有无畏的荒诞,莫言看到的经常就是一个天真荒诞的世界,这是莫言小说独具的魅力,拓展了我们正常逻辑和经验不能抵达的世界,也由此展现给人们另一侧的世界面向。莫言本来就爱写小孩,如《透明的红萝卜》等作品。《红高粱家族》中也有孩子视点的意味,《檀香刑》中那个赵小甲经常充当叙述人,正是他通过一根毛发看到周围那些强势人物的动物前身。《丰乳肥臀》中经常写到上官金童,这也充当了一个隐蔽的视点。《生死疲劳》是动物的视点和长不大的孩童蓝千岁的视点,动物视点是一种类似傻子的视点,可以看到世界更加朴实的"本来面目"。

莫言的小说语言极具个性,放任而淋漓尽致,幽默而绵里藏针,东拉西扯而皆成妙趣。归根结底,莫言在语言上的做法与他的叙述观念和叙述方法相关,他就是要越出既往的小说常规,打开汉语小说叙述的疆域,故而在语言上不加节制,甚至有意冒犯。这是否是在另辟一条汉语小说的道路? 我们也不得不承认,在莫言的笔下,汉语小说因此获得解放的意义。更具体地说,自从《红高粱家族》起,他的小说艺术的根本特质在于创造了一种"解放性的修辞叙述"。之所以说"解放性"而不是说开放性,是因为开放性只是一种叙述行为,或者只是文学话语的一种表现形式。"解放性"则意味着对汉语言文学在本性上和方向上的开启,意味着对旧有规则的突破,对加诸其本体上的界线的僭越。修辞性叙述并不追求整体性,可以有局部的自由,叙述被交付给语言,语言自身可以形成一种修辞的美感或快感,甚至可以用这种美感和快感来推动叙述,使叙述获得自由的、开放的其至任性的动力。

2009年,莫言出版《蛙》,获得第八届茅盾文学奖。这部小说看上去简单平实,内里也隐含了多重变化和转折拼合的张力,显示出莫言艺术追求的另一面向。自2012年获得诺贝尔文学奖以来,莫言平静地思考了数年,2017年开始在《收获》《十月》《人民文学》等杂志上陆续发表新作,包括短篇小说《故乡人事》《左镰》《等待摩西》《一斗阁笔记》《天下太平》,戏剧剧本《高粱酒》、戏曲剧本《锦衣》、诗歌《高速公路上的外星人》《雨中漫步的猛虎》《七星曜我》。莫言的近作与其说不露锋芒,不如说更加内敛节制,但力道还是在那里。他能以他特有的方式、特有的真实态度,说出中国乡村的故事。德国作家瓦尔泽说:"任何人要想谈论中国,都应该先去读莫言的书。"这话固然首先是对西方人说的,但我以为莫言对乡村的书写有一种刻骨的真实。整体上来看,莫言的作品打开了一幅20世纪中国历史的长篇画卷,他笔下的人物个性鲜明独特,他的叙述率性而为、汪洋恣肆、恃才挥洒。诺贝尔文学奖颁奖委员会对他的评价有言:"中国以及世界何曾被如此史诗般的春潮席卷?"现在,史诗的狂潮或许已经退去,但他的文学精神和力道还在那里。他回归故里,直击本心,尽显本色。

2009年,刘震云出版《一句顶一万句》,小说分为《出延津记》与《回延津记》上下两部。上部讲述20世纪初叶河南延津老杨家的故事,由此牵扯出相关的各色人物。一个15岁的少年杨百顺,为了看罗长礼喊丧,把家里的羊弄丢了,从此离家出走四处打工,他的经历可以用改名来概括,从杨百顺改成了杨摩西,再改成吴摩西,最后改成他从小崇拜的喊丧的人罗长礼,他只好一路走出延津。下部讲述以吴摩西丢失的养女巧玲的儿子牛爱国为主线的故事,这里面同样是朋友之间寻求至诚的友情却终至于误解,而非法之恋却能有话说,相谈甚欢。牛爱国为了寻找与人私奔的老婆,一路走向延津,回到他母亲的故乡。小说时间涵盖近百年,虽然没有明写历史大事件,也没有惯常有的暴力冲突,但通过三代人的"出走"和"寻找"的演绎,百年历史的回声萦绕字里行间。

《一句顶一万句》看上去乡土味十足,完全是地道的乡村小说,都是农村的三教九流,并没有剧烈的社会矛盾和家族冲突,只是个人或私人的瓜葛,尤其是亲人、朋友、邻里之间的恩恩怨怨,其核心是找朋友说掏心窝子的话的困难,一些琐碎的家长里短,小说牵扯着一个故事又一个故事,结果扯成死结。

如此土得掉渣的小说却关涉到孤独、说话、交流、友爱、家庭伦理、背叛与复仇等现代(后现代)主题,甚至可以说,小说重写了乡土中国的现代性源起的经验。如此极具中国传统和民间特点的小说,却可以在艺术手法上也包含诸多的现代、后现代小说的经验,自然本色不留痕迹,显示了刘震云小说艺术所达到的境界。

确实,70年来的中国文学,始终不渝地探索着中国文学的新的道路。因为剧烈变革的历史进程,文学成为历史变革的重要精神力量,本身必然标示出历史阶段性的深刻改变。这样的变革有两种不同的形式:一种是在政治实践推动下的社会主义革命文学的创造,它一直试图使文学最为广泛和有效地参与到政治实践中去,能为政治实践创造一套情感和形象体系。另一种是在文学审美意识引导下的文学本体性的建构,它一直要把文学作为一套美学化的表意体系。因为中国文学与民族国家和社会历史的密切联系,我们评价一个时期的文学的特点和意义时,有必要充分考虑历史条件。人们只能在既定的历史条件下创造历史,我们评价文学同样离不开特定的历史条件。回顾历史,我们依然要实事求是地看待历史。这两方面实际上有可能并行不悖,也可以相互渗透乃至融合。但在历史实践中却被割裂和对立起来,也在相当程度上使中国文学走了弯路。总结历史并不只是为了告别,也不是为了享有历史的荣光,而是更清醒地看到当今的难题、机遇和挑战:如何在强大的历史理性抱负的引导下展开文学美学上的创造,依然是中国文学未竟的任务。中国文学如何完成自身的道路探索,如何与世界优秀文学保持富有活力的对话,也同样要做长期的努力。当下要有新的一批成大气候的作家酿就中国文学更加丰富的内涵和多样的形式,当是一个更为艰巨的使命。总之,新中国文学70年,始终保持探索初心,这就是它能栉风沐雨,砥砺前行的精神动力。

第四节　新时期文学理论的范式演变与体系建构 ①

每一个文学理论范式都在一段时间里为学术共同体提供了典型的问题意识、提问方式以及知识生产的可能性条件。范式嬗变常常同时也意味着知

---

① 作者陶东风,广州大学文学院教授,中国中外文艺理论学会副会长、中国文艺理论学会副会长。本文原载《文艺研究》2019年第11期。

识体系的更新。这种演变和更新是在学术与社会的互动语境中获得动力并向前推进的,并通过自己特有的方式典型地回应了当时的社会文化形势。因此,对它的考察必然是一种知识社会学意义上的反思行为,其核心是布迪厄所说的对学术场域与社会空间之关系的把握,它能够使范式演变和知识体系更新成为一种有意识的学术实践。进入新世纪之后,中国文学理论界的自觉反思意识有了极大提高,这意味着中国文学理论知识体系的更新必将进入一个新的历史时期。

新时期文学和文学理论已经走过了整整四十年的历程,与这四十年基本同步的,是我个人的文学理论探索。① 时间上的同步性多少在两者之间形成了一种微妙的共振与互动。如果我们把文学理论发展史的书写也视作特殊意义上的故事讲述,那么,在这个由学术共同体集体讲述的大故事里面,也可以听到我个人的声音,从我自己非常个人化的视角进行回顾,能够从一个侧面丰富中国新时期文艺学的历史书写。

一、暧昧的"向内转"

新时期中国文学理论发端于 1978 年前后开始的"为文艺正名",这是中国社会文化大转型中一系列"正名"("拨乱反正")行为的一部分。"正名"的核心是否定过去对文艺的"工具论"定位(文艺是阶级斗争的工具;文艺从属于政治),强调文艺首先是艺术,然后才是其他。1979 年 10 月 30 日,第四次文学艺术工作者代表大会在北京召开。文代会的召开是当时思想解放运动的一部分,是 1978 年年底的十一届三中全会精神在文艺领域的落实和体现。1980 年 7 月 26 日,《人民日报》发表社论《文艺为人民服务,为社会主义服务》,正式提出文艺的"二为"方向,以代替文艺"为政治服务""为工农兵服务"。考虑到"文革"时期"工具论"文学理论给文坛造成的深重灾难,新时期文学理论的这种自主—自律性转向具有历史的合理性。与多数学者的理解稍有不同的是,笔者认为,当时的文艺自主性和自律性思潮并不只是表现为文艺的语言 / 形式 / 符号属性排他性地独占了文艺的所谓"本体"地位,它同时是、甚至更是对文艺的精神 / 心理 / 心灵属性的强调,后者才更符

---

① 笔者于 1978 年上大学,正值新时期伊始;真正开始学术研究则在 80 年代初,特别是 1985 年到北京师范大学读研究生以后。

合新时期主导性的人道主义知识—话语型,它们共同组成了新时期文学理论的所谓"向内转"思潮。于是,以探索文艺活动之心灵—精神奥秘为核心的文艺心理学与各种关注文学的语言和形式的形式主义文论(文体论),成为当时文学理论辞旧创新的"双轮驱动"。必须注意的是:这两个轮子也只是在当时中国的特殊语境中才会携手共进,缺少这样的语境,它们不但未见得能成双配对,甚至可能相互拆台(比如被新时期文学理论纳入"内在研究"的西方结构主义,就有强烈的反人道主义倾向)。

在"向内转"的口号喊得最响的 1985 年,我进入北京师范大学开始攻读文学理论研究生。当时,以我的导师童庆炳教授为核心的北师大文学理论学科,同样深受"向内转"思潮的影响。童先生给我们开设的两门主要课程,就是文艺心理学与文体学(各种形式的形式主义文论)。我们一群研究生参与的第一个项目就是他主持的一个心理美学方面的国家社会科学基金项目,成果则是他主编的"心理美学丛书"(百花文艺出版社 1992 年出版,我的《中国古代心理美学六论》是其中一本)。在这个项目完成后,我们又开始集中精力关注各种形式主义文论,包括俄国形式主义、新批评、结构主义、符号学等,阅读了索绪尔的《普通语言学教程》、韦勒克的《文学理论》、苏珊·朗格的《艺术问题》等著作。90 年代初,童庆炳教授主编了一套"文体学丛书",可以视作是这方面研究成果的总结。

在文体学研究中,西方的形式主义、新批评和叙事学等都采取了索绪尔开创的共时研究法,这种倾向很大程度上也主导了国内文体学研究,使其往往集中于对文体的共时性考察,强调文体的结构/内部特点,而相对不关注其演变规律及其背后的社会文化制约因素。我本人的文体学研究中却引入了历史意识与历时维度①,尝试把历史/历时视角引入共时研究,成果就是发表于《文艺研究》1992 年第 5 期的《历时文体学:对象与方法》。在此基础上,我撰写了《文体演变及其文化意味》(云南人民出版社 1994 年初版,2000年再版),这是童庆炳教授主编的"文体学丛书"中唯一从文化学视野和历时

---

① 笔者在 80 年代末就关注过文学史书写问题,陆续发表了一些论文,包括《历史,从将来向我们走来》(载《文艺研究》1989 年第 3 期)、《文学史研究主体的角色结构》(载《文学评论家》1990 年第 1 期)、《文学史:走出自律与他律的双重困境》(载《文学评论》1990 年第 3 期)、《文学史哲学:性质,对象与意义》(载《学术研究》1992 年第 4 期)等。在这些论文的基础上,笔者还出版了《文学史哲学》(河南人民出版社 1994 年版),这是笔者的第二本学术专著。

性角度探讨文体演变规律的著作。我试图说明：文体不仅仅是一套封闭的叙事范式和语言结构，它同时也与社会文化和意识形态共振，从而文体演变的深层原因仍然必须到社会文化中去寻找。

这说明，新时期初期中国文学理论的自主性、向内转倾向，具有不同于西方的语境、动力与内涵，并不简单的是一个形式主义命题。更准确说它是一个主体论或人道主义文学理论的命题（主体论和人道主义是 80 年代的主导话语，不仅支配文学而且支配了其他人文和社会科学研究）。一般认为，"向内转"的说法肇始于鲁枢元发表在 1986 年 10 月 18 日《文艺报》上的《论新时期文学的"向内转"》一文。实际上，它只是当时主体性思潮的一个组成部分，其源头也可以追溯得更早。比如，刘再复在 1985 年 7 月 8 日《文汇报》发表了广有影响的文章《文学研究应以人为研究中心》，批评了过去文学理论的"机械唯物主义"和"客体绝对化"倾向，指出要构筑一个"以人为思维中心的文学理论和文学史的研究系统"，应该"把人作为文学的主人翁来思考，或者说，把主体作为中心来思考"。在这样一个总视野下，文章概括了当时文艺界的四种趋势，其中第一种即"研究重心从文学的外部规律转到内部规律"。可见，"内部规律"或"向内转"在此被纳入了刘再复的主体性 / 人道主义文学理论话语型，并非那么"纯粹"、单一地专注于语言形式。差不多与此同时，刘再复还发表了同样影响极大的《文学研究思维空间的拓展》。文章描述了 80 年代初期文学研究的"转机"，其中第一条就是"研究重心从文学的外部规律转到内部规律"，这个表述与其《文学研究应以人为研究中心》完全相同。据此，我认为，刘再复对于"内部规律"的强调，不是一个孤立的形式主义命题。

刘再复的文章引起了评论家和作家相当普遍的共鸣，以至于形成了关于文学主体性（文学的"审美本质""内部规律"只是其中的一个子命题）的讨论热潮。在这样的背景下，鲁枢元发表了他的《论新时期文学的"向内转"》一文。这篇文章虽然被认为最先正式提出了"向内转"的命题，但它应该被视作是对当时整个文艺思潮的一个并非十分准确的概括，只是更突出了"向内转"的心理维度。相比于西方形式主义理论，鲁枢元的"向内转"成分更为繁复芜杂，它不只是突出了语言结构的自律性，更高扬一种人的主观精神，更强调从客观世界转向心理 / 精神世界。这种强调，一方面有抵抗以往那种政治化的庸俗唯物主义的意味，另一方面也分享了西方现代主义文艺对技术主义的抵制（而当时思想界的主流却是呼唤技术现代化）。也就是说，在当时自主性的倡导者看来，所谓文学的"内在本质"并不如欧美新批评或形式主义者所理解的那样，只存在于文学语法中，而更存在于人的心理世界、情感世界中。这不仅与当时的主体性文艺学，而且与当时的主体性哲学思潮在整体思维方式上是一致的，因为后者的突出特征正是弘扬人的精神主体性。

这样，文学艺术的自主性诉求就与中国特色的主体性与自由解放（主要指思想与精神层面）诉求内在勾连起来，审美与艺术活动的自由几乎被直接等同于心灵的自由，而心灵的自由即是当时多数人理解的一般意义上的自由。这就毫不奇怪，与形式主义、新批评等把情感（无论是作家的还是读者的）等心理因素排除在外、严格限制在语言的层面上谈论文学的"内部规律"不同，80年代中国文艺学界的主流不但不把情感、心灵等心理因素与文学的本体性对立起来，而且认定回归情感正是回归文学本身的标志。在回顾性文章《文学的内向性——我对"新时期文学'向内转'讨论"的反省》（《中州学刊》1997年第5期）中，鲁枢元针对一些学者对于"向内转"内涵不确的质疑，特别强调"向内转"是"对多年来极'左'文艺路线的一次反拨"，"中国当代文学的'向内转'显示出与西方19世纪以来现代派文学运动流向的一致性，为从心理学角度探讨文学艺术的奥秘提供了必要性与可行性"。这个描述进一步证明其所谓的"内"与西方"内部批评"之"内"在含义上的差异，后者作为语言论转向之后出现的文论思潮，强调的是文学作品的语言属性，它所针对的"外部"本身就包括心理／情感，它所批评的两大"外部批评"的弊端之一恰好就是所谓"感受谬误"。这是一个值得注意的错位现象。

二、中国语境中的"后学"与现代性反思

1992年后，随着经济和文化领域市场化、商业化大潮的兴起，大众文化及其体现的消费主义价值观开始大规模流行，改革开放和世俗化转型也发生了重心偏移。与此同时，全球化加深、加快了中国和西方的交流，西方以后现代、后殖民主义为代表的各种理论走马灯般轮番造访中国。所有这些都促使了文化问题的凸显：如何认识文化、文艺与市场的关系？如何认识市场经济和全球化条件下的大众文化与消费主义？知识分子在后启蒙、市场化、全球化时代何为？市场经济是否导致了人文精神的失落？如此等等。

随大众文化一道兴起的首先是1992年前后的后现代主义思潮。其出现

的原因虽然很庞杂,但中国本土消费主义、大众文化的刺激尤为重要。证据之一是:虽然"后现代"概念在 80 年代初中期就已经介绍到中国,但却没有引起重大反响[①]。第一部引起中国文艺界乃至整个思想文化界强烈兴趣的后现代著作,是 80 年代末出版、90 年代初风行一时的杰姆逊的《后现代主义与文化理论》[②]。这本书中所列举的晚期资本主义——后现代主义的别名——的文化特征,比如平面感、深度消失、批量复制等等,对急需一种新理论、新话语来描述中国大众文化的学者而言,来得恰逢其时[③]。

　　1992 年年底,《文艺研究》组织了一组相关文章率先讨论后现代主义,[④]其中也有我的《后现代主义与中国传统文化》一文。当时谈论后现代主义的学者大致分为两类:一类是介绍和运用西方文论的学者,比如王宁、刘象愚等;另一类是研究中国当代先锋文学的学者,比如陈晓明、张颐武等。我则比较关注中国当代文化建设与后现代主义的关系,或者说,后现代思潮给当代市场化、消费化时代的中国文化价值建构带来哪些启示和挑战。因此,当我进入后现代问题域时,我的着眼点是中国本土语境中的后现代主义。我的这篇文章从文化价值类型学(而不是文化发展阶段)角度探讨西方后现代与中国古代老庄思想在精神类型、价值取向方面的一致性、相似性。从价值取向上看,后现代主义作为一种崇尚多元主义与相对主义的文化思潮,它的力量与局限、积极性与消极性不可分离地纠缠在一起,是一把双刃剑。一方面,致力于解构"绝对真理"和偶像权威的后现代主义有助于破除迷信、解放思

---

① 文学界最早将"后现代"这一概念引入的是董鼎山。1980 年,董鼎山在《读书》第 12 期上发表《所谓"后现代派"小说》一文,向人们介绍了"后现代派"小说。1982 年,袁可嘉在《国外社会科学》第 11 期上发表《关于"后现代主义"思潮》一文,对这一思潮进行了较为全面的介绍。

② 杰姆逊《后现代主义与文化理论》原为作者在北大的演讲稿,1986 年由陕西师范大学出版社出版,唐小兵译。1987、1997、2005 年连续再版三次。

③ 杰姆逊的著作出版后,紧接着又有三本译著对后现代主义在中国的传播起了推波助澜的作用,它们分别是佛克马、伯顿斯编,王宁等译的《走向后现代主义》(北京大学出版社 1991 年版);王岳川、尚水编译的《后现代主义文化与美学》(北京大学出版社 1992 年版),以及哈山(即哈桑)著、刘象愚译的《后现代的转向:后现代理论与文化论文集》(台北时报文化出版企业公司 1993 年版)。几乎同时,《文艺争鸣》杂志、《文艺研究》杂志分别于 1992 年第 5 期、1993 年第 1 集中发表了关于后现代主义的笔谈,它标志着中国大陆人文学界,特别是文学界"后现代"热的兴起。

④ 这组文章发表于《文艺研究》1993 年第 1 期,参与者除笔者外,还有张颐武、王宁、陈晓明、王岳川等。

想,增进文化宽容,具有不可否定的批判意义;与此同时,也要警惕后现代主义内含的相对主义和虚无主义的危险性。可以和这篇文章参照阅读的是我的《后现代主义在中国》①一文,后者可视作前者的延展,关注的仍然是后现代主义在当下中国的适用性问题。除了继续强调后现代主义的两面性以外,此文特别强调的是:考虑到现代性价值,如科学、民主、理性、个人自由、人道主义、主体性等,在现实中还没有成为主流并有待制度化,因此,后现代对现代性的解构在中国就存在更大的危险,它在消解一元主义的同时也可能瓦解文化价值建构的基础与可能性,它的极端相对主义甚至可能发展为无原则的滑头玩世哲学。②

有意思的是,正是在后现代进入之后,现代性才随之成为反思对象。后现代主义要消解现代性,那么到底什么是现代性? 现代化和现代性的关系是什么? 现代性内部缺乏超越、克服工具理性的资源而非得借助于后现代主义吗? 带着这些疑问,我撰写了长篇论文《从呼唤现代化到反思现代性》③。如果说《后现代主义与中国传统文化》《后现代主义在中国》侧重观念层次的辨析,那么这篇文章则更侧重思想史的梳理,它把 20 世纪 70 年代末到 90 年代末的社会文化思潮演变宏观概括为从(80 代的)"呼唤现代化"到(90 年代的)"反思现代性"。在呼唤现代化的思潮中,"新启蒙"是一个关键词,它把现代与传统(常常被不恰当地等同于"封建")视作对立的两个范畴,并将它们的冲突等同于文明与野蛮的冲突。在此,"传统"既是古代传统,也是"文革"传统(在呼唤现代化的话语范式中,"文革"被认为是古代"封建"专制主义的延续),而新启蒙或现代化就是对此的超越,因此它是对"五四"的继承和发展。到 90 年代,随着后现代主义、后殖民主义的兴起,更由于民族主义和"新左派"思潮的兴起,呼唤现代化的思潮被反思现代性的思潮取代。尤其是后殖民主义思潮给中国文学研究界(也包括整个思想文化界)带来的振荡可谓巨大。它标志着"第三世界""西方霸权 / 中国本土"这套新的地缘政治思维和话语方式开始出现在文学批评、文化讨论和思想史的视野,并对以"现代化"为关键词的新启蒙话语形成尖锐挑战。有些人甚至直接将 20

① 陶东风:《后现代主义在中国》,《战略与管理》1995 年第 4 期。
② 关于后现代与中国语境问题,亦可参见张旭东《后现代主义与中国现代性》,载《读书》1999 年第 12 期。
③ 陶东风:《从呼唤现代化到反思现代性》,载《文艺研究》1999 年增刊号。

世纪中国的现代化等同于被殖民化和他者化，认为从"五四"到新时期的启蒙主义导致了中国文化自身认同的丧失；[①]或者把"国民性批判"指认为中国知识分子把西方传教士的观点内化为自我审视、自我批判的尺度，是一种内化了的或进口转内销的"东方主义"。

三、文化研究的本土化

在参与后现代、后殖民讨论的时候，我已经开始思考西方文化理论、文化研究在中国本土的适用性问题，包括相关的文化研究本土范式的建构问题。在 90 年代开始引入的西方文化理论中，特别受到青睐的是法兰克福学派的文化工业批判理论。随着讨论的逐步深入，我发现，在援引西方文化理论分析当代中国大众文化时，中国学界相当普遍地存在两个明显误区：第一个是把西方文化批判理论所总结的大众文化的特征，机械套用到中国本土的文化现象上，大谈中国大众文化的欺骗性（所谓"虚假满足"）、保守性（所谓"社会水泥"），商业化、模式化、产业化的生产模式，平面化、机械复制的文本特征以及感官刺激、娱乐消遣的接受效应，等等，而全然忽视了中国大众文化在本土语境中发挥的解构与颠覆主流文化的作用；与此相关，第二个误区是，当时大众文化的批判者（以"人文精神"的倡导者为代表）普遍移植了法兰克福学派的精英主义、审美主义立场，在理论预设上把文化视作一个超越、独立、具有永恒审美价值的自主领域，从美学角度而不是社会理论视野出发解读和评价大众文化，并以此为标准，把大众文化逐出文化领域。结果我们发现，对于中国大众文化的文本特点及文化价值的分析范式与评判标准，基本上与法兰克福学派的批判理论没有多少差异。

从 1995 年开始，我对文化研究的本土立场、本土范式的思考逐渐成熟。最先发表的这方面的文章是《批判理论与中国大众文化》[②]，而理论深化的成

---

① 参见张法、张颐武、王一川《从"现代性"到"中华性"》，载《文艺争鸣》1994 年第 2 期。还可参见张宽《萨伊德的东方主义与西方的汉学研究》，载《瞭望》1995 年第 27 期，张宽《欧美人眼中的"非我族类"》，载《读书》1993 年第 9 期。

② 首发于刘军宁主编：《经济民主和经济自由·公共论丛第三辑》，生活·读书·新知三联书店，1997。此后笔者又发表了《文化研究与中国国情》（载《天津社会科学》1998 年第 3 期），《批判理论的语境化与中国大众文化批评》（载《中国社会科学》2000 年第 6 期）等文。我的学术立场的这个转变受到了当时社会学界关于中国社会科学本土化讨论的影响，这个讨论主要由邓正来等社会学家发起。

果则是发表在《文艺研究》的几篇文章，①特别是《文化研究：西方话语与中国语境》。这些文章重点论述了"语境化"概念及语境化之于文化研究的重要性，指出"西方的文化研究理论与方法在进入中国以后，由于对不同的语境缺乏应有的反思与警醒，致使西方理论在中国本土产生了极大的错位与变形"。②以"人文精神"的倡导者为代表的对大众文化的大而无当的道德审判与审美批判，没有能够从中国大众文化的本土语境出发，把大众文化的出现放在中国社会的政治、经济、文化结构的历史性转型中来把握，肯定其必然性与进步性。文化研究的分析方法与价值取向应当是在特定的社会文化语境中历史地、具体地形成的。只有这样，才有希望对当代社会政治文化中变化着的复杂权力关系做出有学理性的分析与负责任的回应。

文化研究的语境化首先是一个普遍有效的命题，任何国家的文化研究都要扎根于其自身的语境，都必须在其产生与传播的语境中才能得到理解；其次，具体到中国，语境化还包括西方理论的中国化，必须在中国本土的历史传统与当代环境中把西方的文化理论再语境化，防止它成为一种似是而非的普遍主义话语，从而掩盖了真正的中国问题。

针对"人文精神"论者的精英主义和审美主义立场，我指出：把精英文化（特别是现代主义文学艺术）的价值标准（比如价值观的非主流和反主流，艺术形式的独创性和陌生性等等）应用于大众文化是一种严重的错位（这或许与人文精神论者多为人文学者相关）。我在关于大众文化价值观的研究中援引了布迪厄、葛兰西等的理论，指出：大众文化作为"批量生产的文化"（布迪厄）更接近葛兰西所说的"大众哲学""民俗"，迎合大众的价值观和审美趣味是大众文化的天然本性，如果像要求精英文化那样要求大众文化传达非主流的激进价值观、追求以同行认可而非市场价值为导向的陌生化审美区隔，那无异于判处大众文化的死刑。③

在最近进行的关于改革开放初期流行歌曲的研究中，我把文化研究本土

---

① 包括《文化研究：西方话语与中国语境》（载《文艺研究》1998 年 3 期），《审美现代性：西方与中国》（载《文艺研究》2000 年第 2 期）以及《流行文化呼唤新的研究范式》（载《文艺研究》2001 年第 5 期。

② 《文化研究：西方话语与中国语境》，《文艺研究》1998 年 3 期。

③ 参见拙文《核心价值体系与大众文化的有机融合》，载《文艺研究》2012 年第 4 期。笔者在文章中还指出：适用于大众文化价值观的标准应该是公民底线道德，并指出中国本土大众文化价值观的混乱就体现在连这种最低的道德底线也没有守住。

化的努力推进到了更实证的层次,即通过邓丽君的个案,例示一种文化研究本土范式建构的具体方案。①邓丽君流行歌曲是在 20 世纪 70 年代末 80 年代初开始传播到中国大陆的,标志着新时期中国大陆大众文化的最初发生,在当时仍受革命文化支配的整个中国大陆引发了文化—心理地震。我通过大量的档案资料、访谈和回忆录,考察了以邓丽君流行歌曲为代表的港台大众文化在内地的传播方式、接受心理和政治文化效应,表明:在社会转型中,以邓丽君为代表的大众文化以其对私人情感和世俗生活的肯定,发挥了批判、启蒙、革命和解放的作用,从而提供了法兰克福文化工业批判理论之外的独特的大众文化经验。我们只有回到中国大众文化的发生现场,立足于大量的田野调查,才能发现这种特殊的大众文化经验,并对其社会文化功能做出合理的阐释。

四、文化研究与文艺学的对话

文化研究不但在西方,而且在中国的人文社会科学界产生了重大影响。由于我的专业是文学理论,在做文化研究时很自然地会和文艺学之间建立起一种对话关系,希望把文化研究的方法和视野、文化研究对文学的理解引入中国的文学理论研究,激发后者的自我反思和知识更新活力,并对当代中国文学理论的一系列既有命题(比如文学的政治性)进行重新阐释。可以说,90 年代以来文学理论学科的发展离开了文化研究的助力是不可想象的。

发表于 1998 年 6 月 4 日《文论报》的《80 年代中国文艺学美学主流话语反思》标志着我初步尝试用文化研究和知识社会学的立场和方法,对 20 世纪 80 年代确立的审美自主性话语——到了 90 年代,它差不多已经成为支配文学理论知识生产的主导话语形态——的社会历史条件(既包含历史必然性也包含历史局限性)进行了布迪厄意义上的反思分析。我的基本观点可以概括为:新时期文学自主性话语的非政治化诉求(向内转)本身就具有突

---

① 具体可参见拙文《回到发生现场与文化研究的本土化》,载《学术研究》2018 年第 5 期;《发生期中国大众文化的传播方式与接受心理——以邓丽君为个案的考察》,载《现代传播》2019 年第 3 期。

出的政治性（外部助力）①。

至 21 世纪初，我的反思开始聚焦大学文学理论教学。《大学文艺学的学科反思》（《文学评论》2001 年第 5 期）是这方面的代表性成果。文章从文化研究和布迪厄反思社会学中的建构主义立场出发，同时部分吸收后现代主义的反本质主义，以文学理论教科书为靶子，对大学文学理论的本质主义思维进行了反思，提出要把文学的本质问题从形而上学的、非历史化、去地方化的提问和思考方式中解放出来，转向对各种关于文学本质的言说进行社会历史分析——何人在何种条件下建构了何种关于文学"本质"的知识？这篇文章后来作为"导言"收入了我主编的教材《文学理论基本问题》，这本教材也被有些学者认定为是新世纪受后现代主义影响的三部有代表性的文学理论新教材之一②。

既然我们只能在自己所处的历史条件和文化语境中建构言说文学"本质"的方式（从而也就建构了它的历史性"本质"），那么，当下文学所处的社会文化环境又如何？相比于以前发生了哪些变化？为此，我很自然地开始关注 90 年代以后各种新出现的文艺活动形态（包括创作方式、文本存在方式、文本的传播和接受特点等），特别是日常生活的审美化现象。我观察到，大众文化的发展、媒介技术（特别是互联网）的普及、消费主义的蔓延等新的文化和技术条件，已经导致文学艺术、审美活动与日常生活之间界线的模糊乃至消失，这是我们在今天重新理解文学、创新文艺学知识的重要起点，也是文学理论学科必须面对的机遇与挑战。《日常生活的审美化与文化研究的兴起——兼论文艺学的学科反思》（《浙江社会科学》2002 年第 1 期）体现了我这方面的初步思考③。此文首次在现实的学术语境中对日常生活审美化的含义以及文学理论如何应对这种现象提出了自己的看法，比如：文艺学的研究对象是否应该扩大，如何扩大？如何理解文艺学的本质主义和建构主义两种

① 一年后，笔者发表了《80 年代文艺学主流话语的反思》（载《学习与探索》，1999 年第 2 期），进一步扩展了这方面的思考。
② 参见方克强《后现代语境中的新世纪文学理论教材》，载《文艺理论研究》2004 年第 5 期。另外两部分别是：南帆的《文学理论：新读本》（浙江文艺出版社 2002 年版）和王一川的《文学理论》（四川人民出版社 2003 年版）。
③ 相关文章还可参见笔者的《文化研究对于文艺学学科的挑战》，载《社会科学战线》2002 年第 3 期。

思考和研究的路径？等等①。

这两篇文章迅速在学界引发了巨大争议，并使得"日常生活的审美化与文艺学的学科反思"成为新世纪文艺学界持续关注的热点。2003年11月，我策划和组织的、由首都师范大学文艺学学科主办的"日常生活的审美化和文艺学的学科反思"讨论会在北京召开。讨论会结束后，《文艺争鸣》当年第6期刊发了一组题为"新世纪文艺理论的生活论话题"的文章，《文艺研究》2004年第1期也发表了一组同主题文章。这两组文章极大地推进了对这个话题的讨论，众多学者从不同的立场和角度切入对当代中国日常生活审美化现象的思考。其中引发争议最多的是：文艺学研究是否应该引入文化研究的方法并扩展自己的研究对象（"扩容"），以应对日常生活审美化现象。持否定观点的学者认为：把文化研究引入文学理论研究，会导致"文学（性）"的丧失，或者倒退到"外部研究"乃至"庸俗社会学"。这是一种没有"文学（性）"的文学理论。

针对这一质疑，我在《日常生活的审美化与文艺社会学的重建》②一文中做出了回应。我认为，就文化批评、文化研究与文艺社会学都反对封闭的"内部研究"和审美自律论，致力于揭示文学与时代、社会等的紧密联系而言，两者的确存在相似之处。但把文化研究与文学社会学，尤其是传统的文艺社会学等同起来具有很大的误导性。长期在我国占据支配地位的文艺社会学模式诞生于西方19世纪，其中尤其以泰纳为代表的实证主义兼进化论的社会学模式和苏联的反映论模式最有代表性，它们都具有庸俗的实证论、机械论特征。相比之下，文化研究或当代形态的文艺社会学产生于西方20世纪中期以后，它是在反思传统文艺社会学之缺陷的基础上，特别是在广泛吸收20世纪语言论转向的成果、扬弃意识／存在、文化／物质、上层建筑／经济基础等僵化的二元对立以后产生的，因而在很大程度上克服了传统文艺社会学的庸俗化倾向。传统文艺社会学与形式主义文论所共享的关于内在／外在、精神／物质、审美／实用的二元论，在今天这个文化经济、符号经济的时代已经难以成立。当代形态的文艺社会学应该在吸收语言论转向的基础

---

① 同主题文章还可参见王南《再谈文艺学的"呈现性"》、黄应全《多元化：克服文学理论危机的最佳抉择》、贾奋然《本质主义和历史主义的悖论》，均载《浙江社会科学》2002年第1期。

② 陶东风：《日常生活的审美化与文艺社会学的重建》，《文艺研究》2004年第1期。

上建构一种超越自律与他律、内在与外在的新范式,而当代西方文化研究在这方面已经做出了有益的尝试,它的突出特点就是打通内外,把"文本—形式—语言—符号"分析与意识形态分析、政治权力分析打通,在文本的构成方式(如叙事方式、修辞手段)中解读出文本的意识形态与政治内涵。

作者:彭蔚海,盐城市大丰区美术家协会主席

第七章　文艺评论与话语更新

　　主编插白：文艺批评是文艺理论在作品评论中的实践应用。艺术作品一旦创作成功，就成为作为有价值的乐感载体，读者从中总是可以获得有价值的快乐。在艺术作品给读者带来的愉快的背后，有着价值的主导。刘俐俐教授近些年致力于文艺评论的价值体系研究，并在这个视野下重新审视文学批评的标准问题，颇有建设意义。她的《文艺评论价值体系与文学批评标准问题》一文在中国现代以来文学批评标准的提出和表述的历史梳理中，概括出政治家和文学理论工作者两种主体及其两套话语方式。与之相应，新中国以来则存在体现政治家意志的文学评奖与一般文学批评的两种标准。在仔细辨析的基础上，阐释了一般文学批评标准的合理性和意义。党的二十大以来，"中国式现代化"作为一个时代口号提出来。这会给中国的文艺评论带来什么新的变化呢？周志强教授的《"中国式现代化"与文艺评论的话语更新》给我们奉献了这方面的新思考。"中国式现代化"为当代中国文艺批评的"中国式问题"提供了理论建设的方向和更新批评意识的基础，可指导文艺评论确立价值理想、定位社会角色、创新批评伦理、引进生态批评、重构精神品格。由此，中国文艺评论需要确立面向知识大众的有机性话语、注重全面发展的辩证性话语和体现人类命运共同体诉求的普遍性话语；通过三种话语的相互融合，构建新型文艺评论话语。在当代中国文艺评论中，诗歌评论是重要一翼。董迎春教授致力于诗歌创作和评论。他抓住"再现"向"表现"的演变，分析当代诗歌写作的存在问题，提出突围设想和解决之道。《从"再现"返回"表现"：当代诗歌写作的误区及突围》指出：20世纪80年代中期以来的诗歌叙事把现实再现推向了秩序化、单一化、中心化、复制化的写作趋势，背离了诗意诗性凝聚的审美空间。既重视再现的叙事，也重视诗意的表现，在再现、表现之间取得较好的平衡，方有助于推动当代诗歌的健康发展。

第一节　文艺评论价值体系与文学批评标准问题 ①

文学批评标准问题，是文艺评论价值体系理论建设题中应有之义。此问题涉及历时维度的文学观念、批评理论、文学作品本体论乃至文学接受等多方面问题。在价值体系建设视野中科学、准确地定位文学批评标准，对于文学传播、激励作者和文学普及乃至美育等社会文化生活诸方面都有重要意义。

一、文艺评论价值体系与文学批评标准

文学批评标准置于文艺评论价值体系视野重新提出，需要搞清楚两个概念的内涵及相互关系。

1. 文艺评论价值体系概念与内涵

体系是人类为了某方面目的有意识建构的整体。文艺评论价值体系，是文艺评论活动中解释、参照和评价的价值系统，具有体系均有的特质：活动性、稳定性和整体性；体系之内各个部分以及各部分均分别地与整体具有内在联系；体系与外在环境互相制约和作用，使机体始终处于活动、稳定和整体状态；体系具有综合处理问题的能力。笔者就文艺评论价值体系总体面貌的基本设想为：以含有文学价值元素与特质的基本文学观念为核心，汲取与文学观念相互联系的一系列文学思想，建设由基本原则和不同层次的立体性的融恰系统。基本原则为统帅，不同层次划分则力求体现稳定部分和不断调整部分的相区分。②

2. 文学批评标准概念与内涵

文学批评标准，也称文艺批评标准。前者批评对象专指作为语言艺术的文学，后者批评对象泛指所有艺术门类。批评实践中两者常交叉和互换使用。本文暂取前者的涵义。文学批评标准是传统概念。西方文论和我国现

---

①　作者刘俐俐，南开大学文学院教授。本文原载《南京社会科学》2016 年第 12 期。

②　参见刘俐俐：《我所理解的文艺评论价值体系的理论建设》，《江汉论坛》2016 年 5 期。

代以来的文学理论中相关研究早已存在。批评标准,是依不同文学／文艺观念建立的衡量文艺作品或者文学作品的准绳。因此有缘于不同理论流派、取向的批评标准之争。所谓准绳,对应的客体为作品。以文学活动论的逻辑看,文学活动包括作家创作活动、创作结晶的作品以及作品审美接受者及其活动,审美接受者又包括鉴赏者和批评者。作家创作和审美接受活动,属于心理活动范畴,不呈现为外在凝聚物,均不适宜以标准衡量。英美新批评理论的所谓"意图谬误"和"理解谬误"理论,经过半个世纪的中西方广泛传播以及西学东渐后在我国语境的反思性汲取和批判,目前学术界就此已成共识。西方的美学家从美学的高度,也始终注意到,"错误的解释和荒谬的解释"①主要来自看重和依靠艺术家的意图表述。因为,当艺术家脱离了艺术创作过程,他常常喜欢一个华丽转身变为审美的鉴赏者和评价者。创作者的意图可以分析和参照,但不可凭依。其实,我国学者直至最近依然在重申:"文学批评的任务主要不在于还原作者的意图"。②唯有文艺作品,作为以语言为媒介或其他材质为媒介的艺术创造的物化凝聚物,方呈现为可品味、鉴赏、揣摩、评说的对象。"文艺评论标准"是衡量评价文艺作品的标准,学术界有共识。

3. 文艺批评价值体系与文学批评标准的关系

文艺评论标准和文艺评论价值体系,都是人为建设的理论形态,包括但不止于发现和描述现象,且诉诸理论形态。文艺评论价值体系建设,是国家层面提出的研究课题,"文艺评论价值体系"概念由此而出。"文艺评论标准"和"文艺评论价值体系",在文艺评论作为主体性行为和人为理论建设两个特质方面的共同点而相遇和关联。

关联何在? 有学者认为,"基本评价标准作为文学观念的'硬核',是文学价值观念的生长点、聚汇点。每一个民族或社会的文学价值观念体系内部都有这么一个'硬核',并以这个硬核为中心,直接或间接地派生出一系列文学价值观来"。③该表述指的是文学价值观念体系内部的"硬核",笔者目前讨论的是文艺评论价值体系,如果说,价值以及由此的体系,必定有集中体现其观念精髓的"硬核",那么,说文艺评论价值体系之内也有个"硬核"——文

① [美]彼得·基维主编:《美学指南》,彭锋等译,南京:南京大学出版社,2008年,第98页。
② 朱立元:《文学批评的任务主要不在于还原作者的意图》,《中国文学批评》2015年2期。
③ 党圣元:《论文学价值观念的基本规定性》,《学术研究》1996年3期。

学批评标准,当合乎逻辑。

两者的区别恰是各自独立存在的理由。区别大致为:第一,两者概念外延不同。"价值体系"概念外延大,"批评标准"概念外延小。两者均为结构性概念,所以,都与外在环境相互依存。即笔者此前表述的"体系是相对性概念,不是大小概念。对外在环境来说,它是一个整体即体系,对它内部的某个部分来说,这个整体相应地又成了外在环境"。① 可以认为,价值体系依存于社会历史文化这一更大体系;"批评标准"依存于文艺评论价值体系。第二,两者主客观的特征有区别。价值体系倾向于客观,即指各种价值以某原则贯通于一体,即稳定的体系,有着始终如一的学理依据。批评标准侧重主观,即标准是批评之准绳,凸显"用"的目的性,用于"批评"主体性活动。"批评"之前,已先期有了对艺术作品的描述,"艺术作品描述的典型用语至少是部分评价性的"。② 批评标准突出实践性和目标性。所谓目标性,指总是对应某作品,且具有对应所有作品的能力。批评标准活跃于前台,价值体系作为背景在后台给予理论支撑。第三,两者均为共时和历时之统一体,但各有侧重。价值体系以漫长社会文化背景中价值观的整理、汲取为资源,且适应当下环境和价值取向等因素提炼而成。体现为共时性更体现为历时性。批评标准以实践性和目标性为突出特质,主要立足于某个特定历史阶段。体现为历时性更体现为共时性。概而言之,时代不同,要求和标准也有不同。前述的批评标准实践性、目标性特质,以及更体现为共时的特点,由此得到历史证明。第四,知识性程度和要求不同。价值体系致力于准确理解和综合处理各种价值及相互关系,使之成为知性形式,呈现为首尾一贯的合理体系。可以知识性表述。批评标准走向前台,凸显其目的性和实践性,知识性弱。知识性强的价值体系建立后固然可以改变,但改变缓慢慎重。批评标准则根据需要和语境有灵活适度调整的可能与合理性。总括地看价值体系与批评标准的关系,可以黑格尔在《法哲学批判》中关于伦理和道德具有本质上不同的意义的看法为参照。黑格尔认为,道德是个体性的、主观性的,而伦理则是社会性的、客观性的。道德侧重于个体意识,行为与准则法则的关系,而伦理侧重社会"共体"中人与人的关系,尤其是个体与社会整体的关系。虽然两者

---

① 刘俐俐:《我所理解的文艺评论价值体系的理论建设》,《江汉论坛》2016 年 5 期。
② [美]彼得·基维主编:《美学指南》,彭锋等译,南京:南京大学出版社,2008 年,第 78 页。

都以善为对象,但道德是主观的善,而伦理则是主观的善与自在自为地存在着的善的统一。因此,道德以伦理为前提,且于伦理中道德获得其真理性,道德毋宁应该说是一种伦理的造诣。或者说,自由意志在内心中的实现就是道德,而自由意志既通过外物又通过内心得到充分的现实性,就是伦理。从主体意义上来说,道德的主体是个体或自我;伦理的主体是"实体"。因此,道德与伦理的区分,是个体主体与社会共体、主观性与客观性、主观的善与自在自为地存在着的善的区分。

二、文学批评标准研究的现状与问题

既有文学批评标准研究情形梳理,如果置于文艺评论价值体系,会发现哪些深层次问题? 有怎样的开拓空间和意义?

1. 既有文学批评标准的研究现状

既有文学批评标准研究的问题分布和现状可大致梳理如下:

(1)文学批评史,尤其现代文学批评史,分别侧重文学的历史批评、社会与政治批评、道德批评与美学批评。与之对应的重要理论问题是,真善美统一前提下,以真善美三者的哪个为轴心? 或者问,三者的逻辑关系怎样? 一般认为,真善美对应着人生价值、道德价值(教育价值)和审美价值,于是,就出现了以哪个取向为根本制定文学批评标准问题,比如,"以真善美关系中的善为轴心探讨批评中的道德标准问题",[①] 自然可推理为以"美"为轴心探讨批评中的美学标准问题,以及以"真"为轴心探讨……的表述等。尤以伦理维度为凸显,作为基本标准。代表性理论家、批评家为如聂珍钊教授。聂珍钊教授在《文学伦理学批评与道德批评》中写道:"从方法论的角度说,文学伦理学批评是在借鉴、吸收伦理学方法基础上融合文学研究方法而形成的一种用于研究文学的批评方法,不仅要对文学史上的各种文学描写的道德现象进行历史的辩证的阐释,而且要坚持用现实的道德价值观对当前文学描写的道德现象作出价值判断。"[②] 当然,更有以文学审美品性为基本标准的理论。吴家荣的《文学批评标准新论》认为: 21 世纪是"文学的审美品性更为突出与显豁的时代。由此,21 世纪的文学批评标准,必将走出 20 世纪末探索与

---

① 毛崇杰:《论作为文学批评标准之"善"》,《文学评论》2001 年 1 期。
② 聂珍钊:《文学伦理学批评与道德批评》,《外国文学研究》2006 年 2 期。

徘徊的十字路口,迅速以其充分体现文学的审美特征及符合时代要求的内涵呈现出崭新的姿态"。① 确认这些研究获得极大成就的基础上,可以发现,研究逻辑均为选取真善美之一为统帅,批评标准新论出现皆缘此逻辑。

(2)文学批评标准客观性问题。沿着马克思主义文论的问题线索,最为关注的是文学批评标准客观性问题。80年代始即有《文学批评标准的客观性》一文,认为"只有从文学批评标准的客观性意义上去探讨,马克思主义的文学批评观点才能得到较为圆满的解释"。② 至2000年,仍可看到《文学批评标准的客观性和普遍性》一文,讨论批判标准的客观性。而讨论批评标准的主观性论文不多见。学术界似乎认为,客观性必能带来普遍性和公正性。国外就批评标准主观抑或客观的问题讨论,处于另外问题域,简要介绍以资借鉴。如艾伦·戈德曼在《评价艺术》一文中提出有人对艺术作品的评价标准有怀疑,"要么认为所有这些标准只是主观的,或者只是社会阶级操纵的结果"。还有就是"评价是指涉艺术作品的客观属性还是只是主观趣味的表达"?③ 这是与我国学者不同方向的提问。

(3)就中国文学批评理论史上的理论家及其著述的文学批评标准的专题性研究。主要集中于古代的刘勰、王充,现代的李长之、胡风、沈从文、王统照、梁实秋等理论家和作家。此类研究选题的价值在于对古代和现代文学批评标准资源的分析整理。由于此类选题大多在古代文学理论领域,并不以我们目前这样要建立价值体系为具体目标,所以,以往汲取了这些资源的有益成分,尚未提到置于怎样观念之下和框架的日程。

(4)当代我国文学评奖的奖项研究中探究批评标准。国家级文学评奖,有少数民族文学骏马奖、茅盾文学奖、鲁迅文学奖、儿童文学奖等四种以政府名义的评奖。各个奖项侧重点和影响有所差异,各有评价标准。就这些奖项文学批评标准的理论研究一直持续不断。例如张艳梅的论文《"茅奖"与当代文学批评标准》中认为,作为当代中国文学最高奖,"茅盾文学奖"本身就意味着一种立场,一种文学观,是国家意识形态在文学领域的直接体现,也是当代长篇小说发展的基本价值定位。其标准为思想性、艺术性和探索性

① 吴家荣:《论审美感染力的批评标准——二十一世纪文学批评标准》,《马克思主义美学研究》2002年2期。

② 周波:《文学批评标准的客观性》,《山东师范大学学报》1983年6期。

③ [美]彼得·基维主编:《美学指南》,彭锋等译,南京:南京大学出版社,2008年,第78—79页。

等。^①那么,这些标准是否就与文学自身特性吻合呢? 这是个问题。此外,由于"茅盾文学奖"中获奖的一些以通俗为突出特点而受众广泛的作品,如有一届张平的反腐倡廉主题的《抉择》获奖,对此,许多人有不同看法。有人认为此作获奖,无非是通俗易懂,迎合了人们反腐心理,艺术水平并不相当高。就此王彬彬提出"亟需确立通俗文学批评标准"的建议。^②这个反应和回应,很有点意思,潜台词内涵很丰富:"茅盾文学奖"的标准,究竟是怎样的标准?文学批评标准乃至评奖是否要分类? 进一步的问题是,是否应在统一批评标准基础上,再根据不同类别研究和制定不同标准呢? 还是不承认具有批评标准的基础,直接就奔着不同标准而去?

2. 既有文学批评标准研究存在问题综述

如上诸方面研究现状的扫描,涉及相关的问题,彰显了这些问题之根本。可以概括为:真善美究竟哪个为统帅问题的反复,以及随之在功利、审美和认知三个方面功能上的反复,缘于对于三者之间关系究竟应落实在哪里的问题没有解决。深层次问题是文学性质的把握、或者说审美性质的把握问题没有解决。笔者有倾向的看法就是,落实到审美上的基本原理尚未获得更深刻的把握,这个问题需要放到一个更大视野中去解决。主客观问题的深层次问题是文学观念以及文学价值体系的缺失。至于既有的中国古代和现代理论家的批评标准思想予以整理,也有一个放置在怎样的框架中被汲取的问题,那么,这将是一个怎样的框架? 究其实是对于文艺评论价值体系视野的呼唤。评奖问题涉及到批评标准的进一步区分问题,也涉及到文学批评标准在哪里起步问题,或者说,仅就评奖而探究评奖问题,永远无法搞清楚。因此,以上诸问题呼唤了两方面的建设:其一是需要更大的参照系,即文艺评论价值体系,文学批评标准问题置于此体系,如上问题有望得到解决。其二是需要在文艺评论价值体系视野内,重新思考文学批评标准问题。

三、重新提出文学批评标准问题的合理性与意义

1. 合理性:文艺评论价值体系与文学批评标准的同构性

既有文学批评标准问题,一般放置在文学价值观和文学批评理论的语境

---

① 张艳梅:《"茅奖"与当代文学批评标准》,《山西大学学报》2012 年 4 期。

② 王彬彬:《亟需确立通俗文学批评标准》,《章回小说》2002 年 2 期。

中。现在,文学批评标准问题置于文艺评论价值体系视野重新提出,其合理性为两者处于同构状态。如前所述,两者均为结构性概念,在均为人为建设的理论形态等方面都具有同质性。所谓同构,可借助西方马克思主义社会学批评理论家吕西安·戈德曼的发生结构主义理论来理解。按照戈德曼的理论,"有意义的结构"是一个普适性的概念,可以解释社会结构,也可以解释文化创造物的结构,更可以此理解各个不同层次结构的相通性。"有意义的结构"是关于功能、结构和意义三者之间关系的概念,也是戈德曼文学社会学的逻辑起点。而有"意义的结构"只有在"超个人主体"的层次上才能获得充分实现。联系到审美价值,他说:"审美价值属于社会秩序,它是与超个人主体逻辑联系的。"基于如上两个概念,戈德曼进而提出"社会精神结构"的概念,即精神结构是某些社会集团的精神框架和系统性的有规律性的精神表现,因此是社会精神结构。"有意义的结构"的动态理解,自然是"发生结构主义",即打破—产生—再打破—再产生。"世界观"则是对精神结构的概括和表述,也是抵达精神结构的路径。戈德曼认为,"把世界观运用到本文上可以帮助他得出:(1)所研究的一切著作中重要的东西。(2)整部作品中各组成部分的意义"。① 第一点是说世界观对作品选择的意义,第二点是说世界观对进入作品的方式的意义。这两方面和文学批评标准及批评实践的关系都很密切。现在看第二点,因为戈德曼认为,文化的创造主体是社会集团。创作者是中介,真正重要的作品通过创作者这个中介而与真正的创作主体的社会集团之间建立起联系。社会的精神结构正是社会集团的精神表征。戈德曼提出的假设是:文学创作的集体特征发端于这一事实:作品世界的结构与某些社会集团的精神结构是同构的。而精神结构的理论表述就是世界观。因此,从世界观出发,就能以社会精神结构为标准,依据同构的原理,选择优秀作品。本论文以戈德曼如上观念和思想,尤其是同构的思路为参照,以为可以将文艺评论价值体系和文学批评标准看作同构关系。认可同构性,处于同构状态的批评标准问题,在价值体系视野将得到参照性解决。

2. 意义:同构性参照、重新定位文学批评标准面貌与位置

将文学批评标准放置于文艺评论价值体系视野研究的意义:其一,文学批评标准出现的问题,必定向价值体系倒逼出若干理论问题。科学研究的推

① ［法］吕西安·戈德曼:《隐蔽的上帝》,蔡鸿滨译,天津:百花文艺出版社,1998年,第23页。

进在于能提出有价值的问题。其二,体系设置的创新,批评标准作为怎样的话语方式,吸纳那些既有批评标准无法容纳的内容,就可以得到一个更开阔的平台。其三,既有古代现代,甚至西方文学批评观念、思想和标准,都可以在价值体系得到汲取。其四,文艺评论价值体系中,批评理论理当占有一个位置。就课题总体设计,笔者有一个理论假设:"在尊重既有具体文学批评理论基础上,探寻价值体系范围之内的某种衔接批评理论,以便与既有具体批评理论兼容。这种理论既是从文学活动的批评家延伸出来的,同时,又遵循文学基本原理范围内部各种因素特质的逻辑联系,因此,也具有文学原理之本质"。① 由此假设文学批评标准与批评理论具有内在关系和逻辑衔接。

探究了将文学批评标准置于文艺评论价值体系视野的合理性与意义,现在进而从评奖标准和一般标准的区分、以及文学批评标准提出和表述的两种主体及其话语方式的区分等两个大方面予以辨析。以便发现问题,为文学批评标准位置与面貌作理论准备。

四、两种文学评论标准的区分和意义

1. 两种文学评论标准

如上阐述,已经显示出作品评价尺度可作宽泛与严谨的弹性理解。现实经验显示,实际上运用尺度以评价,可分为文学评论和文学评奖两大类。所以,如果将评奖活动看作以某种标准进行的活动,那么,文学评论标准在实际上又分为两种情形:一种判断是否为文学作品,而不是宣传品、广告等其他东西,即承认它具有文学的基本品质。并不评价其是否达到了怎样"伟大的"或者是优秀作品水平。另一种,判断它不仅是文学作品,而且是优秀的,甚至是"伟大的"作品,这就有了它与同类作品相比较的因素了,也就是说,它是以某种尺度通过与同类比较后选拔出来的。按照这个逻辑,机制或等级最高的选拔出来的作品,就是最优秀的、"伟大的"。第一种是品质评价,第二种是选拔评价。笔者以为,第一种情形,就是最广泛的文学评论行为。也是本课题予以确立的文学批评标准定义;第二种情形,就是各种等级的文学评奖行为。关于这个区分,西方人艾略特早就有建议:"文学的'伟大性'不能单纯以文学标准来决定,但我们必须记住,它是文学与否这一点却只能由

---

① 刘俐俐:《我所理解的文艺评论价值体系的理论建设》,《江汉论坛》2016 年 5 期。

文学标准来决定"。① "不能单纯以文学标准来决定"的说法值得深思。以此说法推进一步，可得出文学评奖标准是另外一种的看法。

2. 区分两种标准的意义何在？

首先，以品质评价为基础的文学批评标准，其基础的合理性在哪里？考察和判断一件作品是否为艺术品，这本身即为价值介入性的评价。因为，艺术作品是一种特殊的创造物，人类与它始终难舍难分，如美学家所说："根据一个通常的艺术概念，称某物为艺术作品这已经赋予它一个肯定的评价身份，算得上一个真正的艺术作品的东西必定满足某种艺术价值的最低限度，因此次等的或低劣的艺术作品仍优于自称是艺术作品却配不上这个身份的物品"。② 能不能被认定为文学作品，对于作家和评论家都很重要，从经验来看，这两者都非常看重作品是否获得文学艺术的性质认定。在我国语境中，报告文学一直被认作文学范围之内的一种文体，但不久前，报告文学研究者对于《文学报》文学版面以"文学的本质就是虚构"的通栏标题非常不满。按照"文学的本质就是虚构"的定义，报告文学就被排除了文学范围。报告文学评论家坚持将报告文学看作文学。从实践层面看，定性为文学本身就是一种价值肯定。由此得出第一个目的：其他任何东西都不可替代的独属于文学的作用，以此确认文学自身存在理由。概而言之，文学批评标准就是通过分析判断某物为艺术作品的准绳，即文学批评标准最基础合理性。

其次，底线性文学批评标准的全域性特质，具有多方面提升拓展的空间。基础性即一般文学批评标准，有向上发展和提升的可能，以此比照而知道"伟大的""优秀"的作品是怎样的。质言之，基础性文学批评标准为评奖标准提供基本原理性理论支撑：文学评奖标准可得到更准确的观察和研究。事实是，评奖标准是政府行为，理论工作者无权制定该标准。但理论的力量就在于以"道理"的科学性约束政府行为。使之不至于走得离"道理"太远。

再从主体方面看：文学批评标准的基础逻辑起点，定位于文艺是"无目的性的合目的性"，"美作为道德性的象征"③ 的文学本质特质，就与主体方面的人类鉴赏具有共通感相吻合，而不止于精英鉴赏和批评家鉴赏。由此，批

---

① 转引自［美］勒内·韦勒克、［美］奥斯汀·沃伦：《文学理论》，刘象愚等译，南京：江苏教育出版社、凤凰出版传媒集团，2005年，第287页。

② ［美］彼得·基维主编：《美学指南》，彭锋等译，南京：南京大学出版社，2008年，第78页。

③ 参见康德：《判断力批判》(上卷)，宗白华译，北京：商务印书馆，1987年，第200页。

评所面对的接受者就置于底线了。此道理如同伦理学界在全民公德建设中的一种思路："底线伦理是建设公民道德的可行之路"，即认为"每个人都有自己的人生目标和价值欲求，但人必须先满足一种道德底线，然后才能去追求自己的生活理想。严守道德底线需要得到人生理想的支持，而去实现任何人生理想也要受到道德底线的限制。所以说，强调道德底线与基本义务、提倡人生理想与超越精神又是紧密联系、完全可以互补的"。[①] 质言之，如同公民道德建设以底线为基点一样，让文学回归到人们可接受状态，文学批评标准以某作品可以被认定为艺术作品为基点。因此，和全域性相关的现实意义，就是可将各个等级的审美接受的接受状态纳入考察和体系建设之视野。

如是，文学批评标准自然回到文学是什么以及它存在的独特根据、基本特质等问题。文学批评标准研究自然与文学理论和美学理论紧密结合。近百年来西方关于文学作品的理论资源极为丰厚，虽说各有缺陷和偏颇，但置于文艺评论价值体系视野中，这些理论的空间斡旋余地大，可避开其各自偏颇，具有资源借鉴和融汇的合理性。中国古代有着悠久丰厚的诗学资源，从人的主观感觉，诸如味觉、听觉乃至通感等审美经验的角度界定和品评作品的品质。钟嵘以"滋味"论诗的诗歌评论标准，开拓了悠久的诗"味"的思路。司空图味觉的"咸酸之外""味外味""醇美"、听觉的"弦外之音"等概念，严羽的"别趣""妙悟""兴趣"等说法，均为以人的生命感觉为基础的作品品质的评价标准。笔者注意到一些原本主攻中国传统美学理论的学者，直接进入美学原理建构，汲取中国美学资源基础上提出从"适性"角度探寻美的成因的思路，所谓"适性"，就是"适"生命活动之本性，以"适性"来解释"价值"和"乐感"的成因，"乐感美学"实质上是一种以生命机体及其活动为本位的美学理念。[②] 由此与前面论及的基础性文学特质相关联。概而言之，即"文学批评标准出现的问题，必定向价值体系倒逼出若干理论问题。科学研究的推进在于能提出有价值的问题"的涵义。即必须到最根部找问题。

区分评奖标准与一般文学批评标准，给予国家主导的评奖更大空间和便利，也给一般文学批评标准更宽松和多种价值观念以合理性。

总之，立足文艺评论价值体系视野，辨析和重新思考文学批评标准问题，

---

① 参见何怀宏：《底线伦理是建设公民道德的可行之路》，《理论探讨》2011 年 5 期。

② 参见祁志祥《乐感美学》，北京大学出版社，2016 年；《社会科学报》2016 年 7 月 28 日，第 8 版。

合理性在于两者处于同构关系,借助同构性参照,可以重新定位文学批评标准的面貌与位置。基于梳理中国现代以来文学批评标准提出的历史语境变迁,发现并区分作为政治家和理论工作者两种文学批评标准的制定和表述主体,两种主体各有自己的话语方式,也相应地有基本品质和评奖两种标准,由此确定了文艺学学者的位置、原则与基本理论任务何在。

第二节　"中国式现代化"与文艺评论的话语更新①

百年来,中国社会从紧跟欧美工业发展体系的现代化(近代)、以民族独立和国家生存为目标的现代化(现代)、解决制度与生产关系矛盾的现代化(社会主义建设)、以融入世界体系为指归的现代化(改革开放),到中国共产党第二十次全国代表大会报告中提出"中国式现代化"命题,显示了中国发展道路的延续性和新时代全面发展的新可能性。这一命题的提出,基于几百年来全球现代化发展的历史,结合中国当代政治、经济、文化和生活的特点和未来状况,为研究和讨论当前诸多领域的现象和问题创建了基本框架提供了内在理念。

在报告中,"中国式现代化"被叙述为五个领域的现代化,也就等于提出了当代中国社会领域五个重大的发展命题:中国式现代化是人口规模巨大的现代化;中国式现代化是全体人民共同富裕的现代化;中国式现代化是物质文明和精神文明相协调的现代化;中国式现代化是人与自然和谐共生的现代化;中国式现代化是走和平发展道路的现代化。其中,与中国当代文艺评论事业关系直接相关的论述,格外值得关注。知识大众的崛起、文艺伦理的定向、精神价值的重塑、生态美学的构建与人类视野的确立诸议题,成为当前文艺评论话语更新的核心。

一、中国式现代化与当代文艺评论的话语生成

在阐述中,"中国式现代化是人口规模巨大的现代化"充分表达了当前中国现代化发展的基础和现状。"十四亿多人口的规模,资源环境条件约束

---

① 作者周志强,南开大学文学院教授,天津市美学学会会长。本文原载《中国文艺评论》2023年第6期。

很大,这是中国突出的国情,这也决定了中国的现代化不能照搬外国模式,发展途径与推进方式必然有自己的特点。这么大规模人口的现代化,其艰巨性和复杂性是前所未有的……"① 巨大的人口规模,一直以来都是文化现代化的核心议题。中国近现代社会的发展,需要解决的突出问题就是推动文化启蒙。人口众多成为文化教育高成本的根本原因之一。为此,白话文取代文言文,以便于听懂的语言取代便于看懂的语言;简体字取代繁体字,以更容易辨认和书写的文字来取代笔画繁琐、不易学会的文字。在文艺领域,"文艺大众化""面向工农兵写作"等命题的出现,也是应这种人口规模巨大的现代化要求的结果。在今天,越来越多的"大众"接受了较好的教育,"知识大众"崛起,文艺的社会整合价值和功能进一步强化,文艺评论的引导工作变得尤为重要,这也正是"人口规模巨大的现代化"命题下的文艺评论领域的文体建设和理论探索需要面对的现实境遇。

而"中国式现代化是全体人民共同富裕的现代化"同样隐含了对当前文艺繁荣的核心主题的表达。事实上,无论中国处在哪一个历史时期,人们生活的改善、社会的全面发展都是近现代以来所有文艺作品发生的支配性符码(MasterCode)。那些被看作是现代文学经典的作品,都隐含着这一中国式现代化主题。鲁迅的《故乡》指向对衰败乡土中国的拯救意识、巴金的《家》《春》《秋》中知识分子"自救乃救国"的文化思想、路遥《平凡的世界》中苦求正常生活的悲情与格非《望春风》中作为剩余物的人的被抛离感,都指向这一支配性符码。这也就内在地规定了文艺评论的价值伦理和美学理想:文艺评论的美学标准必须与这一潜在的中国式现代化符码相吻合。

同样,物质文明和精神文明相协调的现代化,则打开了文艺评论的伦理视野。共同富裕是社会的全面发展,而两种文明的协调则是人的全面发展。"以往一些国家的现代化一个重大弊端就是物质主义过度膨胀;强大的物质基础、人的物质生活资料丰富当然是现代化的题中应有之义,但如果人只追求物质享受、没有健康的精神追求和丰富的精神生活,成为社会学家描述的那种'单向度的人',丰富多彩的人性蜕变为单一的物质欲望,那也是人类的悲剧。这个为我们所不取,我们追求的是既物质富足又精神富有,是人的全

---

① 孙业礼:《解读党的二十大报告·中国式现代化有五大特征》,央视网 2022 年 10 月 24 日。

面发展。"① 显然,文艺评论的目的不是单纯地为文艺服务,更是在此基础上为形成良性的"本能革命"(instinctual revolution)②并确立自己的批评原则服务。物质丰裕社会的压抑性代价需要被识别和破除,任何出于维持某种特定集团利益和秩序的统治目的而进行的社会控制,往往通过文艺作品形成自我合法化的辩护,通过合理性、合情性的叙事,最终形成对人的本能的压制,也就是所谓的"额外压抑"③。中国式现代化命题下,中国文艺评论工作的核心任务正是要去伪存真,祛除虚伪的权魅假说,恢复人们对自身真实处境的意识,凸显有利于人的全面发展的文艺评论宗旨。

中国式现代化是人与自然和谐共生的现代化,体现了"绿水青山就是金山银山"的发展理念,把现代化的发展从马克思所批判的"伟大的破坏性与伟大创造性并存"④的悖论中拯救出来,走一条中国特色的人与自然共生的现代化之路。这也就需要中国当代文艺评论引入生态批评的思想视野,警惕文艺作品中的人类中心主义、欧美中心主义和父权制思想,形成文艺批评生态理论的品格。

中国式现代化是走和平发展道路的现代化,这意味着我们必须具备新的人类意识和历史观念。"我们不走一些国家通过战争、殖民、掠夺等方式实现现代化的老路,我们的旗帜是和平、发展、合作、共赢,这是我们制度决定的,也是我们的文化决定的。"⑤自萨义德以来,后殖民主义文艺评论崛起。但是,这种文艺评论乃是建立在以帝国、宗主国、反欧洲中心主义话语基础之上的,与中国近现代以来文艺作品中民族独立与阶级解放的议题不完全交融。事实上,和平崛起的中国现代化道路是一种"人类命运共同体"共同发展的道路,而不是三百年来全球化旗号下少数国家压制和剥削大多数国家的道路。中国的发展,不是立足于国家实用主义和保守主义目的对全球进行新的掠

---

① 孙业礼:《解读党的二十大报告·中国式现代化有五大特征》,央视网 2022 年 10 月 24 日。

② [美]赫伯特·马尔库塞:《爱欲与文明:对弗洛伊德思想的哲学探讨》,黄勇、薛民译,上海:上海译文出版社,2005 年,第 100 页。

③ [美]赫伯特·马尔库塞:《爱欲与文明:对弗洛伊德思想的哲学探讨》,黄勇、薛民译,上海:上海译文出版社 2005 年 7 月。第 25—27 页。

④ 浮士德召来靡菲斯托和他的"力士",赶走了老夫妇,并在他们的土地上进行了重建;然而老人的死,让浮士德感受到"发展"的罪恶,参见[美]马歇尔·伯曼:《一切坚固的东西都烟消云散了——现代性体验》,徐大建、张辑译,北京:商务印书馆,2003 年,第 86—90 页。

⑤ 孙业礼:《解读党的二十大报告·中国式现代化有五大特征》,央视网 2022 年 10 月 24 日。

夺和资本再分配,而是对人类梦想——马克思所主张的彻底解放——的追求和探索。① 因此,当代中国文艺评论要具备一种新型的"人类视野",要意识到人的命运与人类的命运乃是文艺作品中的真正的命运,把人的真实生活的表达作为文艺评论的根本性标准,确立反异化、反遏制性的批评精神和态度。

显然,中国式现代化命题的提出,为当代中国文艺批评的"中国式问题"提供了理论建设的方向和批评意识的基础。在这里,中国式现代化的五个命题,指导文艺评论定位社会角色、确立价值理想、创新批评伦理、引入生态批评和重构精神品格。

二、中国文艺评论的三种话语

中国式现代化背景下,中国文艺评论的发展,需要完成自身的话语更新,即文艺评论需要确立以面向知识大众为核心的有机性话语、注重全面发展的辩证性话语和体现人类命运共体的普遍性话语;三种话语相互融合,构建新型文艺理论话语。实现三种话语的更新与融合正是当前中国文艺评论工作者重要的使命。

自黑格尔论述了现代社会的基本体系以后,就出现了一个问题:怎么理解社会?从现代社会确立的那一天起,就存在谁来领导社会、谁来主导社会的问题。由此,知识分子就逐渐因其社会职能的差异而分化为三种类型。②

第一类,普遍性知识分子。在我看来,普遍性知识分子恰如福柯所说,执行与真理有关的思想行为,如康德、黑格尔、爱因斯坦等。普遍性知识分子主要生产看起来与当下社会生活没有直接关系的话语,诸如"物自体""精神现象学"等等。事实上,正是普遍性知识分子为社会提供了"命题话语",即通过关于知识范式、观念范畴等的反思、解析和创生,为人们提供认知方式和思

---

① 周志强、刘骏:《人类命运共同体的三种阐释视野》,《学习与探索》2022 年 4 期。
② 法国哲学家福柯在接受访谈时提出,"二战"之后知识分子的社会角色发生了转变。"一种新的'理论与实践'的连结模式已然建立。知识分子的工作不再具有'普遍的'、'示范的'、'唯真的'形式。他们习惯了在特定的地方工作。他们的生活或工作条件使他们置身彼处(住所、医院、精神病院、实验室、大学、家庭、性关系)。"相应,福柯也就区分了普遍性的知识分子、专才知识分子。事实上,福柯本人却又不同于普遍性知识分子和专才知识分子,而是更多地扮演有机知识分子,或者说批判知识分子的角色。参见[美]加里·古廷:《福柯》,王育平译,南京:译林出版社,2010 年,第 25 页。

想视野。

第二类,有机知识分子,或者叫做批判性知识分子。这是由依托一定学术和理论背景的知识分子和知识大众构成的群体。这一类知识分子在今天不断生产"问题话语"。有机知识分子致力于思考我们的社会、人生或生活如何才能更好,更有价值和意义。他们秉持历史批判和现实反思的精神,解析人的各种活动和社会关系的内涵,并为人们提供信念支持和行为路径。从马克思到弗洛伊德,从马丁·路德到达尔文,一代又一代批判性知识分子提供不同时代的问题意识,也创造不同时期的文化政治。

第三类,专才知识分子,或者叫做技术知识分子。这个群体以医生、律师、法律的制作者以及大众媒体的从业人员等为主体。专才性知识分子主要为社会提供"话题话语",诸如社会管理方式、经济运行策略、健康医疗保障或者社区卫生安全等问题。专才知识分子是当代社会国家治理和生活运转的基础,是一个社会领域自我生产和组织的技术保障和机制依托。

简单来说,从命题、问题到话题,三个层面的知识分子分别形成了三种不同的话语类型。当前中国,普遍性知识分子话语相对缺失,人文学科、社会科学和自然学科,推动知识范式更新的命题话语很少出现。知识分子人才的生产,过多倚重专才知识分子的生产,这导致普遍性知识分子话语命题意识的单薄。而命题话语的缺失带来的问题乃是,匮乏命题意识的技术知识分子话语,在当前中国社会中成为主流话语。这就造成了中国社会知识话语群的种种值得反思的现象:口香糖主义泛滥——一种思想就像口香糖,大家嚼来嚼去,滋味单一,思想同质化严重;实用主义思想盛行——"好好读书、长大了挣大钱",镶嵌在青少年教育的家庭环境和私人情景之中;艺术创作和文艺评论呈现出明显的同质化、同类化和扁平化问题,"口水文化"繁多。

与之相应,有机知识分子处于两难境地。问题话语本应该在观念意识上影响社会,成为社会话语构建的主要力量,但是,当今有机知识分子问题话语遭遇了价值两难困境。这主要体现在三个方面:第一,有机知识分子"微思想化",依赖于微媒体来传播自己的思想;第二,思想碎片化,无法形成系统思想的生产力,有机知识分子学院化,大量知识分子采用的学术话语,无法回答和触碰社会的真实问题;第三,知识分子体制化,其工作主要围绕科研学术课题展开,使得知识分子的专能被捆绑在技术层面,话语的想象力被压制。

有机知识话语的专才化导致思想生产的标准化,其话语生产服从话题生产支配,只能通过公共性新闻体语言形成自己的话语方式和知识资源。

普遍性话语、有机性话语和专才性话语的现状,凸显了当前中国文艺评论话语建设的困境：相对而言,目前中国文艺评论话语的形态,专才性话语较为强大繁荣,尤其是上个世纪 50 年代以来形成的文艺社会学知识资源、80 年代以来形成的文艺美学知识资源成为专才性文艺评论的核心话语；而文艺评论元话语力量不足,尤其是以马克思主义当代发展为指导的理论话语,匮乏普遍性意识,不能形成具有理论辐射力的反思意识和批判精神；这也就造成了中国文艺评论话语缺乏辩证力量和分析能力的困窘。"所见即所得"而不是"反思有所得"成为批评家的思维缺陷。出现血就是血腥暴力,看见肉就是性混乱,听见口号就是在歌颂,遇到泪水就是负能量……文艺评论普遍性话语的乏力、辩证性话语的僵硬和有机性话语的浅薄,正在影响文艺评论的思想魅力和美学感染。

三、文艺评论与文艺评论的想象力

中国式现代化命题的提出,是建立在对现代社会复杂状况的认识和把握的基础之上的,其理论范畴是对历史问题、现实困境和未来趋势的高度抽象和阐释。它所提出来的命题,应该是作为核心符码（MasterCode）的方式指导文艺创作,也就相应不能以简单的主题批评、思想评论、审美表述和形式论断的方式,对文艺作品的内在逻辑进行直白评论。发挥文艺评论的政治想象力,建构具有辩证性、震撼性和理想性的批评话语,正是构建文艺评论政治想象力的关键。

换言之,中国式现代化的五大命题,显示出典型的社会学和哲学的理论想象力。它呈现出与之前关于中国发展道路和历史使命的描述有所不同的"总念"（concept）特性。即中国式现代化对于中国当前和未来状况的陈述,是以哲学性和命题性的话语形式,对当前中国社会现实问题所做的历史概括,也是普遍性话语构建的入口和富有启示性的方向；与之相应,文艺评论话语的更新,也就集中体现在立足普遍性话语基础之上的有机性话语的创生和发展上。在专才性话语中,引入普遍性话语的总体意识和批判性话语的辩证思维；即"文艺评论"以专才性话语为主体、以普遍性话语为主导、以批判性话语为主旨。在这里,"中国式现代化"对于中国问题的表述呈现出强烈的辩证意识和总体性特征；与之相应，文艺评论也必须实现与这一命题表述的"同构"，即文艺评论必须摒弃"所见即所得""以经验共鸣"为核心的话语逻辑，而致力于建设批评的总体性精神和阐释的辩证性力量。简言之，在三种话语的更新建设中，"辩证性话语"的建设应该成为重点。

因此，文艺评论辩证性话语的建设，一方面要重申文艺评论建基于总体性意识基础之上的概括能力，另一方面，立足于对文本之独特性经验进行挖掘的辩证阐释。在这里，文艺评论不能仅仅停留在认识一个作品方面，还要进一步真实地想象一个时代，也就是在"总体性意识"的支配下对于一个时代不可见的支配性矛盾进行建构和发掘，才能实现对一个具体作品的完整把握。而所谓"总体性意识"，归根到底乃是抽象地理解现实所生成的那种自我意识。由此，中国式现代化的五大命题，正是构造了当前文艺评论话语建设的"总体性意识"：无论是社会的发展还是当前所面临的文化、政治、经济和生活四大领域的核心矛盾，恰是这五大命题作为"总念"所激活的中国社会文艺评论想象力的自我意识。

事实上，中国式现代化命题蕴含着这样一种新的自我意识，对于现实的理解和把握，乃是一种对于世界进行改造性实践的谋划。"中国式现代化"归根到底乃是改变生存环境、解决社会矛盾、发展民生民权、创生和谐环境和实现全球进步的现代化，是一种以马克思主义"改造世界"为核心命题的现代化。这就要求文艺评论的想象力首先要具备这样一种"政治性"：文艺评论不是仅仅为文艺服务的——这是文艺批评的核心使命，也是为文艺更好地凸显现实境遇和激发改造世界的活力服务的。

这恰恰是对文艺评论之"政治想象力"的诉求：除非可以想象一个时代的基本社会图景，否则就无法建构理解具体文本的问题；任何单个的文艺问题，都是想象整个时代和历史的特定入口。这种政治想象力与米尔斯的"社会学的想象力"有内在的联系：个人只有通过置身于所处的时代之中，才能理解他自己的经历并把握自身的命运，他只有变得知晓他所身处的环境中所有个人的生活机遇，才能明了他自己的生活机遇。社会学的想象力可以让我们理解历史与个人的生活历程，以及在社会中二者之间的联系。它是这样一种能力，涵盖从最不个人化、最间接的社会变迁到人类自我最个人化的方面，并观察二者间的联系。在应用社会想象力的背后，总有这样的冲动：探究个人在社会中，在他存在并具有自身特质的一定时代，他的社会与历史意义何在。①

当然,这种政治想象力不应该仅仅是"心智品质",而是对于特定社会现实的基本状况、核心矛盾、人生困境和价值冲突的深刻把握和理解,是建立在人类视野如人类命运共同体视野基础上,以辩证性的方式,对个体经验和知识进行解析和研究的途径。王跃文的长篇小说《爱历元年》(2014年)出版以后,引起了评论界的讨论。大部分评论者将其定位为讲述"情感危机"的作品,倾向于其亲情、爱情和友情的价值伦理问题的讨论——这当然很好地阐述了这部作品的文化内涵。但是,值得反思的是,由于未能把这部小说所书写的"爱情激情"与现实的总体性阐释勾连在一起,也就失去了以这部作品来窥探当下中国社会之"奥利给症候"的契机。小说写孙离和喜子从相识、相恋、相爱,到共同生活、各自出轨,最终又回到对方身边;这看似是一个老套的认同爱情、回归家庭的故事,却隐含了另一种辩证性的惊颤:孙离和喜子从相爱的那一天起,就只能"陷入爱情";不仅他们相识的那一天成为他们自己的"爱历元年",而且,他们分别成了学者和作家之后,也要继续构建"爱历元年"。小说显示了这样一种吊诡的生活:只要离开了"爱的激情"就仿佛没法活下去。《爱历元年》所写出来的"情感危机"或"中年危机"并非那种衰朽不堪昏沉待死的危机,而是刻板机械的生活和定时做爱的情感,让人错把爱情当做生活意义的危机——除了出轨,似乎就没有什么可以燃烧自己的东西了。特定生活条件下同质化的人生、单调重复的岁月,让我们的人生感觉不到挣扎和拼杀所带来的激动。换句话说,《爱历元年》是一个特定时代里面几乎每个人内心中都有的悲悼:除了爱情仿佛没有任何感情值得珍视,除了相恋再也点燃不了生命热情;单调、重复的热情搜寻的背后是情感荒漠的寓言,而这则寓言的逻辑则是大家都摆出一副充满意义的生存姿态,而生存本身则空空如也。在抖音短视频中,一个光头汉每天充满力量地大喊"奥利给!",空洞无物却充满了神圣感。《爱历元年》的深刻正在于它写出了一种"假装激动"的"意义匮乏症":活得无趣,并不是无所事事或者百无聊赖,而是恰恰相反,试图以活得动力十足、干劲十足和一往无前——疯狂地做没有意义的事情——来掩盖没有意义本身。

---

① [美]米尔斯:《社会学的想象力》,陈强、张永强译,北京:生活·读书·新知三联书店,2005年,第4页。

于是，通过理解、阐述和把握现实生活中的"总体性意识"，一部被"误读"为情感救赎的小说，却呈现出相反的意味：情感救赎本身就是情感无以为继的症候。显然，看似琐碎的婚姻情感的故事书写，却可以被辩证性解析为当前具有共同性的困境经验；在这里，"发现"孙离和喜子的"爱情"的特异性乃至诡异性，远远比说明他们爱情生活的普适性内涵更有力量。那种尝试建构一种普适性的文艺评论的理想是非常渺小的，因为这种批评只能在强调道德、信仰、灵魂和精神的层面上变成用"阿门"来结尾的说教。换句话说，文艺评论对于总体性意识的强调，旨在深入一个社会的基本经济和政治矛盾的内部，然后才能"发现"作品所书写的经验的独特性，而不是把一个个不同版本的人生故事，都阐释为同一种经验。

要实现这一目的，文艺评论就总是要面对一个个单独的事件，也总是能够透过每一个事件的不同细节，把一个文本置放在更加宏大的总体的历史进程当中去，以此来凸现文本中原本被压抑或隐藏的东西。简言之，把文艺作品看作是多重意义内涵的文本，而不是简单理解为单一声音或主题的表达，致力于在文艺作品表达的意义之中，深挖其潜在的总体性内涵，辩证性地凸显其内在意蕴，才是文艺评论政治想象力的主旨。格非2016年的作品《望春风》被看做是新时代的"乡村"小说。截止到2023年4月19日，在知网的搜索中，以"望春风"为主题词进行搜索，得到221篇论文；其中，以"乡村"为主题词的为65篇；以"乡土"为主题的词为33篇。乡土叙事、乡村叙事、乡村美学、乡村乌托邦等概念，围绕这部小说构成"概念的集合"。小说也被诸多评论家看作是故乡消失叙事（森冈优纪）、乡土中国的写实力作（解志熙）、怀念故乡（吕正惠），[①] 等等。这些评论当然是对这部小说有力的阐释和评价。但是，这些评论也同时让我们发现一个问题，就是评论者对这部小说"贴得太近了"，人们更关注这部小说所写出的故事、预示的含义和使用的形象或意象（包括乡土、农民），却很少从当前中国社会现实的总体性状况展开评论的想象力，探讨这部小说为何这样书写，作品所创生出来的作者连同读者似乎都难以把握的"伤感"具有何种现实寓意，以及作品之"乡村"所呈现出来的历史性疑难（Aporia）是怎样的诸问题。小说的结尾讲述主人公"我"

---

① 格非、王中忱、解志熙、旷新年、孟悦、李旭渊、吕正惠、森冈优纪、叶纹（Paola Iovene）：《望春风与格非的写作》（专题讨论），《清华大学学报（哲学社会科学版）》2018年第1期（第33卷）。

与"春琴"寄身于"便通庵",开始他们所谓的"幸福生活":

> 我们的幸福,在现实世界的铁幕面前,是脆弱而虚妄的,简直不堪一击。有时候,春琴和我在外面散步,走着走着,她的脸上就会陡然掠过一阵阴云。只要看见路边停着一辆橘黄色的挖土车,她就会疑心这辆车要去拆我们的房子。我们两个人,我和她,就会立即陷入一种莫名的恐惧和忧虑中。

> 危险是存在的。灾难甚至一刻也未远离我们。不用我说,你也应该能想得到,我和春琴那苟延残喘的幸福,是建立在一个弱不禁风的偶然性上——大规模轰轰烈烈的拆迁,仅仅是因为政府的财政出现了巨额负债,仅仅是因为我堂哥赵礼平的资金链出现了断裂,才暂时停了下来。巨大的惯性运动,出现了一个微不足道的停顿。就像一个人突然呃着了。我们所有的幸福和安宁,都拜这个停顿所赐。也许用不了多久,便通庵将会在一夜之间化为齑粉,我和春琴将会再度面临无家可归的境地。①

"恐惧"成为这部小说的一个内在秘密:一个被时代或现实抛离在随时坍塌的荒凉寺庙中的人,一种建立在资金链断裂时刻的幸福生活,构成了这部小说的"疑难"(Aporia):幸福美满的生活与支离破碎的寺庙,无法并存的两种状态,竟然在此现实性地融合在一起。作品对人作为"现实的残余物"的书写,超越了鲁迅式的乡土拯救或汪曾祺式的"抒情现实主义",而指向了人的经验无法被"历史叙事"完整表达的尴尬。

显然,《望春风》是这样一种小说,它向人们呈现了个人命运与历史命运的根本性疑难(Aporia)——只要用这种《望春风》的方式进行文学表达,我们就会遭遇这样一种"命运真实":那些无法被"故事"恰当安排的人生遭遇,却是诸多"我"与"春琴"的刻骨经历;同样,在那些被故事化的人生中,我们看不到"我"与"春琴"经验。

从乡村的故事中,发现"乡村故事"对人的命运真实的剥夺,从而让那些被快速发展所抛离的孤零零的"剩余人"的经验,成为文学续写的经验,这正是对《望春风》进行辩证性批评的另一种内涵。格非这样说:"这个不幸的人跟别人不一样的地方,仅仅在于有了这个回头的一瞥,看到了这个坚固世界

---

① 格非:《望春风》,南京:译林出版社,2016年,第387页。

背后的东西,也就是虚无。但蒙塔莱诗歌中的这个人,在发现'奇迹'之后,表现出了珍贵的谦逊。他没有大喊大叫,没有试图否定常人看到的理性和坚固的世界,也没有向人吐露他所看到的虚无。他一声不吭,走在人群中,就像是什么事都没有发生。"①事实上,《望春风》的"真实"不仅仅是故事所依托的"乡土空间"的真实,更是特定时期人们命运内在悖论的真实。只看到小说对"乡村消失"的缅怀是远远不够的,更要看到这种缅怀中所透露出来的冷彻骨髓的悲伤所依托的当代生活的历史性疑难。如果没有对当前社会人们生活之真正矛盾的领悟和对改变这种生活的欲望性表达,如何会有这部小说的内在力量?不妨说,文艺评论想要建构和想象一个时代的"真实",就必须首先确立基本的政治理想,即为了让世界变得更加美好的理想;而只有具备了观察世界的基本矛盾的欲望的时候,文艺评论的想象力才能被解放出来。

在我看来,文艺批评,作为一种总体性意识的构建,它体现为,必须把任何单独的文本,镶嵌到社会的总体性视野中才能凸显其意义。这事实上为文艺评论的政治品格和批判原则提供了基础。毋宁说,在今天文化消费主义的时代,艺术的真实已经被现实意识形态的总体虚假生产体系暗中操控,不再是有自我澄明能力的历史叙事;而只有借助于特定的政治想象力,文艺评论家才能通过对艺术文本的意义重组,实现对现实真实处境的"重讲"和"拯救"。

说到底,文艺评论的想象力,乃是一种"批判的想象力"、"辩证的解析力"和"经验的沟通力",即坚持用想象未来的乌托邦主义视野发现当下矛盾和困境,并通过坚守对当下困境和矛盾的开掘,致力于建构更好的未来。简言之,如果不能想象未来,也就无法发现现实的困境和内在的矛盾,从而也就无法建构真实,这正是文艺评论的宿命。

第三节　从"再现"返回"表现":论当代诗写误区及回归②

诗之"表现"一说,本无分歧,其诗意本位,不言自明。这也是中国传统诗学与新诗以来的现代诗歌最基本的审美特征。朦胧诗之后,第三代诗出

---

① 格非、王中忱、解志熙、旷新年、孟悦、李旭渊、吕正惠、森冈优纪、叶纹(Paola Iovene):《望春风与格非的写作》(专题讨论),《清华大学学报(哲学社会科学版)》2018年第1期(第33卷)。
② 作者董迎春,广西民族大学文学院教授。本文原载《学习与探索》2016年第6期。

场,众语喧哗,极为热闹。诗由精英化、审美也逐渐转向凡俗化、审丑,话语策略由抒情诗(表现为主)转向叙事诗(再现为主)写作。这种再现式的叙事强调"诗到语言为止"(韩东)、"拒绝隐喻"(于坚),他们将表现的语言拉向日常客观物象的再现。这种再现的写作意识,也影响到90年代以来伊沙、沈浩波等颇为先锋的身体写作、下半身写作,新世纪以来也出现了更为反叛的废话写作(杨黎)、低诗歌(龙俊)等仍旧强调再现意识的叙事诗歌。

一、失踪的"表现"

20世纪80年代以来口语写作,变成当代诗歌写作的主流,其秩序化、中心化的写作趋势忽略了"表现"的价值与可能。重视日常经验,关注客观物象,这种"再现"意识,忽略了诗体与语言意识,当代诗歌写作也自然遭遇到写作瓶颈与发展可能。

古今中外诗歌形式上有两种意识:以抒情(表现)为主和以叙事(再现)为主。《尚书·尧典》:"诗言志,歌永言。"《诗大序》:"诗者,志之所之也,在心为志,发言为诗。情动于中而形于言"。严羽:"诗者,吟咏情性也。"(《沧浪诗话》)亚里斯多德:"诗是叙述或然之事及表现普遍的。"(《诗学》)华滋华斯:"诗是凭着热情活活地传达给人心的真理",是"强烈感情的富于想象力的表达方式"。雪莱:"诗可以界说为想象的表现。"(《诗辩》)诗的抒情性与叙事性既是分离的,又更多时候融为一体。诗歌以丰富的生活为前提,抒发了人类普适的(或然见出必然的)情感,通过一定语言形式、一定节奏(音乐感),以及各种修辞手段来表达诗人对世界、人生的存在认知以及意义、情感的独特感受。诗歌所要表现的也在于这样的诗歌意境和审美张力(审美场,或者叫审美空间),召唤读者相近的审美联想。"诗人是乐观的。他从语言内部寻找出路,他游戏于字形、字音、字义与书页的排版之间,像晶体一样,从限定的法则中造就全新的变幻的画面。"[①]这就使得表现的诗歌充满了诗画之美、艺术之美,拓宽了诗艺表现及生命意识对话的可能。

就古今中外的诗歌传统而言,诗歌无疑是"表现"的重要形式之一,也是语言意识、诗体表现的自觉的本体追求。现代诗歌的发展往往将表现推向理

---

① [法]弗朗西斯·蓬热:《采取事物的立场》,徐爽译,上海:上海人民出版社,2009年,序,第4页。

想极致,探索隐秘的生命意识与人性遭遇时代挤压后所形成的存在体验。尽管表现/再现不同的诗体意识构成了诗歌差异性技艺追求,然而,现代诗歌的发展更着重于表现意识的思维与认同。80年代"朦胧诗"以来的当代诗歌写作无疑离是对现代诗歌书写理念的践行与深化。

当下诗歌创作自然也是西方文化、特别是现代主义文学影响下的文学产物。综观百年中国新诗(现代诗歌)发展,象征主义在诗歌表现意识层面探索不少,成就颇大,对"朦胧诗"以来的现代诗歌写作产生了重要影响。诗人卞之琳的诗歌充满了现代诗歌的思辨美、知性美的探寻,他写道:"我要有你怀抱的形状,/我往往溶化于水的线条。"(《鱼化石》)"眼底下绿带子不断的抽过去,/电杆木量日子一段段溜过去。"(《还乡》),"我喝了一口街上的朦胧"(《记录》),"友人带来雪意和五点钟"(《距离的组织》),"呕出一个乳白色的'唉'"(《黄昏》),"记得在什么地方/我掏过一掬繁华"(《路》)。这类诗歌充满了现代诗歌表现的"思辨美"。不难发现卞之琳的现代诗歌在生活的再现与诗意的表现之间找到了某种较好的平衡。卞之琳的学生、著名形式文论家赵毅衡教授指出他诗中的语言"嵌合"特征,"'嵌合'的用法的运用,主要是'实'动加'虚'宾语名词。这类似于叶芝的诗,却更接近中国古典诗人'炼'字后造成的效果。没有任何质感的(或质感不太好捉摸的)品质被作为质感词使用会扩大官感性范围,这可能是异类意象联网中效果最强烈的一种。"[1]

超现实、变形、夸张、陌生化等现代技巧运用推动了现代诗歌的表现形式与表现能力的实践过程,兰波写道:"马车在天空上驰行"、"公证人悬挂在他的表链上"、"为早晨的牛奶,即上个世纪的深夜的喃喃自语阴郁至死",极其颠覆的联想(幻想)颠覆了空间的秩序,让诗歌建构了诗意与诗性。在陌生化、新奇的视觉景观里再现了深度现实。"诗的比喻不必求相似,诗的象征不必求寄托。诗有自设无语言的魔力。虎纹可以'冷'得像树皮,雨线可以'懒'得像大腿,郁金香可以完整得像思想,当然清晨可以痛得像未做完的梦。"[2]现代主义的表现技巧获得特殊的、神奇的、审美化、哲理化的文本效果与修辞力量。超现实的色彩,是诗人情感的主观投射,不合现实的超现实想象,引导读者在奇幻中试图理解深度现实。超现实、超验主义的写作,对当下

---

① 赵毅衡:《反讽时代:形式论与文化批评》,上海:复旦大学出版社,2011年,第237页。

② 赵毅衡:《反讽时代:形式论与文化批评》,上海:复旦大学出版社,2011年,第276页。

诗歌的语言表达具有重要的探索性。汉语凭借自身的隐喻特征、诗意自然展开的优势,吻合了现代诗歌的"表现"意识。

象征主义者继承柏拉图、亚里斯多德二元对立的世界观,也将世界分成现象(现实)世界与本体(理想)世界两极,象征主义更认为这个世界既是二元又是一个统一整体,感应让彼此成为一种或此或版、你中有我的整体合一关系,在时间上共存,在空间上互渗存在的。显然,这种"感应"让象征主义的诗学实践在理论上指向了语言表现的无限丰富、广阔的话语空间。"作品不是对那些时时现存手边的个别存在者的再现,恰恰相反,它是对物的普遍本质的再现。"[①]对再现话语的深层认知上,似乎过于纠缠现实,并且忽略了被现实所遮蔽的意识世界。

现代诗歌的表现意识必然是诗体意识的回归,它也不断克服再现对现实的直接介入。现代诗歌的表现性由于受政治意识形态的影响,往往将现实简单地处理在社会现实与现实主义意义上的现实认同。现实主义一直成为中国文学的中心话语,它的话语特征无疑是现实的、叙事的、还原的,再现的。朦胧诗的出现,无疑让这种朦胧、晦涩的语言表现展现了现代诗歌的朦胧之美、张力之美。但是不久就被"第三代诗"的口语写作(再现的叙事话语)所取代。"口语写作"源于20世纪80年代"第三代诗"中于坚、韩东、伊沙等的写作,他们重视叙事的再现与物的还原的冷抒情、零度叙事,他们改变了"朦胧诗"高蹈的、矫情的抒情话语,让诗歌回到对时代、社会的客观关注是积极的、有效的,再现性的现实话语与现实精神对当代诗歌的发展有着推动作用。但发展多年之后,诗坛呈现了中心化、秩序化、模式化、雷同化的写作现象,其审丑化、粗俗化的价值立场值得警惕。

20世纪90年代以来的"知识分子写作",进行语言为本体、诗艺探索为主的写作,他们有效地回避了现实的直接介入,打通现实与精神、直接介入与现代技巧之间的融合,既保证了诗歌写作的有效性、时代意识,也同时进入表现意识的现代诗歌写作,因而,现实的批判性与诗艺的表现性之间找到一个较好平衡。王家新、西川、陈东东、张曙光等知识分子诗人不断继承"朦胧诗"以来的精英话语,同时关注时代性、经验性的叙事再现,强化了诗歌的时代与社会关怀意识,同时也重视精神性、艺术性的技艺探索。以陈先发、杨

---

① 马丁·海德格尔:《林中路》,孙周兴译,上海:上海译文出版社,2004年版,第22页。

键、谭延桐、李青松、鲁西西等的神性写作追求诗歌、哲学、宗教结合,不断打破精神边界,其表现意识则走向了直觉的、灵感的、感官的、超验的精神创造:相对于知识分子写作,"神性写作"更具有文学探索上的难度、高度,它是艺术、文化、宗教融为一体的写作尝试。神性写作作为一种精神、传统、艺术性、宗教性的诗写追求,它在90年代的"民间"自然生长,但其形成的精神合力与诗体意识却成为一股不可小看的诗潮,张清华《鄙俗时代与神性写作》①、枕戈《80后之"神性写作"与"口语写作"》②、荆亚平《神性写作:意义及困境》③等对神性写作均有所涉及与评论。以昌耀、海子为代表的孤寂的"大诗写作"表现出语言回归的本体意识、深刻的知性与生命情怀,语言布满了思辨的张力与深沉。大诗写作,又是知识分子的精神性、神性写作的超验性的进一步发展,趋向"诗与真理、民族与人类合一"的大抒情,它成为90年代以来诗歌写作的某种典范,也影响到新世纪以来的积极有效的当代诗歌书写与精神担当。

重视表现意识的诗体创造的同时,也注意再现中的语言机智。再现的叙事话语自然清新、易读,容易为广大读者接受。口语诗歌隐含着某种秩序化、中心化的趋势。诗评家罗振亚指出,90年代诗歌叙事"对所指的轻视逃离使诗歌降格为情绪层的发泄,关涉日常生活具事、琐屑的指称性语言叠印则使诗歌远离了深度,削弱了可贵的思索和表现功能。对'此在'形而下的过度倚重,淡化了对蕴涵着更高境界的'彼在'的关注,这势必因缺失对灵魂世界的介入和乌托邦性质而流于庸常平面,只提供一种时态或现在现场,而无法完全将生活经验转化为诗性经验。叙事含混啰嗦,绘声绘色缠绕枝蔓,臃肿枯燥,文本模糊,亏损了诗性的简洁和纯正。"④"口语"作为语言解构了"朦胧诗"以来的过度抒情(表现),但是其又重新落入新的话语窠臼。再现的叙事的口语写作也并非一无是处,它在叙事性特征方面可以与戏剧性的冲突、矛盾相转化,在形式技巧中则可以借用口语写作中的语言机智、幽默诙谐,增加诗歌表现的感染力量,语言机智则表现出了诗人的"聪明主义",以及对语言

---

① 张清华:《"鄙俗时代"与"神性写作"》,《当代作家评论》2012年第2期。

② 枕戈:《80后之"神性写作"与"口语写作"》,《中国诗歌研究动态》,北京:学苑出版社,2006年,第15—35页。

③ 荆亚平:《神性写作:意义及困境》,《文艺研究》2005年第10期。

④ 罗振亚:《九十年代先锋诗歌的叙事诗学》,《文学评论》2003年第2期。

独特的处理与设置能力。"为什么诗本来就遵循'聪明主义'？因为诗给我们的不是意义,而只是一种意义之可能。诗的意义悬搁而不落实,许诺而不兑现,一首诗让作者和读者乐不释手,就是靠从头到尾把话有趣地说错。读者不是在读别人的词句,而是想读出自己。因此,一首好诗是一个谜语,字面好像有个意思,字没有写到的地方,却躲藏着别的意思。谜底可以是大聪明,谜面必须小聪明,谜底似有若无不可捉摸,谜面才让人着迷。"①

当代诗歌写作中的日常化、平民化、大众化、快感化的"口语写作"的再现特征,纠结于平淡、庸常情绪展现,但是不断丧失汉语诗歌的语言之思、知性之美。当然,读者并非一般读者,而是具有某种独特的知识与精神背景、并经过一定的文学训练的专业读者,他们接受或者正确的理解现代诗歌的难懂性问题。"阅读诗,就是诗本身在阅读中表现为作品,是诗在由读者打开着的空间里产生了迎接它的那阅读,阅读变成读的能力,变成能力和不可能之间,变成同阅读时刻联在一起的能力和同写作时刻联在一起的不可能之间的敞开的交流。"②可见,专业读者且带有某种深度体验、认知能力的阅读,必然提升汉语诗歌的现代主义技巧的表现,同时在存在式的再现与表现的可能之间找到合法化的阐释前提。知识分子写作、神性写作、大诗写作,丰富了当代诗歌书写,推动了语言、诗体的"表现"意识。陌生化、幻想、灵感、直觉、超验、超现实的技巧运用,读者的感受力、鉴赏力、想象力、理解力的加强,这些都有利于现代诗歌的表现意识的强化与传播。理解与阐释当代诗歌,也自然需要读者有较好的"感受力"。桑塔格《反对阐释》中对"感受力"的强调:"我们通过艺术获得的知识是对某物的感知过程的形式或风格的一种体验,而不是关于某物(如某个事实或某种道德判断)的知识。……艺术作品提供了一类被加以构思设计以显示不可抗拒之魅力的体验。但艺术若没有体验主体的合谋,则无法实施其引诱。"③现代诗歌的情绪暗示与幽暗意识,渐被读者感知、认同,诗歌产生了较好的文本效果、传播力量。诗歌是时间的形而上学的沉思,哲理上的思辨、知性之美,推动了诗歌表现意识在较广泛的诗人群体与读者群接受与认同。

① 赵毅衡:《刺点:当代诗歌与符号双轴关系》,《西南民族大学学报》2012年第10期。
② [法]莫里斯·布朗肖:《文学空间》,顾嘉琛译,北京:商务印书馆,2005年,第201页。
③ [美]苏珊·桑塔格:《反对阐释》,程巍译,上海:上海译文出版社,2003年,第25页。

重视当代诗歌的语言本体、现代表现技巧，就不得不要求进行现代诗歌的普及化教育，不断培育汉语诗歌重审美化、艺术化的诗体意识，这样才能有效维系、推动当代汉语诗歌的健康发展。"现代诗歌"是借助现代语言，使用现代修辞（隐喻、陌生化、通感、超现实主义等），表现现代人的价值与情感的可能、方式，以生命的存在意识不断觉醒为主题的诗歌。当代诗歌在坚持诗意、诗性的表现的前提与基础中突围，这必然也关乎写作的主观状态、价值立场，"表现"的意识往往要与现实"再现"保持某种距离，不断在"再现"与"表现"之间保持某种平衡，扩充当代诗歌写作的有效性、丰富性。

汉语诗歌当下突围的路径之一，就是让诗歌由当下走向反讽中心主义叙事的再现，重返表现意识下诗体语言的关注与深度拓展。叙事的话语的中心化、秩序化，已经挤压、损耗了诗歌的表现，如何在汉语的"再现"与"表现"之间找到某种诗艺平衡，变成一种或此或彼的写作关系，无疑是当代诗歌最应重视的问题意识之一。但有一点可以肯定的是，当代诗歌的再现性写作已经到了问题必须正视的时刻，重新认识语言的表现意识更有待进一步深化与探索。

二、"表现"的困境

20世纪80年代诗歌以来的叙事，通过了对事物的还原与再现，解构了"朦胧诗"重视意象与抒情的"审美"特征，但是，发展中也呈现出口语化、琐碎化的审丑疲劳，走向复制化、单一化的写作趋势。消解诗性、损耗诗意的"非诗"再现的写作，拒绝诗之"表现"功能和语言上诗性、诗意的追求。当下诗写中"再现"的叙事背离了语言与技巧上的"表现"追求，诗歌创作出现了雷同与复制现象。走向极端化、中心论的口语策略，过分强调再现与叙事，远离了诗的语言表现意识，远离了审美与思想的艺术追求，对当代诗写产生了极具危害性的误导。

从语言与时代、文化的关系观照"表现"意识的缺失与拒斥，究其原因，如下：

第一，不能正确理解诗歌的"难懂"，缺少诗学意义与诗体意识上的自我认同。笔者论文《当代诗歌：走向反讽中心主义》①梳理了当下诗歌逐渐走

---

① 董迎春：《当代诗歌：走向反讽中心主义》，《社会科学研究》2012年第3期。

向反讽作为策略日常主义写作,反讽叙事的再现优势重视日常、介入生活,而最大的误区在于规避了语言的表现可能与诗意表现的话语意识,远离了诗歌作为艺术的开放性、差异性、多元性、可能性的探索。

法国象征主义诗歌的代表马拉美明确提出的"难懂",是对西方现代文学始祖波德莱尔的感应、象征一说的进一步发展,这也成为现代诗歌重要的美学规范与追求。因为难懂,诗歌也多了阐释的可能。诗歌保持与生活的适当距离,有助于诗体语言以生命意识深处的勘探。"难懂"推动汉语诗歌的深度与难度、高度写作。80年代中期以来,后朦胧诗、知识分子写作、神性写作、大诗写作等诗潮,他们坚持"诗"的表现意识,与"非诗"的再现意识保持距离,通过"难懂"的文学性(诗性)追求对抗"再现"的叙事的凡俗化、粗鄙化。

第二,现代诗歌的发展很大程度上是诗人自我存在的生命意识,表现意识的深度勘探有助于寻找生命的深度现实,更丰富地理解生活自身。再现的叙事,往往仅停留于现实生活对人性的干扰与影响,缺少深度的文化反思与文本力量。

当下诗歌写作折射的生命意识缺少深度理解,关注社会挤压而形成的现实苦难,诗的表现意识与手法表达单一、雷同。这种生命意识仅仅停留在生活、现实层面,它阻碍了当代诗歌对生命意识探索的表现可能。坚持语言的深度、难度的写作自然与再现的中心话语保持距离。这种边缘化身份、诗性的写作追求,有效地保持了诗人的孤寂,也有助于他们深度地勘探与思考自我。孤寂,蕴含着对时间的形而上学沉思,保持与现实生活的距离从而体验深度的生命意识,把语言从日常的再现意识解放出来。孤寂导向内心的沉潜与培育可能。在孤寂的边缘,语言裂变,思想生成。诗人作为理念人,通过创造特定的意象呈现诗歌的表现价值。

第三,当代诗歌是现代诗歌的一种精神与自由理念的投射,现代性关怀与表现推动了当代诗歌的发展。再现的中心化叙事,过于关注现实,吻合了现实主义创作理念,但忽视了现代主义的表现的文学空间。再现的写作关注现实,缺少现代主义的语言技巧与形式探索,较少关注潜意识、深度自我。

现代诗歌无疑是现代主义艺术创作理念探索在前的文体与类别。现代主义则指向精神表现的种种可能,诗之表现丰富了当代诗歌的精神哲学与文化可能。"文化是价值、激情、感官、经验的汇总之地,它更关注的是人们感知的世界,而不是现实的世界。"①文学的大众化变成一个不可争论的事实,当下无论小说,还是诗歌,甚至文化自身,都走向了利益化、大众化。从文体来讲,诗歌这种形式无疑是精英文学的代表,也是当下文化作为上层建筑最为坚实的经典与根基组成部分。"让诗凭借语言成为艺术,让诗成为介质关联诗人与更深的生命体验、成为与读者对话与共鸣的艺术触媒,诗歌就是这么一种诗性、智性的艺术,慰藉生命,触摸灵魂。"②现代诗歌对幽暗精神世界的勘探也成为另一种生命事实、真相,导引人类精神生活的方向与可能。这种深度的心理、主观现实无疑是再现话语的日常事实、现实的克服与提升。现代诗艺的表现技巧基础上自由飞翔,让诗从现实返回内心,从再现的客观性、可接受性走向语言表现意识的诗性、神性。

第四,写作本身是一种书写机制,现代诗歌的表现意识的现代书写强调多种可能。当下诗歌写作意味着在现代性的审美与价值维度不断践行先锋性、探索性。

再现的叙事话语,不自觉地让诗歌滑入到诗歌的散文化、事件化的写作境地,缺少语言的精致性、丰富性。而作为现代诗歌的写作无疑与艺术、思想性紧密关联。"写作就把人物的实际言语当成了他的思考场所。"③再现的写作去精英化、反审美的创作观念,规避了诗之表现,逐渐失去了现代诗歌的诗性、诗意。写作本身则意为表现,它不断通过艺术性、思想性的写作认同强化了写作自身的边缘性、对抗性,诗歌写作尤其在当下文化中表现出这种鲜明的话语立场与文化认同。追求诗歌的哲理性、审美性、生命性、艺术性,是一种对诗歌本体探索性写作的"是"的写作,也是带有否定、消极、虚无、绝望的"不是"的抗争性写作,它同时也成为一种差异的、增补的、审慎的、自由的文学体制内外的写作。

三、重返"表现"与诗体突围

西方诗歌同样特别强调一种知性美、思辨美、哲理美、艺术美,诗人在音

---

① [英]特里·伊格尔顿:《理论之后》,商正译,欣展校,北京:商务印书馆,2005年,第82页。
② 董迎春:《论当代诗歌的孤寂诗写及诗学建构——关于诗歌本体论可能的探索》,《南京社会科学》2012年第2期。
③ [法]罗兰·巴尔特:《写作的零度》,李幼蒸译,北京:中国人民大学出版社,2008年,第50页。

节、节奏等表现形式层面展开探索，让西方诗歌也转向了表现的形式与肌质。但是，西方诗歌深受柏拉图、亚里斯多德以来的古希腊理性哲学影响，关注、重视叙事的再现，诗歌通过理性、知性去展开诗人的思辨色彩、诗意之美。诗歌的叙事性也不同于小说的叙事，它最终的落脚点仍在诗歌的诗意与诗性。中国诗歌传统一开始就重视抒情的表现特征。"在心为志，发言为诗"、"诗言志"、"诗缘情而绮靡"，道、禅美学、意趣、意境等传统诗学，表现出空灵、诗性的审美话语，更侧重于感性的"表现"与意味，这也是中国传统诗歌与西方理性为中心叙事话语相差异的特点所在。

20世纪80年代"朦胧诗"以来的当代诗歌在传承西方现代抒情诗传统以来，接受了象征主义、意识流等艺术观念与表达技巧，但是发展到了当下，诗歌由于"朦胧诗"过度抒情与政治话语的纠缠，使得当代诗歌有意味的抒情逐渐失效、单一化，使得诗歌失去自身的表现可能。从语言入手，"第三代诗"中的"口语写作"则紧抓此点，不断地去审美化、解诗意化，提出了"拒绝隐喻"等诗学观念，使得诗歌从表现的透支中转向了叙事的清新、自然，其平民化、日常化带来亲切与清新诗风，有效地修补了当代诗歌书写与发展路径。90年代末以伊沙的反讽叙事诗歌，也融入西方现代诗歌对知性、理性、哲理、思辨，拓展了诗歌的文本效果。"在古今中外的诗歌中，'反讽'一直是一种重要的修辞策略，……'反讽'成为中心化、主流化写作趋势也意味着某种潜在危险。反讽作为一种成熟修辞，唯有对其积极引导，充分利用'反讽'的积极修辞表达效果，在精神与情操上不断强化诗人的责任意识、艺术信心、生命信仰、终极关怀，中国当代诗歌才有可能书写积极的、歌唱的、诗学的、语言本体的生命之诗。"[1]反讽诗歌的"再现"的现实介入意识，吻合思辨、知性话语的认同传统。但是，过于"再现"的诗歌由于再现本身的可叙述性、奇观性、视觉感、易阐释性，让诗歌也走向了纠结"再现"的话语误区，单一性、单义性、去想象力、缺少深度现实理解能力，使得汉语诗歌在当下背离了表现意识为本体的诗意追求。

当代诗歌书写主流中的再现叙事话语极易拼贴化、碎片化，而绝大多诗歌写作者因为缺少综合写作的知识背景与深度现实揭示的能力，使再现叙事呈现了趋浅化、庸俗化、粗陋化、极端化的写作趋势，再现的叙事变成现实主

---

① 董迎春：《当代诗歌：走向反讽中心主义》，《社会科学研究》2012年第3期。

题"应景"的写作,延缓与忽略了当代诗歌语言的自然生长、自我繁殖、裂变、创造的可能。表现意识的诗歌更强调一种情绪色彩的铺陈与表现,它通过带有情感暗示的意象让读者参与其诗的想象与联想,从而在写作者与读者之间找到某种深度的情感体验的情感共鸣、审美认同。因而,"朦胧诗"以来的诗歌走向综合的语言本体意识的创造可能,"叙事并不能解决一切问题。叙事,以及由此携带而来的对于客观、色彩特色的追求,并不一定能够如我们所预期的那样赋予诗歌以生活和历史的强度。叙事有可能枯燥之味,客观有可能感觉冷漠,色情有可能矫揉造作。所以与其说我在 90 年代的写作中转向了叙事,不如说我转向了综合创造。"[①] "叙事大规模'入侵'现代诗,产生了多种多样的类型与变种……叙事性在新锐诗中取得最大的突破是已从技术手段、修辞策略,上升为现代诗的一种思维方式,它带来的最大益处,是大大提升诗人处理复杂事物的能力。但理想的状态,应是抒情性与叙事性的有机溶解,达到'鸡蛋清'状态。叙事,应成为一种'有限制的情境授权'。"[②] 相对而言,表现的诗歌则是艺术某种可能,去完整性,在诗句之中留存许多可以联想的旁白、韵味和意义不定点。

从隐喻的意象到象征的通感,再到直觉主义、超现实、超验主义的幻象。意象、通感是诗歌的重要的修辞技巧。从柏格森的直觉主义到弗洛伊德的精神分析中的本我、自我、超我的认知,把诗歌的表现从日常的经验世界拉向了神奇魔幻、天马行空的想象力的深度体验,通过梦话、呓语、幻想、冥思,完成诗歌的超验本我、自我、超我的塑造可能,这个"本我"世界必然指向了艺术本体,指向了诗歌作为艺术重要表现形式的开放性、可能性、生成性、丰富性。"艺术作品中一切不具有功能的东西——因而一切超越单纯存在律法的东西——都被消了。艺术作品的功能正在于其超越单纯存在的超越性……说到底,既然艺术作品不可能成为现实,那么排除所有的虚幻特征就更加突显了其存在虚幻特征。这个过程是不可避免的。"[③] 最终,诗歌获得了本体论、艺术性的回归,凝聚诗意、诗性的幻象之美、诗性之美。诗歌的文本效果在相似性、连接性之间找到关联,既有主观的情绪性的现实投射,也尊重传统获得强

① 西川:《大意如此》,长沙:湖南文艺出版社,1997 年,序第 3 页。

② 陈仲义:《中国前沿诗歌聚集》,北京:中国社会科学出版社,2009 年,第 157 页。

③ 爱德华·W. 萨义德:《论晚期风格——反本质的音乐与文学》,阎嘉译,北京:生活·读书·新知三联书店,2009 年,第 17 页。

化语言的途径。时空在主体的超验的想象、幻想中获得了某种情感基础,创造了现实无法再现的诗意之美、魔幻之美。考察诗人运用的意象,把握诗歌的整体情绪,并展开合理想象,生成了艺术的文学性(艺术性、审美性)、思想性(难度、深度、差异性、哲理化)。隐喻、象征、超现实、超验的情绪在"幻象"中获得了某种统一、穿越,聚集成当代诗歌表现、表意以及诗体回归的可能。

诗歌意味着将来时、理想形态的自我生活建构的启示与可能。"'完成式'的诗歌形式被否定,作品在绵延不绝的'瞬间'中生成,……与诗、与物同在,载入不朽的史册,面向遥远的未来。"①许多诗人依凭超验与超现实的幻想能力,颠覆时空,在自我想象中找回现实的精神投射,关注诗性、诗意的前提,捕捉现实不能描绘、展现的深度与可能性的生命体验,赋予读者的神奇的审美空间。由此,当下诗歌书写成为现实生活的某种精神抚慰,不断消解现实的生命焦虑,实现艺术的净化与升华功能,通过艺术的创造过程,提升、凝聚对自由精神状态的体悟。

作者:曹凯钵,盐城市美术家协会原主席

① 弗朗西斯·蓬热:《采取事物的立场》,徐爽译,上海:上海人民出版社,2009 年,序第 5 页。

第八章　艺术哲学与历史回顾

　　主编插白： 在中国的特定语境中，"文艺学"与"艺术学"虽然同为研究艺术美的理论，但约定俗成的所指并不相同。"文艺学"是指研究文学这门艺术的理论，"艺术学"则指研究书画音乐戏剧的理论。近年来，在艺术学理论研究中，艺术与哲学的互动渐成显学，尤其是艺术学理论学科增列出"艺术哲学"的研究方向，其研究视域极大拓展了艺术学理论学科运用"辩证法"及"辩证逻辑"针对艺术问题的思考。夏燕靖《艺术哲学的理论形态与研究范式》指出：艺术与哲学的关系问题早已存在于关于艺术问题的哲学思考之中。艺术哲学一直致力于回答"艺术是什么"的问题。在学科体系中再次提出"艺术是什么"这一设问，则需要在阐释哲学与艺术基本认知的基础上加以反思，以解答"艺术做什么"的问题。借助相应的研究范式对艺术的形而上问题进行阐释，诸如以艺术的主体性和主体间性来思考并回答"艺术做什么"的问题，则可以形成多元把握艺术哲学的范式理路。这或许是一条解释艺术学理论内外在相互结构问题的有效途径。如果说夏燕靖教授对"艺术哲学"作出了本体论探索，夏波教授则对戏剧美学提出了本体论思考。他的《"叙述体戏剧"及其审美构成原则》一文从对戏剧"叙事性"元素的分析比较、"陌生化效果"的辨析等方面，论述了布莱希特"叙述体戏剧"的审美旨向；揭示了"叙述体戏剧"审美的主要构成原则在于：鲜明的戏剧主体意识与哲理意识、矛盾对立的戏剧结构原则、入乎其中出乎其外的戏剧审美体验等。樊波教授以研究中国绘画美学为主，同时又有西方绘画美学的参照。《明清中西方绘画审美比较论》以广博的视野论述了明清画家和艺术理论家对当时传入中国的西方绘画的反应和认识，他们对西方绘画既有学习和吸收的一面，又根据中国艺术立场作出独立审美判断,有批评和改造的一面。处在当今中外交流的全球化时代,明清画家和艺术理论家对西方绘画美学的态度和认识依然具有重要的现实参照价值。

改革开放使我们进入了从站起来到富起来再到强起来的新时代,追求美好生活已经成为人们的主要目标,美的问题在新时代凸显出来了。随着社会主义市场经济的深入和中国现代化进程的加剧,当前人们的审美观念发生了巨大的变化,也出现了一些偏差。同时,西方各种现代主义、后现代主义思潮席卷中国,而这些思潮以本能、无意识、梦幻、直觉等表现现代技术社会带来的异化,表现人与自我、人与社会、人与他人、人与自然等的疏离和痛苦,具有很强的非理性色彩,在某种程度上助长了自我的放纵。在这种情势下,如何引导人们树立正确的审美价值观,如何发挥中华传统美学精神的引领作用,就显得特别必要与紧迫。寇鹏程教授发表《中国传统美学的三大范式及其在新时代的启示意义》一文,主张从中国传统美学"比德""缘情""畅神"三大范式入手,吸取其中人与世界和谐关系的价值启示,为矫正当前语境下的审美迷失提供一份思想资源。

第一节　艺术哲学的理论形态与研究范式①

"艺术哲学"的名称并不是新提法,首次作为明确的学术概念被提出,是在谢林的《先验唯心论体系》《学术研究方法论》《艺术哲学》和《论造型艺术与自然界的关系》等相关著作中,谢林同时还建立起完备的艺术哲学体系。②谢林阐发的艺术哲学是把艺术的概念同哲学、宗教的地位平等的放在了一个层面上。谢林认为,"艺术即哲学"为艺术未来作为学科发展夯实了地基。之后,丹纳《艺术哲学》被国内学者奉为唯物主义艺术哲学经典。那么,今天在中国学科话语体系下再次提出"艺术哲学",可以说是在谢林、丹纳等学人探讨基础上,拓宽了各种经验意义上的或哲学意义上的"艺术理论"。如此,艺术哲学又被作为学科交叉构成的理论形态与研究范式,用于直面艺术本质

---

① 夏燕靖,上海交通大学特聘教授。原文载《艺术百家》2023年第2期。

② 先刚:《试析谢林艺术哲学的体系及其双重架构》,学术月刊,2020年第12期,第5页。

问题的阐释,进而形成艺术学理论学科与当代艺术多元发展关系网上的一个个纽结,广泛植入于人类精神生活之中,成为艺术学理论研究及学科建构的重要参照系。

一、艺术与哲学的关系

众所周知,艺术与哲学的关系密切,关涉艺术本质问题的探讨,如认定艺术不是孤立的存在,就需要找出艺术的从属性关系,以此构成多元解释艺术的总体认知,这便离不开哲学的介入和思考。再有,从艺术创作追溯到艺术家的风格、艺术流派的演变,直至艺术与其所属的社会风俗、历史文化和时代精神等问题的综合探讨,同样需要哲学的牵连,以阐明艺术创作的现实厚度、艺术风格的思辨构成,从而揭示出艺术在意识形态认知中的感知美、创造美。同时,艺术又通过作品展现美的意象,进而启迪人的求真、向善、尚美,在艺术表现中更加突出的呈现人的丰富情感,使之成为人性真善美的联结纽带,抑或是说以真善美架构起人们认识美好世界的桥梁,而所有这些都是缘于哲学思考的结果,当然,也可以说是艺术哲学思考的结果。

受德国黑格尔和法国孔德实证论的影响,丹纳主张艺术史的研究应以"实证"为依据。其艺术哲学从一切事物的产生,发展,演变和消亡的内在规律出发,考察艺术与"种族""环境""时代"三要素的紧密关系,即"艺术产生"的本质问题。[①] 这既是一个艺术目的性的问题,更是一个典型的艺术哲学命题。由之,丹纳认为的艺术作品的本质,是浸透在众多因素条件影响下被塑造出来的。诚然,丹纳以实证主义的科学精神,分析艺术在表现人的精神志向所存在的合理性,尤其是"文学价值的每一级都相当于精神生活的等级",这是一种对标法则,"越是构成生物的深刻的部分,属于生物的原素而非属于配合的特征,不变性越大",以此验证艺术批评的三种尺度[②]。如此看来,丹纳的艺术理论观恰好是落到了当代艺术哲学上,给予民族传统文化发生与发展最为合理的解释,提出了要加深对艺术作品时代性的理解,尤其是关注

---

① [法]丹纳:《艺术哲学》,傅雷译,北京:生活·读书·新知三联书店,2016年,第3页。

② 丹纳在《艺术哲学》"第五编艺术中的理想"中认为艺术的价值在于表现特征的"重要的程度"、"有益的程度"、"效果集中的程度"三者对于艺术的价值具有决定作用,他从精神生活到文学作品再到艺术的论述论证这三种评价尺度。参见丹纳著《艺术哲学》,傅雷译,北京:生活·读书·新知三联书店,2016年,367—446页)。

所折射出来的时代精神对艺术作品产生的关键影响。

20世纪围绕着哲学实证、思辨方法考察艺术史的哲学家还有海德格尔（Martin Heidegger，1889—1976），他认为：艺术作为承载物质性和精神性的载体，艺术作品的存在就是"开启一个世界，制造一个大地"①，这里的"世界"不是物理意义上的含义，而是人类意识中的世界，"大地"则是物性的转化说法。海德格尔始终将"人"的存在，以及"人"对自身的认识，归结于以"人"作为基本尺度来认识世界。如是可言，艺术也必然成为"人"的存在象征，而人的"造物"活动，便是一种"有我之境"的体现。据此来看，艺术进入到哲学形而上的把握，必然构成一种认识过程，即迈进"思想"之境界。

20世纪下半叶，阿瑟·丹托（Arthur C. Danto，1924—2013）在其《哲学对艺术权能的剥夺》一文中②追溯了探讨艺术与哲学关系的学者的论断，特别强调哲学的自我救赎可以转换成艺术认知，因为哲学起初就是对抗艺术，从而获得艺术与哲学的历史关系。为此，丹托举证说，哲学剥夺艺术的历史，其源头就在柏拉图美学著作中留存的思想：第一种是通过"艺术与真理隔了三层"的主张，让艺术看上去微不足道；第二种是通过艺术理性化，让艺术变为哲学之所见。他指出这些思想最终导致艺术远离现实生活，并在很大程度上让这一时期的学者将艺术放在一定的审美距离之外，艺术自此被美学所束缚和削弱。丹托甚至采用了这样一个类比，即在古典时期艺术相对于哲学是从属性的地位，类似于今天哲学相对于科学的从属性地位。他倡导要将艺术从哲学中解放出来，改变艺术受到哲学的这种压迫性的局面，从而使哲学与艺术改变过往那种受传统观念支配与被支配的关系，主张在某种意义上的"联手"，以实现各自的相对独立。应该说，丹托的观点是明确的，指明了关于哲学与艺术存在着的辩证关系。

再就中国艺术的发展而言，其艺术与哲学的纽带始终是联结在一起的。举例来说，中国古代哲学讲究"道"，"道"是天地万物之本源，是最高的哲学概念，《老子·道经·第二十五章》中有"人法地，地法天，天法道，道法自然"，世间万物是运动的，遵循着一定的规律，这个规律便是"道"，而"道"又

---

① ［德］马丁·海德格尔：《海德格尔文集·林中路》，孙周兴译，北京：商务印书馆，2015年，第35页。

② ［美］阿瑟·丹托：《哲学对艺术权能的剥夺》，郑伊看译注，《艺术设计研究》2010年第3期，第95—108页。

是依循自然之性生存运转。如此中国古代哲学思维模式孕育而出的古人世界观,对艺术的认知也同样遵循这一规律。以这样的视角来看中国艺术,自然就具有"文以载道""诗以言志""乐以相德"等艺道主张,这是中国古代艺术与哲学关联密切的真实写照,只不过"道"可以转化成不同的中介形式,如至真、至善、至仁、至德性等,再通过不同的艺术表现形式演绎出来。进言之,中国画追求以立意为先,如王维在《山水论》中曰:"凡画山水,意在笔先。"①以"立意"为中国传统艺术的表达与表现方式,其本质内涵正是缘于中国艺术与中国哲学精神的自觉联系,乃将天地万物的表现归于一个"道"字。庄子《逍遥游》中以鲲鹏飞九万里的寓言言语"至人无己,神人无功,圣人无名"②,比附艺术创作的"自由"表现。"道法自然"是中国哲学乃至中国艺术的精髓之所在。谓之"道",是中国艺术超越世俗,获得精神自由的动力之源,更是艺术创作主观与客观、理智与感性的平衡所在。依此推论,中国艺术强调与自然协调,而不是与自然对立,追求艺术与自然的融洽,讲求艺术的神似,讲究"天人合一"的内外在的和谐统一,这才有中国艺术自古形成的以"诗书礼乐"相互和谐来作为艺术表现与解读艺术的根基。质言之,"兴于诗,立于礼,成于乐"的孔孟哲学思想,也可以说是深深影响着中国艺术的发展之道。例如,中国古代哲学人大多带有浓厚的诗人情愫,他们的诗兴灵感从来就包含着一种悠悠"形而上"的哲学情怀,其诗性必然来自艺术哲学赋予的灵感浸润。

如此说来,艺术哲学的前史早在中西方哲学中都各自占有一席地位,只不过是不同的话语体系所展现二者相互之间的思辨过程有所不同。

二、艺术哲学的理论形态

如上所论,艺术哲学实则是艺术理想的一种哲学观的映现。艺术与哲学是人类文明两种不同的把握与呈现方式,人类倾向于用感性的艺术方式来表达情感与认知;也喜欢用理性的,逻辑严谨的哲学方式来把握和理解世界。而当我们提问艺术与非艺术之间的区别,需要借助其他的认知方式,诸如科学的方式、宗教的方式等等。当然,这些都以哲学为基础。哲学的方式是以

---

① 俞剑华编著:《中国历代画论大观》,王孝鱼点校,南京:江苏美术出版社,2015年,第155页。
② [清]郭庆藩:《庄子集释》,北京:中华书局,2006年,第17页。

辩证、发展的概念的逻辑推演来理解和把握问题。事实上，我们所言说的艺术本身都具备一定的哲学观。

比如，先秦哲人荀子撰写过一篇《劝学》，其中曰："不全不粹之不足以为美也。"[①]将这句话引申至艺术美的认识高度上来说，可以理解为艺术既要有极为丰富而全面地表现生活的方式，又要去粗存精提炼生活，使之典型，"粹"即"洗尽尘滓，独存孤迥"[②]。而"全"字，则是孟子在《孟子·尽心下》中所倡导的"充实之谓美，充实而有光辉之谓大，大而化之之谓圣，圣而不可知之之谓神。""全"和"粹"可谓是辩证的统一，相互协调构成艺术的表现。"美"具有仁义道德的内在品质，并表现出充盈于外在的形式，是极富有艺术哲学的一种表达方式。诚然，艺术创作的过程没有固定的章法。这种在理论上看似天才性的行为是从古至今被艺术创作者在创作欲望驱使下而产生作品的过程。

对艺术的研究，美学、文艺学、门类艺术学以至艺术学理论等学科都在做着相应的研究。自然科学的手段和方法也应用到对于艺术领域的研究中，然而在这些学科的学者眼里，他们共同的研究对象，真的是同一种东西吗？真的是同样存在着的"艺术"对象吗？解释这些问题，也只有借助于哲学给予思考和回答。

固然，就艺术哲学而言，哲学化的理解方式当然是把握艺术的方式之一，也应该成为艺术学研究的不可或缺的组成部分。但就艺术实践领域来说，用哲学的思考方式也一直潜藏在现当代艺术作品之中。例如，法国跨学科艺术家团体"LAB212"，他们经常运用新媒体以艺术的表现方式将空间与声音，乃至与技术碰撞，唤起艺术视听觉背后多维度"对话"表达的哲学思考。该艺术团体在2021年创作了的名为Passifolia的互动艺术装置，他们在黑暗的空间里营造出好似阳光透过屋顶孔洞射进室内的光束效果。观赏者走进这个空间触碰到光束时，光束会感应变暖放大，且伴随响起自然界特有的旋律。此时观赏者置身黑暗与光束组成的空间里，获得一种感官体验的变化，产生

---

① [清]王先谦：《荀子集解》，沈啸寰，王星贤点校，北京：中华书局，2016年，第21页。

② 清初画家恽寿平在《南田画跋》中写道："简之入微，则洗尽尘滓，独存孤迥，烟鬟翠黛，敛容而退矣。"参见：恽格（寿平）撰，蒋光煦辑《瓯香馆集》卷十一《别下斋丛书》第三册，北京：商务印书馆，第69页，转引自古籍网：https://www.bookinlife.net/book-34579-viewpic.html#page=69。

一种仿佛穿梭于森林的感受,进而思考人与自然的互动效应。在观赏者的共同参与下,在艺术家提供的空间平台中,艺术被不断创造出新的形态,而艺术又成为帮助人走进哲学思考的一种悟性方式。

又如,2018 年 3 月在北京红砖美术馆举办的冰岛 / 丹麦艺术家奥拉维尔·埃利亚松(Olafur Eliasson)《道隐无名》展览,展示了这位涉猎广泛的视觉艺术家,运用装置、绘画、雕塑、摄影和电影等媒介创作的艺术作品。如被红砖美术馆永久馆藏的作品《水钟摆》(2010),作品利用舞动的喷水水管、频闪灯光在黑暗的空间里营造出一帧帧闪烁的定点画面,喷洒出的水花声伴随着舞动的水管拍打地面的声音,共同组成了这件作品。从视听感三觉中寻回到作品名称《水钟摆》,忽然能够意识到舞动水管的摆动,是遵循钟摆轨迹运动所获得的。如果赋予作品更深层的艺术之境,或许需要借用法国生命哲学家亨利·伯格森(Henri Bergson,1859—1941)关于"时间""空间"与"意识"的论述,伯格森也曾经以钟摆举例,论证他的时间理论,他认为钟摆并非是显示时间的器物,它摇动的过程触动着人心灵中的意识状态。艺术中的形式,不可避免地渗透进现有意识以及通过观赏艺术表现后产生新的意识,于是"在现有的意识状态以及将要发生的任何一种新状态之间总有某些关系。"[1] 以绘画为例,"画家不是依靠概念而是依靠直觉进行创作,而直觉所把握的是不断绵延的,不可重复的内心体验"[2],其创造形式带来的哲学话题在于"艺术未来让我们直面实在本身,目标只有一个,即消除那些实际使用的符号"[3]。

再有与之相呼应的装置作品《遗失的指南针》(*The lost compass*,2013),由浮木、不锈钢、磁石组成。这件作品被吊悬在展览入口处的圆形展厅正中,埃利亚松的用意在于这件作品可以作为观赏者进入展览的"导航"。原本这根浮木是漂流在西伯利亚的某条河流之中,随着洋流、地球自转、北极圈磁场的影响漂流下去,埃利亚松发现了这根浮木,并将其装置在人造磁场中,依然会根据不同磁场的引力而转动,重新将这根浮木拉离旧的秩序,从而在艺术家创造的空间秩序再次赋予它艺术生命。埃利亚松将此装置设置在展

① [法]柏格森:《时间与自由意志》,吴士栋译,北京:商务印书馆,1958 年,第 116 页。

② 陈炎:《反理性思潮的反思》,济南:山东大学出版社,1994 年,第 193 页。

③ [英]阿瑟·I·米勒著:《爱因斯坦·毕加索:空间、时间和动人心魄之美》,方在庆、伍梅红译,上海:上海科技教育出版社,2006 年,第 30 页。

览入口处"为大家'导航',思考我生活在哪里,我来自哪里,我要去向何方",同时又可以解读出这件艺术作品的创新本质,并不是简单的加法,而是在面对不同观众时,不同空间场景时增补其新的意图。埃德蒙·伯克(Edmund Burke)在其美学论著《关于我们崇高与美观念之根源的哲学探讨》中分析,将美与崇高拆分为不同的感性类别:美,是指形式良好和对审美带来愉悦;而崇高,则是对我们具有压倒性和毁灭性的力量。[①]埃利亚松在北京红砖美术馆的展览,通过一系列大型沉浸式装置、雕塑及纸上作品为我们勾勒出近似伯克推荐的所谓"崇高的显现创造"。如此解说,我们深信只有依循艺术哲学的思辨,才能得到可信而有效的答案。

同样,深受中国哲学影响的古代画家和理论家,从来就非常重视创作精神层面的解析,并在历史长河中产生了许多富有艺术哲学意味的言论,诸如"苟日新,又日新,日日新"(《礼记·大学》)、"出入六合,游乎九州,独来独往,是谓独有。独有之人,是谓至贵"(《庄子·在宥第十一》)、"独与天地精神往来,而不敖倪于万物"(《庄子·天下第三十三》)、"夫丹青妙极,未易言尽。虽质沿古意,而文变今情。"(姚最《续画品·序》)、"述而不作,非画所先。"(谢赫《古画品录·序》)。由此,从古代画论中我们可以读解到艺术从本体论的辩证出发,来理解人基于天地万物中的艺术实践。这表明艺术哲学对人类艺术产生一定具有剖析,甚至指导性的意味。

三、艺术哲学研究范式

如果以艺术为研究对象,进而上升到哲学领域来理解艺术的问题,自然就进入到艺术哲学领域。这关涉艺术思维及针对艺术存在的种种解惑,其研究范式是动态的。例如,对艺术本体论的探讨就是一种主体性范式,实际上是解答"艺术是什么?"。不同历史条件对应着不同艺术哲学的解析命题。

以艺术哲学的方式关注艺术的概念需要回到艺术对象的本身。例如,"何为艺术","艺术生产"是物质与精神、信息与能量的综合,"艺术与非艺术"的价值判断等等概念。如何更接近艺术本体,是艺术哲学需要直面并解决的重要问题。19世纪后叶丹纳认为艺术作品是一种社会现象,需要从艺

---

① [英]埃德蒙·伯克:《关于我们崇高与美观念之根源的哲学探讨》,郭飞译,郑州:大象出版社,2010年,第147页。

术外部找寻对艺术发展的影响。他在《艺术哲学》一书中说："我的方法出发点是在于认定一件艺术品不是孤立的,在于找出艺术品所从属的关系,并且能解释对于艺术品的总体认识。"[①] 他主张将艺术提升至哲学层面进行思考,不是从主义出发,而是竭力探求规律,证明规律是有人、有社会参与的主体性范式。再如,20 世纪沃尔海姆(Richard Wollheim)在《艺术及其对象》中就通过批判"将艺术作品作为物理对象"、"克罗齐 – 科林伍德理论(the Croce–Collingwood Theory)"(即"理念化的感觉"),认为"艺术品存在于艺术家的直觉之中"以及"艺术是一种生活形式",这掺杂了艺术与社会间性的思考,正如他的论断:"在某些类型的参照系或者构架中,一件艺术品是能够被确定的,当然,这并不意味着,(希望将某物确定为一件艺术品的)任何观者都必须在这一的一种构架内被置于某个精确的点上。……把艺术视为超艺术(extraartistic)条件的产物的解释形式。被看做与最高艺术价值(亦即自发性、原创性和完全的表现性)不相协调的,并不是如此这般的历史决定,而(更特别地)是社会决定(social determination)","艺术在本质上是历史的"[②]。

回溯历史,古往今来艺术家的作品或多或少都隐藏着可以思考"艺术是什么?"的问题,拓展而言,也就是研究范式。西方从文艺复兴开始,绘画、雕塑、建筑就与哲学"纠缠不休"。其中,人文主义思潮是文艺复兴时期一种主要的社会思潮。如哲学和自然科学知识构成的"人文学科"在此时期孕育,同"神学"相对立,世俗文化以及社会思潮所风行的贯彻反封建反神学的新主张,宣扬以人为本,赞美人性的力量,讴歌世俗生活的一系列艺术表现形式,可谓是有一个共同的守则和目标,为此完成艺术从认知到创作的范式内的各项工作,乃至艺术科学的进步也都是一个范式取代另一个范式,完成这个取代也就是文艺复兴之所以成就辉煌的关键。由之,我们如今可以说,日益呈现出艺术与哲学相互融合的趋势,以至于现代艺术受到后现代哲学思想的影响越来越重,艺术对哲学的青睐也逐渐达至到了顶峰。如同黑格尔在《美学》中所解释的,艺术与哲学和美学同属精神思想层面,也就是上层建

---

① 丹纳:《艺术哲学》,傅雷译,北京:生活·读书·新知三联书店,2016 年,第 11 页。

② [英]理查德·沃尔海姆:《艺术及其对象》,刘悦笛译,北京:北京大学出版社,2012 年,第123、125、127 页。

筑,艺术异于其他两者之处在于,艺术通过科学性形式表现最崇高的东西。哲学通过美学这一概念对艺术产生影响,反之艺术可通过自身的特殊方式体现一定的哲学思想。① 黑格尔将美学称作艺术哲学,而美学在艺术史中也以事实证明,是艺术与哲学之间的有机桥梁。"美"是理念的感性的显现,"艺术"则是形象的个性化的传递"美"的样式。所以说,艺术与哲学和美学有着许多的相通之处,抑或是说有着比较贴近的哲学形式的审美。归根结蒂,艺术创作必然有着自己的哲学阐释,即哲学是无形的艺术,艺术则是有形的哲学,如若艺术缺乏哲学思想的体现,那么,就不能称其为有价值的艺术。进言之,艺术创作的表达与表现,又因为种类繁多而复杂,其显现的哲学观点又是多样的,甚至是隐晦的,这些需要针对具体作品具体分析,诸如音乐、舞蹈、戏剧、戏曲和影视等等,只有通过有形的艺术作品的特殊表达,我们才有可能读解艺术家的哲学观点。故而,哲学是思想的凝练,是推动艺术创作的发展,而艺术反过来也会影响哲学的进化,即在哲学认知框架下,艺术进行着丰富多彩的创作,而种类繁多的艺术创作又以极为丰富的观念形态汇入哲学思想之中。综合来说,艺术与哲学能够让人有更高层次的思想孕育,从而影响着人们对艺术哲学系统的进一步开发。

如今,关于艺术学理论学科的发展定位依然争议不断,而艺术哲学研究的加入,应该说是极大充实了以"史论评"为主的基础理论研究。特别是伴随着艺术学理论学科化与学术"精细化"研究的不断推进,其学术深耕的研究范式亦趋成熟,此时艺术哲学的介入,作为一种独特的学科交叉样式,更将"艺术"广泛地植入于人类生活与精神领域,同时也成了极其重要的学术研究对象。正像早年间宗白华在《艺境》一书中探索和研究东西方哲学思想,秉承以中国传统哲学为本,西方生命哲学为辅的研究方法,将西方生命哲学融入中国传统哲学,达致东西方哲学的互补。这使得他的美学研究不重在逻辑的分析,即不纠缠于通常的哲学概念等,而是关照身边美的世界,来发现

---

① G. W. F. Hegel: "Vorlesungen über die Ästhetik I, Werke 13." Frankfurt am Main: Suhrkamp. 1986 P.139. 黑格尔不但在《美学》中,而且在《逻辑学》中也明确说:"哲学与艺术和宗教共有它的内容和目的;但它是把握绝对观念的最高方式,因为它的方式是最高级的,是概念"(G. W. F. Hegel: "Wissenschaftder Logik II," Frankfurt am Main: Suhrkamp. 1990, P.549.)(参引:张汝伦:《现代性问题域中的艺术哲学——对黑格尔〈美学〉的若干思考》,《清华西方哲学研究》2016 年第 2 期)。

美、捕捉美及阐释美；并充分领略和感受大自然与艺术表现的真实存在，探研艺术表现的客观真理。[①] 在此基础上，又针对艺术意境提出层次结构的分析研究，即被他誉为的艺术意境具有阔度、高度和深度的"三度"层次，宗白华更进一步明确表述了中国艺术意境的美感特征，即从直观感相的模写、活跃生命的传达，到最高灵境的启示，构成中国艺术意境的美感特征的三个高度："情胜"、"气胜"和"格胜"。[②] 依此而论，由于艺术哲学介入艺术学研究，使之与人文学科的其他领域，如文艺学、美学和史学等研究认知基本看齐。然而，在艺术学理论研究中也产生了一系列的问题，其突出表现在艺术学理论的基础研究依然缺乏纯理论的系统建构。比如，作为艺术学的元理论研究，从学理范围和研究路径来说，一般不针对艺术学理论问题作实质性的探讨，它主要是通过理论的形式逻辑研究来分析、验证和拓展艺术学理论确立的合理性、正当性和有效性。比方说，探讨艺术的本质特征，仅仅有艺术创作的直觉式感悟和一般的艺术知识或是艺术门类的理论是远远不够的，必须具有与艺术一般的指涉理论，才能抵达本质特征深层的核心奥秘。也就是说，如果没有关于艺术一般的合理解释理论作支撑，艺术的本质性特征便不可能真正获得揭示。因此，当研究者站在这样一个"元理论"的层面上，去审视以往那些游离于艺术一般的理论所无法解决的难题时，就会豁然开朗。这就是说，元理论是学科的最为基础的理论，它既是高度概括的理论，又是最为本体的理论，甚至可以说是艺术一般理论的基础。[③] 如此说来，艺术哲学的引入将是艺术学理论得以拓展元理论研究和基础，更是学科本体得以界定，学科价值得以彰显的最为重要的哲学见识。从而使艺术学理论研究成为真正有内涵、有价值和有本体意味的研究。

　　近年来，在艺术学理论研究中，艺术与哲学的互动渐成显学，尤其是艺术学理论学科增列出"艺术哲学"的研究方向，其研究视域极大拓展了艺术学理论学科运用"辩证法"及"辩证逻辑"针对艺术问题的思考。虽说关于艺

---

① 高译：《宗白华〈艺境〉中的美学思想探析》，《北京大学学报（哲学社会科学版）》，2016年第6期，第123—129页。

② 王德胜：《意境的创构与人格生命的自觉——宗白华美学思想核心简论》，《厦门大学学报（哲学社会科学版）》2004年第3期，第49页。

③ 夏燕靖：《以艺术学元理论与本理论研究为要义》，《艺术学研究》（南京艺术学院研究院学刊），2012年第1期，第100—108页。

术学理论学科的定位依然存有这样或那样的争议,然而,艺术哲学的介入,应该说是夯实了以"史论评"为主体的艺术学理论研究的基础。特别是伴随着学术研究进入到一个多元化转型探索的时代,艺术与政治、艺术与社会、艺术与文化、艺术与伦理,乃至艺术与科学的关系更加紧密,进而连带出艺术学理论学科的大融合,凸显出交叉理论和应用理论研究的新发展,促使艺术学理论研究及学科建设更趋科学化。

质言之,当艺术遇到功能问题的判断,当艺术遇到反思问题的思考,都会自觉或不自觉的介入哲学来探讨。因之可说,哲学和艺术占据着我们精神世界太多的空间。然而,艺术和哲学虽说是我们精神世界的一部分,但其本质上两者之间还是有差异的。艺术有自己的特殊把握世界的形象语言和表述方法,哲学则是基于概念的逻辑形式来认识世界的表现。两者代表着的精神世界的体验,自然是有差别的。虽说两者有所不同,但在许多方面都需要共同融合,以形成具有共同性的思维来认识完整的世界,这便是艺术哲学的功用,这是艺术情感与哲学理念并行不悖的发展方向。

第二节 "叙述体戏剧"及其戏剧审美构成原则 [①]

众所周知,"叙述体戏剧"是著名德国戏剧家布莱希特提出的一个具有重要影响力的现代戏剧理论及创作概念,自其诞生至今,就一直成为伴随现代世界戏剧发展的热点焦点之一,推崇者有之,贬损者也大有人在。然而,这都无法撼动其对世界戏剧创作具有旺盛且持久活力的巨大影响,在当今世界各地的许多戏剧文本里、舞台上,都会看到"叙述体戏剧"多姿多彩的面影。而对"叙述体戏剧"的研究也同样如此,从意识形态、哲学、美学、戏剧艺术等方面都发现甚丰,但也更加让人感到其面影的摇曳。在许多标明"叙述体戏剧"的创作中,我们也经常会看到有"间离"无"效果",有"叙述"却实非"叙述体"的状况。什么是"叙述体戏剧"?其戏剧审美构成原则是什么?这些问题一直像谜一样吸引着我。本文就此试作一下分析解答。

---

① 夏波,中央戏剧学院教授。本文原载《戏剧》2014 年第 1 期。

一、"叙述体戏剧"与传统戏剧"叙事性"元素

在具体论述"叙述体戏剧"戏剧审美构成原则之前,有必要先讲一下"叙述体戏剧"与传统"叙事性"因素的关系,因为正像布莱希特自己所说,"叙述体戏剧"不是凭空而来的,它的许多元素,包括许多观念和具体创作方法技巧都可以在戏剧史及现在的戏剧中找到。通过分析它们与"叙述体戏剧"的联系与区别,可以帮助我们更清楚地认识和应用"叙述体戏剧"。

在《戏剧小工具篇》、《论实验戏剧》、《娱乐戏剧还是教育戏剧》等多篇文章与讲座中,布莱希特多次谈到"叙述体戏剧"(中文译文中多译为"史诗戏剧")以及陌生化技巧都不是"陌生"的新鲜的东西。这包括:古希腊戏剧中运用歌队对正在发生的戏剧进程进行评述;"古典和中世纪戏剧,借助人和兽的面具使它的人物陌生化,亚洲戏剧今天仍在应用音乐和哑剧的陌生化效果"[①];莎士比亚戏剧中人物时常跳出剧情外进行评论,尤其是剧中戏班人物角色双重化的表演处理;民间大众戏剧中情节场面相对独立而松散;[②]在中世纪戏剧以及近代启蒙戏剧中非常重视戏剧的认识教育性等等。这些创作方法和观念都可以运用于"叙述体戏剧",但值得注意的是,布莱希特对这些元素在运用方面都加了限定语,是指从单纯的技巧上或者风格上来讲。这也就是说,对于以上所讲的戏剧来说,它们只是作为具体的某一种元素或者技巧来看待,而不能因为有了这些元素或技巧就能称为"叙述体戏剧"。因为,虽然这些技巧会阻止发生共鸣,"然而这种技巧跟共鸣的技巧一样,主要是建立在催眠术式的暗示的基础上的。这种古老方法的社会目的和我们的立场完全不同。""古老的陌生化效果使观众完全无法介入被反映的事物,使它成为某种不能改变的事物,新的陌生化效果本身并不奇异,把陌生的事物当成奇异的,是不科学的眼光。新的陌生化只给可以受到社会影响的事件除掉令人信赖的印记,在今天,这种印迹保护着它们,不为人所介入。"[③]可见,真

---

① [德]布莱希特:《戏剧小工具篇》,《布莱希特论戏剧》,北京:中国戏剧出版社,1990年,第22页。
② [德]布莱希特:《关于大众戏剧的说明》,《布莱希特论戏剧》,北京:中国戏剧出版社,1990年,第22页。
③ [德]布莱希特:《戏剧小工具篇》(四十二,四十三),《布莱希特论戏剧》,北京:中国戏剧出版社,1990年,第21页。

正评价是否是"叙述体戏剧"的标准,不在于是否运用了某些看似"叙述体戏剧"的手法技巧,而在于应该从系统观念上,也就是从整个戏剧系统观念、戏剧功能诉求、对观众的影响以及整体戏剧形态上,来整体分析把握"叙事性"元素技巧的运用,才可以判断其是否是"叙述体戏剧"。

关于对"叙事性"因素的作用认识,在探讨19世纪戏剧危机的原因时,德国著名戏剧理论家彼得·斯丛狄提出了与布莱希特截然相反的看法。斯丛狄认为,恰恰是叙事化倾向的出现造成了现代戏剧危机。戏剧进入现代后,出现了形式与内容之间的矛盾:一方面是以当下的人际互动关系为中心的传统戏剧形式;另一方面沉溺于过去和梦幻,退居到内心、限于沉默和被动中的人物构成戏剧的中心内容。后者则常常表现为让人物回忆自己的过去,在耳背者的衬托下让人物自言自语,引入一个具有叙事者功能的人物,将人物分成沉默者和边观察边叙述者两者,或者是通过陌生人的视角来展现。这些方式归结起来就是"主客体分离"、"走向叙事化"倾向的表现。斯丛狄把这种形式化的表现归结为是内容性表述变化的结果,逐渐"凝结成为形式,突破旧有的形式",由此产生"形式实验"。而这些形式实验没有真正解决矛盾,只是些挽救的尝试。只有进入20世纪之后,这种内容性表达的变化才真正凝结为新的形式的表达,这包括表现主义的代表人物皮斯卡托、布莱希特、皮蓝德娄、桑顿·怀尔德等人的创作探索。[①]

斯丛狄之所以得出以上结论,是由于他从黑格尔的主客体相统一的戏剧观念出发来分析判断"叙事性"因素的。"叙事性"因素,包括"叙事者"的出现,作为原来一直被视为绝对的"非戏剧化因素",完全突破了传统戏剧中人物与事件作为自在封闭的主客体统一的存在形式,因此,造成了现代戏剧的危机。这当然是从传统戏剧的角度立场得出的被动性的结论。而布莱希特则换了立场,他从时代发展的立场角度,积极看待、拥抱"叙事性"因素,包括叙事者在戏剧中的出现,认为这不是戏剧危机的根源,而是新戏剧的萌芽。"叙事性倾向"等现代戏剧形式的试验探索,以及与原有内容的脱离,恰恰预示着一种相应新的时代发展内容要求的新型戏剧的诞生。斯丛狄的所谓"戏剧危机"的结论,正好可以从反面再次说明,面对新的时代变化,传统戏

---

① 参见[德]彼得·斯丛狄:《现代戏剧理论》,王建译,北京:北京大学出版社,2006年,第14—15页。

剧需要转型突破,需要新的戏剧革新。这也再次证明布莱希特坚持和强调立场是多么的重要,同样一件事情,不同的立场看待,完全会得出不同的结论。

二、"陌生化效果"意味着什么

"陌生化效果"(或者"间离效果")是布莱希特"叙述体戏剧"观念与方法中的一个核心性概念。对其认识,正如对"叙事性"元素一样,我们不应局限于技巧上或某个方面,而是要从布莱希特整个"叙述体戏剧"系统性原则上来认识把握才会更准确。

关于布莱希特"陌生化效果"提法的来源有两种看法值得注意:一是来源于俄国什克洛夫斯基形式主义理论中的"陌生化"学说,二是马克思主义的"异化"学说。

以维克果·什克洛夫斯基为代表的俄国形式主义美学批评理论认为,文学之所以成为文学来自于它的文学自主性,这种自主性的主要特性表现为"陌生化"。在《作为手法的艺术》一文中,什克洛夫斯基说:"那种被称为艺术的东西的存在,正是为了唤回人对生活的感受,使人感受事物,使石头更成其为石头。艺术的目的是使你对事物的感觉如同你所见的视象那样,而不是如同你所认知的那样。艺术的手法是事物'陌生化'的手法,是复杂化形式的手法,它增加了感受的难度和时延,既然艺术中的领悟过程是以自身为目的的,它就理应延长。"[①]

什克洛夫斯基的"陌生化"理论指出了艺术创造的本质性特征,它针对于人们自动化的习惯、经验和无意识,也就是先入为主的早已形成的既定的审美习惯,要求以扭曲、变形等手段形式,打破人们习以为常、视而不见的状态,将"新鲜的、童稚的、富有生气的"新的现实表现出来,从而让人们从迟钝麻木中惊醒过来,重新感受事物的生动性和丰富性。

应该说,布莱希特的"陌生化"思想与什克洛夫斯基的"陌生化"观念有很大的相似性。许多研究者也认为,布莱希特的"陌生化"思想的提出就是直接受了什克洛夫斯基的影响,如弗雷德里克·詹姆逊就说过,"布莱希特为这一术语下了多种'定义',这个术语似乎通过诸如爱森斯坦或特列契雅

---

① [俄]维克果·什克洛夫斯基等:《俄国形式主义文论选》,方珊等译,北京:生活·读书·新知三联书店,1989年,第6—7页。

可夫等造访柏林的苏联现代派而源自俄国形式主义的'陌生化'（ostranenie）概念。正如爱森斯坦的'蒙太奇'概念一样，这个概念使他能够把他的戏剧实践和美学的许多独特特征整理理顺出来。"①再如英国布莱希特研究专家约翰·魏勒特在《关于布莱希特史诗剧的理论问题》一文中指出，"这个词显然是来自俄国形式主义批评家的'Priem Ostranenija'［'使之成为奇怪的手法'（或'间离效果'）］。一九三五年布莱希特访问了莫斯科以后，这个概念和其他时髦词汇便出现在他的作品中。"②国内也有很多人这样认为。但是，到现在为止，我们还没有看到布莱希特"陌生化"说法直接来自于形式主义的材料，我们知道的是，"陌生化（Verfremdung）"或者"陌生化效果"（Verfremdung Effekt）是布莱希特自创的词汇。因此，其与形式主义的"陌生化"也许有影响或借鉴关系，但这也是一种推测而已。

布莱希特的"陌生化"是否来源于形式主义，我认为对于研究"叙述体戏剧"来说并不重要，重要的是形式主义对"陌生化"的发现，说明了"陌生化"在艺术创作中的有效性和合法性，它是艺术创作本质性特征的体现，也是属于艺术创作的共性特征。就像"叙事性"元素一样，它不仅适用于"叙述体戏剧"，也同样可以适用于"戏剧体戏剧"。关键是从什么立场看待它，从什么目的来运用它。这就像对假定性的理解和运用一样，作为戏剧艺术创作的本质特征，假定性对于斯坦尼斯拉夫斯基和梅耶荷德来说同样都是适用的，但是二人对待假定性的态度却截然不同，因而其创作中呈现出截然不同的戏剧观念和戏剧形态。对于"陌生化"来说，同样如此。在梅耶荷德的《钦差大臣》"行贿"场面中，十三个门洞连同各路行贿官员齐齐被推上场的时候，绝对是"陌生化效果"的精彩呈现。但是，我们不能就此将梅耶荷德与布莱希特混同看待。对于形式主义的"陌生化"思想，我们也同样应该进行区别看待。

许多研究者认为，布莱希特的"陌生化"思想直接来源于马克思的"异化"学说，如前东德布莱希特专家恩斯特·舒马赫就认为，"布莱希特的陌生化概念，离开马克思和恩格斯早期著作中的异化概念，是无法理解的。陌生

① ［美］弗雷德里克·詹姆逊：《布莱希特与方法》，陈永国译，北京：中国社会科学出版社，1998 年，第 45 页。
② ［英］约翰·魏勒特：《关于布莱希特史诗剧的理论问题》，《布莱希特研究》，北京：中国社会科学出版社，1984 年，第 35 页。

化的目的就是要借助戏剧,借助戏剧性手段消除人从自身异化出来的现象以及造成异化的条件。"① 也有人认为布莱希特的创作中对资本主义的批判,如《人就是人》中约翰·盖伊从一个好人成为战争机器,以及大胆妈妈从在战争中得利到成为战争牺牲品的变化等,就体现了对人的"异化"现象的关注;等等。我想,作为一个马克思主义者,布莱希特深受马克思历史及哲学思想的浸染是必然的,这也许会有形无形地贯穿在他的戏剧理论与创作中。但是,就布莱希特的"陌生化"观念来说,与马克思的"异化"学说还是有许多区别,值得注意。这是因为,首先,布莱希特当时对人的理解基本上还是作为科学时代的主人来积极看待的。与布莱希特同时代也是他志同道合的好朋友瓦尔特·本雅明,曾在《机械复制的时代的艺术作品》一文中赞美科学为人类艺术带来的好处,"在印刷、照相、电影、录音等技术高度发达的时代,艺术作品大量地被复制,众多的摹本代替了独一无二的艺术作品的存在,使原来只被少数人观赏的艺术品变成了人人随时可以观赏得到的东西。……机械复制把艺术从它对意识的寄生性的依附中解放出来。"可见,在本雅明看来,此时的科学发展给人带来的不是人的本质物化结果,而是自由和解放。② 从布莱希特对科学时代的讴歌中,我们不难发现此时的布莱希特也和本雅明的认识相近,他不满的是社会以及阶级的原因压制了人的创造性,限制了这种人的自由与解放。其次,布莱希特与马克思对待"异化"的区别是,马克思早期提出的"异化"概念,是从人本哲学角度来讲的,而布莱希特的侧重点在于社会发展与实践,与后期的马克思主义观念很相吻合。可见,马克思的"异化"和布莱希特的"陌生化"内涵的立足点有所不同。再次,布莱希特一直对于纯粹的人本哲学不感兴趣,"陌生化"的提出就是针对要改变抽象不变的人性而提出的,布莱希特感兴趣的是变化着的历史存在中的人性。从次,布莱希特对物质于人的合理价值也一直持肯定的态度,包括伽利略对生活的享受,他都是从正面来看待的,他不认为讲求物质是多么低劣或者是"非人性"的事情,相反,他认为这应该属于合乎人性的一部分。最后,在谈到"异化"或者"陌生

---

① [德]恩斯特·舒马赫:《布莱希特的〈伽利略传〉是怎样通过历史化达到陌生化的》,张黎编选:《布莱希特研究》,北京:中国社会科学出版社,1984 年,第 181 页。

② 参见[德]瓦尔特·本雅明:《机械复制的时代的艺术作品》,《文艺理论译丛》(3),北京:中国文联出版公司,1985 年。

化"①的时候,布莱希特实际上很多时候讲的是具体的戏剧创作手段,含义单纯,目的清楚,而不是哲学概念,不需要过多理论观念上的复杂深究。

所以,对于布莱希特"陌生化"思想与马克思"异化"观念之间关系的认识,我认为应该实事求是,不应该夸大或过度解释。而用海德格尔的"本真"和"去遮蔽"等存在主义观念来解释也显得不适当。当然,我们也不否认,用新的理论去阐释布莱希特的戏剧观念也许会发现其新的潜在的价值,使其呈现出时代发展的开放性,但同时也应注意不能因此简单地强迫地替代它。

关于"陌生化"的提出,布莱希特是有鲜明针对性的,就是要改变传统的"戏剧体戏剧"中置观众于迷惑被动的状况。具体而言,"陌生化"就意味着"把事件或人物那些不言自明的,为人熟知的和一目了然的东西剥去,使人对之产生惊讶和好奇心。"再具体化一些,"陌生化就是历史化,亦即说,把这些事件和人物作为历史的,暂时的,去表现。"其结果是,"观众看到舞台上表现的人不再是完全不可改变的,不能施加影响的,不能主宰自身命运的人。观众能够看到这个人这样那样,原因在于环境使然;同样地,环境如此,也由于人的影响。但是,这个人不仅可以把他表现为现在这个样子,还可以表现为他可能的样子。环境也可以表现为与现状不同的另一种样子。这样就使得观众在剧院里获得一种新的立场。他面对着舞台上所反映出来的人类世界,现在获得一种立场,这种立场是他作为这个世纪的人面对自然所应当具有的。……剧院不再企图使观众如痴如醉,让他陷入幻觉中,忘掉现实世界,屈服于命运。剧院现在把世界展现在观众眼前,目的是为了让观众干预它。"②

从这段话中,我们可以清晰地看到布莱希特对"陌生化"的具体含义所

---

① 说明:在布莱希特文章的翻译中,对同一个词的翻译,有人译为"异化",有人译为"陌生化",需要比较区别。如同样是布莱希特的《娱乐戏剧还是教育戏剧》一文中的一段话,在恩斯特·舒马赫《布莱希特的〈伽利略传〉是怎样通过历史化达到陌生化的》中张黎译为,"表演要把题材和事件置于一个异化过程中。为了使人们理解,这种异化是必要的。而一切'理所当然的东西'都是不需要去理解的。——'自然的东西'必须获得令人惊诧的因素。只有这样才能表现出因果律来。"(见《布莱希特研究》,北京:中国社会科学出版社,1984年,第181页);丁扬忠译为,"表演使题材与事件经历着一个疏远而陌生化的过程。为了使人们明白,这种疏远与陌生化是必要的。而在所有'不言而喻的事物中'却简单地放弃了'领悟'。——'自然的'必须获得惹人注目的一瞬。只有这样,根源与作用的法则才能显露于天下。"(见《布莱希特论戏剧》,北京:中国戏剧出版社,1990年,第70页)。

② [德]布莱希特:《论实验戏剧》,《布莱希特论戏剧》,北京:中国戏剧出版社,1990年,第62—63页。

指,也会准确地感受到"叙述体戏剧"的功能,这就是:要通过"陌生化"创作,要全面准确地反映新的时代的现实本质以及未来发展的可能性,要让观众具有主动性的立场,自觉地认识把握这种现实本质及其未来发展中的自己,进而把这种认识投入到实践中去,将世界和自己未来可能的样子变成现实,从而主宰世界和自己的命运。

三、鲜明的戏剧主体意识与哲理意识

在戏剧审美构成原则上,"叙述体戏剧"与"戏剧体戏剧"最大的区别之一是将"叙述者"从幕后推向了台前。

"叙述者"对于"亚里士多德式戏剧"来说,是被视作"非戏剧性因素",绝对不允许在戏剧中出现的。在后者看来,戏剧是正在进行的行动,是代言体,叙述者的加入,便会打破这种状况,使得戏剧行动中断或者不完整,这也说明了戏剧动作是一个自足封闭的完整体,通常所讲的戏剧的统一性也正是在这个意义上来讲的。也许会有人说,在现在许多的戏剧中,经常会有某个角色以"叙述者"形象出现的状况,如同小说中的第一人称那样讲述自己的经历和看法,起着串联故事的作用,因此给人一种"叙述体戏剧"的感觉。其实,这是错觉,因为这个"叙述者"仍然是作为封闭的戏剧动作中的一个角色而客观存在着的,如同"旁白"或者"独白"等手法一样,它的作用在于只是改变了讲述演绎故事的角度和方式。更重要的是,这个"叙述者"的出现并没有改变对观众通过暗示、追求情感共鸣的影响方式,观众依然受幻觉的迷惑处于被动之中。

在"叙述体戏剧"当中,这个"叙述者"是完全作为创作者主体出现的,它体现了叙述者对待戏剧事件和戏剧人物的看法态度。他的出现,使得原来是正在进行的戏剧行动变为已经发生过的,也就是"历史化"了的。我们看到的戏剧是通过"叙述者"的亲历,用他的语言与行为把发生过的戏剧行动再次表现出来,因而,这是一种曾经发生的历史客观存在与"叙述者"主体共同构成的戏剧形式。布莱希特为此专门撰写了《街头一幕》一文,当作"叙述体戏剧"一个场面的"基本模特"来解剖说明:"一次交通事故的目睹者向一簇人说明,这次不幸事故是怎样发生的"。[①] 这样的好处是,从不同人的角度

---

① [德]布莱希特:《街头一幕——史诗剧一个场面的基本模特儿》,《布莱希特论戏剧》,北京:中国戏剧出版社,1990年,第78页。

与立场对发生的事件进行表现与评价,让没有看到的人,也就是观众,能够有对事件有一个较为全面的认识,并且在不同的立场的表现中,主动进行思考事件的本质。而原来传统戏剧由于单一的再现的方式而造成的单一立场,看似客观,实则具有很大的人为性,观众所看到的也只是这一种可能,再加上情感渲染,观众就会很容易被动性的卷入,被迷惑,丧失掉自己的主动思考。实际上,这又怎么能保证观众被感动的所接受的就是事件的真相和本质呢? 演出便往往容易成为一场骗局,或者被人当作骗局所利用。

在现当代戏剧创作中,如梅耶荷德、瓦赫坦戈夫以及许多表现性戏剧创作中都强调鲜明的创作主体意识。但与布莱希特不同的是,梅耶荷德等人的戏剧表现意识还局限于单一封闭的戏剧行动内部,而不是强调戏剧事件的多个不同立场,或者多个不同立场的不同戏剧事件。对于观众的诉求也多是情感感染性的卷入,而不是在矛盾的对立中主动进行判断与思考。

"叙述体戏剧"中的"叙述者"所体现出的鲜明主体性,体现在创作者的主观倾向与态度上。"没有见解和意图便无法进行反映。没有知识便什么也表现不出来。"① 同时,布莱希特所讲的这种主体倾向是建立在对事件本质规律认识上的,而非任意主观意图的随意相加。为了保证这种对事件本质规律的准确认识,布莱希特强调,应该把事件与人物放到更广阔的历史发展当中来看待,而不是就事论事,或者仅从事物与人物的内部去探索。所以他说,"立场的选择是戏剧艺术的另一个主要部分,这种选择必须在剧院以外进行。"②

所谓"剧院之外"就是指与戏剧事件和人物相关的社会客观发展现状。在"戏剧体戏剧"中,这种影响戏剧事件和人物的作用是潜移默化地融合在人物的行为之中的,而在"叙述体戏剧"里,它却被鲜明地凸现了出来,因为它是决定人物行为的因素,人物为什么这样做而不是那样做,正是由于其背后的社会发展因素所决定,"社会存在决定思想",而不是"思想决定存在"。认识和表现这些决定性因素要比只认识表现人的行为要重要得多,要想改变人的行为就在于首先应该改变这些因素。

---

① [德]布莱希特:《戏剧小工具篇》(五十五),《布莱希特论戏剧》,北京: 中国戏剧出版社,1990 年,第 28 页。

② [德]布莱希特:《戏剧小工具篇》(五十六),《布莱希特论戏剧》,北京: 中国戏剧出版社,1990 年,第 29 页。

在这种"之内"与"之外"的共存中,便体现了布莱希特所讲的"陌生化"或"历史化"的重要性与必要性。其间的"间离"区并非真空地带,而是充满了创作者主体基于对社会与历史客观发展规律及可能性的认识与倾向性,因此呈现现出鲜明的主体意识和哲理意识。在布莱希特来说,在戏剧创作中,这种认识和倾向性表现在对多种历史发展可能性的认识和选择上,如《四川好人》中沈黛和其表哥不同身份的扮演,通过他们不同的行为选择,体现出了现实存在,包括人物性格的可能性以及相互转变变化的可能性。同时,在不同立场的片段的组接上,既要体现出创作主体的认知的倾向性,还要体现出各个片段的立场性,也就是其客观存在的自主性。不同立场片段之间不是前后逻辑发展关系,而是独立的并列存在关系,不是统一的,是不一致的矛盾的关系。所以,布莱希特讲"每场戏可单独存在","情节有跳跃性"等。

也有研究者在谈到布莱希特主体倾向性的时候,认为布莱希特在"意义"的追求与对观众的诉求上,过分强调了自己的倾向性,如阿多诺就认为,布莱希特戏剧是"一种被教化者进行说教的方式",是一个"独裁者",对观众没有采取平等对话的态度等[1]。

也许,在布莱希特特别重视教育剧的时候特别推崇并强调戏剧的教育作用,有极端性的说法,但从其后来思想的辩证发展以及全面系统地来看,布莱希特"叙述体戏剧"的本质要求并非如此。他同样追求戏剧艺术的娱乐性和教育性,同样反对简单图解化的教育戏剧,比如对皮斯卡托的不满。他要求的是创作主体要在对社会历史客观发展本质规律认识的基础上,选择其代表不同立场的可能性并进行自主客观的表现,这对于观众来说,是提供了多种可能性,而非如"戏剧体戏剧"那样只有一种可能性。在多种不同立场的可能性中,观众会主动发挥自己的主体性去辨识、判断、认知、选择符合未来社会发展趋势的那一种,进而投身其中,去积极实践、实现它。"叙述体戏剧"对于观众来说,就是要通过各种方式,激发其主体性,而避免其被动地任何迷失状况的发生。

所以,"叙述体戏剧"创作的主体性是与其激发观众的主体性的目的相一致的。只不过"叙述体戏剧"诉求的是观众的自我理性,而非一般的情感。只有自知自觉的人,才会谈得上真正的主体性,迷失了的主体性只会走向自

---

① 参见周宪:《布莱希特的叙事剧:对话抑或独白?》,《戏剧》1997年第2期。

己的反面。布莱希特也并非不讲情感，但他不是要一般的情感，是要在自知自觉情况下有选择后的情感。

四、矛盾对立的戏剧结构原则

矛盾对立的结构原则，是布莱希特辩证法思想在"叙述体戏剧"创作过程中的具体化表现。

一方面，矛盾对立的结构原则体现在对世界发展可能性的选择与构成上。当戏剧作为一种艺术去反映世界本质的时候，它会面对多种可能性。在这多种可能性当中，有些是能反映世界发展本质与影响人的存在的，有些则不那么重要，甚至没有什么影响，或者不那么直接，也没有将来实现的可能。同时，由于戏剧表现时空间的有限性以及戏剧形式上吸引观众审美的娱乐性要求，戏剧创作时就要对这多种可能性进行选择，那么，对布莱希特来说，这个选择的标准就是矛盾对立原则。

正像毛泽东在《矛盾论》里指出的那样："唯物辩证法的宇宙观主张从事物的内部、从一事物对他事物的关系去研究事物的发展"，"事物发展的根本原因，在于事物内部的矛盾性"。"矛盾即是运动，即是事物，即是过程，也即是思想"。[①]"矛盾论"是毛泽东对马克思列宁等人唯物辩证法理论的精辟总结，布莱希特对其非常喜爱，因为这也正符合他"叙述体戏剧"的结构原则和思维方法。如《三毛钱歌剧》的人物结构与戏剧事件的总体结构方式。首先，布莱希特非常重视戏剧事件与人物内部的矛盾性构成，尖刀麦基这个人物行为的构成，就是将强盗与资产者及警察融于一身，尖刀麦基时而是强盗，时而又是警察局长布朗的化身，他在向人们说明强权的两面性。就是布郎也同样如此，"他拥有双重人格：在家和在警察局他完全是两个截然不同的人。这个矛盾并没有给他的生活带来不便，相反他正是依靠这个矛盾得以生存"。为了更突出表现出人物的矛盾性，布莱希特不仅在人物构成上运用矛盾法则，在人物命运的发展进程中，他也将前后进行矛盾化的处理。他特别指出，"为什么麦基两次被捕而不是一次？"如果按照传统戏剧中结局"麦基之死"的写法，第一次被捕就完全没有必要，完全可以"为了吊起观众的胃口

---

① 参见毛泽东：《矛盾论》，《毛泽东选集》第一卷，北京：人民出版社，1995 年。

以及为了观众在感情上能够入戏而采取情节一贯到底的做法"①。而布莱希特写了两场被捕的场面，就在于打破情节发展的直线，使之曲折，更重要的是要形成矛盾对比，并显现出相同情境中的不同变化：麦基虽然可以一时逃狱，但终究逃脱不了灭亡的命运。再者，布莱希特对戏剧事件和人物内部矛盾的处理的同时，更主张将这一个事件与另一个事件用相互影响的外部矛盾的形式进行表现。如麦基与叫花子头皮丘姆之间的关系，有交叉有矛盾，如他女儿与麦基的恋人关系。其实，他们作为两大社会集团的代表，代表着平行发展的社会阶层力量两条线，相互对立，相互参照，他们的争夺争斗是集团利益之争。

另一方面，矛盾对立的结构原则体现在"陌生化"原则及效果的构成上。这其中要求之一是，创作者在对戏剧事件和人物的本质认识上，要具有批判性，也就是说认识的角度和方式要与表现对象保持矛盾对立的态度，以"陌生化"的思维审视它，才会产生惊奇感和新的发现。"当演员批判性地注意着他的人物的种种表演，批判地注意着与他相反的人物和戏里所有别的人物的表演的时候，才能掌握他的人物。"②布莱希特曾经把陌生化的实现过程概括为这样一个公式：认识（理解）—不认识（不理解）—认识（理解）。通过这种肯定—否定—肯定的辩证认识思维方式，达到对事物更全面更深入的认识。再具体一点说，就是创作者在介入表现对象时，不是顺着人物的情感，而是从其矛盾着的反面"否"的方面认知，从而与已有的情感和价值"是"形成矛盾，并把这种矛盾以"陌生化"的方式表现出来，就会呈现出人物的新颖、全面及本质。另外，创作者将自己对戏剧人物与事件的认识通过主观的方式，与人物的行为与事件发生的客观过程在同一时空中并行表现出来，也会形成矛盾对立的关系，如《三毛钱歌剧》中魏尔的歌曲、标语、格言等，有时会插入打断或者连接戏剧行动，起到了相互"陌生化"的效果。

"陌生化"矛盾性构成的另一种表现是，要将戏剧创作的价值取向的表现与观众的审美习惯形成对立，这是布莱希特强调"陌生化"内涵中最重要的一点。所谓"陌生化"主要是针对观众而去的，剥去其所习以为常、自然而

① ［德］布莱希特：《关于〈三角钱歌剧〉的排练说明》，《布莱希特论戏剧》，北京：中国戏剧出版社，1990年，第333、337页。
② ［德］布莱希特：《戏剧小工具篇》（六十二），《布莱希特论戏剧》，北京：中国戏剧出版社，1990年，第31页。

然的表现形式,就是指的观众的审美习惯,从而使其惊讶好奇,进而主动发问,有所发现。迪伦马特的《贵妇还乡》与弗里施的《毕德曼与纵火犯》就是最好的例证。其中所反映出的"怪诞"就是观众所产生的不同于自然而然的强烈感受。正是在这一重重"怪诞"的震惊当中,观众发现了事物的另一面,并会主动与已认识的既定的一面进行比较反思,从而全面深入地把握事物的本质,以及在矛盾转化中发现事物发展的可能趋向。

"假如演员尽力使自己对不同态度里的矛盾感到惊讶,并且也懂得使观众对此感到惊讶,那么布局就在他的整体中给予演员一种连接矛盾事物的可能性。"[①]创作者对表现对象以及观众审美习惯的矛盾对立性认识和表现共同形成了"叙述体戏剧"的"陌生化"。

五、入乎其中出乎其外的戏剧审美体验

一谈及"叙述体戏剧",人们自然先想到的是"演员与角色间离""观众与演出保持距离""演员与观众都要保持理性"等感觉,也就是说,它给人的是"出乎其外"的审美体验,并且能不能获得审美的体验还要打个问号。其实,对于布莱希特来说,这种"出乎其外"的审美体验,首先是要建立在"入乎其中"的基础上。从概念思维上来说,"否"首先是建立在对"是"的认识基础上的。布莱希特所讲的"陌生化"也首先是对"熟悉"的"陌生化",没有对"熟悉"的感受和研究,就谈不上"陌生化"。布莱希特所反对的是只有单一的"是"和"熟悉",没有另一面的"否"和"陌生",对事物及人物的认识限于片面。只有不断从"否"与"陌生"的角度去认识事物及人物,才会不断发现事物及人物的新的特质,并在与"是"与"熟悉"的对比比较中对事物及人物获得较为全面本质的认识把握。所以,"入乎其中"与"出乎其外"的审美体验同时并存于"叙述体戏剧"之中。

在"叙述体戏剧"创作中也正是遵循这样的审美原则。要想发现及表现世界存在发展的可能性,正是要对世界存在的一切现象去进行细致的客观观察分析以及体验,在此基础上进行选择比较,从而发现其最本质、最符合发展规律和趋势的东西。对于戏剧情节和人物的构思与塑造,也同样如此。在谈

---

① ［德］布莱希特:《戏剧小工具篇》(六十四),《布莱希特论戏剧》,北京:中国戏剧出版社,1990年,第33页。

到人物形象创造时，布莱希特说，"形象必须把他清清楚楚地表现出来，若想做到这一点，须在形象里描写这种矛盾。历史化形象须有某种轮廓，围绕着创造出来的人物显示出其他动作和特征的痕迹。或者人们想象一个在山谷里发表演说的人，他在演说中改变自己的意见或者净说些自相矛盾的话，这样，演说时的回声变成了他说的那些话的对照。"① 这里有两点值得注意：第一，要把形象"清清楚楚地表现出来"，这是基础。我们在看《大胆妈妈和她的孩子们》《高加索灰阑记》《四川好人》《伽利略传》等剧时，戏剧事件的发展和人物行为动机都是极为清晰和细致的，这是"入乎其中"的结果。第二、要显示出人物的"其它他动作和特征的痕迹"，作为他自己说话的"山谷回声"，这也就是要表现出他的矛盾着的另一面。这里面有"入乎其中"的内容，"其他动作和特征的痕迹"仍然是人物真实的行为所为；也有"出乎其外"的表现，应按照矛盾的原则来进行。在"戏剧体戏剧"中，我们塑造人物时，也强调人物所处的矛盾的情境与心理，是为了表现人物的选择，侧重于心理情感，并且其目的是为了表现人物克服障碍，线性化地完成性格上统一性的塑造。而在"叙述体戏剧"中，布莱希特这里所讲的矛盾，并非侧重于心理情感，也并非为了在性格统一性上完成人物形象塑造，而是侧重于人物的行为及行为原因，用解剖化的思维，将人物矛盾着的行为并列对比形成矛盾，展现人物的行为本质。因此，这种解剖展现过程中，具有很强的表现性，会给观众具有一种"出乎其外"的体验感受。

在呈现人物的行为过程中，当然也包括人物此时此地的情感。为此，布莱希特说，"我们所需要的戏剧，不仅能表现在人类关系的具体历史的条件下——行动——就发生在这种条件下——所允许的感受、见解和冲动，而且还运用和制造在变革这种条件时发生作用的思想和感情。"② 可见，在"叙述体戏剧"创作中，布莱希特并不排斥人物的情感表现，只是这种情感表现要作为认识的对象来表现，而不只是人物的情感本身。进一步说，人物的情感要同创作者主体的认识情感一同表现出来才行。比如，在独立的片断中，人物的情感行为也许是独立完整的，但是，它不应单独存在，还应与其他持有不

① ［德］布莱希特：《戏剧小工具篇》（三十九），《布莱希特论戏剧》，北京：中国戏剧出版社，1990 年，第 21 页。
② ［德］布莱希特：《戏剧小工具篇》（三十五），《布莱希特论戏剧》，北京：中国戏剧出版社，1990 年，第 19 页。

同立场的独立的片断进行共存比较,它才具有真实深刻的价值。

因此说,一味地说布莱希特只讲理性,不讲情感,是片面的,是不辩证的。正如布莱希特对戏剧反映世界真相要求辩证一样,他对待理性与情感的关系认识和运用也是辩证的。他在经历了曲折漫长的戏剧实验探索后,进入思想成熟期,最后把自己的理想戏剧总结命名为"辩证戏剧",是我们应该认真研究对待的。

关于理性和情感的辩证关系的认识,还表现在布莱希特对创作主体的要求上。他在《新内容的戏剧形式问题》一文中指出:"不能简单地说非戏剧体戏剧只是空喊'哈,理智——哈,感情冲动'的斗争口号。不应以任何方式抛弃感情冲动。正义感、追求自由、正当的愤怒都不应抛弃,不能没有这种感情,应当设法产生和加强这种感情。史诗戏剧要想让观众采取'批判的立场',没有饱满的热情难以做到。"①可见,布莱希特不仅需要情感,他需要的还是"饱满的热情"!而这种情感不是"未经净化的和粗俗的感情",是要经过"净化的"纯真和深刻的情感,也就是说是要经过理性的辩认、判断、批判及选择过滤后的情感,这就是对社会和人性本质及规律的认知发现的热爱和追求!

布莱希特在当时大变革时代的背景下,反对那种利用人们希望"变成国王、情人、阶级斗争的战士"等种种幻想心理而编织美好的童话,进而麻醉、欺骗观众的戏剧。正是这种几乎所有人都习以为常的戏剧,用表面及虚假的"幻觉"的营造和假惺惺的煽情原则及方式,调动、满足观众易感共鸣的心理,如好莱坞电影梦工厂或者把自由女神变没了的魔术一样,来诱导、麻醉、欺骗观众对现实对自我处境的认知,逃避现实,消磨意志。因此,布莱希特要给人当头一棒,要把人从虚假的梦境里拉出来,关注现实,看清自己,看清自己的处境,进而行动起来,努力去改变它。这也正是布莱希特所希望的"正义的、追求自由、正当的愤怒","应当设法产生和加强"的感情,它是饱满的有力的感情!这也正是布莱希特为什么要求"间离",要求"陌生化"的目的原因所在。他要让观众通过种种间离手段跳出剧情,要让他们惊讶,进而有所发现!与"戏剧体戏剧"不同的是,"叙述体戏剧"要给观众的,不是一般

---

① [德]布莱希特:《新内容的戏剧形式问题——布莱希特与沃尔夫的一次对话》,《布莱希特论戏剧》,北京:中国戏剧出版社,1990 年,第 133 页。

情感共鸣的快乐，而是思索、觉悟的快乐，是发现哲理的愉悦，是"黑暗里的一线光明"或者"蓦然回首，那人却在灯火阑珊处"的欣然感觉。如《四川好人》中，布莱希特要表现沈黛白天与黑夜中行为不同的分裂，他更想要表现出沈黛为什么要这样去做，是什么使得沈黛不得不去这样做，怎样才能不让沈黛这样分裂。而要认识以及表现出这一点，就需要创作者对现实生活拥有巨大的勇气和热情，并因此激发起观众同样的热情，去积极主动地认识现实，改造现实。这种热情，我们从布莱希特本人的剧作及演出中，已深深感受到了。

在"入乎其中"与"出乎其外"审美原则的要求中，也体现出布莱希特对戏剧的教育性与娱乐性关系的认识。当然，布莱希特很强调戏剧的认识教育作用，但在对"入乎其中"的创作中，他也希望以形象感性化的艺术表达方式为基本方式，包括如俄国形式主义所讲的所有"陌生化"方式及现代化的科技手段等，但又不止于这些方式手段带来的一般化的感性新奇的娱乐。之上，要更上一层楼，通过这种让人惊讶和好奇心，去主动发现事物的本质及变化可能，获得发现真相的快乐。因此，布莱希特在总结实验戏剧的发展历程时说，"戏剧发展趋势迫使娱乐与教育这两种功能融合起来。假如想使这种努力获得一种社会意义，它就必须使戏剧最终要具备这样的能力，用艺术手段去描写世界图像和人类共同生活的模型，让观众明白他们的社会环境，从而在理智和感情上去主宰它。"[①]这种快乐要比观众与戏剧人物同悲同喜的快乐要深入、高级得多，也有用得多，并且，更加积极主动，更加持久。

通过上面的分析论述，我们对"叙述体戏剧"及其戏剧审美原则有了一个大致的了解，总结起来，其核心就是："陌生化"是一种戏剧技巧，更是一种态度立场，要充分运用唯物辩证法原则，在超越事物本身更广更高的视角上，积极主动运用矛盾对立原则，全面、辩证、深入本质地认识与组织，并诗化地表现戏剧事件与人物，包括与观众既定的审美接受习惯对立，逆向而动，从而产生饱含理性思考激情的"陌生化"效果，使观众惊讶新奇之时，激发他们主动地在多立场的戏剧呈现中去重新感受、辨识、选择、把握事物的本质及发展趋向，既获得"入乎其中出乎其外"的审美体验，又能积极影响其价值观并热

---

① ［德］布莱希特：《论实验戏剧》（三十九），《布莱希特论戏剧》，北京：中国戏剧出版社，1990年，第21页。

情投身于生活实践。

由于戏剧艺术家们创作环境的不同和个人美学理念的喜好侧重不同,在创作中对这些"叙述体戏剧"的美学原则的运用会各有不同,使得戏剧创作呈现出多样化的戏剧风格形态。需要说明的是,也有许多戏剧艺术家,在创作时未必就有或未必自觉应用这样的"叙述体戏剧"美学观念,但其创作的戏剧作品,却或多或少地呈现出这样的美学效果,其原因是这些作品里面内含着"叙述体戏剧"美学原则,是"叙述体戏剧"的不同风格形态表现,这也值得我们去关注研究。

第三节　明清中西方绘画审美比较论 [①]

明清之际,随着中西经济和文化的交流互通,西方绘画也随之传到中国。特别是清代从康熙时期一直到乾、嘉年间,以郎世宁为代表的一批西方画家相继被召入宫廷,他们的画风对当时皇家画院以及整个画坛都产生了很大影响。这种影响可以从两个方面来看。一方面,不少中国画家力求学习和吸收西方绘画造型因素和表现手法;另一方面还有更多的中国画家和理论家认为,西方绘画不同于中国绘画,并与中国绘画的传统相抵牾,从而对西方绘画的造型方式和表现手法产生质疑。这就是明清中西方绘画进行审美比较的艺术背景。对此我们可以从如下三个层面来考察。

一、中西方绘画概念和名称的提出

这是中西方绘画展开比较的理论前提。明代姜绍书在《无声史诗》中将西方绘画称之为"西域画",他说:"利玛窦携来西域天主像,乃女人抱一婴儿,眉目衣纹,如镜涵影,踽踽欲动,其端严娟秀,中国画工无由措手"。他在对西方绘画加以命名的同时,还描述了西方绘画逼真的视觉效果(如镜涵影)及其中国画家(画工)的反应(无由措手),从而初步揭示了中西方绘画的差异。清代张庚在《国朝画征录》中称西方绘画为"西洋法";清代邹一桂和松年称西方绘画为"西洋画";清代胡敬在《国朝画院录》则称西方绘

① 作者樊波,南京艺术学院美术学院教授,江苏省美学学会会长。原载《美术与设计》2021年第1期。

画为"海西法"。(或"西法");清代郑绩在《梦幻居画学简明》中称西方绘画为"夷画"。这些命名虽然不同,但指称对象却是一致的。这里可以简称为"西画"。

据明末顾起元《客座赘语》载,正是传教士利玛窦首先提出了"中国画"的概念:"中国画但画阳不画阴"。后来清代张庚在《国朝画征录》中评价画家焦秉贞时亦有类似记载。胡敬则将"中国画"称之为"中法";邹一桂则将"中华"概念与绘画联系起来;而郑绩则称"中国画"为"儒画"。20世纪初以来,"中国画"这一名称逐步成为一种流行约定的概念。以上所称尽管也不一致,但同样指称对象是很明确的,这就是中国绘画,亦可简称为"中国画"。

应当说,"西画"和"中国画"这两个概念正是在西方绘画不断引入中国之后,在比较和参照之中逐步明晰和确立起来的。

二、对西画造型方式和表现手法的认识

明清理论家和画家对"西画"的认识主要体现在这几个方面:

(1)西画的造型方式。如上述姜绍书说利玛窦携来的"天主像":"如镜涵影,踽踽欲动"。这表明"西画"造型能够像镜子一样,如实映涵对象的明暗立体效果。对此张庚曾引利玛窦之言说:"尝曰中国只能画阳面故无凹凸。吾国(指意大利)兼画阴阳故四面皆圆满也。凡人正面则明而侧处即暗,染其暗处斯正面者显而凸矣"。[①]这一论述进一步阐述了西画善于描绘"阴阳明暗"从而显出"凹凸"的造型效果。邹一桂说:"西洋人善勾股法,故其绘画于阴阳远近不差锱铢。所画人物屋树皆有日影"。[②]这同样是讲西方绘画造型以描绘"阴阳"关系见著。这里所说的"阴阳"与中国哲学中"阴阳"观念不能简单地等同起来。按其本义来讲就是指"明暗"效果。邹一桂论述中提到了"日影"这一概念,则是指日光照射所形成的物体背面阴影。这是明暗(阴阳)关系的延伸部分。清代胡敬在评述焦秉贞"参用海西法"时说:"海西法善于绘影剖析分刌,以量度阴阳向背斜正长短,就其影之所著而设色

---

① [清]张庚:《国朝画征录》,卢辅圣主编:《中国书画全书》,上海:上海书画出版社,2009年。

② [清]邹一桂:《小山画谱》,俞剑华编:《中国画论类编》,北京:人民美术出版社,2016年。

分浓淡明暗焉,故远视则人畜花木屋宇皆植立而形圆"。①所谓"植立而形圆"与利玛窦所言"四面皆圆满"之义相同,是讲"明暗"关系所造成的立体感。也就是指通过"绘影剖析分刌""以量度阴阳向背"而构成的"凹凸"视觉效果。对于西画这种造型方式,清代松年曾有很精辟的概括:"分出阴阳,立见凹凸"。②由上述材料可知,中国理论家和画家对当时引进的西画造型的艺术方式和基本特征具有十分明确的认识。明清以来,不少画家已经尝试在绘画创作中吸纳西画因素。清代福格《听雨丛谈》曾载,他的"先祖"肖像是由曾鲸所绘:"眸观间用洋法皴染,亦最神肖"。他还说:"粤东写真,操西洋法,阴影向背,用皴甚厚,远望之,一面突出纸上,颇得神明"。除了上面提到的焦秉贞之外,像冷枚、陈枚以及莽鹄立、丁瑜及其父,在他们的绘画创作中都不同程度地吸取了西画因素,如莽鹄立"工写真,其法本于西洋,不先墨骨,纯以渲染皴擦而成,神韵酷肖"。③丁瑜的父亲"工写真,一尊西洋烘染法。"④这些例子表明,"西画"的造型方式已对明清画家产生了很大影响。

（2）西画的透视手法。上述邹一桂所说的"勾股法"本是一个西方数学几何概念,他转而表述为绘画透视的表现手法。这种透视手法与造型"明暗"方式当然是相关的。或者说,透视的表现手法是造型"明暗"关系的一种自然结果。所以邹一桂讲"勾股法",既指向"阴阳"（即阴暗）关系,进而又涉及"远近"的视觉感受。他讲"所画人物屋树皆有日影"（即由"阴阳"所造成的"明暗"效果）,接着又讲"布影由阔而狭,以三角量之,画宫室于墙壁,令人几欲走进"。⑤这正是透视手法所造成的。据载,雍正年间的大臣、画家年希尧曾在郎世宁的指导下编撰过《视学精蕴》一书,将这种透视手法称之为"定点引线之法"。⑥而清代姚元之在《竹叶亭杂论》中则简称为"线法画"。他说:"线法古无之,而其精乃如此,惜古人未之见也"。他还记述郎世宁按"线画法"所绘"由堂而内寝室,两重门户,帘栊宵然深静,室内几案遥而望之饬如也,可以入矣"。这种透视手法与中国画的构图方式显然有所不同。

①　［清］胡敬：《国朝画院录》,卢辅圣编：《中国书画全书》,上海：上海书画出版社,2009 年。
②　［清］松年：《颐园论画》,俞剑华编：《中国画论类编》,北京：人民美术出版社,2016 年。
③　［清］张庚：《国朝画征录》,卢辅圣编：《中国书画全书》,上海：上海书画出版社,2009 年。
④　［清］张庚：《国朝画征录》,卢辅圣编：《中国书画全书》,上海：上海书画出版社,2009 年。
⑤　［清］邹一桂：《小山画谱》,俞剑华编：《中国画论类编》,北京：人民美术出版社,2016 年。
⑥　转引自莫小也：《十七—十八世纪传教士与西画东渐》,杭州：中国美术学院出版社,2001 年。

具体来讲,西画的透视有一个"定点",而中国画的构图虽也要表现物象的远近大小关系,但却并无"定点"。所以姚元之说:"线法古无之","古人未之见也"。尽管如此,以上论述表明,这种西画透视手法同样为中国画家和理论家所认识和把握。在这方面,清代画家焦秉贞堪称为一个代表人物,他不仅在绘画造型上吸纳西画因素,而且绘画构图上也参用西画的透视手法,张庚说他:"工人物,其位置之自近而远,由大及小,不爽毫毛,盖西洋法也。"① 另据胡敬所言,画家陈枚"以海西法于寸纸尺缣,图群山万壑,峰峦林木,屋宇桥梁"。② 这是西画透视手法在中国山水构图中的运用。由此可知,与绘画造型一样,这种西画式的透视手法同样对中国画家产生了深刻影响。

(3)西画色彩表现。中国画当然也有自己的色彩原则,这就是谢赫"六法"所提出的"随类赋彩"。这一色彩原则具有很强的概括性,后来唐代兴起的水墨画更是将这种概括性提升到与天道自然相合的高度。而西画的色彩表现则要深入反映物象与其周围环境和天光所构成的丰富的色彩关系,并与追求"明暗"的造型方式联袂一体,产生出十分复杂微妙的色彩效果。所以张庚说西画天主像"采色鲜艳可爱",胡敬说郎世宁的绘画:"著色精细入毫末";又说受西画影响的焦秉贞:"设色分浓淡明暗焉"。③ 这种西画色彩表现与中国画的色彩原则显然大相径庭,但依然为明清一些中国画家所接受。

三、对西画造型方式和表现手法的吸纳

面对西画的影响,一些中国理论家和画家指出,应当在坚持中国画的艺术立场的前提下,参取和融合西画因素。张庚以焦秉贞为例提出了这样的命题:"得其意而变通之"。④ 胡敬同样以焦秉贞为例提出了如下命题:"取西法而变通之"。⑤ 胡敬进而还说:"须合中西二法,义蕴方备"。⑥ 无论是"取西法",还是"合中西",关键在于是否能够坚持中国绘画的艺术立场。所谓"变通"就内在地包含了这一艺术立场。只有坚持过这一立场,才能够对之进行

---

① [清]张庚:《国朝画征录》,卢辅圣编:《中国书画全书》,上海:上海书画出版社,2009年。
② [清]胡敬:《国朝画院录》,卢辅圣编:《中国书画全书》,上海:上海书画出版社,2009年。
③ [清]胡敬:《国朝画院录》,卢辅圣编:《中国书画全书》,上海:上海书画出版社,2009年。
④ [清]张庚:《国朝画征录》,卢辅圣编:《中国书画全书》,上海:上海书画出版社,2009年。
⑤ [清]胡敬:《国朝画院录》,卢辅圣编:《中国书画全书》,上海:上海书画出版社,2009年。
⑥ [清]胡敬:《国朝画院录》,卢辅圣编:《中国书画全书》,上海:上海书画出版社,2009年。

"变通"，才能够以"中"变"西"，或者说是化"西"通"中"。如果失掉或者没有这一立场，就无法实现"变通"，甚至会消解中国画的审美特质。张庚和胡敬是分别以两个例证来说明这一情状的。一个就是郎世宁的例证。胡敬说："郎世宁，海西人……世宁之画本西法而能以中法参之。其绘花卉具生动之姿，非若彼中庸手之詹詹于绳尺者比。然大致不离故习……于世宁未许其神全而第许其形似。"①

作为来自西方的画家（海西人），他的绘画之"本"只能是"西法"，可谓"不离故习"。虽然他也"以中法参之"，但由于缺乏中国绘画的艺术立场（本），所以他的绘画只能"第许其形似"，而"未许其神全"。另一例证就是受到曾鲸影响而采用西画手法的"俗工"。张庚说："闽中曾鲸氏族墨骨为正江左传之。第授受既久，流落俗工，莫有能心悟以致其功者，故徒法虽存，而得其神者寡，反逊西洋一派矣。"②这也说明，失去中国绘画的艺术立场，学仿西画而未"能心悟以致其功者"，就不仅无法保持中国画的审美特质，而且会"反逊西洋一派矣"。

这两个例证都表明，中国画的创作如果没有或缺乏一个明确的艺术立场，就不会有很高的审美品位，也无法与西画相比肩，张庚、胡敬以焦秉贞和郎世宁为例所提出的"取西法而变通之"（"得其意而变通之"）和"本西法而能以中法参之"，这两个相对应的命题，就是为了说明这一道理的。

但是"取西法而变通之"是否就会具有很高的艺术品位呢？或者说"合中西二法"，是否就能做到"义蕴方备"呢？问题似乎并不那么简单。根据张庚所言，即使像焦秉贞这样的画家，尽管他能"得其意（西画）而变通之"，但依然是"非雅赏也，好古者所不取"。这表明，"中西二法"既有相合和变通的一面，还有差异和抵牾的一面。

因此，对于明清的中国画家和理论家而言，如何充分认识西画的基本方法，如何深入揭示中国画自身的审美特质，如何考察和评价中西绘画的不同以及高下，就自然成为一个需要进一步比较和判断的问题。明清不少理论家和画家认为，西画固然能够"如镜涵影"，造型"分出明暗，立见凹凸""具生动之姿"，构图也可以表现位置"远近""大小"的透视关系，"著色精微入毫

---

① ［清］胡敬：《国朝画院录》，卢辅圣编：《中国书画全书》，上海：上海书画出版社，2009年。
② ［清］张庚：《国朝画征录》，卢辅圣编：《中国书画全书》，上海：上海书画出版社，2009年。

末"，但若以中国画的眼光来看，却带有很大的缺陷。而西画的这些缺陷，只有在中西绘画比较的视野中才能分辨清楚。同样也只有在比较的视野中，中国画的属己的审美特质才能真正地突显出来。对此清代一些理论家和画家相继发表了对西画充满质疑的批评见解。

邹一桂在比较中西绘画时说："其（西画）所用颜色与笔，与中华绝异……学者能参用一二，亦具醒法，但笔法全无，虽工亦匠，故不入画品。"[①]郑绩在比较中西方绘画时明确指出了西画的缺陷："或云夷画较胜于儒画者，盖未知笔墨之奥耳。写画岂无笔墨哉？然夷画则笔不成笔，墨不见墨，徒取物之形影，像生而已；儒画考究笔法墨法，虽或因物写形，而内藏气力，分别体格。如作雄厚者，尺幅而有泰山河岳之势；作潇逸者，片纸而有秋水长天之思。又如马远作天圣帝象，只眉间三五笔，传其凛烈之气，赫奕千古。论者及此，夷画何尝梦见耶？"[②]

松年在比较中西绘画时进一步指出两者的差异和高下："西洋画工细求酷肖，赋色真与天生无异。细细观之，纯以皴染烘托而成，所以分出阴阳，立见凹凸。不知底蕴，则喜其功妙，其实板板无奇，但能明乎阴阳起伏，则洋画无余蕴矣。中国作画，专讲笔墨钩勒，全体以气运成，形态既肖，神自满足。"[③]

邹、郑、松三人在中西绘画比较中做出了一个共同的审美判断：这就是在审美特质上"西画"与中华绝异，"夷画"不同于"儒画"。在审美品位上，中国画要高于西画。与中国画相比较，西画带有明显的缺陷。具体来看，主要在于两点：一是中国画注重笔墨，注重"笔墨钩勒"，注重笔墨之"写"（写画），而西画"笔法全无"，"笔不成笔，墨不成墨"，"未知笔墨之奥"，从而只能"徒取物之形影"，所以"板板无奇"。这是西画与中国画相比而见出的一个重大缺陷；二是中国画的笔墨之写法往往"内藏气力""全体以气运成"，所以描绘山水则"有泰山河岳之势""秋水长天之思"，表现人物则"形态既肖"而又"神自满足"，"只眉间三五笔，传其凛烈之气"。而西画则"虽工亦匠"，虽"赋色真与天生无异"，但却了无"余蕴"。根据松年所言，当时"人多菲薄西洋画为匠艺之作"。他说："西洋画细求酷肖"，但其实中国古人也不乏"工

---

① ［清］邹一桂：《小山画谱》，俞剑华编：《中国画论类编》，北京：人民美术出版社，2016年。

② ［清］郑绩：《幻居画学简明》，九曜聚贤堂刻本，清同治五年（1866）。

③ ［清］松年：《颐园论画》，俞剑华编：《中国画论类编》，北京：人民美术出版社，2016年。

细之作,虽不似洋法,亦系纤细无遗";"可谓工细到极处矣！西洋尚不到此境界,谁谓中国画不求工细耶？"[1]因此问题并不在于"工细"与否,而在于笔墨形式中是否"内藏气力","写画"是否"以气运成",是否蓄含"精神气力"和"物之全神"。中国画显然做到了这一点,但"西画"于此"何尝梦见"。这是西画与中国画相比而见出的又一个重大缺陷。

根据这一比较和辨析,所以邹一桂断然指出:"西画""不入画品";松年更是直截了当地说:"愚谓洋法不但不必学,亦不能学,只可不学为愈"。[2]这是清代理论家和画家在"西画"产生影响之后进行中西绘画比较所作出的十分明确的审美判断。

这一判断与明末时期"西画"刚刚传入时对中国画家的反应(无由措手)形成了鲜明对照,也与张、胡二人的"变通"之见有很大的不同。很显然,中国画家和理论家对"西画"经历了一个由初步接触、吸纳进而深入认识和比较的过程。上述判断正是这一过程的理智产物。但应当说,由于时代条件的局限,中国画家和理论家对"西画"的认识和判断并不是全面而成熟的。但他们将"西画"作为比较和参考的背景,以此返照揭橥自身绘画的审美特质以及透露出来的自信,却值得我们后人记取。

当中国历史步履迈入 20 世纪门槛,随着封建帝国的坍塌,西方文化和艺术的大规模涌入,人们对中西绘画的认识和审美判断也因之发生了深刻变化。这里有一位值得一提的跨时代人物——林纾（1852—1924）,他是桐城派的殿军,又是翻译西方文学的先驱。但在后来却与"新文化"思潮格格不入。在绘画理论上,在看待中西方绘画的倾向上,与邹一桂、郑绩和松年等人十分接近,他在《春觉斋论画》中,多处谈及中西绘画的差异和高下。正如他说:"西人绘画,不惟有影,而且有光";"西人之于画,有师传,有算学,有光学,人但悦其象形以为能事,正不知其中正有六法在也",[3]这是讲西画造型(象形)赖以存在的科学基础(算学、光学)。他还说:"西人画境,极分远近。有画大树参天者,而树外人家林木如豆如苗,即远山亦不愈寸,用远镜窥之,状至逼肖,若中国山水泥亦用此法,不惟不合六法,早已棘人眼目"。[4]这里讲的是不

① ［清］松年:《颐园论画》,俞剑华编:《中国画论类编》,北京：人民美术出版社,2016 年。
② ［清］松年:《颐园论画》,俞剑华编:《中国画论类编》,北京：人民美术出版社,2016 年。
③ ［清］林纾:《春觉斋论画》,虞晓白点校,杭州：浙江人民美术出版社,2016 年。
④ ［清］林纾:《春觉斋论画》,虞晓白点校,杭州：浙江人民美术出版社,2016 年。

同于中国的西画透视手法。林纾进而说:"西人之画分远近处,与吾国古名家不同。西画之近处,写人物极伟,至身外远瞭,则山如小几,树如纤草矣。盖西人以算学入画,目力所及处,凡山水树木,均可缩小,若以中国画绳之,则一无理解矣。"①这都表明,林纾对于中西绘画在表现物象远近关系上的差异,具有十分清晰的认识,同时也显示了他对西画的认识比前人更进了一层。但我们看到,在进行中西绘画比较时,他的审美判断却与前人完全如出一辙。如上述他指责西画不知"六法在也""不合六法",实质上就是批评"西画"缺乏"笔墨"和"气韵"。他评价"西画"表现"夜山",虽能表现月光,但却"如睹照片,毫无意味";他说,西画描绘"瀑布"不同于中国画,但又批评"西人写山水极无意味"。这也就是松年所说的"洋画无余蕴矣"。②他进而通过比较作出审美判断:"画者,美术之一也,其最有关系者,则西洋机器之图与几何之画,方称为有用。若中国之画,特陶情养心最妙之物"。③这是指责以科学("机器""几何")为基础的西画有违"美术"的主旨,而中国画"陶情养心"才是符合"美术"的"最妙之物"。所以中国画高于西画可谓不言而喻。在林纾的时代,西学已然蔚然成风,对中国固有的绘画传统造成了很大压力和冲击:"新学既昌,士多游艺于外洋,而中华旧有之翰墨,弃如刍狗"。④但是林纾则声称:"顾吾中国人也,至老仍守中国旧有之学"。⑤这是坚守中国传统文化和艺术的表白。这一表白显然流露出一份惋惜和无奈,同时也预示着一个更为激荡的中西方文化和艺术风云际会的时代即将到来。

第四节　中国传统美学的三大范式及其现实意义⑥

改革开放使我们进入了从站起来到富起来再到强起来的新时代,追求美好生活已经成为人们的主要目标,美的问题在新时代凸显出来了。而当前随着社会主义市场经济的深入和中国现代化进程的加剧,人们的审美观

---

① [清]林纾:《春觉斋论画》,虞晓白点校,杭州:浙江人民美术出版社,2016年。
② [清]林纾:《春觉斋论画》,虞晓白点校,杭州:浙江人民美术出版社,2016年。
③ [清]林纾:《春觉斋论画》,虞晓白点校,杭州:浙江人民美术出版社,2016年。
④ [清]林纾:《春觉斋论画》,虞晓白点校,杭州:浙江人民美术出版社,2016年。
⑤ [清]林纾:《春觉斋论画》,虞晓白点校,杭州:浙江人民美术出版社,2016年。
⑥ 作者寇鹏程,西南大学文学院教授。原载《西南民族大学学报》2018年第5期。题目略有改动。

念发生了巨大的变化,甚至出现了一些偏差。"大话""恶搞""戏说""身体写作""消费""快适"等观念甚嚣尘上,美丑难辨、以丑为美等各种审美现象显示出当今人们审美价值取向的某些混乱与失范。同时,西方各种现代主义、后现代主义思潮席卷中国,而这些思潮以本能、无意识、梦幻、直觉等表现现代技术社会带来的异化,表现人与自我、人与社会、人与他人、人与自然等的疏离和痛苦,具有很强的非理性色彩,在某种程度上是一种自我的放逐与放纵。在这种情势下,如何引导人们树立正确的审美价值观就显得特别必要与紧迫,如何发挥中华传统美学精神的引领作用的问题也就凸显出来了。这时候中国传统美学的三大审美范式所体现出来的和谐人格、和谐世界,就显得特别有价值和启示意义,值得我们深刻地继承和发扬。

中国传统美学有三大审美范式:第一是比德;第二是缘情;第三是畅神。在审美价值取向上,这三者各有侧重,比德强调社会道德意义是获得美感的基础;而缘情则强调主体的情感体验是美感的来源;畅神则把整个身心的舒畅、灵肉的和谐解放作为美感的标准。比德的美感更多的是来自理性、集体的;缘情更多的是来自感性、个体的;而畅神则可以说是整个身心的和谐舒畅,它是理性的德的满足和感性的情的宣泄的完美统一,是社会性与个人性的统一,是很难完全分清这种舒畅是因为"德"还是因为"情",它是这两者的高度融合,是人与他人、人与世界、人与自我的和谐整一的审美判断,是一种存在论的体验美学,中国美学因为这样三种审美范式的并存而显示出极大的优越性和生命力。

一、"比德"的审美范式

"比德"这一概念最早是荀子明确提出来的。荀子在《法行》篇中说:"夫玉者,君子比德焉。温润而泽,仁也;栗而理,知也;坚刚不屈,义也……"[①] 在这里"玉"之美在于它与人类的"仁""知""义"等品格的相似,而人的"仁""智""义"等品格在玉中也恰好得到了表现。事物之所以美在这里完全是因为"德的对象化"与"对象的德化",这种"比德"所获得的美感是在人与对象之间道德的比附、比拟与比喻中实现的。比德在中国是一个重要而源远流长的审美传统。《左传》里就有"文物昭德""铸鼎象物""乐以安

---

① 荀况:《荀子》,王杰、唐镜注释,北京:华夏出版社,2001 年,第 424 页。

德"的思想,《国语》里也有"乐以风德"之说,孔子那里则有"智者乐水,仁者乐山","岁寒,然后知松柏之后凋"这样比德的明确表示。《论语》里记载孔子提出"五美"的思想,即君子惠而不费,劳而不怨,欲而不贪,泰而不骄,威而不猛,这"五美"实际上就是君子的"五德"之美。荀子说美之者,美天下之根本也,美与整个社会的安宁幸福联系在一起,美与善的合一,尽善尽美成了中国美学最重要的一种价值取向,美也因此与君子人格联系在一起,"美""德"合一成了中国审美判断的重要标准,美的社会性成为其重要的特性。屈原在《离骚》中用善鸟香草配忠贞,恶禽臭物比谗佞,灵修美人以媲于君;宓妃佚女以譬贤臣;虬龙鸾凤,以托君子;飘风云霓,以为小人,在这样"比德"的审美方式中,"香草美人"与"恶禽臭物"已经和社会道德评判的"忠贞谗佞"等一一对应起来。

物不自美,因德而美,为物而物,就会玩物丧志,状物如果不为情,则必为德,必为明心见性。修辞立诚是中国美学的一个传统。中国古典美学的写作一个最大的理由就是"载道""明德""陈诗展义""修辞明道""文以贯道"等,不是为了写某物而写某物的唯美主义。事实上,在中国古典审美世界里,人们对很多自然景物、自然物品的审美都是一种比德式的,《橘颂》《陋室铭》《爱莲说》《咏牡丹》《咏梅》《咏柳》《咏菊》《咏竹》《咏蝉》《咏雨》《咏风》《咏煤炭》《咏石灰》《咏华山》等等,几乎任何一个事物都会成为人们咏叹的对象,都会从中找到"咏叹点",即该事物和人们精神品质之间的关联契合点。人们所谓的岁寒三友,花中四君子等审美现象,所谓宁可食无肉,不可居无竹;乐通伦理等说法,实际上也都是这种比德式审美传统的具体运用。"似兰斯馨,如松之盛。川流不息,渊澄取映。"以德观物,物皆有德之色,花态度,雪精神,自然风物都有了人伦道德品质。

在比德的审美范式之下,人们对自然山水的游玩热爱,也就不是一般性质的游山玩水,而是德之寄托了。郭熙《林泉高致》中说:"君子之所以爱夫山水者,其旨安在? 丘园养素,所常处也;泉石啸傲,所常乐也;渔樵隐逸,所常适也;猿鹤飞鸣,所常亲也;尘嚣缰锁,此人情所常厌也。"①山水在这里实际上是君子人格的寄托所在,是君子陶情养性之所在,托物言志也就成了

---

① [宋]郭熙:《林泉高致》,俞剑华编:《中国画论类编》,北京:人民美术出版社,1986年,第632页。

中国最基本的审美方式。在这种审美方式中，人们在对象世界里寻找"德"的品质，把自己"德"的品质寄托在对象世界里，对象世界也就成了一个充满了人情世故的社会，社会人情也可以在对象世界中找到对应物，"天行健，君子以自强不息"，天和人是合一的，这种比德式的审美传统使得人伦社会与外在世界也息息相通起来，成为一个和谐的整体。艺术、审美在比德式的审美中与社会道德和外在自然对象，三者融为一体了。这已经不仅仅是简单的天人感应式的外在"天"的世界与"人"的世界的一一对应，也不是单纯感官的快适享受。孟子强调"可欲之谓善，有诸己之谓信，充实之谓美"，这就把感官的欲和社会性的善统一起来了，只有"善"与"信"都"充实"了才有美。

内有所动而托于物，这是中国最基本的审美方式。而比德的这种托物关键在于"比"，即德与物之间的"可比性"，这个"比"使"德"具有了审美性。这种"比德"的"美善合一"是一种审美式的美善合一而不是粗暴的伦理要求，不是一种简单的说教。它是人伦社会在对象世界中主动地寻找自己"德"的对应物，是"对象化"的过程，是"德"的实现，也是"物"的"德化"过程，是"物"的发现。这种审美方式把"德"寄托在了"物"身上，托物言德，托物言志，是因为找到了"德"与"物"的相似点、契合点，莲出淤泥而不染，梅傲霜雪而不屈，松挺拔而坚贞，菊花之隐逸，牡丹之富贵等等，"物"和"德"之间必须有形似与神似的审美契合点，两者的比附必须是自然的而不是牵强附会的。比德是德与物的相互生成，在"物"中向"人"生成，"人"也在"物"中实现了。比德式的审美满足了人的道德需求，给人道德的愉悦，但它又不是一种单纯的道德的教训与道德判断，它又是在对"物"的发现中得到的快乐，这种快乐实现了"物我"的同一，消除了单纯道德教化的僵化色彩。一竹一兰一石，有节有香有骨，竹与"气节"，兰与"香气"，石与"骨气"连在了一起，在"比德"的"山""水""梅""竹"等等对象中，"道德"和"审美"在这些"第三者"的"审美中介"中得到了实现和统一。从比德的审美方式来看，美确实是道德的象征，美也因此成了不朽的事业。

中国的审美通过比德实现了美善的完美融合，实现了人与外在世界的和谐，这与西方美、善的对立式的审美方式是大异其趣的。西方自古以来就有知、情、意三分的传统，"知"属于理性的认识论范畴，而"意"属于行动的道德范畴，感性的"情"则是审美的范畴。这三者是彼此分离对立的，属于意志支配的行动道德无法和属于感情的审美合成一体。柏拉图认为感性的诗人容易引起人的"感伤癖"与"哀怜癖",对于教育青年不利,所以驱逐诗人,这样就把"情"和"意"对立起来。而德谟克利特认为感性不利于认识真理,晚年故意刺瞎了自己的双眼,只用理性来思索,这样就把"知"和"情"对立起来。西方美学的传统认为"善"涉及人的欲念,而"美"则不涉及人的欲念,是"非功利"的,美和善是各自不同的,所以在西方美和善要么各自分离,要么把美归属于善之下,它还没有找到一个像中国"比德"那样的"中介意象"来同时实现美感与道德感。西方美感与道德感之间的强烈对立冲突,在中国比德式的审美范式中得到了解决。

康德意识到了这种分隔,想要用审美的"情"连接起认识的"知"和行动的"意"。康德认为美是非关功利而令人愉悦的,既然审美的愉悦不是对我个人有利才让我愉悦的,所以人同此心,心同此理,这种审美的愉悦也可以让其他人愉悦,这样,个人的审美之"情"的愉悦也就成了所有人共同的"愉悦",成为大家共同行动的普遍准则,个人的审美和普遍的行动准则也就连在了一起了。因此,康德解决审美和道德的统一这个问题,还是只在人自身的内部世界里解决,靠"人同此心"这个先验的"共通点"来解决。康德把道德和审美的合一寄托在主体自身的"人同此心"上,只在主体自身身上寻找先验的原因,这还是很脆弱和抽象的。而中国的比德则把道德价值寄托在审美对象上,再从对象上来实现自身的道德感,某个对象就成了有某种比较稳定的道德意义的"审美意象",成为民族审美的某种"集体无意识原型",比如"梅"就成了高洁品质的民族审美意象,"莲"就成了清廉品质的民族审美意象等等"有意味的形式"。中国比德式的审美范式使得我们道德领域的"意"和审美世界的愉悦水乳交融地交织在一起,人的世界和物的世界也在审美中更加紧密的交织在一起,人与外在世界也因为审美而更加和谐了。

单纯令人目盲的五色,令人耳聋的五音,这种耳目口鼻之欲式的审美愉悦,在中国古典美学里一直是没有市场的。视听的愉悦总是和道德人伦、天地宇宙连在一起的。但是20世纪80年代以来,社会主义市场经济不断深入,财富不断增加,个人的欲望也不断膨胀,"世俗化""物质化"倾向越来越明显,个人享乐主义思想开始显露,排斥道德主义、理性主义的思想逐渐抬头。从80年代初"发财主义""合理利己主义"的讨论到随后"欣赏世俗""理解世俗""坚持世俗"的理念兴起;从90年代的"过日子小说""痞子小说"到武侠热、言情热以及张爱玲、沈从文、周作人、梁实秋等等的"复兴";再到

"私人写作""美女写作""身体写作"的新人类,人们"跟着感觉走""跟着欲望走",低俗、媚俗、庸俗之作不断,出现了所谓"人文精神的失落""道德的滑坡"等现象,社会浮躁之风盛行。随着消费社会的到来,一种及时行乐的消费主义思想蔓延开来。"活着就好"的市民化思想正成为一股汹涌的大潮,世俗享乐主义的感官化确实正在疯传。审美成了一场感官的盛宴,成了一种纯粹的消费。因此,在当前人文精神迷失的时刻,要寻求美好生活,中国传统比德式审美就具有了特别的意义。

二、"缘情"的审美范式

中国的审美在强调道德感满足的同时,也极其强调个人自然情感的抒发与满足,认为情感是人们进行审美活动的又一个基本原因,由此形成了缘情的审美范式。这就又突出了个人自身感受在审美中的重要作用,这对比德的理性化倾向某种程度上正好是一种矫正。

陆机在《文赋》里最早明确提出了"诗缘情而绮靡"的"缘情"概念。在整个中国古典美学的历史中,缘情是人们一个基本的信念,在《礼记·乐记》中人们提出"情动于中,故形于声";《毛诗·序》强调"发乎情,止乎礼义",认为"发乎情,民之性也",把"发乎情"看作是人民的自然本性,这足见我们重情的传统。可以说"发乎情"的论述在中国艺术理论中是信手拈来,随处可见:钟嵘提出"摇荡性情,形诸舞咏";刘勰《文心雕龙》提出"以情志为神明,辞采为肌肤",认为"吐纳英华,莫非情性",提倡为情造文而不是为文造情;萧子显"说文章者,盖性情之风标,神明之律吕也";令狐德芬说"文章之作,本乎情性";皎然提出"但见情性,不睹文字";白居易有"根情、苗言、花声、实义"之说;严羽也强调"吟咏性情";中国艺术"发愤著书""不平则鸣""穷而后工"等传统都把审美和人的自然之情联系在一起,言为心声,这形成了中国审美世界里的缘情范式。

中国审美中所说的这种情不是西方式的情欲的情,也不是与"理"对立的那种非理性之情,它是人们在外在世界的感触之下发出的感情,这个情把人与外在对象世界紧密地连成了一个天地一气的整体。中国审美理论认为,人们之所以有这样的情,是物使之然的结果,钟嵘提出"气之动物,物之感人,故摇荡性情,形之舞咏"。这就是说,天地之间气化流行,形成万物,物感人,人再有艺术审美之作。这样,艺术的这种"气脉"与"人气"相通,又与天地之"气"相通,天、地、人在审美中就成了一个贯通一气的整体。因此,中国的审美世界里极其重视作品本身的"文气",也十分重视艺术家本人的养气。曹丕讲文"以气为主";刘勰也提出"重气之旨";谢赫把艺术的最高法则定为"气韵生动";韩愈强调"气盛则言之短长与声之高下皆宜";苏辙认为"文者,气之所形"。通过感应天地之气,审美与自然世界交织成一个亦此亦彼的混沌圆融的整体了。

中国的缘情常常是人与外在事物之间的交互活动,是和感物说连在一起的,它不是主体单方面的"外射"或者单纯被动的刺激,这与西方式的"移情"是不一样的。中国的"缘情"既是情因景兴,又是景以情观,它强调随物宛转,又主张与心徘徊;既情往似赠,又兴来如答。强调取诸怀抱,也时时因寄所托,既外师造化,又中得心源。中国式的缘情常常是借景抒情,即景即情的,情景是水乳交融的,这个情也因此显得中正平和,情往往也就是外在事物的景,而外在事物的景也就是情,不言情而处处是情,景物无自生,惟情所化,融景入情,寄情入景,景以情合,情以景生,初不相离,唯意所适,情中景,景中情,这两者名为二,而实为一,一切景语皆情语,这就是中国式的情。在中国的审美作品里经常看见诗人们自放于山巅水涯,沉迷于虫鱼草木风云鸟兽之状,遵四时以叹逝,瞻万物而思纷,悲落叶于劲秋,喜柔条于芳春,春风春鸟,秋月秋蝉,夏云暑雨,冬月祁寒,无不引起诗人的万千情感。登山则情满于山,观海则意溢于海,喜气画兰,怒气画竹,气物相通,应物斯感,以情观物,有情芍药,无力蔷薇,一枝一叶总关情。托物言情是中国古典美学最基本的一种审美方式,在这种情感模式中,已经分不清何者为情,何者为物了。我见青山多妩媚,料青山见我应如是,这种物我的相互感应,物我的两忘状态是"缘情"所追求的境界。寄情山水,山水即情,在这种缘情范式下,人与外界世界的关系是一种"比兴"的方式,先言他物,再说自己的情感。"比兴"与"比德"相比虽然都是"比",但最大的不同就是在"比兴"中的"物"不是"比德"中德化的对象,而是一个感兴的对象,一个感发人情感的对象,更具有直接性与个体感受性,它建构的是一个特殊的情境世界,比兴强调的是人与世界相遇时的独特境遇,突出的是个体性。

抒情传统是中国美学最大的一个传统。在这种缘情范式中,我们所追求的仍然是与外在世界的和谐相生,相互交融,这种情感范式与西方审美中的情感范式相比,也显示出自己独特的优越性。西方审美的情感范式主要有这样几种：一是快感的范式。这种学说认为美是由视听产生的快感，让人愉快的就是美的，让人不愉快的就是丑的。休谟就说："快感和痛感不只是美与丑的必有的随从，而且也是形成美与丑的真正的本质。"① 快感派认为对于刺激做出反应的力量大于刺激的力量，我们就感到快乐；而对于刺激做出反应的力量小于刺激的力量，我们就感到不快乐。这种模式强调的是主体在感官刺激下的生理感受，美和感官刺激的强弱反映连在了一起。这种快感范式的取向与中国那种融情于物，由物生情的天人圆融是完全不同的。

西方审美中的另一种情感范式是移情的范式。李斯托威尔在《近代美学史评述》中曾经说："这一理论，比起任何其他的理论来，得到了更为普遍的承认。它在整个本世纪中，在欧洲大陆的美学思想中，取得了支配的地位。"② 移情说强调把人们的感情、思想等"投射"到眼睛所看到的人物和事物中去，通过移情获得的美感是在对象世界中感受到的自我，美感是一种自我价值感，所以立普斯说："审美的欣赏并非对于一个对象的欣赏，而是对于一个自我的欣赏，它是一种位于人自己身上的直接的价值感觉。"③ 因此，移情说的审美范式强调的是主体自身主动地把自己的情感、思想投射到对象中去，把自己"感"进对象里，它不是一种对象触发人、人融于对象中的双向互动式情感，而是主体单方面的强烈"外射""喷发"。主体性倒是得到了强调，但是又把外物"静态化"，物与人对立起来了，"人类中心主义"又显现出来了。而中国的"缘情"范式，一个"缘"字比起"移"来，就显出了双向互动的特性，就显得更加充实圆润了。

西方审美中的另一种情感范式则是激情的范式。古罗马的朗吉弩斯特别强调文艺创作中的激情，一种狂飙闪电式的火热情感，要求文艺有一种惊心动魄的感人力量。他要求作家的激情像剑一样突然脱鞘而出，像闪电一样把所碰到的一切劈得粉碎，他要求作家"以他的力量、气魄、速度、深度和强度，像迅雷疾电一样，燃烧一切，粉碎一切"，要"像一片燎原的大火，四面八方地燃烧"。④ 这是一种主体激情的喷发。而浪漫主义兴起以来，更是把激情提高到了一个前所未有的高度，认为艺术就是情感的自然流溢。拜伦说自己的

① 北大哲学系编：《西方美学家论美和美感》，北京：商务印书馆，1980 年，第 109 页。
② ［英］李斯托威尔：《近代美学史评述》，上海：上海译文出版社，1980 年，第 144 页。
③ 蒋孔阳、朱立元主编：《西方美学通史·第 5 卷》，上海：上海文艺出版社，1999 年，第 110 页。
④ 朱光潜：《西方美学史》，上卷：北京：人民文学出版社，1979 年，第 113 页。

激情就像一阵阵的狂怒,不喷发就会发疯;彭斯说自己的热情就像众多的魔鬼。正如罗素所说:"他们赞赏强烈的炽情,不管是哪一类,也不问它的社会后果如何。"[①]浪漫主义的激情也因此常常成为浪漫主义者自我的幻想、空想、自我麻醉、自我慰藉的夸张的情感,甚至有点主体歇斯底里式的自我爆发。到现代主义时期则有向纯粹个人无意识、非理性的直觉体验等极端性情感方向发展的趋势。西方这种情感范式与我们"缘情"而来的"温柔敦厚"的情感,一往情深而又含蓄蕴藉的亦我亦物的情感是很不相同的。中国文人士大夫即使是痛饮狂歌、飞扬跋扈,但他的情感表达出来,却都多了一道意象的闸门,多了一层美的外衣,如屈原式的"太息流泪"也从自己"高阳苗裔"细细说起,香草美人——寄托;如苏轼、辛弃疾的豪放,是从大江东去、挑灯看剑的眼前情景开始;岳飞、文天祥式的悲壮,也都是从过零丁洋的感发,凭栏处潇潇雨歇的风物开始,其情感的表达虽然激情满怀,但都多了一个"寄托"的缓冲,多了一重美的节制,也就多了一份从容。在中国这样一个深情的文明古国里,当前中国人的情感方式却正发生着巨大的变化,这种变质的情被利益所裹挟,变成了要么滥情,要么无情了,诚信丧失、情感缺陷成了一个大问题。这个"温柔在诵"最有情的国度上演了一幕幕无情的闹剧与悲剧,深情款款的泱泱大国蕴藏着很多为了利益而上演惨绝人寰悲剧的躁动的灵魂。情感教育成了亟需补上的一课,人们开始大声疾呼情感教育。中国传统美学所体现的那种发乎情、止乎礼、温柔敦厚、含蓄蕴藉的情感方式在当前显得尤其难得而有价值。

三、"畅神"的审美范式

无论"比德"还是"缘情",人与外在世界都处于一种和谐交融的状态之中,社会性的道德感和个人情感在中国传统审美范式中都得到了实现,人与外在世界的对立在这种审美状态之中不知不觉地消失了。生活在这种状态中,人有一种无羁无绊、宠辱皆忘的自由感、超越感。这种整个身心解放的自由境界是中国美学的最高境界,是中国传统美学一直追求的一个审美理想。这就形成了中国传统美学的另一个审美范式,"畅神"的审美范式。概括这一范式名称的人是宗炳。宗炳在《画山水序》中指出:"于是闲居理气,拂觞

---

① [英]罗素:《西方哲学史》,下卷,北京:商务印书馆,1976年,第221页。

鸣琴,披图幽对,坐究四荒。不违天励之藂,独应无人之野。峰岫峣嶷,云林森眇,圣贤暎于绝代,万趣融其神思。余复何为哉? 畅神而已。神之所畅,孰有先焉! ”[1]宗炳在此提出了"畅神"的概念,描述了自己的一种最高审美体验,幽坐山林,拂觞鸣琴,面对一幅山水图画,觉天高地迥,宇宙无穷,人世悠悠,往来古今,此时此刻,似乎天地人神已融为一体,人生夫复何求,一觞一咏,足矣。似乎忘我,似乎忘世,但又在世,又"有我",这是一种"悦志悦神"的神清气爽,整个身心的通体舒畅与解放,这种"天地一指、万物一马"的自由感觉就是中国式"畅神"的最高审美境界,是一种审美的巅峰体验。

这种精神自由超越的"天地境界"是贯穿中国整个美学历史的一贯追求。中国主要的三大美学系统道家美学、儒家美学、禅宗美学的审美理想都是这种"畅神"的自由范式。道家美学追求的是那种万物皆备于我、独与天地精神相往来的逍遥游。庄子的思想可以用两个字来概括:一个是"忘",另一个是"游"。通过"忘却"生死、祸福、荣辱、寿夭、名利等等,不哀夭,不荣寿,不知悦生,不知恶死,齐生死,一万物,无己、无功、无名,以此来"游心于尘埃之外""游心于物之初"。这样,一个人就不会"伤于物""物于物",就能扶摇直上九万里,无待而飞,自由自在。在道家看来,一切事物都是相对的,鸡因为无用而被杀了来招待客人,荒野的大树却因为无用而保全了生命;猫头鹰白天连泰山都看不见,晚上却能抓住草丛中的小老鼠;相濡以沫不如相忘于江湖,庄子所举的众多寓言,都只为了说明价值的相对性,说明此亦一是非,彼亦一是非,无物常驻,一切最好任其自然,以人合天,不以人违天。万化流转,不必执著,因此庄子妻子死了他照常鼓盆而歌。道家由相对主义而自然主义,由此来追求内在心灵的澄明和解放,以心斋、坐忘、虚静、婴儿之心、赤子之心去通达那玄之又玄的众妙之门,去成为"大泽焚而不热"的大宗师。道家通过忘却来超越,以求达到自然与逍遥的理想,它以一种超越一切的姿态去追寻精神的绝对自由和安宁。内心通透,所以自由。那种吕梁大夫蹈水、庖丁解牛、佝偻者承蜩、运斤成风的游刃有余,那种鱼之乐的会心,完全是一种审美主义的自由,审美主义的畅神。

对中国传统美学有深远影响的禅宗美学,它所追求的也主要是一种整体

---

① [南朝]宗炳:《画山水序》,俞剑华编:《中国画论类编》,北京:人民美术出版社,1986年,第583—584页。

身心畅达的自然适性、空灵自由的超越境界。禅宗第一义是"不可说,一说就错",它是一种对事物突然之间的整体顿悟,是不能拘于具体形式束缚的,所以弟子如果追问什么是禅宗,师傅们提棒便打。禅师们呵佛骂祖,不拘于行,显示的是一种对外在形式主义的超脱。禅宗追寻超越形式束缚的不言之教,不着一字,尽得风流,拈花微笑,但用"心传",它是一种如"桶底子脱"的"心动"。禅宗的真谛是饥来即食,困来即眠,是春来草自青,是担水砍柴,这个真谛如人饮水,冷暖自知,如人上山,各自努力,是只有自己亲自去体会的"亲在",别人无法替代,是没有标准答案的。这种禅宗的境界实际上是佛教的老庄化,那种不为任何东西所羁绊的自由超越精神是禅宗的真谛。像王维的"木末芙蓉花,山中发红萼。涧户寂无人,纷纷开且落"等诗歌,苏轼的"泥上偶然留指爪,鸿飞那复计东西""回首向来萧瑟路,也无风雨也无晴"等等诗句的所谓禅味,实际上就是一种人生的旷达解脱、自由超越的审美境界。云腾致雨,露结为霜,自然有自然的规律,世界有世界的往还,人生其中,来过而已矣,夫复何求哉,有了这种了悟,还有什么纠结呢?内心空明通透,关键是"空",空故纳万象,虚故了群动,能空能虚,虚室生白,故能自由。此中有真意,欲辨已忘言,禅宗的这种自由境界不是可以用概念、语言一一分析明白的,它是直抵人心的顿悟,是天、地、神、人的浑融一体,是有限而无限,是"畅神"而已矣!是不可言说的,是言说不清的。这是一种极度的审美兴奋,是一种彻底的审美自由、审美解放,这是中国人的审美理想,也是中国人的人生理想。

即使在追求不朽,在最"入世"的儒家那里,内在心灵的自由仍然是士人们日思夜想的理想境界。这种自由建立在儒家所追求的理想人格之上。具有这种理想人格的人必须有为生民立命,为万世开太平的弘毅精神,只要有了这种坚定的君子人格,就能够如颜回乐处,能够朝闻道,夕死可也,能够富贵不能淫,贫贱不能移,威武不能屈,这样的人不管何时何地,都能够配义与道,以浩然之气顶天立地,光明磊落,自由行动于天地之间,能够如孟子所说的虽千万人,吾往矣,能够杀身成仁,舍生取义,蹈死不顾,而绝不会畏畏缩缩。孔子设想的最高境界就是七十,从心所欲不逾矩,就是这样的自由。在儒家看来,不在个人小恩小惠小利上长戚戚,超越纯粹个人的欲望,由仁而勇,明确自己的使命,有自己的理想,也就自由了。仁是儒家最核心的概念,仁者爱人,克己复礼以为仁,要爱一个人就是要对自己有所克制,不能任由自己的私欲无限膨胀，也要想想别人，己欲立立人，己欲达达人，己所不欲，勿施于人，这就是仁之方。所以仁的核心就是超越绝对自我的私欲，由己及人，这样才不会患得患失，只有有了内心的定见，有了自己的所好，才能够安静从容，才能够"仁者静"。儒家要处理的还是欲利、人己、物我的关系，在处理这些问题时，儒家坚持的是由己及家，由家及国，由心而外，所谓内圣外王，化成天下。内心笃定，成就自我，所以自由，儒家精神首先是这样一种理想人格基础上的自由精神，这种自由奠基于非功利的超越精神。

成就这样一种自由人格精神，并不是急功近利就可以轻易办到的。孔子知其不可而为之，为了他的政治理想而周游列国，但他赞赏的不是子路治理千乘之国的宏大理想，却是曾点"浴乎沂，风乎舞雩，咏而归"的似乎不求上进的理想。这里面的深意在于孔子认为真正成大业者必能涵咏万物，在这样一种颇具审美意味的人生态度中熏陶自己的心性，能够"兴于诗"，能够有这样一分情趣，能够对外界事物有一种近乎非功利的广博的热爱，恐怕才能够成就一个人宽广绵长的情感，博大坚韧的心胸，最后才能走得更远，才能真正够担当大任。如果没有这样一个审美的心态，直奔功利的现实目的，目无旁物，恐怕往往会目光狭隘，利欲熏心，不能承受任何挫折，操之过急，过刚则折，往往会半途而废，反倒不能成功。孔子要弟子们悠游于艺术音乐之中，通过游于艺，成于乐来成就理想的君子人格，由诗教、乐教来成就儒家士人可以从容赴死、引刀成一快的自由人格，这实在高明，也是儒家思想在人格塑型方面留给我们的巨大财富。应该说，这种内在心性的自由是儒家美学的合理内核。

我们可以看出，道家美学、儒家美学、禅宗美学，它们最后和最高的归宿其实都是一种生命的自由和畅达，是人与自然、人与世界之间的一种和谐自由的境界，是人生天地之间的一种悠游不迫，是一种彻底的畅神的高峰体验，它们在这个意义上是一致的、相通的。无论儒、道还是禅宗，骨子里都是这种自由旷达的精神，解放和超越的追求，所以中国人能够比较轻易的亦儒亦道亦禅，而不会彼此尖锐的对立。畅神是中国传统美学最重要的一个审美范式，中国美学在神不在形，无声胜有声，不滞重，不故实，在虚实有无之间自由转换。中国的文人士大夫手挥五弦，目送归鸿、恢恢乎游刃有余、寄妙理于豪放之外，发纤浓于简古之中、言有尽而意无穷、妙在形似之外，他们泼墨山水，妙造自然，追求神、逸、远、妙、韵、清、空等等，这些都既是审美之品，也是人生之品。这种超越有限人生而趋向无限理想的审美方式是中国审美的最高愿望,也是中国人生活的最高境界。这种自由超越精神是几千年来中国美学的精髓,也是中国文化最闪光的特质。这对于当前唯利是图、急功近利浮躁的一代中国人来说无疑具有深刻的启示意义。

中国美学这种畅神模式与西方美学是大异其趣的。柏拉图式的美学区分"美的东西"与"美本身",试图寻求具体的美的东西背后的"美的本质",寻求抽象的永恒不变的美的理式,把美变成了一种形而上学的抽象思考。而亚里士多德则把美看作一种经验的感受,认为太大的东西不能美,太小的东西不能美,美是一种完整和谐的形式,这又把美看作一种经验式的感受。由此,西方美学形成了两种基本的审美范式,一种是美的形而上学的抽象追问,另一种是感官的快适的经验主义,理性认知的认识论美学,感官描述的经验性美学,这与我们的"畅神"的人生论美学相比,确实是很不相同的。中国的"比德""缘情"与"畅神"把个人与外在世界、社会道德等紧密联系在一起,形成了一个有情、有德又有神的世界,真善美交融的世界,相互补充又相互兼容,共同构成一个天、地、神、人水乳交融,万物和谐共生的理想生存境界,整个世界与人生都得到了美化,人生因这种审美化观照而变得充满了诗意,世界也因这种审美化观照而变得美丽。对一张琴,一壶酒,一溪云,任何一个平凡的事物都可幻化出无限的诗意。善于把平凡的事物,把整个生活世界美化、诗化,一丘一壑也风流,这是中国传统美学的最大特质,古代中国也因此成了世界最富有诗意的国度。兼葭苍苍,白露为霜,这本来是一个有些寒意与迷惘的世界,但所谓伊人,在水一方,却一下子把这个"为霜"世界的寒意驱逐殆尽,那个结了霜的世界也一下变得美了。在中国传统审美方式之下的世界任何一草一木、一事一物都成了寄情、寄德、寄身的富有诗情画意的世界,近取诸身,远取诸物,点到为止,整个世界都审美化了。

第九章　生活美学与身体美学

　　主编插白：改革开放的伟大事业给中国人民的生活带来了翻天覆地的变化。中国人民从站起来到富起来，新时代正向美起来迈进。于是，"生活美学"的概念应运而生。这"生活美学"不是车尔尼雪夫斯基"美在生活"的意思，而是"美好生活"的意思。在中国美学界，仪平策先生是"生活美学"的较早倡导者之一。继2003年发表《生活美学：21世纪的新美学形态》之后，最近又发表《生活美学：人类美学的中国形态》，对这个问题作出进一步理论完善。文章指出："生活美学"是将"美本身"还原给、归置于"生活本身"的美学。在人类的美学系统中，中国本土美学就是一种独特的生活美学形态。中国传统"道不远人"的思想观念，为生活美学在中国的生成发展提供了基础性的华夏智慧、中国思维。这规定了古代中国所理解的"美"，与"善"、"义"、"吉祥"等日常生活词汇，具有浑融如一的同源性意义。也因此，古代中国没有纯粹的、与世俗生活分离的艺术观念。古代所讲的"艺""六艺""四艺"等，都基本是带有艺术味道的人生素养和生活技能。要之，美和艺术在中国本土话语中，是日常生活本身的内在"品质"和无尽"趣味"，是"生活"之美好的一种表征。因此，在他看来，"生活美学"是人类美学的中国形态。在"生活美学"的基础上，李西建提出"生活论美学"概念，并对此作了系统思考。他在《重构"生活论美学"：意义、内涵与方法》一文中指出：重构"生活论美学"，既代表了人类审美实践的生活化转向，也体现了消费文化发展对美学阐释理论的新的需要。在20世纪美学回归日常生活世界的探索中，后现代主义、实用美学及日常生活哲学等，均提出了富有建设性的主张与方案。而"生活论美学"的提出，旨在解决在实用功利性突出的物质世界中,如何重建具有审美性的人的日常生活世界。"生活论美学"理论的核心是解决生存与审美的内在契合与统一。思考重点是如何培育一种社会感性文化形态,塑造主体的感性心理品质。而重构的方法则表现为通过完善审美文化形态,塑造主体的审美行为,使其获得改变生活的审美素养和能力,以便为物化的世界不断注入丰富的审美价值的因子。当然,什么是"审美",生活论美学所要培育的社会的感性文化形态与主体的感性心理品质有什么特殊规定性,尚待进一步阐明。与"生活美学"联系密切的是"身体美学"。"身体美学"是改革开放新时期为矫正极左年代扼杀人的身体的基本情欲的荒谬倾向提出的概念。王元化、宋耀良等人提出"美在生命",即可视为其主要观点。在这个意义上,"身体美学"与"生命美学"是相通的,甚至可以说是一个概念。当然,无论"身体美学"还是"生命美学",后来发现一味高扬情感、欲望在法制、道德社会行不通,所以又提出"灵""智"加以补充。不过若是这样,"身体美学""生命美学"也就失去了自己的个性和提出的合法性。总之,"身体美学"如同"生命美学"一样,尚在理论建设的路上。在中国学界,王晓华教授以研究"身体美学"著称。这里选取他的《主体论身体美学论纲》以见其"身体美学"思想理路之大概。文章指出:身体美学可以分为客体论身体美学和主体论身体美学。前者将身体定义为审美的对象,把主体的位置留给了精神性存在,但却因此陷入了无解的逻辑困境:假如精神与身体具有同构性,我们有什么理由将之分别定位为主体和客体?倘若精神与身体是完全不同种类的存在,那么,它如何才能驾驭与它不同质的身体呢?从柏拉图到笛卡尔乃至当代美学,对精神主体论的证明总是导致悖论。与此同时,另外一个可能性却凸显出来:人就是身体,身体是生活和审美的主体,而精神不过是身体-主体的功能和活动。由此可以建立一个自洽的美学体系:其一,审美属于身体-主体的生存活动;其二,从身体-主体与世界的关系出发,美学将回到其起点和主体;其三,按照主体论身体美学的研究范式,我们不但可以解释审美的发生学机制,而且能够建构尊重万物的大主体论美学,推动美学走上回家之旅。王晓华的表述,充满了哲学玄思,并不是很好理解,存此备读者参考。

第一节　生活美学：人类美学的中国形态 [①]

人类的美学一如人类的文化，从来都不是抽象划一绝对同一的，实际上各个民族、各种文化都有自己特色独禀个性鲜明的美学形态。既如此，中国（本土、华夏）美学在人类美学思想系统中，究竟呈现为一种什么样的独特形态呢？这就是我们当下需要深入探讨的重要课题。

一、中国本土美学的主导形态是生活美学

关于中国本土美学是一种什么样的独特形态，有两个方面的问题需要解答，即中国本土美学形态从整体而言主要"不是什么"以及主要"是什么"的问题。就前一个问题说，学术界多年来所取得的一个基本共识是，中国本土美学形态主要不是哲学美学，不是科学美学，不是宗教美学，不是本体论美学，也不是认识论（知识论）美学……总之，不是在西方占主导地位的那种美学形态。就后一个问题说，学术界近些年来多有研讨和论述。在谈到中国本土美学独特形态时，比较重要的观点首先要推文艺美学说，认为华夏美学所谈所思大都属于文艺之事。这与西方美学有很大的不同，所以文艺美学可称之为中国特色的美学形态。应该说，这个观点很有道理，然笔者仍不尽认同，容后再论。其次要推生命美学说。中国文化重生避死，讲"不知生，焉知死"（《论语》），"天地之大德曰生"（《易传》）等，所以就认为中国美学以生命为本，可称之为生命美学。这个说法也不能说毫无道理，但似乎多少有些抽象和宽泛。在中国本土文化中，不是任何生命都是美的，禽兽、草木也都是生命，但它们孤立地看，本身无所谓美，甚至有时候是丑的。所以将生命美学视为中国传统美学的独特形态似不尽妥帖。再次要推生态美学说。我国的生态美学是应国际思潮和中国现实而生的当代美学形态。中国文化讲究"天人合一"，因而其生态美学思想值得发掘，这方面的研究目前看也成果颇丰。于是有学者就认为生态美学就是中国本土美学形态，但此说细究之，还是觉得学理上有些问题，此处暂不赘论。

[①] 作者仪平策，山东大学文学院教授。原载《中国美学》第13辑，社会科学文献出版社，2023年。

笔者认为,中国本土美学的主导形态是生活美学。什么是生活美学呢? 在世纪之初,笔者曾对此有过论述①。简言之,作为 21 世纪的一种新美学形态,生活美学是一种以人类的"此在(existence)生活"为本原、为动能、为内容、为目的的美学,是将"美本身"还原给"生活本身"、归置于"生活本身"的美学。这是生活美学的一个基本理论定位。

这里所谓"生活",在中国古典文献中大致有这么几层涵义,首先是人的一种生存、生命状态,《孟子·尽心上》有句曰:"民非水火不生活",这里的"生活"即"生存",即"活着",与"死亡"相对。"生活"就是一种人类在世的维持生命的活动。其次,生活广义上指人类为了生存、繁衍和发展所进行的所有现实性活动,除了最基本的衣食住行,还包括人的学习、工作、休闲、社交、娱乐等活动。《文子·道德》中说:"老子曰,自天子以下,至于庶人,各自生活,然其活有厚薄。"②显然,生活又是比生存更高层面的一种状态。只有人类所进行的内容丰富形式多样的生命活动才叫生活。再次,生活既然是人所特有的生命活动,它就不是纯然生物性活动,而是人所能够区别于动物的一种有讲究、有目的、有理念、有规则、有质量、有意涵、有趣味、有境界的生命活动。所以,古人也将"生活"视为"美事"或美好的时光。宋代杨万里《春晓》诗句曰:"一年生活是三春,二月春光尽十分"。③唐代无名氏《秀师言记》载:"崔曰:'我女纵薄命死,且何能嫁与田舍老翁作妇。'李曰:'比昭君出降单于,犹是生活。'二人相顾大笑。"④在这里,情绪、感受、心理、精神层面愉快与否的审美体验("美事")也同样属于"生活"本身。这样说来,中国人心中的"生活本身"就跟所谓的"美本身"浑然一如了,也从而跟美学有了内在必然的联系。

由此,生活美学所说的"生活"概念,用严谨的理论话语来表述,指的就是人在历史的时空中感性具体地展现出来的所有真实存在和实际活动;它既包括人的自然的、感性的、物质的生活,也包括人的社会的、理性的、精神的

---

① 仪平策:《生活美学:21 世纪的新美学形态》,《文史哲》2003 年第 2 期。
② 《文子》又称《通玄真经》,传为老子弟子文子所著。见《文渊阁四库全书》(影印)第 1058 册,中国台湾:台湾商务印书馆,1986 年初,第 332 页
③ 杨万里:《诚斋集》,见《文渊阁四库全书》(影印)第 1160 卷,中国台湾:台湾商务印书馆,1986 年,第 90 页。
④ 《太平广记》第二册(文白对照全译本),天津:天津古籍出版社,1994 年,第 939 页。

生活,是人作为"人"所历史地敞开的一切生存状态和生命行为的总和。因此,它不是脱离了人的"此在"状态的抽象一般的生活,而是每一个人都被抛入其中的感性具体寻常实在的生活。因此,所谓生活美学,也就是将美的始源、根柢、存在、本质、价值、意义等直接安放(或返还、归置)于人类感性具体丰盈生动的日常生活世界之中的美学。在生活美学看来,美既不高蹈于人类生活之上,也不隐匿在人类生活背后,而是就在鲜活生动感性具体的人类生活世界中。当然,美也不等同于世俗生活本身。本质上,美就是人类在具体直接的"此在"世界中领会到和谐体验到快乐的生活形式,是人类在日常现实中所"创造"出的某种彰显着特定理想和意义的生活状态,是人类在安居于他的历史性存在(即具体生活)中所展示的诗性境界。①

中国(华夏、本土)美学的主导形态正是这样的生活美学。因为,同世界上其他地方的美学,特别是同西方美学相比,中国美学确实有着自己鲜明的本土(民族)特征,并因此形成了生活美学这一人类美学的中国形态。从总体上看,西方哲学 – 美学更关注外在于人类主体的、作为人的整个对象界、客体界的"自然"。早在古希腊早期的赫拉克利特(约前 540—前 480)就说:人类要"按照自然行事,听自然的话"②。也就是说,人类的一切活动(包括精神活动)都要以客观的"自然"为根据、为范本。这便开了西方美学将外在于(认识)主体的"自然"作为最高的本体存在加以摹仿和再现的思想先河。中国美学 – 哲学则不同,它对外在于人并与人相分离和对立的"自然"不是特别感兴趣,它更关心的是人类自身生活世界中所有可感、可知、可为、可乐的"人事",即所谓"道不远人"(《中庸》十三章)。这里所谓"道",不是西方所讲的那个绝对超验的万物始源、世界本体、第一原因、终极实在等等,而是贯通于人类生活世界中的既普遍恒常又根植人性的基本道理和法则,正如朱熹解此"道"曰:"道者,率性而已。固众人之所能知能行者也"③。"道不远人",是因为"道"不是外在于人并与人相对立的客体对象,而是就内在于人性(人的天性、本性、性命、性情)之中,是人性固有的内在理性力量,因而这个"道"从本质上说,就是人在率性而为之中即能知能行的基本的世间道理

① 参见仪平策:《生活美学:21 世纪的新美学形态》,《文史哲》2003 年第 2 期。
② 北京大学哲学系外国哲学史教研室编译:《西方哲学原著选读》上卷,北京:商务印书馆,1984 年,第 25 页。
③ 朱熹:《四书章句集注·中庸章句》,长沙:岳麓书社,2008 年,第 33 页。

和生活规则。显然,这个"道",可以视为一种人世间的"生活之道",具体讲,既是事理之道,也是伦理之道,同时也一定是审美之道。因此,"道不远人"的命题,为生活美学在中国生成发展为主导性形态提供了基础性的华夏智慧、中国思维。

二、古代汉语中"美"的独特意涵

对此,我们可以围绕"美是什么"这一所谓美学本体论问题略作探究。中国古代虽然没有对这个问题做出明确的概念性规定,但也从多个角度论及对于这个问题的基本理解。其中有代表性的就是大家熟知的"羊大为美"说。汉代许慎在《说文解字·羊部》中说:"美,甘也,从羊,从大。"《甘部》说:"甘,美也"。这即"羊大为美"说的由来。在许慎这里,羊肉的"甘"即为"美",甘、美互训。甘表面义就是甜,引申义就是味道好,再引申就是较为抽象一点的美好之意。比如甘甜、甘冽、甘雨、甘霖、甘美等,就是由甜味扩展为美好之意。这无疑也是由味觉快感转为好感和美感的过程。清朝学者段玉裁在《说文解字注》中解释说:"羊大则肥美。"[①]就是说,羊大则肥,肥则香,香则甘,甘则美。此说讲的就是味觉的快感即美。季羡林先生说:"美的原义是指羊肉的肥美,来源于五官中的舌头,与西方迥然不同。"[②]

显然,理解"羊大为美"说的关键就是"甘、美互训",其指向的一个明白无误的意思,就是中国人对美的认知确与味觉有关,味觉的快感即为美感。弄清这一点看似简单,实则重要。有人说味觉是生理反应,属功利范畴,怎么会是美感呢? 这就是用西方美学惯常的分析型思维来看待中国人的综合型(直觉型)智慧所导致的认知困境。在中国人看来,香甜的味觉之所以也是愉快的美感,是因为这里的快感和美感是浑然如一,难分难解的。其实,不仅仅是味觉,所有身体感官的快适都是相通的,也都蕴涵着审美体验的愉快。比如庄子说:人"所乐者,身安、厚味、美服、好色、音声也;……若不得者,则大忧以惧"(《庄子·至乐》)。庄子此处所言,就是整体地、综合地理解"人之所乐"和"人之所苦"的由来,就是讲包括形、声、闻、味、触等"五感"(或视、听、嗅、味、触等"五觉")在内的人的所有感觉,都是相通互联的,都可

---

① 段玉裁:《说文解字注》,上海:上海古籍出版社,1981 年,第 146 页。

② 季羡林:《美学的根本转型》,《文学评论》1997 年第 5 期。

以让人"乐"或使人"苦"。人的看似个别单一的生理性感觉，其实都会引起人生命的整体性心理感受和情绪体验。这也许就是钱锺书先生所说的"通感"："在日常经验里，视觉、听觉、触觉、嗅觉、味觉往往可以彼此打通或交通，眼、耳、舌、鼻、身各个官能的领域可以不分界限。"①既然在日常经验中人的各种官能感觉是彼此交通的，那么在日常生活中人的身体快感与精神美感也自然是浑然交融的。由味觉的快适到身体的快意再到审美的快乐，这个过程其实是在身心的互通相融中同时发生和完成的。其根本原因不是别的，就是这种交通互融的身心快感都基于日常经验，都源于现世生活。比如人们常说的"秀色可餐"这个成语，将食欲、性感与审美合三为一，就是这种整体性日常生活经验的一种美妙呈现。在中华民族生活世界的语言系统里，这种词汇可谓比比皆是。

对于"美"字，除了"羊大为美"一说外，还有一个就是萧兵先生提出的"羊人为美"说。他认为："'美'的原来含义是冠戴羊形或羊头装饰的'大人'"②。具体来说，美就是一个部落酋长（也是巫师）戴着羊头装饰进行巫舞活动的形象。这个说法有些道理，在学界也有影响。但问题出在对"羊人为美"的解释上。有人认为，"美"既是正面而立的人的形象，就说明这个"美"字不是源于味觉，而是来自视觉（视觉偏于认识）。于是，这个说法就跟西方关于审美基于认识，美是理念（理性）所由显现的感性"形象"等"权威理论"对上号了。其实，"羊人为美"说的关键点不在"人"上，而仍在"羊"上。部落酋长为什么要戴着羊头装饰跳舞呢？这个问题的焦点所在，是酋长大人的巫舞形象，还是羊头装饰的独特意味？原始文化史研究告诉我们，原始部落的先民们，甚至那些酋长大人们，日常生活中是经常跳舞的，但为什么中国古代文献里没有描述这些先民们日常跳舞形象如何美的言辞记载？所以，问题的关键还是要从"大人"回到"羊"上。因为正如人们所说，羊是部落图腾。大人戴着羊饰跳舞，无非是表达对羊图腾的一种崇拜信仰罢了。这种场景，一般应是出现在原始祭祀的仪式活动中。场合是神圣的、庄重的，所以需要部落首领或酋长、巫师戴上羊头装饰来组织实施祭拜仪式。如果说这时候的大人是美的，那也是因为他所戴的羊头装饰是部落人们所崇拜的图腾，是

---

① 钱锺书：《论"通感"》，《文学评论》1962 年第 1 期。

② 萧兵：《从羊人为美，到羊大为美》，《北方论坛》1980 年第 2 期。

"羊"这一天地神物所独有的神秘意味使得"大人"美。所以,"羊人为美"说的重点应该还在"羊"上,在"羊"与"美"的文化联系上。

据研究,最早以羊为图腾的,是历史上活跃于中国西北部的一个古老民族——羌族,其族名之羌和族姓之姜,皆源于羊图腾。在甲骨文中,羌和姜都是头戴羊角头饰之人。后来羌族东移与中原文化融合,把羊图腾崇拜带入华夏民族的生活世界。传说伏羲、神农、炎帝等所辖远古部落,也都以羊为图腾。先民们之所以崇拜羊图腾,首先是因为羊是先民们的重要生活资料,关乎部落的基本生存和发展,同时与其他食物比起来,肥硕鲜美的羊肉能带给人生理上的饱腹感、快适感,也自然同时带给人心理上的愉悦感、幸福感。所以"羊"就既成为先民们崇拜信奉的图腾,也同时化作先民们所向往的吉祥幸福的象征。《说文·羊部》曰:"羊,祥也。"羊所表征的是吉祥之意。何谓吉祥?《庄子·人间世》中有句曰:"虚室生白,吉祥止止。"对此唐代成玄英疏:"吉者,福善之事;祥者,嘉庆之徵。"[①]吉祥,也就是嘉庆福善之意味。显然,"羊"在这里的涵义就超越了一般的生理味觉范畴,而进入生活世界的社会价值层面,具有了更深广的精神性、审美性意义。由此,我们就更深入地理解了许慎在《说文解字·羊部》所说的:"美与善同意"。不仅美、甘互训,美还与善同意,这是许慎留给我们的古人关于"美"字意涵的重要信息。何谓"善"?《说文·誩部》:"善,吉也。从誩,从羊。此与义、美同意。"这里的意思综合解读就是,羊即祥,善即吉,羊、善都是吉祥,美也同样是吉祥。还有一个值得注意的字:"义",也与美同意。于是,由"羊"字的"甘"就导出了"善""义""美"等具有同一"吉祥"意味的社会性、精神性、审美性概念。这是一个逻辑清晰意涵明确的思想之链,而这个思想之链所由发生和衍展之处,正是中国人几千年来生动丰盈的日常生活世界。换言之,"吉祥"这一直接来自日常生活世界的词汇,赋予了"美"与"善"、"义"等浑融如一的同源性意义。

因而,在中国智慧看来,美不在别处,而就在生活世界;美不是别的什么,而就是生活本身,具体说,美就是生活世界里一种与善、义之类概念同一互训的世间价值范畴,再进一步说,美就是人在具体直接的"此在"经验中体验到幸福、领悟到意义、感受到快乐的生活形式。据此,生活美学实乃中华民

---

① [清]郭庆藩《庄子集释》,《诸子集成》第3册,上海:上海古籍出版社,1986年,第69页。

族贡献于世界的特色独具个性鲜明的美学话语系统。

三、关于"艺"、"六艺"、"四艺"及其他

正是根据生活美学这一学术立场和视角,中国本土美学资源中诸多与西方美学迥然有别的问题,便有了新的解读和阐释。限于篇幅,本文在这里只做几点举隅性简述,以示引玉之意。

1. 关于"艺"及"六艺"的观念

与"美是什么"的问题一样,中国古代没有关于"艺术是什么"的概念性规定,甚至鲜见"艺术"这个词。但从甲骨文时代起,就有了"艺"这个字。

最初的"艺"("埶")字,既是象形字,也是会意字(甲骨文、金文),像一个人双手捧着一棵树苗的样子,本义指种植。种植草木是一门技术活,所以,"艺"又引申为"才能、技能"等义。一定的技能如果能达到出神入化的地步,都会给人以艺术般的享受,故"艺"有现代所谓艺术之意。所以,在汉语中,才能、技能是"艺"的第一义,艺术是其引申义。

在英语中,表示"艺"这个意思的单词是 skill,即为技巧、技艺;技术、技能之意。表示"艺术"之意的,则是"art"这个词。当然,"art"也有多个意指:1. 艺术;美术;2. 艺术品;美术品;3. 人文科学;文科;4.(包括绘画、音乐、建筑等的)艺术学科;5. 技术,技艺;技巧。但毫无疑问,在英语中,艺术、美术是"art"的第一义,其他都是引申义。

可以发现,中西方对于"艺"、"艺术"的理解是大不同的。在西方,"艺"(skill)这个词的意思只限于技术、技艺的工匠层面,而"艺术"(art)的地位与哲学、科学、宗教等则是分庭并立的,因而是特殊的、独立的存在。"纯艺术"这个概念更是西方艺术的最高标准和追求。但在古代中国,从来就没有"艺术"这个现代中国才有的词汇 [①],更没有"纯艺术"这个西方才有的说法,从根本上说就是不存在现代(西方)意义上的所谓"艺术"的观念,所存在的只有关于"艺"的独特看法,或者说只存在古代中国人自己独有的艺术观念。

如前所述,在古汉语中,才能、技能是"艺"的第一义,也是基本义。需要关注的重点在于,这个才能、技能("艺")主要源自于和服务于日常生活世

---

① 《后汉书·伏湛传》:"永和元年,诏无忌与议郎黄景校定中书五经、诸子百家、艺术。"这里偶尔出现的"艺术"一词,则专指的是经术(经学)。

界。比如古代有"六艺"说。早在周朝时代,贵族教育项目中就有所谓"六艺",即礼、乐、射、御、书、数(礼仪、音乐、射箭、驾车、写字、计算)。这"六艺"中,"乐"和"书"大体上算是接近我们今天所说的艺术门类(音乐和书法),其他的就几乎与"艺术"不沾边了。为什么都叫"艺"呢?因为都主要属于技能、才能范畴。其实当时的"乐"与"礼"是关系紧密的,古代讲"礼乐教化",所以有"礼"必有"乐"。"乐"在当时特指"六乐",即古代最早的六套礼仪性乐舞《云门大卷》《咸池》《大韶》《大夏》《大濩》《大武》。一般在宫廷祭祀天地祖先诸神和民间婚丧嫁娶入学拜师之际,都会有庆贺燕飨的礼乐活动。所以,"六乐"并非单纯的音乐舞蹈,而是在各种祭拜庆贺仪式中安排的乐舞表演,也是古代所重视的"礼乐教化"的必备项目。总之,上述"六艺"就是贵族成员在日常生活中必须掌握的六种基本才艺技能。"六艺"的另一种解释为儒家的六经,即《诗》《书》《礼》《乐》《易》《春秋》,后来简称为"诗书礼乐"。这些都是士人阶层必备的经世致用、教化育人之学。《左传·僖公二十七年》有云:"《诗》《书》,义之府也;《礼》《乐》,德之则也。"《诗经》《乐记》包含的不是诗、乐之道,而是德、义之理。《礼记·王制》中说:"顺先王《诗》、《书》、《礼》、《乐》以造士。"意思也一样,作为儒家"六经"的"六艺",就是为了教化、培养士人。所以,《诗》(《诗经》),在古人看来,并非今天所谓文学意义的诗歌。如孔子说:"不学《诗》,无以言。"(《论语·季氏》)即不学习《诗经》,就不能提高与人交流和表达的能力。就是说,《诗经》可以赋予士人君子人际交往所必需的学识素养和言语技能。孔子还讲:"其为人也,温柔敦厚,诗教也。"(《礼记·经解》)即君子做人要温柔敦厚,这即是《诗经》的教化目的。这表明《诗经》就是一门促使君子人格化育养成的必选"课程"(途径)。总之,"六艺"基本不是从所谓"艺术"(文艺)的角度来讲的,而是从贵族士人日常生活所必需(备)的人格修养、学识技能等方面来说的。

不过,"六艺"虽主要属才能、技能范畴,但若这才能、技能达到了像庄子笔下"庖丁解牛"那样的出神入化之境,就能给人以艺术审美那样的快乐体验。所以这种艺术性的审美体验,在古代的教化体系中便得到了特别的推崇。比如,"子曰:'兴于《诗》,立于礼,成于乐。'"(《论语·泰伯》),即以诗歌来感发个体向善的自觉,通过礼仪实现个体的自立,最后在音乐的审美熏陶中养成君子人格。再比如,"子曰:'志于道,据于德,依于仁,游于艺。'"(《论语·述而》)即君子应以道为志向,以德为依托,以仁为根本,以精通六艺为境界。孔子这里所言意味着，"艺"一方面是经世致用、完善人格的重要途径和方式，另一方面，"艺"又让人在现世生活中陶冶自我，快乐人生。换言之，艺术性审美既是生活的手段，也是生活的目的。这大约就是中国特有的生活美学将功利与审美、生活与艺术融汇如一的所谓"艺"的观念了。

2. 关于"四艺"及其他诸"艺"

前面我们谈了"艺"及其"六艺"，即：礼、乐、射、御、书、数。其实中国古代被命名为"艺"的还有很多，比如"琴、棋、书、画"就最有代表性，被称为"四艺"，其中，琴指古琴；棋，特指围棋；书，指书法；画即绘画，即水墨丹青。琴棋书画这"四艺"在古代之所以重要，是因为它是上层社会，特别是文人雅士修身立世所必备的文化素养和社交技能，是日常生活中须臾不离的东西，所以也被称为"文人四友"。谈一谈它，对我们更进一步认识中国本土美学的民族特点，也很有助益。对此，我们不妨分别做一简述。

琴：历史久远，传说为远古伏羲、神农、黄帝、尧、舜、周文王、周武王等所创制，由此可知，琴是古代帝王君子的标配。古人认为："君子之近琴瑟，此仪节也，非以慆心也"①，意思是说，君子抚琴鼓瑟是基于陶冶性情而不是嬉戏玩乐。这应是对古琴职能的一个基本规定。所以《礼记·乐记》云："君子听琴瑟之声，则思志义之臣。"②显然，古琴这一乐器被赋予了修行养性的礼乐教化功能；抚琴鼓瑟并非单纯的乐器表演，而是日常生活中一种寓道德教化于音乐表演的活动。因此，"琴艺"作为一种审美手段，就成为士阶层礼乐生活的首要素养和必备技能，即所谓"士无故不撤琴瑟"③。

棋：棋者，奕也。弈棋者，艺也。弈棋是古人人际交往与文化娱乐的重要方式。它不单单是一般的消遣游戏，更重要的是，"弈"的场景中既有恬淡、豁达、风雅、机智的人格对弈，又有哲学、军事、政治、艺术的意趣体味，从而陶冶着人们的道德观念、行为准则、思维方式和审美好尚。所以，弈棋首先是日常生活中的人际交流方式，同时也是饶有兴味的艺术性活动。

书：本义为书写、记述之意；后引申为名词，简册、典籍、文书、信函等。可见书的功能原本是实用，不是审美。当然东汉以后，书慢慢艺术化了。但

---

① 《春秋左传正义》，《十三经注疏》，北京：中华书局，1980年，第2025页。
② 《礼记正义》，《十三经注疏》，北京：中华书局，1980年，第1541页。
③ 《礼记正义》，《十三经注疏》，北京：中华书局，1980年，，第1259页。

即便如此，书也并没有改变其实用功能，仍是"六艺"中的那个"书"。像信函写作、公文誊录、科举遴选等，如果字写得不规则、不好看，或被晒被辞，或名落孙山，都是关乎脸面前程的大事。所以，书在传统生活世界中，其实就是一种人人都需要的基本素养和必备技能。功用当居首位，审美则为润饰，二者在日常生活中混融如一。

画：画的本义是用笔描绘图形。古有"书画同源"之说，一是因为开始的时候都是象形。字是画出来的，画也就是字。二是因为二者都以线条为媒介。画与书一样，都是起于实用。不过从篆书开始，画与书就开始有所分别，画着重于描画图像。开始是人物画，后来出现了山水花鸟画。人物画所描绘者，一是历代圣贤，二是得道仙人，三是宫廷世间各色人等，主旨基本上是道德教化、人格褒扬和福寿祈愿，总体是世俗化、人间化、生活化的。山水花鸟画，虽比人物画有更多的审美意味，但仍与现实生活，特别是士大夫阶层的君子想象和人生情愫直接相关，表现手法主要是"情在景中"、"以象喻意"。如所谓的梅兰竹菊"四君子"，就是通过梅兰竹菊的描画来比喻士人君子所秉持的志向怀抱与人格操守，所以山水花鸟画又叫写意画，其旨不在山水花鸟本身，而在画家人生意趣之表现，因而是士人阶层生活美学观的一种很典型的展示。

可以看出，所谓"四艺"并非专指艺术，而是四种多少带有艺术趣味的生活技能，或者说，是四种将技能性与艺术性融汇为一的生活方式。实际上，再扩而言之，中国古代不只是讲究上述"六艺"、"四艺"，大凡关乎人生之需、生活之用的所有事情（"活计"）都讲究一个"艺"字。诸如曲艺、茶艺、厨艺、园艺、木艺、农艺、武艺、球艺、手艺、游艺、布艺、花艺、耕艺、树艺、垦艺等等，可谓不胜枚举。这里的"艺"，毫无疑问，基本都是日常生活中的工具性、实用性的技能、技巧、技术，其所达到的最好水平，可以算是所谓的审美性、艺术性境界，但与今天所谓的艺术概念大相径庭。这里所具有的实用性与审美性这两个方面，皆不脱离中国人心目中的"生活"世界，"生活"意涵。艺术与非艺术、艺术与现实、审美与功用等西方美学所讲的那种非此即彼的区别和对立，在这一"生活"世界、"生活"意涵中是不存在的。在中国本土这种唯"艺"是求的生活理念中，所谓艺术绝非一种游离于生活之外、高蹈于生活之上的"神秘"之物，而就是日常生活本身应有之"能"，内在之"义"。它的基本功能定位很明确，那就是让人生更体面，让生活更美好。据此，我们确认中国本土美学就是一种生活美学。

现在可以谈谈所谓中国本土美学就是文艺美学的观点了。我们之所以不认同这一观点,是因为:一,中国本土没有唯"美"的、纯粹的"艺术"(文艺)观念,也没有与日常生活无关的所谓"艺术"(文艺)行为。在古代中国人看来,艺术只是生活世界的一部分,是世俗生活中人(尤其是士人)的应有素养和必备技能,也是日常生活本身的内在"品质"和无尽"趣味",一句话,是"生活"之美好的一种表征。二,中国本土没有真正独立的、职业化的所谓艺术(文艺)家。这一点与中国不存在纯粹的艺术观念和独立的艺术行为有因果联系。所谓的文艺家(诗人、作家、画家、书法家等),大都首先是学者、文人、官员等;赋诗作画、吹拉弹唱并非他们单一的立身之道或谋生之途,而大多是为了"仕途"或其他生活需要而做出的风雅之举或应景之为。有学者说得好:就社会身份而言,文艺家亦官亦民:达时为官,穷时为民;出仕时为官,隐遁时为民;天下有道时为官,天下无道时为民,然而其第一身份却永远不是文艺家。[①] 即使有个别的以演艺为生的人(如关汉卿),也是被社会所蔑视的"下九流"之人。总之,在古代中国的所谓文艺家那里,艺术从来都不是专一的职业,更不是其人生的目的,而总归是其生活的一种手段,一种技能。所谓文艺家心目中的所有美好永远安放于日常的、在世的、丰盈的生活世界。所以,至少根据这两点,我们可以认为中国本土美学的主导形态不是文艺美学,而是生活美学。换言之,人类美学的中国形态,就是生活美学。

第二节 重构"生活论美学":意义、内涵与方法 [②]

一、重构"生活论美学"的意义

无论从人类审美的生活化转向,还是从当代社会,尤其是消费文化对美学阐释有效性的内在需要看,重构一种本体性的"生活论美学",已成为当代美学理论建设最为迫切的任务。自 19 世纪"美是生活"的观念提出以来,经现代艺术对"审美与生活同一性"的探究、后现代主义的生活化转向,及消费

---

① 李建中:《兼性思维与文化基因》,《光明日报("理论"版)》,2020 年 12 月 16 日。
② 作者李西建,陕西师范大学文学院教授,原载《社会科学辑刊》2018 年第 1 期。

文化背景下审美实用化趋势的日益增长,它在广泛消融和渗透于人的日常生活、导致新的审美文化形态与行为生成的同时,一种以消遣娱乐和审美享受为核心的消费文化形态日趋形成,消费性需求对当下社会审美行为显示出较强的控制力,艺术的生产和接受越来越重视感官愉悦和直接的功利效应,社会生活与文化行为中的泛审美现象日趋复杂,从铺天盖地的商业广告,林林总总的消费文化符号,形形色色的消费商品,到审美的生活化、实用化及身体化转向等,"美"的概念已毫无例外地成为实用生活的"代名词",美学"何为"显然已成为一个必须直面与深刻反省的问题,重构"生活论美学"的呼声,正产生于多元、复杂文化情境对一种具有新的思想阐释力理论的内在需要。

丹托在《美的滥用:美学与艺术的概念》中指出,美几乎在 20 世纪从艺术现实里消失了,好像吸引力是某种污名,它含有粗俗的商业用意。① 詹明信指出:后现代主义代表了美学的民本主义,而这一时期"美感的生产已经完全被吸纳在商品生产的总体过程之中。也就是说,商品社会的规律驱使我们不断出产日新月异的货品,务求以更快的速度把生产成本赚回,并且把利润不断地翻新下去。在这种资本主义晚期经济规律的统辖之下,美感的创造、实验与翻新也必然受到诸多限制。在社会整体的生产关系中,美的生产也就愈来愈受到经济结构的种种规范而必须改变其基本的社会文化角色与功能"② 韦尔施讲得更为深刻和彻底,当代审美化的流行不仅仅波及日常生活这一浅表层面,而且它同样渗透进了更深的层次。如果说前者是花里胡哨的物质的审美化,那后者就是声色不动的非物质层面的精神审美。在表面的审美化中,一统天下的是肤浅的审美价值:不计目的的快感、娱乐和享受。这一生气勃勃的潮流,在今天远远超越了日常个别事物的审美掩盖,超越了事物的时尚化和满载着经验的生活环境。它与日俱增地支配着我们文化的总体形成。经验和娱乐近年来成了文化的指南。③ 我们的世界实在是被过分审

---

① [美]阿瑟·C.丹托:《美的滥用:美学与艺术的概念》,王春辰译,南京:江苏人民出版社,2007 年,第 2 页。

② [美]詹明信:《晚期资本主义的文化逻辑》,陈清侨等译,北京:生活·读书·新知三联书店,1997 年,第 429 页。

③ [德]沃尔夫冈·韦尔施:《重构美学》,陆扬、张岩冰译,上海:上海译文出版社,2002 年,第 6—7、4 页。

美化了,美的艺术过剩,所以它不应当继续染指公共空间。相反在当代社会的新的公共空间中,艺术应是对全球审美化的中断,应给人以震惊,使我们被花哨的美刺激得麻木不仁的神经能够重新振作起来。简单地说,美学应当在消解之后予以重构,应当超越它在传统上专同艺术结盟的狭隘特征而重申它的哲学本质,不但如此,它甚至可以是思辨哲学的基础所在。[①] 客观而论,韦尔施的重构美学其实体现了后现代语境下重建"生活论美学"的意图,诚如作者在《重构美学》序言中所言,重构美学探讨美学的新问题、新建构和新使命,美学必须超越艺术问题、涵盖日常生活、感知态度,传媒文化,以及审美和反审美体验的矛盾,并将"美学"的方方面面全部囊括进来,诸如日常生活、科学、政治、艺术、伦理学等等。

事实上,在 20 世纪美学回归生活世界的进程中,不少理论家提出过许多富有深刻见解的理论方案,而思考最完整、最契合"生活论美学"内涵的则是舒斯特曼的主张。舒斯特曼认为生活美学是一个远远超过美学的传统范围,并主要涉及某些最重要的哲学问题和生活指南的领域。在对生活艺术的探索中,它对于涉及我们在这个日益全球化的社会中的个人风格和我们于其中追求生活艺术的多元文化语境的某些悖论,提供了一个解决方式。实用主义哲学的一个主要目的,是通过更加认可超出美的艺术范围之外的审美经验的普遍重要性,而将艺术与生活更紧密地集合起来。强调有生命的经验而不是幻影或形象,它旨在以一种更加积极、充满活力的方式进行生活的审美化,这种方式与伦理和公共生活紧密相关,它是对伦理与美学之间的深层的、整合的关系的重新认可。[②] 而如何改变生活的麻木不仁与无意义的性质,作者的设想是通过倡导审美经验的价值,在所谓艺术最终耗尽的废墟中寻找审美复兴的种子。因为审美经验在本质上是有价值和令人愉快的;审美经验是某种可被生动感受和主观品味的东西,通过从情感上吸引我们并将我们的注意力集中到它的当下在场上,进而从日常经验的平庸之流中突显出来;审美经验不仅仅是感觉,而且是有意义的经验;审美经验是一种与美的艺术独特性

① ［德］沃尔夫冈·韦尔施:《重构美学》,陆扬、张岩冰:《译者前言》,上海: 上海译文出版社,2002 年,第 2—5 页。

② ［美］理查德·舒斯特曼:《生活即审美——审美经验和生活艺术》,彭锋等译,北京: 北京大学出版社,2007 年,前言,第 XVI、I 页。

紧密相关的独特经验,体现了艺术的根本目的。[①]作者极力探求的是通过复兴审美经验的价值,改变当代人习以为常的麻木的生活世界,它所关涉的是人的日常生活世界的审美性重建,这已经成为一种意义论的命题,代表了20世纪以来当代美学研究的一种重要的价值论转向。从胡塞尔、维特根斯坦、卢卡奇,到列菲伏尔、赫勒、海德格尔,西方思想家们纷纷从各自的研究领域转向对日常生活世界的关注与思考,体现出构建"生活论美学"积极的理论意义和重要社会文化价值。

二、重构"生活论美学"的涵义

何为"生活论美学",这是需要从美学内涵的历史变迁与本体规定方面予以深入思考和探索的。自18世纪鲍姆伽敦、康德等美学家确立起美学的基本内容及方向以来,强调审美和艺术的自律一直成为现代美学发展的内在规定。在现代美学观念里,美是一种空灵闲逸的意象或形式,不沾染任何世俗生活的内容;审美是对意象或形式的无利害的静观,不涉及欣赏者的任何实际欲求;艺术的目的就是艺术,与人们的实际需要毫不相关。美学的这种自律性内涵的彰显,既肯定了作为一个价值根源的艺术或审美经验之独特性,又肯定了艺术和审美现象的因果独立,亦即它们是独立于心理学、经济、政治或社会的特性影响之外的。这就意味着在解释的意义上,自律可以归诸于审美现象或艺术形象之身。[②]值得注意的是,美学的这种过度依赖和迷恋艺术的自律特性、远离人类现实的生存活动与实践的做法,使这个有着上千年历史的领域在最近几十年竟显得什么问题也解决不了,由此也引发了审美现代性的诸多内在矛盾,导致后现代对"审美乌托邦"的解构与颠覆。后现代主义的表意方式是要超越现代主义所造成的艺术与生活的鸿沟,转向当下日常生活,打破艺术品的神圣性和经典性,将那些被现代主义艺术纯化了的审美经验,混合于日常经验,造成一种新的表意混杂和糅合形态,这就导致"日常生活审美化"倾向的出现。

从人类文明史的发展历程看,人的审美行为的产生、扩大与完善,有一

---

① [美]理查德·舒斯特曼:《生活即审美——审美经验和生活艺术》,彭锋等译,北京:北京大学出版社,2007年,第21、7页。

② 周宪:《审美现代性批判》,北京:商务印书馆,2005年,第217—218页。

个与物质文化（或现实存在）同步发展，相对独立、分化及再融合的复杂过程。从早期物质生产中审美意识的萌芽、自然向人生成，到艺术在现代审美中核心地位的确立，再到后现代语境下审美的无限泛化等，人类审美动机与审美需要的产生，符合人类生活本质的某种必然性，与其他行为方式一样，审美也是人的一种生存选择和适应性行为，人类提升审美行为、扩大审美动机的目的，也是为不同程度地满足物质与精神、功利与非功利的诸种需要，是人类企图超越自身，追求本能延续和自由发展而使用的有效性手段。它对人的最直接的意义，表现为能使个体的生存从日常功利性、工具性的约束和限定中解脱出来，升华到一个更加自由、广阔的境界，以不断促进人的自觉提升。诚如实践论美学所认为的，"马克思主义的思维与存在的同一性，把自然的人化看作是这种同一性的伟大的历史成果，看作是人的本质之所在，是美学的本质之所在"①。由此来看，"日常生活审美化"与"生活论美学"等命题的提出，无疑表明了伴随人类实践方式与生存状态的变化，人的审美意识也会发生诸多转向，而审美的生活化转向所直面的是人的本体性存在，是对日常功利的深刻改造和变革，其内涵仍在于强调通过审美的力量超越现代社会工具理性的限制，使个体的生存进入一种自由而和谐的状态。需要指出的是，就当下社会境况而言，"生活论美学"植根的土壤与环境已发生了根本的变化。今天，在我们的周围存在着一种由不断增长物、服务和物质财富所构成的惊人的消费和丰盛现象，它构成了人类生存环境中的一种根本性变化。恰当地说，富裕的人们不再像过去那样受到人的包围，而是受到物的包围。② 物的世界作为一种占支配性地位的巨大社会符号与客体性存在，它控制着人类生活的系统过程，成为当代人日常生活追求需要满足与生存快乐的重要来源，也为"生活论美学"的本体重建带来了新的问题及其复杂性。

为什么日常生活会成为当代美学关注的重要领域？在人的日常生活世界的构建中，美学能承担何种功能与作用？这是界定"生活论美学"必须回答的基本问题。从文化哲学角度看，所谓日常生活是指个体感性的生活实

---

① 李泽厚：《批判哲学的批判——康德述评》，北京：人民出版社，1984年，第412页。
② ［法］让·博德里亚：《消费社会》，刘成富、全志钢译，南京：南京大学出版社，2000年，第1—2页。

践,它既是本真、自发的,又是实用且充满功利性的,它构成了人的存在的自然根基,人类生存的"家园感"以日常生活为基本寓所,它区别于人类自觉的文化精神实践和政治、社会组织活动,是一种旨在维持个体生存和再生产的日常消费、交往和生存活动的总称。由于日常生活代表个体生存的真实状态,其生存过程往往受实用、功利化观念的支配,缺乏主动、自觉意识,常常囿于一种狭小、封闭的生活视野之中。因而,如何使日常生活这种作为生命根基的东西,能最大程度地突破自然意义上的伦常日用,通过对生活内涵的加工、改造及转化,使个体的生活世界变得更加充实、丰盈,艺术气息更加浓烈,从而达到改变和重塑人的日常生活,提升个体生存的自由境界,变物的世界为具有艺术意味和审美价值的日常生活形态,这是"生活论美学"最重要的本体内涵及规定。

从理论的维度看,"生活论美学"所关注的是人的日常生活世界的审美性重建,核心是要解决生存与审美的关系问题。生存与审美作为一个具有丰富历史内涵的重要思想遗产,面对社会文化语境的变化,其价值指向的确立应符合消费时代社会审美风尚的变更及当代人新的生存需要。这即是说,"生活论美学"所解决的不只是如何对生活进行艺术化的改造和审美性加工,而是如何完善和构建一种整体的人的审美性存在。因而,这无疑是一种生存论的命题,一个具有重大社会文化意义的美学课题。随着消费时代审美重心向人的日常生活的快速转变,人的生活也正经历着一场美学的勃兴。"从个人风格、都市规化和经济一直延伸到理论。现实中,越来越多的要素正在披上美学的外衣,现实作为一个整体,也愈益被我们视为一种美学的建构。"①这种建构的实质就是在无比丰富的物质世界中重塑个体完整的美感结构,引导人突破本能的限定,在自然存在的基础上产生一系列超生物性的素质,发展人的心灵和精神力量,使个体在一种更广阔的生存视域中获得有意义的生命体验和创造,由此改变了日常生活中长期秉持的单调、重复甚至贫乏、麻木的特征,赋予其一种新颖、和谐的审美的品质和属性,而这种意义的获得,正是"生活论美学"体现的实践价值所在。

---

① [德]沃尔夫冈·韦尔施:《重构美学》,陆扬、张岩冰译,上海:上海译文出版社,2002年,第6—7、4页。

三、重构"生活论美学"的方法

"生活论美学"有较强的实践性,它特别重视探索生活的审美化途径及方法。事实上,如何实现人的日常生活世界的审美性重建,这既是一个复杂的系统工程,也有方法论的选择与策略。结合当代中国消费文化状态及人的日常生活实际来看,这一工程既包含了普遍的社会心理改造以及人的心性基础的培育和建设,也包括诸如人文思想的启迪和引导、对大众日常生活的反思与批判,以及建立完整而多样的社会审美文化体系等具体内容。从哲学的角度看,日常生活审美性重建的核心是指人的感性生活方式的生成,历史上虽然存在对感性内涵的诸多误解,但现实的趋势是感性化生存越来越成为当代人类的一个重要特质。要真正理解"生活论美学"理论重构的意义,以及人的日常生活世界的秘密所在,就必须理解感性的实质。在现代思想背景中,弗洛伊德把感性本能作为人的生命活动的重要动力和根基;马克思提出过主体的感性观;马尔库塞强调现代文明状态下人的感性解放。审美现代性的标志是主体感性生活品质的形式,即人的心性乃至生活样式在感性自在中找到足够的生存理由和自我满足。概要地讲,就是为感性正名,重设感性的生存论和价值论的地位,夺取超感性过去所占据的本体论位置。[①] 李泽厚把新感性的建立看作是一种内在自然的人化过程,是指人本身的情感、需要、感知以及器官的人化,也就是人性的塑造。它包括感官的人化和情感的人化,也就是感性的社会性,即是指把社会的、理性的、历史的东西积淀为一种个性的、感性的、直观的东西。它是通过自然的人化过程来实现的,称之为"新感性",也是解释美感的基本途径。[②] 本文的基本观点是,在人类思想的进程中,感性问题的提出与不断被认同,虽然充满了争议与挑战,但从历史的经验来看,感性化生存却是"生活论美学"获得理论规定性的关键所在。强调感性的社会化,目的在于使这一范畴超越个体结构的局限,从而获得广泛的社会基础和审美性。人类审美和艺术关注日常生活世界并从理论上深刻思考这种转向,表明了美学知识谱系的内在革命与一种理论新质的生成。

解决日常生活审美化的基本途径与方法是什么,这是一个令多数美学家

---

① 刘小枫:《现代性社会理论绪论》,上海:上海三联书店,1998 年,第 307 页。
② 李泽厚:《李泽厚哲学美学论文选》,长沙:湖南人民出版社,1985 年,第 384—386 页。

困惑且感兴趣的问题。海默尔曾指出，对于在它所有的新异性、不确定和传统的匮乏当中揭示日常生活而言，什么东西会构成一个合适的审美形式呢？这种漂浮无定的生活形式又是如何可能显示出来呢？让熟视无睹的日常生活成为引人注目的东西的第一要务是审美技术，即通过提供一种新的生产性资源，把日常从传统的思维习惯中拯救出来，或者创造一种生活中的审美形式，建构一种"替代性的"美学等。①作者的这一主张在日常生活审美化实践中为许多理论家所仿效与推崇，舒斯特曼结合今天的民主文化中似乎最充满活力的领域来倡导审美经验的价值。这些领域包括流行音乐和电影等大众传媒艺术，也包括自我修养的身体艺术以及身体艺术所从属的那种更为宽泛自我风格的艺术。所有这些生动活泼的艺术形式，似乎可以在我们对古人坚持认为是所有艺术中最伟大的艺术——生活艺术——的追求中得到深入的整合。②这种实用主义的美学实践，似乎触及了生活论美学的内核与根本，其目的就是要建立生活的艺术品质或增强生活的审美含量。而决定这种意图能否实现的关键，则在于主体自觉的审美经验和意识的养成，因为艺术和审美被视为产生于人的自然需要和本能冲动；一种寻求平衡、形式或有意义的表达的自然要求，一种追求增强、审美经验的渴望，这种经验给生物体的不仅是愉快，而且是一种更加充满生气的、提升的生存感。根据这个概念，艺术不仅深植于人的生存和发展本性的自然本能之中，而且深植于它的工具本体之中。③所谓生活中的艺术或审美，其实质是指人的审美态度对日常生活实用功利性质的摒弃、加工或改造。审美生存行为的养成，源于对生命和生活的挚爱，源于对生存价值的主动和自觉。审美之所以不等同于生活，即在于它能使人的感受和体验产生新颖、独特的感受与体验。所以当生活的过程更丰富、更有诗意，生存的实用、功利性最大程度被扬弃与消解时，日常生活的审美性重建将会获得一定程度的实现。

---

① ［英］本·海默尔：《日常生活与文化理论导论》，王志宏译，北京：商务印书馆，2008年，第41—42页。

② ［美］理查德·舒斯特曼：《生活即审美——审美经验和生活艺术》，彭锋等译，北京：北京大学出版社，2007年，前言，第XVI、I页。

③ ［美］理查德·舒斯特曼：《生活即审美——审美经验和生活艺术》，彭锋等译，北京：北京大学出版社，2007年，第21、7页。

第三节　主体论身体美学论纲 [①]

进入 20 世纪以后,身体美学成为世界美学界关注的重要话题。得益于丰盈的文化资源和开放的建构姿态,汉语身体美学很快超越了舒斯特曼的原初筹划,开始显现出更富建设性的建构态势。从逻辑上讲,这种选择凸显了身体美学久被忽略的维度:以主体观为尺度,身体美学可以划分为客体论身体美学和主体论身体美学,但后者却难以进入主流学者的法眼。在似乎约定俗成的语境中,身体总是被定义为审美的对象,而主体的位置总是留给了精神性存在,因此,客体论身体美学总是牵连出主体论精神美学。当汉语学者强调身体的主体地位时,主体论身体美学诞生了,客体论身体美学和主体论精神美学的则成了超越的对象。随着相应建构的深入,一个新的理论构想显现出基本形貌:身体乃审美的主体,精神不过是其活动和功能,因此,美学应该将错误地授予精神的主体称号归还给身体,恢复身体作为主体的意义和尊严。在上述倡导者看来,通过这种正本清源的功夫,美学将因此真正回到自己的来处和归属,成形为自洽而富有解释力的理论话语。本文将为此提供完整的合法性证明。

一、客体论身体美学的逻辑困境与主体论身体美学的出场

1. 主体论精神美学和客体论身体美学:一个基本的界定

在中西方美学史中,主体论精神美学均曾长期占据统治地位:1. 先秦以降,大多数中国哲学家认为心是"形之主",把它当作宰制身体的"君"和审美活动的承担者;[②] 2. 自柏拉图和亚里士多德提出"灵魂是统治者"和"灵魂是有生命物体之因与原"等命题之后,西方的大多数美学家便将精神 – 身体的关系定义为主体 – 客体关系。[③] 在这种语境中,身体似乎总是被灵魂或

① 作者王晓华,深圳大学人文学院教授。原载《美与时代》2017 年第 12 期。

② 庄子云:"故心者,形之主也。"(《庄子·德之辞》)管子亦言:"心之在体,君之位也。"(《管子·心术上》)张岱年先生在总结中国哲学心物观时说:"心亦即主体,物亦即客体。"(张岱年《中国哲学中的心物问题》,载袁行霈主编:《国学研究》第二卷,北京大学出版社,1994 年。)

③ Dorothea Frede and Burkhard Reis edited, *Body and Soul in Ancient Philosophy*, Berlin &New York: Walter de Gruyter, 2009, pp.1–6.

心所注视、评判、欣赏、排斥。与主体论精神美学相对应的必然是客体论身体美学。客体论身体美学诞生于先秦和古希腊时期,贯穿于整个中世纪,延续到近代和当代。后者的影响如此强大,以至于许多强调身体的美学家也不自觉地延续了其基本逻辑。譬如,福柯(MichaelFoucault)眼中的身体总是被囚禁在"灵魂的监狱"里,被规训、监禁、改造,被打上印记、精心雕刻、刺满蠹痕。[①] 除了个别的例子,大多数当代美学家所说的身体美几乎总是客体的属性。影像时代的到来使人的身体从众多客体中凸现出来,但这并未改变身体在主流美学中的客体地位。美学视野中的身体仍是被观看、品味、鉴赏之物而非主动的观看、品味、鉴赏者,依然未脱离客体的行列。总而言之,占主流地位的当代身体美学是客体论身体美学。

2. 客体论身体美学的逻辑困境

客体论身体美学的主旨是把审美主体定义为非身体性的存在。这种美学观设定了精神／身体的二分法:精神居住在身体之中而又与身体有本质区别。它必须回答一个关键问题:倘若精神与身体等实在者是完全不同种类的存在,那么,它如何才能驾驭和观照与它不同质的身体呢? 答案无非有两种:(1)有某个全能的存在预先设定了二者的对应关系;(2)精神和身体之间存在有效的联结区域。答案(1)成立的前提是证明全能者(上帝)的存在,我们暂且搁置不论。答案(2)则蕴含着一个逻辑悖论:假如存在能够将身体与精神(灵魂)联结起来的点,那么,这个点就必然同时具有身体与精神的某些特性;这等于说,身体与精神并非截然不同的两种存在;既然如此,为何精神是主体而身体注定是客体呢? 譬如,普罗提诺(Plotinus)就曾在《论美》一文中说:"让我们从表述身体的原创之美是什么开始。后者一眼可见,灵魂通过理解力评判它,发现它相似的本性,欢迎它。"[②] 这种表述既想强调身心的同一性,又要凸显灵魂的主体地位,显然难以自圆其说。从逻辑上讲,答案(1)是自我驳斥的。因此,唯一可能的答案是:精神与身体是完全不同的存在,需要上帝这样的全能者设定二者的和谐对应关系。不过,新的问题又出现了:如何证明这个全能者的存在? 给出过一个答案:灵魂对于

---

① [法]福柯:《规训与惩罚》,刘北城、杨远婴译,北京:生活·读书·新知三联书店,2003 年,第 150 页。

② Dabney Townsend ed. *Aesthetics: Classic Readings from the Western Tradition*, London: Wadsworth, 2001, p.49.

世界的总体观念是上帝放进其中的,"上帝在创造我的时候把这个观念放在我心里,就如同工匠把标记刻在他的作品上一样。"①从逻辑上讲,这不过是转移了问题:要证明上帝存在,就又涉及到思想的客观实在性,而证明者恰恰想把上帝当作其担保,因此,他/她必然陷入了循环论证的怪圈。②由此可见,精神主体论的困境在于:找不到人与世界的真实连接点,无法建立可兹依赖的基地。只要假定审美的主体是纯粹精神性的存在,只要假定身体是纯然的客体,上述合法性危机就无法消除。我们必须换个完全不同的思路。

3. 主体论身体美学的基本思路

开宗明义,这个思路就是:人就是身体,身体是生活和审美的主体,而精神不过是身体—主体的功能和活动。原初身体(the original body)不是自我和世界之间的居间者,不是事先精神性筹划的工具,相反,它就是主体性的和超越性存在。③作为自我的身体是实在者。实在的身体能与感性世界打交道、改变、同化、摄入其它实在者,因此,他/她对感性世界的审美具有实在的依据。是身体在拉动绳索、掌控舵盘、呼唤他人,是身体在排列蓍草、观察天象、研究地理、制造工具。劳动、权力的获得、欲望的实现都具体化为身体的活动。身体做出一个动作,世界随之发生或大或小的变化。在身体的动作和世界的变化之间,因果关系清晰可见。为了成功地与其他实在者打交道,身体即使世界按照自己的愿望成形,又要顺应每个实在者的结构和法则,"按照任何物种的尺度进行生产"。④当且仅当身体—主体尊重世界的世道时,其它实在者才能成全之。只要身体—主体活着,他/她就处于成全—被成全的关系之中。身体—主体的审美感受(aesthetic feeling)源于成全—被成全的双向活动。由此可见,美与丑的观念都源于身体与世界的关系,审美归根结底是身体实践的内部构成。从身体—主体与世界的关系出发,美学将证明自己的合法性。

4. 对主体论身体美学的简单论证

不过,现在所说的一切都是假设,下面的命题依然需要证明:身体就是

---

① [法]笛卡尔:《第一哲学沉思集》,庞景仁译,北京:商务印书馆,1998年,第53页。

② 王晓华:《身体美学:回归身体主体的美学》,《江海学刊》2005年第3期。

③ Michel Henry, *Philosophy and Phenomenology of the Body,*: The Hague, 1975, p.58.

④ Karl Marx, *Economic and Philosophic Manuscripts of 1844*, New York: Dover Publications, Inc, 2007, p.75.

审美的主体。审美是生活的内在构成,因此,我们首先需要证明身体是生活的主体。这似乎不难证明:从日常生活的经验来看,身体诞生后,人的生活才开始展开;婴儿时期的身体尚无力支撑起一个世界,他／她必须接受其他身体的呵护;随着身体的成长,他／她逐渐能够建构属于自己的关系网络,拥有自己的生活世界;在身体消逝之际,他／她的生活也戛然而止。然而,反驳者会强调:你所看到的都是表层现象——在身体诞生之前,人所是的灵魂早就存在于宇宙中,经历、担当、感受生活之流;身体不过是灵魂临时征用的寓所、船只、车辆;作为不朽者,灵魂才是生活的真正主体。要反驳上述灵魂主体观,我们就必须证明:人就是身体,意识、思想、精神不过是身体的活动－功能。事实上,证明已经悄然出现:从18世纪开始,生物学就开始解构外来活力说,证明生命力就存在于有机体(organism)的组织结构之中。[①] 从根本上说,我们所是的有机体就是组织者(organizer)。成为一个有机体,意味着用自己的器官去组织周围世界。为了组织属于自己的世界,它必须触摸、抓取、收集、分类、改变物。在有机体和它物之间,一个交换的体系因此生成了。恰如感觉一样,"高级的"精神活动也属于这个体系:人类的手抓取、触及、感知、改变其它事物,不断地向大脑说话,正如大脑向它说话一样,而由此产生的双向运动最终创造了使用符号的能力:"语言中的范畴由有意的手部行动创造,动词源于手的运动,名词把事物当作名字来把握,副词和形容词(恰如上手工具)修饰运动和对象。"[②] 正是由于意识到了这个事实,生态学的创始人海克尔(Ernst Haeckel)更加明确地指出:"所有灵魂生活的现象,毫无例外地都和躯体的生命实体中的、也就是原生质中的物质过程分不开的。"[③]与海克尔同时代的心理学家亚历山大・贝恩(Alexander Bain)同样强调:"精神的器官不是大脑自身;它是大脑、神经、感觉器官……。"[④] 这等于说:思想的承担者既不是某种神秘的实体,亦非孤零零的大脑,而是整个身体。到了20世纪,此类言说更是反复出现,人们越来越倾向于解除支持灵魂说的

---

① Russ Hodge, *Developmental Biology: From a Cell to an Organism*, New York: Facts on File, Inc., 2010, p.3.

② Juhani Pallasmaa, *The Thinking Hand*, Sussex: Wiley, 2009, pp.33–37.

③ [德]恩斯特・海克尔:《宇宙之谜》,解雅乔译,呼和浩特:内蒙古人民出版社,2010年,第87—95页。

④ *Minds, Bodies, Machines, 1770—1930*, p.108.

观念束①,"我就是身体"等说法开始获得广泛赞同②。沿着上述线索前行,我们就会得出一个确凿的结论:审美的主体只能是身体,"灵魂"则属于废弃的概念仓库。

二、身体的主体间性与审美能力的生成

1. 身体—主体的自立性和审美能力生成的前提

身体是审美的主体,个体能够审美的前提是身体的自立。母腹中的胎儿尚被封闭在温暖的黑暗中,没有能力也无法对外部世界进行审美。世界对她/她的影响首先是世界对其母亲的影响,他/她缺乏对外部世界的直接感受。她/他被包裹在子宫中,所能触及的仅仅子宫的内侧。对于子宫形状、温度、酸碱性的变化,他/她也会有所知觉。早在出生之前,坯胎就是具有知觉能力的机体。这种知觉并非源于"预先存在的灵魂(pre-established soul)",而是坯胎组织的功能。③它预先展示了即将诞生的身体主体性(subjectivity of body),但仅仅是其"史前形态":其一,分化的触觉经验来自于手,而胎儿的手尚不具有探索世界的功能,因此,胎儿无法获得细致的分化的触觉经验;其二,胎儿的大脑还未发育成熟,不能对触觉经验进行综合,当然也不能形成相应的审美经验。要成为审美的主体,胎儿就必须等待一个历史性的时刻:出生。

2. 身体的自立品格,主体间性与美感的出现

出生意味着身体的独立。在出生的刹那,身体就立刻展示了一个本体论特征:在世界上占据着独一的位置。既然身体与身体的位置不可重合,那么,其生存归根结底无法由他人代劳。只有个体才能从自己所在的独一位置出发,承担自己的总体生存活动。正是由于这种本体论特征,新生儿已经具有很强的主动性:可以直接支配自己的身体,感知自己的感觉。其他个体无论多么强大,都不能改下面的本体论事实:他和婴儿的关系是身体与身体的关系,其主体性只有通过婴儿的主体性才能真正发挥作用,所以,与婴儿的交

---

① Simon Blackburn, *Oxford Dictionary of Philosophy,* Oxford: Oxford University Press, 1994, p.357.

② *Phenomenology of Perception*, p.173.

③ Maurice Merleau-ponty, *The Visible and the Invisible*, Evanston: The Northwestern University Press, 1968, p.233.

往必然落实为对主体间性（inter-subjectivity）的建构。在与婴儿的最初交往中，成年个体几乎总是试图建立交互关系。母亲注视婴儿的眼睛，目的在于让婴儿反过来注视自己。她对婴儿说话，是让婴儿对自己说话。这种态度已经是主体对主体的态度。事实上，出生后不久的婴儿便会注视亲人的眼睛和后者所注视的东西。① 相互注视建立起双向的传达–领受关系。目光和目光的相互涵括形成了复杂的反射体系，眼睛则是这个反射游戏的焦点。眼睛是面孔的一部分，对于它的喜爱往往牵连出对面孔的青睐。这种审美偏好源于他们与最亲近者的交流，源于对身体主体间性的原初建构。当婴儿能与更多个体交往时，他们日后的审美倾向就会显现出这种影响的踪迹。不过，以亲近者为参照乃至标准，说明其"审美"态度尚不具有康德所说的"普遍妥效性"。

3. 身体的主体间性与原初审美意象的生成机制

那么，个体如何才能进一步培育自己的审美能力？要回答这个问题，我们就必须首先敞开审美的机制。与理性思维不同，审美总是落实为直觉：欣赏一朵花时，我所面对的是它的"象"，故而"审美的事实"总是牵连出"直觉的知识"。② 此刻，人所关注的是"表象之美学的性格"。③ 质言之，审美是"乃审厥象"（《尚书·说命上》）的过程。如果审美的直接对象是"象"，那么，一个关键问题就显现出来：对"象"的直观如何可能？最简单的答案是：我们看见了它们向我们显现的形状。但，"看"不等于审美之"观"，更不一定意味着"审"。当个体"乃审厥象"时，他/她必须怀有一个相对应的"象"，因而要经历"立象"的过程。换言之，要观照客体的象（image），观照者必须要有相应的心象（mental imagery），那么，个体如何才能"立象"？显然，个体"立象"的过程隶属于他/她对世界的总体建构。由于身体的位置不可能重合，因此，个体必须亲自建构自己的世界。任何主动建构都要求个体构思蓝图，而后者在外化之前属于心像。在试图建构属于自己的世界时，个体必然树立事物的理想形象。这正是"立象"的基本机制。推论至此，我们似乎面临着一个理论困境：心象的诞生隶属于个体建构世界的活动，而建构世界的前提是"立

① ［美］罗恰特：《婴儿世界》，许冰灵、郭琴、郭力平译，上海：华东师大出版社，2006年，第140页。

② ［意］克罗齐：《美学原理》，朱光潜译，北京：商务印书馆，2012年，第14页。

③ ［德］康德：《判断力之批判》，牟宗三译，西安：西北大学出版社，2008年，第107页。

象",如此言说者岂不陷入了怪圈? 如果仅仅着眼于单个身体—主体,这将是个无解之悖论,但从主体间性的角度看却并非如此:在出生之际,人就被抛到纵横交错的身体关系网络中,因而实际上"同时拥有多种立场方式";借助于如此这般的网络,我可以想象自己站立于别处,并因此为可能的我"立象"。[①] 这个"象"对应着尚未实现的未来,牵连出身体—主体的目的。我们可以称之为目的性表象。如果活动的过程—结果符合此表象,那么,个体心中就会产生某种愉悦之情,而这正是审美快感的原始起源。

4. 身体主体间性,形式化操作与个体的审美鉴赏力

审美中的人必然直观事物的"象",但所凭借的并非仅仅是与特殊事物相对应的心像。当事物之象向我呈现时,我必然要以某种东西衡量它。它是什么? 美国艺术心理学家鲁道夫·阿恩海姆(Rudolf Arnhem)发现:审美活动赖以进行的心象往往具有普遍意味,属于高度抽象化的普遍意象(universal image)。[②] 后者总是概括了某类事物的突出特征,呈现为特定的结构 – 形式。也就是说,"乃审厥象"意味着以普遍意象衡量其他存在者,审美快感则源于"对象形式上的合目的性"(康德语)。[③] 当物象的形式因素符合主体的形式期待时,它就会被判定为美的存在。正因为如此,美曾被定义为"有意味的形式"(significant form)。[④] 对于个体来说,可以支配形式性因素是审美能力诞生的征兆。[⑤] 作为普遍的表象,形式必然诞生于意象的形式化。形式化并非简单的美化和装饰,也不仅仅是个体对"操作本身的可分离性、可结合性、可逆性、恒等性、对称性"的把握[⑥],而是有其更深的本体论缘由。在身体 – 主体的联合中,联合活动首先向联合者呈现为整体意象,而后者的形式化意味着:其一,整个活动意象被概括为具有一定功能的体系;其二,具体的参与者被领受为构成活动体系的元素。由此可见,形式运演能力产生的必要前提是:参与者可以变换身体—主体的位置—功能,演绎联合的可能样式

---

① 王晓华:《个体哲学》,上海:上海三联书店,2002 年,第 31 页。
② [美]鲁道夫·阿恩海姆:《视觉思维》,滕守尧译,北京:光明日报出版社,1987年,第 170—187 页。
③ Immanuel Kant, *The Critique of Judgment*, New York: Prometheus Books, 2000, p.69.
④ Clive Bell, *Art*, Charleston: Bibliobazaar, 2007, p.17.
⑤ [美]H·加登纳:《艺术·心理·创造力》,齐东海译,北京:中国人民大学出版社,2008 年,第 129 页。
⑥ 李泽厚:《哲学纲要》,北京:北京大学出版社,2011 年,第 149 页。

（如关系的可逆性）。只有当身体—主体的位置—功能可以适当替换时,她／他才能培育自己的形式感或形式意识,并通过内在的形式或格式塔来观照世界,具有康德所说的审美鉴赏力。

三、身体—主体对世界的建构与审美的具体机制

1. 身体—主体组建世界的活动,合目的性与审美

说"人是主体"等于说"身体是主体"。主体性归根结底就是身体主体性。身体—主体是实在者,总已经在与其它实在者打交道,组建以自己为中心的世界。在此过程中,身体—主体既是起源,又是活动的目的,因此,个体只能以自身来衡量世界。人之所以要衡量所遇到的实在者,是为了将其安置到自己的世界网络中。当这些实在者被安置到身体—主体的世界网络中时,它们也被收留到身体—主体的精神空间里。为了将下一个实在者安置到自己的世界网络中,身体—主体必须将它与已有的实在者意象—概念进行对照,设计新的行动方案。如此反复,身体—主体组建世界的能力就不断地获得提升。当身体—主体能够自由地想象事物的意象时,在个体可以着眼于世界的形式因素时,审美的时代就到来了。如果说实在的行动会带来功利层面的满足,那么,自由地想象身体与实在者的形式关系则会产生审美愉悦。审美的动力是组建世界过程中的自由想象。

2. 身体—主体的理想,未来之象与审美的张力

身体—主体总已经在建构一个以自己为中心的世界。随着行动的持续,部分实在者被收留到身体—主体的世界中,被身体—主体重构和安置。这种重构和安置指向特定的目标。目标从属于身体—主体的理想。在安置和重构实在者的刹那,身体—主体依据自己的理想观照—评估它们,而这恰恰是审美经验的起源。

对于身体—主体来说,理想表现为两种长远的行动意向:其一,我要成为什么;其二,我要拥有什么。身体—主体说要成为的是新的身体—主体。想象自己成为新的身体—主体,就必然超越身体—主体所处的当下位置,从未来出发观照当下的自己。以未来之象审视当下之象是审美的最根本机制。当我说某个艺术品不完美时,一个我已经悄然站在完美的艺术品前。后者尚未实在化,属于理想世界,但却反过来成为衡量当下的尺度。它要求重建身体—主体与其他实在者的关系。由此而产生的是对其他实在者的期待。这

种依据现实的期待造就出有关其他实在者的未来之象（理想）。以这些未来之象观照其他实在者的当下之象，身体—主体便有可能产生我们通常所说的审美体验。由于其他实在者显现为身体—主体的世界成员，因此，对于他们的审美牵连出身体—主体的自我审美。无论是哪种情况，身体—主体的审美活动都基于一个原初的本体论事实：实在者在某个时刻只能拥有一个位置；他们不能与未来之象合一，被未来之象规定为永恒的欠缺；这种欠缺意识将未来之象和与未来之象相似的存在规定为美的。由此可见，审美过程是身体—主体对自己所处的位置、所是的存在、所拥有的基本世界体系的象征性超越，美则存在于理想和现实的张力中。

3. 身体—主体的想象与审美原型的生成

审美归根结底是以未来之象审现实。要破解审美之谜，就必须首先追问：身体—主体为何会有理想？这个问题并不难回答：身体—主体在某个时刻只具有一个位置，不能与其想象的位置重合；在想象的位置上生活就是奔赴未—来；未—来之象则会被他领受为理想；以有未—来和理想的形式生存是身体—主体的基本特征。由于身体—主体总在组建以自己为中心的世界网络，因此，其未来之象（理想）也显现为对其他实在者的规定。身体—主体对它们的重构安置发生在两个向度：（1）外在的世界；（2）内在的精神域。落实到内在性领域，重构的重要机制是想象：实在者有其体，此体对身体—主体显现为象，对此象的重构必须经过想象这个环节。想象者，想—象也。想指向象。想—象即想身体—主体如何与其他实在者打交道，其重构功能完成于建构过程中——它之所以能够重构对象，是因为它总已经在建构意象的世界。建构中的想象必然不断将实在之象与理想之象进行对照。一旦发现实在之象与理想之象的同构关系，实在者之象就会成为理想的当下象征。在此过程中，对实在之象的审视就会升华为审美。从这个角度看，审美就是以理想审现实，广义的美学属性就是存在者符合理想型的形式特征。

四、从身体主体性到尊重万物的主体论美学：视野上的扩展

1. 身体—主体自我审美的困难与影像的作用：一个将被超越的中介

"我想成为什么"和"我想拥有什么"中的"我"是身体—主体。理想是身体—主体的理想。人对世界的所有期待、审视、作为都源于并回到她/他所是的身体，以理想审现实归根结底是身体—主体的自我审视。由于身体—

主体总已经在建构以自己为中心的世界,个体对世界的观照终将反射为自我观照。由于同时是主体—客体,因此,位置上的重合意味着身体不能像感知他物那样感知自身。受制于这种本体论意义上的局限性,身体—主体对自己的审美只能借助于镜像。镜子、摄像机、照相机可以记录和呈现身体—主体的不同侧面的影像,为身体—主体的自我审美提供必要的材料。不过,镜像有别于真身,对镜像的审美不同于对身体自身的审美。从根本上说,身体—主体对自身进行直接而完整的审美,乃是不可能之事。这种本体论上的困难牵连出以下结果:(1)离开了影像,身体—主体就无法观照自身;(2)只有到了影像文化发达的时代,身体—主体才有机会上升为文化学层面的主题。身体美学之所以迟至 20 世纪才获得了诞生的机缘,原因就在于这个时代出现了"视觉转向"。借助于摄影术和电子再生法,人们"以前所未有的力量开发了视觉类像和幻象"。①但是,虽然身体—主体与其影像具有表层上的同构性,但二者的区别是根本的:一为主体自身,一为纯然的客体。对影像的审美实为对客体的审美。身体影像的客体性质注定了人们更容易接受客体论身体美学。客体论身体美学之所以长期在美学史上占据统治地位,除了对灵魂的信仰在起作用外,还因为身体—主体对自身的审美依赖于客体。当代大众影像文化聚焦于影像而遗忘了身体自身,自然难以意识到身体作为主体的价值、尊严、意义。要克服客体论身体美学的局限,就必须超越影像,重返身体—主体自身。

2. 身体—主体的相互关照与审美关系的不对称性

由于影像不同于原型,对影像的审美不同于身体—主体的自我审美。身体—主体要验证影像中介的可靠性,必须寻求其他身体—主体的帮助。其他身体—主体处于另外的位置。他们的视野可以涵括我所是的身体,正如我的视野可以涵括他们。身体—主体的相互观照要比身体—主体的自我观照更全面正是通过他人眼中的我,我才能对自己进行真实的审美评价。通过看—被看的双向运动,我和他人都可以被完整地收留在对方的视野中。这种收留不是简单的光学运动,而是联合中的相互领受。不是现有一个孤独的身体—主体,不是我偶然地发现了别人,而是身体—主体早已联结为世界网络。原始壁画、歌舞、巫术之所以总是以"我们"为主题,就是因为"我们"是当时唯

---

① ［美］米歇尔《图像理论》,陈永国、胡文征译,北京:北京大学出版社年,2006 年,第 6 页。

一可能的审美主体。当单个身体—主体以"我们"的身份思考、行动、说话时，她/他已经将"我们"拥有的位置内化。这正是单个身体—主体能够想象自己同时占据多个位置的生存论机制。在极为漫长的岁月里，上述想象都需要一个前提：其他身体—主体的直接在场。那么，单个身体—主体何时才能独立地想象自己同时站立于多个位置呢？我们可以沿着以下思路寻找答案：（1）"我们"的实践路径图的不断内化已经蕴含着这种可能性；（2）单个身体—主体要持续地想象自己同时站立于多个位置，就必须以某种现实的方式同时拥有它们，而这只有在占有其他身体—主体的情况下才能实现，因此，最早能够想象自己同时在多个地方立场者都是首领；（3）能够相对独立地想象自己的立场者才能将自己领受为"我"；（4）"我"的出现依赖于社会结构的分化和早期私有制的成形；（5）尽管这些"我"已经能够以个体的身份在场，但他们作为统治者仍习惯于以"我们"的身份说话。故而，联合不意味着平等：在身体—主体联合为集体—主体的过程中，身体—主体之间的观照—被观照关系自在地具有不对称性。

3. 身体—主体性关系的交互性与审美中的平等观照

只有联合为世界网络，人所是的身体才能成为主体。在最原始的联合中，"我"对"我们"的领导—观照—代言是主体性生成的必要路径，因此，早期的主体性自在地对应着身体的等级制。那些处于等级制上端的个体具有安排—规定—观照他人的优先权，预设游戏规则，判定其他身体—主体美与不美。然而，一个巨大的难题出现了：谁对那些处于阶层顶端的身体进行审美观照呢？——整全的自我观照不可能，其他身体—主体又没有平等观照他们的权利。不解决这个难题，他们对自身的言说必然独断地进行。为了掩饰这种独断品格，他们会设想超越人类身体之上的观照者，以上天、诸神、全能者的名义颁布美的法则和尺度。可是，最高主体的存在本身需要证明，以其名义说话并不天然地具有合法性。因此，高位主体不能不依赖自己与其他身体—主体之间的交互关系，成为被观照的观照者和被涵括的涵括者。这种交互关系确证了对方的主体性。通过联合中的位置互换，大多数个体最终能够相对独立地进行实践并确证自己的主体性。主体只有在充分实现其主体性时才可能是美的。人类身体的美在于其主体性的充分实现。只有当身体普遍实现了自己的独一的价值，联合本身才会趋于至善之境，实现所有人类身体的美。

4. 从身体主体到生命主体：主体性疆域的扩展与生态审美的可能性

作为实在者，身体—主体与两种实在者打交道：（1）其他身体—主体；
（2）身体—主体之外的实在者。对于身体—主体之外的实在者，人类曾经给
出过多种命名：自然，自在者，物，等等。这些命名均未能敞开这些实在者的
差别。并非所有身体—之外的实在者都是自在的物。动物——尤其是"高
级动物"——具有一定层次的自为性。那么，它们所是的身体是否也有主体
性呢？人对动物的审美是一种身体—主体对另一种身体—主体的审美吗？
如何构建能够还原动物身体恰当地位的身体美学？实际上，答案并不难给
出。许多种动物都能通过有意图的行动组建以自己为中心的世界。它们即
使不能算作完的主体，也具有一定的主体性。既然如此，我们不能像观照
纯粹客体那样观照它们，而应从其自为性的角度思考问题：（1）动物身体的
美能归结为传统的自然美范畴吗？（2）倘若不能，如何以主体间性角度重构
人对动物的审美关系？对此，舒斯特曼曾经给出了自己的答案：我们不仅要
与人交往，而且必须与自然互动；作为有意识的存在，人应该充分调动各种
机体—身体的能动性。① 通过此类表述，我们可以发现身体主体性思想通向
生态理念的逻辑：其一，敞开人类和其他生物都是身体这个事实；其二，承
认所有身体的主动性。从人类身体的主体性到动物身体的主体性，我们可以
领受主体性理论谱系扩大的内在逻辑，一种视域更加广阔的美学已经显现出
基本轮廓。

---

① ［美］理查德·舒斯特曼：《身体意识与身体美学》，程相占译，北京：商务印书馆，2011 年，
第 298 页。

第十章 品牌美学研究

　　主编插白：品牌既是一个商业问题,也是一个美学问题。真正的品牌在设计生产环节是有"美的规律"的考量的,在消费环节是发自内心感到快乐的。然而何为"品牌美学",理论研究还很不够。而这恰恰是企业界翘首以盼得到理论回应的。民族品牌、双奥赞助商恒源祥集团靠文化兴企、美学兴企、品牌兴企,一直致力于品牌美学的实践和思考。董事长兼总经理陈忠伟的《现代化视野下的品牌美学构建研究》一文立足于这种实践和思考,对品牌美学构建提出了自己的设想。文章认为:品牌是企业乃至国家核心能力的综合体现,是经济社会高质量发展的重要象征,是实现人民对美好生活向往的重要载体。近年来,随着我国经济和科技实力的不断增强,人们的消费审美观念发生了根本转变,对美好生活的期望值也越来越高。在现代化发展的新征程中,品牌美学对新时代生活样式的重塑是满足和实现人民美好生活理想的重要手段。生活样式的重塑是品牌美学构建的重要组成部分。同时,品牌美学建设对提升品牌的整体价值也具有重要作用。论者在现代化视域下阐述了品牌美学构建的重要意义,提出了基于生活样式重塑品牌美学实践体系的路径构想。如果说陈忠伟董事长为品牌美学建设提供了来自生产经营一线的企业家的思考,侯冠华教授的《百年品牌的美学传承与当代表达》则表达了来自工科设计学专业的学者对品牌美学的人文关怀。侯教授关注到,中国拥有众多百年老店,如恒源祥、同仁堂、全聚德等等,其品牌美学面临着视觉形象的当代表达与文化内涵的传承发展挑战。他的研究采用横向比较与案例分析的方法,从祁志祥教授提出的"乐感美学"所倡导的愉悦与价值两个维度对中外百年品牌进行美学的比较分析,提出了百年品牌美学的历史传承与当代表达的理论构想,为品牌美学建构提供了一份特殊参考。廖茹菡副教授出身于美学专业。作为年轻的品牌与时尚消费的青年群体之一员,她从时尚的角度探讨品牌的美学意蕴,提出《品牌与时尚的价值共振》命题。文章指出:时尚与品牌都是现代文化的重要组成部分,是影响日常生活审美决策的关键因素。时尚是文化创新的方向指引,却面临更新浅表化的困境。品牌是现代消费的优质航标,却遭遇发展保守化的问题。时尚与品牌的携手则可以使两者共同走出困局。在横向广度方面,时尚的逐新性可以激发品牌的创新能力,并扩大品牌的影响范围。在纵向深度方面,品牌的稳定性能为时尚变化注入理性因素,并提高时尚的文化传承能力。时尚与品牌的互助共振既是生活审美化的推动力,也是社会文化创新发展的引导力。在当今消费社会,探讨品牌与时尚联动的美学路径别有现实意义。

第一节 现代化视域下品牌美学的构建研究 ①

人类社会进入 21 世纪以来,信息技术革命不断深入到人们生活的方方面面,在社会物质生活得到极大丰富的同时,社会意识形态发生了深刻变革,人们的社会消费观念和审美观念发生了很大变化。人们的审美观念已不再局限于产品的使用价值,更多的关注逐渐聚焦于简约自然化、特立独行化、品位时尚化等精神情感方面,对精神与情感的追求不断地在增加,人们也越来越重视品牌的深刻价值,比如当下人们对电影、文旅、娱乐等消费呈现多层次、多样化等多方面的特点,人们旅游不仅仅是为了放松心情,对文化的体验和感受逐渐成了旅游中的主流。在文化消费活动中,电影和文艺演出则成为公众最普遍的文化消费首选。另外,对于"看展览逛博物馆"、"参加主题活动"等消费的人群也越来越多,在这其中,人们对品牌的关注越来越多,对品牌所蕴含的文化内涵和价值观的认同和满足进一步点燃了人们对文化消费的热度。由此品牌消费成为一种社会风尚,逐渐成为不断满足人民群众对日益增长的美好生活需求的重要手段,生活与品牌的关系紧密相连。

品牌是一个国家综合国力、国际影响力、经济文化实力等的象征,代表着供给结构和需求结构的升级方向。改革开放以来,中国的品牌建设取得了重

---

① 作者陈志伟,恒源祥集团董事长兼总经理。原载《艺术广角》2023 年第 2 期。

大进步,但与世界一流水平还存在一些差距,如国际知名品牌不够多,品牌价值含量不够高,品牌产业规模不够大,品牌科技含量相对不高等。

在当前国内外格局和体系不断深刻调整的形势下,大力实施新时代品牌建设工程,具有重要的现实意义。伴随着中国式现代化战略的提出,品牌现代化的征程已经开启。2023 年是中国品牌开始迈向实现中国式现代化新征程的起步之年。品牌美学是重塑新时代生活样式的重要战略,也是品牌形成文化认同的重要表达方式。建设品牌之美是构建品牌价值的重要方面。在品牌现代化的构建中,离不开品牌美学的构建,需要我们进一步提高对品牌美学的认识和重视。

一、现代化视域下品牌美学的提出背景

1. 现代化视域下的美学发展

美学,作为一门关于美的学问研究的科学,最初属于哲学的范畴,在现代西方源远流长,并且伴随着经济社会的发展变迁而发展,在最初的古希腊的伯里克里斯时期出现美学的萌芽,而后经历了毕达哥拉斯学派和赫拉克利特的自然的形式之美,到苏格拉底和柏拉图时期完成早期美学思想的转变,到亚里士多德时代形成集大成理论,可以说从罗马时代、中世纪到文艺复兴,贺拉斯、奥古斯丁、达·芬奇、笛卡尔、卢梭……先哲们对美的认知日趋深入和深化,持续推进着美学向前发展。[①] 文艺复兴作为艺术史上极具影响力的时期,杰出的艺术作品层出不穷,为美学发展奠定了坚实的基础,意大利作为文艺发展的中心地带,艺术创作达到了巅峰,有力地推动了美学空前的发展与繁盛。而在中国古代社会的发展史上,我们可以看到,唐宋成为了中国美学的巅峰时期,汇聚了古典审美最为典型和精致的特点,美学精品屡见不鲜,美学大家层出不穷,成为中华民族美学最为璀璨耀眼的一部分。

纵观中西各时期的美学发展,其根本原因是科学技术的发展,生产力、生产关系、社会经济基础发生了改变,推动了经济发展,使人的精神得到了解放,地位逐渐提高。纵观中西美学发展历史,我们不难看出,美学的发展与经济社会的发展是密不可分的。随着我国全面建设小康社会,脱贫攻坚任务的完成,进入新的发展阶段,社会矛盾和任务都发生了根本变化。人民对美好

---

① 朱光潜:《西方美学史》,北京:商务印书馆,2011 年。

生活的向往总体上已经从"有没有"转向"好不好",由此可见,经济社会的不断发展进一步推动了人们对审美观念和美好生活的追求与向往。

2. 现代化视域下的品牌发展

品牌作为现代社会物质高度发达的产物,在人们的日常生活中,不仅带来物质上的满足,更是一种情感的满足和精神的愉悦。中国具有悠久的品牌历史,是世界上创造品牌最早的国家,早在公园15世纪,中国品牌就已经在世界上闻名遐迩。[1] 根据历史记载,1403年,明朝郑和下西洋,将精美的瓷器带到了西洋,受到当地王公贵族的喜爱,"china"瓷器成为当时最早的中国品牌。从最早的原始太阳神鸟图腾,到春秋时期的器物制造刻名,都为后世的品牌奠定了基础,提供了保障。随着城市的发展和商业的繁荣,到了宋代,以"济南刘家功夫针铺"为代表的真正具有商业属性的品牌标志出现了,并且具有了审美想象和民族文化精神。随着人们审美水平的不断提高,到元明清时代,出现了人们耳熟能详的诸如六必居、同仁堂、全聚德等大量的中华老字号品牌,它们以深厚的文化底蕴和鲜明的文化特征传承至今。到了近代,伴随着民族工业的崛起,以恒源祥等为代表的一批民族品牌开始诞生,在推动民族振兴发展的同时,实现了品牌多重审美价值的统一。新中国成立后,国家高度重视品牌建设,积极引领和扶持品牌建设,以解放汽车、红旗轿车、上海手表等为代表的一批民族新兴品牌不断涌现。[2] 自党的十八大以来,品牌建设又开始上升为国家战略,开启了中国品牌建设的新时代。

2014年5月10日,习近平总书记在河南考察时首次提出,要"推动中国制造向中国创造转变、中国速度向中国质量转变、中国产品向中国品牌转变"。2017年4月,国家将每年的5月10日设立为"中国品牌日"。2022年7月,国家对新时代推进品牌建设提出了指导意见,要"培育产业和区域品牌""支持企业实施品牌战略""形成一批具有中国特色的品牌建设实践经验"。到"2035年,中国品牌综合实力进入品牌强国前列",为新时代品牌建设指明了方向。可以看到,作为中国国力建设的重要组成部分,今日中国,品牌正以强劲的姿态快速发展,在世界的舞台上逐渐绽放夺目的光彩。所谓品牌现代化是在满足物质需求与精神需求的基础上,对品牌的一种全新构建方

---

① 赵琛:《品牌学》,北京:高等教育出版社,2011年。

② 谢纳:《品牌美的历史渊源与当代样式》,《艺术广角》2023年第2期。

式。中国质量万里行促进会会长刘兆彬认为,"品牌作为现代化的产物、高质量发展的标志,理应在新型现代化的大潮中转型升级,丰富新内涵,充满新动能,塑造新形象,焕发新活力。"他从八个方面对品牌现代化的内涵进行了深入总结,指出现代化品牌应该是:更高质量的品牌、更高技术水平的品牌、与环境和谐的品牌、更高度人性化的服务品牌、更高级文明的品牌、更高信任度的品牌、高度持久的品牌,以及更高效益的品牌(经济效益、社会效益、生态效益)。可见,品牌的现代化和现代化的品牌发展始终在时代的发展实践中生生不息。

3. 品牌美学概念的提出与认识

《创意经济》杂志主编贾丽军在《创意经济与品牌美学》中提出了"品牌美学"的概念,并对其进行了准确严谨科学的定义,他认为"品牌美学是品牌受众通过品牌符号与情感体验的审美沟通而实现品牌溢价价值的传播理论。"对于一个产品来说,从品牌美学角度来看,有内在价值和外在形象两个方面。在产品的内在价值方面,赋予品牌独特的文化故事,为品牌塑造顺应时代发展潮流的精神文化,对企业形象和营销传播体系进行精心设计,使品牌拥有不同于其他品牌的独特之处和别样魅力。在产品的外在形象方面,灵活掌握和恰当运用品牌美学的设计与手段,打造具有美学审美价值的品牌外观和产品形象,美好的品牌外观能够直接触动消费者的内心、吸引消费者了解品牌产品、激发消费者的购买欲望、提高消费者对品牌的好感度、拉近品牌与消费者的心理距离,最终能够形成消费者对品牌的支持与认可。如果一个品牌缺乏审美特征,那这个品牌的产品就无法获得广大消费者的青睐,企业形象更无法完整地树立,终将被市场所淘汰。因此,对于品牌来说,它的真正价值就在于锻造品牌由外而内的美感,抓住消费者的眼球,更赢得消费者的心。

山东大学管理学院教授辛杰在《品牌美学视角下的品牌策略》研究中指出,品牌美学是研究品牌规划、设计和传播领域普遍美学规律的行销科学。其研究内容主要包括:品牌美的哲学、品牌审美心理学和品牌美学的应用。品牌美学亦是品牌外在视觉形象和内在理念的结合。形象的"美",来自形态与色彩的认知与愉悦,而内在理念的"美",则来自品牌核心的深度与魅力。品牌美学可以从物理性与心理学方面来表现,在物理性上呈现的是品牌致力于满足消费者本身的审美需求。

上海交通大学人文艺术研究院教授祁志祥在《乐感美学》提出，"美是有价值的乐感对象"，即美所带来的乐感不仅包括感官快乐，而且包括精神快乐。美所带来的感官快乐并不局限于视听觉，而且包括五官感觉，进一步肯定了美本身的价值。

上海工程技术大学教授胡越在《品牌美的时尚维度》中将品牌的审美归纳为三个维度：物质基础的维度、运营推广的维度、文化形象的维度，丰富了品牌美学的价值。

人类社会经历了漫长的"原始文明、农业文明、工商业文明"，今天开始进入到了数字文明，人们对美的追求发生了根本性的转变，由原始的物质美逐渐转化为自然美、人性美、社会美、应用美、价值美等，这也为品牌美学的发展提供了更加广阔的空间和可能。

4. 生活样式重塑与品牌美学的关系

追求美好生活是当前人类社会的共同目标。党的二十大报告提出"中国式现代化是物质文明和精神文明相协调的现代化"，纵观人类社会发展历程，任何物质形态的东西，当其发展到一定的程度以后，如果要朝着更高层面继续发展，必然要上升到一定的情感和精神层面，这种情感和精神的传递和延续，就需要借助一种载体，而这个载体就是我们所强调的品牌。由此可以看出，物质的丰富和精神的丰富都是现代化必不可少的内容，二者的协调是提高人们生活品质的必由之路。在此过程中，品牌作为物质和精神的统一体，在满足人民美好生活需要的过程中具有重要作用。一方面，美是精神需求的外在情感表达。人们对物质的需求发展到对情感和精神的需求后，对美提出了更高的要求。因此，对品牌的追求即是对美好生活的追求，对美好生活的体验离不开对品牌的体验。另一方面，美在当代生活中被当代社会普遍认可和接受。好的生活是美的生活的基础，美的生活则是好的生活的升华，生活美学就是以"美的生活"提升"好的生活"，以有品质的生活升华有质量的生活，这种对美的生活的追求的过程，恰恰是对品牌追求和探索的过程，为品牌美学的成长带来了更多的机会和空间。

由此可见，新时代的美好生活形成了一种对新的生活样式的需求，这种需求既有行为实践层面上的，也有精神思想层面的，人类对不同生活样式的描摹也是对美好生活的向往，美好生活是基于人们的现实需要及其实践之上所形成的生活样式。品牌作为现代商业社会中产品与服务的意义符号，其前提就是满足人们的美好生活需求。因此,构建生活样式之美是建立品牌美学的前提,构建生活样式就是落实品牌的生活美学。生活美学的建立是"好的艺术终结"的一种形式,当生活中到处都充满了美和好的时候,美与不美就没有了界限,那么生活就是美,美就是生活,而品牌的价值就在于使生活处处都充满美好。[①] 今天消费者对于品质化、个性化、多样化的产品需求不断上升,生活样式更加多样化,这对我国生产端供给能力提出了更高要求。品牌是高质量发展的重要象征,具备强大的时尚引领和消费实现功能,品牌所蕴含的美学价值能够吸引不同的消费群体,引导社会文化潮流演进,所以,生活样式的重塑是品牌美学构建的重要组成部分,本文总结一种基于生活样式重塑的品牌美学实践体系路径构想,如下图 1:

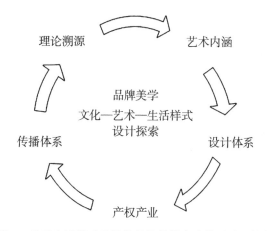

图 1　基于生活样式重塑的品牌美学实践体系路径构想

二、品牌美学构建对品牌的重要意义

一个好的品牌之所以能够在消费者心中建立崇高的价值信念,正是因为品牌所代表的抽象符号具有超越理性判断的情感价值,成为消费者心目中一种美好存在的价值判断,而这种美的感觉包含了品牌所有的审美经验和审美心理,便是品牌美学的价值所在。当品牌被赋予美学的色彩后,能够有效提升品牌的核心优势。这种核心优势主要体现在以下几个方面:

---

① 刘悦笛:《艺术终结:生活美学与文学理论》,《文艺争鸣》,2008 年第 7 期。

1. 产生长久的差异化消费价值

所谓差异化是企业通过采取一系列措施使产品拥有能够让消费者产生偏好的特殊性。产品的差异化能够使消费者自然地将一种产品与同类产品进行有效区别,使企业在市场中占据优势地位。[①]品牌美学在品牌设计中,通过一种外在形式的呈现,以精美独特的美学设计,能够在最短时间内吸引消费者的眼球,并在消费者脑海里形成深刻印象,而且使品牌产品在传播过程中产生事半功倍的效果。由此可见,在品牌构建中融入良好的品牌美学设计理念,不仅可以给消费者带来身心愉悦的美感,也是提升品牌差异化的有效手段。以中国服装品牌恒源祥为例,集团旗下时尚艺术生活品牌——"彩羊"秉承"多元、多彩"的品牌美学理念。在设计方面运用现代国际简洁设计工艺理念,诠释东方与西方、传统与流行的和谐共融,风格方面专注于全球色彩文化研究与设计,从色彩艺术中汲取灵感,以丰富的色彩设计与艺术表达作为品牌的独特风格,充分体现了品牌美学融入设计的实践。

2. 提升消费者对品牌的信任与忠诚度

品牌的忠诚度是消费者对品牌形成的一种长期的信任与情感维系。这种情感维系是消费者对品牌的接受与认可,并在长期反复购买使用中形成。一旦消费者对品牌产生了这种高度信任与忠诚度,就会降低他们对价格的敏感度,并且愿意为这个品牌的产品付出更高的价格,并将品牌视为自己的朋友与伙伴。[②]因此,品牌美学对于消费者来说就是一种满意度。品牌美学通过将各种美学符号植入到品牌产品中,使消费者产生强烈的购买欲望,当然,最主要的还是品牌美学通过品牌产品呈现的美学符号给消费者带来的美好愉悦的体验感。比如我们说到羊毛衫,人们一下子就能联想到恒源祥品牌,想到家喻户晓的"羊羊羊"童声记忆,这种记忆给消费者带来美好吉祥的体验感,使人们产生了持久的信任和归属感。

3. 增加品牌的情感与溢价附加值

品牌美学对品牌产品的附加值主要体现在情感和溢价两个方面。情感附加是具有美学价值的品牌产品除了使用价值之外背后的文化价值和情感价值,是品牌的内涵表达,这种内涵表达不仅可以激发消费者的情感欲望,还

① 郑新安:《反向:品牌美学》,北京:中国经济出版社,2006 年。

② 张继明:《品牌美学视阈下的品牌塑造》,《艺术广角》2022 年第 3 期。

可以满足消费者持续购买品牌产品的情感需求。[①]比如很多年轻群体对苹果手机的青睐与痴迷。品牌美学为品牌增加溢价就是增加产品的实际价值。阿迪和耐克之所以成为国际顶级体育运动品牌，正是因为这些品牌一直在坚持自己独特主张的品牌价值美学。

三、现代化视域下品牌美学的构建策略

1. 以满足美好生活为目标提升品牌品位

俄国美学家车尔尼雪夫斯基指出"美即是生活"的主张。好的品牌之所以能够给消费者带来良好的印象和口碑，是因为品牌首先要能够满足消费者对美好生活的追求。因此，要在品牌构建中融入美学的元素，使品牌成为消费者心中美好生活的保障。以2023年9月恒源祥在世界设计之都大会（WDCC）上成功展出的《花的三重境·繁光》艺术装置美学作品为例，恒源祥在该作品设计中，将原本片状的陶瓷花窗升级成了更能够走入生活的陶瓷吊灯，外观既像是圆形的孔明灯，又像是用青花团成的绒线，在中秋和国庆即将到来的时期为观众营造了充满温暖、团圆、祥和的节日氛围。从艺术到设计，恒源祥运用艺术推动品牌的创新和创造，不断发现和创造美，把美融入千家万户的生活，充分体现了从美学创新到引领美好生活的有力实践。恒源祥通过艺术设计将更多美学元素融入服饰和家居用品上，以全新的形式诠释品牌美学和生活美学，提升品牌品味。

2. 寻求独特创新的美学风格定位

创新是品牌高质量发展的第一动力，没有创新就没有升级。具有美学意蕴的品牌风格是品牌识别的主要构成要素，它必须与主题相结合。在产品同质化的今天，风格独特的品牌形象最容易引起消费者的注意。[②]在品牌现代化的构建中，好的品牌只有不断推出新品，出精品、出名品，才能不断满足消费者多层次、个性化、高品质的消费需求。恒源祥作为中国近百年的老字号品牌，之所以能够始终保持经久不衰，在广大消费者心中占有一席之地，是因为它能够在风云变幻中持续创新。在坚守"美"的同时、不断探索求"新"，与时代同行。从最初中国人自主生产的手编毛线，到以羊毛为核心的纺织服装

① 厉春雷：《美学视角的品牌竞争优势：价值创造与美感体验》，《学术交流》2013年第2期。

② 辛杰：《品牌美学视角下的品牌策略》，《经济与管理》2008年第10期。

国货,再到如今的国民品牌,恒源祥在传承与创新之间找到了平衡,也做出了成果。恒源祥的羊毛衫连续多年在同类产品市场综合占有率第一,成为中国家喻户晓的产品,传统工艺经过代代传承,到今天也在被老百姓认可和喜爱。尤其是 2022 年的北京冬奥会和冬残奥会上,恒源祥以其独特的非遗传承海派绒线编结技艺,为全世界运动员献上了"永不凋谢"的颁奖花束"绒耀之花"。恒源祥对中国传统工艺进行了现代化的诠释,让中国文化得以在国际舞台上展示。中国品牌创新与"走出去"的决心,也被世界看到。纵观近百年的发展历程,恒源祥能够守住品质的初心,以独特创新的美学风格捕捉时代脉搏,与消费者建立起深厚的情感纽带。在传统中寻找答案,在创新中拓展视野。这种在坚守与创新之间找到的平衡,才是中国品牌现代化独特的魅力所在。

2023 年,"恒源祥线逅绒瓷"艺术工作坊项目成果大型空间场景艺术作品《花的三重境》,在创意设计中以恒源祥品牌标志性的羊元素为设计起点,将"羊"字的古体演化与中国传统美学形式的园林花窗装饰相结合,借鉴瓦片造型拼搭羊纹图形,传承康熙青花瓷文化中的色彩格调和毛笔线条气韵,运用数字生成艺术转化形成系列时尚羊纹图像造型图案,产生了大量的可在设计中应用的平面装饰素材,可以应用于生活用品的设计开发,提供传统文化与本土美学相结合的多种可能性,在跨文化、艺术、设计、生活的领域中,在讨论中国传统文化和本土美学如何在当下发展的同时,为创新独特的品牌美学定位和寻找未来文化产业发展道路完成了重要的探索实践。

3. 通过感观愉悦展现品牌美学理念

品牌美学理论认为除了品牌的内在价值,外在设计的美好形象也是品牌构建的重要方面,因此,品牌之美是一种综合的视觉愉悦体验。这种愉悦体验主要表现在审美对象引起的感觉、知觉、表象所带来的综合情感因素,从而形成独特的审美文化。[①] 比如恒源祥作为纺织服装类品牌,除了款式、图案、色彩的视觉设计,也包括温暖的触觉体验,以及人们对"恒源祥　羊羊羊"家喻户晓的广告记忆。再如,恒源祥为 2022 北京冬奥会设计的颁奖花束"绒耀之花",充分考虑到了色彩的设计和运用,以红色的玫瑰和粉色的月季为主角,辅以淡黄色的铃兰、绣球,突出清新、自然,突显了鲜明的冰雪运动特色,

---

① 邹卫红、秦秀荣:《基于美学视角的品牌经营研究》,《经济研究参考》2016 年第 59 期。

彼此之间颜色搭配和谐相宜,色彩运用意向鲜明,给观众留下深刻印象。还有当时冬奥村里的绒线纤维镜像艺术装置作品《绒之百花 春之镜像》,在设计时,通过对色彩、大小、形状等视觉元素平衡和严格设置,达到空间节奏的和谐,五颜六色的绒线花在镜像空间中由红色和黄色的绒线悬垂在空中,映在地上的镜面上,与观众一同形成了一幅"绒之百花 春之镜像"的美好景象,给观众带来美轮美奂的独特体验。

2023 年的"恒源祥线逅绒瓷"艺术工作坊项目成果大型空间场景艺术巨作《花的三重境》于中国工艺美术馆 中国非物质文化遗产馆的惊艳亮相,更是中国式浪漫的绝美体验,它是一件综合了不同艺术门类的体现传统与创新的艺术新物种,其创造性地使用了陶瓷、绒线、不锈钢、玻璃等综合材料,营造出极强的当代感,但是所呈现出的却是具有浓厚中国文化象征的青花和花窗视觉符号。天上用绒线悬挂的花窗、空间中的行动的人、镜面地面形成的"天、地、人"空间结构,以及抽象的青花画面无不体现着强烈的中国气韵美学特征,使整个空间场景充满了由造型性和哲学性的中国文化象征所产生的艺术形式意味和中国式感官场景体验。而《花的三重境·繁光》更是将这种审美感观体验发挥到了极致,首先是 300 个青花薄胎陶瓷吊灯从地面中心向天顶边缘蔓延,圆形展厅的四周环绕的镜面,映衬着中心的陶瓷装置,玉壶光转,人影参差,形成美轮美奂的震撼场景。而蓝色绒线从天空中悬垂,又连接起众多瓷片,拼接成五环之花,并运用数字生成艺术转化形成系列时尚"羊"纹造型图案,形成了"三重镜"的层层递进审美艺术表达,给观众带来了独特的品牌美学视觉盛宴。

4. 创造深度完美的情感与场景体验

仍以"恒源祥线逅绒瓷"艺术工作坊项目成果大型空间场景艺术作品《花的三重境》为例,它以绒线和陶瓷为主要材料,经过一年多的创意设计,在物理世界和数字世界交替制作完成,呈现了一个高 6 米,占地 100 平方米的错层镜面空间。空间内,数个直径 3 米左右的大型青花瓷花窗由蓝色绒线吊挂空中,并随音乐缓缓转动。观众走进作品空间,旋转的陶瓷花窗、空间中行动着的观众、表演者们即一同映照在了三面通透的镜面、墙面和地面中。在这件作品中,观众和艺术空间融为一体,艺术作品与观众的界限被打破,观众体验到的是一个可进入、可互动的梦幻般的艺术场景。此外,作品结合多种形式的"中国式"表演,都以突出中国符号为主体,呈现出一幅由造型艺术家和表演艺术家以及观众们共同打造的中国式艺术场景,其创造的深度综合美学场景体验是极具独创性的。

同时,数字经济是当下时代不可回避的趋势,通过数字先进技术提升产品品质、传播效能和消费体验,数字经济是组合了多种前沿技术的互联网新形态,可以开拓新的消费场景和模式,带给消费者更多的便利和更好的体验。用智能化、数字化技术赋能品牌建设是品牌美学不可或缺的元素之一。在数字化转型过程中,恒源祥自2011年开始数字化转型,不断开拓新场域,跟进新赛道,积极搭建全渠道生态和融媒体生态下的双轮驱动消费端数字化场景,目前在探索3D方式呈现服装设计,未来继续探索虚拟店铺的呈现、全链路设计研发的数字化解决方案,共享数字设计能力和数字设计资源等。恒源祥将持续关注新的数字化消费场景的打造,借助新技术所带来的综合感官体验与消费者展开充分的沟通与共创,打造独有品牌美学风格的"心消费"价值循环。同时,恒源祥在诸如生成式AI等技术领域提前布局,先试先行,以数字化推动品牌现代化,以品牌现代化助力产业终端发展,是对品牌美学构建的有益探索和尝试。

5. 融入中华优秀传统文化丰富品牌内涵

优秀的品牌都有着丰富的思想文化内涵,文化和品牌相辅相成,缺一不可。文化是品牌美学的应有之意,品牌美学的文化内涵皆源自于中国传统文化精神、思想和哲学的精髓部分,或是对民族、地域文化等特色文化基因的传承。[1]中国品牌在发展中逐渐认识到,要想在全球市场上获得一席之地,仅仅依靠产品和技术是不够的,还必须不断挖掘更深层次的文化价值,为消费者提供与众不同的精神价值。许多国内品牌通过深入研究和传承优秀中华文化,成功地将传统与现代、东方与西方完美结合,打造出了独具特色的品牌形象,将中国传统文化持续进行创造性转化和创新性发展。

习近平总书记指出:"对历史最好的继承,就是创造新的历史;对人类文明最大的礼敬,就是创造人类文明新形态。"在此精神指引下,"恒源祥线近绒瓷"艺术工作坊2023年的实践项目《花的三重境》正是以传承中华优秀传统文化为宗旨,以体现中国式现代化的艺术创作方法的学术研究为目的,探索如何将传统文化以现代形式的艺术观念进行表达,并最终以艺术作品的

---

① 周韧:《品牌美学构建的五重维度》,《艺术广角》2022年第3期。

形式向社会公众展出，实现传统文化和传统技艺在传承中的创新、在创新中的传承，即以最当下的观念和技术，以不断更新的方式，将古老的中华文化精神内涵传递给当代和未来。艺术是展示文明形态最直观的方式之一，这是当下中国最需要的一种对传统精神的转化手段，是在中国传统文化复兴基础上的创造性发展，更是对党的二十大提出的"中国式现代化"发展方向的一种诠释。诞生于"恒源祥线逅绒瓷"艺术工作坊的艺术作品《花的三重境》，以及在此工作坊项目期间产生的通过艺术手段对中华优秀传统文化进行创造性转化、创新性发展的学术思想，将会推动未来的艺术发展，甚至可能引起一场艺术革新，为开创一个中国式现代化的艺术新时代做出引领性的贡献。同时，通过探索一条以用艺术的方式总结传统文化表征系统中的美学编码，结合当下的表达观念和技术手段，用所总结的美学编码进行造型和图案创作的路径，转化为艺术与设计的多种形式，从而创造一个深度开发文化资源的模式，再一次为消费者带来崭新的美好体验，实现品牌在传承中创造的现代化发展演绎。

再以 2023 年恒源祥《花的三重境·繁光》艺术装置美学实践为例，该设计通过 300 个青花薄胎陶瓷吊灯从地面中心向天顶边缘蔓延，每一个陶瓷吊灯都仿佛一盏盏温暖的孔明灯，错落有致地呈现出即将飞腾高空的样貌，又似一团团用青花团成的绒线，寄托了美好的祈愿与祝福。体现了一个中国国民品牌对"美"的不懈探索与创造、对中国文化的理解与升华。让我们看到了企业在品牌现代化构建中通过参与文化艺术创作，借此让消费者感知品牌和文化的融合，用艺术化的方式跟消费者"再沟通"，传递中国式现代化发展下品牌的文化内涵和特色表达，用优秀传统文化丰富品牌内涵。

品牌在现代商业社会和现代化经济社会中持续发展，在当今体验经济和美学经济逐渐盛行的时代，品牌美学为成功塑造品牌提供了一个新的视角。任何时代的发展，都需要与时俱进的"美学"。品牌美学的提出源自消费者对情感和精神需求的增加，但逐渐提升到心灵感动层次上的品牌建设绝非一朝一夕之功，是一个艰辛漫长、日积月累的过程。在现代化视域和现代化发展建设的过程中，需要创新与价值双引擎驱动。新时代"品牌美学"的创新，正是"人性、商业性、实用性"融合创新发展的"新美学"，我们还应在美学的基本理论指导下，灵活运用文化艺术手段，不断探索品牌美学的方式和途径，积极创造品牌的综合美学体验，高质量推进品牌建设工作，全面提升我国品牌发展总体水平,不断推动我国从品牌大国向品牌强国迈进,更好地满足和实现人民对美好生活的需求,促进人类文明向更高层次发展,为谱写中国式现代化乃至品牌现代化的新篇章持续贡献力量。

第二节　百年品牌的美学传承与当代表达 [①]

品牌形象是品牌美学的客观表现载体,亦是大众直观感受品牌美学的主要途径。品牌通过其外在形象向目标受众传播美学理念。设计师通过视觉设计元素塑造品牌形象,传达品牌内涵和价值。优秀的品牌形象有助于提升用户对品牌的认知度,逐步建立品牌辨识度,实现品牌核心价值传递与用户群体建立情感联系。品牌文化与精神内涵在企业发展中逐渐完善,大众审美亦随时代而变,然而,我国众多百年品牌的外在形象在历史演进中一成不变,未能响应品牌美学的内涵发展,面临着品牌与受众情感联系衰退的风险与挑战。百年"全聚德"以三个汉字作为其品牌形象,未曾改变,虽历史积淀丰富,饱含回忆,但其与年轻人之间的审美沟壑不容忽视。百年品牌的美该如何传承与发展,其品牌形象如何实现当代表达?解决上述问题对百年品牌的健康发展具有积极意义。

品牌文化、价值内涵与品牌形象有机融合是品牌美学塑造的关键路径。已有研究从品牌视觉要素 [②]、视觉形象 [③]、消费符号 [④] 等视角提出品牌视觉设计策略,对提升百年品牌形象有积极作用。然而,上述研究多从设计实践的角度提出改造品牌视觉形象的方法和思路,对品牌内涵的外化路径提炼不足,容易造成视觉形象与品牌文化内涵背离的问题,使得品牌美学违和感凸显。为解决上述问题,本研究将采用案例分析的方法,探索百年品牌的美学传承与当代表达方式。

① 作者侯冠华,东南大学艺术学院教授、博士生导师。原载《艺术广角》2022 年第 2 期。
② 范立娜:《江南地区老字号品牌包装形象的视觉语言》,《艺术评论》2018 年第 11 期,第 172—175。
③ 覃会优、王邦汇、薛峰:《非物质文化遗产常州梳篦"白象"品牌视觉形象设计研究》,《艺术工作》2017 年第 4 期,第 91—93 页。
④ 陈宇:《符号消费视角下羌族刺绣品牌视觉形象设计》,《贵州民族研究》2017 年第 2 期,第 128—131 页。

一、主客合一：品牌美学的乐感价值

祁志祥教授在《乐感美学》中对美的定义是："美是有价值的乐感对象"①。该定义明确了美的三个属性，一是使人愉悦，二是具有价值，三是客观的审美对象。美存在主观性，即当群体或特定个体感受到其价值时美才存在，但美也具有客观性，存在于客体与主体的特定关系中。②品牌在生存与发展过程中，美学内涵保持了较高的稳定性，形成了品牌的辨识度。品牌经济是主动经济的快乐消费，在视觉、触觉、嗅觉、味觉、体感方面给予消费者愉悦感。消费者在品牌消费后进入反思价值阶段，品牌的乐感价值进一步促进了品牌信誉地构筑，使品牌超越感觉美，实现内与外、主与客的统一。

品牌形象是有价值的乐感载体，具备审美特征，反映品牌的精神形态。主客合一的品牌形象是品牌设计的最高追求。品牌形象是消费者对品牌的所有联想的集合体，它反映了品牌在消费者记忆中的图景。③品牌形象不仅由视觉形象构成，如品名、商标、包装、图案、广告、产品，还包括企业文化、行为、服务等非可视化内容。品牌的视觉形象美是显性且直观的，容易被个体感知，但受个体审美水平、经验影响；品牌内涵与价值则是隐性的，需个体经历反思才能被感知。因此，品牌形象是主体与客体相互作用，消费者在一定的知觉情境下，采用一定的知觉方式感知客体，其乐感属性能够被快速感知，而价值属性则需要反思与时间沉淀。有价值的愉快感是大众对品牌美学的正确反映，也是对品牌美学的深刻认识。

品牌美学的乐感属性借由视觉设计提升，而价值属性则依赖于文化传承与内涵建设。设计师擅长通过系统的设计方法，快速提升品牌的设计质感与品味，使品牌形象赏心悦目。品牌的视觉设计会影响大众对品牌自下而上的认知过程，给大众以愉悦感，从而初步形成对品牌的好印象，进而促进大众对品牌的信任和消费。视觉形象设计虽能快速使大众对品牌形象的认知有所改善，但缺点是乐感效果持续时间短，不能让大众形成对品牌的忠诚度。品牌美学的价值属性需要长期塑造才能呈现效果。大众通过体验产品和服务

---

① 祁志祥：《"美"的解密：有价值的乐感对象》，《艺术广角》2022年第2期，第5—14页。
② 祁志祥：《中国美学的史论建构及思想史转向——祁志祥教授谈学术历程及治学特色》，《艺术广角》2023年第3期，第10—16页。
③ 王海忠：《品牌管理》，北京：清华大学出版社，2014年。

反思品牌价值,深度认知品牌美学特征。品牌价值属性反思是对品牌美学乐感属性的补充,提升了大众对品牌美学的认知水平,有益于企业对品牌美学的建设。

综上,品牌美学是主体与客体的统一。品牌视觉形象设计是品牌美学愉悦属性的物化过程,具有一定的客观性;品牌文化传承与内涵建设是品牌美学对价值属性的内化,存在主观性。大众在认识品牌美学的过程中,通常先依赖视觉感受品牌形象的愉悦属性,在与品牌产品和服务的互动中反思,形成对品牌美学价值属性自上而下的认知。因此,品牌美学建设应兼顾愉悦属性与价值属性,并在视觉设计中思考如何体现品牌的价值属性。

二、中外百年品牌美学传承与发展

在日益激烈的市场竞争中,品牌是企业重要的无形资产。百年品牌以其悠长的历史表征着品牌的价值属性,但这并不意味着其品牌形象不发生变化。国内外众多百年品牌形象都随着时代变迁而升级,或引领或跟随当下流行的审美时尚。品牌美学的愉悦属性决定了品牌形象发展的必然性与必要性,因为大众的审美水平受个人经历、社会环境、学识增长等诸多因素影响而不断发展变化,品牌形象发展应当引领大众审美。

设计史的发展证明了人们对美的认知与变化。在手工艺时代,大众以复杂、装饰为美,体现为对巴洛克和洛可可风格的喜爱,即为简单的产品提供复杂的装饰纹样;在工业化生产时代,大众以自然和流畅的线条为美,体现为对北欧斯堪的纳维亚风格、流线型风格的青睐,即产品设计中要求线条流畅且带有弧线;在信息化时代,大众以简约为美,崇尚现代主义风格,如苹果体现了对极简风格的追求,审美倾向于简约美,摒弃了复杂装饰。因此,品牌形象该如何发展有待于进一步分析。

1. 恒与易:国内外百年品牌的形象发展比较

国内有很多百年品牌,如北京的荣宝斋、全聚德、同仁堂,上海的功德林、凤凰、恒源祥等。在发展中,部分品牌的视觉形象保持不变,以全聚德为代表的文字招牌与店内陈设百年来始终如一,努力还原百年前的味道,古色古香。此外,经调研发现,国内老字号的视觉符号多以点店文字为招牌,在历史沿革中保持了原貌。但也有部分老字号品牌进行了更新,如表1所示,青岛啤酒成立于1903年,至今已121年,其包装设计在升级后更符合当下审美,更容易给受众带来愉悦感。

国内一些百年品牌为生存发展被迫作出形象变革。回力诞生于1927年,有"回天有力"的寓意,在上海唐山路设厂。其早期视觉形象受神话故事《后羿射日》启发,采用了"勇士弯弓射日"的图形标识设计,如表2所示,成为了几代中国人的共同记忆。那时上海是中西方文化交流的重要场所,回力的商标是中英文对照的,中文叫"回力",英文叫"Warrior",取勇士之意。

进入21世纪,年轻消费者认为回力在时尚、国际感上逊色于耐克、阿迪等国际品牌。为响应新的市场需求,2008年回力发布新品牌标识。新标识摒弃了"勇士弯弓射日"的圆形图标与蓝白配色,采用了抽象符号——W,设计师将WARRIOR的第一个字母W进行设计,将后半部分倾斜向上,动感利落的线条和硬朗有力的轮廓边角象征"神弓射箭",给人以运动的感觉。右下角的文字沿用旧标识中的"回力"字体并且加上了品牌建立时间"1927",突出老品牌的历史感。总体上,回力的品牌视觉形象变化很大,虽迎合了年轻群体审美变化,但缺少中间过渡,在视觉传承方面略有不足。

表1 部分中国百年老字号品牌形象示例

百年老字号（国内）	创立时间	升级品类	品牌形象升级前	品牌形象升级后
青岛啤酒	1903 年	包装		
回力鞋业	1927 年	品牌标识		

国外也有众多百年品牌,产品服务品类涉及面广,品牌形象传承性较好,

对品牌形象更新持开放态度。如巴宝莉、可口可乐、麦当劳等品牌都对品牌形象做了多次升级，以确保品牌形象与时代审美同步，并通过品牌更新向大众传递品牌文化的新内涵。国外品牌形象发展并不是抛弃原有形象，树立新形象，而是在原有形象基础上进行形式和风格上的调整，如可口可乐的品牌标识始终以文字为核心，未做增减，但标识字体风格变化很大，如表2所示：

表2　部分国外百年老字号品牌形象示例

百年老字号（国外）	创立时间	升级品类	升级前	升级后
巴宝莉	1856年	品牌标识		
可口可乐	1886年	品牌标识		
麦当劳	1937年	品牌标识		
肯德基	1952年	品牌标识		
苹果	1976年	品牌标识		
星巴克	1971年	品牌标识		

国外品牌形象更新频率高,在原有标识基础上不断强化其视觉形象。以英国品牌巴宝莉为例,该品牌主营时尚类产品,如服饰、箱包等,其品牌形象更新既是对时代与企业国际化需求的回应,也是展现了对传统和历史的尊重。从1901年建立品牌标识至今已更新四次,图1展示了该品牌标识形式风格的演变,分为五个时间点:1901年、1968年、1999年、2018年和2023年。1901年版品牌标识是一个红色骑士图案,骑士穿着盔甲,挥舞着长矛,旗帜上有一个大写的"B"字母,下方写着"Burberrys",颜色鲜艳,细节繁多;1968年,巴宝莉对品牌形象做了第一次修改,简化原有形象,配色改为黑白,减少了骑士图案的细节,文字变成了"Burberrys of London",增加了地域标识;1999年,进一步简化标识形象,去掉了骑士图案,仅保留了品牌名称"Burberry"和地点"London",字体变得更加现代和简洁;2018年,品牌标识的字体进一步更新,变得更加粗壮和几何化,同时添加了"London England"字样,增强了品牌的国际化形象;2023年,品牌标识重新引入了骑士图案,但采用了蓝色调,并且骑士图案比1901年的版本更加抽象和现代,字体也是现代简洁风格,保留了品牌名称"Burberry"。

图1　巴宝莉品牌标识更新示例

从这些变化中可以分析出,巴宝莉品牌的标识设计从最初的复杂插图风格,逐渐转向简约和现代化,这可能是为了适应数字时代的视觉传播需要,确保在不同尺寸和媒介上的清晰度。它也反映了品牌从传统英国本土品牌向国际化品牌的转变。2023年的设计又重新引入骑士元素,显示出品牌对其传统的重新认同和现代解读,这可能是为了在保持现代感的同时,传达出品牌的历史和遗产。

综上,国内外品牌在发展中有相似之处,但亦有所差别。以人名、姓氏作为招牌名在国内外的百年品牌中都有出现,且多以名字作为品牌视觉形象,如国内品牌张小泉、王致和等,国外品牌如麦当劳、迪士尼等;但随时代进步,掌门人更替,国外品牌多采用微更新的方式发展,而国内品牌视觉形象则走向两个极端,或基本保持不变,或彻底改头换面。从传承的角度看,微更新的做法可能更值得借鉴。

2. 视觉形象与文化内涵:百年品牌美学的传承

品牌美学传承可分为视觉形象传承与品牌文化内涵传承。品牌视觉形象是为大众提供愉悦、识别性的客观对象,反映品牌的文化内涵,但非品牌文化内涵的全部。品牌视觉形象包含产品特点、设计风格和品质、品牌标识、传播方式,以及品牌的形象代言人和塑造者等,直观且易被识别,依靠视觉符号、感官体验传承。在视觉形象传承方面,巴宝莉品牌标识变化既反映了设计趋势的演变,也深受其时代背景、社会文化和品牌定位变化的影响,但其视觉形象始终传承了品名和骑士图形,变化在于形式与风格的改变。1901年,巴宝莉品牌标识出现在工业革命后、维多利亚时代末期,那时品牌形象常常与奢华、细节和传统工艺紧密关联。骑士的形象体现了英国的尊贵和冒险精神,红色的使用可能是为了引人注意,也可能与当时的印刷技术有关;1968年,随着现代主义的兴起,设计开始倾向于简化和功能主义,这反映在品牌标识的简化上。在20世纪60年代,随着全球化的开始,品牌开始强调自己的地理身份,"OF LONDON"强化了巴宝莉作为一个英国品牌的形象;1999年,互联网时代的到来要求品牌必须在数字媒介上具有清晰可识别的视觉标识。简洁的黑白设计易于复制,并在各种尺寸和分辨率上保持一致性。这个时期的品牌标识去除复杂的图案,反映了品牌向更加现代化、简洁的全球品牌形象的转变;2018年的更新反映了最新的国际审美需求,即"清晰化、简化和统一品牌形象"。这一时期的设计趋势倾向于极简主义,品牌标识的简化反映了用户体验的重要性,以及品牌对在数字和物理空间中的可识别性的关注。2023 年最近一次更新,可能是对"复古复兴"和"新复古"设计趋势的回应。在一段时间的极简后,品牌和消费者开始寻求更有个性和历史感的设计元素。新添加的蓝色给品牌注入了新鲜感,同时对骑士的现代解读也可以看作是对品牌遗产的现代诠释,这符合当前消费者对"新旧融合"设计的兴趣。

品牌形象的更新是品牌在不断审视自身的市场定位、消费者群体的变化,以及品牌遗产的结果。巴宝莉透过这些变化,不断地调整其品牌形象以保持相关性,同时也传达其质量、传统和英国精致风格的长期价值。这些变化也是品牌美学的一部分,旨在吸引新的消费者群体,同时维持其在时尚界的地位和影响力。巴宝莉品牌标识的演变是应对社会文化变迁、消费者行为变化和市场需求的直观反映。

品牌文化内涵是该品牌所具有的独特性和价值观,反映品牌的历史、传统、理念、目标以及品牌所代表的生活方式。品牌文化内涵是品牌美学价值属性的供给方,影响大众对品牌的价值认知和情感认同。百年品牌历史延承的核心是品牌文化内涵,表现为品牌的经营理念、价值观和使命的传承,以及品牌对社会责任认知的统一性。

恒源祥是一家上海的百年老店,创立于 1927 年,注重品牌价值的历史传承。该品牌在为消费者提供高品质、有价值的产品服务的同时,注重社会公益,在公益活动中强化品牌的文化内涵。如 1989 年赞助上海花样轮滑,恒源祥与运动结缘,其产品服务奥运;2004 年,恒源祥建立了第一个国家级藏羚羊救护中心——"恒源祥可可西里藏羚羊救护中心",以产品原材料为契机,发起对野生动物的保护;2005 年,中国儿童少年基金会和恒源祥联合发起的"中国关爱孤残儿童第一品牌——恒爱行动",持续至今,用恒源祥产品为孤残儿童带去温暖。在一系列社会公益活动中,企业很好地将产品与活动联系在一起,彰显了企业文化和社会责任,促进了建设品牌文化内涵的建设。

三、品牌美学的当代表达反思

品牌美学是引起大众愉悦的有价值对象,美由物起,由心生,是一种主客观合一的意象。品牌视觉形象的美是自下而上被感知的,客观对象的直观感知形成了用户对美的初步认知。美的认知也反映了个体自上而下的信息处理过程,用户主观意识影响对美的感受,导致个体不能真实的反映客体对象;

这种自上而下的认知具有主观性，有时甚至是错误的，表现为个体与群体对品牌美学的认识发生冲突。塑造、传承以及发展品牌美学要兼顾其客观与主观的双重属性，引导、解释、影响用户对品牌美学的认知。根据中外百年品牌的比较与案例分析，笔者提出品牌美学当代表达的思考。

1. 品牌视觉微更新满足时代发展对品牌美学的需求

品牌视觉需要更新以符合时代与企业发展需求，原因有二：其一，品牌视觉是用户认知品牌美的客体对象，影响用户对品牌美学认知的直观感受。消费者对品牌视觉的美学感受是动态变化的，受个人审美经验、水平和社会环境等因素的影响。社会整体审美水平会随经济物质文化发展而有所提升，品牌视觉美学有必要与社会整体审美水平同步调整，以符合时代要求。反之，个体则会认为品牌美学是过时的，不符合时代潮流的。其二，品牌视觉是企业与用户沟通的桥梁，应反映企业发展的战略思路，服务企业发展需求，向用户传递企业发展动向。品牌与用户之间需要沟通与情感交流，从而培养忠实的用户群体。企业发展战略也是动态发展的，根据市场反馈、用户变化、技术进步而调整。品牌视觉是传达企业发展动态的有效途径，当企业发生重大调整时，可以调整品牌视觉以适应企业发展需求。因此，建议百年品牌根据自身发展需求，适时调整品牌视觉形象。

品牌视觉设计不建议动辄全盘否定原有形象，而是要有所变有所不变，维系好用户的集体记忆，传递出企业的发展思想。品牌视觉是唤醒用户记忆、辨识产品品牌的重要通道。用户对品牌认知一旦形成，很难在短时间内改变其认知，如果彻底变换品牌视觉，则意味着用户对该品牌要重新建构一次认知过程，这对老用户很不友好。回力与巴宝莉分别采用了两种品牌形象变更方式，其效用也存在较大差异。回力在新时代遭受国外品牌的全面竞争，老用户流失严重，年轻用户则崇尚国外品牌，因此不得不大刀阔斧地改变，将其原本的"后羿射日"形象改为异化的字母形象，实现与国际品牌接轨的目标，从而赢得年轻人的青睐。品牌形象更新后，确实赢得了部分年轻用户，实现了品牌的延续和发展。然而，这样的品牌变革有着极高风险，容易陷入年轻人不认可，老用户不认识的窘境。巴宝莉的微更新的策略相对更容易与用户达成默契，品牌视觉有变化，但变化不大，较好地维系了品牌与用户之间的关系，这种处理方式安全性高，容易与用户达成共识。

国内百年品牌应根据自身发展需要选择适合的品牌视觉发展策略。国内百年品牌需主动适应时代，维护老品牌、开发子品牌，建立品牌的多元化发展路径。新老品牌宜采用微更新的方式与社会审美互动，吸引更多人关注。综上，国内企业应考虑品牌美学的当代表达，以实现老品牌的当代价值。

2. 塑造与传承品牌文化内涵的再认与发展

美应当是令人崇尚的、有益于审美主体享受审美价值的愉悦对象。品牌美的感知具有主观性，受主体价值观影响，而道德、法律、真理是衡量品牌美学的价值底线，即个体对美的欣赏不能突破法律、道德的约束。品牌美学由视觉形象和文化内涵塑造，其中文化内涵包括企业行为、服务、价值观等，这些要素潜移默化地表达与塑造了品牌美学。品牌美学塑造依赖时间的沉淀，大众在反思中逐渐感悟品牌价值，形成对品牌的再认与确认。

一个成功的品牌美学建立，历经塑造与传承两个阶段。在品牌美学塑造期，企业产品、服务、行为塑造品牌美学的价值属性，使品牌成为有价值的乐感对象。行为是思维、理念的直观反映，是显性可视的，而思维、理念是隐性的，难以察觉，大众需根据企业行为，逐步反思其理念。此外，品牌理念是引导其行为的基因，虽难以觉察，但在无形中引领并规范着企业行为。由于大众对品牌美学的感知存在自上而下的特点，即存在主观性，因此，诚信、品质、服务、创新、价值、信誉等优秀品质既是品牌美学塑造的核心对象，亦是品牌重点向大众传播的美学文化内涵。产品品质与服务是构建品牌信誉与价值的载体，是用户反思品牌美学的直接对象。优秀的用户体验能增强用户对品牌美学感知的愉悦度，提升品牌乐感属性。创新是价值创造的灵魂，为品牌美学的价值属性赋能，使其成为吸引用户的魅力因子。在品牌美学传承期，企业要在保持创新激情、保障产品品质与服务的同时，勇于担当社会责任，为品牌文化增加新内涵。

品牌美学传承不能因循守旧，而要继承与发展。品牌美学的塑造并非一劳永逸，美具有时效性，只有不断发展才能保持品牌美学的吸引力。品牌基因决定了企业的有为与无为，市场环境、用户反馈、时尚发展是品牌基因的触发器，影响品牌美学的文化内涵。品牌美学也会根据市场变化、受众需求、时尚潮流给予回应，具体表现为新产品开发、迎合或引领时尚趋势，在继承中开拓品牌文化新内涵。然而，品牌美学的文化内涵拓展重在价值重塑，即在已有品牌价值基础上，增加新价值，并与已有品牌价值完美融合。如参加社会公益是增加品牌美学价值感知的重要途径，但担当社会责任要与品牌理念一致,案例中恒源祥所做公益与该品牌产品相关性强,赞助奥运为服装品质提供了价值赋能,保护藏羚羊为产品原材料提供品质保障。综上,品牌美学要在继承中发展,不断增加美学的文化内涵,才能永葆品牌美学的生命力。

百年品牌在发展中面临着市场潮流、用户群体变化等诸多挑战,品牌美学的乐感价值应从品牌视觉与文化内涵两方面实现传承与发展。品牌视觉与文化内涵都需要在传承的基础上有新的发展。本研究采用横向比较与案例分析的方法,对国内外百年品牌美学的当代表达做了分析,并提出反思,即采用品牌视觉微更新策略响应企业发展战略与时代需求,传承并发展品牌美学文化内涵以增强品牌美学价值,保持品牌美学活力。上述研究结论为百年企业实现品牌美学延续提供了思路与参考。

第三节　品牌与时尚的价值共振 [①]

随着美好生活需要的日益增长,日常消费已不仅是满足衣食住行的生存活动,更是感受美好世界的生活方式。美好生活的需求是多方面的,影响消费抉择的因素也是多样化的,价格、功能、材质、造型、包装、售后、广告、宣传等要素共同架构出了消费世界的参考坐标系。基于社会背景差异和个人需求差异,消费者会依照各种原则,将自己的选择定位于坐标系中的不同位置。其中,时尚与品牌是最具现代性特征的两套原则,前者在坐标系中探寻变动的新奇感,后者寻获优质的稳定性,它们共同展现着现代社会中的两种重要价值。

如今,时尚与品牌已经影响了日常生活与消费的绝大部分领域,构成了现代美学和文化研究的重要议题,它们的社会意义、发展困境和突围方式都是值得关注的话题。时尚对新奇感的探寻虽然是一股持续的创新力量,但可能陷入浅表化的更新陷阱。品牌对稳定性的追求虽然是一种长久质量的保证,但可能遭遇滞后于时代的发展困境。时尚与品牌的结合则可以达到显著的互补效果。一方面,时尚的持续变化能为品牌注入紧跟时代的长久活力;另一方面,根植历史的品牌能为时尚的变化锚定稳固的文化内核。时尚与品牌能在一动一静的价值共振中推动文化事业的繁荣。

---

① 廖茹菡,四川美术学院公共艺术学院副教授。原载《艺术广角》2022年第2期。

一、领航与锚定：时尚与品牌的当代意义

时尚与品牌是美好生活体验的重要构成因素，能让人们获得高于实用价值的意义感知、情感体验和审美体悟。时尚面向未来，带来精神的愉悦与满足，用逐新的热情引领文化的发展。品牌立足历史，保障生活的价值与意义，用踏实的心态稳固文化的传承。两者共同维持着物质文明与精神文明的协调发展。

1. 时尚的二重性：动态化的风向标

时尚的具体定义虽然呈现出多元化现状，但大多数学者都认同，时尚不能狭义地等同于时髦的衣服，而是一种统辖着服饰、餐饮、娱乐、健身、学术研究等多个领域的现代文化现象，其核心特征是模仿性和变化性[①]，并在模仿与变化的拉锯中践行着对新奇感的永恒追逐。一方面，立足于人的趋同本能，人们会模仿在经济、文化等各个层面具有一定优势的群体，用外表的相似性获取群体的归属感，进而开启时尚风潮的扩散。另一方面，时尚的模仿对象总是处于变化之中。被模仿者会用持续的创新来逃避他人的模仿，以此维护自我身份的特殊性与优势性。因此，时尚式样的发展壮大终会导致自身的衰退死亡，它只能用持续的重生来延续自己的生存。

在模仿与变化的共同作用下，时尚实现了人的双重本性的具象化。时尚就是人类"寻求将社会一致化倾向与个性差异化意欲相结合的生命形式中的一个显著的例子"[②]。一致化倾向在模仿行为中得到满足，个性差异化则在无尽的变化中得到实现。前者奠定了时尚"广阔的分布性"，后者孕育了时尚"彻底的短暂性"。[③] 而广泛分布的短暂正是时尚对新奇的普遍追求，这也是康德认为时尚最"惹人喜爱的地方"[④]。

变化性与模仿性的共存不仅构成了时尚文化的二重性存在结构，还让时尚具备了作为文化发展风向标的潜力和责任。就变化性而言，时尚展现着现代社会的审美特征，"它用蜿蜒繁复的绉折曲线生动地描画出了现代性的流

① 廖茹菡：《"时尚"及相关概念辨析》，《艺术与设计（理论）》2019年第12期，第29—31页。
② ［德］西美尔：《时尚的哲学》，费勇等译，广州：花城出版社，2017年，第96页。
③ ［德］西美尔：《时尚的哲学》，费勇等译，广州：花城出版社，2017年，第123页。
④ ［德］康德：《实用人类学》，邓晓芒译，上海：上海人民出版社，2012年，第121页。

动感"①。作为"摩登"的时尚就是"modern"的现代,追逐时尚浪潮亦是追逐时代步伐。现代性与时尚共同保持着开放的心态,用持续的变化营造出迷人的新奇感。就模仿性而言,时尚为多元的现代社会凝聚出了明显的方向感,它将恰当的秩序注入变动不居的当下时刻,并指引出未来的前行方向。虽然时尚总是在变化,但每一种具体的时尚式样都是一股强大的凝聚力,为人们提供着短暂却有效的归属感。这种归属感既是一种身份标签,也是一种文化引导。"趋势""风潮""热潮"等概念所指涉的具体内容就是时尚所引导的文化选择和价值方向。如今,时尚早已不是"奢侈""浪费""肤浅"等负面价值的同义词,它已成为积极生活模式的标签。"垃圾分类""绿色商场""逛博物馆""小份菜""志愿服务"等都是已经被大众接受和认可的"时尚"文化,是人们争相模仿的新潮生活方式。

可见,时尚既是现代文化特征的直观展现,亦是现代文化发展的方向标签。变化性带来的新奇感是时尚的吸引力,模仿性带来的方向感是时尚的引领力。"时尚就像一块永恒移动的磁石,它虽然无法停下变化的脚步,但其前行的每一步都有时尚追随者的陪伴。"② 借助强大的吸引力和引领力,时尚不仅能在高速发展的现代社会中凝聚出具有时代性的审美共同体,更承担着引导审美文化方向的重任。

2. 品牌的指示性:优质化的航标塔

与时尚类似,关于品牌的界定方式同样呈现出多元化倾向。在专业研究层面,不同学科强调品牌内涵的不同向度。在日常消费层面,不同观察角度也会显露出品牌的不同含义。综合各个角度的观点,品牌可以被视为一个多层次的文化符号。"品牌就是意义(所指),通过诸如标识语符号(能指)加以辨识。"③ 具体而言,在能指层面,品牌是一个直观可视的图文标识,例如耐克(Nike)的小勾图案,苹果品牌(Apple)的苹果图标,恒源祥彩羊(Fazeya)系列的彩色小羊,可口可乐(Coca Cola)的丝带状文字等。这是品牌最直观的视觉要素。它既能提供一定的形式审美体验,也是指向品牌辨识度的权威标记。

在所指层面,品牌具有存在论和价值论两个维度的含义。在存在论维

① 廖茹菡:《现代性中的巴洛克式绉折:时尚的形象隐喻》,《天府新论》2021 年第 6 期,第 125—133 页。
② 廖茹菡:《"时尚"哲学助力文化发展》,《社会科学报》2023 年 5 月 18 日,第 6 版。
③ [英]琼斯:《品牌学》,史正永、丁景辉译,南京:译林出版社,2023 年,第 3 页。

度,品牌标识是对某一产品从何而来的精准概述,是关于产地、制造商等客观因素的识别标签,是产品的身份证。在价值论维度,品牌标识蕴含了判断产品价值的各种参考要素。一方面,品牌标识指向产品质量、售后服务等客观实在的理性参考要素。这是品牌最基础的实用价值保障,也是品牌赖以生存的根基。另一方面,品牌标识也指向社会环境、生活场景、艺术风格等偏重主观体验的感性参考要素。这是品牌的文化价值和美学价值,可以进一步强化消费者与品牌之间的情感联系。

不同于时尚符号的变动不居,品牌符号的能指与所指通常具有稳定的关联。在时尚的世界中,符号的最终所指只有"新奇"或"时髦",能指则以不同的形态与所指进行临时组合,今年意指"时髦"的"红色外套"也许明年就会失效。①而在品牌的世界中,作为商标图案的能指通常与其背后的存在论和价值论所指保持着固定的意指关系。即便个人化的解读视角会阐释出具有一定差异的解释项,但解释项始终无法脱离再现体和对象之间的基本对应关系,即无法脱离能指与所指的稳定意指关系。这种稳定关系得益于品牌对消费决策坐标系中某一因素的长期关注和着力打造,进而将其在这一因素方面的高品质水准转化为自身优势。由此,品牌便成了某种"优质"属性的长期代名词,成了消费行为合理性的稳定支撑。当然,在多元文化并存的当代社会中,"优质"不仅是实用层面的经久耐用,还包括审美层面的精致款式、历史层面的悠久传承、文化层面的独特个性等。不少品牌也会同时具备多个向度的"优质",以此强化自身的综合竞争优势。无论消费者是偏重实用性还是偏爱艺术性,是追求耐久性还是追逐新奇性,具有综合"优质"的品牌都可以成功进入消费者的最终选择范围。

可见,"品牌(brand)"早已不再是失去自主权的归属性烙印,而是印刻在人们脑海中的关于产品的各种稳定价值形象。这些形象在商品世界的寻宝地图上描画出了"优质"选择的坐标点,锚定了消费抉择的航标灯。这些航标灯就是消费社会中的安全体系,是可以信赖的对象。如果说时尚的核心价值是追逐新奇,那么,品牌的核心价值就是维持稳定。它们共同展现了现代社会中的感性与理性、流动与稳固、新奇与传统。

---

① 廖茹菡:《变化的游戏:时尚符号的逻辑策略及其反思》,《江汉学术》2020年第5期,第79—87页。

二、浅薄与守旧：时尚与品牌的发展困境

时尚的持续逐新充满了惊奇的冒险精神，品牌的价值认同保障了稳定的优质选择。时尚与品牌用动与静的不同方式，影响着现代社会中的各种抉择，让人们的生活既有冒险的兴奋感，又有稳妥的安全感。可是，时尚和品牌虽各具特色和优势，但都面临着一些发展困境。这些困境使得它们难以在文化事业的创新发展中发挥最大的效力。

1. 时尚的浅薄化：自欺式的表层更新

时尚是永恒的变化，变化是制造差异，对差异的感知则是时尚所追求的新奇感。但时尚的差异性变化并非简单追求时间维度的"更新"，也非过分执着于功能维度的"革新"，而是偏重个人体验维度的"新奇"。[①] 在制造差异的过程中，持续更替的只是时尚符号的能指形态，而非其所指意义。在能指与能指的接力中，"新奇"这一永恒的所指含义连绵不断地从众多能指间的缝隙中涌现出来。正如鲍德里亚所言，"从迷你裙到长裙，其中所包含的差异性的以及选择性的时尚价值与从长裙到迷你裙的价值是一样的"[②]，这种价值就是个人体验的新奇感。

在科技和文化快速发展的时代，时尚变化的新奇感无疑也伴随着技术、实用、式样等层面的深层革新。但是，为了跟上现代时尚的快节奏运转步伐，时尚能指的更替很容易完全舍弃实用性的革新发展，并彻底陷入浅表性的变化游戏中。近一个世纪以来，时尚的变化策略已经从"取代的逻辑"和"补充的逻辑"转向了"遗忘的逻辑"。这不仅是一个加速的过程，更是一个不断上浮的浅表化过程。在"取代的逻辑"和"补充的逻辑"中，"新奇"尚且拥有一定的客观参考标准，人们可以借助历年的产品目录、杂志广告等材料进行差异性的比对确认。[③]因而，此时的时尚呈现出明显的社会性与历史性，是一种与现实世界保持着相对稳定联系的文化符号。

---

① ［英］坎贝尔：《求新的渴望》，罗钢、王中忱主编：《消费文化读本》，北京：中国社会科学出版社，2003 年，第 272—275 页。

② ［法］鲍德里亚：《符号政治经济学批判》，夏莹译，南京：南京大学出版社，2009年，第63页。

③ Ruhan Liao, "How to Produce Novelty? Creating, Borrowing, Modifying, Repeating And Forgetting: The Process of Contemporary Fashion Aesthetics". Journal of Art and Media Studies, No.19（2019），pp101–107.

"遗忘的逻辑"则让客观参考标准逐步失效。新奇与否不再取决于某一事物是否存在过,而是取决于人们从主观角度上是否还记得它。这种逻辑"要培育的是遗忘,而不是记取。"[①]一方面,数量繁多的商品会加速人们的遗忘速度。另一方面,大众媒体也积极推进着遗忘的进程,用各类华丽的"托辞"放大和强调时尚符号间的微弱差异。它们甚至用阐释性的话语直接制造相同能指间的所指差异,从而在更高一级的意指层面创造新的时尚符号。此时,"新奇"已经不仅是关乎物理特征的属性,更是意义层面的属性。由此,时尚切断了与外在现实世界的联系,沉溺在了自己的真空意义世界中。时尚消费者不再满足于作为物质的收集者,而是成了感觉和意义的收集者。

在"遗忘的逻辑"中,时尚变化极有可能陷入"自欺"的困境,即用各种具有迷惑性的话术将"相似性"解读为"差异性"。虽然阐释出来的意义差异也能带来一定的新奇感,但是,与实体维度的变化相比,这种更新更加浅表化,难以对社会文化的进步与发展起到强有力的推动作用。它们只是对既有式样的重新解读,而非实质层面的创新。同时,在制造意义差异的过程中,为了赋予形式以新的意义,时尚可能会粗暴地斩断文化符号的外在形式与其传统意义之间的关联性,将具有历史传承性的文化形式简单化为一种具有新奇感的单薄符码,进而导致文化冒犯、文脉割裂等危机。换言之,时尚看似在制造意义,实则在消解意义。"在时尚氛围中,所有文化都在完全的混杂中作为仿象而起作用。"[②]正是基于这样的原因,鲍德里亚才指出,时尚的逻辑"实现了非理性的强制及其合法性"[③]。而这种非理性正是时尚必须警惕的陷阱,它可能让人们陷入一种盲目的狂热状态,忽视了理性的认知与本真的价值。

2. 品牌的守旧化:消极式的原地驻足

品牌的生存同样遵循差异性原则,但选择了与时尚完全不同的方向。时尚是在纵向的时间延展中维持自我内部的差异性,品牌则是在横向的空间对比中保持与他者间的外部差异性。换言之,时尚差异性的核心是维持自我的持续变化,品牌差异性的核心则是保护自我的独特性和可识别性,是保留品牌与品牌之间长久且稳定的差异性。由此,品牌用相对稳定的意指关系终止

① [英]鲍曼:《全球化:人类的后果》,郭国良、徐建华译,北京:商务印书馆,2001年,第79页。
② [法]波德里亚:《象征交换与死亡》,车槿山译,南京:译林出版社,2012年,第116页。
③ [法]鲍德里亚:《符号政治经济学批判》,夏莹译,南京:南京大学出版社,2009年,第63页。

了时尚的符号游戏,并成了优质的航标灯。可是,在维持稳定性的同时,品牌却可能陷入固步自封的停滞困境。

为了维持稳定的可识别性,品牌通常会采用两种策略:其一,在差异性对比中凸显自己的可识别性,以获得瞬间辨识度。例如可口可乐与百事可乐的颜色差异,无印良品去商标化的标识差异等。其二,在意指关系的长期延续中凸显自己的同一性,以获得长期辨识度。例如老字号品牌的影响力就得益于其产品、质量、文化等优质因素的长久传承。换言之,品牌不仅会利用横向的差异凸显自己的独特性,还会利用纵向的稳定维持长久的独特性。前者让人们快速认识一个品牌,后者让人们长期记住一个品牌。

品牌突出且稳定的辨识度固然是吸引消费者的重要因素。可是,在社会飞速发展的过程中,消费者的喜好与选择标准必然会随之出现一定的变动。如果品牌只着力于维护自己的稳定性,便可能落后于消费观念的变化速度,进而被消费者所抛弃。对瞬间辨识度的过度执着可能让品牌无法贴合国际化大众市场,对长期辨识度的过分坚守则可能让品牌脱离时代发展语境。这些现象都为新时代品牌建设工作提出了极具现实意义的命题。

可见,时尚看似追逐新奇,是一股创新的力量,但这条逐新之路却可能让其成为肤浅的符号游戏,与深厚的历史文化和严肃的社会价值发生割裂。品牌看似坚持恒定,是一个值得信赖的标签,但品牌的稳定之举却可能成为其与时俱进的绊脚石,进而与时代精神和创新理念失之交臂。因此,中国式现代化语境中的时尚与品牌发展都还需要继续探索更优之途。而时尚与品牌的携手互助则是充分发挥两者积极价值的有效手段。

三、互助与共鸣:时尚与品牌的突围方式

如前所述,时尚与品牌虽各有优势,但亦面临着各自的发展困境。不过,如果两者携手同行,便可以从纵横两个角度产生共鸣,形成互助关系,共同完善现代消费文化的价值坐标系。一方面,时尚可以帮助品牌走出过度执着于稳定辨识度的误区。另一方面,品牌可以帮助时尚寻获表面游戏下的文化根基。

1. 横向的广度共振:时尚的逐新性与品牌的创新性

对辨识度的深入聚焦虽然能让品牌维持稳定的消费受众群体和文化价值体系,但也使得品牌错失不少扩大市场的机会,进而远离时代发展的浪潮,

出现品牌老化等问题。而时尚的逐新本能正是品牌创新的重要引导力之一，能让品牌从沉溺过去的被动等待转向面向将来的主动创新，进而积极应对国际化大众消费市场，并有效对外传播优秀文化。从产品研发到意义传播，时尚的逐新性能从内至外地全面引导品牌创新，扩大品牌的横向覆盖面。

产品是品牌生存的内在根基，产品在质量、造型、文化内涵等方面的稳定优质是品牌长期辨识度的显现基础，但产品的过度稳定却会让品牌逐步失去活力。而时尚的快速变化正是产品更新的最佳范例。虽然时尚变化也包含复古循环的便捷化更新和意义阐释的自欺性更新，但形式本身的实体性更新依旧在时尚变化中占据了很大比重。时尚的形式更新为品牌创新提供了有效的参考思路。品牌可以在合理程度上追随时尚的变化性，提高产品的更新频率，融入时尚的潮流趋势，进而让"国货"转型为"国潮"，增强对消费者的吸引力。

传播是品牌扩张的外在推力，品牌产品及其文化符号的有效传播范围直接决定着品牌的影响边界。但是，品牌对瞬间辨识度的过分聚焦却可能使其忽视了对传播广度的持续扩张，忽略了自身的国际化发展。而时尚在空间层面的广泛延展性恰好可以成为品牌扩大自身影响力的有效推动力。借助模仿性与变化性，时尚调转了传统风俗的时空模式，将风俗在时间上的持存性翻转为了空间的广延性。基于模仿性，时尚浪潮不断涌向远方；基于变化性，时尚不断掀起新的波浪。在层层海浪的叠加推动下，时尚世界逐步孕育出了一套高效的传播系统，以保证浪潮可以快速地涌向四方，不会因渠道的堵塞而衰退。

如今，借助现代媒介的传播力量，地理距离早已不能构成时尚扩散的阻力。从时尚玩偶到时尚表演，从时尚杂志到时尚网站，从时尚独立买手店到时尚网络直播间，经过百余年的发展，时尚文化的信息传播系统几乎已经畅通无阻，能持续性地向全世界输送最新的潮流趋势。而这种即时性的传播能力正是品牌提升自我覆盖范围的高效渠道。借助这套系统，各类品牌都可以在一定程度上扩展自己的传播范围。

可见，借助时尚对新奇感的永恒追求，品牌将获得横向的发展力量。一方面，在保证质量的前提下，通过适当提高产品开发速度，品牌可以进一步增加自己的商品类型，拓宽影响疆域，兼容长期辨识度与消费新需求。另一方面，借助时尚文化的传播体系，品牌可以更加顺畅地延展自身的覆盖范围，实现国际化发展,兼顾瞬间辨识度与大众普及性。

2. 纵向的深度共振:品牌的稳定性与时尚的厚重性

时尚的逐新性虽然是品牌创新和国际化发展的动力源泉,但逐新性的过度发展却可能让时尚文化漂浮到缺少稳定束缚的虚空当中,变为一个独立却不真实的主观意义世界,进而脱离社会历史,成为"丧失了一切参照的仙境和眩晕"①。真空中的时尚文化虽然具有迷人的外观,却不能发挥文化引领力的功能,因为它失去了与现实世界的关联,无法施展牵引力。

时尚原本拥有稳定的一面,但在逐新利益的驱动下,这种稳定性被遗忘在了时尚变幻的阴影下。首先,在存在层面,变化性亦是时尚稳定不变的本质。正如西美尔所言,"尽管个别意义上的时尚是多变的,但作为一个普遍概念,作为事实的时尚本身,它确实是永远不会改变的。"②其次,在传播层面,时尚的模仿性可以营造出暂时的稳定传播效果,促成流行趋势的产生。再次,在价值选择层面,时尚虽然追求能指的快速更替,但也在一定程度上受制于其所处的社会文化语境,展现出历史文脉的稳定积淀。可见,时尚的稳定性虽然隐藏在深处,却是其长期存在的重要支撑。存在层面的稳定性是对其变化性的再次强调,传播层面的稳定性是其广泛影响力的保障,价值选择层面的稳定性是其社会属性的基础。

而品牌指向"优质"的稳定性正是时尚稳定性的强化剂,它能从实践和文化两个层面重新唤醒时尚的稳定性,深化时尚的文化厚度。如果说时尚在乎差异本身,那么,品牌在意的就是差异的内容。差异的内容是一份沉重的责任和实存的价值,它能让时尚从自由却虚浮的天空重新回归大地,在立足现实的基础上轻灵跳动,让轻盈的变化与厚重的底蕴维持必要的关联性。

在产业实践层面,品牌的稳定性可以降低时尚变化的激烈程度,让时尚变化从"遗忘的逻辑"返回"补充的逻辑"和"取代的逻辑"。为了建构品牌形象,生产方必须降低时尚变化的波动幅度,以此保护时尚品牌的身份稳定性。否则,品牌就会幻化为一堆碎片,无法整合出具有长期辨识度的整体形象。由此,在品牌身份的框定下,时尚无需烦心于彻底的快速更新,而只需在细节之处维持适当的变化。例如恒源祥既关注时尚潮流,又坚持钻研绒线针

---

① [法]波德里亚:《象征交换与死亡》,车槿山译,南京:译林出版社,2012年,第115页。
② [德]西美尔:《时尚的哲学》,费勇等译,广州:花城出版社,2017年,第120页。

织；回力既努力打造时尚标签，又长期致力运动装束等。适度更新的模式可以让时尚产业将更多精力放在提高产品质量等与品牌理性价值相关的维度，为时尚的变化注入更多的合理性因素。由此，品牌的稳定性不仅减缓了时尚的变化速度，也让时尚具备了作为"优质"航标灯的潜力。

在文化价值层面，品牌的稳定性可以增加时尚传承和引领优秀文化的能力。作为身份的符号，品牌是同一性的延续；作为变化的文化，时尚是差异性的延续。如果说品牌的历史是一条连续的实线，那么，时尚的历史就是一条持续不断的虚线。品牌实线的连续感可以强化时尚虚线线段之间的续接感，进而减弱时尚文化的零碎感，将短暂性的串联转化为长期性的延展。品牌可以将自身承担的历史厚度注入时尚，让时尚在引领文化风潮的同时传承优秀文化。老字号品牌与时尚文化合作的国潮风格就是范例之一。国潮是传统文化与现代时尚的携手同行，是稳定性与变化性激烈碰撞后的灵感火花，是文化认同与文化自信的展现。

可见，对于消费者而言，品牌的稳定性是优质航标；对于时尚文化而言，品牌的稳定性则是乘风破浪时的船锚，能让时尚稳定前行的方向。一方面，品牌的优质性让时尚的变化具有了更多的理性因素，而不再是一种盲目的狂热。另一方面，品牌的延续性让时尚的变化拥有了历史的牵绊，而不再是一种意义阐释的自我欺骗。

四、传承与创新：时尚与品牌的共振合力

品牌虽发源于表面的"烙印"痕迹，却立足于内在的产品质量，繁荣于深层的文化内涵。时尚虽浮动于表层的变动形式，却也扎根于延绵的文化记忆，在记忆的对比中制造新奇的体验。可见，时尚与品牌的发展都离不开文化价值。文化价值虽然立足于日常生活层面的功利价值和实用价值，却面向高于日常生活层面的精神审美价值。因此。时尚与品牌的发展既是社会经济的支撑，更是精神文化的支撑，是情感的体验与文化的认同，是美学维度的非功利的功利性。时尚逐新能带来愉悦感，品牌优质蕴含着价值性，品牌与时尚的结合正是有价值的愉悦感，即一种审美体验。①换言之，品牌与时尚的共振是静与动的和谐之美，是历史与当代、理性与感性、传承与创新的动态平

---

① 祁志祥：《乐感美学》，北京：北京大学出版社，2016 年，第 77 页。

衡之美。

在携手前行中,品牌与时尚将从存在论、认识论、实践论、价值论四个层面,用和谐之美推动文化的创新发展。在存在论层面,借助互助的力量,品牌与时尚都将脱离当下的发展困境,优化自身的生存状态。在认识论层面,依托对稳定性与变化性的辩证反思,品牌与时尚都将清晰识别未来的前行方向,共同关注优秀传统文化的创新性发展。在实践论层面,基于互助模式的合作共赢,品牌与时尚都将探索出具有可行性的详细发展方案。在价值论层面,围绕文化繁荣的目标,品牌与时尚将以高质量创新为选择导向。通过共振合力,两者将以有理据的新奇体验为吸引力,以有创造力的变化更新为内驱力,用优质的辨识度展现文化自信,用开放的包容性践行文化交流。

品牌是历史的载体,时尚是时代的表征,两者的合力正是传统文化的创新发展。品牌用自我的发展延续历史文脉,时尚用模仿的重复扩大文化影响。品牌用稳定的优质提供流动社会中的安全体系,时尚用持续的变化满足现代社会中的创新欲望。如果说时尚是在自身内部维持了人的对立本性的协调,那么品牌就将这种协调从个人维度延展到了历史文化维度。在两者的价值共振中,中国时尚将成为社会文化的发展风向标,中国品牌将成为消费世界的优质航标灯,它们将以文化为稳定内核,以品质为价值保障,以新颖为时代表达。

作者:曹凯钵,盐城市美术家协会原主席

附录一

上海市美学学会 2023 年度工作报告^①

祁志祥

2023 年是三年防疫结束、恢复正常工作和生活秩序的一年。学会上下释放出巨大热情,在上海市社联的整体部署下开展学会工作。现就 2023 年度学会工作作如下回顾。

1. 2022 年 11 月 28 日,祁志祥会长代表学会在钱中文先生九十诞辰庆典暨《钱中文文集》视频研讨会上发言。

我因为投稿请教的关系,有幸认识钱先生,在 1981—1987 年展开了六年的学术通信。我写给先生的信 45 封,钱先生写给我的信 25 封。是钱先生对我的悉心栽培改变了我的人生,把我引上了学术之路。

钱先生的思想主张及其学术贡献集中表现为三点:一是"文学审美意识形态论",指出文学是一种"审美意识形态"。它体现了与反本质主义文论的区别和与以丑为特征的当下文艺创作倾向的区别。二是"新理性精神文学论",认为文艺创作必须坚守"新理性精神"的底线。"新理性"不同于"文革"时期扼杀感性的极左理性,而是包容感性权利的新理性。它是对新时期情欲横流、抛弃价值规范的文学创作偏向的矫正。三是多元对话、亦此亦彼的方法论。这是对"文革"时期一分为二、

---

① 2023 年 11 月 19 日下午复旦大学江湾校区图书馆报告厅学会年会上所作。

非此即彼、你死我活的方法论的告别。它提倡不同学术观点的相互包容，共生共荣。钱先生的本质主义理论追求及其多元共存的方法论应当成为后辈学者好好善待、继承的学术财富。

钱先生的为人，仁慈忠厚、谦逊平等、方正不阿、一身正气。我以为，学者虽然以学问立身，却以人格而伟大。钱先生是一个大写的人、崇高的人，具有令人尊敬、仰慕的人格魅力。

钱先生的为师之道，既严格要求，又鼓励为主，倡导学术自由，极大地调动了学生的学术潜能和奋斗能动性，所以培养出许多颇有成就的弟子。所以说，钱先生还是一位杰出的教育家。

今天通过视频，见到钱先生精神矍铄，状态很年轻，感到很欣慰。祝愿钱先生身体健康、寿比南山、永葆活力！

2. 2023 年 3 月 5 日上午，上海市美学学会 2023 年度第一次全体理事会在上海交通大学徐汇校区人文学院举行。会议由上海市美学学会会长祁志祥教授主持。上海交通大学人文学院院长王宁教授出席理事会。副会长范玉吉、陆扬、张宝贵、王云、王梅芳，秘书长张永禄以及学会理事、特邀嘉宾六十余人出席会议。会议讨论落实了 2023 年学会工作计划。

3. 3 月 26 日，"重写中国思想史高端论坛暨《先秦思想史：从神本到人本》新书发布会"在上海新的文化地标上海图书馆东馆举行。论坛由上海交通大学人文艺术研究院、上海炎黄文化研究会、上海市历史学会、上海市美学学会、复旦大学出版社联合主办，恒源祥（集团）有限公司协办。来自上海和全国的近 30 位文史哲专家出席了本次跨学科的学术盛会。祁志祥教授独著的《先秦思想史：从神本到人本》作为以一己之力重写中国思想史工程的第一乐章，去年 9 月由复旦大学出版社出版后，引起学界瞩目，受到学界高度肯定。

4. 4 月 8 日，书画专委会组织的学会老会员、画家冯正平先生的绘画作品展暨研讨会在青浦练塘镇举行。

5. 4 月 9 日，由上海市美学学会主办中小学美育之"花香美"论坛在华东师范大学附属枫泾中学举办。会长祁志祥教授，副会长张宝贵教授，中小学美育专委会主任、枫中教育集团党总支书记陆旭东以及上海、浙江多所中小学校长、教师代表，上海市美学学会部分会员，华东师范大学附属枫泾中学教师代表等 100 余人参与论坛。祁志祥会长作了《妙境可以鼻观——如何体认 "花香美"》的主题报告。

6. 4 月 22 日上午，"行知创" 杯人文阅读与精神成长论坛在上海行知实验中学举行。来自上海的高校、学会、出版界、文化产业界和中学教育界的专家、学人、出版人和教育工作者 130 多人参加了本次论坛。开幕式由上海市美学学会中小学美育专委会副主任、上海大学附属中学校长刘华霞主持。上海行知实验中学校长胡艳女士致欢迎辞。上海市陶行知研究学会会长吕左尔、宝山区教育局副局长朱燕萍、上海市美学学会会长祁志祥教授先后致辞。

7. 5 月 20 日下午，"百年建筑, 百年沪江" 建筑美学论坛暨常务理事会在上海理工大学的历史建筑音乐堂举行。论坛由上海市美学学会, 上海理工大学国际交流处、环境与建筑学院联合主办, 上海觉木装饰设计工程有限公司协办。本次论坛旨在深入体认、领略、解读、传播上海理工大学历史建筑之美, 推进建筑美学的学术研究。祁志祥、邹其昌、赵剑锋等学会领导、理事和专家学者 30 余人出席论坛。

8. 6 月 18 日, 由上海市美学学会设计美学专委会与同济大学、陕西科技大学联办 "中国设计理论与一带一路学术研讨会" 在西安科技大学举行。祁志祥会长应邀作主旨报告, 设计美学专委会主任邹其昌教授策划了本次活动。

9. 6 月 22 日, 摄影美学沙龙在上海视觉艺术学院举行。祁志祥会长就摄影美学分享了自己的心得。摄影家杭鸣作了实践示范。学会理事、上海视觉艺术学院中文教研室主任潘端伟负责此次活动的实施。会员阮弘、李花、蒋艺及陈若文、李晓等参与本次活动。

10. 6 月 25 日, 由审美时尚专委会与昆山晨风集团联合举办的新时代海派旗袍的创新与美学价值研讨会在昆山晨风集团举行。

11. 7 月 1 日, "城市空间美学与设计" 研讨会在张江国创中心举办。研讨会由上海市美学学会青年学术沙龙主办, 上海德健思固文化创意有限公司协办。上海市美学学会副秘书长、复旦大学新闻学院教授汤筠冰、中国浦东干部学院副教授周光凡主持会议。祁志祥会长作研讨小结。会后与会学者参观了德健文化打造的红色文化主题展馆。

12. 8 月 8 日, 沪闽书画联展暨 "九福竹" 书画联谊活动在福建政和县隆重举行。活动由上海市美学学会、上海交通大学教职工书画协会、政和县文联、南平市美术家协会共同举办,政和县美术家协会与九福竹书画艺术发展有限公司承办。上海交通大学人文学院党委书记齐红,上海市美学学会会长、上海交通大学人文艺术研究院教授祁志祥,南平市文联主席陈明艳,政和县政协主席倪顺才、副主席范雅凤,政和县委常委、宣传部部长卢亨强,政和县文联主席罗小成,政和县美术家协会主席李左青,政和九福竹书画艺术发展有限公司董事长陈贵旭,以及张永禄、金柏松、钟景豪、王天佑、王琦等人出席活动。参展期间沪闽两地书画家们实地采风,考察政和县的竹、茶等文旅文化产业发展情况,并举行了笔会和座谈。

13. 2023 年 8 月 13 日,上海市美学学会中小学美育专委会课题开题论证会在上海市山阳中学举行。专委会副主任、山阳中学蒋水清校长负责承办。专委会主任陆旭东书记主持会议,祁志祥会长主持评审。张宝贵副会长、张永禄秘书长、刘华霞校长、赵国弟校长担任评审专家。评审会议就罗店中学、行知实验中学、山阳中学、枫泾中学、进才小学的美育课题进行的认真评议,提出了修改意见,最终产生两个重点项目,三个一般项目。本次论证会旨在进一步推动基地学校美育的创新与理论的提升。

14. 8 月 14 日,国际化戏剧评论高级人才培训班结业论坛在上海交大徐汇校区人文学院举办。上海市美学学会与国际剧评协会中国分会、北美中国口传暨表演文学研究会共同举办,中国文艺评论(上海交通大学)基地、上海交通大学人文艺术研究院承办。祁志祥会长致开幕词。陆扬、胡俊担任主持、评议。全国各高校及部分海外高校 30 位中青年教师参与论坛。

15. 8 月 31 日上午,上海市社联召开的 2023 年度学会工作交流会在科学会堂举行,来自本市四个片区学会负责人近 100 人参加,张永禄秘书长代表学会出席交流会议。会议由学会管理处处长梁玉国主持,社联党组书记、专职副主席王为松出席会议并作讲话。

16. 9 月 1 日,中小学美育专委会启动"双新"背景下中小学美育理论与实践研究征稿活动,拟举行优秀论文评比或论文汇编。陆旭东主任负责。

17. 9 月 2 日,"你好,大主播" 2023 融媒体主播大赛暨全国首届网络主播节在北京服贸会首钢园区举办颁奖仪式。16 位选手凭借出色表现荣获赛会大奖、赛会单项奖、网络人气大奖。上海市美学学会作为特约伙伴单位参与了本次活动。会长祁志祥教授受聘担任评委会副主席,并参与首届网络主播节启动仪式。学会理事王天佑参与组织、勾连了本次活动。阮弘、周橙应邀到颁奖现场表演了扬琴、二胡独奏。

18.《中国当代美学文选2023》9月初由复旦大学出版社出版。本书由上海市美学学会会长祁志祥教授担任主编，上海市美学学会、上海交通大学人文艺术研究院联合编选。恒源祥集团作为"恒源祥美学文选书系"第二辑资助出版。《中国当代美学文选2023》从过去几年全国各种期刊中选取了37篇具有代表性的论文。编者对这些入选论文作了删减整合，按照以类相从的原则分为十一章，每章前设置"主编插白"，对所收论文要义做出归纳，并适当评点对话，形成了一种阅读张力。全书坚持理论与实践结合、老中青作者兼顾的选文原则，为国内外学界了解中国当代美学研究动态和最新成果提供了一扇窗口。该书坚持图文并茂的编辑理念，在每章留白处配以江苏省美学学会会长、书画家樊波教授，江苏省美学学会副会长、书画家许健康教授的书画。

19. 9月16日，由上海市美学学会与上海市语文学会在上海图书馆东馆联合主办"母语的魅力：汪涌豪教授诗歌朗诵暨研讨会"。三十余名专家学者、朗诵艺术家、朗诵爱好者出席本次活动，二十位读者旁听了朗诵会。开幕式由上海市美学学会秘书长张永禄教授主持。上海市美学学会会长祁志祥教授代表主办方上海市美学学会致开幕辞并作学术总结。上海市语文学会副会长、复旦大学张豫峰教授代表主办方上海市语文学会致辞。汪涌豪教授介绍了自己诗歌创作的缘起与心得。活动分上下两个半场。上半场高祥荣、贺华、田奇蕊、吴斐儿、阮弘、费菲等十多位朗诵艺术家和爱好者朗诵了汪涌豪教授的几十首旧体诗和现代诗代表作。下半场举行学术研讨。毛时安、贺圣遂、陈引弛、李贵、张永禄、周光凡、周庆贵等人从不同角度对汪涌豪教授的诗歌成就和特点发表了自己的看法。

20. 9月21日，"爱上北外滩"国际水彩画、油画名家邀请展在白玉兰广场L层空中大厅举行，展出中外画家作品近200幅。部分作品在浦江饭店、多伦路左联遗址等展出，开沉浸式观展新方式。本次活动由史赟淇理事负责组织实施，上海市美学学会作为首家协办单位参办。祁志祥会长出席并致辞。

21. 10月13日上午，"人工智能时代的美育与非遗文化传播"学术研讨会在位于浦东新区金海路的上海第二工业大学学术交流中心举办。此次会议由上海市美学学会青年沙龙、上海市第二工业大学外语与文化传播学院共同主办。来自上海高校、研究机构、企业的学会学者，与上海第二工业大学师生近百人齐聚一堂，围绕"人工智能时代的美育与非遗文化传播"主题，开展了一场历史与时代汇流、传统与创新交织的学术讨论。副会长王峰、范玉吉以及张璐、周丰等学者作主题发言。吕峰、汤筠冰先后担任会议主持。祁志祥会长作学术总结。论坛组织了一组笔谈在《艺术广角》2024年第3期发表。

22. 10月13日晚,学会理事张麟教授为学会会员赠票,邀请观摩上戏舞蹈学院和附属舞蹈学校联合创作、演出的大型舞剧《拜水都江堰》,该剧当晚在上海国际舞蹈中心大剧场演出。

23. 10月20日,上海市社会科学界联合会第十七届学会学术活动月开幕式暨秋季会长论坛在沪举行。市社联党组书记、专职副主席王为松出席会议并讲话。市社联所属学术团体负责人、专家学者代表和社联机关党员干部等150余人与会。市社联学会管理处处长梁玉国主持会议。副会长王云教授代表学会参会。

24. 10月21—22日,《中国当代美学文选2023》发布会暨全国部分省市美学学会首届联席会议先后在上海交通大学和恒源祥集团总部举行。会议由上海市美学学会、上海交通大学人文艺术研究院、复旦大学出版社、恒源祥集团主办,安徽省美学学会、辽宁省美学学会、河北省美学学会、福建省美学学会、江苏省美学学会、湖南省美学学会、天津市美学学会、重庆市美学学会联办。《中国当代美学文选2023》部分编委、作者,来自九省市美学学会的负责人及其代表,以及来自全国各地的专家学者40余人出席了本此盛会。21日晚全国九家省市美学学会的负责人及其代表在上海天平宾馆一楼咖啡厅举行闭门会议,共商跨省交流、协同发展大计,决定以"全国部分省市美学学会联席会议"名义开展学术交流活动。会议推举祁志祥教授担任全国部分省市美学学会联席会议主席,首届任期五年。秘书处设在上海交通大学人文学院。会议拟定每年举办一次联席会议,其他专题活动随机。

25. 11月2日,由上海美学学会舞台艺术专业委员会主办,上海戏剧学院艺术学理论学科承办的原创话剧《路遥的世界》观摩研讨会在上海戏剧学院熊佛西楼会议室召开。《路遥的世界》编剧孙祖平,导演万黎明,上海美学学会会长、上海交通大学教授祁志祥,上海艺术研究中心研究员周锡山,以及来自华东政法大学、上海戏剧学院的多位专家学者参与了本次会议。与会专家学者就原创话剧《路遥的世界》创作缘起、创作过程、表现形式、舞美设计、演出与宣传等进行了探讨。

26. 11 月 8 日下午,祁志祥会长应邀到北京大学中文系举行学术名家讲座,讲题为"从《乐感美学》到《中国美学全史》——兼谈史论互证、纵横交错的治学方法"。著名学者陈晓明教授主持,周兴陆、王伟教授及部分硕博士生出席了讲座。11 月 10 日下午,祁志祥会长应邀到中央戏剧学院给硕博士生作同题讲座,传播了上海市美学学会的影响。

27. 11 月 19 日,年会。(详见附录三)

28. 11 月 24 日下午,"美的真谛"大丰论坛暨祁志祥教授作品专柜揭幕仪式在江苏大丰图书馆和白驹镇皎皎书苑隆重举行。活动由上海交大人文学院、上海市美学学会、盐城市大丰区委组织部、大丰区文旅局联合主办,大丰图书馆、皎皎书苑承办。

29. 12 月 2 日下午,"海派文创与生活美学论坛"在上海商学院徐汇校区举行。会议由上海市美学学会设计美学专委会与上海商学院联合举办。

30. 会员规模又有新拓展,2023 年发展了金贤、杨晓燕、谢纳、费菲等 20 多名新会员。

31. 学会 4—7 月份接受上海市社团局委托上海审计局对学会 2022 年度的审计工作,情况合格。

各位会员,兔年即将过去,龙年即将来临。在新的一年中,让我们齐心协力,开拓进取,龙腾虎跃,再创佳绩。

作者:汪铁铭,盐城市大丰区美术家协会副主席

附录二

恒源祥与法国的古今情缘 ①

顾红蕾

　　1927年，沈莱舟先生创立了恒源祥，由沪上著名书法家马公愚先生题写店招，拉开了品牌波澜壮阔的发展史诗。1935年，恒源祥迁址法租界兴圣街（永胜路），玻璃橱窗、霓虹灯交相辉映，成为上海一道亮丽风景。彼时在法租界梧桐街道上往来的商贾，在"东方的香榭丽舍大道"霞飞路穿梭的人流，既让西方先进的产品、工艺和管理漂洋过海来到上海，也让民族工业、近代商业在此飞速发展。1948年初，沈莱舟先生的事业达到顶峰，他本人和恒源祥一同获得了"绒线大王"的美誉。

　　随着品牌的发展，恒源祥立足于上海，逐步走向世界。2004年，时值中法建交40周年，5月，恒源祥参加在法国依云举办的IWTO年会，10月，恒源祥集团创始人刘瑞旗董事长获得希拉克总统接见，获颁"法兰西共和国文学与艺术骑士勋章"，恒源祥与法国的情缘开启新篇章。

　　2024年，不仅仅是中法建交60周年，更是世人翘首以盼的巴黎奥运年。以无限之线，恒源祥与充满浪漫氛围的西欧国度情牵一线，在品牌、文化与梦想交织的宏伟图景中共绘奥运新画卷。

　　恒源祥与奥运会的缘分由来已久：2005年，恒源祥签约成为北京2008年奥运会赞助商；2008年，恒源祥成为中国奥委会合作伙伴；2012年，恒源

---

① 作者顾红蕾，恒源祥（集团）有限公司党委书记。

祥成为中国奥委会赞助商。屈指算来，恒源祥已成功为北京、伦敦、里约三届奥运会中国体育代表团打造了礼仪服饰。2019 年 11 月 18 日，恒源祥正式成为北京 2022 年冬奥会和冬残奥会官方赞助商；同年 9 月 16 日，国际奥委会官方宣布：恒源祥将在东京奥运会和北京冬奥会期间为国际奥委会成员及工作人员提供官方正装。时隔五年，2024 年 1 月 18 日，恒源祥续约成为国际奥委会官方正装供应商，签约仪式在韩国江原道举办，在未来两年，恒源祥将继续为国际奥委会委员和工作人员提供正装。

2021 年 7 月 23 日，东京奥运会正式拉开帷幕。难民代表团身着恒源祥提供的礼仪服饰出席开幕式，引发全世界关注与热议。在 7 月 24 日晚举行的东京残奥会开幕式上，恒源祥又为中国残奥代表团提供了入场礼服。同年 12 月 31 日，北京 2022 年冬奥会和冬残奥会颁奖元素正式官宣：本届冬奥会和冬残奥会采用恒源祥集团提供的以非物质文化遗产——海派绒线编结技艺钩编而成的绒线花束作为颁奖花束，这在奥运历史上尚属首次。北京冬奥村也特别设置了中国传统技能技艺文化展示体验区，恒源祥集团用绒线制作的非遗作品《绒之百花·春之镜像》亮相其中。

恒源祥的体育情缘不止于此。2015 年 4 月 15 日晚，恒源祥集团作为 2015 劳伦斯世界体育奖颁奖典礼的主办方亮相上海大剧院。2017 年，恒源祥成为国际武术联合会全球合作伙伴；同年，首届轮滑全项目世锦赛——恒源祥世界全项目轮滑锦标赛在南京成功举办。

继 2022 年为北京冬奥会和冬残奥会提供永不凋谢的颁奖花束后，恒源祥在美学发展上不断探索，日新月异。2023 年，恒源祥集团联合中国著名艺术家朱乐耕及其工作室，与中国艺术人类学学会生活样式设计专业委员会历时一年多共同打造完成的大型空间场景艺术作品《花的三重境》亮相中国工艺美术馆 中国非物质文化遗产馆，重塑了恒源祥品牌对"中国式时尚"的理解与表达；恒源祥相关非遗美学作品也在不久后亮相于伦敦举行的世界设计之都大会海外展；延续了《花的三重境》艺术表达的《花的三重境·繁光》于 9 月底亮相 2023 世界设计之都大会，探索了中国式当代美学从艺术空间向生活空间拓展的方式。

恒源祥长期同法国友人保持良好互动。2003 年，法国驻华大使馆商务兼法律专员西凤来访恒源祥。同年，法国驻沪总领馆文化领事鱼得乐先生来集团拜访。2005 年，法国前总理劳伦·法比尤斯与刘瑞旗董事长共进午餐。同年,法国总理让－皮埃尔·拉法兰听恒源祥首席运营官讲"羊"的故事。2008 年,曾获得法国骑士勋章的著名服装设计大师杜福尔来访恒源祥。2009 年 6 月,恒源祥代表团受邀参访轩尼诗集团并受到轩尼诗第八代传人莫利斯·李察·轩尼诗先生亲自接待。2011 年,中法学生欢聚恒源祥,领略中华老字号魅力。2012 年,上海好小囡少儿合唱团和法国里昂少年合唱团同台一起演唱法国歌曲《大道》(用法语演唱)和中国歌曲《我们都是好朋友》。2013 年,"法国国家文化个性"专家座谈会在恒源祥北京公司举行。2016 年,法国液化空气集团高管团队一行来访恒源祥……

2023 年,恒源祥与法国的百年交往再掀高潮:5 月,陈忠伟董事长应邀出席中法文化之春活动;6 月,恒源祥 2024 龙年生肖中法文创产品策划头脑风暴会召开;7 月,恒源祥亮相"中国品牌·全球想象力"第八届中法品牌高峰论坛;11 月,恒源祥亮相"中法建交 60 周年:文化对话赋能品牌创新"第九届中法品牌高峰论坛;12 月,陈忠伟董事长在第五届海南岛国际电影节上,结合中法建交 60 周年大背景,与青年演员代表一同畅谈东西方文化的浪漫相遇,共话品牌与电影的不解之缘;12 月,以中国生肖龙年、中法建交 60 周年、2024 法国巴黎奥运会为背景的中法两国设计共创的"恒源祥·炬龙成祥"新年生肖限定礼盒上线,其中,"炬龙"的创意灵感始于恒源祥与奥运的缘分,借龙的精神为奥运健儿加油助威,将龙尾设计成火苗的形状,观龙尾舞动,宛如奥运火炬上跃动的圣火,借圣火的传递象征,赋予恒源祥希望之火、代代相传的美好愿景。"成祥"的创意概念涵容了近百年的恒源祥对每个人的龙年祝福——成功、喜悦、吉祥、如意,愿您在 2024 甲辰龙年收获美好与祥和。

2024 年是中国农历龙年,也是中法建交 60 周年和巴黎奥运会举办之年。回首过去,绒情万里!展望未来,无限精彩!

2024,中法"绒"情,"炬"龙成祥!

附录三

上海市美学学会 2023 年年会报道

　　2023 年 11 月 19 日下午,"当代中国美学的生活面向"学术研讨会暨上海市美学学会 2023 年年会于复旦大学江湾校区李兆基图书馆隆重举行。会议由上海市美学学会、复旦大学中国语言文学系联合主办,上海财经大学艺术教育中心协办。会议聚焦当代中国美学的生活化转向,旨在进一步认识审美与日常生活的关系,以更好理解美学在当下生活化语境中的价值和意义。

　　上海市美学学会会长祁志祥教授,副会长陆扬教授、范玉吉教授、张宝贵教授、王云教授,秘书长张永禄教授,复旦大学党委常委、宣传部部长、教师工作部部长陈玉刚教授,复旦大学中文系主任朱刚教授,以及学会会员、理事、特邀嘉宾等 150 余人参与会议。这是学会历史上参与人数最多的年会。本次活动也是上海市社联学术活动月的合作项目。

　　开幕式由上海市美学学会副会长张宝贵教授主持。陈玉刚教授代表复旦大学致欢迎辞,强调了上海以及上海市美学学会在中国美学界的重要地位,回顾了复旦大学在培养美学人才、促进美学事业发展等方面所做的突出贡献,并期待与上海市美学学会继续合作,共同服务于构建人民美好生活的国家战略。朱刚教授从宋诗的日常化特点入手,针对美学学科从强调自身发展规律的独立性到关注与日常生活的关系这一趋向,谈了对于美学生活面向的个人体会,并表示对本次会议的研讨抱以期待。上海市美学学会会长祁志祥教授致开幕辞并代表学会做全年学会工作报告。祁志祥教授指出,2023年是走出疫情的开端之年,学会及各专委会在上海市社联的领导下共组织活动 30 余场次,学会的学术影响力和社会美誉度进一步提升。

第一场大会发言由上海市美学学会副会长、上海戏剧学院王云教授主持。上海市美学学会副会长、复旦大学张宝贵教授做了《何为"生活美学"》主题发言。张宝贵教授通过"生活美学不是文艺美学""生活美学不是装饰美学""生活美学不是元素美学"三个否定命题，厘清了生活美学定义中的概念误区，强调生活美学应是一种功能性的美学，是从生存肌理自然生长出来的美学，应把动态、时间性的生活体验视为生活美学的本体。上海市美学学会副会长、复旦大学陆扬教授做了《谈谈"日常生活审美化"》主题发言。陆扬教授通过对西方美学理论中最重要的两大传统——以柏拉图为代表的"美在于精神"和以亚里士多德为代表的"美在于物质"——的介绍，揭示了西方美学理论中涉及"日常生活审美化"的因子。上海交通大学人文学院副院长韩振江教授做了《节庆美学的源流与内涵——从弗雷泽、巴赫金到阿甘本》主题发言，详细提炼、归纳了三位西方极具代表性的哲学家有关节庆美学的主要观点，并分析其发展源流。祁志祥教授对上述三位专家的发言做了评议。

　　第二场大会发言由复旦大学李钧教授主持。上海师范大学人文学院党委书记潘黎勇副教授做了《中国现代美学史上的生活论》主题发言，通过中国现代生活论美学建构中感性学的理论张力、生活世界的多重危机、审美生活和审美文化传统这三大契机，指出中国现代美学的思想宗旨从某种意义上应还原到重建生活世界这一价值题域中来认识。复旦大学杨俊蕾教授做了《美好生活与当代中国电影现状分析》主题发言，凭借对当代中国电影的熟谙，介绍了当代中国电影发展的话语背景，以及中国新一代电影人的审美表达。华东师范大学汤拥华教授做了《风景美学的生活面向》主题发言，从"美学解释生活""美学审视生活""美学改进生活"三个方面对风景美学的生活面向予以观照。上海音乐学院副院长冯磊教授在评议中就如何做好新时代美育工作强调，美学工作者应思考并参与中国生活美学的体系化建构。

　　闭幕式由上海市美学学会副会长、党工组组长，华东政法大学传播学院院长范玉吉教授主持。上海市美学学会秘书长、上海大学中文系主任张永禄教授通报了学会常务理事会关于会费收取，增免学会常务理事、理事会议的动议，提交会议表决。大会全体举手表决通过。祁志祥教授代表学会公布了"上海市美学学会会长奖"获奖会员，并与范玉吉教授、张永禄教授共同为获奖会员颁发奖状和礼品。礼品由恒源祥（集团）有限公司赞助。最后，祁志祥教授做会议总结，对活动的主办方和参与方表示感谢。

辞旧迎新的文艺联欢是学会年会的特色环节。今年的文艺联欢不仅有学会会员的精彩献艺,还邀请到了上海财经大学室内乐团、上海财经大学弦乐团共同参与。演出项目不仅有上海财经大学学生室内乐团的弦乐合奏《一步之遥》《肖斯塔科维奇爵士舞曲》,上海财经大学学生丝弦乐团琵琶重奏《送我一支玫瑰花》、二胡合奏《战马奔腾》,还有朗诵爱好者费菲的诗朗诵《预言》,游龙拳师周玉明的游龙拳表演,青年演奏家周橙的二胡独奏《葡萄熟了》,上海财经大学京胡演奏家翁思南的京胡独奏《夜深沉》,上海理工大学音乐系主任李花的女声独唱《又唱浏阳河》。上海音乐学院歌剧学专业在读博士、歌剧演员陈莉的女声独唱《节日欢歌》。最后,祁志祥教授与翁思南先生合作献演现代京剧《智取威虎山》的经典唱段,将文艺联欢的气氛推向高潮。

（秘书处　王赟）

作者：张重光,盐城市
书法家协会原副主席

445

附录四

上海市美学学会 2022 年年会报道

2022 年 11 月 20 日下午，"多维视角音乐美学研究论坛暨上海市美学学会 2022 年年会"于上音歌剧院排练厅隆重举行。论坛由上海市美学学会与上海音乐学院联合主办，上海音乐学院音乐艺术研究院承办，上海音乐学院民族音乐系、音乐学系协办。本次论坛聚焦多维视角下音乐学与美学的交叉研究，旨在进一步适应新形势下音乐学、美学的融通发展，开创音乐美学研究的新局面。本次论坛是上海市社联第十六届（2022）学会学术活动月系列活动之一，也是上海音乐学院庆祝建校 95 周年系列活动之一。

为积极配合疫情防控政策，论坛以线上为主、线下与线上相结合的形式进行。上海市美学学会会长祁志祥教授，副会长范玉吉教授、王云教授、王梅芳教授，上海音乐学院科研处处长伍维曦教授，上海音乐学院音乐艺术研究院李小诺研究员，以及部分学会理事、会员、特邀嘉宾等参与线下活动。

开幕式由伍维曦教授主持。冯磊副院长代表上海音乐学院线上致欢迎辞，回顾了上海市美学学会自首任名誉会长贺绿汀以来与上海音乐学院的深厚渊源。冯磊副院长表示，上海音乐学院作为我国音乐美学、音乐美育研究的核心力量，期待能与上海市美学学会不断深入合作，进一步深化人才交流和学术共享。

上海市美学学会会长祁志祥教授代表学会做全年学会工作总结。祁志祥教授指出，2022 年是与疫情抗争的极不平凡的一年，学会在上海市社联的领导下，克服重重困难，坚持开展各项工作和活动，学会的学术影响力和社会美誉度进一步提升。学会召开了两次理事会，为全年工作谋篇布局；组织并主办了"语言艺术的审美特征及其历史解读"高端论坛、《中国当代美学文选2022》新书发布会暨中国当代美学高层论坛、首届"东方生活美学高峰论坛"等大型活动；完成了与恒源祥集团合作出版《中国当代美学文选2022》、与《艺术广角》合作开设"中华美育大讲堂"、在上海市图书馆浦东分馆布展学会成果专柜、学会活动室在上方花园揭牌等几件大事，学会会员规模达到320多人。此外，学会中小学美育专委会、书画美学专委会、设计美学专委会、舞台艺术专委会、审美时尚专委会五个专委会和青年论坛也克服重重困难，组织了多场活动。

第一场大会发言由上海市美学学会副会长、党工组组长，华东政法大学传播学院院长范玉吉教授主持。

上海音乐学院副院长、上海市美学学会常务理事冯磊教授以线上形式做了《从少数民族器乐传承与传播谈多元美育》主题发言。冯磊教授认为，唯有在当代回望并深化对"多元美育"的理解，将学术研究与应用研究紧密结合，有计划、有规模、有体系、有侧重地开展少数民族器乐艺术的传承与传播，才能在保护少数民族多元音乐文化的同时，有效整合各民族多元文化资源，深化民族记忆，强化民族文化认同，保护文化多样性，筑牢中华民族共同体，让包括少数民族器乐艺术在内的中华文明繁衍永续。

上海音乐学院郭树荟教授以线上方式做了《唤起声音记忆：丝竹乐音空间运行的内在美学趣味》主题发言。郭树荟教授认为，传统丝竹乐能表现出中国传统音乐美学自身独特的认知方式、思维方式、传达方式。例如传统丝竹乐中一个乐音因唱、奏、乐器不同而具备多种音乐，并成为乐思发展的支点，而中国传统音乐本身的特性就在于由单个音、单身音乐到支声音乐的链式形态。单音在横向线条的表达方式，建构了中国传统音乐的奏唱美学、听觉美学。

上海财经大学艺术系主任阮弘副教授做了《江南丝竹的艺术特征》主题发言，通过展示江南丝竹音乐和、活、雅三方面的细节特征及其发生学原理，指出江南丝竹乐是一种活态的音乐，展现了江南人的生活态度和审美趣味。

上海建桥学院讲师、上海音乐学院在读博士陈莉老师做了《歌剧戏剧结构与音乐结构的同一性》主题发言，提出了"歌剧戏剧结构与音乐结构同一性"的理论范畴，并详细论证了这一理论范畴提出的依据及其理论意义、现实意义和应用价值。

上海市美学学会理事、上海音乐学院科研处处长伍维曦教授在评议中认为四位专家的发言既有音乐学研究,也不同程度触及了美学所关注的问题,对于音乐美学、音乐美育的建构和拓展具有启示意义。

第二场大会发言由上海市美学学会,上海音乐学院艺术研究院副院长李小诺研究员主持。

上海师范大学音乐学院潘幽燕老师做了《音乐表演美学与音乐短视频初探》主题发言,环环相扣地探讨了音乐表演艺术的视觉语言、形体语言以及音乐短视频等问题。

上海音乐学院助理研究员许首秋老师做了《"乐感美学"对音乐美学研究的影响及意义》主题发言,从六个方面指出了祁志祥教授"乐感美学"的理论贡献,借用对"音乐美是有价值的乐感对象"的转换和具体分析,界定了音乐的美丑边界。

复旦大学艺术教育中心赵文怡老师做了《中国音乐美学中的诗性表达》专题发言,认为当以中国经典音乐文化的视域对中国音乐进行解读时,诗性特征便会自行显现,并不断影响着中国音乐美学研究的根本基调。

上海音乐学院洪丁副教授做了《后现代视域中的音乐本体思辨:分析哲学与反本质主义的碰撞》专题发言,通过介绍西方音乐美学界代表性学者对音乐本体进行定义的尝试与分歧,指出反本质主义对音乐本体定义的缺陷,认为实用主义美学似乎能给我们更多的启发。

祁志祥教授在评议中认为四位专家的发言可分类为形上与形下、中与西、古与今三种,视域广阔、内容丰富。

闭幕式由上海市美学学会副会长、上海建桥学院新闻传播学院院长王梅芳教授主持,上海市美学学会副会长、上海戏剧学院王云教授做总结发言。王云教授指出,音乐美学是美学的重要组成部分,音乐以及音乐实践活动是美学家借以提炼自己美学观点的重要源泉。八位专家从不同的视角讨论了音乐的美,有从音乐的艺术特征、音乐的空间、音乐的结构、音乐的表演这些相对内在的视角来进行阐释的,也有从美育、乐感美学、音乐美学的表达和后现代这些相对外在的视角来进行阐释的,令人深受启发。王云教授代表学会对活动的主办方和参与方表示感谢,并衷心祝贺上海音乐学院95周年华诞。

辞旧迎新的文艺联欢是学会年会近年来开辟的特色环节。今年的文艺联欢由上海视觉艺术学院孙智华教授主持,演出项目不仅有扬琴演奏家阮弘的扬琴独奏《节日的天山》、殷敬宜的古筝独奏《苍歌引》、周欣颖的中阮独奏《终南古韵》、诗人吴斐尔的诗歌朗诵《诗歌的江南》，还有歌唱家潘幽燕老师的女高音独唱《节日欢歌》《春天的芭蕾》，陈莉老师的咏叹调《侯爵，请听》《为祖国干杯》。几位歌唱家、演奏家精彩绝伦的表现，不仅将音乐之大美予以感性呈现，更将活动的欢乐气氛推上高潮。

（秘书处　王　赟）

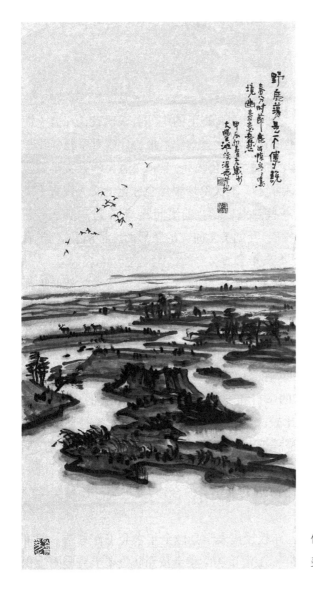

作者：汪铁铭，盐城市大丰区美术家协会副主席

附录五

上海市美学学会 2021 年年会报道

2021 年 11 月 20 日下午，"全球人文视野下的中外美学比较论坛暨上海市美学学会 2021 年年会"于上海社会科学会堂学术报告厅隆重举行。论坛由上海市美学学会主办，中国比较文学学会联办，上海交通大学人文学院及人文艺术研究院、神话学研究院承办。本次论坛聚焦全球化的文人视野下美学、比较文学及其交叉领域的一些热点话题及前沿问题，旨在进一步适应新形势下美学、比较文学的融通发展，开创美学研究的新局面。特邀嘉宾、学者以及学会会员 100 余人出席了本次年会。

开幕式由上海市美学学会党工组组长、副会长、华东政法大学新闻传播学院院长范玉吉教授主持。开幕式上，上海交通大学党委常委、宣传部长胡昊教授，上海交通大学人文学院党委书记齐红女士分别致辞，对本次论坛在防疫要求如此严格的形势下如期举行表示衷心的祝贺，对各位专家学者及艺术家光临与会表示衷心欢迎，在介绍了上海交大人文研究传统和主要研究成绩后，期待通过本次论坛的举行和未来与上海市美学学会的合作，促进交大人文学科的发展。中国比较文学学会会长、上海交通大学神话学研究院首席专家叶舒宪教授致开幕辞，介绍了上海交通大学"中华创世神化"工程项目的研究状况及中国比较文学学会的基本情况，并期待能在今后进一步密切中国比较文学学会与上海市美学学会的合作，推进中外比较美学的研究。

上海市美学学会会长祁志祥教授代表学会做全年学会工作总结。即将过去的 2021 年是不平凡的一年。上海市美学学会按照防疫要求克服困难积极开展学会工作。祁会长从学会层面总结了八方面的工作,主要包括:圆满举行第十届换届大会和学会成立 40 周年纪念大会,顺利实现了学会新老班子的交接。调动上海和全国资源,以联办的方式,开设"上海美育大讲堂"。加盟联办的单位目前达到 20 多家,开设美育讲座九讲 50 多场。与恒源祥的战略合作签约落地,一年一辑的《中国美学家》计划于 2022 年推出。接着,祁会长回顾了中小学美育、审美时尚、书画艺术、设计美学、舞台艺术五个专委会一年来举办的数十次丰富多彩的活动。学会活动的频繁开展和活动级别的提升、领域的拓展,使学会的社会影响和美誉度进一步扩大,新会员有了大的发展。展望来年,祁会长表示,将以品牌意识运作学会,开拓思路,创新思维,虎跃龙腾,虎虎生威,争取将学会工作锦上添花。

第一场大会发言由上海市美学学会副会长、上海建桥学院新闻传播学院院长王梅芳教授主持。

上海交通大学人文学院院长、欧洲科学院外籍院士王宁教授做了《后现代文化的审美特征:抖音对文化普及和传播的作用》主题发言。王宁教授从八个方面对后现代主义的特征做了扼要精辟的提炼,并认为,具有后现代主义特征的移动互联网时代实际上是一个微时代,在这个的时代背景下,传统文化产品已处于"垂死"状态,而以抖音为代表的短视频平台的出现,为传统文化重新焕发生命力提供了希望。王宁教授从接受美学的角度出发,指出抖音自身所具有的审美价值同时体现在对传统文化的激活作用和对传统文化传播的再阐释、再建构。抖音作为新的传播媒介,能够使得被边缘化的传统文化在新的语境下得以焕发生机,并在一定程度上产生当代的意义。

南开大学国际文化交流学院院长王立新教授做了《西奈文学叙事的观念与原型》主题发言。王立新教授认为,"西奈文学叙事"是指希伯来"出埃及"史诗中关于古代以色列人在西奈山下接受其民族律法体系的相关叙述文本。从"观念史"的角度看,它是希伯来民族文学与文化启示传统的真正发端,并深刻影响了后世的西方文学与文化。王立新教授从文本语境、叙事形式与观念内涵等方面全面阐释了"西奈叙事"这一概念,并通过对以"十诫"为代表的西奈叙事文本和《论语》中孔子言论的比较分析,以小见大地说明了以儒家思想为核心的中华文化传统与犹太—西方文化传统的一个根本性的差异,在于人本主义与神本主义的不同。

上海市美学学会副会长、上海戏剧学院王云教授在评议中指出：王宁教授的发言对于后现代主义审美特征的概括十分精准，王立新教授对基督教伦理与儒教伦理的比较很到位。

第二场大会发言由上海交通大学人文学院副院长汪云霞教授主持。

中国比较文学学会会长、上海交通大学神话学研究院首席专家叶舒宪教授做了《万年中国观与美学的深度》主题发言。叶舒宪教授基于对中国文化大传统的再发现和再认识，以文学人类学的研究方法考究中华文明基因的起源，并介绍了其"万年中国观"的学说嬗递。叶舒宪教授指出，玉文化是驱动华夏文明认同、建构民族精神和核心价值的文化基因，中国哲学、文学、美学的起点正是聚焦于10000年前的玉文化。叶舒宪教授并以此为切入点，结合水稻的起源与长三角一体化关系，认为玉文化先统一长三角，再统一中国。

上海市美学学会副会长、复旦大学张宝贵教授做了《拒绝装饰：马克思生活美育思想刍议》主题发言。张宝贵教授简要介绍了美育的历史，指出当前美育存在着美育与艺术教育不分、教育主体高高在上、职业美育等同于技术教育的问题，结合马克思的生活美育思想，对这些问题的解决途径提出了自己的建议。

华东师范大学刘阳教授做了《从事件论角度谈中西美学比较》专题发言。他首先介绍了英美、法国、德国等西方学界对于"文学事件"的观点和论述，以及国内学界在接受过程中存在的种种问题。刘阳教授指出，要解决国内关于"文学事件"接受所存在的问题，须要构造一个突破语言论的可能性范式的中介，才有可能化文学事件的完整形态入中国母体，让文化事件论的中国接受成为一个西方学术中国化的标本。

祁志祥教授在评议中认为叶舒宪教授从上五千年重新审视下五千年，为探索中华文明的起源问题拓展了新的文化视角；认同张宝贵教授提出的美育的性质在于改造生活，补充阐述了美育作为情感教育、价值教育的乐感纬度；认为文学事件论是文学从本质论走向现象学的一种形态，而刘阳教授的研究为文学理论的发展提供了一个新动态。

辞旧迎新的文艺联欢是学会年会近年来开辟的特色环节。由于疫情原因未能到场的上海交通大学交响乐团通过视频录播方式演奏了斯特拉文斯基的芭蕾舞剧《火鸟》配乐选段。上海交大的青年教师覃桢、周丽娴，会员黄丹、嬴静雅、陈莉、吴斐儿、沈护林、向丽带来了丰富多彩的歌曲独唱及诗朗诵。自幼在内蒙古长大的特邀嘉宾王立新教授也以一曲《父亲的草原母亲的河》参与互动。演出高潮迭起,欢声笑语不断。演出结束后,会议合办方领导与演职人员合影留念,祝贺演出成功。

(秘书处　张永禄)

作者：彭蔚海,盐城市大丰区美术家协会主席

附录六

上海市美学学会 2020 年工作报告 [①]

祁志祥

祝贺在新冠疫情暴发、且取得基本控制的情况下，全体会员的年会顺利举行。

感谢主办方华东师大中文系、复旦大学中文系、协办方上海国际时尚教育中心、上海艺之承文化艺术发展有限公司的大力支持，感谢各位会员的热情参与。

2020 年，学会在十分艰难的情况下开展了如下一些活动：

1. 为集中展示过去四年学会会员取得的学术研究成果，学会征集编撰第九届美学论文集，本次的论文集从征集、编撰到出版历时 9 个月，收集数十位学者论文近 50 万字，由复旦大学出版社出版。范玉吉副秘书长负责收集，本人负责编纂。[②]

2. 2020 年 1 月 24 日，因疫情暴发、武汉封城、全国禁足，直到 6 月底，公共聚会一直处于停顿状态。学会一方面通过微信理事群，召开理事会，落实全年活动方案，审议新会员和专委会负责人提名等，另一方面密切关注疫情动态，在确保安全的前提下，积极主动地酝酿、策划活动。

3. 2020 年 6 月 7 日，由陆旭东负责，蒋水清、刘华霞等人参与申报的上

---

① 2020 年 11 月 21 日上海国际时尚教育中心意大利教室举行学会年会。

② 《美学拼图》，庆祝上海市美学学会建会四十周年文集，祁志祥主编，复旦大学出版社 2021 年 6 月版。

海市社联学会学术课题研究合作项目《抗疫中的上海中小学美育实践探索》获得立项。

4. 2020 年 7 月 28 日，上海市美学学会理事会议在上海国际时尚教育中心"中国教室"举行，落实下半年活动。这是自疫情暴发以来学会举办的首场线下活动。会议由上海市美学学会主办，上海国际时尚教育中心与艺承明鑫艺考学校共同承办。

5. 2020 年 8 月 3 日下午，在上海市宜山路 700 号普天信息产业园 B2 座 16 楼上海六力文化传播公司会议室，上海市美学学会书画专业委员会理事会举行成立仪式，部署 2020 年书画专业委员会下半年主要活动计划。聘任何积石、钱建忠、沈沪林、潘小萍、王天佑、夏存为上海市美学学会书画专业委员会理事。专业委员会名誉主任金柏松、主任钟景豪及学会副秘书长张永禄、秘书处汪鑫出席。

6. 2020 年 8 月 23 日，金柏松诗集朗诵暨研讨会在衡山路创邑空间隆重举行。本人主持开幕式并作总结评点。中国文艺评论家协会原副主席、著名文艺评论家毛时安到会祝贺。田奇蕊、王梅芳、阮弘、茅丹等朗诵了金柏松脍炙人口的诗。

7. 2020 年 8 月 28 日，为纪念"中国（上海）临港新片区"挂牌一周年，由上海建桥学院、上海港城开发（集团）有限公司、上海市美学学会审美时尚专业委员会联合主办，以"临水而兴、港通万界、大鱼天地、尚美生活"为主题的"走进临港新片区时尚艺术展"在港城广场举行。艺术展特别展出了资深会员、著名海派油画家金柏松先生的《大鱼天地》系列作品。祁志祥会长到会致贺。金柏松、张永禄、汤筠冰、张弓、刘华霞等出席。下午在建桥学院举行研讨活动。

8. 2020 年 9 月 13 日，"主持的艺术"青年论坛在上海国际时尚教育中心举行，特邀"金话筒奖"全国百优电视节目主持人、上海视觉艺术学院孙智华教授，上海大学张永禄教授，复旦大学汤筠冰副教授等作经验分享。来自沪上十余所高校、科研文化单位二十余名学者交流。论坛由汤筠冰副秘书长负责。本人致开幕词并作总结交流。活动结束后在网红打卡地小芳厅用餐交流，畅所欲言，并参观了上海国际时尚教育中心具有代表性的培训场所。

9. 2020 年 9 月 19 日下午，由上海云间阅读会主办、上海市美学学会协办的朗读沙龙在松江泰晤士小镇市政广场 1 号楼 1 楼报告厅举行。上海视觉艺术学院播音主持专业负责人田奇蕊教授组织了本次活动,致开幕辞和诗朗诵。来自松江地区云间读书会及上海市美学学会的十多位成员表演了诗文朗诵。上海人民广播电台的主播贾越、李志毅应邀担任专业评点。本人到场致贺并作交流。王梅芳、茅丹、杨丹参与朗诵。近40位美文朗诵专家及爱好者出席了本次活动。

10. 2020年9月26日下午,上海市美学学会在行知讲堂举行隆重的授牌仪式,授予行知实验中学"上海市美学学会理事单位"称号和"上海市美学学会美育实践基地学校"铜牌。全校教师和部分学生代表150人出席了授牌仪式。仪式结束后,本人应邀举行了《准确把握"美育"内涵,陶冶健康高尚情感》讲座。授牌仪式前举行了上海市中小学美育重点研究项目开题报告论证会。庄志民、张永禄、陆旭东、蒋水清及沈华等出席了本次活动。上海市美学学会首任名誉会长贺绿汀先生1940年曾在陶行知创办的重庆育才学校担任音乐组主任,是陶行知的学生。

11. 由上海市美学学会作为主办方之一的"朗迪杯"中医药文化书画展于10月30日至11月1日在上海图书馆举办。本次书画展收到成人投稿作品582幅,少儿投稿作品1015幅。最后选出成人作品124幅、青少年儿童作品150幅参展。此外还特邀部分名家作品参展。祁志祥会长在开幕仪式上致开幕词,并为书画展撰写前言。

本次活动由生产为中国人设计、让中国人健康的"朗迪"钙片的中国制药百强上市公司振东集团独家冠名赞助。中国中药协会、中国非处方药物协会提供中医药文化指导,中央数字电视书画频道(上海中心)邀请部分名人、书画名家和专业机构参展,并负责新闻发布。上海市美学学会及其书画专业委员会作为主承办方,在六力文化公司的协助下全程负责活动的策划、组织、运作、实施。为保证本次参展作品的艺术性,特邀上海市书法家协会提供专业指导。本次活动立足上海,辐射长三角,面向全国,中国书画家联谊会长三角书画艺术委员会为此提供有力协助。

书画专委会副主任、六力文化公司董事长张继明为本次活动主要负责人,并承担了画册编纂。活动取得极大的社会反响。中国新闻网、央视书画频道、张雄艺术网等若干家著名媒体报道了本次活动。主场展出后,还举行了三场巡回展。

12. 2020年11月10日,2020北京国际公益广告大会分论坛"坚持公益之路,弘扬中华魂脉"在国家会议中心 309A 隆重举行。论坛由央视主持人辛嘉宝主持。上海市美学学会作为会议协办方,会长祁志祥教授在大会上作主旨发言《公益广告的美学追求：行善理念的悦人呈现》。2020 北京国际公益广告大会由中共北京市委宣传部、北京市广播电视局主办,国家广播电视总局、北京市人民政府作为大会指导单位,"学习强国"学习平台作为支持单位。本会新入会的会员、北京广播电视总台上海分站负责人王天佑为学会跻身本次高规格的大会,并作为分论坛主办方作出重大贡献。

13. 2020 年 11 月 15 日下午,"徐中玉先生追思会暨《徐中玉先生传略、轶事及研究》新书发布会"在上海市作家协会一楼会议大厅隆重举行。本次活动由上海市作家协会、华东师大中文系、百花洲文艺出版社、上海政法学院文艺美学研究中心主办,中国文艺理论学会、中国古代文学理论学会、全国大学语文研究会、上海市美学学会协办。沪上 30 多位顶级作家、文艺理论家等嘉宾出席会议。会议讨论的主题是："今天我们从哪些方面继承徐中玉先生的文艺主张和精神遗产？""《徐中玉先生传略、轶事及研究》一书对于弘扬徐先生精神资源有何价值及意义？"本会会长是徐中玉先生的弟子,也是该书的编纂者。学会作为协办方,旨在表达上海美学界、文艺理论界对徐先生的尊敬和怀念。

14. 2020 年 11 月 21 日下午,上海市美学学会年会在上海国际时尚教育中心意大利会议室隆重举行。本次活动与华东师范大学中文系、复旦大学中文系合办,上海国际时尚教育中心、上海艺之承文化艺术发展有限公司协办。上半场的主题是："前沿美学问题研究",涉及意象、人工智能、身体美学、时尚美学等话题。下半场的主题是："向老会长致敬：蒋孔阳先生美学思想研究。"

总体说来,今年学会的中小学美育、书画、审美时尚三个专委会得到长足发展,美学理论面向审美实践拓展了新领域。学会活动的层次和级别不断提升,社会影响进一步扩大。学会吸引力日益增强,新会员有了大规模的发展。

未来学会将坚持高标准吸纳新会员,对于优秀的从事美学和文艺理论研究、教学的人才,以及优秀的艺术创作人才,本会持开放、欢迎态度。学会规模扩大了,活动的经济成本也会增加。学会愿意迎接新的经济挑战,争取把学会工作做得更好。

附录七

上海市美学学会 2020 年年会报道

　　11 月 21 日下午，上海市美学学会 2020 年年会在上海国际时尚教育中心举行。年会由上海市美学学会与华东师范大学中国语言文学系、复旦大学中国语言文学系共同主办，上海国际时尚教育中心与上海艺之承文化艺术发展有限公司协办。本次年会一方面聚焦当前美学学科发展的前沿问题，努力开创美学研究的新局面，另一方面延续致敬老会长的传统，让全体会员了解学会第二任会长蒋孔阳先生的美学思想及其贡献。

　　开幕式由上海市美学学会副会长、党工组组长庄志民教授主持。会长祁志祥教授首先作全年学会工作总结。今年学会工作虽因疫情而停滞了半年，但在此期间学会一直在积极策划，在疫情得到控制后，自 7 月 28 日至今，以对学会工作高度负责的精神和极大的热情，组织、实施了十余场形式多样的活动。总体说来，今年学会的中小学美育、书画、审美时尚三个专委会得到长足发展，美学理论面向审美实践拓展了新领域，学会活动的层次和级别不断提升，社会影响和美誉度进一步扩大，学会吸引力日益增强，新会员有了大规模的发展。祁会长表示：未来学会将坚持高标准吸纳新会员，迎接新的挑战，争取把学会工作做得更好。接着，学会副秘书长张永禄教授做了新会员发展情况介绍及学会财务工作情况报告。其后，祁志祥会长代表学会向京衡律师集团上海事务所高级合伙人单怀璧颁发了法律顾问聘书。

　　由于疫情影响，本次年会的学术研讨部分压缩了原来策划的两个会议的内容。上半场主题聚焦当前美学学科发展的前沿问题。王云副会长主持。华东师大朱志荣教授从理论来源、发展脉络和基本主张三方面介绍了自己对于"意象美学"研究的心得。他指出,意象是美学的主体,美和丑是对意象的一种价值、性能和特征的评价,艺术作品则是对意象的构思与传达。徐天宇副校长结合半个多世纪以来上海纺织产业的演变,介绍了上海国际时尚教育中心的发展历程。中心前身为始创于 1955 年的上海纺织工业职工大学,现已成为国际时装院校联盟成员单位,是国际时尚教育的重要策源地之一。近年来,上海国际时尚教育中心在社会化职业培训、中外合作教学、举办专业赛事和活动等方面取得积极突破,在审美实践领域树立了行业标杆。华东师大王峰教授作了"人工智能:技术、文化与叙事"主题发言,追溯人工智能概念的缘起并阐述技术、文化与文艺叙事三者之间的关系。他对人工智能是否会威胁人类文明持乐观态度,认为只需以长时段视角并基于当下的技术层次来看待人工智能问题,便可消解对人工智能无必要的恐惧,并将人工智能叙事作为技术与文化间的调节力量。复旦大学张宝贵教授介绍了舒斯特曼"身体美学"理论的要旨,并谈了个人看法。张宝贵教授认可舒斯特曼对理性主义轻视甚至敌视身体这一倾向所进行的批判,但也同时质疑舒斯特曼强调"一切的理性都要转化为人的身体行动"而对理性独立性的忽视,认为理性的发展需要具有一定的独立品质和形而上的理论体系。

自前年以来,学会一年讨论一位老会长,以便让会员了解他们的主要贡献和主张。在前年讨论首任名誉会长贺绿汀先生、去年讨论第三任会长朱立元先生的基础上,今年原计划 6 月讨论第二任会长蒋孔阳先生。由于疫情关系,调整为年会的第二个主题。下半场聚焦蒋孔阳先生的美学思想及其贡献。夏锦乾副会长主持。蒋先生弟子、复旦大学张德兴教授以蒋孔阳先生的《德国古典美学》为核心,介绍了蒋孔阳先生在西方美学研究领域的开创性成果,指出蒋先生是以人类文化的宏观角度来审视西方美学的,吸收与批判共存,在引介的同时注重与中国美学传统相协调,提出了"人的审美能力是由人类本质所决定的"等很多独到的见解。蒋先生的另一位弟子,复旦大学陆扬教授基于蒋先生的《先秦音乐美学思想论稿》,谈了蒋先生在中国古代音乐美学思想研究方面取得的成就,指出该书以音乐为切入点来谈哲学和社会,这在当时是一种开创性的尝试。这部著作迄今仍是优秀的艺术类断代史之一。蒋先生再传弟子、华东政法大学的张弓教授作了"面向未来的美学:蒋孔阳美感论的超越性"的主题发言,从"超越传统认识论的美感论""超越单一心理因素的美感论""超越形而上学的唯物辩证的美感论"三方面详细分析了蒋先生美感论的超越性,指出这种美感论具有开拓性、前瞻性、创新性,值得进一步发扬光大。复旦大学在读博士生刘涛作了"作为审美主体的人:蒋孔阳美学思想初探"的主题发言,强调"人"是蒋孔阳美学思想的中心和本位,蒋孔阳先生的美学思想具有浓厚的人本主义思想。学会名誉会长、复旦大学朱立元教授对四位的发言作了精辟的评议,并补充概括了自己对蒋孔阳先生的美学思想的理解,指出蒋先生的美学是以实践论为基础、以创造性为核心的审美关系学,包含着生成论思想的因素,是真正"面向未来的美学"。

辞旧迎新的文艺联欢是学会年会近两年来开辟的特色环节。特邀嘉宾、著名抒情女高音歌唱家、香港首届邓丽君歌曲演唱大赛冠军获得者潘幽燕女士先后演唱了《我爱你中国》《梨花颂》《我只在乎你》《春天的芭蕾》,华东师范大学翁思东老师带来了传统京剧《独守空帷》和现代京剧《光辉照我永向前》两个唱段。艺承明鑫学校的艺考生带来了四人小合唱《我和我的祖国》。主持人杨丹也奉献了陶笛演奏《半壶纱》。演出结束后,学会领导人向演职人员献花并合影留念。年会在欢乐的气氛中落下帷幕。

(秘书处 王 赟)

作者:陆天宁,中国艺术研究院研究员,首都博物馆画院副院长

附录八

第十届上海市美学学会换届报道

张永禄

2021年6月19日,上海市美学学会第十届会员代表大会暨庆祝建会四十周年纪念大会在上海政法学院中国—上海合作组织国际司法培训基地207报告厅隆重举行。上海市社联领导、125名会员代表、部分特邀嘉宾共140余人出席了本次大会。大会以无记名投票的方式选举产生了第十届学会理事会成员和学会领导班子。上海政法学院文艺美学研究中心主任、上海交通大学人文学院长聘教授祁志祥再次当选上海市美学学会会长。

大会首先由第九届会长祁志祥教授代表学会理事会作题为《坚守价值与快乐的双重维度,积极开展美学研究和美育活动》的工作报告。报告指出:在过去的一届四年中,学会在上海市社联的领导下,坚持正确的政治方向,恪守美学是情感学、美育是情感教育、美是有价值的乐感对象的学术理念,在兼顾价值与快乐双重维度的前提下,积极开展美学研究和美育实践活动,使学会的向心力、凝聚力不断增强,会员规模大幅增加,组织架构不断丰富,活动机制不断完善,学术影响力和社会美誉度日益提升。接着从八方面回顾了第九届理事会组织开展的学会工作:一、坚持正确的政治方向,围绕宏大的政治主题策划学会活动。二、坚守学术本位,开展高质量的学术活动。三、面向实践,服务社会,积极开展美育活动。四、改进年会形式,增强学会活动的艺术性、趣味性。五、不忘传统,留住血脉,开展“向老会长致敬”系列研讨。六、培养青年,扶持后学,青年沙龙做好传帮接力。七、开门办会、扩大影响,提升社会美誉度。八、利用新媒体,建立公众号,加强学会动态的报道与学会管理。会员代表以热烈的掌声通过了学会工作报告。

第九届学会监事陶奕骏作监事工作报告，第九届学会副秘书长张永禄作财务收支审计情况报告和修改学会章程的说明。与会会员以举手表决的方式审议通过。

第九届学会副会长张宝贵教授宣读新一届理事会候选人、监事候选人名单，并作新一届理事会候选人产生理由的说明。与会会员以无记名投票的方式选举产生了新一届理事会成员和监事。第九届学会副会长夏锦乾宣布选举结果，确认69人当选第十届上海市美学学会理事，陶奕骏担任第十届上海市美学学会监事。

新一届理事会产生后，召开第一次全体会议，以无记名投票的方式选举产生了第十届上海市美学学会领导。祁志祥教授当选上海市美学学会会长；陆扬、张宝贵、王云、范玉吉、王峰、王梅芳、刘旭光当选上海市美学学会副会长；张永禄当选上海市美学学会秘书长；范玉吉兼任上海市美学学会党工组组长。

随后举行上海市美学学会第十届第一次会员代表大会。学会党工组组长、副会长范玉吉教授宣布第十届学会领导人名单。

上海市社会科学界联合会专职副主席任小文专程到会致辞。他高度肯定学会四年来取得的成就，尤其是学会为推动进美学研究、关照现实需求等方面做出的贡献，希望学会能够进一步坚持以习近平中国特色社会主义思想为指导，增强凝聚力和战斗力，以人民为中心，更好地服务于城市文化建设，将中国美学研究推上新的台阶。学会挂靠单位、上海政法学院副校长、上海市政府参事关保英教授对学会四年来的学术建树和祁志祥会长为学校声誉所作的贡献深表赞赏，对上海政法学院的特色和成就作了客观介绍，并作为东道主热忱欢迎上海市美学学会经常到学校举行学术会议，开展学术交流。学会名誉会长、复旦大学资深教授朱立元先生到会祝贺换届顺利完成，并寄语学会加强团结，在拓展美育的同时进一步提升基础理论研究的水平。特邀嘉宾、中国文艺评论家协会原副主席、著名艺术评论家毛时安先生，学会合作伙伴、上海市宝山区教育局副局长朱燕萍、恒源祥集团公司董事长兼总经理陈忠伟、中华社会文化发展基金会国粹文化艺术基金主任周培娟到会致贺。毛时安先生深情回顾了与学会蒋孔阳、蒋冰海、朱立元、祁志祥的交往和学会四十年来欣欣向荣的发展历程，对祁志祥会长的学术成就和行动能力深表赞赏。朱燕萍简要回顾了宝山区教育局在行知美育大讲堂项目上与学会的愉快合作,对未来的合作前景充满期待。陈忠伟希望恒源祥能与上海市美学学会一起合作,助力中国审美精神走向世界。周培娟期望通过企业与学会的联动,推动中国文化艺术和美学研究不断达到新的高度。

祁志祥会长在就职发言中表示:感谢市社联领导、学会会员以及特邀嘉宾的信任与支持,在未来四年的学会工作中,学会将认真贯彻习近平总书记继承和弘扬中华传统美学精神的号召,坚持正确的政治方向,坚守学术本位,求同存异,团结协作,多元共荣,推进美学理论研究的深化和审美实践的拓展,努力开创学会工作的新局面。

下午举行的上海市美学学会第十届第二次会员代表大会上,王云、范玉吉分别作为留任、新任副会长代表作就职发言,表示将履行副会长职责,尽力为学会会员做好服务。学会领导人向陆旭东、邹其昌、金柏松、张继明、王天佑分别颁发"学会活动特别贡献会长奖"。陆旭东、邹其昌、金柏松作为获奖代表先后发言。筹备中的设计美学专委会负责人、著名设计师于是谈了专委会未来活动的设想。

晚餐后举行理事会第二次会议。约90%的理事出席会议。会议以无记名投票的方式选举产生了学会常务理事21人,审议增补了2名理事,宣布了学会秘书处副秘书长名单和成员构成,审议通过了设计美学专委会成立等事宜。副会长陆扬、张宝贵、王梅芳、王峰,秘书长张永禄作就职表态,部分留任理事及未出席此前新晋理事候选人见面会的理事对未来四年如何尽职作了表态发言。会议开得精简、务实、高效。

会议发放了复旦大学出版社出版的祁志祥会长主编的学会论文集《美学拼图》。书中收有40多位会员过去四年中发表的论文代表作,并配有学会会员的37幅书画篆刻作品,成为了解当代上海美学家风采的一扇窗口。附录备有学会简介及2009年第七届以来的学会活动大事记,记载了学会四十年来由小到大、欣欣向荣的发展历程。这就使得本书成为向学会成立四十周年的名副其实的献礼之作。

在上海市社联学会管理处副处长梁玉国、卢红青老师的悉心指导下,在学会换届工作组和全体会员的共同努力下,上海市美学学会圆满完成了第十届的换届工作。潮平两岸阔,风正一帆悬。第十届上海市美学学会,扬帆正起航!

(秘书处 王 赟)